项海帆

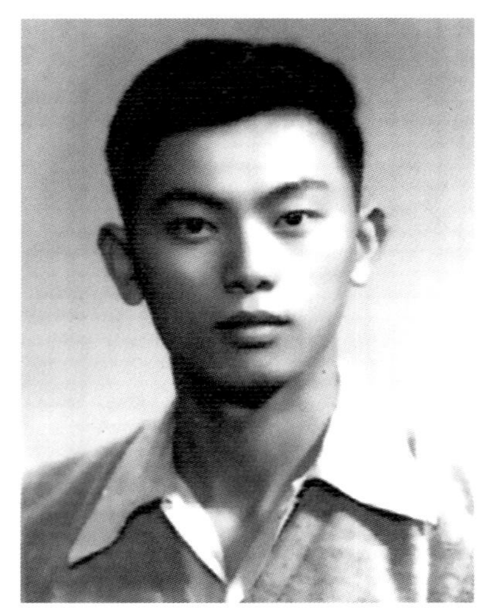

1955年，大学毕业照

1965年

1985年

2000年

2006年

1980年，与夫人宁蓓蕾合影

1981年，获德国洪堡基金资助留学

1992年，携夫人宁蓓蕾出访

1990年，同济大学土木工程防灾国家重点实验室TJ-1风洞建成、投入使用

与导师李国豪院士在同济大学TJ-3风洞探讨虎门大桥猫道试验

南浦大桥模型试验

江阴长江大桥试验

1995年，入选中国工程院

与学生们在同济大学风洞试验室

2004年，苏通大桥风洞试验

2005年，茅草街大桥风洞试验

2006年，西堠门大桥风洞试验

2007年，鄂东大桥风洞试验

2008年，天津会议

2012年，同济大学嘉定校区，李国豪实验室落成

1999年，香港昂船洲大桥设计竞赛担任评委

2005年，国际桥梁与结构工程协会（IABSE）执委会

2005年，国际桥梁与结构工程协会（IABSE）基金委员会

THE IABSE FOUNDATION FOR THE
ADVANCEMENT OF STRUCTURAL ENGINEERING

PRESENTED

THE 2008 ANTON TEDESKO MEDAL

TO

HAI-FAN XIANG

IN RECOGNITION OF HIS DEDICATION TO
EXCELLENCE IN STRUCTURAL ENGINEERING
AND HIS ROLE AS A MENTOR
FOR YOUNG ENGINEERS

THE MEDAL WAS PRESENTED AT THE OPENING CEREMONY OF
THE IABSE CONGRESS IN CHICAGO, USA, ON SEPTEMBER 17, 2008

KLAUS H. OSTENFELD
CHAIRMAN FOUNDATION COUNCIL

ANTON F. STEFFEN
MEMBER FOUNDATION COUNCIL

国际桥梁与结构工程协会
“工程及教育奖”
(Anton Tedesko Medal)

THE INTERNATIONAL ASSOCIATION FOR BRIDGE AND STRUCTURAL ENGINEERING

PRESENTED

THE 2012 INTERNATIONAL AWARD OF MERIT
IN STRUCTURAL ENGINEERING

TO

HAI-FAN XIANG

FOR HIS OUTSTANDING CONTRIBUTIONS TO STRUCTURAL ENGINEERING AS A
PROFESSOR AND AN ENGINEER, IN PARTICULAR IN THE FIELDS OF LONG-SPAN BRIDGE DESIGN
AND WIND RESISTANCE RESEARCH ON BRIDGES AS WELL AS FLEXIBLE STRUCTURES

THE AWARD WAS PRESENTED AT THE IABSE AWARD PRESENTATION CEREMONY
IN SEOUL, KOREA, ON SEPTEMBER 19, 2012

PREDRAG L. POPOVIC
PRESIDENT OF IABSE

UELI BRUNNER
EXECUTIVE DIRECTOR OF IABSE

国际桥梁与结构工程协会
“功绩奖”
(IABSE Merit)

THIS IS TO RECOGNIZE THAT

Hai-Fan Xiang, Ph.D.

HAS BEEN AWARDED THE

Robert H. Scanlan Medal

For his lifelong contributions to both theory and its application to the design and construction of signature long span bridges and leadership in wind engineering education and research.

2010
BY AUTHORIZATION OF THE BOARD OF DIRECTION

Patrick J. Natale, P.E., F. ASCE
Executive Director

Blaine Leonard, P.E., D.GE, F.ASCE
ASCE President

ASCE AMERICAN SOCIETY OF CIVIL ENGINEERS

美国土木工程师学会
“风工程与空气动力学奖”
(ASCE Robert H. Scanlan Medal)

International Association
for Wind Engineering

THIS IS TO CERTIFY THAT

Haifan Xiang

HAS BEEN AWARDED THE

ALAN G. DAVENPORT MEDAL

For his many contributions to bridge aerodynamics, development of super long bridges and leadership in wind engineering

2013

By Authorization of The IAWE Executive Board

Ahsan Kareem
Awards Committee Chair

Yukio Tamura
President

国际风工程协会
“终身成就奖”
(IAWE Davenport Medal for Senior)

2010年，回访母校上海晋元中学

拈心集

项海帆论文集

（2000—2014）

项海帆 著

图书在版编目(CIP)数据

壮心集:项海帆论文集:2000—2014/项海帆著. —上海:同济大学出版社,2014.12

ISBN 978-7-5608-5714-5

Ⅰ.①壮… Ⅱ.①项… Ⅲ.①土木工程—文集②桥梁工程—文集 Ⅳ.①TU-53②U44-53

中国版本图书馆 CIP 数据核字(2014)第 289138 号

壮心集——项海帆论文集(2000—2014)

项海帆 著

出 品 人 支文军 责任编辑 胡 毅(huyi@china.com)

装帧设计 房惠平 责任校对 徐春莲

出版发行 同济大学出版社 www.tongjipress.com.cn

(上海市四平路 1239 号 邮编:200092 电话:021-65985622)

经 销 全国各地新华书店、建筑书店、网络书店

排版制作 南京前锦排版服务有限公司

印 刷 同济大学印刷厂

开 本 889mm×1194mm 1/16

印 张 21.5 插页 6

字 数 688000

版 次 2014 年 12 月第 1 版 2014 年 12 月第 1 次印刷

书 号 ISBN 978-7-5608-5714-5

定 价 129.00 元

内容提要

项海帆院士长期从事桥梁工程的教学与科研工作，是我国大跨度桥梁抗风研究的开拓者和风工程学科的主要学术带头人。《壮心集——项海帆论文集(2000—2014)》系统地汇集了项院士2000年至2014年间的学术论文，为他人著作所作的序言与书评、前言与后记，以及怀念文章，共分成“思考与回眸篇”、“关注与进展篇”、“综述与展望篇”、“序言与书评篇”、“前言与后记篇”和“怀念篇”等6部分、计80篇文章，对中国土木工程学科、桥梁工程学科进行了全面回顾，并对学科和工程的战略发展重点进行了深入的思考、总结和展望，全面反映了项院士近些年来在学术领域的活跃思想、真知灼见，著述领域对后辈的提携和对前辈的怀念，对于从事土木工程和桥梁工程的有识之士具有良好的启迪作用。

项海帆

作者简介

项海帆，1935 年 12 月生于上海，原籍浙江省杭州市。1955 年毕业于同济大学桥梁与隧道专业（本科），1958 年毕业于同济大学桥梁专业（研究生），现任同济大学土木工程学院荣誉资深教授（Professor Emeritus）、名誉院长，土木工程防灾国家重点实验室名誉主任。

项海帆教授长期从事桥梁工程的教学与科研，是我国大跨度桥梁抗风研究的开拓者和风工程学科的主要学术带头人。现任国际桥梁与结构工程协会（IABSE）资深会员和名誉会员（因 2001—2009 年曾任 IABSE 副主席），中国土木工程学会桥梁与结构工程分会名誉理事长，中国风工程学会首席顾问。

曾获得国家科技进步奖一等奖和二等奖、国家自然科学奖二等奖和四等奖，荣获了国际桥梁与结构工程协会“工程及教育奖”（Anton Tedesko Medal）和“功绩奖”（IABSE Merit）、美国土木工程师学会“风工程与空气动力学奖”（ASCE Robert H. Scanlan Medal）和国际风工程协会“终身成就奖”（IAWE Davenport Medal for Senior）。

1995 年当选为中国工程院院士。

前 言

1998年，李国豪校长已85岁，我自1988年接替李校长担任国际桥梁与结构工程协会常委（中国代表）已有10年，他决定把国际桥协中国团组主席一职交给范立础教授，并希望我们两个人能把中国桥梁界带向国际舞台。同年9月，我和老范一起去日本神户参加国际桥协的年会，会后参观了即将通车的明石海峡大桥。1999年，江阴长江大桥建成通车，中国已成为第六个能够建造超千米悬索桥的国家。在1999年瑞典马尔默的国际桥协春季会议上，我应邀作了大会报告，介绍了中国大桥建设特别是江阴长江大桥的成就，得到了很好的反响。

2000年我已65岁，进入暮年，到了退休的年龄。土木工程学院院长的三年任期已满，我决定退下来，推荐李永盛教授来接任院长，陈以一教授任分管教学的副院长，我则退居二线，担任顾问院长，继续给年轻一代以支持和帮助。我想集中精力做好国家重点实验室最后三年（1998—2003年任期）的主任工作，同时主持桥梁学科（当时已入选为上海市重中之重学科）的建设任务。我想起了曹操的名言："老骥伏枥，志在千里；烈士暮年，壮心不已。"我虽已到了暮年，但当时中国桥梁界在国际上的影响还很不够，参加国际会议的中国代表很少，还没有完成李校长交给我的使命。

2000年9月在瑞士卢琛（Lucern）召开的国际桥协四年一届轮值大会，中国仍只有4人参加，同济大学是我和徐栋，清华大学一位，东南大学一位，我深感必须尽快改变这种局面。在会议期间，日本伊藤学教授私下告诉我：中国桥梁界已经做出了重要成就，应当进入国际桥协领导层，在执委会上他和三位副主席已联合提名我担任下一届副主席，将在次年的马耳他年会上投票选举决定。我感谢他的支持并向他口头表示"中国有意申办一次国际桥协的年会"。他建议我应当找秘书长高蓝（Golay）先生谈一下，了解一下申办的章程和步骤，以及合适的办会时间。

从瑞士回国后，我就和老范商量中国申办2004年上海会议的事，李校长很支持我们的想法，并愿意担任名誉主席。2001年5月在地中海岛国马耳他举行的国际桥协年会上，我和老范带了四位同济大学土木学院的年轻教授葛耀君、吕西林、张其林和陈艾荣一起赴会。我向执委会递交并口头汇报了中国的申办报告，同时推荐3位年轻教授加入第一、二、三工作委员会（WC）工作，以增强中国团组的影响力，得到了国际桥协技术委员会的支持，我则由常委会投票正式当选为国际桥协的首位中国副主席。这年秋天，国际桥协执委会也批准了由中国举办2004年上海年会的申请。李校长知道后十分高兴，并指示我们好好准备，届时如身体容许他还答应致欢迎辞。

我自 1981 年在德国留学时第一次去英国参加国际桥协的伦敦年会已过去了 20 年。从 2001 年起我们终于有了一个真正的中国团队，开始筹备三年后将在上海召开的 2004 年国际桥协中国年会，同时还要举行国际桥协成立 75 周年(1929—2004 年)的庆祝会。虽然我和老范都到了退休年龄，不再担任行政工作，但在国际舞台上我们才刚刚起步。2001 年老范也当选为中国工程院院士，我们俩一起积极动员中国桥梁界的工程技术人员和高校老师加入国际桥协成为会员，并争取参加每年的年会。中国会员的人数迅速增加，超过了 100 人，从 2002 年澳大利亚墨尔本年会起，每年参加国际桥协年会的人数已超过了 20 人。中国桥梁界在国际舞台上终于有了与桥梁大国相适应的地位和声音。

2004 年 9 月的国际桥协上海会议取得了巨大的成功，我和老范分别担任大会的学术委员会和组织委员会主席，我们带领同济大学桥梁系的团队付出了很多的心血。特别是作为大会工程背景的卢浦大桥和东海大桥的技术参观给赴会的 600 多位代表们留下了中国崛起的深刻印象，也为后来卢浦大桥获得 2008 年国际桥协杰出结构奖创造了条件。遗憾的是，李校长在 2004 年初已因病住院，未能出席上海会议。他在病榻上对我说："海帆同志，你也 70 岁了，要注意身体，不要太劳累了"，还多次关心下一代接班人的培养问题。

1980 年，由北京大学孙天风教授发起，中国空气动力学研究会成立了中国工业空气动力学专业委员会，中国风工程研究开始起步。1983 年，他独自一人首次参加了在澳大利亚举行的第六届国际风工程大会，并和当时任国际风工程协会主席的美国 Cermak 教授接上了关系。1987 年在德国亚琛举行的第七届大会，中国已有 5 人参加，我在大会上报告了上海南浦大桥的首次全模型试验结果，让国际风工程界了解到中国桥梁抗风研究的起步。此后，中国风工程研究队伍不断增加，使国际同行逐渐感到了中国风工程界快速前进的脚步。1991 年在加拿大西安大略大学召开的第八届国际风工程大会，中国有 7 人赴会。孙天风教授和我一起参加了执委会会议，孙教授提出了由中国申办 1995 年第九届大会的要求，但因 1989 年"六・四"事件的影响而被否决。

1999 年国际风工程学会第十届大会在丹麦哥本哈根举行，我应邀担任大会学术委员会的十位委员之一，标志着中国风工程界在国际上已有了一席之地，我们组织了二十多位中国代表参加大会，使国际风工程界看到了中国的进步。2001 年 7 月亚太地区的风工程会在日本京都举行，我应邀作了大会报告，此次会议也去了十多位中国代表。2003 年国际风工程学会第十一届大会在美国德州举行，我又应邀作大会报告，那年我已 68 岁，做了充分的准备，还计划向执委会提交申办2007年的第十二届大会（轮到亚太地区）的报告。不幸的是中国发生了SARS事件，中国代表除一人外都未能成行，申办的事也只得作罢。

2001年我担任国际桥协副主席后，每年都要出席春秋两次的执委会会议，而且按国际习惯，副主席夫人大都要陪同参加。正好我老伴也在2002年65岁时正式退休，学校同意她作为我的随员陪同出国参加年会。参会的中国代表也日益增多，中国桥梁界的国际地位在不断提升。

然而，从2004年起我的身体开始出现问题，多次住院治疗，2007年的德国魏玛年会也因病未能参加。2008年我提前去美国探亲，准备参加芝加哥大会，并接受国际桥协颁发的Anton Tedesko奖。但会议开幕前，因血压突然升高而被迫提前回国。那年冬天又因胃溃疡住院，花了一年半时间才逐渐康复。2009年的泰国曼谷年会也因病没能参加，准备好的大会报告也只好让葛耀君代替了。他在国际桥协的优秀表现得到了认可，于2009年接替我当选中国副主席，范立础院士已76岁，他也将中国团组主席一职交付给他。吕西林则进入了国际桥协的技术委员会（分管国际桥协的8个工作委员会和所有学术会议的重要机构）任职，使中国土木工程界的影响力不断得到加强。

2009年，葛耀君接替林志兴当选中国风工程学会主席，不久又当选为国际风工程协会的执委，原来担任国际风工程协会秘书长的曹曙阳教授也从日本回国加盟同济风工程团队。2010年，我被美国土木工程师协会（ASCE）下属的工程力学分会颁授了Scanlan奖章（空气动力学与风工程奖），成为国际上第9位，也是中国首位获奖者。

2011年7月在荷兰阿姆斯特丹举行的第十三届国际风工程大会上，共有来自40多个国家的近600位代表出席了会议，其中包括中国大陆注册代表71名（同济大学有代表21名），另有香港代表17名和台湾代表15名，加在一起就有103名，超过了日本的89名和美国的59名，位居第一。葛耀君和曹曙阳进入了由22位委员组成的国际科学顾问委员会，另有7名中国代表进入学术委员会，可谓阵营强大，葛耀君还是六位大会报告人之一。我感到十分欣慰，年轻一代已经成功地接了班，而且做得比我更出色，真可谓“青出于蓝而胜于蓝”了，中国风工程界终于和中国桥梁界一样在国际舞台上也占有了重要地位。

2013年，我被国际风工程协会（IAWE）授予Davenport奖，成为第6位，也是中国首位获奖者。葛耀君也在

2013 年亚太风工程印度会议上当选亚太地区召集人。希望年轻一代继续努力，争取 2019 年（轮到亚太地区）能在中国成功举办第十五届国际风工程大会，以了却孙天风教授生前的心愿。

2001 年后，我在国内担任了很多大桥的顾问工作，如东海大桥、卢浦大桥、苏通长江大桥、鄂黄长江大桥、舟山联岛工程和港珠澳大桥等，又应邀担任北京中交公路规划设计院、武汉大桥局、上海市政院和中国交通集团的顾问，继续关心着中国的桥梁建设。2008 年后，我基本放弃了出国，但得知我获得了 2012 年国际桥协的最高奖——结构工程功绩奖后，我想力争去韩国首尔大会领奖，顺便和国际桥协的朋友们表达告别之意。我做好了一切出国准备，但仍因血压不稳定，最后在医生的劝告下还是放弃了。

2004 年创刊的《桥梁》杂志是我心爱的一块园地，十年来我写了很多文章，和业内同行一起探讨中国桥梁发展的道路和存在的问题，与此同时，我还应一些报刊杂志之邀写了不少短文。2004 年后，我退居二线，由学生们担负起一线的重任，让他们走向国际学术前沿，带领他们的学生勇攀高峰。我一直鼓励学生们写书，并为他们的著作写序；我还带领学生们一起写教材、更新内容，要求他们不断提高教学质量，也亲自执笔写教材的概论和前言，留下了许多文字。我想把这十余年来所写的 80 篇短文结集出版，取名为《壮心集》，以表达我暮年壮心不已的心情，也作为留给学生们的一份纪念。

本文集分为思考与回眸篇、关注与进展篇、综述与展望篇、序言与书评篇、前言与后记篇和怀念篇共六篇，希望以此激励我的学生们继续为中国从桥梁大国走向桥梁强国作出贡献。我即将步入耄耋之年，如果身体容许，我仍会笔耕不辍，继续发挥我的余热，要像李校长一样，终生为中国的桥梁事业尽心服务。只要一息尚存，我不会放下手中的笔。

项海帆

目 录

壮心集
项海帆论文集
（2000—2014）

思考与回眸篇

中国土木工程学科的发展战略*

进入20世纪后，电气、汽车和飞机的发明，炼钢和混凝土技术的趋于成熟，使人类生活的“住”和“行”发生了巨大的变化。20世纪30年代的美国，60年代的欧洲各国和日本，90年代的中国都出现过大兴土木的建设高潮，使土木工程学科取得了惊人的发展和进步。

改革开放25年来，中国在土木工程学科领域的研究工作取得了长足的进步，为中国重大土木工程建设作出了重要贡献，特别是在桥梁工程方面保持了自主设计和施工的权利，通过实践取得发展和进步，得到了国际同行的赞许和尊重。然而，我们应当清醒地认识到：尽管中国土木工程建设的规模和速度令世人惊叹，但我们所采用的大都是发达国家在20世纪60年代高潮中所创造的新材料、新工艺和新结构，我们只是做了人家早在30年前就已做过的事情。我们所进行的科学研究基本上是学习、模仿和跟踪性的工作，虽然也有一些局部的改进和创新，但并没有什么突破性和奠基性的原创性成果，当差距较大时这也是很自然的。

在20世纪最后几年的国际会议中，国际土木工程界在总结所取得的辉煌成就并展望21世纪的前景时也认识到了存在的不足和需要在21世纪中继续努力的研究课题和热点。

1 可持续结构工程(Sustainable Structural Engineering)

20世纪80年代时，由于在60年代建设高潮中所建造的一些桥梁和结构工程出现了影响其耐久性和使用寿命的质量问题，大量养护和加固费用的支出使工程师们认识到结构耐久的重要性，提出了结构全寿命经济性的问题。从90年代起，对有限资源的节约和对环境的保护愈来愈受到人们的关注，经济的可持续发展成为各国政府的战略目标。在土木工程领域的国际会议上也频繁出现可持续性(Sustainability)的议题，并逐渐形成“可持续结构工程”的新概念。

老一代结构工程师从自身的经验和教训中不断呼吁21世纪的年轻一代工程师一定要加深对可持续性的理解，在设计和施工的实践中不但要关心结构安全，而且更要重视结构的耐久性、全寿命的经济性、降低不可再生资源的消耗、工业和建筑废料的再利用以及减少对环境的破坏和影响。

可持续结构的设计必然要采用概率性的方法，以充分考虑荷载及其组合、结构及其缺陷、监测误差、自然环境等众多的随机和不确定因素，从而对结构的可靠性、危险性、全寿命经济性以及对环境的影响等作出正确的评估。这也是土木工程和概率统计方法相结合的研究领域。

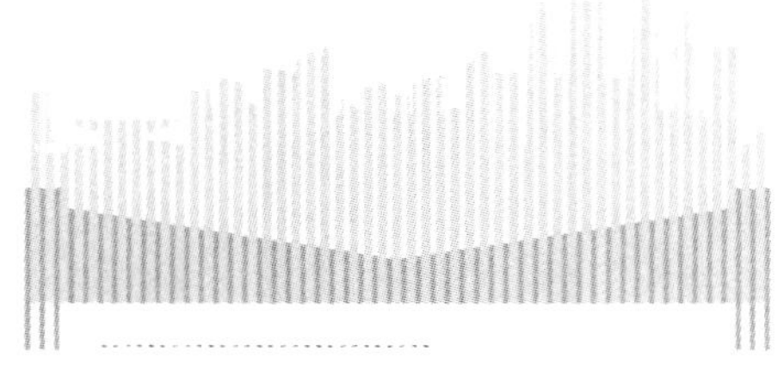

* 本文系在国家自然科学基金会工程与材料科学部工程科学四处于2004年11月召开的“建筑、环境与土木工程学科发展战略研讨会”上发言的详细摘要。

2 工程结构的数值模拟和监测(Numerical Simulation and Monitoring of Structures)

20 世纪末,一场新的经济革命悄然兴起。在 18 世纪工业革命的 200 年后,以信息技术(IT)为核心的知识产业革命把人类带入了知识经济的新时代。

知识经济时代的土木工程具有智能化、信息化和远距离控制的特征。首先,在工程规划和设计阶段,高度发展的精细化仿真分析、快速优化设计功能以及虚拟现实技术的应用,使业主可以十分逼真地看到工程建成后的外貌、功能、在极端条件下的表现以及对环境的影响程度等,从而作出正确的判断和科学的决策。其次,在工程施工阶段,各种智能机器人将在总部的控制下,精确地完成在野外条件下的水下和空中作业。最后,在工程建成交付使用后,自动监测和管理系统会保证结构的安全和正常运用;一旦出现故障或损伤,健康诊断和专家系统将自动报告损伤部位和养护对策,以保持结构的耐久性和使用寿命。

数值模拟当然需要建立精确的、能反映实际的分析模型和正确的分析方法。不断跟踪典型结构的实际反应和表现,通过将现场实测数据和数值模拟计算结果进行对比的案例研究(Case Study),可以促进数值模拟技术和监测技术两个方面的不断进步,并最终达到人类驾驭自然的"自由王国"境界。这也是土木工程和 IT 技术及传感技术相互交叉与结合的研究领域,也包括将航空航天领域率先应用的高新技术移植到土木工程领域。

3 组合结构的创新设计(Innovative Design of Composite Structures)

组合结构自 20 世纪 30 年代诞生后以其整体受力的经济性,发挥钢和混凝土两种材料各自优势的合理性以及便于施工的突出优点得到了广泛的应用。进入 80 年代后,组合结构有了新的发展趋势:除了传统的型钢混凝土柱和钢-混凝土结合梁外,出现了横向组合、纵向接合等多种组合结构形式。材料方面也已不限于钢和混凝土(尽管它们的性能在不断提高),而出现了钢和混凝土与复合纤维材料、工程塑料、玻璃、木材、铝合金和各种钢缆索等多种材料的相互结合、组合和混合使用。可以预期:在 21 世纪中,组合结构以其极富创新空间的结构形式将会得到更大的发展。在大跨空间结构、塔桅结构、高层建筑和桥梁中将会出现许多轻型美观、经济合理、施工便捷的可持续的创新组合结构。与此同时,对组合结构构件的力学性能研究、组合结构体系的精细化分析以及施工设计也将得到相应的发展。可以说,这也是土木工程学科和材料学科相互交叉的研究领域。

4 地下生命线工程的抗震(Earthquake Resistance of Underground Lifeline Engineering)

对结构的抗震研究从 1906 年旧金山大地震以来已有 100 年的历史,从 1956 年美国 Housner 教授提出反应谱法的现代动力抗震方法算起也已接近半个世纪。应该说,结构抗震理论和实践已为震区的土木工程安全设计奠定了基础,尽管仍有一些问题需要进一步的探索和研究。然而,与地面上部结构相比,由于岩土力学性能的不确定性和本构参数取值的近似性,使地下工程,特别是地下生命线工程,如各种管道、地铁、隧道等的抗震设计仍有许多难点有待攻克。除了发生地震时的直接检验外,很难用振动台试验来模拟这种线状地下结构的周围介质及地震波的传播规律。因此,对地下生命线工程的抗震性能的判断只能是定性的估计。

为解决大跨桥梁的抗震试验,美、日两国曾建造了 2 台和 3 台串联的线状结构振动台群,以模拟塔墩处的非同步地震动输入。可以设想建造一座多点串联的线状振动台和长条形土箱来研究地下生命线工程的抗震性能,用以重现实际震害的破坏过程,从而为建立地下生命线工程的抗震防灾理论创造更好的条件。

5 结构风工程(Structural Wind Engineering)

1940 年的塔科马大桥风毁事故是现代结构风工程研究的起点。20 世纪 60 年代由 Scanlan、Davenport 等先驱者建立的结构抗风理论基础和风洞试验技术经过后来许多学者的不断改进,应该说在位移响应和空气力的宏观层面上已经基本成熟,可以安全地用于解决工程抗风设计。

然而,人们对于风振机理的认识仍然是滞后的,另外实测数据和理论分析结果之间也存在着不一致。计算流体力学的进展使人们开始进入细观的三维空气压力分布和动态变化的层面来认识风振的发生机制,同时考察结构各部分风致振动之间的相互作用,以及各种有效减振措施的空气动力学解释。

在21世纪中,结构风振理论的精细化研究将在数值模拟技术的帮助下揭示致振机理,改进参数识别精度,提高抗风对策的有效性,建立更合理的风振理论框架,并最终实现"数值风洞"的梦想。

6 结构防恐与抗火工程(Terror and Fire Protection Engineering)

美国2002年的"9·11"事件使人们看到了对标志性建筑、国家首脑机关以及重要基础设施的袭击将是恐怖主义集团采用的主要手段。对纽约世贸大厦坍塌的仿真分析揭示了钢结构因高温燃烧而失效的过程。

土木工程师有责任研究解决有效的防恐和抗火措施来防止和延缓结构物的倒塌,以保证人员有足够的逃生时间和安全通道,尽可能减少生命和财产的损失。这也是我们必须面对的一个新的研究领域。

进入21世纪后,经过25年学习—追赶—跟踪的努力,我们已经缩小了和发达国家的差距,科学研究也已逼近国际前沿。现在应该有条件通过创新的努力选择基础最好、国家最需要的研究方向进行突破,以实现局部的超越。而且,我们必须在一些前沿热点上,在与国际同行进行同步探索的竞赛中率先突破才能实现这种真正意义上的超越。

中国桥梁科技发展战略思考*

1 引言

在人类文明的发展史中，桥梁占有重要的一页。中国古代桥梁的辉煌成就为世人所公认。中国先民于公元前2205年的夏朝进入奴隶社会时代，比两河流域的苏美儿人晚了近2 000年，比古埃及建造金字塔的时代也晚了近1 000年。然而，中国奴隶社会的发展较快，商代的青铜冶炼和铸造技术已达到了极高的水平，特别是春秋晚期率先发明的冶铁技术使中国反而比西方早1 000年进入了更为进步、经济更为发达的封建社会。这可能就是中国古代科技在从公元前5世纪直至15世纪意大利文艺复兴约2 000年间能长期领先于西方的重要原因。

意大利文艺复兴引起的欧洲思想解放和科学启蒙运动最终为18世纪的英国工业革命奠定了基础。19世纪发明的现代炼钢法和作为人造石料的混凝土，使欧美各国相继进入现代桥梁工程建设的新时期。而中国长达2 000多年的封建社会却造成了科学技术的停滞和中国桥梁的衰落。

19世纪中叶的鸦片战争使中国沦为半殖民地半封建的国家，帝国主义列强为掠夺中国的资源在中国修筑铁路、开挖矿山、设立租界，也引入了现代桥梁技术。1937年建成的钱塘江大桥是第一座由中国工程师主持设计和监造的现代钢桥。新中国成立后，在苏联专家的帮助下修建了武汉长江大桥，并引进了当时的先进桥梁技术。中国在20世纪80年代的改革开放迎来了桥梁建设的黄金时期。在学习发达国家创新技术的基础上，通过自主建设造就了中国桥梁的崛起和90年代的腾飞，取得了令世人瞩目的进步和业绩。可以说，中国桥梁已走上了复兴的道路，正在从桥梁大国向桥梁强国迈进，有希望在21世纪的自主创新努力中重现辉煌。

2 可持续桥梁工程及概率性设计方法

在20世纪80年代，由于在60年代建设高潮中所建造的一些桥梁和结构工程出现了影响其耐久性和使用寿命的质量问题，大量养护和加固费用的支出使工程师们认识到结构耐久的重要性，提出了结构全寿命经济性的问题。从90年代起，对有限资源的节约和对环境的保护愈来愈受到人们的关注，经济的可持续发展成为各国政府的战略目标。在土木工程领域的国际会议上也频繁出现可持续性（Sustainability）的议题，并逐渐形成“可持续结构工程”以及“绿色工程”的新概念。

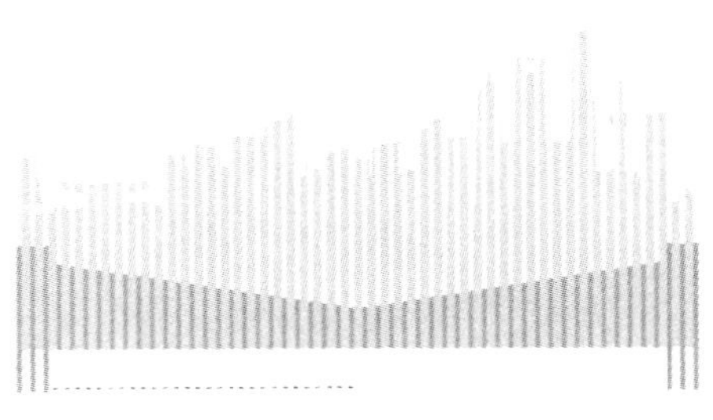

* 本文系2004年12月为交通部第二次高级研修班而作。

桥梁工程领域的可持续发展最早是由国际桥梁与结构工程协会(IABSE)提出的。1996年6月IABSE率先发表了“可持续发展宣言”,要求其会员在日常工作中尽可能减小对地球环境的破坏,并努力做到下列三点:

(1) 充分认识和理解所从事的工作中优化自然、建筑和社会经济环境的要求;

(2) 在建筑施工和结构运营中,增加可更新材料和可循环利用材料的使用;

(3) 开展环境影响的理性评价。

传统的桥梁建筑材料主要是钢材和混凝土。铁矿石和石灰岩等原材料的开采肯定不利于保存自然资源,而钢材在冶炼过程中和水泥在烧制过程中所消耗的能量以及产生的废弃物又不利于保护生态系统和保障人类健康。可持续桥梁建筑材料研究面临两大挑战,一方面要进一步完善符合可持续桥梁建筑材料要求的可持续钢材和可持续混凝土研究;另一方面更应该开发研究满足生态环境可持续性要求的新型桥梁建筑材料。

任何一项结构工程的全寿命周期一般包括五大环节,即规划、设计、施工、运营/养护和拆除。以往的结构工程设计研究人员主要关心的是如何将结构设计好、施工好,使其发挥应有的作用,这就是所谓的“现状设计”(Design for the Moment),而可持续结构工程要求设计研究人员必须着眼于结构工程的五大环节,实现“全寿命设计”(Life Cycle Design)。

现有桥梁设计荷载的规定主要是针对“现状设计”的,因此设计荷载的区分主要是以结构恒载为代表的永久荷载和以车辆活载为代表的可变荷载。而可持续桥梁设计荷载的意义必须突出可持续性,因此持续性环境荷载的定义将显得更为重要,持续性桥梁环境荷载应当包括大气和水的作用、温度变化、自然风作用、随机地脉动或地震作用等等。虽然“全寿命设计”环境荷载中的温度荷载、风荷载和地震荷载在“现状设计”桥梁荷载中也有相应的规定,但后者主要针对极端情况,并且总是偏于安全地取用最不利情况;而在“全寿命设计”的持续性桥梁环境荷载中,将更加注重荷载作用的过程和概率。

可持续结构的设计必然要采用概率性的方法,以充分考虑荷载及其组合、结构及其缺陷、监测误差、自然环境等众多的随机和不确定因素,从而对结构的可靠性、危险性、耐久性、全寿命经济性以及对环境的影响等作出正确的评估。这也是土木工程和概率统计方法相结合的研究领域。

3 组合结构桥梁的创新设计

19世纪末,法国在1876年发明的钢筋混凝土结构从房屋开始推广应用于小跨度梁桥和拱桥,建造了首批钢筋混凝土桥梁,并于20世纪初编制了欧洲第一部钢筋混凝土设计规范。与此同时,在19世纪的公路钢桥中所采用的木桥面板也逐渐被钢筋混凝土桥面板所替代,大大改善了桥面的行车条件。

然而,在1930年以前的钢桥都是按各种构件单独起作用的原则设计的,即在组成桥面系统的纵梁和横梁的设计中并不考虑它们和钢筋混凝土桥面板的共同作用,桥面板只是作为传递荷载的一种局部构件,而它在桥梁整体中可以发挥的作用却被忽视了。

20世纪30年代是欧美各国桥梁技术和设计理论的一个重要发展时期。除了大跨度钢拱桥和悬索桥的突破性进展外,在中小跨度梁式桥方面,荷载横向分布理论的问世,使工程师们认识到桥梁各部分之间的空间相互作用。1936年焊接技术的发明打破了铆接在钢桥中的一统局面,同时也为组合结构(Composite Structures)的发展准备了更有利的条件,即在钢筋混凝土板和钢梁之间的各种剪力联接器可采用焊接以代替最初的铆接方式。

第二次世界大战后的20世纪60年代是欧美各国和日本桥梁建设的黄金时期,组合结构以其整体受力的经济性,发挥两种材料各自优势的合理性以及便于施工的突出优点而得到了广泛的应用,大量各种形式的组合结构桥梁得以建造,其中也包括大跨度斜拉桥所采用的组合桥面系统。

1971年,欧洲国际混凝土委员会(CEB)、欧洲钢结构大会(ECCS)、国际预应力联盟(FIP)和国际桥梁与结构工程协会(IABSE)组成了组合结构联合委员会,总结了20世纪60年代组合结构发展中所取得的经验,编制了一本组合结构的模范准则(Model Code),作为各国编制规范时的指导性文件,如英国BS 5400标准、德国DIN标准、美国AASHTO规范以及日本钢·混凝土组合结构设计规范等,进一步促进了组合结构桥梁的发展。

进入80年代后,组合结构有了新的发展趋势:除了传统的型钢混凝土柱、钢筋混凝土板和钢梁的上下结合梁外,还出现了边跨混凝土梁和中跨钢梁的纵向接合、钢筋混凝土边梁和钢横梁的横向组合以及钢筋混凝土下塔柱和钢上塔柱的接合等多种混合形式。在材料方面也已不限于性能不断提高的钢和混凝土两种材料的组合,而出现了钢和混凝土与复合纤维材料、工程塑料、玻璃、木材、各种高强度钢丝索、铝合金等多种材料的相互组合。80 年代中后期,国际桥梁与结构工程协会曾召开过一次以混合结构(Mixed Structures)为主题的学术会议,研讨了组合结构的新进展。可以预期:在 21 世纪中,组合结构作为一种极富创新空间的结构形式将会得到更大的发展。

4 桥梁的精细化设计和施工方法

200 多年来的桥梁总体设计一直沿用平面杆件系统的结构力学方法分析内力,20 世纪发展了荷载横向分布理论和薄壁结构的扭转理论以近似考虑桥梁在偏载下的空间作用。在断面总内力的基础上,通过计算平均边缘应力进行强度验算,而三维空间应力分析仅限于锚区和复杂节点等局部部位。

然而,1997 年宁波招宝山大桥在悬臂施工中的破断事故告诉我们:桥梁断面中的应力具有显著的空间效应,并且随着跨度的增大,断面的宽度加大,非线性效应和应力的空间不均匀分布将使某些部位的实际应力大大超过线性平均应力的计算结果。此外,断面上的混凝土标号虽然是相同的,但是由于预应力管道的密集布置,混凝土浇注条件的不同,在某些最不利的部位,因管道削弱形成的蜂窝状混凝土强度将有所折减,达不到设计要求值。这样一增一减,薄弱点的最大应力就会突破安全系数的保障而超过该点的混凝土强度,于是就会发生局部破碎的后果,随后的断面不断蜕化和变形加大,加上破碎时发生的冲击作用就造成了恶性循环,从而导致全断面的破断,幸好斜拉桥超静定体系的牵制作用才没有造成更严重的坍塌破坏。招宝山大桥的教训是深刻的,其桥梁的破坏在于局部点的突破,仅仅用平均应力加安全系数的控制是不可靠的。

计算机技术和三维空间应力分析方法的进步使我们有可能建立一种基于全桥结构空间非线性应力水平的分析和设计方法,并充分考虑配筋和预应力配索以及斜拉索等的实际空间分布,同时计及不同部位混凝土的空间强度分布,以精确地控制实际的应力状况和材料的强度状况,保证结构在施工和运营中的安全。

我认为在比较柔性的大跨度桥梁和空间效应比较强烈的宽桥和曲线桥中,应当采用基于精确建模和非线性三维应力水平分析的精细化设计和施工方法,同时,还要编制一些相应的设计指南,用以指导配筋、配索等构造设计,以达到合理的设计布局和符合实际的应力控制,而不宜再用近似的处理方式勉强纳入平面杆件内力和平均应力控制的框架中,这对于施工过程中的不利状态尤为重要。

中国人口众多,桥面宽度比欧美各国要大,有必要率先发展基于空间应力水平的精细化桥梁设计方法,以避免由于安全度不足造成的早期破坏和蜕化所带来的损失,或者因过于保守造成的浪费。我希望“桥梁的精细化设计方法”将成为中国的原创性成果,为世界桥梁工程在 21 世纪的发展作出重要的贡献。

5 桥梁结构分析的数值模拟方法

在 18 世纪工业革命的 200 年后,以信息技术为核心的知识产业革命把人类带入了知识经济的新时代。尽管中国尚未完成工业现代化,但信息技术正在帮助中国加快完成这一进程。

知识经济时代的土木工程将具有智能化、信息化和远距离自动控制的特征。数字计算机和无线数字信号传输技术将使工程在规划、设计、施工、管理、监测和养护各个阶段实现计算机仿真、自动控制和快速反应等功能。特别是在工程的规划和设计阶段,虚拟现实(VR)技术的应用使业主可以十分逼真地预见到工程建成后的外貌、各种功能的表现、在各种自然和人为灾害下(强台风、地震、船撞、交通事故)工程的抗灾能力以及工程对周围环境的影响程度,从而作出正确的判断和科学的决策。

应该说,目前针对桥梁的抗风设计、抗震设计和抗船撞设计所进行的分析都还是近似或简化的。如桥梁临界风速计算、桥梁抗震的时程分析以及船撞力估算等,分析中或者忽略了非线性的因素,或者不考虑某些次要因素的共同作用,或者只控制一些转折点的表现,而并不掌握结构性能的全过程。高速度、大容量的超级计算机使结构在各种极端条件和灾害情况下的全过程分析成为可能,而且可以通过三维图形显示逼真地表现出来。

数值模拟和缩尺物理模型试验相比,还可以避免模型制作中带来的材料本构关系的相似性困难和其他的缩尺效应问题。可以预期：数值模拟方法的不断进步，将会逐步替代传统的振动台试验、风洞试验等各种物理模拟方法，形成数值振动台、数值风洞等新的结构分析手段。因此，数值模拟方法应当是21世纪土木工程师追求的目标。

数值模拟当然需要建立精确的、能反映实际的分析模型和正确的分析方法。通过将现场实测数据和数值模拟计算结果进行对比的案例研究（Case Study），不断跟踪典型结构的实际反应和表现，可以促进数值模拟技术和监测技术两个方面的不断进步，并最终达到人类驾驭自然的"自由王国"境界。这也是土木工程和IT技术及传感技术相互交叉与结合的研究领域，也包括将航空航天领域率先应用的高新技术移植到土木工程领域。

6 新一代的混凝土桥梁工程

100多年来，混凝土的标号已从最初的C10、C20发展到C60、C80，并已出现C100甚至C130的超高强混凝土，以适应预应力混凝土结构对高性能混凝土的需要。

在预应力技术方面，20世纪70年代出现的预应力钢丝在管道中发生锈蚀的问题，促使人们将原来用于结构加固的体外预应力技术发展成为一种体外预应力混凝土结构新技术。由于取消了在壁板中的管道，减薄了箱梁壁厚，也改善了混凝土的浇注条件，因而提高了构件的质量。体外布置的预应力索不仅有利于预制和安装，又便于检查和更换，大大改变了断面的形式和尺寸，也减轻了自重，取得了很好的经济效果。

体外预应力混凝土梁式桥在欧洲发展的同时，1988年法国工程师J. Mathivat创造了一种新型的矮塔斜拉桥（Extradosed Bridge）。这种体系可以看成是把原来连续梁箱内的体外索移到桥面以上用矮塔支撑，从而减少了支点处的梁高，甚至在跨度不大时可以用等高度的箱梁，十分有利于箱梁的施工，具有很强的竞争力。矮塔斜拉桥在欧美和日本等国得到了迅速的推广，跨度已从最初不足百米逐渐增加到接近300 m的水平，成为梁式桥的一种具有竞争力的新体系。与此同时，新型的碳纤维增强塑料（CFRP）正在开发中，以最终代替高强度钢丝索成为完全耐蚀的预应力材料。

混凝土结构的耐久性，特别是跨海大桥在高盐雾环境中的耐久性是国际桥梁工程界十分关注的问题。海港码头混凝土结构的腐蚀、剥落和损坏早就发出了警告，要求工程师们从混凝土质量、保护层厚度和表面抗裂性、配筋和配索的耐蚀等多方面采取措施，以保证跨海大桥中的混凝土桥梁结构能满足使用寿命所要求的耐久性。新一代的耐久混凝土结构将更多采用在工厂条件下预制的高性能高质量混凝土部件和耐腐蚀的体外预应力配筋在工地装配而成的方式，为此，大型预制件、大型起重机械、全装配整体化施工和体外预应力的应用必然是今后混凝土工程的发展方向，以尽可能减少现场浇注和管道灌浆所带来的质量隐患。

7 桥梁健康监测及振动控制技术

包括桥梁在内的土木结构健康检测与养护管理是目前国际土木工程学科领域的研究热点之一，这主要与发达国家的基础设施建设阶段和相关学科的进展有关。该方向的特点是学科交叉性较强，结构识别理论和方法较多来自航空航天领域，新智能材料和传感技术以及IT技术在土木工程的监测中得到应用。主要研究动态有：新检测和通信技术的研发活跃并部分进入应用阶段；健康监测系统在实际桥梁上得到实施（在中国香港、韩国、中国大陆尤其活跃）；桥梁养护管理系统趋于成熟规范化；结构耐久性问题更加得到关注；但另一方面，由于土木结构的复杂性的特点，结构损伤识别理论研究进展艰难，结构状态评估方法难有突破。目前国际上较多的研究更注重于个别监测技术和监测系统的实用化研究，但遗憾的是从许多采用了先进的健康监测系统的桥梁工程实例来看，基于这些高级系统采集的数据对桥梁状态进行的评估仍采用了传统的方法，并没有革命性的变化。

我国大规模的土木基础设施建设虽然时期不长，但由于发展速度过快以及设计规范、施工质量等方面的问题，带来了许多结构安全性、使用性和耐久性方面的隐患。无疑，结构健康监测和养护管理也应是国内土木学科研究的主攻方向之一，但研究内容应从实际工程需求出发，重视以下方面的研究：①结构耐久性（如疲劳、锈蚀、腐蚀等）检测技术与评估方法研究；②基于健康监测系统的结构状态评估方法和养护管理系统（BMS）研究；③相关技术指南规范的建立。

数年前结构振动控制的研究曾是土木工程研究领

域中的最大热点之一，但其中的主动控制研究成果并未得到广泛的应用，目前主要注重半主动控制、被动控制、隔震和结构高阻尼化等的理论和装置研究。隔震技术经过数十年的检验已得到普遍的认可，隔震设计在多地震国家得到普遍采用。同时，提高结构阻尼的各种被动措施也越来越多地在新结构的设计中采用。半主动控制理论和相关的智能材料与技术的开发研究受到重视。

我国目前在建的大量工程中有许多振动问题，如：大跨度斜拉桥超长拉索和施工阶段桥塔和主梁的振动；城市中交通荷载（汽车和轻轨）引起的结构振动（舒适性和使用性）等。而且随着土木设施功能的高级化和人们对使用性和舒适性要求的提高，结构振动问题会显得更加突出。振动控制的实现多数依赖于制振装置，与国外相比我们的差距更多地在于对装置的应用开发研究及制造工艺。在该领域的研究应在工程需求背景下注重以下几个方面：①超长、超高结构的风致振动的被动和半主动控制；②针对地震荷载作用的结构隔震和高阻尼化研究；③制振装置的开发应用研究；④设计理论和方法的研究。

8 桥梁概念设计中的创新和美学理念

大跨度桥梁的概念设计是桥梁工程前期工作（工程可行性研究和初步设计阶段）中的一个十分重要的环节，它决定了桥梁的总体布置和主要构造的格局，对桥梁的美学价值、结构安全性能、可施工性以及经济指标，甚至建成后的耐久性、可养护性、可检查性等都有决定性的影响。也可以说，概念设计是桥梁设计之魂。由于中国大桥设计的前期工作时间过短，对概念设计的重视不够，加上业主的不适当干预又难以避免，就造成了设计中的一些缺憾和不合理的布局。

桥梁的概念设计是一个创新思维的过程。首先，设计者要始终树立创新的设计理念，而不要满足于模仿和抄袭，每做一个工程就要力图有自己的新意，不能给人以类同于某一已有桥梁的感觉，这点在桥梁设计竞争中往往是首要的评价因素，创新的而且又能和环境相协调的桥型布置将以独特的“创新美”而赢得人们的赞誉。

桥梁主孔布置首先要满足桥下通航的要求，同时要考虑主墩防撞的安全，经过经济和安全的权衡确定合适的主孔跨度后，桥型选择的范围也就基本上明确了。桥面高度和主跨之间合理的比例关系决定了桥梁的“比例美”，过分追求跨度第一反而会造成比例失调和压抑感，从而破坏桥梁的美感。

桥梁作为标志性建筑需要造型美，然而它又是一个承重的结构物，而不是一个装饰品。因此，“力学美”是十分重要的因素。结构的尺寸要适应力的变化，给人以安全感和稳定感，同时又要有物尽其用的经济感。因此，轻巧而不单薄，稳重而不笨拙，简洁而不粗糙是我们应当追求的境界。完美的结构性能、优良的经济指标、合理的构造和连接以及可施工性考虑都是桥梁结构中“力学美”的表现形式，再加上组合结构的创新设计使各种不同的材料得以发挥各自的优势，将使概念设计中的创新和美学理念得到充分的体现。

最后，在桥型、比例、造型、力学等各方面都得到创新和美学的充分考虑和合理安排后，对结构的细部进行美学处理也是很重要的。线条、阴影、各部分的呼应，跨度变化的韵律，都能增加桥梁整体的统一感和美感，使整个桥梁无论从远看还是近看都给人一种美的享受，让人们发出一声声美的赞叹，而其中包含的创新成果更是对桥梁科技发展作出的重要贡献。

9 结束语

进入 21 世纪后，经过改革开放 25 年来学习—追赶—跟踪的努力，中国桥梁科技已经缩小了和发达国家的差距，现在应该有条件通过创新实现局部的超越。而且，我们必须在一些前沿热点上，在与国际同行进行同步攀登的竞赛中率先突破才能实现真正意义上的超越。

中国年轻一代的桥梁科技工作者一定不要满足于规模大和速度快的成就，而要在创新、质量和美学上下功夫，抓住机遇，努力进取，学好外语，通过国际交流展示自己的风采，积极参与国际竞争。只有真正的创新成果才能赢得国际同行的赞服，才能真正提高中国桥梁的国际地位。我衷心期望中国的桥梁工程师能在不久的将来成为国际桥梁舞台的主角，使中国桥梁的品牌大放光芒。

同济大学土木工程学科的90年历程(1914—2004)*

1 引言

土木工程是伴随着人类社会的不断进步而发展起来的。人类为克服蛮荒,通过土木工程建设,不断改善"住"和"行"两方面的生活质量,从而发展社会的文明。

土木工程(Civil Engineering)中的英文Civil一词的原意是民间的或民用的。Civil Engineering一词由英格兰的John Smeaton于18世纪后期创立,它是对应于军事工程(Military Engineering),即指除了服务于战争的军事设施以外的一切为了生活和生产所需的民用工程设施的总称。因此,土木工程和19世纪初出现的机械工程(Mechanical Engineering)和19世纪中叶形成的电机工程(Electrical Engineering)两个学科相比,确实是更古老的工程学科。

世界上最早的土木工程学校是始建于1747年的法国巴黎中央桥路学校(L Etole Centrale des Ponts et Chausses)。此后,世界各国的土木工程学校大都是仿效法国的模式建立起来的,而且被认为是一个技术专业。18世纪的综合性大学只包括文学、神学和医学等学科。1809年德国柏林大学为摆脱宗教神学对大学的控制,开始设立以自然科学为主的理学院。一直到19世纪初,受英国工业革命影响的英国曼彻斯特大学为技术进步的需要才建立了包括土木工程、机械工程的工学院,出现了文、医、理、工俱全的现代综合大学模式。于是,从19世纪中叶起,土木工程、机械工程和电机工程就一直是大学工学院的三大系科。

现代土木工程的发展已有300余年历史,它建立在17世纪伽利略、虎克和牛顿所建立的力学基础理论之上。经过18和19两个世纪中无数科学家和工程师的创造性努力,到20世纪上半叶已经建立起结构的弹塑性理论、板壳理论、稳定和振动理论、非线性分析理论和岩土力学理论,达到了相当高的水平。20世纪下半叶的主要进展是因数字计算机的发明所引起的数值分析方法的广泛应用,以及材料科学的进步。不仅两种传统材料钢和混凝土的强度及性能迅速提高,而且预应力技术、复合材料和其他新型材料的问世不但改变了土木工程师的思维和工作方式,还为土木工程师不断创造出更长、更大、更复杂的标志性、破纪录的重大工程提供了条件。

土木工程在创造人类文明、消除贫困、预防灾害以及保护环境等促进可持续发展和改善生活质量方面必将发挥愈来愈重要的作用。

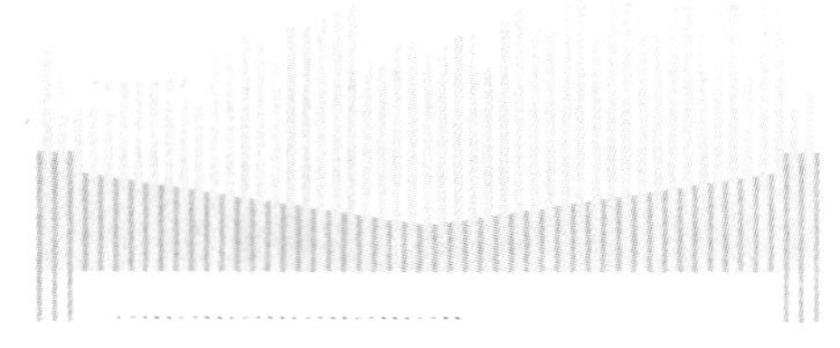

* 本文系2004年为同济大学土木工程学院90周年院庆而作,刊载于《同济大学学报:自然科学版》2004年第32卷第10期,5—8页。

2 同济大学土木工程学科的诞生（1914—1952年）

1840年鸦片战争后，中国被迫开放五口通商。西方在15世纪意大利文艺复兴运动中孕育起来的近代科学和18世纪英国工业革命产生的工程技术也随着商人和传教士进入了中国。19世纪50年代，以严复为代表的一批中国觉悟的知识分子痛感因封建王朝长期闭关锁国所造成的贫困和落后，开始努力学习和翻译西方的科技著作，并向清朝政府力陈改革科举制度和兴办新式学堂以图强国之策。

从19世纪60年代起，一些洋务派大臣也竭力主张“中学为体、西学为用”和“供法自强”，陆续兴办了一些培养外语、水师、兵工、测绘、河工等各类人才的专科学校，同时开始向欧美各国派遣少量留学生。

在19世纪末叶的1895年，中国第一所现代工科大学——北洋大学堂在天津创立。次年，上海兴办了南洋大学堂。其中的土木系科是以培养铁路和采矿工程师为主要宗旨。接着，在20世纪初，南京的南京工学院（现东南大学前身）、杭州的浙江大学、华北唐山工程院和武昌的武汉大学等新式学堂也在各地洋务派大臣的推动下相继建立。

1907年，德国宝隆医师在德国政府和德国驻沪总领事的帮助下创建“德文医学堂”，设德文和医学两科。次年，改名为“同济德文医学堂”。辛亥革命后的1912年成立“同济工学堂”，设机电科。同年，医、工两学堂合并为“同济医工学堂”。1914年秋，工科增设土木科，是为同济土木工程学科之路。

1917年，德国在第一次世界大战中战败，同济医工学堂由国人收回自办，并由教育部定名为“同济医工学校”，同时拨公款在吴淞建新校舍。1922年，吴淞校舍部分落成，工科及医预科迁入新校址。1923年3月，教育部批准将校名改为同济大学。1927年8月，在国民政论大学院院长（相当于高教部部长）蔡元培先生支持下，同济大学进入少数国立大学行列，定名为“国立同济大学”。1930年，遵照大学组织法，医、工两科改称医学院和工学院，在工学院下设机电和土木二系。同年，筹办理学院。1932年，工学院又增设测量系。

同济大学土木工程学科于1914年成立后，即从德国著名大学聘任德国籍教授任教。在第二次世界大战以前，世界的科学研究中心在欧洲，德国拥有最多的物理学和化学的诺贝尔奖获得者。一些德语国家如奥地利、瑞士、局部的荷兰、比利时和北欧诸国以及亚洲的日本向德国派出访问学者，学习当时德国的领先科学和技术。蔡元培先生赴欧考察学习也是首选德国。德国以严谨的学风和注重理论的传统著称，而同济大学土木工程学科在德国籍教授的指导下也形成了德派的教学风格，成为中国进行土木工程教育的重点大学之一。

1929年，时年16岁的李国豪考入同济大学预科，本想遵父命学医，1931年预科毕业时因对土木工程的浓厚兴趣改选土木工程系，1936年毕业后留校任教，1938年赴德国留学，1940年获博士学位后因第二次世界大战而滞留德国，1945年回国后又回归同济大学任土木系主任、工学院院长，成为同济土木工程学科的一代宗师。

3 院系调整后的同济土木工程学科（1952—1977）

1951年暑假，上海高校进行了一次合并和改组，原来一些私立大学如大夏、光华、大同、沪江和上海市立工业专科学校等校撤消，各校的土木系，加上上海交通大学土木系和浙江大学土木系的一部分教师全部并入同济大学，使同济大学集中了当时上海高校所有土木系的师资和有关设备，成为南方教师和学生人数最多的土木工程教学群体。

1952年起，庞大的同济大学土木工程学科按原来下属的结构、路工、市政等教学组分解成结构工程系、道路和铁路工程系、卫生工程系、建筑材料系，并按苏联的体制分别设立了工业与民用建筑、工业与民用建筑结构、桥梁与隧道、公路与城市道路、铁路、给排水、暖通以及建筑材料等专业和有关教研室。1953年夏，南京工学院（东南大学前身）停办桥梁与隧道专业，学生并入同济大学结构工程系；1954年夏，清华大学停办公路与城市道路专业，学生也并入同济大学。同时，同济大学将桥梁与隧道专业从结构工程系划出，和道路专业合并成立新的道路与桥梁工程系，并单独成立了铁路系，结构工程系则改名为建筑工程系。1952年，由王龙甫教授出任第一届结构工程系主任，陈本端教授任道路系主任，李秉成和童大埙教授先后任铁路系主任。1958年起由童大埙教授任合并后的道路与桥梁工程系主任。同时，因王龙甫教授调至北方新建的建材学院担任领导工作，由王达时教授接任建筑工程系主任之职。此后，1958年铁路系又和道桥系合并成路桥系。1959年，同济大学划归建筑工程部领导，成为建工部所属高校中规模最大、专业最完整、以土建为主的第一重点大学。其中建筑工程系、建筑系、路桥系、卫生工程系、建筑材料系和新组建的城建系以及主要面向建筑行业的机电系和承担基础课教学的数理力学系构成了文革以前作为土建行业高校排头兵的同济大学。可以说，虽然仍保留同济大学的校名，但实质上相当于"中国建筑大学"。

文革以前的1965年，建工部领导曾计划将同济大学迁往重庆，与重庆建筑工程学院合并以支援当时的"三线建设"对土建干部的需求，后因文革开始而未果。

4 改革开放后的同济土木工程学科（1977—2004）

1977年，文革后复出担任校长的李国豪教授开始着手学校的复兴大业。首先，他带领土木工程学科的骨干教师投入到唐山大地震后的抗震科研工作中去，在原来结构理论研究室的基础上扩大成立了结构理论研究所，并带头建立了以知名教授命名的研究室，恢复了同济大学的研究工作。1978年，李国豪教授作为首届国务院学位委员会的土建学科召集人在建立学位缺席和第一批硕士学位与博士学位授予学校的评选以及恢复研究生招生等工作中，都发挥了重要作用，培养了一批优秀的土木工程学科接班人。1979年李国豪教授出访欧洲，与德国几所大学以及洪堡基金会建立了联系，并在同济大学设立了留德预备部，为以后教育部批准同济大学作为中国大学对德交流的窗口和恢复德国风格的办学特色奠定了基础。从1980年起同济大学每年都派出青年教师赴德进修，同时邀请德国大学教授来校讲学和合作研究，为同济大学向综合性大学过渡创造了重要条件。在这一过程中，土木工程学科仍是同济大学的特色和重点学科受到重视和支持。

1982年，学校决定恢复结构工程系，这是从原来以苏联按行业分系的体制向欧美各国按学科分系的体制的重要转变。原属路桥系的桥梁专业，和原属勘测系的地下建筑专业回归结构工程系，由孙钧任主任，项海帆、沈祖炎任副主任。这对于土木工程学科的发展和对外交流合作是十分重要的一步。

1986年，国家计划委员会和教育部通过竞争选择了在同济大学建设土木工程领域唯一的国家级科研基地——土木工程防灾国家重点实验室。这是一次重要的机遇，为此后同济大学参与上海市政建设和承担国家自然科学基金委员会的重大和重点项目创造了重要的条件，对于提升同济大学土木工程的学术地位和国内外影响也是十分关键的一步。

1987年，由于全校各系的规模日益扩大，学校决定履行三级管理体制，结构工程系升级成立结构工程学院，下设建筑结构系、建筑工程系、桥梁工程系、地下工程系以及工程结构研究所，由朱伯龙教授任院长，范立础教授和荣国构教授任副院长，蒋大骅、张誉、项海帆和侯学渊教授分任各系主任，朱伯龙兼任所长。

1989年，朱伯龙院长年届60岁退出行政工作，由范立础教授继任结构工程学院院长，在他的8年院长任期内，恰逢上海浦东开发的机遇，同济大学土木工程学科参与了上海南浦大桥、杨浦大桥、东方明珠电视塔、地铁1号线、延安东路隧道以及许多高层建筑的科研和设计项目，取得了优异的业绩和成果。在此期间，孙钧教授于1991年当选为中国科学院院士，项海帆教授于1995年当选为中国工程院院士，使同济大学的土木工程学科确立了国内的领先地位。

1997年，学校决定按一级学科设院、二级学科设系的组织原则成立土木工程学院，并将道路和交通工程系、测量系划归土木工程学院，由项海帆院士出任第一任院长，吕西林、陈以一教授任副院长。在此期间，上海城市建设学院和上海建材学院相继并入同济大学，有关教师分散并入土木工程学院各系，使队伍进一步壮大。2000年，土木工程学院进行了换届，项海帆院士已年届65岁，退居二线，任顾问院长，由李永盛教授出任院长。2001年，上海铁道大学与同济大学合并后，道路与交通工程系离开土木工程学院，与上海铁道大学有关系组织成新的交通运输学院。2002年，李永盛教授上调任副校长后，由陈以一教授接任院长。目前，土木工程学院已拥有5位院士，具有博士学位的教师已达150位，构成了同济大学的重要台柱。

5 21世纪的期望

同济大学土木工程学科已走过了90年的历程，从最初仅有几十名学生发展成具有400余位教职工、2 000多名在校本科生和1 000多名在校研究生的学院。在土木工程一级学科下涵盖了结构工程、岩土工程、桥梁与隧道工程以及防灾减灾工程等四个重要的二级学科。尽管在国家重点学科和上海市重点学科的评选中，同济大学土木工程学科得到了国内同行们的一致好评和认可，但我们仍有许多不足之处，在很多方面要向兄弟院校学习。改革开放以来，同济大学土木工程学科抓住了机遇，作出了努力，也取得了一定的业绩和成果，但我们决不能自满，要牢记“盛名之下，其实难副”的古训，特别是和发达国家相比，差距还是很明显的。我们所做的大都是发达国家在 20 世纪 60 年代已经做过和早已完成的工作，所用的基本理论和方法也大都是他们在 60 年代提出和奠基的，虽然有一些改进和补充，但突破性的成果很少。

进入 21 世纪后，我们在 20 世纪 80 年代的“学习和追赶”和 90 年代的“紧跟和提高”两个阶段的基础上，应当开始“创新和超越”的第三战役，这是更艰难的征程。我们必须“明确目标、组织起来”，通过创新实现跨越式前进。

正所谓“任重而道远”。我衷心希望年轻一代的教授和学术带领人，特别是拥有“长江学者”、“杰出青年基金获得者”和“跨世纪人才”等称号的优秀接班人，一定要树立高远的目标，以极大的兴趣和入迷的心志去探索未知的学科前沿难题，警惕“拜金主义”的物质诱惑，以“淡泊明志，宁静致远”和“十年磨一剑”的决心和耐心，努力攀登学术的高峰，做出让国内外同行钦敬的优秀成果来。只有这样，同济大学土木工程学科才能长盛不衰，才能永葆领先一步的学术地位。让我们创造更加光辉的业绩来迎接同济大学土木工程学科的百年诞辰！

“桥梁大国”距离“桥梁强国”有多远*

曾几何时，中国是名副其实的“桥梁强国”。在中国古代，木桥、石桥和铁索桥的建造技术长时间保持着世界领先水平，在桥梁发展史上曾占据重要地位，为世人所公认。

近十几年来，中国的桥梁建设取得了不错的成绩。但是，毋庸讳言的是，中国的桥梁建设水平却还有待提升，这主要表现在造桥所动用的人力多少以及技术、设备和设计软件水平等多个方面。

由于我国桥梁领域自主创新的技术和专利还不多，所以很多大型桥梁的建设都需要依赖国外进口设备。然而，国外公司出于技术保密原因，以及对中国桥梁施工企业的购买能力和施工人员素质的考虑，卖到中国的往往都是国外20世纪八九十年代水平的设备。有些小型的桥梁工程，甚至还在使用非常陈旧、落后的技术。

另外，即便我们能够买到最先进的设备，我们的施工人员也很少有操作电脑的能力，而需要国外公司派人来协助。采用落后的技术和设备所带来的一个直接后果就是，需要较多的人力，造桥的效率和桥梁的精度与质量受到影响，落后于国际先进水平。

目前，国内桥梁界盛行以规模和尺度的超越来体现自身技术的创新，似乎只要跨度最大、数量最多、尺度最大就是“天下第一”，就是“桥梁之最”。实际上，桥梁尺度上的突破并不代表建成了最难的桥梁。有些地方是不顾经济性而盲目追求跨度第一的。

桥梁建设应以技术突破论英雄。因为建桥是要运用技术的，有时凭借落后的技术也能建成破纪录的大桥。只有遇到了真正的挑战，而且通过克服困难提出了新的方法，创造了相应的先进设备并获得了成功，或者发现了旧工法和设备的缺陷，有了重大的改进，才是真正的技术创新。

除了严重依赖国外十几年前的施工设备的尴尬，现在的中国在进行桥梁建设时所要面对的另一挑战是，用于桥梁设计的软件水平也有待提高。目前我国桥梁设计界主流的软件往往是韩国、英国等国家的产品。而且，这些商品化的设计软件也并不是目前世界上最好的。

中国要想从“桥梁大国”向“桥梁强国”迈进，关键在于自主创新。

此外，目前我国政府的研究经费主要投向了前沿技术、高技术研究，而不是在经济建设主战场大量需要的应用技术研究，形成了明显的“跛脚”现象。而且，即便是投入到应用技术的研发费用，也大部分集中在高校和科研院所，企业受益不多。对此，在未来桥梁领域的实用技术研发方面，国家应该重点向企业倾斜，培养他们自主研发的实力，形成研发和应用的良性

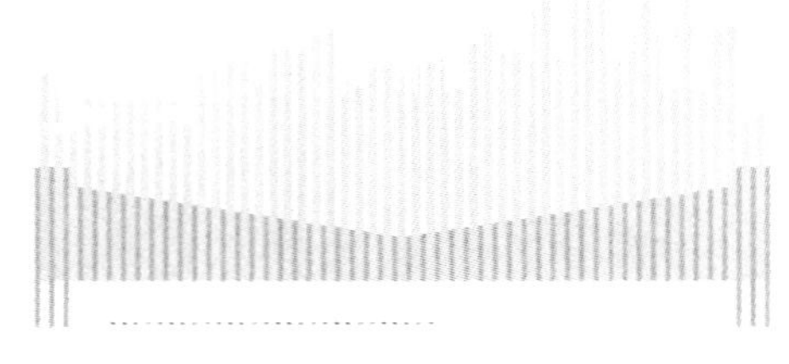

* 本文2007年9月发表于《科技中国》杂志。

循环，从而实现自主的技术创新。

资金投入、研发队伍和时间是创新的三大条件，中国现在就应该提前考虑10年后桥梁建设领域所需要的前瞻性技术。只有这样，我们才能在2020年，乃至更远的未来收获创新的果实。

长江水道通航等级及桥梁跨度之我见*

2006年春天，媒体上关于“要炸掉南京长江大桥”的议论被炒得沸沸扬扬。据说这是源自一位领导的讲话。

正巧，第十七届全国桥梁学术会议于同年5月在重庆召开，我接受了一位记者的采访，谈了一些意见。记得我曾说过“炸桥是不可能的”，“接高桥墩的办法技术上并不是不可能，但也不现实”。我还讲了修建南京二桥时曾讨论过提高通航净空高度的问题，但被主管部门否定的事，并建议记者去北京采访一下当时的负责人，他们会给出权威的说法。遗憾的是，从见报的报道看，记者还是用了“南京长江大桥可以接肢”的标题，但这并不是我的本意。后来，扬子晚报和“龙虎网”又转载了这篇报道，似乎我成了赞同“接肢”的专家，以至于某教授还受到我的鼓舞，带领同事写了一份“整体顶升”的建议书。此后，有一家参加上海音乐厅整体移位的公司也受到报道的影响，专程来访问我，希望参与这一“壮举”。我明确告诉他们：“要把从南京到宜昌的二十多座桥全部抬高是完全不现实的。”幸好这一“炒作”很快就平息下去了，并没有引起更大的风波。

1　长江水道的通航等级

从上海到宜宾已建了60多座桥梁，其通航等级基本上分成三段，南京港以下按5万t海轮的要求定为50 m净高，其中苏通长江大桥考虑特殊海轮发展要求增高为62 m，相当于10万t海轮的要求。南京长江大桥以上直到武汉港都定为24 m，属内河Ⅰ级航道。武汉长江大桥以上一直到宜宾则为18 m，属内河Ⅱ级航道。

世界一些通海的主要江河，都在离河口的一段距离设港作为海运和内河航运的分界，如欧洲易北河的汉堡港、威悉河的不来梅港、莱茵河的鹿特丹港等。海运物资到港后就转驳到快速的2 500 t级内河货轮转运到欧洲各地。由于欧洲各大河都有运河相连通，内河航运可说是四通八达，十分便捷。欧洲的内河航运早就实现了现代化，采用统一规格的宽体无桅杆快速货船，通航净空要求并不高，码头装卸机械也十分先进，因而运量远远超过我国长江的运量。

我国长江水道的内河航运还十分落后，不但船只陈旧、操纵性能差，还有很多顶推船队，时常造成失控撞墩事故；另外，管理水平也较低，航运管理部门往往要求增大桥梁跨度以减少撞船事故，这也迎合了一些人追求跨度第一的轰动效应，于是就造成了建桥费用的增加和桥型比例的失调，进入了一个误区。

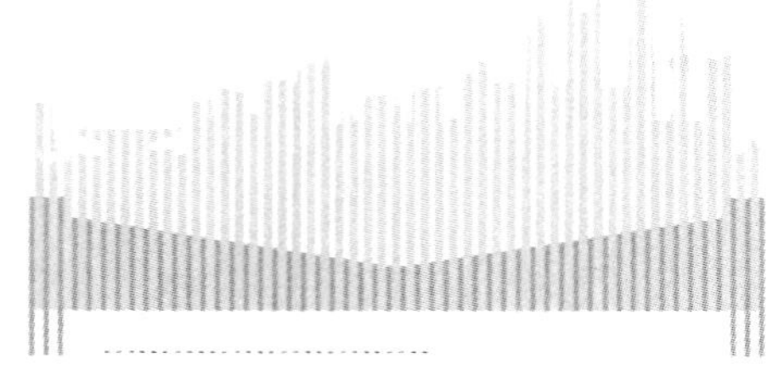

* 本文发表于《桥梁》杂志2007年第2期。

由此可见，要充分发挥长江水道的功能，并不是像有些人所讲的："要炸掉一些桥，或者把所有桥梁都抬高，让5万t海轮直达重庆。"我们的当务之急是应当按现有通航标准，设计新颖的标准化高科技内河客货轮，同时改造沿江的所有码头设施，使之尽快实现现代化。

2 保持主跨和通航净高的适当比例

桥梁的主跨一般是为通航需要而设置的。为安全通航，都由交通部水运司下达通航要求所需的净高和净宽作为桥梁设计的标准。

按照公路桥梁设计规范，我国内河航道共分7级。内河Ⅰ级航道的通航净高为24 m，净宽为2孔160 m，主跨160 m的南京长江大桥满足了Ⅰ级航道的最低标准。内河Ⅱ级的净高为18 m，净宽为2孔105 m，也是主跨128 m的武汉长江大桥所满足的最低标准。如果只设一个通航孔，则满足上下行航道的要求分别应是Ⅰ级320 m和Ⅱ级210 m。当然有时要考虑航道的变动，可适当放大主跨跨径，但也不宜过分追求大跨度。当上下行分孔通航进行多孔布置时，主跨与通航净高之比应在10以内，当上下行合孔航道而采用大跨径桥梁时，也不宜大于20，即对于Ⅰ级航道，分别不大于240 m和480 m。

南京长江二桥设计时，我曾建议采用小于500 m的主孔，而最终主跨定为628 m，虽然将净高增大为28 m，主跨和净高之比仍大于20，达到22.4，使钻石形桥塔的比例失调，桥面以下的"矮腿"影响了塔型的美观。最近正在施工的鄂东大桥，达到926 m的跨度，比例高达38.6。此外，武汉阳逻大桥采用主跨1 280 m的悬索桥，我感到也是不必要和不经济的。

在武汉以上的Ⅱ级航道上，如按20倍的净高(18 m)计算，上下行合孔通航的主跨原则上不应超过360 m。实际上，大部分斜拉桥的跨度都在388～618 m之间。有些可能是地形所限，必须一跨过江，但很多是不必要的。当主跨和净高之比超过了30倍，桥面就像趴在水面上那样，给人以压抑感，同时也一定是很不经济的。

《桥梁》杂志2005年第3期曾介绍过法国公司为希腊设计建造的Rion－Antirion桥，该桥跨越科林斯海峡，为5跨(286＋3×560＋286 m)4塔连续斜拉桥，全长2 252 m。桥位处水深达65 m，且位于强震区，采用创新的"加筋土隔震基础"，下部结构有相当的难度。通航净高65 m，可通行18万t第五代集装箱海轮，但他们并没有追求大跨度，而是采用最经济合理的分孔方案，主跨和通航净高之比只有8。该桥荣获国际桥梁与结构工程协会2006年杰出结构奖，得到国际同行的一致赞赏，是值得我们很好学习和思考的。

3 结语

我希望通过这篇文章阐明我对长江水道通航等级的意见，同时，呼吁中国桥梁界不要刻意追求跨度的超越，而要保持主跨和通航净空的合理比例，对目前长江水道上已建成的许多大跨度桥梁进行反思，从而尽快走出误区，更多地从创新上下功夫，做出无愧于中国桥梁"黄金时代"的精品。

情系同济 56 年*

1 求学 7 年(1951—1957)

1951 年夏,我作为上海市晋元中学高三春季班的学生,提前半年以同等学力参加高考,被录取在同济大学土木工程系,成为一名不满 16 岁的少年大学生。有一天课间休息,在“一二·九”大楼底层的走廊里,突然走来一位戴茶色遮阳眼镜的教授,这是我第一次见到我们的工学院院长、土木系主任李国豪教授。他是我们学生的偶像,后来成为我的恩师和永远的楷模。

1952 年春天,全国掀起了“三反”、“五反”和思想改造运动,我参加了学生会宣传队的黑板报组,了解了不少运动的情况,并申请参加了共青团。这年夏天,全国高校进行院系调整,上海各高校中的土木系都集中到同济大学,同时按苏联体制分成不少专业,我填报了“桥梁与隧道”专业,这是我小时候在故乡杭州看到钱塘江大桥时就暗暗定下的志愿,桥梁工程从此成为我毕生为之奋斗的事业。

为了安排院系调整迁来的各校学生,以及 1952 年扩大招生的一年级新生,学校开始大兴土木,兴建文远楼、和平楼、民主楼、理化楼、工程试验馆等新建筑,同时赶造了一批学生宿舍和同济新村的教师宿舍。在新楼完工前不得不先搭建了一批草棚教室和作为食堂兼礼堂的大草棚。一年级新生大都安排在草棚教室上基础课,艰苦了一年,到 1953 年暑假后,才陆续搬进了新的教室大楼。

1953 年秋天,全国举行解放后第一次人民代表选举,年满 18 岁的大学生都拿到了选举证。那时我已是升入三年级的大学生,但仍不满 18 岁,二年级的陈铁迪也不满 18 岁,我们两人被指定担任正副总监票,带领一年级新生中不满 18 岁的一部分小同学组成监票组,成了学校一大新闻。

1954 年春天,毛主席提出了“学习好、身体好、工作好”的“三好”指示。秋季开学后,学校决定试点评选“三好学生”,条件是上一学年中各门功课成绩全部五分的学生。我和测四的许厚泽(后来也当选为院士)以及工民建三年级的一位同学共三人被选为首批“三好学生”。校刊专门介绍了我们三人的事迹,我当时又是校文工团和校田径队的成员,可说是一个全面发展的三好学生。

1955 年毕业前夕,学校搞了肃反运动,一些家庭社会关系复杂,有亲属在台湾以及解放初在天主教会中学参加圣母军的同学都成了审查对象。虽然运动很快就收场了,但我对运动中的一些审查方式心里很想不通。毕业分配开始后,学校号召大家到祖国最需要的西部边疆去工作,全班共青

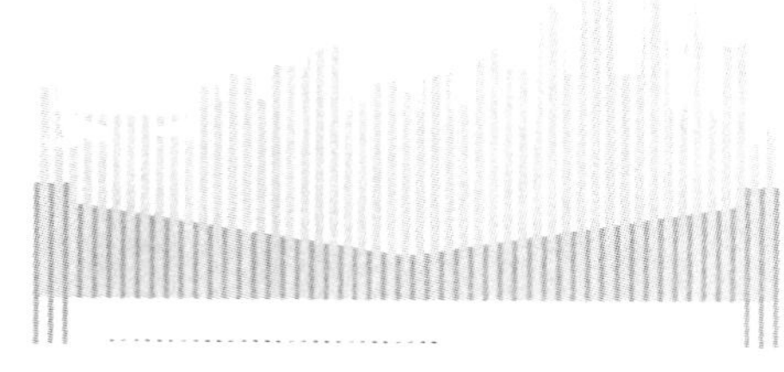

* 本文系 2007 年为庆祝同济大学建校 100 周年而作。

团员们都报了名，表示服从国家分配，我却被李国豪教授选中作他的第一个四年制的副博士研究生。按苏联体制，研究生属于教师系列，待遇也和助教差不多，白校徽改成了红校徽。全校研究生成立了独立团支部，直属团委青年教师工作部管辖。

1956年2月，我当选为研究生独立团支部的书记。3月，路桥系教师党支部就找我谈话，动员我入党。不久，我就写了第一份入党申请书，谈了自己的家庭出身和思想发展过程。4月的一天，党支部通知我："决定吸收你入党"，我表示："自己出身不好，觉悟还不够，需要再锻炼一段时间。"1956年5月16日，学校开了入党宣誓大会，10位教授和10位学生一起入了党。我和李国豪老师成了同志，以后他一直叫我"海帆同志"，直到他去世。

2 蒙难22年(1957—1979)

1957年春天，中央号召整风，还发表了"正确处理人民内部矛盾"的指导性文件。文汇报登了"北大民主墙"的报道，研究生团支部经过讨论，决定也搞一个"同济民主墙"作为鸣放的园地。我负责起草民主墙的"刊头语"，同时派吴中同学代表研究生支部在第一次青年教师鸣放大会上发言。党支部审查了"刊头语"后不让我们搞，而第一次鸣放大会的一些发言立即在下一周的校刊上以"恶毒攻击老干部"为标题作了报道。很快，6月1日人民日报的社论"工人说话了"吹响了"反右斗争"的号角。我还来不及鸣放，就被定为"右派分子"，遭到了"阳谋"之灾。1958年3月贴出了布告，我被"开除党籍，开除研究生学籍，留校察看，以观后效"，这已经是最轻一档的处分。经过一年半的劳动改造，我在1959年国庆十周年的"大赦"中成为第一批摘帽的幸运儿，回到了人民队伍中。

1959年国庆节后，李国豪老师把我叫去说，"海帆同志，你的问题解决了，我正准备为桥梁专业开一门'桥梁稳定与振动'的选修课，你就来帮我辅导"，我又回到了李老师身边。1960年起，我承担了铁路专业的钢桥课，同时还帮肖振群老师辅导桥梁专业的钢桥课，我才24岁，又恢复了青春的活力。李老师还决定出版一本《桥梁稳定与振动》的教材，他借了南楼二楼原苏联专家的办公室用来编写教材，我开始了一生中最重要、最有收获的一段学术工作。我从图书馆借来有关的图书和文献资料，每天从早到晚都在那里工作，李老师每周来半天和我讨论问题，审阅初稿。经过3年的努力，完成了教材的付印稿，我也打下了坚实的理论基础。

1959年冬天，教工文工团邀请我参加小乐队，同时为教工合唱队当手风琴伴奏。1960年春天，学生文工团小乐队排练《春天来到了扬子江》，邀请教工小乐队加盟，我结识了当时任小提琴首席的宁蓓蕾。经过多年的交往，特别是她来南楼办公室看到李老师对我的信任和重用，升华了我们的感情。1962年她大学毕业，虽然不可能靠我留在上海，而分配去了北京工作，但她仍不怕连累，不畏人言毅然和我确定了关系。我们在1964年春节结了婚，开始了长达10年的两地分居的生活。

1963年春天，在我"留校察看"5周年时，学校给我定了助教的职称，我拿到了正式工资，成为人民教师的一员。

1966年，十年"文革"灾难降临了，家里也被抄了，我小心翼翼地度过了最初的混乱阶段。1968年春节后开始清理阶级队伍，民主楼前贴出了勒令"牛鬼蛇神"包括摘帽"右派"去"革委会"报到的通告。我开始过上了牛棚生活，每天除了集中学习写检查外，还要安排去打扫卫生和干杂活，有时还被拉出去在批判李老师的大会上陪斗。1969年为庆祝"九大"的召开，我有幸被第一批从牛棚释放，再次回到了人民队伍中，还获准和群众一起跳"忠字舞"，算是得到了新生。随后，我就被送去安徽"五七干校"进行了一年半的"再教育"，到1971年秋天回到学校，加入了对工农兵学员的教学小组，一直到"文革"结束。1974年，我爱人终于调回上海和我团聚了。

1979年春节前，我得到了"改正"，恢复了党籍，成了一名有23年党龄的老党员。1978年我升了讲师，到1980年又破格晋升为副教授。李老师复出担任校长后，专门成立了李国豪科研组，我又再次回到李老师身边，从事唐山地震后的桥梁抗震研究和担任上海泖港大桥的风洞试验任务，这也是同济大学做风工程研究的开始。

3 奋起22年(1979—2001)

1979年，李老师去欧洲访问回来，带回了德国洪堡基金会的研究奖学金申请表，学校选拔了10位年轻教师申请。1980年夏天，包括我在内的4位教师被批准，准备年底去德国做博士后性质的研究工作。当时我已45岁了,但踌躇满志,决心利用这一难得的机会,努力学习国外的先进理论和计算技术,把中国的桥梁事业推向前进。

1982年5月,我按期回国出任结构工程系副主任一职,分管科研、研究生和外事工作,还负责青年教师的出国培训。我积极为他们写推荐信,办出国手续,希望他们学成回国效力,增强同济的师资力量,遗憾的是很多人没有回来。李老师也曾无奈地叹息说:"他们的报国之心不切啊。"1984年,我由教育部特批晋升为教授和博士生导师。

1987年前后,我们抓住了成立桥梁工程系、申办土木工程防灾国家实验室以及上海南浦大桥自主建设等三次重要机遇,在李国豪老师的指导下努力工作,终于使同济桥梁得到了飞速的发展,从原来仅有二十多人的一个教研室壮大成为有七八十人的桥梁工程系。

到1994年,经过8年的奋斗,我们以南浦大桥和杨浦大桥为背景的科学研究工作同时获得了国家科技进步一等奖、自然科学四等奖和教育部科技进步一等奖,国家实验室建设也获得了金牛奖。这四个奖项促成了我在1995年当选为中国工程院院士。如果从1980年算起,15年的努力终于结出了果实。

1997年前后,我们又遇到了上海城建学院和上海铁道大学的并入、上海重中之重学科建设以及国家自然科学基金重大项目等三个重要的机遇,进一步壮大了桥梁系的队伍,新建了桥梁馆,使条件大大改善,大部分教师也在承担国家自然科学基金重大项目中得到锻炼,逐步形成了"同济桥梁"的品牌和特色。

从1986年到2001年的15年间,我遍访二十余个国家和地区,累计出国四十余次,并多次被邀请在国际会议上做大会报告。我经常单枪匹马出席国际会议,向国外同行介绍中国桥梁建设取得的进步和成就,使我能在2001年得到提名,当选为国际桥梁与结构工程协会的副主席,标志着中国桥梁界在国际舞台上有了一席之地。

此外,继1992年成功举办了亚太结构工程上海会议后,2001年我们又申办2004年国际桥梁与结构工程协会上海会议获得成功。经过3年的准备,2004年9月的国际桥协上海会议获得了国内外的普遍赞赏,也为"同济桥梁"争得了国际地位,我们全系多年来的国际化努力终于得到了回报。

4　退居二线(2001年至今)

回顾自己在同济的56年,其中求学7年,蒙难22年,奋起22年,我也到了古稀之年。2001年后,我从土木工程学院院长和土木工程防灾国家重点实验室主任的岗位上退下来,继续做一些顾问工作,并为年轻一代的接班人当好后勤和参谋。

我在同济度过了大半辈子,经历了许多风雨和磨难,也得到了恩师的教导和提携,可算是不幸中之大幸。最终能在1995年入选工程院,2001年又当选国际桥梁与结构工程协会的副主席,没有辜负李老师的培养和期望,也为母校争了光。

在同济百年校庆之际,我简要地叙述了自己56年间在同济的一些重要经历,希望对后辈有所启迪。我感到,一个人遭到厄运不能消沉,机遇将眷顾有准备的人。爱国、敬业、自强不息、为祖国的振兴贡献毕生的精力正是人生的价值所在。

我衷心希望我的弟子能抵御当今社会的拜金和浮躁之风,保持对科学研究的志趣,要走向高端,努力创新,带领他们的助手和学生去攀登学术高峰,还要继续加快国际化的进程,敢于和国际同行同场竞技,为中国从桥梁大国走向桥梁强国贡献自己的力量,实现自己的人生价值。

乘风扬帆 30 年——“科学的春天”30 年回望*

同学们，很高兴在“同舟讲座”上和大家见面。

学生会要我讲讲我的故事，出了几个题目给我，有桥梁、土木。但我想在座的是全校各院系的同学，不都是土木学院、桥梁系的，光讲桥梁的故事并不合适。

今年正好是 1978 年 3 月全国科学大会 30 周年，于是我想就谈谈我 30 年来的经历和感想，希望对大家有一些启发。

30 年前的全国科学大会上，86 岁高龄的郭沫若同志在闭幕词中说：“这是科学的春天，让我们张开双臂，热烈地拥抱这个春天吧。”1978 年确实是彻底改变中国知识分子命运的一年，知识分子从“臭老九”变成了“香饽饽”。

1957 年后，“地富反坏右”称为黑五类，然后是叛徒、特务、走资派，资产阶级知识分子位列第九，成了“臭老九”。我是摘帽右派，排行第五，可以说是“臭老五”，比老九更臭一些。1977 年 8 月邓小平主持召开的全国科教工作座谈会(有 30 多位老知识分子参加)是全国科学大会的先声，会上给知识分子摘掉了资产阶级的帽子，并决定恢复高考。于是，你们的父辈才有了上大学的机会，也完全改变了几代人的命运。

中国工程院院长徐匡迪院士最近在他的纪念文章中说：“回顾这 30 年走过的道路，不禁百感交集思绪万千。”他说：“我从当年高校教师中的普通一员经过出国学习、工作，回校当校长—高教局长—上海市市长—工程院院长，都是因为有了 30 年前的‘科学的春天’，才有了后来的拨乱反正和改革开放。我们这批有志于报国的青年知识分子才能走到今天，中华民族才能像今天这样自立于世界民族之林。”

我作为当时被打入“另册”的“臭老五”，可以说是一个大家不敢接触的“贱民”，能走到今天更加是万感交集、感慨万分。“科学的春天”让我从“鬼”变成了人，我想大家也许会有兴趣听听我这 30 年做人的故事。

我讲一个半小时到 8 点，如果大家愿意提一些问题，可以提 3～5 个问题。如果有人听听没有兴趣，可以自由地离开会场。

这一段算开场白，下面言归正传。

1 春天到来前的寒冬

从 1958 年到 1978 年，20 年间政治运动不断，加上自然灾害，天灾人祸使经济衰退，甚至到了“崩溃的边缘”。中国被耽误了整整 20 年，而且完全错过了世界 20 世纪 50—70 年代的经济大发展和现代化高潮。到了 70 年

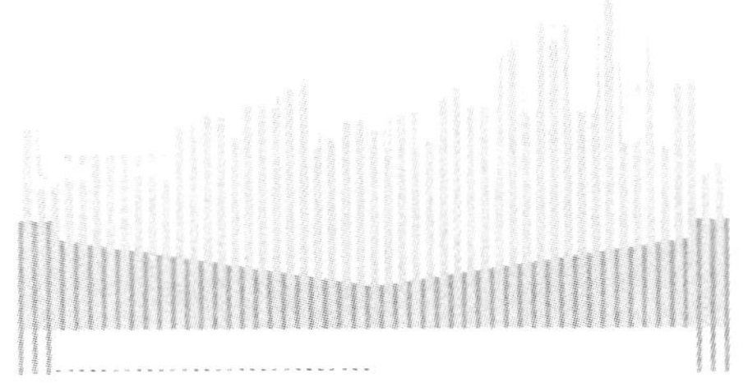

* 本文系 2008 年 8 月应同济大学学生会之邀参加“同舟讲座”而作。

代末，中国还是四五十年代的样子，而欧美强国已实现了现代化，亚洲也出现了四小龙，差距拉大了。

半年之后的1978年9月17日，中央发布了55号文件——《全部摘掉右派分子帽子》。55万多摘帽的和没有摘帽的右派得到了改正，我也是其中之一，终于从“鬼”变成了人，又恢复了党籍，今天我成了有五十多年党龄的老党员。

1957年的整风运动中，我作为当时全校不足20人的研究生独立团支部书记和年轻党员（1956年5月和李国豪校长同一批入党，他从此叫我海帆同志），因策划“同济民主墙”（模仿北大民主墙）的未遂事件而获罪，虽然“未遂”，并没有做成，因为我起草的序言报总支审查时被阻拦而“未遂”，但我还是被划为“右派”，开除团籍、党籍和研究生学籍，蒙难20年。

今天，我不想多讲这20年的苦难，正因为是未遂事件，对我的处分比较轻，是最轻的一档：“留校察看”，没有像大多数右派那样离开学校，发配到边疆去监督劳动。后来我听说很多右派在劳改农场没有熬过三年自然灾害，尤其是很多清华北大的“右派”，在青海劳改农场因饥饿、疾病或工伤事故而死去，我是一个幸存者。

我1958年留校察看后，在砖瓦厂劳动，1959年9月很幸运地被第一批摘帽（因国庆十周年大赦），回到教研室做教辅工作。5年后的1963年我被定级成13级助教，工资从每月30元的生活费变成了60元的正式工资，算是正式进入教师队伍。

1966年“文革”开始，很快家里被抄了家。1968年春节后开始清理阶级队伍就进了“牛棚”。一年后的1969年春天为庆祝“九大”召开，我又一次被特赦回到教研室。秋天全校去农村劳动，1970年春天第一批去安徽干校（那里原是劳改农场），一年半后的1971年9月算是“毕业”回到学校，加入工农兵学员的“教学连队”，一直到1978年。

1970年在干校劳动时，算已经解放，但不能看专业书。我带了一套毛选、两本语录（红小书，一本中文，一本英文）、一套《红楼梦》（可以看）。下雨天不出工，同室的青年教师（大都不到30岁）都在打牌，消磨时光。我刚从牛棚解放，是“干校”中最底层的改造对象，不敢打牌，只能躲在帐子里看《红楼梦》。当时我已35岁，我想这一辈子就只能这样浪费光阴了，完全看不到前途，也根本想不到后来林彪、“四人帮”的倒台。上面简单交待了1978年以前的情况，下面就讲讲开心的故事，分三个十年来讲。

2 第一个10年（1978—1988）：“学习与追赶”时期

1978年科学大会后，中国科学院数学所的杨乐、张广厚被批准首次出国参加国际数学大会。他们回来后，写了一份详细的报告给科学院。科学院领导决定写一份建议给中央，于是有了1979年秋天第一批的出国留学，记得好像全国不到50人。

1979年9月复出担任校长的李国豪老师去瑞士苏黎世参加国际桥梁与结构工程协会成立50周年的大会，会后又访问了德国，与洪堡基金会接上了关系（他在1938年也是洪堡奖学金资助出国的），带回了10份申请表，于是就从当年准备留美的教师英文补习班中选出10人申请留德，我是其中之一。1980年夏天，4人被批准准备年底赴德。

德国洪堡奖学金是一种博士后研究奖学金，为已经获得博士学位的学者提供继续深造的机会。由于当时中国还没有学位制度，洪堡基金会答应放宽5年（1980—1985），只要有3篇代表性论文（译成英文或德文）即可申请。我正好也只有3篇。1978年我在学校发表了第一篇论文，是1977年为唐山地震所做的拱桥抗震论文。

李校长是我的恩师。1955年大学毕业，我成了他的第一位研究生，当时按苏联体制，叫“副博士研究生”，学制4年。1958年3月被开除研究生时，我已考完了前期课程，看了许多原版书和杂志，基本完成了“文献综述”，进入了论文阶段。1959年9月摘帽后又当他的助教，辅导“桥梁稳定与振动”选修课；还帮他写教材，1964年完成。5年中看了大量文献，外文也有进步，打下了扎实的理论基础。1964年全校助教外语过关考试，300多人报名，200多人参加考试，仅8个人通过（5个俄文，3个英文），我也名列其中，说明英文基础还比较好。

1959—1964这五年是我一生中收获最大的一段时期。我同时上3门课，除了1961年起接替李老师上选修课，还分配我上铁路专业的“钢桥设计”课，还要当桥梁专业钢桥课的辅导，教学工作很重。每周6天，天天上午有课，下午就去图书馆看资料，晚上在房间写教材和备课，做了几百张卡片，几乎看完了所有能找到的桥梁稳定和振动方面的文献。

季羡林说：天资、勤奋和机遇是成功的三要素，自己能做的只能是努力和勤奋。我体会到“人处于逆境，也不能放弃”，要做好准备，“机遇将眷顾有准备的人”。前面讲到“文革”中有过绝望，不可能想到还有拨乱反正出头的一天，但没想到1980年机会终于来了。

2.1 留德的几点最深刻感想

1980年底，我已45岁，踏上了汉莎航空公司去德国的飞机。大使馆来接我们，一共有十多个洪堡学者，在波恩大使馆住了两天。早上在莱茵河边散步，有“恍如隔世”之感。两岸的高速公路、绿化环境、超市，德国不仅医治好了战争的创伤，而且完全现代化了，中国却还是二战前的模样，可说是两个时代的差距。

两天后，大家分散去各地歌德学院报到，我一人去鲁尔区小城伊塞隆的歌德学院突击4个月的德语。整个小县城就我一个中国（内地）人，只有一家中国小饭店，3个从香港去的服务员也只会讲广东话。

1）大学的高淘汰率

我所在的鲁尔大学土木系每年招400人，学制5年，3年后有一次前期考试，一半被淘汰、可出去工作（相当于学士），约200人进入后期，其中只有120人能按期（5年）毕业（Dipl-Ing），相当于硕士，其余的80人还要延长1～2年，个别的还是不能毕业。高淘汰率保证了质量，也是学生学习的动力。

德国的教育制度是宝塔形的，4年小学后就开始分流，一半进文理中学（Gymnasium），学9年为上大学作准备；另一半进实科中学（Real schule），5年后（相当于初中毕业）再上各种职业学校（Fach schule）3年，毕业即可工作，少数再进高等职业学院（Fachhochshule）继续深造3年，毕业后也相当于学士（共16年），其中优秀的可以报考大学，大学后期继续攻读大学的硕士学位。两条路线在16年教育后有一个交叉，十分自然和合理。

2）一个理性的民族

每一批洪堡学者有三次聚会。第一次是在波恩莱茵河畔的总统府参加欢迎会，总统亲自接见讲话，规格很高。第二次是学术交流会，在一所大学举行，让同专业的洪堡学者有一次相互认识的机会，为今后进一步合作交流创造条件。最后一次是“环德旅行”，3周时间访问十多个主要城市，每到一地常有市长出面接待，十分尊重我们这批来自各国的博士和未来的精英学者。访问波恩的贝多芬故居和特里尔的马克思故居，使我深感德意志民族是一个理性的民族。严谨、精准、守信和坚韧的性格，使德国出了很多大音乐家和大哲学家。在二次大战前德国还是世界科技中心，有70多人获诺贝尔奖。还有德国的足球队，常常反败为胜。德国是二次大战战败国，但很快又崛起了。

3）一个能够忏悔的民族

我在德国的房东，年轻时加入纳粹党，几个兄弟都阵亡了，他因是军医而幸存下来，房东太太是纳粹电台的播音员。他们对希特勒的暴行都有深刻的反省，他们还帮助过犹太邻居逃离德国。

大家知道，德国总统、总理多次为二战罪行下跪道歉，可能是基督教培育了感恩之心和忏悔之心。我感到一个能为自己国家的劣行而真诚忏悔的民族，是一个成熟的、有责任感的民族，我很尊敬这样的民族。日本就没有，中国对“文革”的忏悔也很不够。季羡林先生说过：希望有人把“文革”的灾难写出来，从中汲取教训。但没有人肯动笔！

在德国期间深感中国落后了50年，要奋起直追。因为李校长对我说过：“外国再好，那是人家的”，“有本事，就要把自己的国家建设好，赶上去。”

2.2 回国后的三件大事

1）南浦大桥的故事

1986年，上海市开始启动建设南浦大桥（林同炎建议），秋天，倪天增副市长访问日本，草签了协议，由日本负责设计，贷款建设。

1987年1月我从美国去访日时了解到这一情况，向李校长汇报，他急忙找江泽民市长呼吁自主建设。

1987年7月江市长访同济大学了解情况，我又写了人民来信给他，进一步呼吁自主建设。

1987年9月日本方面汇报钢斜拉桥方案后，江市长在我的人民来信上批示自主建设。

1988年1月上海市建委开会宣布江市长决定，采用同济大学提出的结合梁斜拉桥方案。

2）建立国家重点实验室

1977—1982年我做了5年抗震研究，去德国也是做抗震，回国后开始转向抗风，学习20世纪60年代美国Scanlan奠基的桥梁抗风理论。1986年春天，在李校长领导下筹备申请“土木工程防灾”国家重点实验室，我是筹备组副组长，负责风洞建设。竞争对手是清华大学土木系，最后我们赢了，这对同济大学土木学科是非常重要的一步。

3) 成立桥梁系

1987 年结构工程系升为学院，成立桥梁系，我是第一任系主任。从 1952 年到 1987 年，35 年中只有桥梁教研室，20 多人。这也是重要的机遇，现在桥梁系已有 70 多人的规模。

这三次重要的机遇为同济桥梁学科的发展，为中国桥梁在 20 世纪 80 年代的自主建设和 90 年代的崛起创造了很好的条件。三件事都是在李校长领导下做的。我的深切体会是：落后不要紧，重要的是要有不甘落后，奋起直追的精神。不能放弃自主权，要进步必须自己动手干，不能看着别人干。“实践出真知”，只有亲自实践才能真正学到东西，才能进步。如果南浦大桥让日本人来干，可能后面的许多大桥都不敢干了。这第一步很重要。

3 第二个 10 年(1988—1998)：“跟踪和提高”时期

1988—1998 年这 10 年，我们建成了 3 座风洞，成立了桥梁设计分院，参与了十多座大桥的建设。上海的南浦大桥、杨浦大桥和徐浦大桥，广东的汕头大桥和虎门大桥，江苏的江阴大桥和太湖大桥，浙江的甬江大桥、钱江三桥等。

1988 年起我接替李校长担任国际桥梁与结构工程协会常委会委员(中国代表，也是同济大学团体会员代表)，参加每年一次的年会，结交了很多国际桥梁界的高层人士，还积极参加亚太地区的会、国际风工程会，会后还访问了许多大学。我申请了两本护照，每年出国2～3 次，应邀作大会报告，介绍中国桥梁，为 2001 年当选副主席创造了条件。

1994 年同时收获了 5 个奖(教育部一等奖、国家科技进步一等奖、上海市一等奖、国家自然科学四等奖和教育部金牛奖)，为 1995 年当选院士创造了条件。但我深切体会到：我们还只是跟踪，只是做了人家 30 年前早已做过的事，我们决不能自满，和发达国家相比，仍有相当大的差距，并没有什么原创性成果，要承认这个现实。

我在李校长(1955—2005)身边工作 50 年，中间(1966—1978 年)中断了 12 年。他都一直鼓励和表扬我，唯有一次批评我。1982—1987 年，我做了 5 年结构系副主任，协助系主任孙钧老师管理科研、外事和青年教师出国的事，1987—1990 年又做了 3 年桥梁系主任。8 年间经我推荐、批准出国的人很多，他们走时都保证学成回国效力，我也积极为他们联系，写推荐信、办手续，可惜由于种种原因，大部分没有回来。1990 年教育部来文，分管外事的黄鼎业副校长告诉我：“复旦谢希德，同济项海帆‘挂了号’，以后不能再推荐人出国了”，李校长也批评我：“放人太松，影响同济的工作”，我感到很委屈。

“60 后”这一代在 80 年代出国，确实有很多没有回来。当时差距大，有的为了生活，有的为了研究条件，有的为了子女教育，等等，原因是多方面的。一部分人加入了外国籍，不少成了外国公司的雇员，被派回来当代理，为外国公司效力，其中有很多博士。老一代感到很可惜，很无奈，流失了整个一代精英。

4 第三个 10 年(1998—2008)：“创新和超越”

1999 年超千米的江阴长江大桥通车，中国成为第六个能建造千米级大桥的国家。进入 21 世纪后，又进入跨海工程的新阶段，开始筹建上海东海大桥和杭州湾大桥。于是，媒体宣传的调子愈来愈高，社会风气也日益浮躁。2002 年交通部首届公路高层论坛，邀请我作“中国桥梁建设成就”的大会报告，我说要讲成就，也要讲不足，我讲了创新、质量和美学三方面的不足，呼吁大家不要满足于规模大、速度快、多少之最、几个第一，希望加强创新，实现技术突破，才能有局部的超越。

创新不是容易的事，中国经济规模大，GDP 总量大，但创新很少，核心技术更少，处于产业链的下端，用进口设备生产，基本上是为外国公司打工，而且单位 GDP 消耗的能源和资源很大，还污染了环境，这说明许多工业装备还很落后，效率低、污染大、能耗高。

2006 年 1 月的全国科技大会号召建设创新型国家，2020 年要进入创新型国家行列。于是媒体更加浮躁，到处创新、人人创新、事事创新。许多“完全自主”只是仿制，填补了空白，但水平还不高，大都是仿制人家 20 年前的东西，有的外形自主设计，但核心配件仍依赖进口，能说是“完全自主知识产权”吗?

2006 年 6 月，我在“第三届公路高层论坛”又作了“走自主创新的强国之路”的大会报告，呼吁保持清醒头脑，作长期持久的努力。首先在 2050 年先成为中等发达国家，要进入发达国家前列才是创新型国家，包括拥有许多发明专利、核心技术和诺贝尔奖等发达国家的标志。宋健同志说:“要从大国走向强国,至少要艰苦奋斗50年以上。”发达国家也在向前走,我们可能还要60—70年时间才能赶上强国的人均水平和创造能力,千万不能自满、浮夸。现在3/5的出口产品,是外资企业生产的,利润也都是人家的,我们的人均收入水平还在100位以外。赶超的重任在你们这一代身上,希望大家努力。

5 我的“为人之道”和业余爱好

同济的“KAP”教育模式中的Personality就是人品。

我从小接受的也是孔孟之道,集中来说就是“忠、恕”两字。“忠”就是忠诚、诚实、心正。无论对国家、家庭、朋友都要忠;“恕”就是将心比心,以仁爱待人,宽厚待人、原谅别人。我1982年后当了系主任,一些过去整我的人很害怕,怕我报复,不让他们升等,但我没有这种想法。不过他们自己应该自省,要有感恩之心、忏悔之心、羞耻之心,中国在这方面不如德国。

儒家的核心是“仁”,具体地说就是温、良、恭、俭、让。“文革”中大批判,搞阶级斗争,造反有理,“与人斗其乐无穷”。我感到还是“和为贵”,敬老、敬业、同舟共济、相互帮助。特别是“谦”让,谦受益,不要唱高调、浮夸、吹牛,要讲真话、实话,大学生要做文明的表率。

对儒家学说也要有理性的思考,毕竟春秋诸子百家都是奴隶社会的学说,又长期为封建社会服务,要警惕文化复古主义!最近,北京大学哲学系为是否成立“儒学院”有激烈争论,一派尊孔,另一派认为还是需要弘扬“五四”精神,高举德、赛(科学与民主)大旗,清除封建余毒。大家可以思考。我认为,孔孟之道和德赛先生中国都需要!我虽是有五十多年党龄的老党员,但不是哲学家,也不是政治家。有的学者说:“中国只完成了科学的启蒙,而民主的启蒙才刚刚开始。”从“为民作主”走向“以民为主”的政治改革任务可能要在你们这一代才能完成。

再讲讲我的业余爱好:音乐和体育。我喜欢西方古典音乐是小学培养的,从5岁开始就用五线谱唱西方艺术歌曲,听音乐家的故事。在鲁尔大学遇到两次他们的“春节”,全校4月份放3天春假,一—三年级学生在大食堂跳Disco,四、五年级学生在小食堂跳交谊舞,教师和博士研究生则穿了西服去大礼堂听音乐会,印象很深。希望大家到了高年级也会逐渐喜欢古典音乐,我想这是从通俗到高雅的自然规律。

6 结束语

最后,我想说:你们这一代是十分幸运的,不会再有像我们这一代知识分子的厄运和苦难。你们的生活会愈来愈好,知识和人才日益受到尊重,希望大家珍惜大学的生活,打好立业的基础,毕业以后为中华的和平崛起,把中国建成像欧美一样美丽的科技强国而贡献力量。

当你们在2050年退休的时候,中国肯定已成为中等发达国家,如果你们做得更好,又长寿一些,还能看到中国成为世界科技强国的一天。你们就能自豪地说,这里有我的一份贡献!

我虽然看不到那一天,但我会在天堂祝福你们,当然我也会十分羡慕你们。谢谢大家!

现代桥梁工程 60 年*

1 引言

近代土木工程从 17 世纪中叶到 20 世纪中叶的约 300 年间，经历了最初的“奠基时期”（1660—1765）和以英国工业革命为标志的“进步时期”（1765—1900），以及第一次世界大战前后包括 20 世纪 30 年代大发展的“成熟时期”（1900—1945），完成了近代土木工程的发展，进入了以计算机和信息技术为标志的现代土木工程新时期，相应地，也开始了现代桥梁工程的发展阶段。

第二次世界大战结束后，世界进入了相对和平的建设时期。经过一段时间的战后恢复期，欧美各国于 20 世纪 50 年代陆续开始实施高速公路建设和城市化的计划，出现了许多作为现代桥梁工程标志的创新技术，其中预应力技术及有关的施工方法、斜拉桥的复兴以及流线形扁平钢箱梁悬索桥的问世是战后现代桥梁工程的三项最重要的标志性成就，它们分别由法国、德国和英国的著名工程师及学者所发明和创造，大大推进了现代桥梁工程的飞速发展。

本文介绍现代桥梁工程 60 年来的主要技术创新，希望中国的桥梁工程师能了解所使用技术的原创者和来历，进一步认清我们在创新、质量和美学方面同发达国家的差距，从而激发年轻一代工程师们通过创新实现超越的决心和动力，争取在 21 世纪创造出中国的新技术，使我国从桥梁大国扎实地走向桥梁强国。

2 现代桥梁工程的主要创新技术

2.1 创新桥型和体系

现代桥梁工程的创新桥型和体系包括：

（1）斜拉桥，德国 Dischinger，瑞典 Strömsund 桥，1956 年。

（2）带挂孔混凝土斜拉桥，意大利 Morandi，委内瑞拉 Maracaibo 桥，1962 年。

（3）提篮拱桥，德国 Leonhardt，Fehmarnsund 海峡桥，1963 年。

（4）流线形箱梁悬索桥，英国 Gilbert Roberts，Severn 桥，1966 年。

（5）密索体系斜拉桥，德国 Homberg，Friedrich Ebert 桥，1967 年。

（6）无风撑拱桥及斜拉桥，考虑非保向力效应的稳定理论，德国 Knie 莱茵河桥，1969 年。

（7）混合桥面斜拉桥，德国 Leonhardt，Kurt Schumacher 桥，1971 年。

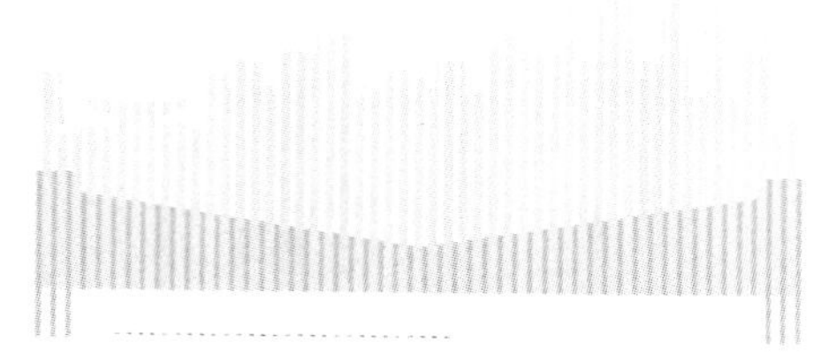

* 本文系项海帆、肖汝诚于 2008 年 5 月参加天津桥梁会议时所作。

(8) 悬带桥,美国T.Y.Lin国际,哥斯达黎加科罗拉多桥,1972年。

(9) 脊骨梁桥,美国T.Y.Lin国际,旧金山机场高架桥,1973年。

(10) 倾斜索面斜拉桥,德国Köhlbrand桥,1973年。

(11) 单索面混凝土斜拉桥,法国Müller,Brottone桥,1977年。

(12) 连续刚构桥,瑞士Menn,Figire桥,1979年。

(13) 矮塔斜拉桥,瑞士Menn,Ganter桥,1980年。

(14) 斜拉-刚构协作体系,德国Leonhardt公司Svensson,E. Huntington桥,1985年。

(15) 用波折钢板作腹板的结合梁桥,法国Maupre桥,1987年。

(16) 无背索斜拉桥,西班牙Galatrava,Alamillo桥,1992年。

(17) 斜拉-悬索协作体系,英国Flint-Neil公司,印度尼西亚巴厘(Bali)海峡大桥方案,1997年(尚未建)。

2.2 新材料及连接技术

现代桥梁工程的新材料及连接技术包括:

(1) 高性能钢材HPS460、HPS700、HPS1100(中国Q345、Q370、Q420),德、美等国,20世纪50—90年代。

(2) 高性能混凝土HPC80、HPC100、HPC130、HPC150(中国C40、C50、C60),法、德、美等国,20世纪50—90年代。

(3) 高强螺栓连接,美、德等国,金门大桥的加固中首次采用,1951年。

(4) 粗钢筋锚Dywidag,德国DSL公司,Worms桥,1953年。

(5) 封闭索(Lock-coil),德国Tiessen公司,早期斜拉桥使用,Strömsund桥,1955年。

(6) VSL夹片锚,瑞士VSL公司,1958年。

(7) 钢绞线群锚,法国Müller,Brottone桥,1977年。

(8) HiAm冷铸镦头锚,德国Leonhardt,Flehe桥,1979年。

(9) PE护套平行钢丝成品索,日本新日铁公司,名港西大桥,1983年。

(10) FRP复合材料,瑞士、德、美、日,20世纪70—90年代。

(11) 大行程伸缩缝,瑞士、德国,日本明石海峡桥,20世纪70—90年代。

(12) 碳纤维拉索,瑞士、日本,20世纪90年代。

(13) 组合结构新型剪力器(PBL),德国Leonhardt,日本鹤见航道桥,1994年。

(14) 超高强钢丝,1860~2000 MPa(中国1600~1770 MPa),日本新日铁公司,明石海峡大桥,1998年。

2.3 创新结构构造及附属设备

现代桥梁工程的创新结构构造及附属设备包括:

(1) 各向异性钢桥面,德国Leonhardt,Koeln-Mannheim桥,1948年。

(2) 大直径钻孔灌注桩基础,意大利Morandi,委内瑞拉Maracaibo桥,1962年。

(3) 软土地基摩擦锚碇,丹麦,小海带桥,1970年。

(4) 分体箱桥面抗风构造,英国Brown,20世纪80年代。

(5) 桥梁纵向缓冲装置,美、英,20世纪90年代。

(6) 悬索桥主缆除湿装置,日本,明石海峡大桥,1998年。

(7) 全装配式三向预应力桥,法国Müller,JMI国际公司,泰国曼谷机场高架路,1999年。

(8) 加筋土隔震基础,法国Combault,希腊Rion-Antirion桥,2003年。

(9) 剪力键抗震塔柱,美国T.Y.Lin国际公司邓文中,旧金山新海湾大桥,2007年。

2.4 创新工法及装备

现代桥梁工程的创新工法及装备包括:

(1) 挂篮悬浇工法,德国Finsterwalder,Worms莱茵河桥,1953年。

(2) 斜拉桥施工控制的“倒退分析法”,德国Leonhardt,Theodor Heuss桥,1957年。

(3) 顶推法,德国Leonhardt,奥地利阿格尔桥,1959年。

(4) 移动模架现浇法,德国勒沃库森(Lever Ku Sen)桥,1959年。

(5) 移动托架拼装法,德国Wittfoht,Krahnenberg桥,1961年。

(6) 预制节段架桥机拼装法,法国Müller,Oleron

高架桥，1964 年。

(7) 前置式轻型挂篮悬浇法，美国邓文中，Dames Point 桥，1988 年。

(8) 悬索桥主缆 PPWS 法，日本，南备赞桥，1988 年。

(9) 整体化大型浮吊安装，9 000 t 大天鹅号浮吊，丹麦瑞典联合建造厄勒松海峡大桥，2000 年。

(10) 连续斜拉桥顶推施工，法国 Virlogeux，Millau 桥，2004 年。

2.5 创新理论及分析方法

1) 计算机技术和有限元分析理论

1946 年世界上第一台电子计算机“埃尼阿克”(ENIAC)诞生，1981 年世界上第一台个人电脑问世，电子计算机的应用大大促进了人类文明的进步。1943 年，Courant 首先用了单元概念；1945—1955 年，Argyris 发展了结构矩阵分析；1956 年 Clough 将结构矩阵分析思路引入弹性力学分析，并于 1960 年首先提出“有限元法”的名称，并在 20 世纪 60 年代逐步形成和完善。一大批数学家、力学家和工程师在这一领域内作出了重要贡献。

2) 桥梁设计分析软件

有限元分析理论与计算机技术的发展为设计分析软件的研发奠定了基础，20 世纪 70 年代，逐步出现了许多大型商用软件(表 1)，有限元法开始逐步应用于桥梁设计分析。

表 1　著名大型有限元商用软件

名称	研制单位	第一次公布时间	主要最初开发者
Ansys	Swanson 分析系统公司	1970 年	Swanson
NASTRAN	Mac-Neal Schwendler 公司	1970 年	MacNeal
SAP	美国加州大学伯克利分校	1970 年	E. L. Wilson
TDV	Dorian Janjic & Partner GmbH 公司	1970 年	—
ADINA	ADINA 工程公司	1975 年	Bathe
ABAQUS	Hibbitt, Karison 公司	1979 年	Hibbitt
Lusas	Finite Element Analysis 公司	1982 年	—
Midas	MIDAS IT 公司	1989 年	—

3) 抗震理论

20 世纪初，旧金山和关东大地震两次灾难引起了工程界对结构抗震研究的重视。工程界在地震基础理论、强震记录、模型试验、分析理论方面开展了基础性研究工作。1940 年后，结构抗震研究进入迅速发展时期。1943 年，Biot 发表了以实际地震记录求得的加速度反应谱；50—70 年代，以美国 Housner、Newmark、Clough 和日本武藤清为代表的一批学者进行了结构弹性和弹塑性动力反应时程分析方面的研究工作，奠定了现代反应谱抗震设计理论的基础；70 年代 Newmark、Park、Paulay 等提出抗震结构延性设计概念；90 年代中期，美国、日本学者先后提出了基于性能的抗震设计方法。

4) 抗风理论

1940 年塔科马悬索桥在低风速下发生的风毁事故开启了人们全面研究大跨度桥梁风致振动和气动弹性理论的序幕，美国 T. Von Karman 等开展了桥梁模型风洞试验。抗风理论研究从 20 世纪 60 年代逐步形成和完善。Davenport 提出采用统计数学的方法来进行风工程研究，创造性地解决了随机抖振问题，并将风效应表示成等效风荷载形式；Scanlan 建立了桥梁颤振理论和考虑颤振作用力的颤抖振理论；90 年代计算流体力学有了显著进步，目前已能解决均匀流、简单形体、低雷诺数下的数值模拟计算问题。

5) 非线性及稳定理论

19 世纪末，科学家发现固体力学线性理论在许多情况下并不适用，开始了对非线性力学问题的研究。1888 年，Melan 首次提出挠度理论并应用于悬索桥分析；20 世纪中，非线性力学的理论基础得以奠定；1959 年，Newmark 首先提出了求解非线性动力问题的

Newmark-β法；20世纪60年代初，Turner、Brotton等开始发表求解结构大位移、初应力问题的研究成果。60年代末，有限元法与计算机相结合，使工程中的非线性问题逐步得以解决。

在稳定方面，欧拉(L. Eular)1744年提出了压杆稳定的著名公式；恩格塞(Engesser)和卡门(Karman)等根据大量中长压杆在压曲前已超出弹性极限的事实，分别提出了切线模量理论和折算模量理论。20世纪80年代起，空间弹塑性稳定理论逐渐建立起来。

6) 健康监测及振动控制理论

1969年，Lifshitz和Rotem所写的通过动力响应监测评估结构健康状态的论文被视为阐述现代结构健康监测理念的第一篇论文；1987年起，英国在总长522 m的三跨连续钢箱梁桥Foyle桥上布设传感器监测大桥运营阶段在车辆与风载作用下主梁的振动、挠度和应变等响应，该系统是最早安装的较为完整的健康监测系统之一。

20世纪60年代，线性系统理论、现代控制理论的进展为结构主动振动控制奠定了理论基础；1972年姚治平结合现代控制理论，提出了土木工程结构振动控制的概念，开创了结构振动主动控制研究的新阶段；1973年加拿大多伦多电视塔首次安装了被动控制式的调谐质量阻尼器(TMD)；1989年日本东京京桥成和大楼第一次采用了主动控制式的主动质量阻尼器(AMD)。结构控制研究经历了被动控制及主动控制理论研究、主动控制装置应用研究等阶段。

7) 车桥耦合振动及船撞理论

20世纪初，克里洛夫、铁摩辛柯(Timoshenko)等人用解析法开展了移动常量力过桥时桥梁动力响应的研究，随后夏仑开普(A. Schalenkamp)、英格利斯(Inglis)、毕格斯(Bigggs)等人进一步研究了移动质量和弹簧质量模型过桥的桥梁动力响应，这些研究可统称为古典车桥振动理论。60年代后，有限元理论的出现和计算机的逐步广泛应用以及西欧一些国家相继开始高速铁路的修建，使车桥耦合振动理论和试验迅速发展，现代车桥振动研究计算模型更加精细逼真，计算理论从平面转向空间发展，车桥之间的动力相互作用和耦合关系得到较为深入的研究，分析的桥型也从过去梁桥扩展到拱桥、斜拉桥、悬索桥等复杂桥型。研究成果已开始应用于高速铁路桥梁的设计以及桥梁规范相关条文的制定。

船撞桥问题的系统研究始于20世纪80年代，IABSE、AASHTO、Eurocode等组织或规范中已经制定了专门的设计规范或指南，国内外多座大型桥梁中也实施了各式各样的防撞设施。但目前该领域研究还不成熟，研究集中在设计思想、防护策略、船撞力计算及防护设施设计等方面。

8) 耐久性分析理论

20世纪60—70年代，混凝土的耐久性问题被发现，成为世界瞩目的问题。Holland于1993年对耐久性给出如下定义：在正常维护条件下，经过一段时间，材料和结构的承载能力和使用性能没有发生大的变化的能力。国内一般定义为：结构在设计要求的目标使用期内，不需要花费大量资金加固处理而保持其安全、使用功能和外观要求的能力。近年来，耐久性方面的研究在材料层次主要集中在大气环境中混凝土的碳化和钢筋的锈蚀问题研究方面，在构件层次主要集中在锈蚀钢筋混凝土构件的受力性能研究方面，在结构层次主要集中在调查、评估等方法方面。目前该领域内的研究热点包括耐久性计算机数值模拟分析系统、耐久性基础试验、基于全寿命的混凝土桥梁设计方法等方面。

3 现代桥梁工程的未来

1945年第二次世界大战结束标志着以IT技术和计算机应用为特征的现代桥梁工程的开始，至今我们已经经历了第一个60年。从前面介绍的60年来现代桥梁工程的约60项创新技术可以看出，和战前相比，现代桥梁技术有了巨大的进步，其中高性能材料、有限元法及计算机分析软件、施工工法及大型自动化施工装备等方面的创新，显示出现代桥梁的设计更为精细，施工更为优质和高效，养护管理的监测技术也日益先进。

在20世纪的最后10年中，有许多国际桥梁会议都以展望21世纪作为主题。2006年6月，美国土木工程师学会(ASCE)在弗吉尼亚州兰德斯敦市举行了一次“土木工程未来峰会”，形成了一份展望“2025年的土木工程”的报告。会议文件呼吁全世界土木工程同行一起努力采取行动，为21世纪初期的土木工程创造一个更为美好的明天。

桥梁工程是土木工程的重要分支学科，我们是否也可以仿照近代土木工程的分期认为：从1945—1980

年是现代桥梁工程的奠基时期；1980—2010 年是进步时期，20 世纪 50—70 年代创造的许多新技术在世纪末 20 年的跨海工程和超大跨度桥梁的冲刺中得到了充分的应用和发展；2010 年后，现代桥梁工程将进入成熟期，在这一发展的转折时刻，我们也需要展望一下桥梁工程师在今后 20 年的行动目标和肩负的重要使命。

3.1 桥梁工程的使命和任务

ASCE 的报告说："土木工程师肩负着创造可持续发展世界和提高全球生活质量的神圣使命。"可见，"可持续发展"和"提高生活质量"是 21 世纪两个重要的命题，也是过去 60 年所暴露的主要问题和面临的挑战。因此我们的任务可归纳为以下几个方面：

(1) 桥梁工程师不仅是项目的规划者、设计者和建造者，还应当是全寿命的经营者和维护者；

(2) 桥梁工程师应当具有可持续发展的理念，成为自然环境的保护者和节约资源与能源的倡导者；

(3) 桥梁工程师应当参与基础设施建设的决策，并通过不断的创新建造优质和耐久的工程，成为提高人民生活质量的积极推动者；

(4) 桥梁工程师应当成为人们免遭自然灾害、突发事件、工程事故和其他风险的护卫者；

(5) 最后，桥梁工程师还应当具有团队合作精神和职业道德，成为抵制各种腐败现象的模范执行者。

3.2 桥梁工程的研究与发展

为了实现上述使命和任务，桥梁工程界必须依靠科学技术发展的最新成就，并通过持续的研究和发展(R&D)工作，不断改进现有的技术，创造和发明更先进的技术，克服存在的缺点，解决出现的新问题，以迎接 21 世纪更大的挑战。重点的研究领域有以下五个方面：

1) 高性能材料研发

材料性能的提高是桥梁工程不断进步的重要原动力。现代桥梁工程仍以钢材和混凝土为主要建筑材料。过去的 60 年间，钢材从 S343 发展到 S1100，混凝土从 C30 发展到 C150，有了长足的进步。各种轻质高强复合材料和智能材料已在桥梁工程中得到应用。在可以预见的未来，纳米技术和生物技术可能成为 21 世纪技术革新的重要动力，并不断进入桥梁工程的应用领域，成为新一代建筑材料的载体。

2) 与桥梁工程相关的 IT 技术研发

IT 技术和计算机处理能力的提高以及相应结构分析软件的不断进步将使桥梁设计日益精细化，为实现仿真数值模拟和虚拟现实(VR)技术创造了条件。因此，应大力开展有关桥梁工程的概念设计、结构设计、施工控制、健康监测、养护管理等方面的先进理论和方法研究，并研发相应的软件和数据库技术，这是十分重要的研究领域。

3) 先进装备研发

智能监测设备(传感器、诊断监测仪、便携式计算机)以及大型智能机器人施工设备的创造发明，将使桥梁的施工、管理、监测、养护、维修等一系列现场工作实现自动化和远程管理。我国的装备工业还比较落后，大型施工设备、先进测试仪器和精密传感器都依赖进口，我们应当大力开展这一硬件领域的研发工作，逐步加强这一方面的投入，摆脱对外的依赖。

4) 风险防范和结构耐久性研究

自然灾害和恐怖主义威胁，使未来的世界环境存在高风险性。我国国家自然科学基金会最近启动的关于"重大工程动力灾变"的重大研究计划将有助于降低风险，保证人民生活的安全，也是提高人民生活质量的重要方面。此外，对于风险评估和提高结构耐久性的研究也应该受到重视，以保障重大工程的正常使用寿命。

5) 规范和标准制定

最后，规范和标准的制定也是反映一个国家建设水平的重要标志。在容许应力法(1923—1963)、极限状态法(1963—2003)之后，发达国家已开始致力于基于性能的设计规范(Performance-based Design Code)的制定以提高基础设施的建设水平。制定这一新的建立在全寿命设计和可持续发展理念上的基于性能的设计规范和标准，以跟上世界土木工程的潮流，应当是我们在 21 世纪初期的最重要的任务之一。

4 结语

现代桥梁工程的价值源于创新精神，回顾现代桥梁工程走过的 60 年，许多桥梁新体系、新结构、新材料、新工法以及新的理论与分析方法的创造和发明使现代桥梁工程呈现出完全不同于近代桥梁工程的崭新面貌。随着新工法的出现和相应施工装备的不断升级换代，桥梁施工也日益精确、轻便、自动控制，更少依赖人工操作，从而使工程质量更好、更耐久，又推动材料不断向高性能发展。可以说：现代桥梁工程的质量和耐久源于装备的不断创新。我们必须加强质量观念，依靠先进的装备来控制工程质量，大大减少对人力的依赖。

桥梁工程师还应当不断提高美学素养，掌握美学设计的方法，提倡和建筑师合作，在设计中创造出优美的桥梁，以满足人们对桥梁的审美要求。然而，美观并不是靠多花钱，而是通过寻找结构的比例、平衡与和谐，趋向最合理的受力性能、最经济的结构和最方便的施工，同时也能获得最美丽的桥梁。

2007 年底，美国国家工程院宣布了由 50 多位专家审定的“21 世纪 14 项重大工程挑战项目”，分别属于可持续发展、卫生健康、防灾和提高生活质量四个方面，其中除了卫生健康领域，其余三个方面都和桥梁工程的未来有关。

最后，展望今后 20 年的现代桥梁工程，我们要充分认识桥梁工程师所肩负的使命和任务，在材料、软件、硬件(施工装备和监测设备)、防灾以及新一代的规范等五个方面加倍努力，迎接跨海和连岛工程的挑战，为建设符合全寿命和可持续发展理念的 21 世纪现代桥梁工程贡献我们的力量。

参 考 文 献

[1] 项海帆. 世界桥梁发展中的主要技术创新[J]. 广西交通科技，2003(5)：1－7.

[2] 项海帆. 2025 年的土木工程[C]//土木工程未来峰会报告. 美国土木工程师学会(ASCE)，2007.

[3] 项海帆，等. 土木工程概论[M]. 北京：人民交通出版社，2007.

[4] 项海帆. 改革工程教育，培育创新人才[J]. 高等工程教育研究，2007(5)：1－6.

中国大桥自主建设50周年(1958—2008)回望*

1 引言

15世纪意大利文艺复兴引发了欧洲的科学启蒙和思想解放,进而18世纪的英国工业革命使欧美各国率先进入了近代桥梁工程的新时代。

中国自13世纪的元朝起科技就停滞不前,15世纪的明朝在郑和七下西洋之后又中断了和世界各国的交流。虽然在明朝末年已有了资本主义的萌芽,并由西方传教士引入了近代科学技术,然而,入主中原的清朝政府奉行夜郎自大、闭关锁国的愚昧政策,终于在1840年的鸦片战争中惨败,使中国遭受列强欺凌,割地赔款,被迫签订了许多丧权辱国的不平等条约,逐渐沦为半殖民地半封建的弱国,蒙受了百年耻辱。

帝国主义列强为掠夺中国的资源,强迫中国开放沿海通商口岸,并掌握了海关;进而深入内地修筑铁路、开挖矿山、掠夺资源,控制了中国的经济命脉和交通枢纽。西方列强派遣外国工程师来华主持铁路设计和施工,引进了当时已经成熟的近代桥梁工程技术,逐渐建成了一批钢桥和钢筋混凝土桥,其中著名的大桥有京山线上的滦县滦河桥(1894年)、京广线郑州黄河桥(1905年)、津浦线泺口黄河桥(1912年)和东北滨北线三棵树松花江桥(1934年)等。

由茅以升先生主持修建的杭州钱塘江大桥可以说是中国近代桥梁自主建设的先声。1932年,浙江省动议建桥以便把已经建成的沪杭铁路和浙赣铁路连接起来。浙江省建设厅于1934年成立了钱塘江大桥工程处,邀请茅以升为处长、罗英任总工程师,工程费用由铁道部和浙江省分担。钱塘江大桥工程先由当时铁道部顾问美国工程师华德尔(Waddel)做了初步设计,罗英和梅旸春负责完成了最后的修改设计。由于当时中国尚未建立起能够承担大桥制造和施工的技术队伍,材料和施工装备仍需依靠外国公司才能完成这一大型桥梁工程。该桥墩台及深水基础由丹麦康益洋行承建,正桥钢梁由英国道门朗公司承建,引桥钢梁则由德商西门子洋行承建,于1937年完成。

新中国成立后,在苏联专家帮助下我国决定修建长江第一桥——武汉长江大桥,引进了当时已十分成熟的近代钢桥先进设计、制造和悬臂施工技术以及新型管柱基础,于1957年建成通车。

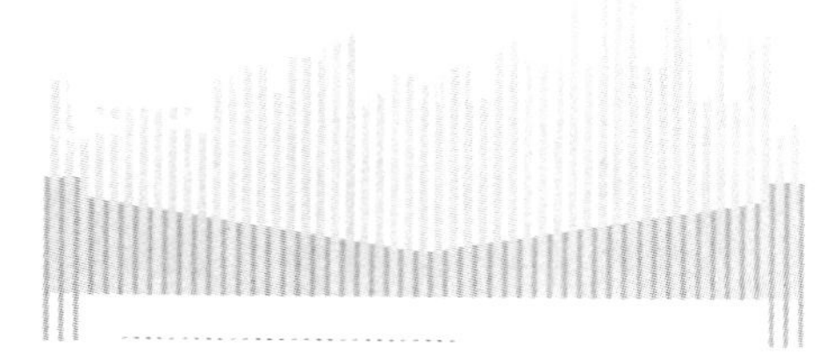

1957年的政治运动以后,中国进入了"大跃进"和"三年自然灾害"的经济困难时期。1959年起中苏在政治上交恶,苏联撤回了所有在华专家,动工不久的南京长江大桥被迫开始了完全自主建设的艰难征程。

* 本文系2008年为中国工程院《工程科技的实践者》第二集征文所作。

2 经济困难时期(1958—1977)

1959 年后,在铁道部大桥局梅旸春总工程师的主持下我国开始独立自主进行南京长江大桥的建设,成立了以同济大学李国豪教授为主任委员的顾问委员会协助技术决策。

大桥工程局的工程技术人员在当时十分困难的经济条件下,自行设计、自行施工,针对长江下游复杂的地质和水文条件,创造性地提出了 4 种不同的主墩基础形式。中国年轻一代自己培养的工程师在老一代工程师的领导下充分发挥了他们的聪明才智,于 1968 年 12 月胜利建成了 3 联 9 孔 160 m 正桥、全长 1 576 m 的南京长江大桥。中国大桥的自主建设跨出了重要的第一步,铁道部大桥工程局也成长为中国大桥建设的领军队伍。

在十年“文革”爆发前,材料和资金已十分匮乏,廉价的圬工拱桥和双曲拱桥成为中国公路桥梁建设的主流。然而,一些高校的老师仍从国外图书文献中了解到第二次世界大战后现代桥梁技术的发展动向,并和设计院的工程师合作做了一些试验桥,将现代桥梁的新理论、新桥型和新工法,如薄壁箱形梁桥、预应力 T 形刚构桥和挂篮悬臂浇注工法等新技术引入中国,建成了南宁邕江大桥($L=55$ m,1964 年)、五陵卫河桥($L=50$ m,1965 年)和柳州柳江桥($L=124$ m,1968 年)等现代钢筋混凝土箱梁桥和预应力混凝土桥。

1966 年起,中国陷入了政治混乱和经济全面崩溃的十年“文革”灾难之中,而欧美各国已进入了战后高速公路和现代化城市建设的黄金时期,亚洲也出现“四小龙”。我们完全错过了世界现代桥梁的前进步伐,差距被拉大了。

在十年“文革”中,超过 100 m 的大桥建设仅有福州乌龙江桥($L=144$ m,1971 年)、北镇黄河公路桥($L=112$ m,1972 年)以及重庆长江大桥($L=178$ m,1980 年)等少数几座。

值得一提的是,一些有志气的年轻工程师了解到国外现代斜拉桥的发展,在上海、青岛和四川三地同时开始试建跨度不足 100 m 的斜拉桥,随后又在陕西安康建成一座跨度为 120 m 的斜拉桥,成为中国日后斜拉桥大发展的先声。

3 改革开放初期(1978—1990)

1976 年,史无前例和灾难深重的“文化大革命”终于在“四人帮”的覆灭中结束了。经过两年党内思想的交锋,1978 年中国进入了改革开放的新时期。全国经济开始复苏,交通建设作为先行官又得到了政府的重视。全国桥梁界同仁决心大干一场,要追回失去的岁月。

首先开始的是斜拉桥的推广。在几座试验性斜拉桥的鼓舞下,各地纷纷开始兴建这种现代斜拉桥的新桥型,跨度从 128 m 的三台涪江桥(1980 年)、176 m 的辽宁复县长兴岛桥(1981 年)、96 m 的来宾江水河铁路桥(湘桂线,1981 年)、200 m 的上海泖港桥(1982 年),发展到 220 m 的济南黄河公路桥(1982 年)。

1981 年,以济南黄河桥工程为背景,全国召开了一次桥梁会议,讨论总结了自 20 世纪 70 年代以来中国建造斜拉桥的经验和教训,对于这种桥型在中国的进一步发展起到了重要的推动作用。

其次是连续梁桥高潮的到来。率先开放的广东省为建设广州至珠海的高速公路于 1984 年建成了跨度 90 m 的顺德容奇桥。随后跨度 110 m 的湖北沙洋汉江桥(1984 年)、跨度 90 m 的哈尔滨松花江桥(1985 年)以及跨度 120 m 的湖南常德沅水桥(1986 年)也相继建成。

在济南桥梁会议的推动下,全国各省市在 80 年代后期出现了兴建斜拉桥的第二轮高潮。其中代表性的有以下几座:

(1) 天津永和桥,主跨 260 m,1987 年。

(2) 广东南海西樵山桥,主跨 124.6 m,1987 年。

(3) 上海恒丰北路桥,主跨 76.75 m,1987 年。

(4) 广东南海九江桥,主跨 160 m,1988 年。

(5) 重庆石门桥,主跨 230 m,1988 年。

(6) 广州海印桥,主跨 175 m,1988 年。

(7) 长沙湘江北大桥,主跨 210 m,1990 年。

此外,在 80 年代中后期,由于国家的开放政策,广东省通过香港的公司开始引进一些先进的桥梁技术。一些施工企业在援外工程和承包海外工程中也学到了欧美国家先进的工法和引进了一些施工装备,并逐步在国内工程中推广使用。如:

(1) 广西柳州二桥,主跨 60 m 的预应力连续梁,用顶推法施工,1984 年。

(2) 山东东营黄河桥,主跨 288 m 的钢斜拉桥,采用日本 PE 热挤护套拉索,1987 年。

(3) 广东番禺洛溪桥,主跨 180 m 的连续刚构桥,引进瑞士 VSL 钢绞线群锚系统,1988 年。

(4) 广东江门外海桥,主跨 110 m 预应力连续梁桥,采用分段长线预制,悬拼施工,1988 年。

(5) 厦门海峡大桥,主跨 45 m 预应力连续桥,采用移动模架逐孔现浇施工,1991 年。

中国大桥自主建设的第一次考验发生在上海南浦大桥。1982 年,在改革开放形势的推动下,上海市政府开始酝酿修建第一座跨越黄浦江连接浦东的大桥。上海市建委委托上海市政设计研究院进行南浦大桥的可行性研究,他们根据正在建造的重庆石门桥的经验,建议采用 400 m 跨度的预应力混凝土斜拉桥方案。与此同时,时任上海市科协主席的同济大学校长李国豪教授建议上海市科委委托同济大学也做一下南浦大桥的可行性研究。在李校长领导下,同济大学建议采用当时国际上新提出的一种结合梁桥面斜拉桥方案。在 1983 年广州举行的第三届全国桥梁会议上,两家分别介绍了两个方案的可行性研究成果,对比的结果表明:结合梁桥面因自重轻、施工速度快,更适合于在上海软土地基和繁忙的黄浦江航道上采用,经济指标也更好。

1986 年,上海市政府决定启动这一工程,由于缺少资金,接受了日本政府提出的低息贷款、免费设计、帮助建造南浦大桥的建议,并草签了合作协议。李校长得知这一消息后,立即向上海市政府呼吁应当自主建设南浦大桥。

1987 年夏,江泽民市长亲临同济大学了解情况,时任桥梁系主任的项海帆教授作了汇报,事后又写信给江市长详细陈述了自主建设的必要性和可能性。江市长很快在人民来信上作了批示:"我看主意应该定了,就以中国人为主进行设计,最多请个别美籍华人当顾问。"这是一个英明的决策,根据这一批示的精神,倪天增副市长主持了南浦大桥的自主建设。

1988 年初,上海市建委召开了会议,宣布自主建设南浦大桥的决定。通过上海和北京两次专家评审,决定采用同济大学提出的结合梁桥面的斜拉桥方案。在会上也介绍了 1987 年秋天日本方面提交的全钢斜拉桥方案。考虑到同济大学设计力量不足,决定由上海市政设计研究院为主体设计单位,同济大学为合作设计单位,以同济大学建议的结合梁斜拉桥方案为基础,开始初步设计工作,同济大学还担任科研项目的总承包,配合设计工作的进行,并邀请美国邓文中先生担任设计审核。

经过上海市精兵强将夜以继日的奋战,南浦大桥于 1991 年胜利建成通车,中国桥梁工作者终于跨出了重要的具有战略意义的一步。日本伊藤学教授在参观南浦大桥后感慨地说:"我们本来以为中国工程师不敢自主建设这一工程,但是你们完成了,而且做得很好。一旦你们会了,我们就很难竞争,按你们的造价我们做不下来。"我们以不足日本概算一半的造价,用亚洲开发银行贷款建成了上海南浦大桥,不仅取得了大桥建设的自主权,而且通过实践取得了进步,锻炼了队伍,培养了人才,更重要的是树立了信心,提高了志气,为中国桥梁在 20 世纪 90 年代的崛起奠定了基础。

4 经济起飞时期(1991—2000)

南浦大桥的成功使中国终于走出了一条自主建设的康庄大道,逐步摆脱了对发达国家的依赖,使外国同行看到中国桥梁界有志气有能力自主建设大桥。当然自主还不等于创新,我们所采用的技术大都是发达国家在 20 世纪 60—70 年代所创造的,我们在施工设备上还有较大的差距,不得不依赖进口,以提高效率,保证质量。

在南浦大桥的鼓舞下,全国各地的桥梁工程人员信心倍增,纷纷计划建造 400 m 以上的大桥。随着中国经济的起飞,我们在资金上已逐渐充裕,国家也希望通过对基础设施建设的投入推动经济的高速发展,这样,就造就了 90 年代中国桥梁自主建设的更大高潮。

在南浦大桥胜利在望的 1990 年,上海市政府开始酝酿浦东新区的开发,并规划连接浦东新区的上海市内环线高架。在这一新形势下,原已确定建设的杨浦隧道因不便于连接高架而改为建设大桥。

主跨 602 m 的杨浦大桥于 1993 年胜利建成通车,成为当时世界最大跨度的斜拉桥,这是一个突破,提高了中国桥梁的国际地位,对中国桥梁界是一个极大的鼓舞,进一步激发了全国各省自主建设大跨度斜拉桥的信心和热情。

与亚洲开发银行国际专家组审查南浦大桥的情形相比,中国桥梁工程师的技术水平和能力在杨浦大桥工程中得到了更高的认可和尊重,从而中国桥梁的自主地位进一步得以确立,彻底打消了国际桥梁界企图占领中国大桥建设市场的想法。

在南浦、杨浦两桥的自主建设中，我们深切体会到只有自己亲身实践才能真正学到先进技术，才能取得进步，也只有自主建设的成就才能得到国际同行的尊重，才有中国桥梁界的国际地位。

在成功建造斜拉桥的鼓舞下，中国桥梁界开始酝酿建造现代悬索桥以填补这方面的空白。主跨452 m的汕头海湾大桥是广东省的第一次尝试。汕头海湾大桥位于盐雾浓度较高的海湾，从防腐的考虑，采用了混凝土桥面。大桥于1994年建成，为今后更大跨度的钢悬索桥建设提供了宝贵的经验。

我国在建设珠江两岸的广深和广珠高速公路中开始筹划跨越珠江的虎门大桥，以形成H形的高速公路骨架。当时，广东省邀请了正在帮助建设香港青马大桥的英国专家参与虎门大桥的前期工作。第一次考察虎门桥位时来了20余名英国专家，他们似乎认为此桥非由他们来建不可，这是中国大桥自主建设的第二次考验。李国豪教授看到这一情势就立即致函时任广东省省长的叶选平同志，强烈呼吁自主建设这一座位于鸦片战争国耻地，具有特殊意义的大桥，得到了积极的回应，终于取得了由国内桥梁界同行通力合作建设的自主权，并于1997年香港回归前夕胜利建成通车。

1994年，筹备已久的江阴长江大桥正式开工兴建，这一凝聚着中国几代桥梁人的梦想，中国第一座超千米的大跨度悬索桥终于完全由中国人自主设计。早在1990年，由北京中交公路规划设计院、江苏省交通设计院和同济大学就组成了联合设计组，在江阴现场齐心合力进行了工程可行性研究。经过3年努力，终于完成了初步设计和技术设计，并通过了外国公司的独立审核，可以付之施工。具有巨大沉井基础的北岸锚碇以及两座混凝土索塔均由中国公司自主承包施工。然而，由于当时交通部和江苏省难以筹划到上部结构施工所需的经费，只得寻求外资帮助。江苏省和英国政府签订了9 000万英镑的低息贷款，合同规定由承建香港青马大桥的英国公司承包上部结构施工。实际上，江阴大桥的主缆和主梁施工仍由中国公司分包完成，英方只派了少数几名工程师负责施工管理和监理。英国公司通过低价分包，净赚了很大比例的利润。江阴大桥建设指挥部在和英方的合作中努力学习，培养了一批管理骨干，为今后润扬大桥和苏通大桥的自主建设和现代化管理准备了条件，这应该算是一大收获。

在广东洛溪大桥成功的基础上，连续刚构桥在20世纪90年代也得到迅速推广。其中代表性的大桥有：

(1) 湖南沅陵沅水桥，主跨140 m，1991年。

(2) 贵州六广河大桥，主跨240 m，1993年。

(3) 河南三门峡黄河大桥，主跨160 m，1993年。

(4) 四川攀枝花金沙江铁路桥，主跨168 m，1995年。

(5) 虎门珠江大桥辅航道桥，主跨270 m，1997年。

(6) 重庆黄花园嘉陵江大桥，主跨250 m，1999年。

最后，在斜拉桥方面，除了传统的双塔斜拉桥外，我国还尝试建造了多塔斜拉桥以及混合桥面斜拉桥。如：

(1) 广东汕头礐石大桥，混合桥面斜拉桥，主跨518 m，1999年。

(2) 武汉白沙洲大桥，混合桥梁面斜拉桥，主跨618 m，2000年。

(3) 湖南岳阳洞庭湖大桥，三塔斜拉桥，主跨310 m，2001年。

(4) 湖北夷陵长江大桥，三塔斜拉桥，主跨348 m，2001年。

综上所述，在这一经济起飞时期，斜拉桥、悬索桥和连续刚构桥等桥型成为中国大桥自主建设中的主体桥型，在中国高速公路网和沿江城市环线建设中发挥了重要的作用。

5 21世纪初期(2001—2008)

中国现代桥梁在20世纪最后20年通过自主建设取得了令世人惊叹的进步和成就，正在和发达国家一起，面向21世纪更加宏伟的跨江跨海大桥工程建设。

下面列举几座超大跨度的斜拉桥和悬索桥：

(1) 南京长江二桥。主跨628 m，采用复合式基础以增强抗船撞能力，带螺旋线的拉索以防止风雨激振，首次引进美国环氧沥青混凝土铺装技术解决钢桥面铺装的难题。

(2) 润扬长江大桥。主跨1 490 m，北锚碇采用嵌岩的地下连续墙基础，南锚碇基础则采用冰冻法技术。采用中央扣和中央稳定板解决抗风稳定性问题，主缆防腐首次引进了日本的干空气除湿新技术，同时全桥加强了混凝土工程的耐久性设计。

(3) 南京长江三桥。主跨648 m，采用人字形弧线的钢塔以加快施工速度，桥面以下的塔柱仍采用钢筋混凝土，钢混结合段采用德国 PBL 剪力键设计。钢塔的安装引进了法国公司的重型塔吊。

(4) 苏通长江大桥。主跨 1 088 m，为保证大桥的抗震和抗风安全，引进了美国有刚性限位的液体黏滞阻尼器作为纵向约束装置，对大型锚孔桩的群桩基础进行了永久性的冲刷防护，引进英国的先进桥面吊机和先进的施工控制软件以保证桥面的长悬臂拼装顺利精确就位合龙。

(5) 舟山西堠门大桥。主跨 1 650 m，首次采用分体桥面设计以确保大桥的抗风稳定性。自主开发 1 770 mPa 超高强钢丝，减小了主缆的直径和重量，节约了桥塔和基础造价。

为了使大桥桥型多样化，中国桥梁界开始尝试建造 400 m 以上的钢拱桥，以改变在这方面的落后局面。例如：

(1) 上海卢浦大桥。主跨 550 m，在国外，300 m 以上的拱桥一般都采用桁架拱以减小拼装重量，有别于悬拼施工。卢浦大桥大胆采用了倾斜的箱形拱以获得“提篮拱”的美学效果。施工单位引进了国外的吊装设备，在倾斜拱肋上进行重达 480 t 的节段悬拼，通过多次体系转换，使中承式系杆拱桥顺利建成。虽然多费了施工钢材，经济指标欠佳，但证明了跨度 500 m 以上的箱拱桥是可行的，而且比桁架拱更具有现代气息。

(2) 重庆菜园坝大桥。主跨 420 m，是一座钢混组合式刚构系杆拱桥，这是一种新型桥梁体系，节约了钢材。系杆采用纵向分离式布置，即中跨系杆和边跨系杆独立锚固，以便进行内力和线形的调整和控制。在设计方面还采用了许多先进的构造细节。

(3) 重庆朝天门大桥。主跨 552 m，采用传统的中承式钢桁连续系杆拱桥，于 2007 年底建成。

国际上一般认为跨海桥梁工程始于 20 世纪 30 年代建设的海湾大桥(Bay Bridge)，包括跨越湾口的大桥，其中最著名的当推 1937 年建成的美国旧金山湾口的金门大桥。据统计，世界跨海大桥已建成近 70 座，分布在十多个国家，其中日本 18 座，美国 18 座，丹麦 6 座，列前三位。

日本和丹麦是两个岛国，20 世纪 70 年代开始实施连接国土的跨海联岛工程。日本以关门大桥为起点，建设本四联络线的联岛工程；丹麦则从小海带桥起步建设联岛工程。两国在世纪末以建成著名的大海带桥(1997 年)和明石海峡大桥(1998 年)实现了宏伟的联岛工程计划，同时跻身世界强国之列。

目前，世界最长的联岛工程是 20 世纪 70 年代由法国承建的全长 25 km 的巴林岛和沙特之间的巴林海峡大桥。

中国的海湾大桥建设始于 20 世纪 90 年代的汕头海湾大桥以及香港新机场线联岛工程中的 3 座大桥，即青马大桥、汲水门大桥及汀九桥。此后，舟山联岛工程悄悄起步，从舟山本岛逐步向大陆联岛推进。目前，中国已建成的跨海工程有 3 座。

(1) 东海大桥。全长 32.5 km，是第一座在广阔外海海域建造的跨海工程，该桥位于杭州湾口，由上海市南汇区连接洋山深水港。面对恶劣的海上施工环境，上下部结构均采用大型预制构件的整体吊装施工，并装备了 2 500 t 大型浮吊；研制了海上高性能混凝土和各种防腐措施，以保证 100 年的使用寿命。两座通航主桥均采用结合梁斜拉桥，全桥统一的桥面铺装为港区集装箱卡车通行提供了平稳、耐久的优良行车条件。

(2) 湛江海湾大桥。主墩采用柔性消能的浮式防撞设施，主跨 480 m 斜拉桥的拉索锚固采用构造简单和施工方便的锚拉板构造，是一座具有创意的跨海工程。

(3) 杭州湾大桥。全长 36 km，该桥紧跟上海东海大桥之后动工建设，以便利用东海大桥的大型施工设备和队伍。对东海大桥施工中出现的一些问题采取了改进措施，取得了技术进步。

进入 21 世纪以后，我们和境外公司的合作也进入了成熟阶段。一些超大跨度的桥梁和跨海工程更需要依靠大型先进装备才能保证工程的质量和耐久性，而不可能用人海战术和落后装备来完成。一些大桥工程指挥部也都自觉地邀请外国知名公司担任常驻工地的顾问，对关键的设计和工法进行审核与把关，同时也在预算中列出购买国外先进设备的费用，以保证工程的顺利进行，如上海的东海大桥、江苏的南京三桥和苏通长江大桥等。大家都认识到中国装备工业的差距并不是短期可以解决的，我们还需要时间，通过自主创新的努力，赶上发达国家的装备水平。

6 小结

回顾 50 年来中国大桥自主建设的艰难历程，中国桥梁界经过 20 世纪 80 年代的学习和追赶，90 年代的跟踪和提高两个发展阶段，并且抓住上海南浦大桥和广东虎门大桥建设的契机，选择了一条学习国外先进技术，但不放弃自主权的正确道路，取得了成功。中国现代桥梁逐渐赶上了世界现代桥梁前进的脚步，也赢得了国际桥梁界同行的认可和赞许。然而，由于中国仍处于工业化的初级阶段，尚未完成发达国家早在1970年就已完成的第一次现代化进程，要全面实现工业化和现代化还需要艰苦奋斗至少50年。

中国已经是一个桥梁大国。近30年来，我们建造了数量惊人的大桥，在跨度上更是名列前茅，但在创新、质量和美学方面仍存在差距和不足，特别是质量控制和耐久性还有隐患。落后的装备、层层转包、人海战术，一线工人的素质较低，而施工监理又不到位，再加上违反科学地压低造价，追求施工进度，压缩工期，最后都以牺牲工程质量为代价，使建成的桥梁难以达到设计所要求的使用寿命。另一方面，由于刻意追求跨度的突破，误认为“跨度第一”就是水平的超越，就是创新，使通航要求不高的长江中游桥梁采用了不合理的超大跨度桥梁，由于比例失调，不但影响了美观，而且还造成了不必要的浪费。

总之，中国大桥自主建设的道路是一条成功的强国之路。但是，自主建设还不是创新，也并不是跨度第一就是创新了。而且，自主建设还有技术水平的高低和质量的好坏，因为用落后的技术也能建造出今日的新桥，甚至破纪录的大桥。因此，要建造出高品质的世界一流的大桥，我们必须克服存在的问题，在材料、软件（理论方法）、硬件设备、规范以及管理体制等方面实现全方位的自主创新，逐步缩小和发达国家的差距。希望中国桥梁界戒骄戒躁，通过几代人的努力，从桥梁大国扎实地走向桥梁强国。

参考文献

[1] 项海帆. 中国桥梁建设的成就和不足[C]//第一届全国公路科技全新高层论坛论文集(2002)综合卷. 2002.

[2] 项海帆. 从桥梁大国走向桥梁强国[C]//第三届全国公路科技创新高层论坛专家演讲稿. 北京，2006.

[3] 项海帆. 走自主创新的强国之路[C]//苏通大桥专家论坛. 2007.

[4] 项海帆，潘洪萱，张圣城，等. 中国桥梁史纲[M]. 上海：同济大学出版社，2009.

对“自锚式悬索桥”热的一点反思*

1 引言

自美国旧金山新海湾大桥采用独塔自锚式悬索桥方案的消息传到中国后，国内桥梁界纷纷仿效，自锚式悬索桥被认为是一种“创新桥型”，在全国各地的方案竞赛中不断获胜，成为一种时尚。本文回顾了自锚式悬索桥自19世纪下半叶在欧洲诞生后一百多年来的发展历史，分析了这种桥型的优缺点以及与斜拉桥的比较，希望能引起桥梁界同行的讨论和思考，以避免形成不合理的追逐热潮。

2 历史的回顾

1859年，奥地利工程师 Langer 第一次提出自锚式悬索桥的设想，但美国工程师 Bender 于1867年抢先申请了专利。1870年，Langer 在波兰率先建成了世界上第一座小跨度的试验桥，成为第一位自锚式悬索桥的实践者。

1915年，德国工程师在建造跨越莱茵河的 Köln－Deutz 桥(图1)时，因美学考虑希望选择悬索桥方案，但由于软土地基不宜建造锚碇，最后决定采用自锚式悬索桥，主跨184.5 m的该桥取得了成功，在国际上产生了很大的影响。

图1 Köln－Deutz 桥

1925—1928年间，美国匹斯堡市(Pittsburgh)接连建造了3座类似的跨越 Alleyheny 河的自锚式悬索桥(图2)，主跨为131～135 m不等，取得了很好的美学效果。

1929—1939年的10年间，德国莱茵河上又建成了4座自锚式悬索桥，其中最著名的是主跨达315 m的 Köln－Mülheim 桥(图3)。1941年，德国

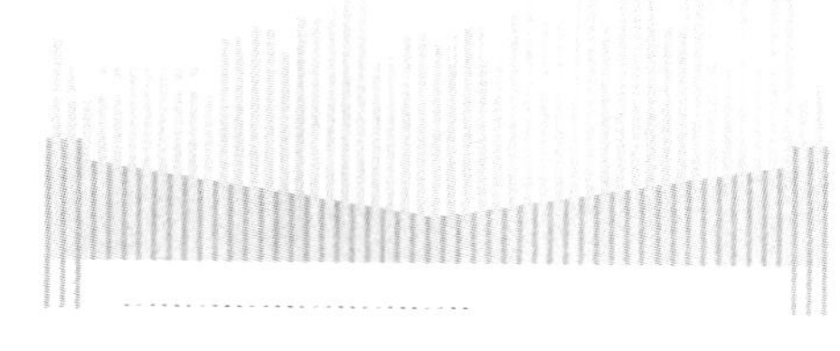

* 本文发表于《桥梁》杂志2010年第2期。

图 2　美国 Pittsburgh 桥

图 3　德国 Köln－Mülheim 桥

工程师 Leonhardt 又设计了一座单索面的自锚式悬索桥——Emmerich 桥，后因经济原因没有实现。

1990 年，日本工程师在建造主跨 300 m 的大阪 Konohona 桥（图 4）时采用了 Leonhardt 单索面自锚式悬索桥的思想，但用斜吊杆以增加刚度，并用预张力解决吊杆的疲劳问题。高 3.17 m 的桥面箱梁可在间距为 120 m 的支架上安装，以满足施工期的通航要求。

2000 年，韩国仁川机场的 Yong Jong 桥（图 5）采用了类似日本 Konohona 桥的自锚式悬索桥，主跨同样是 300 m，但垂跨比从 1/6 增大为 1/5，从而减小了主缆的水平拉力并方便锚固。同时，改用空间的双主缆体系以增加侧向稳定性，以及采用 7 m 高的桁架梁和双层桥面，由此可不用支架进行整体安装。

图 4　日本 Konohona 桥

图 5　韩国 Yong Jong 桥

近年来,我国也建造了几座自锚式悬索桥:

(1) 杭州江东大桥(图 6)。主跨 260 m,边跨83 m,垂跨比 1/4.5,双塔采用中央独柱,三维空间主缆。分体式主梁的总宽为 47 m,梁高 3.5 m。用间距 50 余米的 4 座临时支架安装主梁,然后施工空间主缆和安装吊索,最后在体系转换后拆除支架形成自锚式悬索桥体系。该桥由上海市政设计研究院设计,2008 年建成通车。

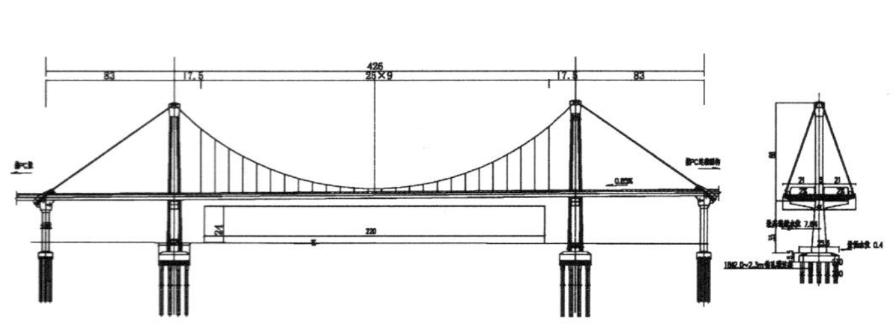

悬索桥立面　　主塔横断面

图 6　杭州江东大桥

(2) 广州猎德大桥(图 7)。独塔自锚式悬索桥的跨径组合为 47 + 167 + 219 + 47 m,总长 480 m。钢箱梁全宽 36.1 m,采用独特的贝壳状弧形门塔,塔高 128 m。桥面箱梁采用顶推法施工,河中设临时墩。主梁顶推就位后安装主缆和吊索,再进行体系转换。该桥于 2008 年建成通车。

图 7　广州猎德大桥

(3) 佛山平胜大桥。主跨 350 m,独塔四索面双门塔结构,顶推法施工主梁,2006 年 11 月通车。

此外,尚有福州鼓山桥、逻州桥和广州珠江桥等正在设计和施工之中,中国已形成了一股自锚式悬索桥的热潮。

3　自锚式悬索桥的优缺点

自锚式悬索桥的主要优点是避免了传统外锚式悬索桥中体量巨大的锚碇,适合在软土地基的条件下采用这种外形优美的悬索体系。这也是上述几座桥梁被选中的原因。旧金山新海湾大桥也是为了和海湾地区其他两座大桥(旧金山金门大桥和奥克兰海湾大桥)的悬索桥造型相协调而在斜拉桥和自锚式悬索桥两个比较方案中选择了后者,尽管从经济上和技术上看,斜拉桥更占优势。

和斜拉桥相比,自锚式悬索桥虽然同样不需要锚碇,但必须在主缆安装之前先在支架上安装好桥面主梁,而不能像斜拉桥那样进行悬臂拼装。一般认为:在跨度 400 m 以下的中小河流上,当便于搭建支架而通航要求又不高时可以考虑这种桥型。过大的跨度将带来主缆在梁上锚固构造的困难和复杂性,在制作和施工上都是不利的。

在结构刚度方面,自锚式悬索桥也不如斜拉桥,当跨度较小时刚度问题更为突出,有时要用斜吊杆代替传统的直吊杆以提高刚度。而为了克服斜吊杆的疲劳问题又要对吊杆施加预张力,此时主缆的形状将不再是抛物线,而必须用精确的非线性有限元法通过迭代计算确定主缆的线形,否则会带来较大的误差。

最后,还要指出的是自锚式悬索桥的结构冗余度小,一旦主梁破坏将会带来整体倒塌的灾难性后果。总之,自锚式悬索桥并不是一种性能优良、经济和便于施工的体系,对于 250～400 m 级的桥梁跨度,斜拉桥方案仍应是主选体系。

德国在第二次世界大战后创造了现代斜拉桥体系。自1956年建造了第一座斜拉桥以来，莱茵河上建成了十余座不同造型的斜拉桥，形成了“斜拉桥家族”，而没有再选用战前的自锚式悬索桥。由此可见，在300～400 m跨度范围内，斜拉桥还是最具竞争力的桥型，在美学上与自锚式悬索桥相比也毫不逊色。

旧金山新海湾大桥位于高烈度的强地震区，湾区的土质条件又十分软弱，作为一个替换被地震损坏的旧桥的重建工程，要求能在未来抵御里氏8.5级的强烈地震，并且在其全寿命的服务期限内遭遇地震后能继续维持交通运营，且要求在不中断交通条件下加以修复。

为满足350 m×43.3 m的通航净空要求，主桥由385 m的主跨和180 m的边跨组成。设计寿命的期望要求150年。其次，为满足28万辆的日交通量，需要双向共8个车道，并要求在一侧加设自行车道和行人道供居民使用。

1997年，旧金山都市交通委员会(MTC)就新海湾大桥提交了两个建议方案：独塔斜拉桥方案和自锚式悬索桥方案。1998年7月，都市交通委员会表决通过了自锚式独塔悬索桥方案，其理由是与海湾地区已有的几座悬索桥在景观上协调一致(图8)。

图8 旧金山新海湾大桥

因此，旧金山新海湾大桥选用自锚式悬索桥而放弃更经济的斜拉桥方案是一个特例，并为此在经济、制造、施工和今后养护上付出了代价。中国桥梁界不宜盲目跟从，在城市内河上便于搭建施工支架而又不影响通航的特殊条件下，可以偶而选用这种自锚式悬索桥体系，以丰富桥型，造成一种标志性的美学效果。

4 结语

综上所述，自锚式悬索桥并不是一种具有竞争力的优良桥型，在经济性、可施工性、可养护性方面都不如斜拉桥。而且，为了提高刚度，将矢跨比从一般悬索桥的1/10增大到1/5，甚至1/4.5，在美学上也有所逊色。建议中国桥梁界慎重决策，不宜盲目跟从，以免弄巧成拙，并造成不必要的浪费和施工困难。

参考文献

[1] Ochsendorf J A, Billington D V. Self-Anchored Suspension Bridges [J]. J Bridge Engineering, 1999, 4(3): 151-156.

[2] Tang M C. Why, Why Not, What if [C]// Proc. Inter'l Conference on Bridge Engineering — Challenges in the 21st Century, HongKong, Nov. 2006.

[3] Kim H K, Lee M J, Chang S P. Determination of Hanger Installation Procedure for A Self-anchored Suspension Bridge [J]. J Eng Struc, 2006, 28: 959-976.

[4] 沈洋. 江东大桥空间缆自锚式悬索桥体系转换分析研究[J]. 上海公路, 2009(1): 31-35.

对中国桥梁经济性问题的反思*

1 引言

进入21世纪以来，由于对可持续发展、低碳经济和全寿命设计理念的重视，桥梁设计中应当遵循的"安全、适用、经济、美观、耐久和环保"六项原则已成为大家的共识。然而，随着中国经济的发展和国家投入的增加，经济性原则在中国桥梁界似乎愈来愈被忽视了。一些不经济和不合理的大跨度方案常常因业主的"好大喜功"和设计者盲目追求大跨度，误认为跨度的突破就是"创新"，就是世界领先水平而得以实现，并为此不惜付出成倍的代价，甚至造成严重的比例失调，与相邻的桥梁也极不相称的恶果。本文是作者对中国桥梁经济性问题的一点反思，希望能引起桥梁界同仁的讨论，使经济性原则能在方案比选中重新得到重视。并且，鼓励通过创新的努力实现最优良的力学性能、最合理的构造细节和最方便的施工工艺，同时也是最经济和美观的桥梁，从而提高中国桥梁的声誉和竞争力。

2 中国桥梁的经济性问题

中国桥梁的造价从表面上看比欧美国家为低，于是往往给人造成一种错觉，似乎中国桥梁的经济性是最好的。然而，仔细思考后其实事实并非如此。

(1) 由于中国的人工费用低廉，许多桥梁工地都聚集了大量农民工，使用相对落后的装备建桥。虽然也能建成大桥，甚至破纪录的大桥，但中国桥梁的设计标准偏低，施工质量存在隐患，这也是造成中国桥梁容易早期劣化和不耐久的最重要原因。此外，中国桥梁的施工标准也偏低，定额又偏低，业主还想尽量压低标价，使承建的施工企业没有利润空间来进行研发和更新先进装备，而只能使用和添置低效的落后设备，以人海战术来完成。而且，还通过层层分包以降低资质来节约成本，最终损害的还是工程质量和耐久性。因此，虽然中国桥梁的一次投资较低，但如果使用寿命很短，日后的养护和加固费用又十分巨大，从全寿命的观点看，仍是很不经济的。

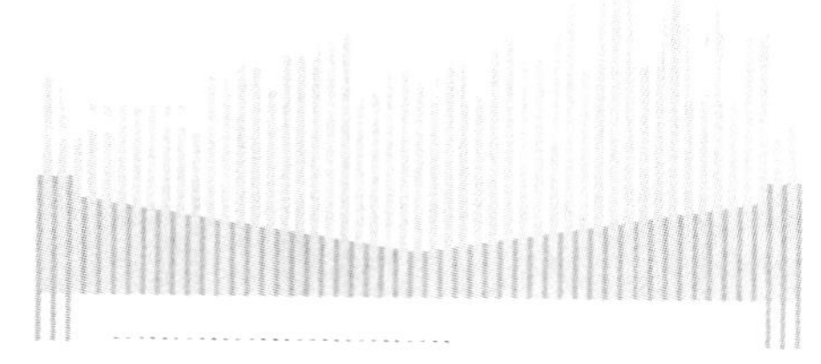

(2) 中国的大桥建设常常由业主先选择设计单位，然后由一家做方案比选，通过专家咨询会议讨论决定最终实施方案。在方案的经济性比较中常会发现一些违反常理和人为的因素，甚至为了迎合业主的意愿而完全不顾经济性，使不经济的、怪异的、难以施工的不合理方案通过虚假的经济指标和不科学的"理由"得以实施。最后，只得再追加预算，使工程经济性原

* 本文系2010年4月为《桥梁》杂志所撰写"桥梁会客厅"的短文。

则形同虚设。

(3) 桥梁的经济性的重要指标是每平方米桥面的材料用量,在国际设计竞赛中都十分重视这一体现竞争力和技术水平高低的指标。由于中国在材料工业方面的差距,中国大桥的材料等级是相对落后的。例如钢箱梁的设计,欧美各国主要采用 HPS460(欧洲)、HPS480(美国)、BHS500(日本)等高性能钢材,甚至在局部的高应力区还用少量 HPS560、HPS690,以减少厚板,简化构造和制造的难度,而中国都是采用唯一的一种 S345 的钢材,而且不同厚度钢板的焊接工艺又十分不便,也是很不经济的。在混凝土结构方面,中国的混凝土大都用 C50 级,而国外的高性能混凝土 HPC80 已商品化,使混凝土用量大大减少,由此,国外的混凝土桥梁纤细轻巧(外形尺寸较小,壁厚也较薄),而中国的混凝土桥梁往往显得相对粗笨和肥胖,与国外存在明显的差距。

(4) 国际桥梁与结构工程协会的同行曾多次问我:为什么在长江中游要造大跨度悬索桥?长江中游(南京—武汉)为内河Ⅰ级航道(5 000 t 级),通航净高 24 m,500 m 左右的一孔斜拉桥或 2×250 m 的分孔通航也能满足要求,不宜追求大跨。武汉以上为Ⅱ级航道(3 000 t 级),通航净高 18 m,除地形地质条件不利必须一跨过江外,更不应盲目追求大跨。至于湘江、赣江等支流均为内河Ⅲ级航道(1 000 t 级),盲目追求大跨是完全不能接受的,也是极不经济的。

(5) 目前,斜拉桥的跨度已突破千米,且尚有发展的潜力,在 1 200 m 跨度范围内,完全自锚的斜拉桥的经济性将明显优于悬索桥。而且,多跨斜拉桥的刚度、抗风稳定性和可施工性也优于多跨悬索桥。例如,法国设计的希腊 Rion-Antirion 桥(图 1),水深 65 m,且位于地震区,通航 18 万 t 海轮,采用了十分经济合理的多跨 560 m 斜拉桥方案和创新的加筋土抗震基础,也没有采用多跨悬索桥方案。又如德国和丹麦之间的费马恩海峡的桥梁(Fehmarnsund Bridge)方案选用多跨 780 m 的斜拉桥,可满足 20 万 t 海轮的通航要求,是最经济的跨海工程方案,也为我国长江下游的越江工程和东南沿海的跨海连岛工程提供了重要的借鉴(图 2)。

图 1　希腊 Rion-Antirion 桥

图 2　Fehmarnsund 海峡大桥方案

3　提高中国桥梁经济性的建议

为了加强中国桥梁界的经济性理念,建议学习发达国家的以下成功经验:

(1) 首先,要慎用造价较昂贵、施工期也较长的悬索桥,无论在长江下游的越江工程、沿海的跨海连岛工程，以及中西部山区的跨谷工程中，都应优先考虑相对较经济且拉索可以更换的斜拉桥或者拱桥方案。如必须采用悬索桥时一定要提出充分的理由，而且，对于不可更换的主缆防腐要认真处理，以保证其寿命期中的耐久性。不能仅以追求跨度为由不顾经济性原则而随意确定悬索桥方案。

（2）在大桥建设的规划或预可行性研究阶段，先由业主根据已建成桥梁的成熟经验制定一个最经济的方案（不一定是创新的和最美观的）作为基础性方案，用以确定投资预算的基准线。在随后的设计竞赛或征集方案中，为鼓励创新的目标或标志性的景观要求，可允许适当超过基础性方案的造价，但要有一个限度。德国的做法是不超过10%，对于城市小跨度桥梁，因投资较少，可因特殊的景观要求放宽至15%，超过15%的方案将不予接受，以体现经济性原则的重要性。

（3）重要的大桥工程应通过公开、公平、公正的设计竞赛体制确定优胜方案和设计单位，避免由一家做方案比选的弊端。同时，也可鼓励各设计单位提高以创新和经济理念为基础的竞争动力，这对中国桥梁的发展和进步是十分有益的。

（4）在方案比选中一定要列出每平方米桥面材料用量的指标，并和国外先进指标作比较，以鼓励使用高性能材料以及通过精细化的设计，使物尽其用，避免保守和浪费的设计，也可防止模仿、抄袭和不思进取的恶习，尽快缩小和发达国家的差距。

（5）在进行巨型跨海大桥工程的规划时，常常有“桥隧之争”，如琼州海峡工程、浙江沿海的连岛工程和崇明越江工程等，这时就要十分注意桥梁方案的经济性，以显示出对隧道方案的优势。同时，又要承认桥梁在耐久性方面的不足，采取切实措施保证150年甚至200年的使用寿命。对跨海工程的通航要求要进行科学的论证，如果只有少量大吨位的海轮偶尔通过桥孔，就应当采取限速的“约束航行”，降低通航标准，而不宜盲目追求造价昂贵的超大跨度悬索桥方案，从而失去对隧道方案的竞争力。

（6）前面提到中国的设计标准和施工定额偏低，这是因循苏联体制的规范遗留下来的问题。要解决中国桥梁的耐久性，实现全寿命的经济性，必须提高质量观念，依靠先进装备，加强耐久性设计和建立对全寿命的问责制等措施，做出优质和耐久的桥梁。要适当提高施工定额，保证施工企业有合理的工期和造价，以便让施工企业有利润空间进行创新的研发工作和装备的升级换代。用过低的“伪经济”造价做出“短命”的桥梁是中国桥梁不经济的要害。

（7）评审专家也要把经济性原则放在重要位置，以对人民负责的态度抵制一切不正常的“公关”活动，避免不经济的方案得以批准实施。对于随意浪费国家投资的极不经济的案例，要在业内进行批评、公开披露、汲取教训，以杜绝类似事例的蔓延，在桥梁界弘扬节约的美德。

中国还是一个有着13亿人口的发展中国家，人均GDP世界排名仍在100位以外。桥梁建设的投资都是人民的血汗积累，容不得随意浪费。桥梁设计的六项原则中并没有要求设计者去追求跨度的突破以及多少“第一”和“之最”。尽管各种桥型目前的纪录跨度都还没有达到可行的跨度极限，但我们不能仅仅为了追求跨度第一而不顾经济原则。因此，桥梁工程师一定要把自己的创造力集中到创新、质量和美观这三个方面，同时还要十分重视经济性指标，努力建造出优质、耐久又美丽的桥梁，为民造福。

参考文献

[1] 项海帆，潘洪萱，张圣城，等. 中国桥梁史纲[M]. 上海：同济大学出版社，2009.

[2] Combault J. The Rion-Antirion Bridge — When a Dream Becomes Reality [C]// Proc. IABSE Workshop,

Shanghai, 2009.
[3] Ostenfeld K et al. Major Bridge Projects — A Multi-disciplinary Approach [C]// Proc IABSE Workshop, Shanghai, 2009.
[4] 项海帆. 对跨海峡工程建设中"桥隧之争"的思考[J]. 桥梁,2010(1):10-15.
[5] Tang M C(邓文中). The Story of World Record Spans. Civil Engineering, 2010,80(3):55-63.

对跨海工程建设中“桥隧之争”的思考*

1 中国跨海工程的形势和任务

从黑龙江省同江市到海南省三亚市的“同三线”是交通部规划的“五纵七横”国道主干线的沿海大通道。同三线有 5 个大型工程，由北向南依次为：渤海海峡跨海工程、长江口越江工程、杭州湾跨海工程、珠江口跨海工程以及琼州海峡跨海工程。

早在 1995 年，交通部在收到各地上报的 5 个工程的前期规划报告后，就曾委托中交公路规划设计院和同济大学从系统和全局的角度就修建的必要性、技术可行性以及立项的优先排序等方面对 5 个通道工作进行总体评价，供交通部决策时参考。当时的结论意见是：5 个通道在技术上都是可行的，并根据交通功能、经济意义、财务评价和技术难度进行了排序，建议杭州湾通道、珠江口通道和长江口通道在 21 世纪第一个 10 年中实施，后两项则在稍后的第二个 10 年实施，其中渤海海峡南段的蓬莱连岛工程也可以在第一个 10 年中先期动工以开发旅游资源。

如今，杭州湾大桥和苏通大桥已于 2008 年建成通车，上海长江桥隧工程（主要是城市功能，不能成为同三线的一段）也已于 2009 年 10 月通车。珠江口通道因原先在 20 世纪 90 年代初规划的伶仃洋大桥争议较大被搁置多年，现已决定先期修建桥隧结合的港珠澳通道（Ⅱa 线）。然而，广东省交通厅认为这主要是连接港澳的城市间通道，且车辆“左行”，并不能成为同三线沿海大通道的组成部分，因而仍需另外修建一座珠江口通道，以满足同三国道主干线快速、直达、安全的要求。待港珠澳大桥开工后，广东省将启动这一工程，建设路线可在原伶仃洋大桥路线，即从珠海—淇澳岛—内伶仃岛折向东北方向，在深圳湾上岸的修改路线（南线Ⅰa）以及在中山市和深圳宝安机场之间洋面上的北线（Ⅳ）方案中比较确定（图 1）。

关于琼州海峡跨海工程，在 80 年代末，广东省交通厅谢瑞振总工即在海口召开第一次关于琼州海峡跨海工程的小型研讨会，决定启动前期工作。1992—1997 年广东虎门大桥建设期间，广东省交通厅拨款 7 000 余万元，由谢总领导的虎门公司委托唐寰澄总工主持预可行性研究工作，并于 2002 年完成了详细的研究报告：对桥位、桥型的选择、桥隧的比较均提出了初步建议。

2002 年后，交通部正式接管琼州海峡工程的前期工作，并委托中交公路规划设计院开始正式的工程可行性研究。2006 年 3 月，第一次大型研讨会在北京昌平九华山庄召开，着重讨论了工程可行性报告中的“桥隧之争”。

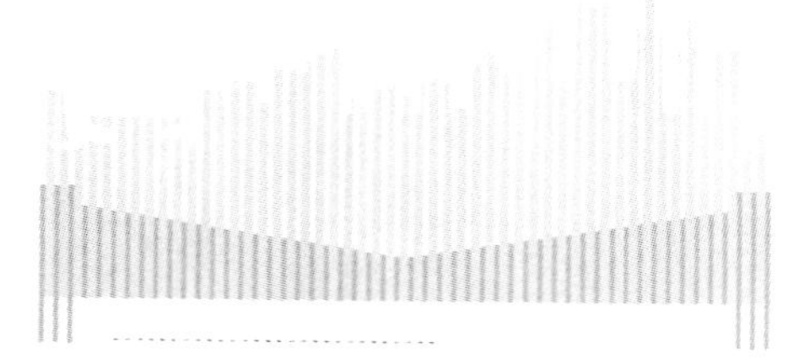

* 本文系 2009 年 9 月为 2010 年全国桥梁学术年会征文所作。

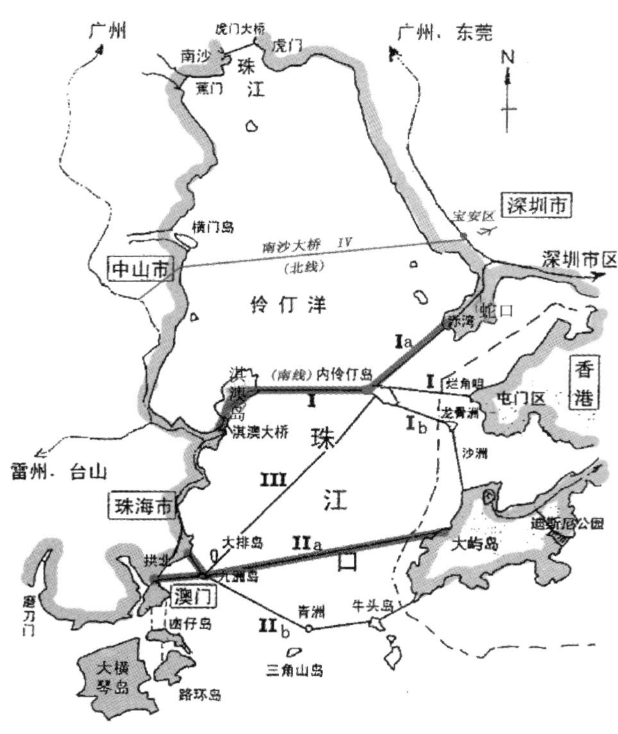

图 1　珠江口跨海工程

与会专家认为铁路过海峡应修隧道，而公路桥梁则在景观、经济、交通功能上均占优，当时估算的造价为：桥梁方案 353 亿元，桥隧结合方案 476 亿元，隧道方案 486 亿元。在桥位方面，同意选用虎门公司报告建议的海峡西口新Ⅶ线，线路总长 36.6 km，以避开中线深水和地质不良地段。桥型方案则有 2 孔 800 m 斜拉桥和 1 孔1 600 m 悬索桥的比较。专家们多数倾向于斜拉桥方案，一则可避免水中锚碇，且因斜拉桥刚度较大，尚可考虑公铁两用的双层桥面布置，建议作进一步的比较和论证(图 2)。

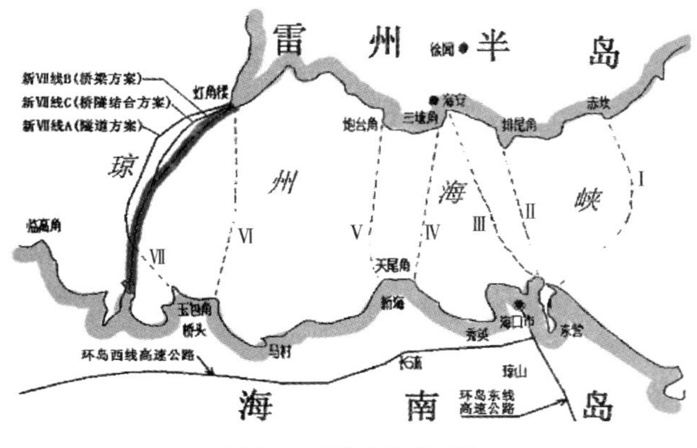

图 2　琼州海峡跨海工程

2007 年 4 月，两省(广东、海南)和一部(交通部)联合召开的大型研讨会在海口市举行。会议着重讨论了线位和 3 种跨海方案，专家意见可汇总为以下几点：

(1) 如交通规划合适，不论桥隧，都倾向于走海峡西口的新Ⅶ线。

(2) 全沉管隧道方案若技术可行(主要是通风井问题)，造价也较高，约接近 500 亿。

(3) 桥隧结合方案要在水深 40～50 m 处修筑人工岛，技术可行性需要进一步论证。

(4) 全桥方案取决于未来航运要求。如要求很高(30 万 t 自由航行)，则需要修建大跨悬索桥，造价将可能超过 500 亿。如经过论证，可降低通航要求，用 2 孔 800 m 斜拉桥满足 10 万 t 船的分孔限速通航，则造价可降低至 400 亿以内，是最经济的方案。

可见，“桥隧之争”除了技术可行性和施工难度的比较之外，还取决于对未来航运前景的估计和规划。

2008 年起，由于南海政治形势的变化，中央决定在海南省扩建洋浦港，面向东南亚贸易；在文昌建设新的航天发射基地；以及在三亚加强南海舰队基地建设。为此，要求铁路过海峡以替代目前的轮渡运输，并决定由铁道部牵头进行琼州海峡跨海工程的重新规划和前期研究。2009 年 2 月，两部(铁道部、交通部)和两省(广东、海南)在海口召开了第一次联席会议讨论公铁共建工作。联合工作组提出了多种方案：有公铁合建桥梁、铁路及汽车背负式隧道(类似英法海峡隧道方式)、分建的中线铁路隧道和西线公路桥梁方案、中线公铁分建隧道、西线公铁分建桥梁等。关于交通规模有四线铁路和八车道公路以及双线铁路和六车道公路两种方案；隧道有沉管和盾构的比较，桥梁则有 1 400～2 800 m 跨度的悬索桥和 800～1 100 m 的斜拉桥等比较方案。

总的看来，目前对航区、交通、地质勘探、水文气象等条件的前期调查工作还不充分，对桥梁深水基础和沉管隧道的技术准备也不够，还有铁道部和交通部之间的协调问题，而且初步报告中对设计理念的说明也不深入，可能还需要一段时间切实做好前期工作，进行仔细的论证比较，不宜仓促上马。特别是对未来过海陆上交通和水上航运交通规模都应实事求是地做出合理的评估，不宜盲目提高标准，造成不必要的浪费。

至于渤海海峡通道，已有“南桥北隧”的定论，采用桥隧组合的方式已无争议，主要是技术上的准备（图 3）。

此外，在上海城市规划中早就设想过连接上海和崇明的东西两个通道，在上海长江隧道工程的工程可行性研究中西通道也作为比较线位考虑过其可行性。当时决定为开发长兴岛的重工基地先实施东线越江通道工程，待条件成熟时再考虑西通道建设，即连接浦东新区罗泾和崇明城桥之间的西通道（图 4），以形成上海市的郊区环线。

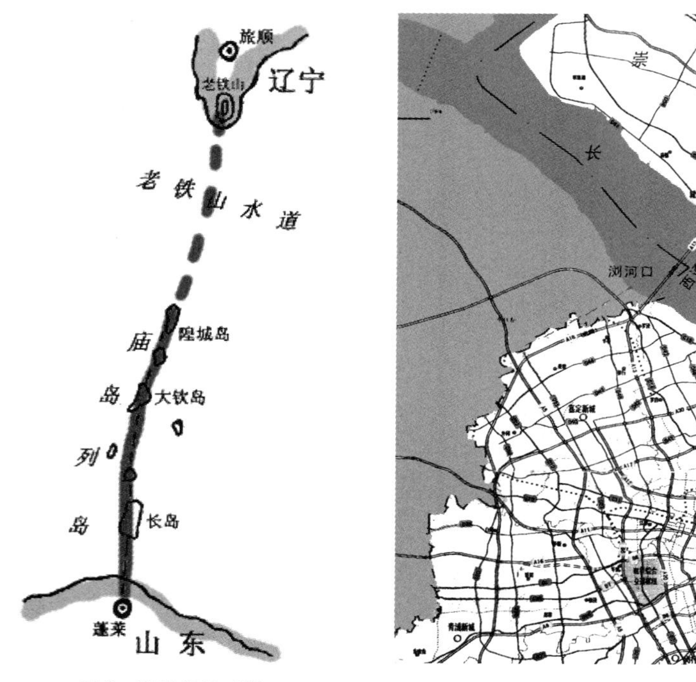

图 3　渤海海峡工程

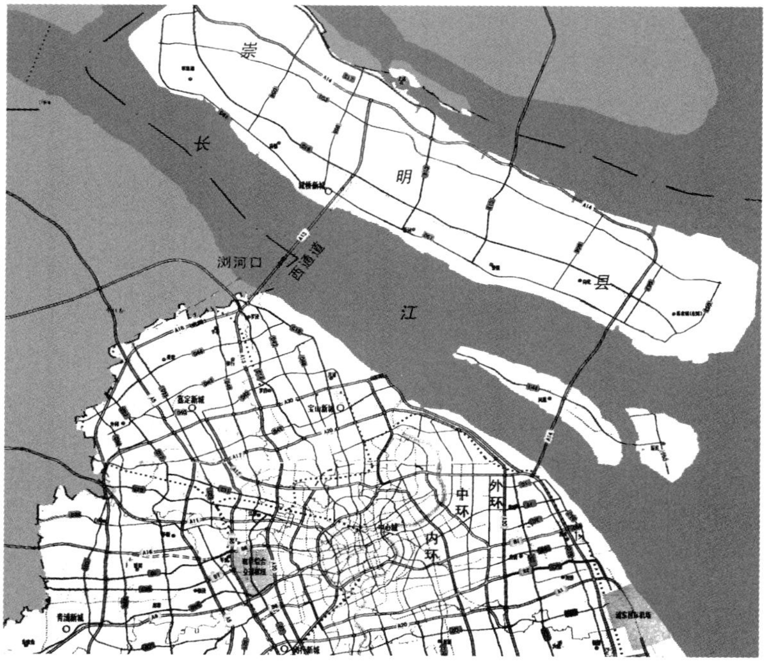

图 4　上海崇明西通道工程

最近，上海崇明西通道建设已开始启动前期准备工作。该线位的水面宽度有 16 km，水深在 20 m 之内，要求桥梁通航标准至少不能小于苏通大桥，即满足 10 万 t 级的通航要求，且因深水河槽变迁大，可能需要连续多跨千米级的大桥，也存在桥隧之争。

最后，还要提一下浙闽沿海的一些跨岛和连岛工程。浙江省沿海有两千多个岛屿，除舟山群岛的连岛工程即将部分完成外，可能尚有一些大岛需要连接。福建省也在考虑建设连接金门和马祖的跨海工程，甚至对于未来跨越台湾海峡，总长超过 120 km 的海峡通道的可行性也在讨论中。

可以预计，在 21 世纪中，中国将有许多跨海工程建设任务会提到议事日程上，需要桥梁界作好技术准备。

2　“桥隧之争”的态势分析

跨海桥梁工程一般都要满足万吨以上的通航要求，其主通航孔桥需要采用缆索承重桥梁，如斜拉桥、悬索桥或斜拉悬索混合体系。一些通航繁忙或水深较大、航道等级较高的跨海通航就必须采用与超深水基础相适应的多跨超大跨度桥梁。目前，世界上已建成的最大深水基础为 65 m 水深的希腊 Rion - Antirion 桥（图 5），已建成的最大跨度悬索桥为跨度达 1 991 m 的日本明石海峡大桥，意大利主跨达 3 300 m 的墨西拿海峡大桥尚未动工兴建。中国长江下游大桥的基础水深一般都在 40 m 左右，我们必须对 50～80 m 水深的基础工程提前作好技术研发工作，才能应对未来桥隧之争的形势。同时，面对多跨连续悬索桥的建设需要，虽然正在施工的泰常长江大桥和马鞍山长江大桥为克服塔顶鞍座的抗滑移问题采取了措施，但也只是可行的方案，仍存在安全的疑虑，需要我们继续努力，寻找最优的解决方案，为提高桥梁竞争力作好准备。

从隧道技术方面看，18 世纪中叶以前，大都是采用人工的钻爆法（又称矿山法），工业革命后出现了用机

图 5 Rion-Antirion 桥

械代替人力的隧道工法。由于传统的矿山法施工简便，成本较低，从 17—20 世纪的长时间内被欧美各国广泛应用，直至 1971 年动工的日本青函海底铁路隧道（全长 53.85 km，1988 年正式通车，历时 17 年）和法意交界处的勃朗峰隧道（全长 11.6 km），都是采用矿山法施工。为克服矿山法施工条件差、工人劳动强度高、速度慢和安全隐患多的缺点，1956 年由奥地利工程师发明的新奥法（NATM），因其采用柔性支护和围岩相结合形成的支护系统代替矿山法的混凝土衬砌支护，改善了结构性能，在经济性和安全性方面均优于传统的矿山法，得到了迅速推广。我国 1987 年建成的大瑶山铁路隧道首次采用新奥法施工获得成功。

1851 年第一台隧道掘进机（TBM）在美国诞生，但由于存在刀具问题而发展缓慢，直到 1956 年因材料的进步解决了刀具问题，TBM 法才得到广泛的推广和应用。

最著名的英法海底隧道（全长 49.36 km）采用隧道掘进机施工，1987 年动工至 1994 年投入运营，历时 7 年。英法海底隧道融合了英、美、法、日、德等发达国家的施工技术于一体，由于掘进机装备的巨大进步，达到了 20 世纪的最高成就。

沉管法的隧道工法最早在 1810 年已在英国伦敦泰晤士河隧道中进行了试验，但未能取得成功。直到 1894 年美国波士顿市建成了世界第一条沉管隧道才宣告沉管法的正式诞生。全世界修建的沉管隧道已有 150 余座，我国第一座沉管隧道为 1994 年建成的宁波甬江隧道，以后在上海、香港、广州等地又建成了多座沉管隧道。

盾构法隧道工法也有 100 多年的历史，经历了气压盾构—泥水加压盾构—土压平衡盾构的发展历程，而且施工装备也与时俱进，日益自动化和精细化。日本东京湾跨海公路隧道是典型的盾构隧道，全长 10 km，1998 年建成通车，标志着这一工法的最先进水平。上海在 20 世纪 60 年代即尝试用盾构法建造打浦路越江隧道获得成功，以后又建造了多条隧道，并逐步推广至全国各地。目前，上海长江隧道工程采用德国海瑞克制造的世界最大直径（D = 15.43 m）先进盾构机（图 6），工效很高，安全便捷，该隧道已于 2009 年 10 月建成通车，历时仅 4 年。

图 6 大直径盾构机

综上所述，可以认为在跨海工程建设中采用的桥梁和隧道技术都已相当成熟可行。主要的挑战来自桥梁深水基础施工和隧道的深水通风井施工以及沉管法施工中可能发生的风险（如宁波隧道和上海吴淞隧道的事故）。超过 50 m 水深的基础也缺少经验和技术储备，尽管可以绕道避开深水而选择 40 m 以下的海域跨越，同时可减小通航孔的跨度，如前述琼州海峡跨海工程工程可行性报告所建议的新Ⅶ线方案。

从造价上看，根据 2008 年的资料，隧道专家估计：钻爆法最经济，根据不同地质条件，6 车道标准的造价在5亿～10亿元/km；盾构法隧道为10亿～12亿元/km；沉管隧道最贵，为12亿～15亿元/km。桥梁的造价则与水深有关：浅水(<10 m)长桥为3亿～4亿元/km，如苏通大桥(78.9亿元/32.4 km)、东海大桥(105亿元/32 km)、杭州湾大桥(117亿元/36 km)、舟山金塘大桥(77亿元/26.5 km)等；中等水深(20～40 m，通航1万～5万t船只)的长江越江工程为5～10亿元/km；而深水海峡工程(水深>40 m，通航5万～20万t船只)可能需要1 000～2 000 m跨度的超大跨度桥梁，造价将达到10亿～15亿元/km，会超过盾构隧道，如琼州海峡新Ⅶ线桥梁方案为500亿元/33 km。

欧洲的德国和丹麦政府酝酿已久的费马恩海峡工程总长20 km，也存在桥隧之争。桥梁方案为公铁两用(双线铁路，四线公路)，主跨780 m的四塔三跨连续斜拉桥，造价约70亿美元。如能战胜沉管隧道方案，则对于琼州海峡工程将是很好的借鉴，对于桥梁工作者也是一个鼓舞。

从宏观上可以大致得出这样的判断：

(1) 长度小于5 km的越江工程，桥梁占有优势。这也是几乎所有长江上的越江工程都选择桥梁的原因，仅有少量因战备需要而修建隧道的特例。

(2) 总长10 km以上的跨江跨海工程，桥隧结合的方案可能较合理。深水区的主航道用隧道，浅水区则用桥梁，特别是中间有岛陆或浅滩可利用时，如上海长江隧桥工程，总长26.5 km，其中隧道7.5 km(造价65亿元)，桥梁19 km(造价60亿元，约3亿元/km)。全长36 km的港珠澳大桥也选用了合理的桥隧结合方案。

(3) 总长20 km以上的海峡工程，中间又无可利用的岛屿，且水深超过50 m，除非在地质条件和施工上发生难以避免的技术困难，隧道可能会占有优势。

从工期上看，过去隧道作业时间长，如日本青函隧道，全长53.85 km，建了17年，平均每年仅3 km，而桥梁工程可展开多个工作面施工，一般5年就可完成。然而，近十年来，隧道施工机械的进步神速，工效大大提高，如上海长江隧桥工程中的7.5 km隧道，采用先进的盾构机，每天平均进度达到20 m，采用单向掘进，一年多即贯通，即使遇到较坚硬的土层或软岩每年5 km的进度也是可以实现的。这样，33 km的琼州海峡如两边同时掘进施工，3年多即可贯通，已可超过桥梁的施工进度。

对于水深达到80 m，总长120 km以上的台湾海峡工程，如果桥梁深水基础技术没有突破性进展，就要被迫采用超大跨度(2 000～3 000 m)的多跨连续悬索桥，其造价可能超过20亿元/km，在经济上将难以和隧道竞争。

3 为提高桥梁竞争力的研究课题

“桥隧之争”并不是坏事，而是作为两种各有特色的越江跨海工程方式的科学技术发展的竞争，对于双方都有促进作用。桥梁与隧道都有自己的优势和不足，关键在于如何发扬优势克服不足，提高各自的竞争力。

3.1 具有抗震和防撞能力的超深水基础(水深50～100 m)

我国长江大桥基础大都采用施工简便的大直径钻孔灌注直桩的高桩承台基础，水深在40 m左右，而且主要依靠增加桩数和扩大承台尺寸的方法抵抗侧向地震力，防撞能力也不足，因而并不是最佳的深水基础形式。在水深达到50～80 m的跨海工程中必须采用更好的结构形式，如日本明石海峡大桥的预制装配式沉井(水深50～60 m)或希腊Rion-Antirion桥的加筋土钟形装配式塔基(水深65 m，图7)，两者都在强震区，且通行18万～20万t海轮。直布罗陀海峡的3 500 m悬索桥方案中采用类似海洋平台的预制多腿柱框架基础(最大水深达到300 m，塔墩处也有120 m，图8)。琼州海峡中线和台湾海峡的水深都在80 m以上，如果要提高桥梁在桥隧之争中的竞争力，必须研究和开发具有抗侧向力的深水基础，并且在经济上也不能过于昂贵，以免被迫加大上部结构的跨度，在总体上丧失对隧道的竞争力。如意大利墨西拿(Messina)海峡大桥因避开深水而只得采用3 300 m的超大跨度悬索桥(图9)，而放弃多跨的经济方案，从通航要求上并不需要，据2006年的报道，其造价为39亿欧元(≈369亿元人民币)，约5 km长的公铁两用桥造价达到73.8亿元人民币/km，是十分昂贵的。

图7 Rion-Antirion桥65 m深水塔基

图 8　直布罗陀海峡大桥 120 m 深水塔基

图 9　意大利墨西拿海峡大桥

3.2　合理的通航标准研究

在桥隧之争中，桥梁方案经常被不合理的通航标准所制约。海军部门常常“一票否决”主航道的桥梁方案，航运部门也以“为未来预留大吨位的航运发展”为由而提高通航标准，使桥梁方案被迫采用大跨度悬索桥，从而降低了经济性和竞争力。有时，造价昂贵的大跨度桥梁方案也会被业主以满足“标志性”的要求而中选，但却造成了不必要的浪费。

国际桥梁与结构工程协会通过组织多国委员会进行研究，提出了为防止船撞桥墩事故、降低风险的“船舶活动域理论”(Ship Domain Theory，图 10)：自由(不减速，约 30 节，≈55 km/h)航行船舶的安全通航宽度为 3.2L(船长)，而约束(减速)航行可减半为 1.6L；如海轮进出港湾时有领航员指挥减速通过桥孔，或者航道中只有少量大吨位船舶偶尔通过桥孔，也应考虑减速航行，以节约桥梁造价。希腊 Rion-Antirion 桥就是采用约束航行标准，即为 18 万 t 海轮以 16 节航速(≈30km/h)通过大桥，提供 2 个净高 65 m、净宽 500 m 的上下行分孔通航净空，最后采用多孔 560 m 斜拉桥的经济方案(见图 5)，而并没有考虑千米以上大跨度桥梁方案。这是值得我们借鉴的实例。

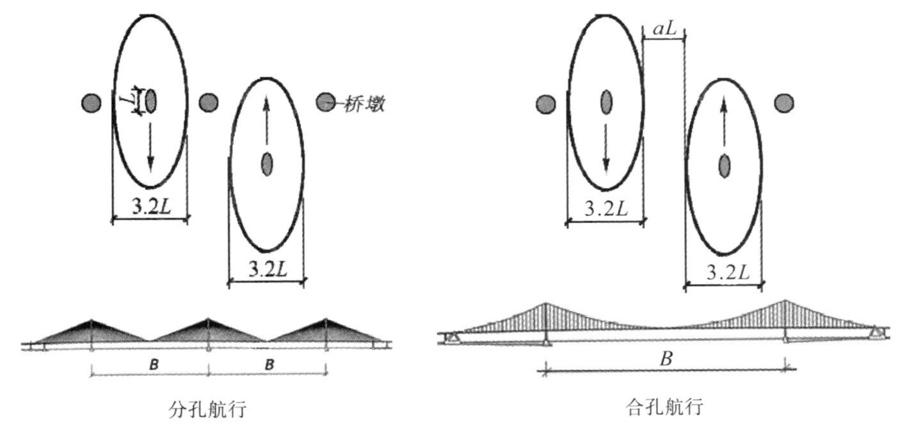

图 10　船舶安全航行的“活动域”

据统计资料，1 万～30 万 t 级(第七代集装箱)船舶的长度约在 150～350 m 之间，按 1.6L 计算的“约束航行”所需通航净宽(1.6L)在 240～560 m 之间，考虑和桥墩之间的预留宽度，上下行分孔通航的每孔所需跨度在 300～600 m 之间。如因深水基础的造价较贵也可考虑上下行合孔通航，此时一个双向通航孔的跨度就需要 600～1 200 m。如果跨海桥梁不在港口附近而要求不减速的“自由航行”，则上下行分孔航行的每孔跨度将加倍成 600～1 200 m，而合孔航行的跨度就需要 1 200～2 400 m 了。未来海轮发展的极限可考虑为

50 万 t,通航净高可能仍将保持在 70～75 m 以内以适应已有桥梁的标准,主要是增加船舶的宽度、长度和吃水深度。预计船长会达到 460 m,此时上下行合孔自由航行所需的最大桥梁跨度也就在 3 200 m(表 1)。

表 1

船级 DWT	船舶尺寸/m		通航要求/m					备注（集装箱）	
	船长×船高	吃水深 空—满载	通航净高 H 满载—空	自由航行 B		约束航行 B			
				分 孔	合 孔	分 孔	合 孔		
10 000 t	150 m×43 m	6～9	34～36	2×～600	1 200	2×300	600	Ⅰ	700TEU
30 000 t	250 m×50 m	7～11	41～45	2×700	1 400	2×350	700		1 000TEU
50 000 t	270 m×52 m	9～13	50～53	2×800	1 600	2×400	800	Ⅱ	1 800TEU
100 000 t	300 m×63 m	11～16	58～62	2×1 000	2 000	2×500	1 000	Ⅳ	4 400TEU
200 000 t	320 m×70 m	13～18	60～65	2×1 100	2 200	2×550	1 100	Ⅵ	6 000TEU
300 000 t	350 m×80 m	15～21	65～70	2×1 200	2 400	2×～600	1 200	Ⅶ	8 000TEU
500 000 t	460 m×90 m	22～28	70～75	2×1 500	3 000	2×750	1 500	Ⅷ	20 000TEU

因此,建议水运部门根据航运规划和桥位情况提出“自由航行”或“约束航行”的要求,同时规定上下行分孔航行的两个通航净空标准,至于分孔或合孔则由设计部门根据经济合理性来决定,不宜硬性规定必须合孔航行而只得采用超大跨度桥梁。如长江中游一些不合理、不经济的大跨度悬索桥,造成桥下净高和跨度比例的严重失调,而且与相邻桥梁也极不协调。

对于投资巨大的跨海大桥,更应实事求是地进行航运规划和评估,根据船舶的数量、组成和今后的发展,合理地确定通航标准。如正在计划中的琼州海峡工程,航运的现状是仅在万吨以下,现却要求预留 30 万 t 的通航标准,如按分孔的“约束航行”要求,原定的双孔 800 m 斜拉桥方案已能满足要求;如一定要求“自由航行”,则可考虑双孔 1 200 m 的斜拉桥方案,也不必采用 1 孔 2 500 m 的悬索桥方案,以免深水锚碇基础施工带来风险,而且造价也将大幅度提高,这是需要慎重考虑的。

同样,上海崇明西通道的桥梁方案也有双孔 600 m 和一孔 1 200 m 斜拉桥的比较,可由设计单位根据深水基础的条件和经济性来决定,两者都能满足今后少量 10 万 t 级船舶的减速航行,是比较经济合理的,也对隧道方案具有竞争力。

3.3 多跨连续悬索桥的关键技术问题

在跨海工程中如能用 800～1 200 m 跨度的双孔斜拉桥方案满足 10 万～30 万 t 级船舶的分孔通航要求应当是最为合理经济的解决方案。但如果水深在 80 m 以上就要采用跨度 2 000 m 以上的多跨悬索桥方案以减少十分昂贵的深水基础数目,此外,还有深水锚碇的技术困难,如将锚碇退至岸上,则必须采用连续多跨悬索桥,造价将十分昂贵。

我国已率先在建两座双跨三塔的悬索桥,跨度 1 080 m 的泰常长江大桥和马鞍山长江大桥。多跨连续悬索桥存在的一个主要弱点就是中塔鞍座上主缆在左右不平衡索力作用下的抗滑问题。泰常大桥采用较柔性的中塔以减小索力差,但存在降低桥面刚度和中塔反复弯曲变形的疲劳问题。马鞍山大桥则采用将中塔和桥面固结的措施以提高刚度和减小索力差,但也存在固结点的疲劳问题。两种方式都勉强解决了主缆的防滑问题,但也付出了代价,因而并非最佳的解决方案。如果悬索桥的跨度达到 2 000 m 以上,索力差将更大,应当研究一种特殊的塔顶鞍座构造来提高抗滑能力,此时就可以采用刚性的中塔,从根本上解决多跨悬索桥的关键技术问题。

对于跨越 20 km 以上且平均水深 50 m 以上的海峡,桥梁的经济跨度可能就会达到 2 000 m 以上,必须采用连续 n 跨的悬索桥方案跨越深水区。此时刚性桥塔就是必要的,而解决因跨度增大而更加巨大的不平衡索力差的鞍座抗滑问题更不能回避。否则,就不能实现用多跨悬索桥跨越海峡的方案,也难以和隧道方案相抗衡。

4 结语

我于1955年毕业于同济大学桥梁与隧道专业本科，也学过隧道工程，研究生阶段才专攻桥梁振动问题，并成为毕生从事的专业。我本人从感情上自然倾向于桥梁技术的不断发展，希望在“桥隧之争”中能战胜隧道，这就需要不断克服桥梁技术的缺陷和弱点，努力提高在跨海工程中的竞争力。特别是从全寿命设计理念上看，巨型跨海工程投资上千亿元，对寿命的期望值可能要200年(如意大利墨西拿海峡大桥所要求的)。面对中国桥梁耐久性问题的劣势(我对隧道的寿命期望不了解，但从其结构受力状态和处于水下的环境，可能会优于暴露在大气中的桥梁)，就更需要桥梁界同仁在耐久性上狠下功夫，建造出优质、耐久的跨海大桥，为民造福，并在“桥隧之争”中占有优势。

参考文献

[1] 交通部公路规划设计院、同济大学. 沿海高等级公路干线跨海工程可行性咨询报告[R]. 1995.
[2] 项海帆等. 沿海高等级公路(同三线)的跨海工程建设研究报告[R]//中国工程院《十一·五重大工程建设》咨询项目，交通组5.2课题研究报告. 2003.
[3] 项海帆等. 土木工程概论[M]. 北京：人民交通出版社，2007.
[4] Combault J. The Rion-Antirion Bridge - When a Dream Becomes Reality [C]// Proc Recent Major Bridges, IABSE Workshop, Shanghai, 2009.
[5] Ostenfeld K H, Andersen E Y. Major Bridge Projects - A Multi-disciplinary Approach [C]// Proc Recent Major Bridges, IABSE Workshop, Shanghai, 2009.
[6] 项海帆. 中国桥梁的耐久性问题[J]. 桥梁，2009(4)：16 - 17.
[7] Peterson A, 张金屏. 跨越海峡的挑战[J]. 桥梁，2009(5)：48 - 51.

对台湾海峡工程桥梁方案的初步思考*

1 引言

很多年前就听说有人建议考虑连接台海的陆路通道，还开过几次讨论会。我也曾受到邀请，感到政治条件尚不具备，讨论此事为时尚早，因而没有出席过有关的会议，只是从报上的新闻中了解到一些零星的讯息。

最近，《桥梁》杂志 2010 年第 5、6 期连载了台湾蔡俊镱先生关于"新竹—平潭跨海大桥的可行性研究"一文，提到两岸经济合作架构协议 ECFA 签订以后政治条件已有所改善，文中介绍了一些基本资料和对桥梁方案的初步意见也引起了我的思考。蔡先生的一些意见很有说服力，于是就想写一篇短文参与这一宏伟工程的讨论，希望引起更多桥梁界同行的关注和研究，供有志于建设通道的后辈们参考。

2 技术和经济可行性

首先，我也比较倾向于走福建平潭至台湾新竹的北线通道，全长 130 km 的跨海工程将是千亿以上投资的巨型工程。蔡先生也曾提出过南线跨海大桥方案，即由台湾云林经澎湖、金门连接厦门，全长约 195 km，投资更大，且登岸点远离福州和台北首府，从交通规划和路网连接上恐有不利。

从蔡文中还得知，也有不少人倾向于北线的铁路隧道方案(可能是类似于英吉利海峡的方式)，因而存在桥隧之争，需要通过前期工作进行详细周密的调查研究和方案比选进行科学决策，不宜随意决定，仓促上马。而且，前期工作必须两岸共同合作进行，希望能在不久的将来出现更好的政治气氛，得到双方主管部门的认可，尽早开始启动。

台湾海峡工程北线的水深有 60～80 m，从海床等高线图可大致看出：130 km 海面宽度中约有一半以上在 60 m 深水区，其中尚有约 20 km 范围的水深可能达到 80 m。因此，深水基础的技术及其经济性将对桥梁方案的竞争力产生重要影响。

台湾海峡地处强震区，深水基础的抗震安全是最大的挑战。对于 60～80 m 的水深，国内长江大桥常用的大直径群桩基础已不适用，而必须考虑大型预制构件装配施工的沉井基础(如水深 50 m 的日本明石大桥的塔基)，或借鉴希腊 Rion-Autirion 桥所用的水深达 65 m 的加筋土预制装配钟形基础，最好要研究抗震性能更好的创新基础形式。深水基础如十分昂贵将被迫加大非通航孔桥的经济跨度，降低桥梁方案对隧道方案的竞争力，这是十分不利的。国内的主要设计院和高校应当提前研究，进行技术储

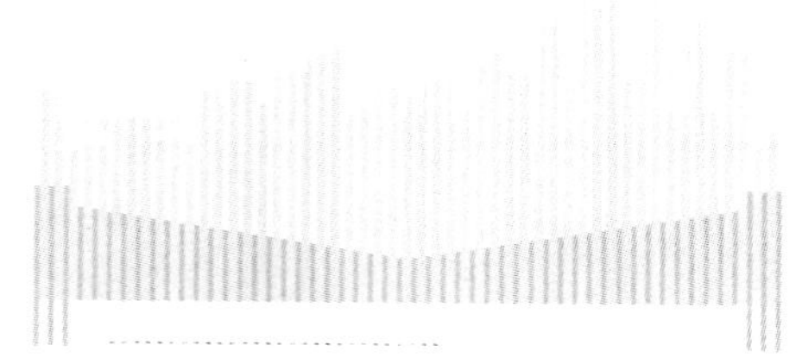

* 本文系 2011 年 1 月为《桥梁》杂志 2011 年第 1 期"会客厅"栏目而作。

备，以迎接台湾海峡工程的挑战。

相比抗震的挑战，抗台风的问题要相对容易些。斜拉桥的抗风性能好，即使超千米的斜拉桥也有足够的抗风稳定性（如苏通长江大桥），能够满足海峡10 min平均台风风速可能达到 40 m/s 的抗风要求。悬索桥的抗风性能较差，经研究，跨度 5 000 m 的悬索桥采用分体箱桥面再加中央稳定板的措施也能提供80 m/s 以上的颤振临界风速，但造价会急剧上升，可能会降低桥梁方案的竞争力。

总之，除了耐久性以外，深水基础、抗震和抗风确实是台湾海峡工程三项主要的挑战，必须得到妥善解决后才能确立桥梁方案的技术和经济可行性。为此，要提前进行专项的研究，寻求最佳方案，同时还要能保持对隧道方案的竞争优势。

3 桥型方案及通航孔布置

根据桥梁概念设计的原理，桥梁方案设计应遵循“安全、适用、经济、美观、耐久和环保”六项基本原则，其中适用和经济是首要的原则：前者要求满足功能要求（桥面交通和桥下通航），后者则体现方案的竞争力。此外，就要考虑美学和景观要求，通过选择合理的体系、构造以及施工工法做到安全和耐久，同时又能符合环境保护的原则。

从蔡先生文中的图 4 中可以了解到海峡的南北向主航道有东西两条，分别靠近两岸，且均在水深 40～60 m 的区域。海峡工程的主航道桥应分别布置在东西两条传统的近岸航道上，并满足远期规划的通航要求。文中建议“应满足 30 万 t 海轮的通航要求；净高最少66 m，水深不小于 26 m，最好达到 30 m”（相应的船长分别为散装船 349 m，集装箱船 398 m），此外，两边还应各配置一个辅航道桥，净高 48 m（相当于 5 万 t 级）以备大量小型船只通航，都是合理的。

根据上述通航要求，蔡先生建议“主航道区的主桥采用跨度 2 000 m 以上的悬索桥”，“辅航道区的主桥采用斜拉桥”，“非航道区则分为海中段及近海段分别采用 250 m 跨度（参考加拿大 Confederation 桥）和 85 m 跨度的预制预应力混凝土梁桥（参考港珠澳大桥）”。

根据欧洲规范，供全速自由航行的航道净宽为 3.2 倍船长，按上述的船长 398 m 计算，需要 1 280 m 的单向航道，如果双向合孔就是 2×1 280 m＝2 560 m，再加上两侧预留宽度就需要 2 700 m 左右的超大跨度悬索桥才能满足 30 万 t 双向自由航行要求。

《桥梁》杂志 2009 年第 5 期刊登了丹麦 COWI 公司 Anton Petersen 和张金屏的《跨越海峡的挑战——北欧和世界的大跨桥梁》一文，文中介绍了丹麦和德国之间费马恩海峡桥的实例：为满足 26 万 t 海轮的通航要求（估计是采用 1.6 倍船长的“约束航行”），文中说“经过对船撞风险的详细调查和分析决定推荐四塔三跨 780 m 的桁架叠合梁斜拉桥方案”，而放弃了超大跨度（约 2 000 m）的悬索桥比较方案，以保持对隧道方案的竞争力。我认为这是一个很重要的启示。

由于斜拉桥的跨越能力已突破千米，据日本学者研究，斜拉桥的适用跨度范围可达到 1 400 m（超过1 400 m后梁中的轴向力的二阶效应和拉索因垂度的刚度折减将使斜拉桥的结构性能弱化，经济性将不如悬索桥）。在 1 400 m 以下的跨度范围内，斜拉桥刚性大、抗风性能好、拉索可更换，又能避免悬索桥的深水锚碇和多跨悬索桥主缆在塔顶鞍座处的抗滑等难题，不仅经济性优于悬索桥，而且也具有对隧道方案的竞争优势。因此，我认为台湾海峡的主航道桥不一定非用超大跨度（2 500 m 以上）的悬索桥，而可以考虑双向分孔通航的多孔 1 400 m 斜拉桥方案。实际上，如果来往海峡的 30 万 t 海轮数量很少，在桥下交会的概率就很低，甚至还可以进一步降低通航要求（减速航行过桥，避免桥下交会）。也许仅用 1 孔 1 400 m 斜拉桥，或多孔800 m斜拉桥就能满足少量 30 万 t 海轮的通航要求（如费马恩海峡桥实例），从而可大大降低造价，提高对隧道方案的竞争力。

对于大量非通航孔桥（总长超过 120 km，占投资的比例极大）则必须采用经济跨度，这就取决于深水基础的造价。60～80 m 深水区的经济跨度可参考 65 m 水深的希腊 Rion-Antirion 桥所采用的多孔 560 m 跨度斜拉桥，以及林同炎教授建议的美亚白令海峡大桥对30～40 m 水深所推荐的二百多孔跨度为 336 m 的预应力混凝土斜拉桥方案，可能应是多孔 400～600 m 的连续斜拉桥，而 40 m 水深以下的近岸区则可以考虑250 m 和100 m 的预应力混凝土连续箱梁桥。总之，对占全长 90%以上非通航孔经济跨度和桥型方案的研究应当是一个更为重要的课题，它对桥梁方案的经济性和竞争力关系重大，也是桥梁方案能够战胜隧道方案的关键，必须通过仔细的地质勘查、方案的经济比较和施工工法的研究加以确定。

4 结束语

以上是我的一点初步思考，不一定正确，想利用“会客厅”栏目抛砖引玉，引起大家的关注和讨论。我的主要思想是：合理地确定通航要求，优先考虑经济、耐久的斜拉桥方案，慎用超大跨度悬索桥，以保持对隧道方案的竞争力。同时，提早启动前期工作，认真做好勘查和调查工作，妥善解决技术难题，争取在本世纪中叶建成这一宏伟工程，为促进中华民族的伟大复兴和统一大业贡献我们桥梁界的力量。

参考文献

[1] 蔡俊镱. 台湾海峡两岸陆运新丝路——台湾新竹—福建平潭跨海大桥可行性研究(上)[J]. 桥梁，2010(5)：62-65.

[2] 蔡俊镱. 台湾海峡两岸陆运新丝路——台湾新竹—福建平潭跨海大桥可行性研究(下)[J]. 桥梁，2010(6)：40-45.

[3] 项海帆，葛耀君. 悬索桥跨径的空气动力极限[J]. 土木工程学报，2005，38(1)：60-70.

[3] Anton Petersen，张金屏. 跨越海峡的挑战——北欧和世界的大跨桥梁[J]. 桥梁，2009(5)：48-51.

[4] 邹立中，赵煜澄. 白令海峡桥渡可行性研究[J]. 国外桥梁，1998(1)：22-28.

关于中国桥梁界追求“之最”和“第一”的反思*

1 引言

2011 年第 5 期《桥梁》杂志刊登了交通部冯正霖副部长在港珠澳大桥建设项目管理研讨会上的讲话。文中除了强调“建百年大桥，保设计寿命”之外，还提到“现在桥梁界还有一个观点就是追求‘之最’，好像没有一个‘之最’，就没有水平，就不代表创新”。这确实是中国桥梁的一大误区，也引起了我的反思。

2009 年 5 月，在上海举行了“当代大桥”国际研讨会后，部分国外代表还参观了中国各地的新建大桥。在他们离沪回国时，国际桥梁与结构工程协会的领导曾问我：“为什么在中国长江内河航道上要建造那么多千米级的悬索桥和斜拉桥？为什么一些老桥跨度不大，而附近的新桥的跨度却增大了好几倍？你们长江航道的通航要求是如何定的？”我一时语塞，不知如何回答才好，只能说：“中国桥梁界喜欢追求跨度的超越，一些官员也鼓励这样做，这可能是一个误区。”

在国外，除了跨海工程要考虑大跨度悬索桥外，其余的内河航道如欧洲的莱茵河、多瑙河、塞纳河、易北河等，除下游河口段以外，航道等级约在 1 000～5 000 t 级之间，因而大都采用斜拉桥、拱桥或钢箱梁桥方案。英国的塞佛恩(Severn)桥和福思(Forth)桥都是在 20 世纪 60—70 年代建造的跨越海湾的悬索桥，但在以后修建 Severn 二桥和 Forth 二桥时则都改用了更经济的分孔通航的三塔斜拉桥。在今年国际桥协的伦敦会议上，还专题介绍了建设中的苏格兰福思二桥，该桥位于 1964 年建成的跨度 1 006 m 的福思一桥边上，是一座三塔 2×650 m 的斜拉桥，以满足日益增加的交通需求，而没有再建一座悬索桥。

2 斜拉桥是当代大跨桥梁的主流桥型

斜拉桥的跨越能力现已突破了千米，甚至还有增大的潜力，并且由于其刚度、抗风性能、拉索可更换、施工简便、无锚碇等方面的优越性，在近年来的国际跨海工程方案竞赛中，斜拉桥方案都优于悬索桥而被采用。如希腊 Rion-Antirion 桥，水深 65 m，通航 18 万 t 海轮，又位于强震区，最后采用法国设计的多塔多跨 560 m 斜拉桥。

在今年伦敦会议上，丹麦 COWI 公司的 L. Hauge 先生所做的关于“大跨度桥梁的发展趋势”的大会主旨报告中也谈到了斜拉桥和悬索桥的比较。他认为在 1 200 m 以下的跨度斜拉桥占优，超过 1 200 m 的跨度，斜拉

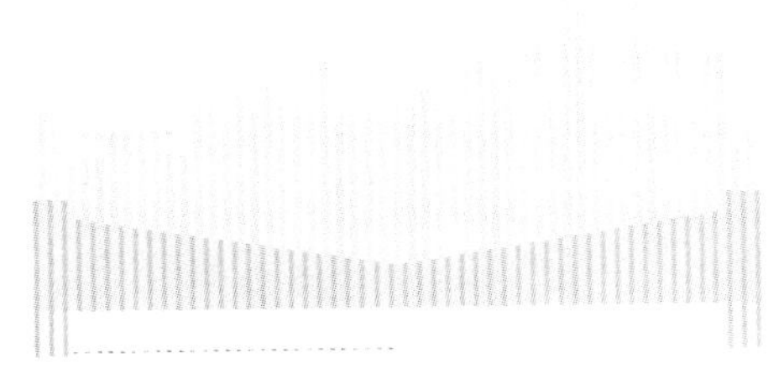

* 本文系 2011 年 11 月为《桥梁》杂志“关注”栏目所作。

桥将受到塔高和长索的限制，锚碇条件有利的悬索桥将会占优。

日本 Nagai 教授的报告认为自锚式斜拉桥跨度的极限在 1 200～1 400 m 之间。如采用部分地锚斜拉桥，极限跨度还可延伸至 1 600 m，当悬索桥的锚碇只能设在水中时，则斜拉桥方案仍有竞争力。

根据《桥梁》杂志 2011 年第 2 期所载同济大学肖汝诚等《缆索承重桥梁各种体系比较》一文的结论：当锚碇条件为岸上岩石时，跨度超过 900 m 的悬索桥就会占优；对于岸上软土锚碇，则跨度 1 100 m 以上才对斜拉桥占优；而对于浅水锚碇，悬索桥的竞争力将大大降低（初步估算在 1 600 m 以上才会占优）。可见，三方面的研究结论是基本一致的。

Hauge 先生在主旨报告中还提到 COWI 公司正在规划中的德国和丹麦之间费曼恩海峡工程的最新优化成果（注：在 2009 年上海国际桥协会议上，COWI 公司的 Ostenfeld 先生介绍的桥梁推荐方案为四塔三跨 780 m 的斜拉桥）。他认为采用三塔双跨 724 m 的斜拉桥方案就能满足 26 万 t 航道的要求，与 1 600 m 跨度的悬索桥方案相比，由于施工期短和对环境影响小，是更有吸引力的选择（more attractive option）。由此可见，即使对于 30 万 t 级的海峡通道，采用分孔通航的跨度 800 m 的多塔斜拉桥将比合孔通航的超大跨度（1 600～1 800 m）深水锚碇悬索桥更为经济合理，也对隧道方案更有竞争力。这也就是我在《桥梁》杂志 2011 年第一期发表的《对台湾海峡工程桥梁方案的初步思考》一文中的观点。

可以说，斜拉桥已成为当代大跨度桥梁的主流桥型。据国外杂志报道，泰国湄南河、越南湄公河和印度孟买的新建大桥也都是斜拉桥，它在 200～1 200 m 的跨度范围都有竞争力。而且，可灵活采用独塔、双塔和多塔的布置方式以跨越 300 m 直至几公里长的大江和海峡。多孔斜拉桥采用分孔通航的方式，避免了为设置陆上锚碇而被迫加大悬索桥跨度的传统做法，是更为经济合理的方案。

3 中国内河通航要求的合理性问题

根据我多年来参加方案设计评审会的经验，中国大桥追求跨度第一之风原因是多方面的，但通航净宽标准的不合理，可能是很重要的诱因，它迎合了桥梁界追求跨度的冲动，使桥下净高和净宽不成比例，并为失去比例美的大跨度悬索桥得以通过评审而实施提供了“依据”，但却完全背离了国际常规，因而引起了外国同行的质疑。

按照桥梁概念设计的基本原则，为满足通航要求设置通航孔桥是首要的考虑。一般来说，内河航道应根据水深条件进行分级，定级后的通航标准应列入规范。在同一等级的航道上建桥，通航孔的大小应相差不大，只是按不同的河势情况有小的调整，如果相邻桥梁的通航孔跨度相差悬殊，反而会使人费解。

例如，从南京到武汉的长江中游，为内河Ⅰ级航道，通航 5 000 t 内河轮船。1967 年建成的公铁两用南京长江大桥采用多跨 160 m 的双层桁架方案，基本满足了净高 24 m、净宽 150 m 的通航要求。武汉以上至宜昌的长江上游河段降为 3 000 t 的Ⅱ级航道，通航要求为 18 m 净高和 120 m 净宽，同样是公铁两用的武汉长江大桥采用多跨 128 m 的双层桁架桥也是合理的选择。

改革开放以来，我国开始兴建大量跨越长江的公路大桥，适当增大跨度以减少桥墩和船撞的风险是必要的。但由于净高要求不变，南京以上直至宜昌的通航孔跨度应限制在 500 m 以内为宜，以控制桥下通航净空的宽高比在适当范围内。一般上下行船只应分孔通航，如因航道不稳定可增设一些通航孔，也不宜强制要求上下行船只必须合孔通航，甚至要求一跨过江，从而造成严重的比例失调。分孔还是合孔通航应由桥梁的经济性（水深和基础造价）来确定。

南京以下的长江下游航道因水深条件和海轮进入内河转驳货物的需要提高为 5 万 t 级，通航净高为 50 m。江阴大桥以下至长江口河段则考虑长江口航道疏浚后的水深，预留了 10 万 t 级的需要，通航净高加大到 60 m。现在看来，除江阴长江大桥因地形特殊必须采用一跨过江的悬索桥外，其余的如润扬大桥和正在建设中的泰州大桥都可以采用更为经济合理的斜拉桥方案。据说，首次提出三塔悬索桥体系构想的智利 Chachao 桥，COWI 公司也已改用更经济的三塔千米级的斜拉桥，以避免中塔处主缆的抗滑难题，并保证大桥的刚度和抗疲劳强度等基本性能。

综上所述，除了中国沿海跨海连岛工程中为避免深水基础的施工难度和高昂造价需要考虑超大跨度的悬索桥方案外，其他内河（长江各支流和珠江流域）均应优先考虑斜拉桥方案。山区地形和地质条件有利时，更应优先考虑经济性更好的拱桥，慎用甚至不用价格昂贵、施工复杂、主缆又不能更换的悬索桥。希望桥梁设计部门在确定通航要求时要实事求是，切忌任意夸大标准，从而造成追求跨度“第一”的不良后果。

4 小结

2011 年《桥梁》杂志第 2 期刊登了邓文中先生关于“桥梁跨径——世界纪录的竞赛”一文，文中回顾了各类桥梁跨径的发展过程，也理解桥梁工程师对设计破纪录桥梁的追求和渴望。邓先生认为：“我们现在还远未达到悬索桥最大跨径的极限，然而我们不能为创造纪录而不考虑经济因素。”他最后说：“与其考虑如何设计更大跨度的桥梁，不如将更多精力和创造力放在如何设计出品质更高、造型更漂亮的桥梁上。”因为，“跨度的世界纪录并不是技术领先的标志”。我十分赞同他的意见。

冯正霖副部长的话更应当引起我国桥梁工程师，特别是桥梁设计大师和总工程师们的深思。要正确理解概念设计的精髓，对过去所设计的桥梁进行认真的反思，走出盲目追求“之最”和“第一”的误区，让设计回归到对“创新、质量和美学”的追求上来，同时还要重视桥梁的经济性和耐久性。以上是我的一点想法，提出来供大家讨论和思考。

参考文献

[1] 冯正霖. 在港珠澳大桥建设项目管理研讨会上的讲话[J]. 桥梁，2011(5)：12 - 14.

[2] 邓文中. 桥梁跨径——世界纪录的竞赛[J]. 桥梁，2011(2)：12 - 17.

[3] 项海帆，等. 桥梁概念设计[M]. 北京：人民交通出版社，2010.

[4] 国际桥协 IABSE 伦敦会议论文集[C]. 2011 年 9 月

[5] 肖汝诚，等. 缆索承重桥梁各种体系比较[J]. 桥梁，2011(2)：44 - 48.

[6] 项海帆. 对台湾海峡工程桥梁方案的初步思考[J]. 桥梁，2011(1)：110 - 111.

中国科技创新的障碍*

中国科学院《中国现代化报告 2010》指出："我国科技创新总体上还是跟踪模仿"，"必须清醒地认识原始创新是一个国家竞争力的源头，重大战略高技术是引不进、买不来的。"因此，我们的出路在自主创新，只有真正掌握先进核心技术的自主创新成果，才能摆脱发达国家的遏制和操控，才能实现中华民族的伟大复兴。

近年来，为破解"钱学森之问"已经举行了不少论坛，提出了许多"良策"和"解答"，如中国大学中行政挤压学术、学术环境和生态问题、论文量大质次、对教育体制的改革等。然而，我感到培育创新人才的根本途径还必须从改变中国人的思维模式和文化传统入手，因为落后的体制和积习正是由传统的思想和文化决定的。要强国就必须先强教育，这不仅是世界所有发达国家的成功之路，也是钱老晚年之忧的核心。

改革开放 30 年来，中国盲目引进技术，而且反复引进，想以"市场换技术"。尽管领导曾多次强调引进以后要"消化、吸收、再创新"和"集成创新"，但收效甚微，而原始创新成果却寥寥无几，反而丧失了自主创新的动力，现在终于明白了"核心技术是买不来的"。

2011 年新年伊始，同济大学汪品先院士投书《文汇报》，提出了"创新障碍在哪里?"引起了学界的反响，这是继"钱学森之问"的另一问，两者是相呼应的，也引起了我的思考。

解决中国的创新能力不足必须从改变中国人的思维模式和文化传统入手，并且从全面教育改革做起。我们不能忘记在 20 世纪 20 年代蔡元培先生所倡导的大学精神，以及抗日战争时期的西南联大和浙江大学等校的历史，他们在十分艰苦的办学条件下培养出一批中国科学界的精英，其中很多人留学归国后都成了各学科的奠基人和"两弹一星"元勋。然而，在 1952 年院系调整后，大学成了政治的工具，加上政治运动不断，致使大学精神和学术自由经过"文革"灾难已荡然无存。1978 年科学的春天到来后曾一度出现了复苏的景象，但在进入 20 世纪 90 年代后，随着市场经济的兴起，大学又成了经济的工具，教师开始办公司，为了稳定队伍和补贴研究生，只得到处找项目，通过社会服务增加收入，改善生活，逐渐偏离了学术研究，不但教育质量下滑，也丧失了创造能力。

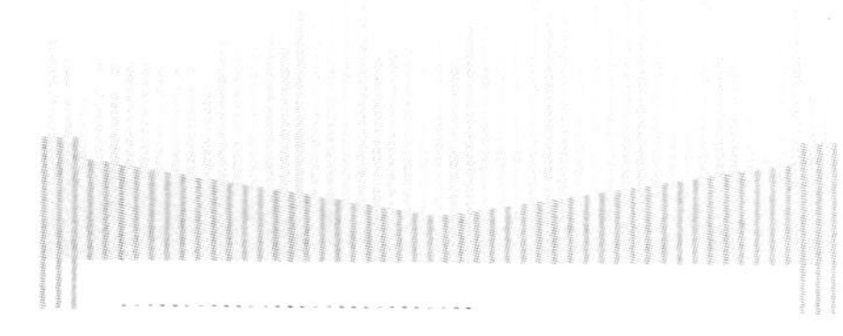

许多专家在讨论中各抒己见，但我感到最重要的创新障碍可能是以下三个方面：

(1) 价值观念变化。整个社会拜金、重商、以财富论英雄，虽然国家科技投入日益增多，但大学教师因没有体面的基本工资收入，而只得通过咨

* 本文发表于《科技导报》2011 年第 29 卷第 9 期卷首语.

询服务寻找补贴和奖金，从而不能集中精力于教书育人和科学研究。

（2）大学行政化。大学并不是不要行政部门，但行政部门应是为教师和学生服务的职能机构，即为教师和学生营造一个潜心学术研究的环境。一旦大学精神缺失，就难以培养出创新人才。

（3）社会诚信缺失。这可能是科技创新最大的障碍。教师学术造假和学生舞弊虽然是少数，但甘于平庸且满足于科研论文的量大质次却是对创新精神最大的腐蚀和损害。而且，社会风气浮躁，报刊在宣传中国科技成就中所强调的"完全自主知识产权"、"多少之最"和"国际领先水平"，都有许多不实之词。捆绑报奖、公关拉票的现象也不在少数。同样，地方官员贪污腐化也是极少数，但奢侈浪费、缺乏公仆理念、脱离群众和享受各种隐性特权却时有所闻，这使政府公信力受损，也是造成许多精英人才流失、不思报国图强，致使国家创造力不足的重要原因。

我们应当认识到，与物质资源相比，人才资源（知识资源、头脑资源）是一个国家更宝贵的财富，千万不要让中国的精英学子成了别国的人才，从而丧失了国家的竞争力。中国人只有改变传统的思维模式和落后的理念，消除创新障碍，从教育改革入手，培育出有报国心和创造力的人才，才能实现振兴中华的伟业。我相信，不管还有多长的路要走，中国一定会通过自主创新的努力，从经济大国扎实地迈向科技强国。

跨海工程中桥梁与隧道的优缺点分析*

全球经济发展和交通需求的快速增长促进了跨海工程的发展。全世界大型跨海大桥已有30多座，著名的有金门大桥、巴林海峡大桥、厄尔松海峡大桥、日本明石海峡大桥等。我国跨海大桥建设兴于21世纪初，2005年建成了新世纪首座跨海大桥——东海大桥（32.5 km），长度超过了时为世界第一长桥的巴林海峡大桥（25 km，1986年）。此后，又先后建成了杭州湾跨海大桥（36 km，2008年）、舟山连岛工程（2009年）、青岛海湾大桥（41.58 km，2010年）和厦漳跨海大桥（9.335 km，2013年）等十余座跨海大桥工程。

继20世纪40年代日本建成第一条海底隧道后，海底隧道工程也有了快速发展。全世界已经建成的跨海隧道有20多条，主要分布在欧洲、日本和我国香港等，著名的跨海隧道有英吉利海峡隧道和日本青函隧道。我国的跨海隧道建设也已展开，建成了厦门翔安海底隧道（5.95 km，2008年）和青岛胶州湾海底隧道（7.8 km，2010年）。随着跨海工程的兴起，究竟采用桥梁还是隧道方式跨海更合理，成为跨海工程面临的首要问题。

近年来，国内召开了许多以桥梁与隧道工程为主题的论坛和峰会。会上对计划中的琼州海峡通道和渤海海峡通道有不少议论，甚至对目前条件并不成熟的台湾海峡通道也有一些超前的建议。参与会议的桥梁和隧道专家大都是各讲各的理，并没有实质性的论证和详细比较。跨海工程中，除了各自分建全桥方案和全隧方案的竞争之外，也存在使用如港珠澳大桥那样桥隧联合共建方案的可能性。如果要求公、铁同时过海，则还有公铁两用桥梁方案和公铁两用隧道方案的比较。这些方面的比较也较少论及。桥隧双方的专家都对自己的专业怀有深厚的感情，希望能在征服海峡中建立新功的愿望可以理解。然而，双方都应当实事求是，心平气和地开展认真的调查和论证，尊重对方的优点，承认己方的不足，通过创新克服缺点，发挥自身优势，以推动技术的发展和进步。应当像欧洲费曼恩海峡通道的前期方案竞赛那样，在高水平桥隧方案竞争中选择最优的解决方案。

笔者将从功能性、工程风险、全寿命经济性等方面分析桥隧方案各自的优点和不足，以便能为这些投资以数百亿计的巨型跨海工程的科学决策，提供正确和全面的建设理念，避免由不合理的干扰和暗箱操作带来不可挽回的缺憾、隐患和浪费。

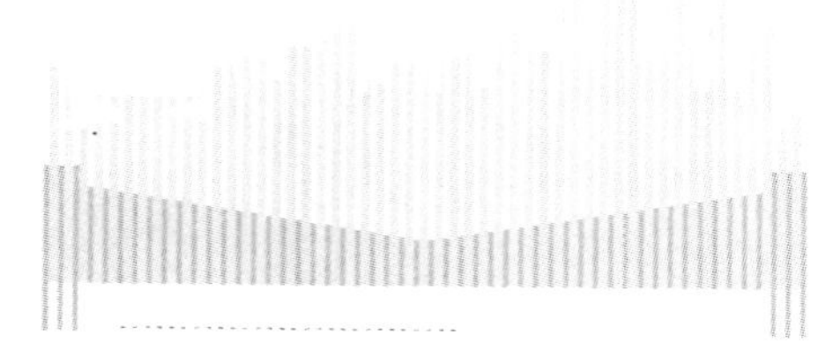

* 本文由肖汝诚、项海帆发表于《桥梁》杂志2013年第6期。

1 功能性比较

首先要比较的是桥、隧的交通功能，包括同等条件下的行车舒适度、交通量以及交通受环境的影响程度。

从行车舒适度来看，桥梁视野开阔，空气环境和通风采光性好，行车条件舒适，事故发生率低；相比之下，隧道内空气污染严重，噪声大，通风采光性较差、视线受限，司乘人员有压抑感，容易发生追尾和撞壁等交通事故。采用电气化背驮式轨道交通是隧道解决其内部通风等问题的有效方式，该方式在英吉利海峡通道中得到成功应用。但其缺点是交通量受限，不够人性化。费曼恩海峡通道放弃了背驮式轨道交通方案，采用多车道的沉管隧道方式解决交通。但沉管隧道的长距离过海又将带来通风问题。

从交通量来看，已有研究表明，在正常天气和同样通行条件下，相同时间内大桥的交通量大于隧道，上海外环线经常在黄浦江隧道段出现拥堵便是实例。从交通受环境的影响程度来看，一般情况下，跨海大桥在雷雨、大风或浓雾天气下，行车会受到较大影响，甚至需封锁交通。因此大桥方案必须认真考虑当地气象环境对工程方案的影响。而隧道方案则不受气候变化的影响，能做到通道的全天候运营，具有稳定的运行能力。但另一方面，当两侧接线因气候条件封闭交通时，隧道的交通功能也将受到影响。而桥梁只要突破传统设计，将行车道布置在封闭的桁架梁内部，如图 1 所示，从技术上讲，完全可以解决雷雨、大风或浓雾天气对行车的影响问题，实现全天候运营。1992 年建成的香港青马大桥就是成功的工程实例。

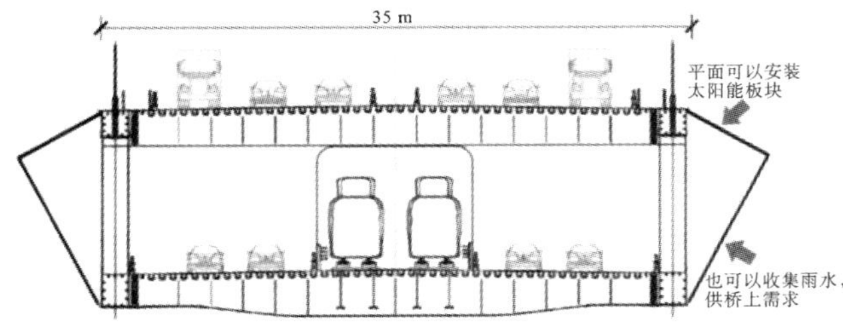

图 1　全天候运营桥梁断面布置

除了交通功能，桥梁还具有景观功能。在原来空无一物的空间中，桥梁作为新的构筑物，与桥位处的自然景观及其他人工构筑物一起，构成整体景观，丰富了周围的环境，给生活场所带来变化。同其他建筑物一样，人类在建造过程中不断地将审美的追求和创造渗透到桥梁建筑中，给人以美感。驾车行驶在桥上，大自然的山水海天给人以赏心悦目的感觉。而隧道基本保持原有两岸的自然风貌，一般不能产生标志性景观。为了消除驾驶员的枯燥和疲劳，隧道还要在洞内模拟人工景观。

可见，桥梁和隧道在功能上各具优缺点。只有确定了工程背景和建设条件，才能科学、合理地比较桥与隧功能的优劣。

2　工程风险比较

工程风险包括环境风险、结构安全风险、运营风险和战争风险等。

首先是环境风险。跨海大桥的桥墩施工对生态环境（如珊瑚礁保护区等）是有影响的。由于大桥占用水面和水下空间，对水环境和水动力也有一定影响。但是桥梁可以通过改变桥位避开保护区域，且运营阶段对环境影响小，车辆废气扩散快。相比之下，钻爆法或盾构法施工的隧道，在建设和运营阶段对生态环境和水动力影响小，但要对开挖过程中产生的弃渣进行有效的处理和利用，而沉管隧道在建设阶段对生态环境将产生影响。另外，运营期间汽车尾气在隧洞中较集中，需要有完善的通风措施。

其次是结构安全风险，包括设计、施工风险和运营阶段结构在各种极端作用下的安全风险。随着桥梁结构抗风、抗震、防撞技术和设计理论的发展，在水深50 m 内的大型桥梁的设计风险变得相对较小；桥墩与地基基础为点式接触，在设计中可采用钻探手段查明桥墩处的地质情况，有效地排除地质风险隐患；桥梁施工过程中不可预见的因素相对较少，风险相对比较小。十余座跨海大桥的成功建成，用事实说明了我国已具备桥梁设计，施工抗风险的能力。但是，世界上已建成的最深基础为 65 m 水深的希腊 Rion-Antirion 桥基础，超过这个深度的基础建设风险有待评估。运营阶段，美国旧金山金门大桥等在其近百年的运营中，经历了强震、大风的考验，证明了桥梁在极端作用下的抗风险能力。隧道与桥梁一样，具有良好的抗极端作用风险的能力，没有抗风和船撞的风险，但相对桥梁而言，其地质透水情况难以完全预先探明，施工中须防止地质较差地段或断层破碎带水的突然涌入或发生断层塌落事故，不可预见的地质因素较多，具有一定的工程风险（如上海吴淞黄浦江隧道事故）。隧道通风塔与大桥的墩塔相比，建设困难，风险较大。

运营期间桥梁抗灾能力较强，对火灾、水灾和意外交通事故可以实施陆上或海上施救，救援方案安全便捷。而隧道内受交通断面限制，不利于交通疏导，施救工作难以展开，抗灾能力较差，一旦发生灾害，洞内设施、设备损失也很大。如英吉利海峡海底隧道曾分别在1996年、2006年、2012年发生过多起火灾，其中1996年的火灾造成交通中断1个月之久；1999年3月法国的勃朗峰隧道内发生火灾，造成41人死亡，交通中断一年半。

最后是战争风险。作为重要的交通要道，桥梁目标明显，易遭受军事打击，一旦主桥倒塌，不仅影响交通功能，还可能影响主航道的顺畅通航，影响军事防御系统的快速启动和作用的发挥；隧道表面看来在战争期间隐蔽性好，不易被摧毁，但实际上，在当今军事科技水平下，对其攻击定位已非难事，加上隧道通风塔、供电系统等薄弱环节，一旦受到攻击，将带来灾难性后果，这说明隧道在战争中也有其致命的风险源，而且一旦隧道遭受战争破坏，其修复将成为工程难题。

可见，建设跨海桥梁和隧道都存在一定风险，不同项目上风险大小各不相同，有时某些风险是可以通过工程措施减小或规避的，有些却是影响方案选择的关键。

3 全寿命经济性比较

从桥梁与隧道使用寿命看，美国纽约的布鲁克林大桥，旧金山的金门大桥和美国纽约的荷兰隧道、林肯隧道等都有近百年历史。虽然没有百年历史的跨海隧道，但是只要设计合理，养护得当，桥梁与隧道的使用寿命满足120年甚至更长年限的建设要求是可以实现的。因此，比较桥梁与隧道全寿命经济性，可从其建设成本与运营管养成本来进行。

桥梁的经济性能与跨径、桥型、桥位处水深及其地质条件密切相关，长江下游水深和地质条件下不同桥型的跨径与造价的关系如图2所示。一般情况下，水深在30 m以内，主跨小于800 m的桥梁在价格方面可以与隧道竞争。

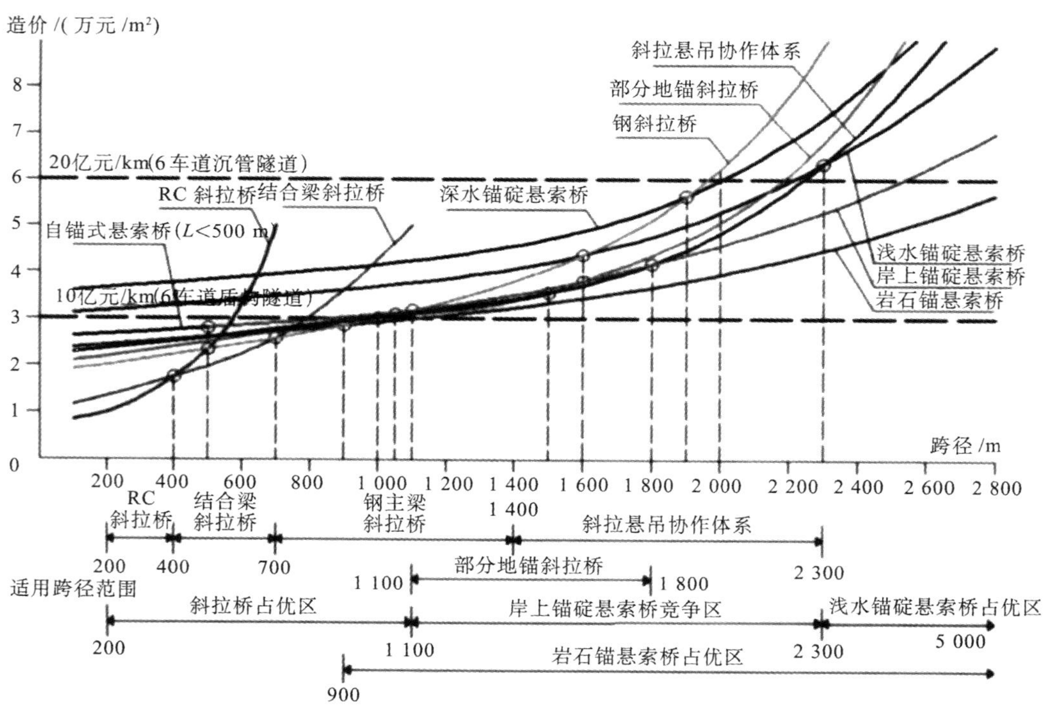

图2 各桥型的跨径与造价的关系图

长度10 km以内的盾构隧道技术已十分成熟，施工速度快，经济性好。如上海长江隧桥工程全长7.5 km，双管六车道，用德国海瑞克盾构机(直径15.6 m)单侧掘进施工，不到两年就已贯通(最高掘进速度20 m/24 h)，造价仅70亿元，每公里不足10亿元。如果隧道在20 km以内，可双边同时掘进，中间合龙，在通航要求较高的深水海域，其造价也将优于桥梁方案。然而，当海峡宽度超过 20 km，公路交通量需求六车道并设紧急停车带时，就要考虑能适应较大宽度的沉管隧道。其造价将会高于桥梁方案。如港珠澳大桥，主体桥梁工程每公里造价仅 5.4 亿元，而岛隧工程每公里造价高达 15.6 亿元。

德国和丹麦之间费曼恩海峡通道的方案比较是一个值得参考的工程实例。通道位置处河床断面和地质情况如图 3 所示。业主委托两家著名设计咨询公司分别对桥梁和隧道进行了同深度设计。隧道方案长 18.5 km，拟采用沉管隧道，双车道加宽至 11 m，并在墙上用屏幕模拟海景以消除驾驶员疲劳，如图 4 所示。桥梁方案主桥拟采用 2×724 m 的三塔钢桁梁斜拉桥，引桥为 200 m 跨径的钢混组合连续桁梁桥，双层通车，上层为 4 个汽车道，下层为双线铁路，如图 5 所示。

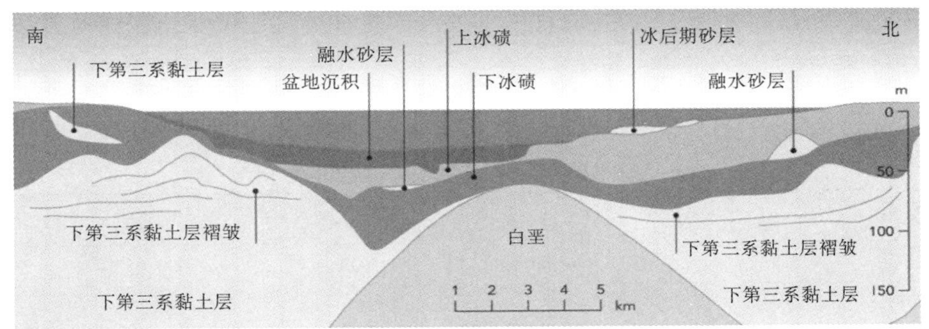

图 3 费曼恩海峡通道河床断面和地质情况图

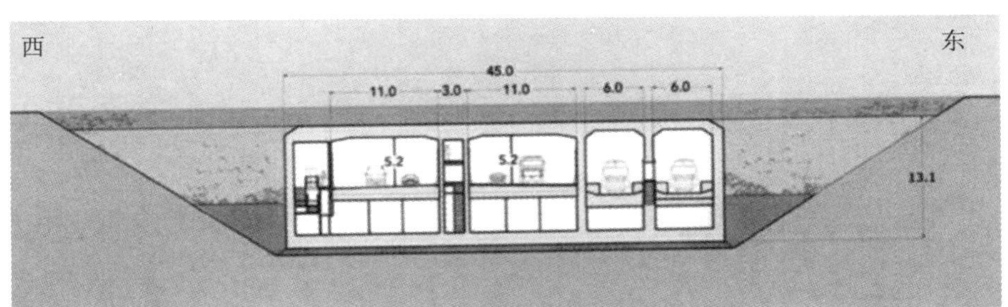

图 4 费曼恩海峡通道沉管隧道方案图

图 5 费曼恩海峡通道桥梁方案图

设计公司对桥梁和隧道的建设成本进行了核算，结果表明，在水深 40 m 左右，对 10 万 t 级以上船只采用约束航行的情况下，桥梁与隧道的建设成本是相近的。当水深小于这个范围时，建桥成本将低于隧道。

超过 20 km 的长距离跨海工程在水深小于 40 m 的情况下，只要对数量较少的 10 万 t 级以上船只采用约束航行(航速 16 节，通航净宽为 1.6 倍的船长)，就可避免采用价格昂贵的、需要水中锚碇的超大跨度悬索桥，桥梁的造价将低于隧道。对于桥梁方案，六车道与四车道相比，单位面积造价增加不多。而隧道的车道增加会造成工程难度和造价成倍增加。但当水深超过 40 m，要求自由通航 10 万 t 以上巨型海轮时，桥梁和隧道造价开始有竞争。经济性孰优孰劣要结合全寿命成本进行比较。

运营费用是全寿命成本的主要组成部分。运营阶段，桥梁不需要通风设备，防灾设备简单，仅需防腐耐久性的维护和一定量的检查维修，工作量较小、性质明确，运营维护费低，尤其用电量明显低于隧道。而隧道工程在运营期间需要一大笔资金用于通风、照明、通信、监控、报警、消防等多种设备，需配用更多管理人员，维护和管理费用高。以青岛胶州湾桥梁和隧道工程为例，根据政府网站数据(表 1)双向六车道的隧道每年维护和管理费用为 3 334 万元/km，而双向八车道的桥梁每年维护和管理费用为 2 318 万元/km。在百年使用期中，桥梁的运营成本远优于隧道。

表 1　青岛胶州湾海底隧道与跨海大桥运营费用比较

工程	全长/m	双向车道数	设计车速/(km/h)	设计年限	年运营费用/万元	每公里年运营费用/万元
海底隧道	7 808	6	80	100	26 029.95	3 333.7
跨海大桥	28 880	8	80	100	66 929.19	2 317.5

4　其他方面

4.1　施工周期方面

桥梁施工一般都在 5 年左右，而隧道施工则视长度和地质、水深而不同。长度 10 km 以内的隧道会快于桥梁；超过 10 km，桥梁工程可以多个工作面平行施工、流水作业，机械设备周转和材料可以得到更有效利用，施工周期短于隧道工程，如费曼恩海峡通道桥梁方案比隧道方案少 6 个月。实际工程中，许多隧道还因施工中地质条件变化等不可预知的因素影响工期。

4.2　岸线资源方面

桥梁要占用一定的岸线资源，对岸线开发利用产生一定影响，但跨海工程，这种影响很小，而隧道对岸线资源影响比较小。

4.3　航空方面

大型桥梁工程有时会影响到航空安全，需要对桥梁高度进行合理设计，设置警示装置，但跨海工程一般不影响航空安全。

4.4　航运方面

在航运繁忙、通航货轮等级较高的航道上修建桥梁，会影响航运，需合理确定通航净空。而隧道由于建在水下，对航运无任何影响。

5　小结

综上所述，桥梁与隧道在功能性、工程风险、全寿命经济性等各个方面都各有优缺点，而且随工程的水文、地质、地形、长度等条件的不同，各自的优势和不足会有所变化，需要通过详细的论证和比较进行判断和决策，不能一概而论。具体来说可能有以下几种情况：

内河的越江工程，一般水深不大，长度也有限，从经济性上考虑桥梁方案会占有优势。但一些沿江城市往往需要建造多处越江通道以满足城市交通的需要，此时，可考虑桥隧并举的方式，即根据地形，接线，拆迁等情况，一部分建桥梁，一部分建隧道，如纽约、上海和武汉等城市所实施的工程。

在内河的河口处，河面较宽，江中又有一些岛屿和沙洲形成分汊，通过河口处的航道疏浚可提高河口段的航道等级，使大型海轮和邮轮可进入内河港口。此时，可考虑桥隧合建的方式，即主航道做一段隧道，利用岛、沙洲，或在浅水区建人工岛，如果主航道靠近机场，可满足航空界限的要求。其余辅航道区和非通航的浅水区则采用经济的桥梁方案，隧道长度一般都在 10 km 以下，如上海长江隧桥工程、港珠澳大桥和正在筹建的深中通道。

如果过海峡的交通总量不大，类似英吉利海峡的铁路盾构隧道和驮背式公路服务是比较经济的选择。晚上通行货运列车，白天则通行客运动车，并间歇安排驮背式服务列车为大巴士、私人小汽车和摩托车等公路交通提供穿梭式服务。但铁路隧道的防火是主要隐患，必须妥善设计以避免事故的发生。如果过海峡的交通量很大，就只能采用费曼恩海峡那样的公铁两用沉管隧道方案或者公铁两用的桥梁方案。这将是一种桥隧竞争的态势，必须通过详细的论证比较，进行科学的决策。超过 10 km 的隧道要考虑汽车在隧道中长时间行车的安全，避免恶性的追尾和撞壁事故。超过 100 km 的长隧道还要考虑通风井施工和过长的工期问题。桥梁施工可以分段分标同时进行，能在较短的工期内完成超过 100 km 长桥的施工。

最后，海峡工程一般应选择远离市区的登陆点，并尽量避开一些海洋生态保护区和海港作业区，以避免不利的环境评价，从而显示出桥梁方案的优势。

参考文献

[1] 项海帆. 对台湾海峡工程中“桥隧之争”的思考[J]. 桥梁，2010(1)：10－15.

[2] 项海帆. 对中国桥梁经济性问题的反思[J]. 桥梁，2010(3)：12－14.

[3] 蔡俊镱. 台湾海峡两岸陆运新丝路[J]. 桥梁，2010(5)，(6)：62－65.

[4] 项海帆. 对台湾海峡工程桥梁方案的初步思考[J]. 桥梁，2011(1)：110－111.

[5] 邓文中. 台湾海峡大桥的构思[J]. 桥梁，2011(6)：12－16.

[6] 项海帆. 关于中国桥梁界追求“之最”和“第一”的反思[J]. 桥梁，2012(1)：12－13.

[7] 项海帆. 世界大桥的趋势—2011 年伦敦国际桥协会议的启示[J]. 桥梁，2012(3)：12－16.

[8] 项海帆. 中国内河通航标准之问[J]. 桥梁，2013(2)：12－16.

关于“国际化思想”的思考*

2014年4月的《桥梁》杂志卷首语中，于抒霞主编提出了“用国际化的思想去表达桥梁的思想，从中国化的思想模式中跳跃出来”的呼吁，引起了我的思考。

她在文中提到：思想的先进是进步的动力，首先强大起来的应该是思想，有了强大的思想才可能有“桥梁强国”的称号。我想这里所指的先进思想就是我们常说的理念，体现在国际桥梁界一些知名工程师和学者的先进设计理念与施工理念和中国工程师的理念究竟有什么不同？“国际化思想”和“中国式表达”的主要差别又在哪里？本文想就此谈谈自己的初步想法，希望能引起中国桥梁界同仁的讨论，共同为走向桥梁强国扫除思想和文化障碍，以便能取得更快的进步。下面对“国际化思想”分三个层面来讨论。

1　第一个层面：国际交流动力和国际影响力

最直接的“国际化”是指中国桥梁的国际影响力。通过国际桥梁与结构工程协会（IABSE）中国团组的不懈努力，我们已在中国举行了多次国际桥梁会议，出席国际桥梁会议的中国代表人数也日益增多。同济大学为纪念李国豪校长的70、80和90寿辰主持编写的3本桥梁画册作为礼品书赠送给外国同行，让国际桥梁界基本了解了中国桥梁在改革开放30余年来的进步和主要成就。《桥梁》杂志社通过采访国际桥梁界知名学者和学会领导人，也进一步扩大了中国桥梁的国际影响力。

然而，中国桥梁企业界（设计院、施工企业和各类有关产业）的国际化程度和国外知名品牌企业相比仍有不小的差距，还没有跻身国际舞台的中央，需要继续努力。这主要是因为企业的研发中心刚刚起步，人数较少，学术水平也较低，还没有做出真正原始创新的技术成果，因而就写不出有创意的优秀论文到国际会议和国际杂志上去发表，难以形成国际影响力。

国际品牌企业都要求公司的工程师们每年必须有论文在国际杂志上发表，必须到国际会议上去交流，并作为年度考核和晋升职务的重要指标。然而，中国工程师没有国际化的要求，只满足于在国内申报奖项，在媒体上宣传成果，因而缺少国际交流的动力。除了中国企业的体制原因，即在选拔人才上不要求国际化能力外，中国企业的大部分技术领导也没有国外的留学经历，因而存在语言交流上的障碍。中国企业一定要尽快建立起研发中心（技术中心、工程中心），培养出一些业务强、外语好的青年技术精英，鼓励他们站到国际舞台上担任发言人，和外国同行交流，用真正原创的中

* 本文发表于《桥梁》杂志2014年10月号。

国先进技术使外国同行赞服。同时，还要在国际设计竞赛、施工竞标和国际顶尖奖项的评选中崭露头角，获得成功，为走向桥梁强国积累高水平的标志性科技成果。因为企业的竞争力最终还是要看研发队伍的创造力。

2 第二个层面：科学精神和心理障碍

鸦片战争以来的170年，中国屡遭列强欺凌，积贫积弱，成了“东亚病夫”。多少志士仁人都在探求救国之路，希望中华民族早日重新崛起，自立于世界之林。然而，在科技、教育和法制上我们落后了太多，为了快速赶超，必然会产生急躁浮夸的心理。改革开放30余年来，中国在经济上取得了令世人瞩目的发展，然而，在科学精神和心理方面，中国科技界仍存在着障碍。

关于“科学精神”据说有50多种解读，如追求真理、尊重事实、独立思考、富于想象、勇于质疑、批判和修正错误等等，其中独立思考、自由思想和质疑批判应当是科学精神的最核心的内涵。发达国家的科技创新就源于强大的科学精神和思想，以及由此产生的先进理念、理论和技术，在工程界的表现方式就是先进的设计理论和施工技术。

中国科技工程界的科学精神不足，底气不够，并由此带来了一种心理障碍，如不敢承认差距和不足，报喜不报忧，急躁、浮夸的风气等。由于原创能力不强，于是就提出“集成创新”和“引进、吸引和再创新”这种模棱两可的“创新理念”，使创新低俗化。并且还要求人人创新、事事创新，一座大桥可总结提炼出一百多个“创新成果”和多少个“之最”和“第一”。媒体的高调宣传更助长了这种不良的浮夸风气，似乎中国已接近科技强国。我感到，中央率先提出的到21世纪中叶实现全面小康，进入中等发达国家的目标是比较符合实际的。习主席在2014年两院院士大会的讲话中明确提到：“我国的经济规模很大，但依然大而不强；我国经济增速很快，但依然快而不优。”“我国科技创新基础还不牢，自主创新特别是原创力还不强，关键领域核心技术受制于人的格局没有从根本上改变。”这是十分清醒的评价。

3 第三个层面：传统文化的障碍

更深层次的原因应当从中国传统文化的缺陷中去探求。中国长期受儒家文化统治，社会精英都被吸引到仕途，轻视工商业和科技创新。下面从三个方面来分析中国传统文化的不利影响。

1）中国的数量和质量观念

中国人口众多，容易在数量上取胜，于是就喜欢争数量的“第一”和“之最”，而对质量则重视不够，长期处于“大而不强”的局面，沾沾自喜于各类总量第一。中国的GDP总量已居世界第二位，但人均GDP排名仍在80位以外，总量只代表数量，人均才代表质量，前者只表示大，后者才是强。有时，还会片面强调数量的扩展和突破就是“最难”。实际上，只有质的变化才能达到一个新的高度和境界，它是创新的结果，才会有最难的突破性进展。可见，中国文化中缺乏正确的质量观念，使产品不耐用，工程不耐久成为常态，又不自觉改进。反观美、德、日等强国都十分重视质量，以产品质量取胜，树立优质品牌。为了不断提高质量，他们十分重视研发和创新，为未来储备新技术，以保持国际市场的竞争力。

中国的媒体热衷于宣传GDP总量、产品总量、工程总量，很少强调质量，也很少报道因质量问题使事故频发，全寿命经济性低下的实情。工程界虽然高呼“百年大计，质量第一”的口号，实际上对工程的寿命期并没有严格的问责制，从而使中国的产品质量和工程质量始终处于无人负责的状态。可以说，缺少质量观念是中国实现经济转型发展的主要精神和文化障碍。

2）中国的尊古和保守传统

中国有长达5 000年未中断的文明史，中国封建社会又长达2 000多年，历代封建帝王都以孔孟之道、三纲五常作为统治黎民的手段，形成了尊古的文化传统。这种保守的思想意识使中国人习惯于“向后看”，不敢质疑古训，不敢破旧立新。相反，崇尚论资排辈、遵从职位高的领导意志，不鼓励标新立异、挑战旧的规章制度，而强调对上级权力的服从。

西方社会的封建制度历时较短，又经历了资产阶级革命的洗礼，建立起商业的契约制度，政治上的三权分立和相互制衡体制。同时，鼓励自由竞争和保护发明专利，比较推崇破旧立新，鼓励质疑旧的理论体系，习惯于“向前看”。表现在工程上，官员干预较少，尊重民意和专家决策，鼓励创新的概念设计和经济合理的方案，不支持抄袭、模仿和平庸的方案，也不以规模和跨度论英雄。

3）中国的重仿效和轻创造的习惯

中国的尊古和向后看的传统造成了人们重仿效而轻创造的习惯，缺少原创的动力。中国人善于仿造，但由于不敢质疑，难以在消化和吸收的基础上进行改进和创新。中国的汽车工业和装备制造业就是明显的例子。整个中国汽车市场被“八国联军”所占据，民营企业只能在引进二手旧设备的平台上，做一些已过时的低端产品，且质量不高，因而难成气候。同样，中国的芯片市场很大，但核心技术和生产设备也都由外国公司垄断，难以突破。

一些中国装备制造业也缺少研发的投入和动力，在核心技术上长期依赖进口，虽然也做了一些仿制的努力，但由于在材料、制造、工艺等基础技术方面差距较大，做出的仿制品质量不稳定，不耐久，难以得到用户的信任。所谓“集成创新”只是中国生产的低端产品或外围的非核心部件和引进的国外核心部件的装配和集成。“70%的国产化率”成了长期依赖国外30%核心技术的借口，而且往往还美其名曰：“完全自主知识产权”。表现在工程上就是原创技术少，把创新低俗化，把不经济不合理的“新”和没有推广价值的“新”，都自称为“创新”，也难以得到国内外同行的认可。

四、结束语

综上所述，“国际化思想”就是站在产业链高端的发达国家掌握着引领科技发展的先进思想和核心技术，其中包含着先进材料、先进设计理论及其软件、先进制造工艺和施工技术、先进的装备、先进的工艺管理和施工管理，以及在此基础上的优质产品和优质工程。

中国科技界一定要努力走向高端，掌握核心技术，如果满足于“集成创新”和“引进、消化、吸收和再创新”的道路只会动摇自主创新的决心，就会永远落后。创新只承认原创、而原创却并不排斥在引进、消化、吸收的学习和模仿基础上去实现，因为创新就要站在巨人肩上，通过刻苦学习和领悟精髓，关键在于我们是否真正消化吸收了，并通过具有创意的改进超越了原来的水平，形成了自己的品牌。

我们东邻的韩国从20世纪70年代起步，只用了20多年时间，通过学习、引进、消化吸收后就创造出三星电子、现代汽车、LG家用电器等进入世界百强和有竞争力的知名品牌，值得中国很好学习和反思。韩国的桥梁界也通过“Super Bridge 200”计划正在为21世纪准备200年寿命期（中国规范要求100年寿命期，实际的平均寿命仅30年）的耐久桥梁而积极开展研发工作，储备下一代先进技术，其中必然包含先进的思想和理念以及由此产生的先进理论、核心技术和成功的实践。

希望中国桥梁界能认识到上述传统文化带来的障碍，努力克服这些阻碍技术转型和进步的思想缺陷，培养真正的原创动力，克服自我吹嘘、不承认差距和满足于规模大、数量多、速度快的旧习惯，建立尊重质量的观念，使我们的思想真正强大起来，和国际接轨。我们要从中国式的传统思想中跳出来，敢于和最发达国家争水平、争质量、争创新，同场竞技并取得成功，以早日实现中国桥梁的强国梦。

壮心集

项海帆论文集

（2000—2014）

关注与进展篇

“沿海高等级公路（同三线）的跨海工程建设”研究报告*

1 基本情况

从黑龙江省同江市到海南省三亚市的“同三线”是交通部规划的“五纵七横”国道主干线中的沿海大通道。“同三线”上规划有5个跨海工程，由北向南依次为：渤海海峡跨海工程、长江口越江工程、杭州湾跨海工程、珠江口跨海工程以及琼州海峡跨海工程。

1995年交通部曾委托公路规划设计院和同济大学对各省市5个跨海通道所做的前期工作从系统和全局的角度就修建必要性、技术可行性以及项目优先排序等方面进行总体评价，供交通部决策时参考。当时提出的结论意见是5个跨海工程在技术上都是可行的，根据交通功能、经济意义、财务评价和技术难度进行排队，建议的先后次序为：杭州湾通道、珠江口通道、长江口通道、渤海海峡通道和琼州海峡工程。其中前三项建设在21世纪第一个10年实施，后两项则在第二个10年实施。渤海海峡通道南段的蓬莱联岛工程也可在第一个10年中先期动工以开发那里的旅游资源。

现杭州湾工程已于2003年6月8日举行奠基典礼，而长江口的崇明通道也将在“十・五”期间动工兴建。因此“十一・五”需要考虑的是珠江口通道工程和渤海通道南段的蓬莱联岛工程，琼州海峡工程也可在“十一・五”期间先做一些预可行性研究、工程可行性研究等前期工作。

对本课题着重研究的珠江口通道工程，近年来提出的方案较多，争论较大。研究工作的进展过程列出如表1所示。

表1 珠江口跨海工程研究进展历程

时间	项目或方案	情况说明
1993年	《伶仃洋跨海工程预可行性研究》珠海—香港	由交通部公路规划设计院编制，经评审通过
1995年	同三线5个跨海工程前期论证工作	由交通部公路规划设计院和同济大学合作研究，珠江口通道排序第二，建议于21世纪第一个10年内实施
1997年12月（香港回归后）	伶仃洋大桥工程	国务院批准立项。 香港方面确定屯门烂角咀为大桥登陆点，并确定了衔接网络
2002年	伶仃洋大桥修正方案	东北向往深圳赤湾登陆。 东南向往香港大屿山岛赤鱲洲登陆

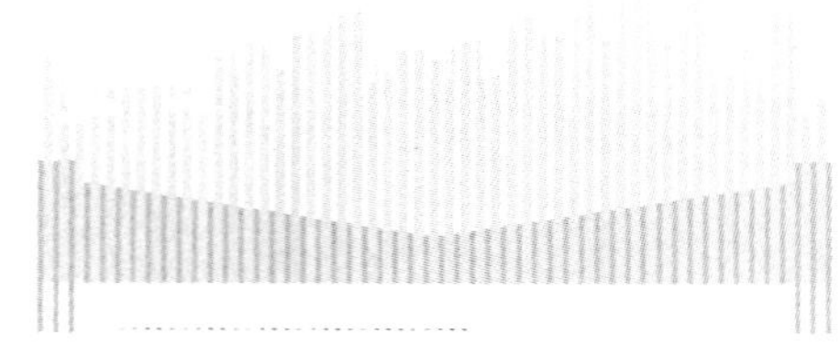

* 本文系项海帆、朱照宏、方守恩为中国工程院《“十一・五”重大工程建设》咨询项目交通组5.2课题所作的研究报告，撰写于2003年。

续表

时间	项目或方案	情况说明
2002 年	港珠澳大桥(隧道)Y 形方案	大桥东面分两枝,分别接往珠海与澳门。 西面在香港大屿山岛赤鱲洲机场或西南角登陆
2003 年	港澳深珠大桥(隧道)双 Y 形方案	除大桥东面分两枝,分别接往珠海与澳门外,西面也分两枝,分别接往深圳蛇口与香港屯门

早在 20 世纪 90 年代初,珠海市为沟通珠海经济特区横琴和大西区两个开发区与香港之间的直接联系,促进珠海市和珠江西岸的粤西地区的经济发展,就提出了兴建珠江口伶仃洋大桥的规划,同时也可使同三线避免绕道广州,缩短里程 150 km。

当时决定先期修建珠海和淇澳岛之间的大桥,然后向东经内伶仃岛至香港屯门区烂角咀上岸,全长 27 km(路线方案Ⅰ,见图 1)。广东省交通厅也积极支持,于 1996 年主持了桥梁方案设计竞赛,当时估计造价约 160 亿元,并已促使伶仃洋大桥工程于 1997 年 12 月获准立项。

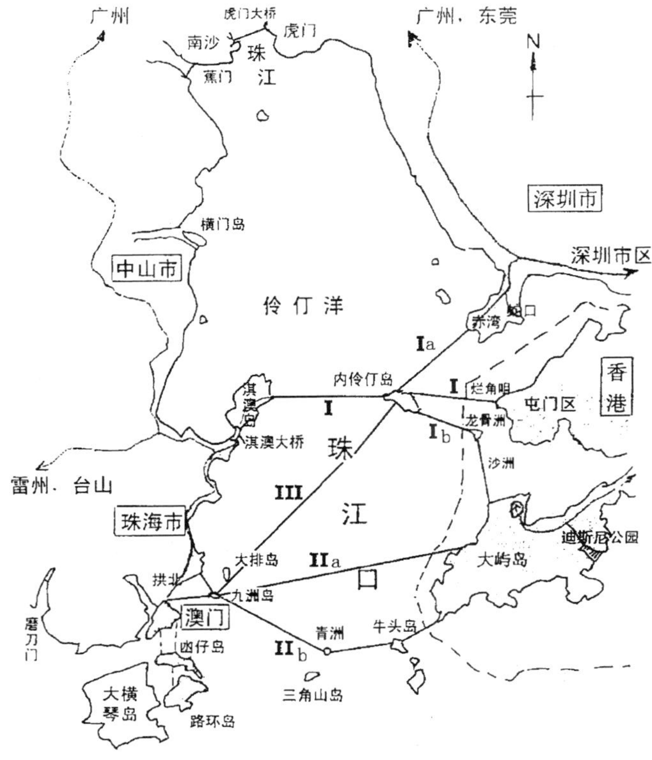

图 1　珠江口跨海工程路线方案示意图

由于资金原因,伶仃洋大桥除珠海至淇澳岛段完工外,主要正桥尚未实施。21 世纪开始,对原伶仃洋大桥,澳门方面持反对态度,认为伶仃洋大桥的线位将对澳门今后的发展不利。香港方面则认为伶仃洋大桥在屯门登陆,将和新界的公路系统的规划产生矛盾,提出了对伶仃洋大桥的修正方案,即建议从内伶仃岛折向东南,经龙骨洲、沙洲,在大屿山岛的赤鱲洲登岸、直接连接香港机场(图 1 中路线方案Ⅰb)。也有国内专家提出方案Ⅰ有一个缺点:由于需经过香港,则不宜作为同三国道的一部分,因此,提出伶仃洋大桥的另一修正方案,即从内伶仃岛转向东北方向在深圳赤湾登岸(图 1 中路线方案Ⅰa),这样才能真正成为同三线的联络线(向东连接深—汕高速公路,向西经台山、阳江,接粤西高速公路),和香港的连接则可由深圳经西部通道进入香港的新界。

除上面意见外,澳门和香港方面为推动大屿山旅游业(迪斯尼公园将于 2006 年开始运营)和香港机场的空运物流以及带动澳门地区的博彩业,提出了应在珠江口的外海建设港珠澳通道(大桥或隧道)的建议。由于珠海和澳门双方各持己见,粤港澳学术界提出一个折衷方案:即自珠海九洲港经大九洲至香港大屿山岛,全长 26 km,再从九洲岛向西南方向建一支桥(长 6.3 km)连接澳门,称为港珠澳 Y 形大桥(或隧道),估计造价在 150 亿元。按在香港大屿山岛落脚点的不同,又有两个方案:其一在大屿山岛西部登陆接香港赤鱲角机场(图 1 中路线方案Ⅱa);另一为经青洲岛、牛头岛在大屿山岛的西南角登陆(图 1 中路线方案Ⅱb)。

最近,又有国内学者提出港澳深珠大桥(隧道)方案(“双 Y”修正方案):在珠海鸡笼岛与内伶仃洋岛之间建一座主桥,长约 24 km,内伶仃岛和蛇口、屯门之间分别以隧道连接,长度分别为 9 km 和 8 km,鸡笼岛和珠海、澳门之间建两座浅水桥。正桥(隧)全长近 50 km,总投资 200 亿元左右,可将港、澳、深、珠四地连接(图 1 中路线方案Ⅲ)。

另外,也有提出在珠江口深圳机场与中山的南沙港、万顷沙之间建另一座隧道或大桥(南沙岛大桥),从功能上看,这个方案主要能满足同三线国道主干线的要求。其他,还有建议在外海澳门、珠海与大屿山岛间利用桂山群岛采用桥港合建的方案。

综上所述,目前考虑较成熟且已向国家正式提交立项申请的有 20 世纪 90 年代已立项的伶仃洋大桥方案

(方案Ⅰ)和最近提交中央的港珠澳桥隧方案(方案Ⅱ)。

2 珠江口跨海通道建设的必要性

广东省珠江口外为伶仃洋,为连接两岸建设大桥或隧道的研究,前后历时10年时间,经多方面论证,对建设珠江口伶仃洋跨海通道的必要性和重要性,基本上获得了统一认识。香港、澳门的回归,我国经济的持续快速增长,以及珠江三角洲城市密集地区(城市群)的形成,这些因素使珠江口跨海通道的建设愈见迫切。能在21世纪的第一个10年中建成大桥或隧道,已成为普遍的愿望。

对于建设伶仃洋跨海通道的意义和作用,可以归纳如下:

1) 国道主干线的重要通道

我国交通部规划的“五纵七横”国道主干线将于2010年前完成,其中重点建设的“两纵两横”可望于2003年底前全线贯通,以上这些公路完成后,将使我国公路网的空间布局产生根本的变化。“同三线”是“两纵两横”中穿越经济最发达地区的一条沿海大通道。目前,“同三线”的组成部分“深圳—汕头高速公路”以及粤西沿海高速公路“阳江至崖门(台山)段”都已建成通车,自崖门至珠海金鼎镇的区段也将尽快在“十·五”期间开工建设。但是,“同三线”跨越珠江口必须绕道虎门大桥,目前预估虎门大桥的交通流将于2010年前达到过饱和。由此,急需在“十一·五”期间建成珠江口的伶仃洋跨海直达通道作为同三线的重要组成部分。

2) 为粤西和我国西南部地区通向国际市场开辟通道

粤西比粤东拥有更丰富的资源和开发潜力,但由于交通不便的原因,经济发展水平远较粤东为差。我国云南、贵州西南边区,物产丰富,但远离海岸。香港特区是通向世界商场的贸易枢纽,是著名的国际航运中心。在具备条件时,西南云贵川三省连同广西壮族自治区和粤西地区,可构成合作的经济格局,通过西南运输大通道(自重庆经贵阳、南宁至湛江的国道主干线,为“五纵七横”之一)在湛江连接“同三线”,经珠江口跨海通道进入香港地区,共同迈向国际市场,符合我国西部大开发的战略决策。

3) 沿海军事国防意义

沿海口岸都是国家的国防重地,沟通沿海重要城市和港口之间的快速直达通道,在军事上的重要性不言而喻。

4) 珠江三角洲城市密集地区的交通轴线

珠江三角洲地区是我国经济最发达地区之一。改革开放后城市化的快速进展已使“珠三角”成为我国重要的城市密集地区(城市群)之一。香港、澳门的回归,连同“珠三角”原有的大城市,使“珠三角”地区形成了三个经济发展核心,即:广州—佛山,香港—深圳,珠海—澳门。连通三核心,建设连接香港—深圳与珠海—澳门间的东西向交通轴线,对引导珠三角城市群的有序发展,具有极其积极的作用。

5) 繁荣香港,拓展香港特区与内陆腹地的联系

为繁荣香港,在做好与“珠三角”中部和东部网络连接的基础上,应积极“西进”,以便香港将固有的国际航运中心、金融中心和服务业的优势,延伸至中国西部、越南以至东南亚其他国家,进一步拓展香港的经济腹地,广辟客源、货源,以加强香港的枢纽中心地位。兴建珠江口跨海通道后,可令香港经珠海、湛江,与广西、贵州、云南等区域连接起来,通过四通八达的高速公路网,使这一带的丰富物产资源、加工产品,集聚成巨大的物流,利用香港海港及空港连接世界各地的传统优势,输往全球。

6) 发展港、澳特区的旅游事业

修建连接珠江口两岸的通道,有利于把香港和澳门两个特区连接起来,推动香港和澳门的旅游业,香港国际机场和2006年投入营运的迪斯尼乐园都位于香港大屿山岛,珠江口通道可以方便香港旅客顺道去澳门旅游,可以将香港、澳门特区和广东省珠三角地区三地的旅游资源整合成旅游群,构成世界级的旅游胜地。

3 方案选择的思路与原则

以上六条“必要性”涵盖了修建珠江口跨海通道的经济意义和交通功能。但是,按不同的路线修建方案和桥位落脚地点,各个方案在意义和功能上的重要性就有程度上的区别。就全国性、地区性还是四个城市不同层面上的利益的角度来考察,在方案决策中也会得出不一样的结果。

以下试就伶仃洋大桥(方案Ⅰ)、港珠澳Y形大桥(方案Ⅱ)和港深珠澳双Y形大桥(方案Ⅲ)三个主要的方案按以上六条“必要性”能够满足的程度分别给予评价和分析。根据符合各条指标的满意程度列为优、良和较差三级,示于表2中。

表 2　各个方案对各项指标满足的程度

	方案Ⅰ	方案Ⅱ	方案Ⅲ
1. 作为同三线国道主干线的重要通道	优	较差	较差
2. 为粤西和我国西南部地区通向国际市场开辟通道	优	良	良
3. 沿海军事国防意义	优	较差	良
4. 作为珠江三角洲城市密集地区的交通轴线	优	优	优
5. 繁荣香港,拓展香港特区与内陆腹地的联系	优	良	良
6. 发展港、澳特区的旅游事业	较差	优	良
7. 造价	良	优	较差
8. 集资难易度	较差	优	良
9. 施工难易度	优	良	良

评价分析时考虑的因素叙述于下。

作为国道主干线“同三线”的重要通道,方案Ⅰ西起珠海金鼎镇,东面采用Ⅰa方案通向深圳赤湾接通深汕高速公路,最为通顺。方案Ⅱ的路线过分贴近澳门、珠海和香港这些大城市,不利于发挥公路干线的高速交通功能,繁忙的过境交通不利于大城市的环境和交通安全要求。方案Ⅲ虽能避开香港市区,但它融四个大城市间的互通与公路干线交通于一起,路线斜跨伶仃洋,也不是一个好的干线方案。再者,港、澳两地实行的是左向行车,深、珠两地为右向行车,如何组织行车和安排车道,在技术上也比较困难。

为沟通粤西和我国西南地区与国际航运中心的联系,三个方案都能满足要求,但是方案Ⅰ显得最为通畅直捷。作为军事国防要求,显然也是方案Ⅰ为最佳,方案Ⅱ显得较差。作为珠三角城市群的交通轴线,三个方案都能满足要求,但方案Ⅰ能够达到最高的技术标准。

对于发展港澳特区的旅游事业,方案Ⅱ、Ⅲ能使港、澳两地直接相通,方案Ⅱ更能直接通往大屿山,连接香港机场和迪斯尼乐园,效果最好;但是方案Ⅰ就显得不是那样直接,属于较差情况。

除经济意义和交通功能的六项指标外,再就造价、集资和施工的难易程度作比较。在造价方面,方案Ⅱ所处地理位置较优越,仅跨越一个深水航道,桥长略短,估计造价为 160 亿元;方案Ⅰ处有两个深水航道,若再增加Ⅰa方案的叉道,造价将接近 200 亿元;方案Ⅲ要求通向四个城市,又遇大陆与特区不同的行车规则,势必做双层桥梁,结点处交叉复杂,桥梁线形较长,造价将会远超过 200 亿元。

在集资方面,由于方案Ⅱ在开发旅游业方面的优越性,获得港澳商界的强烈支持,集资最为容易。在施工方面,由于方案Ⅱ、Ⅲ都要建筑人工岛,又处于外海,风浪很大,增加不少难度;不如方案Ⅰ路线通过淇澳岛和内伶仃岛,提供了施工方便。

综上所述,从表 2 可以看出,其中方案Ⅲ设计者的原意为企图满足四地多方面的要求,增加了桥梁的长度和规模,扭曲了道路线形,其后果是几乎难于很好满足每一项要求,因此,该方案可以排除。

方案Ⅰ和Ⅱ各有优缺点。事实上方案Ⅰ属于公路干道的性质,它可以把粤西与东部从“面”上连接起来,可按高速公路的技术标准进行修建,满足国道主干线快速、直达、安全的要求。方案Ⅱ是属于城市与城市间的连接通道,公路干线交通只能以过境交通的方式适当分流。

国家公路网具有三个层面:一是国家干线网,二是区域路网,三是城际道路网。如按好、中、差对方案Ⅰ和Ⅱ进行评价,见于表 3。应当说,作为国家级和区域级的路网,方案Ⅰ的优势是明显的。作为城际道路,则对四个城市的利益有明显区别,方案Ⅰ不利于澳门,方案Ⅱ不利于深圳。要求各方面的利益同时照顾到,是很难做到的。

表 3　按道路网的层次要求评价各个方案

	国家干线网	区域道路网	城际道路			
			香港	深圳	澳门	珠海
方案Ⅰ伶仃洋大桥	好	好	中	好	差	好
方案Ⅱ港珠澳大桥	差	中	好	差	好	中

因此，作为国家“十一·五”重点工程规划，应从全国性宏观地看问题，本研究作出如下的建议。

中央应考虑在“十一·五”(2006—2010年)期间兴建伶仃洋大桥(按方案Ⅰ和Ⅰa路线方向)，由珠海经淇澳岛、内伶仃洋岛至深圳赤湾(右向行车)为国道主干线，在内伶仃洋岛建T形互通式立体交叉，由匝道进入香港特区，设口岸入关设施，并采用左向行车，在屯门烂角咀登岸。

以上考虑并不排除在香港和澳门之间另建港澳大桥，但在考虑什么时候按什么规模兴建该大桥时，应注意以下三点意见：

(1) 港澳大桥为港、澳两特别行政区城市间的直接通道，可按特区行车规则左向行车，并按城市道路标准修建。

(2) 修建该大桥原则上采用民间集资，按市场原则和效益分析确定修建的规模和时间。

(3) 可以不考虑往珠海方向的Y形连接，粤西来的交通流原则上可以走伶仃洋大桥，因而会降低走港澳大桥的货流，在预估交通量和进行效益分析时应予注意。

如果港、澳方面在“十·五”期间对港珠澳大桥获准立项，民间集资完成并开工，由于它无法满足国道主干线同三线的要求，仍建议在国家的“十一·五重大工程建设”中列入珠江口同三线国道主干线通道的建设，其建设方案和地点(采用伶仃洋大桥方案还是另选南沙港以南洋面建设隧道或桥梁)可以通过论证比选确定。

4 珠江口跨海通道建设的概略内容

本研究推荐首选方案为按方案Ⅰ建设伶仃洋大桥。

在1997年前，原伶仃洋大桥方案是经过国内外众多道路与桥梁专家以及环保、地质、水文、气象、测绘等有关方面的论证，在多个方案比较分析后确定下来的。之后，由国家计委、国务院港澳办、经贸委、交通部、铁道部、民航总局、外交部、广东省计委、广东省交通厅和香港政府有关部门组成的中英关于香港与内地跨海大型基建协调委员会经过5次全体会议，最终对伶仃洋大桥的重要性、迫切性以及路线走向达成共识，并于1997年12月30日获得国务院批准立项。

目前，除大桥没有建设外，两岸高速公路的接线接近完成，有的已经通车，有的即将开工。西岸粤西高速公路已经通车到台山(崖门)，台山至珠海金鼎(大桥起点)段即将施工。位于香港新界的新跨界通道系统，包括深港西部通道、后海湾干线、屯门至港口高速公路等也正待开工。深圳至汕头的高速公路也早已通车。因此，只要大桥建成，国道干线就可通车(见图2)。

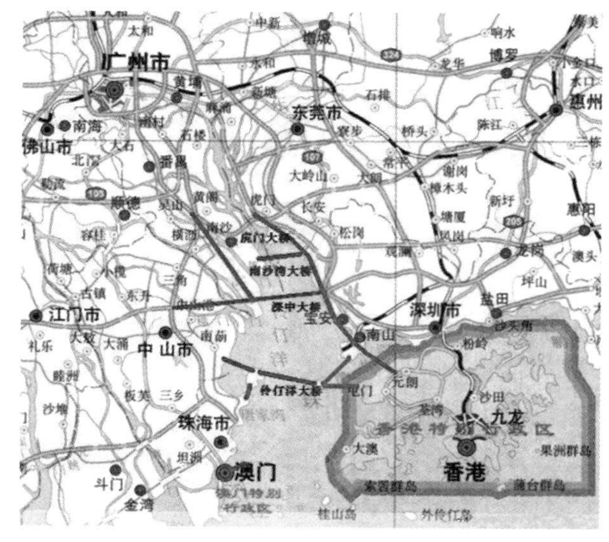

图2 珠江口地理示意图

伶仃洋大桥将跨越金星水道、灯笼水道、伶仃水道及矾石水道。后两个水道又称为伶仃西航道与伶仃东航道，是珠江口的两个主航道，伶仃西航道主跨约为900 m，可以采用斜拉桥，伶仃东航道约1 400 m，可用悬索桥，其他区段都可以采用混凝土连续梁桥。内伶仃岛以东区段可以采用隧道方案进行方案比较。

如果资金短缺，东部连接线可以考虑先修通从内伶仃岛通往深圳赤湾的区段，使同三线的主桥先行通车，去往香港的车辆可以通过深港西部通道(深圳湾大桥)进入新界。按预估交通量，伶仃洋大桥可按双向六车道高速公路的标准建设(设计车速为120 km/h)，水上桥隧部分全长约30 km，连同两岸与岛上接线，总长约为50 km。这样，总造价约为人民币170亿元。

内伶仃岛通往屯门烂角咀段，包括互通式立体交叉和入关口岸设施，可以稍后续建(放在“十二·五”期间)，建议为双向四车道。这是由于西部通道是深、港间的南北通道，在初期交通量较少，可以合用，此后另辟从珠海经屯门直通香港国际航运中心的通道仍是必要的。

建议本工程由中央投资人民币 100 亿元,其他可由民间集资。

5 关于渤海通道联岛工程和琼州海峡通道工程

在"十一·五"期间,除兴建伶仃洋大桥外,为使同三线能够直通渤海海峡和琼州海峡,还建议进行以下两项工作。

1) 渤海通道南段蓬莱至庙岛列岛的联岛工程

20 世纪 90 年代由烟台市会同国家计委政策研究室对渤海海峡跨海通道做过研究报告。该捷径通道利用渤海海峡的有利地形,由辽宁省旅顺市南下至山东省经长岛至蓬莱市,海域全长为 105 km(图 3)。经方案比较,建议采用"南桥北隧"方案,全面构通环渤海高速公路圈,成为纵贯南北的中国沿海"同三线"大动脉的组成部分,使大连市至烟台市间的陆路交通可缩短 1 800 km。该通道的北段跨越渤海主航道(老铁山水道),水面宽 42 km,水深为 42～86 m,建设公、铁两用隧道,造价约为 350 亿元。南段由蓬莱市贯通北面的庙岛列岛诸岛,可以建筑桥梁联岛工程,其中桥梁全长为 49 km,岛陆公路段长 27 km,估计造价为 250 亿元。

渤海通道南段蓬莱至庙岛列岛的联岛工程位于浅水区域,列岛附近水深大多不超过 10 m,可以修筑中小跨度桥梁组成的长桥,由地方集资为主,建议中央适当投资约 100 亿元,在"十一·五"期间先期开工,通过开发群岛的旅游资源偿还部分投资,并为后期修建北段的跨海峡主体工程做好准备。

2) 琼州海峡通道工程的前期工作

连接广东省雷州半岛和海南省的琼州海峡通道工程是"同三线"上难度最大、自然条件最复杂的一项跨海工程。

早在 1994 年 11 月,广东省交通厅即正式委托广东虎门技术咨询有限公司负责进行琼州海峡跨海工程预可行性研究,至 1996 年 3 月完成了预可编制工作,并于 1996 年 5 月 7—10 日在海口市由广东省和海南省交通厅主持了评审。1997 年交通部发出《关于下达 1997 年部前期工作任务计划的通知》,其中包括琼州海峡公路通道计划。广东省交通厅据此于 1997 年 2 月与广东虎门技术咨询有限公司签订了为期 6 年(1997—2002)的"编制琼州海峡跨海工程可行性研究报告"合同,其间于 1999 年 4 月在北京举行了调研汇报会,与会专家一致肯定了前期工作的重要性。2002 年 11 月按期完成第二阶段工程可行性与概念设计报告,为工程立项提供了必要的基础性材料。

根据工程可行性报告,有以下几点主要初步结论:

(1) 无论采用沉管隧道(方案 A)、桥梁(方案 B)或桥隧结合(方案 C)的跨海方案,都将走海峡西部的新Ⅶ线(图 4),线路总长度分别为 36.6 km、31.6 km 和 33 km 不等,以避开施工难度较大、自然条件较差的直接连接海口市的Ⅲ线(19.5 km)。

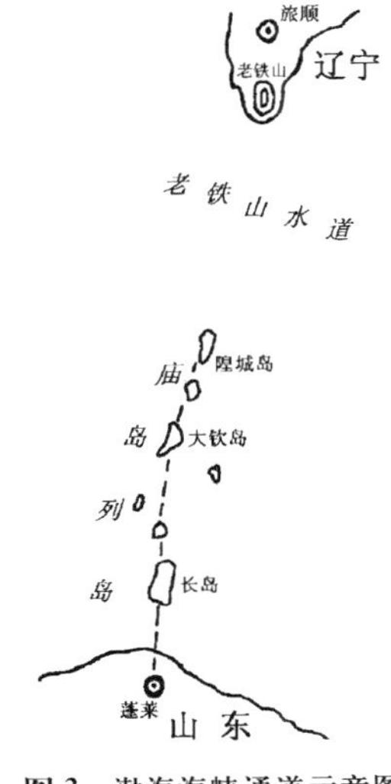

图 3 渤海海峡通道示意图

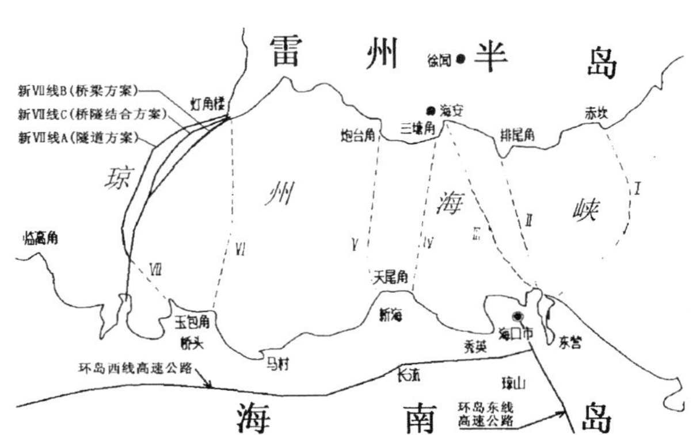

图 4 琼州海峡跨海公路通道位置示意图

(2) 工程可行性报告的推荐方案为桥梁跨海方案(新Ⅶ线B方案),它由主通航孔(1 600 m悬索桥)和辅通航孔(800 m斜拉桥)所组成,全线总造价为353亿元,比桥隧结合方案(475.5亿元)和沉管隧道方案(485.5亿元)节约120亿元以上,预估营造期为8年。

(3) 从交通功能方面进行评判,桥梁方案在行车安全性、舒适性、车速和通过能力方面都优于隧道方案。在气候影响方面,除强台风正面袭击外,可保证全天候通车。在航运方面,悬索桥通航孔径可以保证20万t船单向自由航行,5万t船双向自由航行。从施工角度看,大跨径的桥梁工程国内在实践上已经取得较大进展。

琼州海峡跨海通道工程是一项超级工程(Super Infrastructures),所需资金巨大,技术复杂,环保影响深远,它的前期工作具有长期性的特点。根据交通量的调查和预测,建议该工程能于2025年前纳入服务。目前,距离开工的要求仍有大量工作要做,因此,在"十一·五"期间应继续进行前期工作,对现有工程可行性报告和概念设计进行修改、补充和完善,有计划地做好测量、地质、水文、气候等资料的调查和累积,进一步开展模型试验研究,在此基础上进行国际设计方案比选和初步设计招标等工作。

6 结语

本项目的着眼点在于设想在2030年前构通我国沿海最直捷的高速公路通道,即国道主干线同(江)三(亚)线,克服几个跨海的难点工程,它对我国经济发展以及军事国防都具有极其重大的意义。根据几个跨海工程的排序,本研究报告提出在"十一·五"期间的工作和想法如下:

(1) 兴建跨越珠江口的伶仃洋大桥,由珠海经淇澳岛、内伶仃洋岛至深圳赤湾,向西连接粤西高速公路段,向东连接深汕高速公路段,构通同三线大动脉,缓解广东虎门大桥的交通瓶颈;大桥在"十一·五"期间共需投资170亿元,建议中央投资100亿元,其余为民间集资。

(2) 不排除民间集资兴建港珠澳大桥,但该大桥是主要为繁荣港澳特区服务的两大城市间的桥梁,不能完全代替沿海大通道的功能。如港珠澳大桥在"十·五"期间获民间集资先行开工,则在中央"十一·五"重大工程规划中仍应列入珠江口跨海通道工程,投资100亿元,方案和位置(采用伶仃洋大桥方案还是南沙岛隧道方案)可通过比选决定。

(3) 对渤海湾通道,从蓬莱市北向与庙岛列岛的联岛工程先期开工,建议中央投资100亿元,通过开发群岛的旅游资源偿还部分投资,并为后期修建北段的跨海峡主体工程做准备工作。

(4) 继续琼州海峡通道工程的前期工作,有计划地做好资料的调查和积累,进一步开展模型试验研究,在此基础上进行国际设计方案比选等准备工作。

大型复杂结构工程应用基础研究的新进展*

1 引言

自1999年1月至2002年12月的四年间，由同济大学、哈尔滨工业大学、中国建筑科学研究院、大连理工大学、中国地震局工程力学研究所和北京大学等6个单位联合承担，并邀请清华大学、浙江大学、上海气象研究所、北方交通大学、复旦大学、天津大学、北京工业大学、中国科学院力学研究所、冶金部建筑研究生院、华南理工大学、汕头大学、西南石油学院等单位的共同参与，进行了国家自然科学基金“九・五”重大项目“大型复杂结构体系的关键科学问题及设计理论研究”的应用基础研究工作。

由于我国大规模的基础建设在世界范围内是空前的，结构的长大化、高耸化和形体复杂化的发展趋势对土木建筑科学技术提出了具有本质变化的要求；结构变轻变柔，使非线性分析、风和地震作用的动力效应、优化和振动控制的意义更为重要。当时国内外在这些领域内的应用基础理论研究成果已难满足我国土木工程大发展的需要，为此，本项目确定的科学目标是：深入认识风和地震以及冰、浪等灾害荷载对大型复杂结构的作用规律；发展和完善大型复杂结构的抗风和抗震理论、反应控制方法及关键设计技术；建立较为完善的现代设计理论。

针对超高层建筑结构、特大跨度桥梁、大型空间结构和复杂海洋平台结构等土木工程中四种主要复杂结构形式以及风和地震、冰和浪等灾害环境荷载作用分为7个课题开展研究工作。

研究工作的基本特点是：

(1) 重视现场测试研究工作，积累了一批宝贵的原始观测资料。

(2) 加强了实验研究，开展了大量不同种类的结构和构件的模型试验，使理论分析和数值计算结果建立在可靠的基础上。

(3) 对风和地震以及海冰对大型复杂结构的作用效应、结构受力分析的本构关系、力学分析模型、数值计算方法和设计原理等关键科学问题进行了广泛、深入的理论分析和数值计算，应用模型试验和现场实测的研究结果，提出了许多系统的代表当前最新水平的理论成果，为发展和完善适应于未来结构发展的新的设计理论、准则和方法奠定了理论基础。

(4) 重视研究成果直接服务于当前我国重大基础设施建设，不少研究成果还直接转化为不同规范的条文，指导一般工程设计。

(5) 编制了结构分析的专用软件，开发了大型通用结构分析程序，使之更适用于大型复杂结构分析。

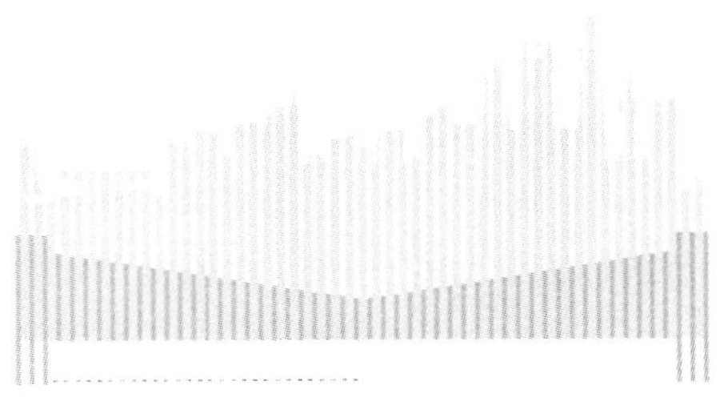

* 本文系项海帆、楼梦麟于2004年12月为《中国科学前沿》而作。

项目研究成果总体上代表了所涉及研究领域内的我国最高水平,有的进入了世界先进行列。特别是我国桥梁建设规模无论是结构复杂程度还是数量之多,在世界上都是空前的,加之大型桥梁设计都由我国自主完成,因此桥梁抗风、抗震研究成果深受国际同行的关注。我国高层建筑和大跨度空间结构的建设规模发展迅速,所取得的高层建筑和大跨度空间结构新型体系和抗风、抗震以及稳定性方面的相关研究成果具有很高的水平。海洋平台结构的冰振机理与振动控制研究揭示了冰激耦联振动的特点和条件,研究了多种平台结构被动和主动振动控制的方法和技术,取得了具有重要应用意义的成果。我国在结构设计地震动参数研究和结构优化理论研究方面有着长期的工作基础和很高的水平,因而关于确定结构抗震设计地震参数的新思想和新方法、关于大型复杂结构系统设计理论方面的优化设计新理论和新方法代表了今后发展新趋势,有的已经在结构设计或分析中得到应用。通过大量试验研究,提升了土木工程结构的试验研究能力,抗风抗震试验研究技术总体上处于国内领先水平,其中关于风洞模型试验技术和土-结构相互作用问题的振动台模型试验技术已达国际先进水平。以下分 7 个课题介绍所取得的研究进展。

2 大型复杂结构设计地震动及基于抗震性态的设防标准研究

地震是地震区土木工程结构的一种重要的荷载作用。大型复杂结构的长大化、高耸化、体型复杂化对工程结构的抗震设计提出了新的、重要的问题。国内外现有的抗震设计理念乃至抗震设计方法,如"大震不倒、小震不坏、中震可修"的抗震设防目标、结构重要性分类和处理方法、设防烈度的取值规定、单分量地震动输入的理念等,已不能完全适应新型结构发展的需要。为了满足今后大型复杂结构抗震设计和抗震验算的要求,中国地震局工程力学研究所针对大型复杂结构的特点和抗震设计中的重大问题,围绕大型复杂结构的抗震设防原则、目标、方法,设防荷载的决策,合理设计地震动的选择与确定,大型复杂结构的广谱设计谱以及多点多维地震动的确定原则和方法等进行了深入的研究,取得了较为系统的研究成果,其中最为突出的研究进展表现在以下几个方面。

2.1 长大结构地震动的多点多维输入

首先研究了震源对地震动空间相关性的影响。在单侧破裂或双侧破裂的假定下,依据震源理论和场地地震动波谱随空间坐标的展开式,定量分析了震源对地震动空间相关性的影响,得到了场地上两点地震动 Fourier 谱的关系式。根据参考点附近场点相对于参考点地震动的 Fourier 谱的展开条件,研究了估计地震动场的孔径即相关半径问题,得到了计算地震动场的孔径公式。据此,可以根据对空间地震动估计的精度要求,确定相干函数的适用距离。

其次,用确定性方法建立了计算地震动空间相关性的模型。首先基于震源位错理论,采用数值方法模拟了走滑断层和倾滑断层产生的三维空间地震动,得到了用来估计垂直断层地表地震动空间分布的近似公式,并利用对基岩地震动相干函数的研究结果,可得到合成基岩地震动场以研究和分析场地对地震动的影响。最终可以藉此得到复杂场地条件下的地震动相干函数。

最后,提出了可以应用于长大结构抗震分析和设计的多维多点地震动输入的具体计算方法。对于某一设定地震,首先确定工程场地地震动场的孔径范围及基岩场地的地震动幅值谱;然后结合提出的基岩地震动相干函数模型,模拟基岩的地震动场,并对近断层附近地震动的强度进行修正;最后利用提出的场地传递函数确定方法或复杂场地多点输入地震反应分析方法计算了工程场地地表地震动场,以此作为长大结构的地震动输入。

这样,所建立的大型复杂结构基底地震输入的多维多点地震动的计算模型,同时考虑了震源特性和不同断层的影响,更符合建筑结构的自由场地震动场的实际情况。应用这一研究成果为 200 m 和 300 m 跨度的 K6 型凯威特单层球面网壳确定了空间地震动输入,初步应用研究表明,与一致输入相比,考虑空间地震动相干性的结构反应有很大差别。

2.2 近场地震动和地震动长周期分量研究

在对数字强震记录进行误差分析和校正的基础上,着重研究了我国台湾的 SMART - 1 台阵记录和集集地震记录的长周期反应谱特性,获得的地震动长周期信息一般情况下可达 10 s,有的甚至超过 10 s 的精确信息,得到了改进的长周期设计谱,为大型复杂结构的抗震设计提供了十分重要的长周期设计荷载资料。

上述研究成果，改进了地震设计谱的长周期特性和其他相关的地震动信息，以使谱设计方法可以继续有效地适用于大型复杂结构的抗震分析和抗震设计。

2.3 基于抗震性态的设防标准

在国内首次提出了基于性态的三环节抗震设防方法。将我国抗震设计规范一直沿用了30多年的两个环节的抗震设防内容[确定(多级)设计烈度或设计地震动参数；确定建筑的重要性等级]改进为三环节抗震设防内容，即：①根据结构的使用功能确定结构的抗震设计类别，由设计类别和可接受的风险确定设防水平；②确定设计烈度或设计地震动参数；③确定建筑的重要性等级。这样，可以根据结构的使用功能和设计地震动水平确定基于性态要求的结构抗震设计类别和相应各级设防地震动水平下的最低性态目标。不仅可通过设防标准的确定来确保结构的使用功能在遭遇地震时得以实现，同时又能将现有抗震设计规范中规定的设防目标包含在所提出的设防内容中，成为本方法中的一个特殊的情况。

根据三环节抗震设防的思想，通过大量的统计分析，为我国大陆地区960万 km^2 国土给出了具有不同概率水平的工程抗震设计参数(地震烈度和地震动参数)，提出了基于控制地震人员伤亡的抗震设计思想和方法，提出了最不利设计地震动的概念和确定最不利设计地震动的方法，建立了确定或标定结构抗震重要性系数的一种新方法，从而为我国大陆地区960万 km^2 国土提供了可供工程抗震设计使用的、充分反映地区特征的具有不同重要性类别和针对不同设防阶段的结构重要性参数，方便了工程设计；解释了重要性类别与抗震设计类别的本质区别，澄清了在抗震理论中结构重要性设计和抗震性态设计之间的本质差别。在国内外，尚未见到有同类思想或技术的报道。

3 灾害风荷载的作用机理与模拟

随着结构大型化和轻盈化的趋势，风荷载成为大型复杂结构体系的主要荷载之一，但我国缺乏边界层风特性的第一手观测资料，对于风对结构的破坏作用机理还缺乏深入的研究和认识。在本课题研究中，通过现场观测、风洞模型试验和数值模拟，分别针对我国南方的台风和北方的季节风，进行了多次连续的大风现场观测研究，在灾害风荷载的作用机理与模拟方法等方面取得了一批有意义的研究成果，其中影响较大的研究进展有以下几个方面。

3.1 城市近地面风垂直分布实测研究和自然风湍流特性的观测分析

上海市气象研究所和同济大学利用LAP-3000大气风、温廓线雷达，对1999—2002年影响上海及邻近地区的台风都进行了详细的观测记录。例如，台风“派比安”靠近上海时，测得瞬时最大风速达26.5 m/s，杭州湾外小洋山气象观测站测得十分钟平均风速达33.7 m/s，阵风40 m/s，风廓线仪测得116 m高度最大风速有39.8 m/s。同时还先后在常熟、福州、广东沿海获得多个长时段台风影响的观测数据。图1所示为进行台风现场测试的超声风速仪，图2和图3分别为台风观测场地。

图1 超声风速仪

图2 浦东世纪公园台风“派比安”实测现场

图 3　福建青州闽江大桥台风观测现场

图 4　华北自然风实测现场

北京大学通过高达 300 多米的气象观测塔，对北京地区的季节大风进行了连续多年的观测，并在华北地区某一典型的山地与平原交界地区进行了自然风的实际观测，观测场址的地形地貌如图 4 所示。

通过对以台风以及冬季季风为代表的强风动态特性观测，分析作为荷载研究的台风及强季风的湍流强度特性、阵风因子、湍流尺度特性、湍流功率谱特性及湍流的空间相关特性，为风洞试验中模拟大气边界层自然风特性及为抗风设计规范中自然风脉动特性参数的选取提供依据和建议。

在进行一般科学意义上风特性观测的同时，同济大学还通过苏通长江公路大桥桥位的湍流风特性和沪崇苏通道崇明越江工程的风特性观测分析，直接用以指导重大工程的抗风设计。

3.2　城市大气边界层中风特性的数值模拟

根据城市边界层的风特性，北京大学建立了以城市边界层模式（Urban Boundary Layer model，UBL model）、城市冠层模式（Urban Canopy Layer model，UCL model）和街道及建筑群模式（Street Canopy model）等为主体的一系列城市气候模式，可计算因地表状态的改变、建筑物的动力和热力作用所引起的城市及周边地区气象要素（风、温度和湿度等）的变化情况。上述三类模式可顺序嵌套，从而由整个城市单向嵌套至某一建筑物。UBL 模式还可与更大尺度的模式嵌套，例如与 MMS 中尺度模式嵌套，扩展整个模式系统的计算时间和空间尺度。

这一数值模型应用于北京市占地 4 km^2 的永丰高新产业基地和北京商务中心 CBD（核心区建筑限高突破 300 m），研究了这类基地和中心建成后对附近地区的大气边界层风、温结构及大气环境产生的影响，比较了建成前后热岛强度变化、近地层风场变化以及机动车排放颗粒物浓度变化，为这些地方进一步的基础设施、交通等规划提供依据。

3.3　建筑风洞模拟试验的关键技术

近些年来，以大跨桥梁、大跨屋面、高层建筑、高耸结构为代表的大型复杂结构得到了很大发展，现有结构荷载规范已远不能满足设计要求。例如结构风荷载及风致振动与控制问题，都是依赖于风洞试验结果指导结构设计。然而直到目前，国际上还没有一个完善的结构风洞试验的技术标准和准则，甚至实测和研究表明，现有风荷载规范中的某些规定，可能是不正确的或者误差很大。同济大学和北京大学经过 4 年半多时间的大量现场观测、风洞实验和理论分析，在建筑风洞流场的模拟标准、结构风工程风洞实验的雷诺数效应和建筑风洞的关键模拟技术等方面取得了许多很有意义的成果，有些研究已进入这一领域内的前沿。

北京大学针对目前国内外建筑物风洞实验中未作严格要求的湍流强度、湍流积分尺度和湍流功率谱密度等湍流风的各个特性参数，设计了分离湍流流场参数的风洞实验方法，成功地进行了单独变换湍流强度和单独变换湍流积分尺度的实验，得到了湍流度和积分尺度变化对于CAARC标准模型荷载与压力分布的影响，比较全面地了解了湍流特性对结构风荷载的影响，提高了风洞实验的准确性和可靠性。北京大学还研制了“弹性支座振动尖塔”，为提高和完善风洞实验技术提供了重要经验。

同济大学以最常用的典型的流线形箱型桥梁断面和π形开口式桥梁断面为对象，通过大量不同工况的风洞实验，研究了雷诺数对阻力、升力、升力矩、表面压力、Strouhal数等参数的影响。实验研究成果表明：雷诺数对于桥梁及建筑结构断面形式的影响是一个复杂的现象，流线形和π形桥梁断面都明显存在雷诺数效应，并且雷诺数效应具有对桥梁断面形状的强烈依赖性。同济大学还研究了湍流度对桥梁断面气动导数和对桥梁风致振动响应的影响因数及其规律，获得了许多有意义的结论，如湍流对桥梁风振位移响应曲线的形状有明显影响；随着湍流度的增大，风速-位移响应曲线的形状由“硬颤振”形状向斜率逐渐增大的“软颤振”形状变化。

3.4 建筑结构的数值风洞研究

数值风洞研究中的计算机技术是20世纪末在国际和国内刚刚兴起的为解决复杂结构关键科学问题的一项新技术，它可以大大节减研究经费和研究周期，定性和定量给出结构物受风荷载的图谱。北京大学从计算几何学中的Voronoi cells的概念出发，提出了可以解决多尺度、大变形、复杂流动问题的任意不规则二维及三维Voronoi cells网格的生成算法，这一算法大大提高了网格处理实际复杂流动问题的几何灵活性。同时采用了一种基于Voronoi cells几何性质的C^{∞}插值基函数$N_i(x)$，研究了基函数的有关数学性质。利用Voronoi cells网格以及C^{∞}插值基函数$N_i(x)$，可以很好地解决传统的流体力学有限元方法在处理大雷诺数的对流占优问题时的困难，比较好地解决了建筑结构数字风洞中的一些基础性问题。利用大型流体工程分析软件对多项实际的大型复杂建筑结构的风压分布进行了数值模拟计算，并与北京大学2号大气边界层风洞和湍流与复杂系统国家重点实验室的大型分层流水槽的模型实验均进行了对比分析，证明计算结果合理可靠、准确度高。首次在国内利用计算机模拟计算了厦门国际银行大厦、摩根中心建筑工程和北京电视中心综合业务楼及其裙楼的风压分布，用于指导重大工程进行抗风设计。

4 超高层建筑结构体系抗震抗风与振动控制

近年来，随着我国城市建设的发展，超限高层建筑大量出现，结构高度和复杂性都突破了我国现行的结构设计规范的要求和人们对建筑结构的认识水平。中国建筑科学研究院、同济大学、哈尔滨工业大学、清华大学、北京工业大学等多个科研单位通过试验和理论研究，对超高层巨型结构、超高层钢结构、钢-混凝土混合结构、高层钢筋混凝土结构的抗震性能以及高层结构风荷载效应等多个方面进行了全面深入的研究，突出的研究成果如下。

4.1 超高层钢-混凝土混合结构体系及力学问题的研究

中国建筑科学研究院在国内首次进行了较大比例的钢筋混凝土筒体结构模型的试验研究，对筒体结构在地震作用下的破坏机理和抗震性能有了深入的了解。试验研究包括：对2组5个钢筋混凝土核心筒试件进行了低周反复荷载试验，研究了不同轴压比和剪跨比的核心筒的破坏机理、承载能力、延性和耗能能力等方面的抗震性能；提出了竖向荷载和水平荷载同时作用下，钢筋混凝土核心筒的6种破坏模式以及2种理想的耗能模式；讨论了剪切滞后现象对筒体破坏状态的影响。图5为局部混凝土核心筒模型试验的照片。

在混凝土本构关系试验和研究分析的基础上，提出了一种反复荷载作用下三线型的混凝土材料的本构

图5 上海金茂大厦钢筋混凝土核心筒试验

模型。该本构模型采用平面应力状态下的弥散正交裂缝假设，建立了循环荷载作用下正应力与剪应力两方面的本构关系。正应力本构关系考虑了材料的拉伸硬化、裂缝开张闭合、压区硬化软化、平行与开裂方向材料强度和刚度的退化、受压卸载再加载等因素。剪应力本构关系采用加载段、卸载段和滑移段的简化模型。在该模型的基础上，建立了钢筋混凝土核心筒体非线性有限元分析模型，为进一步研究钢筋混凝土核心筒体的受力性能提供了有效的手段。

4.2 超高层巨型结构体系及其特殊力学问题的研究

哈尔滨工业大学开展了巨型钢柱比例加载的空间恢复力特性的试验研究（图 6），建立了基于塑性铰理论的三维梁单元的基本方程，编制了同时考虑材料和几何非线性的静动力有限元分析程序，理论分析和实验结果相当吻合，为全面认识巨型钢柱的受力性能和进一步的简化分析创造了条件。在国内首次开展了开洞的高层建筑刚性模型的风洞试验，研究了不同开洞率和开洞位置对建筑物上的风压分布规律和量值的影响。采用基于塑性铰理论的非线性有限元程序，以空间杆系模型对高 28 层的中国光大银行长春分行办公楼（巨型钢框架结构主体，总面积约 32 000 m^2）进行了罕遇地震作用下的弹塑性时程反应分析。分析表明该结构设计是可行的，能够满足大震不倒的抗震要求，解决了工程设计的关键问题。

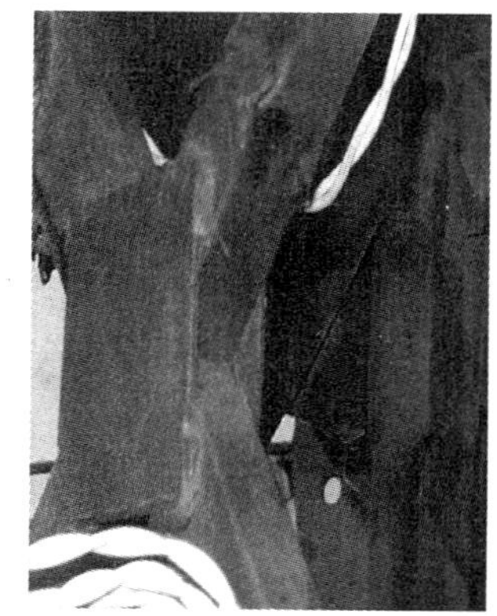

图 6 巨型框架柱试验

4.3 超高层钢结构在多次地震作用下的损伤、损伤累积及抗震性能分析

同济大学在单轴拉压实验和理论分析的基础上，提出了低碳钢在循环荷载作用下的损伤和损伤累积模型及钢材断裂判据准则，该模型采用每半周的累积塑性应变作为计算损伤变量的依据，可以考虑损伤对钢材屈服点、弹性模量以及强化系数的影响。引入三维应力因子，将上述损伤累积模型推广到三维应力状态，使之可用来更加精确地分析复杂的受力情况。为了研究损伤对裂纹发展机制的影响，对 10 个焊接 H 形截面悬臂构件进行了循环加载试验，试验时采用了不同的加载制度，考查了不同的应力应变历史对损伤变量以及损伤裂纹发展的影响。根据钢材低周疲劳损伤累积断裂模型和基于弹塑性损伤铰的概念，将损伤和裂纹效应引入钢构件的恢复力模型中，再结合屈服面的概念和塑性流动法则，建立了钢构件考虑损伤累积效应和裂纹影响的非线性恢复力模型和弹塑性刚度矩阵。

4.4 超高层钢结构设计理论研究

在 1994 年美国北岭地震和 1995 年日本阪神地震中，一向被认为具有卓越抗震性能的钢结构梁柱节点遭受了大量的脆性破坏。中国建筑科学研究院通过试验研究和大量的数值模拟计算，系统地总结了钢框架梁柱节点的破坏模式，分析了其破坏原因；提出了一种新型节点——狗骨式钢框架梁-柱节点，结合实际工程，对狗骨式钢框架梁-柱节点和普通钢框架节点进行了试验研究，结果表明这种新型节点很好地改善了节点延性，同时对节点的刚度和强度影响很小，抗震性能远远好于普通节点，并已成功地应用到天津国贸大厦工程中。图 7 为在实验室进行狗骨式节点力学性能的模型试验，图 8 为应用狗骨式节点钢结构的施工现场。

图 7 狗骨式节点试验

图 8　狗骨式节点的工程应用

4.5　高层和超高层钢-混凝土混合结构抗震性能研究

钢-混凝土混合结构体系兼有钢结构施工速度快和混凝土结构刚度大、成本低的优点，是一种符合我国国情的较好的高层建筑形式。但国内外对这类结构的抗震研究较少。中国建筑科学研究院主要从模型试验、弹性分析和弹塑性分析等方面对这类结构的抗震性能进行了研究，进行了比例为 1/20、总层数为 23 层的内部为钢筋混凝土筒体、外部为钢框架的混合结构模型试验和分析。研究结果表明：混合结构的整体性能更优于钢结构和钢筋混凝土结构，因此钢-混凝土混合结构可以应用于 8 度地震区。根据研究成果，提出了钢-混凝土混合结构抗震设计的顶点位移限制值。相关研究成果已应用于珠海信息大厦工程这一平面布置和竖向布置都极不规则的复杂高层建筑结构，对其设计进行专门研究，为该工程的成功设计提供了有力的保证。

4.6　高层建筑顺风向等效风荷载研究

目前，在结构抗风设计中普遍采用"阵风荷载因子法"来估算等效风荷载，这一经典方法的理论基础是在 20 世纪 60 年代提出的，存在一定的缺陷。同济大学首次应用"荷载响应相关法"定义并导出等效风荷载的背景分量；应用"惯性风荷载法"给出了等效风荷载共振分量，由此构成了等效风荷载的"精确"方法；进一步提出了便于工程应用的计算等效风荷载的新方法——"基底弯矩阵风荷载因子法"。这一方法不是用位移响应定义阵风荷载因子，而是以建筑物的基底弯矩来定义等效风荷载。大量计算表明，由"基底弯矩阵风荷载因子法"给出的等效风荷载比传统的"阵风荷载因子法"的精度要高得多，而且与目前国际上在高层建筑风致振动研究中多采用高频动态测力天平的实验方法相一致。以上方法已应用于上海金茂大厦的等效风荷载分析，风洞模型试验如图 9 所示。

图 9　上海金茂大厦抗风试验研究

4.7　群体建筑气动干扰和气动弹性干扰的风洞实验研究

由于影响群体超高层建筑风荷载和响应特性的因素很多，试验研究工作量非常大，以致国内外对这一问题的研究相比单体建筑而言要少得多，绝大多数国家的规范至今尚没有此类条款。同济大学用正交试验法设计了试验工况，较为深入全面地研究了 2 个和 3 个建筑的顺风向平均干扰因子和脉动干扰因子以及地貌条件、施扰建筑高度和宽度、施扰建筑形状等参数对干扰因子的影响特征；研究了 2 个和 3 个建筑的横风向脉动干扰因子以及地貌条件、施扰建筑高度和宽度、施扰建筑形状等参数对平均干扰因子的影响特征；给出了不同地貌条件和不同高度与宽度的施扰建筑的干扰因子的相关公式；进一步给出了可供规范应用的有关条款。此外，还测量了上游施扰建筑的尾流，结合分析受扰建筑的基底弯矩谱，明确提出了建筑物风致干扰的三种机理。图 10 为上海世茂国际广场周边群体干扰效应的风洞试验实况。

4.8　超高层建筑基于位移的抗震设计

抗震的房屋建筑结构必须具有足够的承载力、刚度和塑性变形能力，在可能的地震作用下实现预期的性能目标。传统的抗震设计方法的不足是：设计者不

图10 高层建筑群体干扰效应风洞试验

能有效地把握结构在罕遇地震作用下的实际行为，也难以根据所希望的结构在罕遇地震作用下的实际行为来设计结构。清华大学根据基于位移的抗震设计的新理念，改进了高层建筑结构全过程静力弹塑性分析的计算方法，引入具有下降段的单元刚度模型，推导出病态方程的复合结构解法和单个自由度补偿解法，以解决由单元负刚度模型引出的结构病态刚度矩阵的求解问题；进一步探讨了结构破坏机制对变形能力的影响和水平双向加载及扭转对RC框架能力曲线的影响，建立了联肢剪力墙的静力弹塑性分析计算模型；对9片剪力墙试件进行了轴压力和往复水平力作用下的试验和静力弹塑性全过程分析，静力弹塑性分析程序计算的试件水平力-位移曲线与试验符合良好，验证了墙肢模型和计算方法的合理性。此外，通过大量的构件和结构的实验，研究了结构目标位移与构件变形关系，提出了结构与构件抗震能力的设计方法。上述研究成果已应用于广州合银广场(65层)、清华大学主楼抗震性能评估和基于位移的抗震加固验算。关于根据轴压比在墙肢两端设置的约束边缘构件的长度及其配箍特征值的结论和核芯配筋柱的研究成果，为《建筑抗震设计规范》、《混凝土结构设计规范》、《高层建筑混凝土结构技术规程》的有关条文提供了依据。

5 特大跨度桥梁的结构体系及抗震抗风

我国大规模的交通建设，不仅提出了大量桥梁工程研究的新课题，而且为检验桥梁结构分析新理论提供了实践机会。同济大学密切结合我国桥梁工程实际，侧重对新桥梁结构体系、非线性力学分析理论和抗震抗风问题进行了系统深入研究，其中突出的研究进展如下。

5.1 非线性空气静力稳定分析的理论与方法研究

为了弥补现有静风理论的不足，提出了准确描述静风荷载非线性特性的方法，在考虑风载随风速平方呈非线性增长的关系的同时，计入三分力系数变化引起的静风荷载非线性效应，并将该描述方法与空间稳定理论结合，建立了一套大跨度桥梁非线性风致静力稳定理论，为进行大跨度桥梁空气静力行为及失稳机理的研究提供了理论依据。在综合考虑静风荷载非线性与结构几何、材料非线性的基础上，提出了一种采用增量与内外两重迭代相结合的方法，并能精确考虑斜拉索的垂度效应，该方法的提出为今后进行桥梁结构空气静力稳定性分析奠定了良好的基础。推导了用于初步设计阶段悬索桥静风稳定验算的简便计算方法——级数法。在考虑静风荷载升力和升力矩共同作用的非线性影响的基础上，采用级数法实现了对大跨径悬索桥静风扭转发散问题的求解。计算表明，该方法具有输入数据少，计算速度快，易于编程的特点。以江阴长江大桥为例，采用该方法比精确的有限元方法快600倍。

5.2 大跨度桥梁结构的计算理论与方法研究

通过对大跨度斜拉桥索力优化问题、大跨度悬索桥和大跨度桥梁整体分析与局部应力分析的计算理论和方法问题、大跨度钢拱桥在复杂荷载(恒载、活载和静风荷载)作用下的极限承载力问题、大跨度钢拱桥成桥和施工阶段的稳定性问题等的研究，建立了一整套桥梁非线性计算理论和方法及相应的桥梁专用分析程序。该方法已直接应用到大跨度桥梁结构的几何非线性问题的求解中。

5.3 桥梁主梁断面的颤振导数和气动导纳的识别方法

桥梁主梁断面的自激振动气动力可以用颤振导数来表述，颤振导数的识别是桥梁抗风研究的基础。采用最普遍、设备最简单的节段模型自由振动颤振导数测试的方法，提出了桥梁颤振导数识别的总体最小二乘法。该方法用交叉迭代的方式对竖向和扭转响应时程曲线进行非线性-线性总体最小二乘拟合。在两自由度体系的MITD法和总体最小二乘法基础上，发展了用于识别全部18个颤振导数的总体最小二乘法，并在识别程序中专门为噪声提供了“出口”，利用跟踪技术将结构模态从噪声模态中检出，有效地提高了程序抗噪声的能力，提高了识别精度。目前该方法已用于同济大学土木工程防灾国家重点实验室承担的所有桥梁的抗风性能研究。图 11 为西堠门大桥节段模型的风洞试验照片，为实现桥梁节段模型强迫振动风洞试验，首先设计制造了一套风洞节段模型四点外悬挂驱动系统与相应的数据采集系统，该系统被用于桥梁断面同竖向和扭转相关的二维颤振导数的识别。在研制成功二维强迫振动装置后，又进行了三维强迫振动装置的开发和三维颤振导数的识别方法研究。

图 11　西堠门大桥节段模型风洞试验

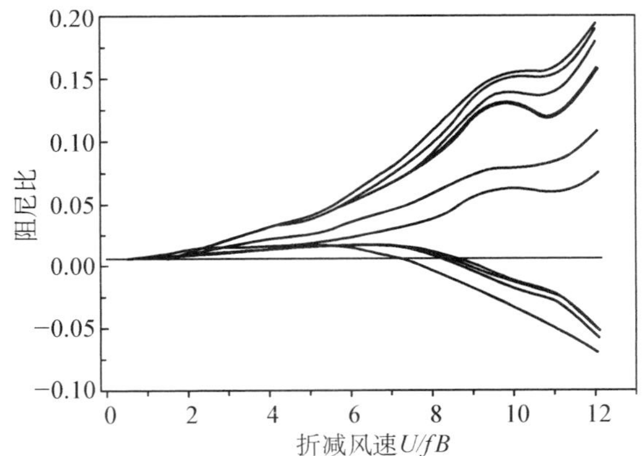

图 12　多模态阻尼比随风速的变化

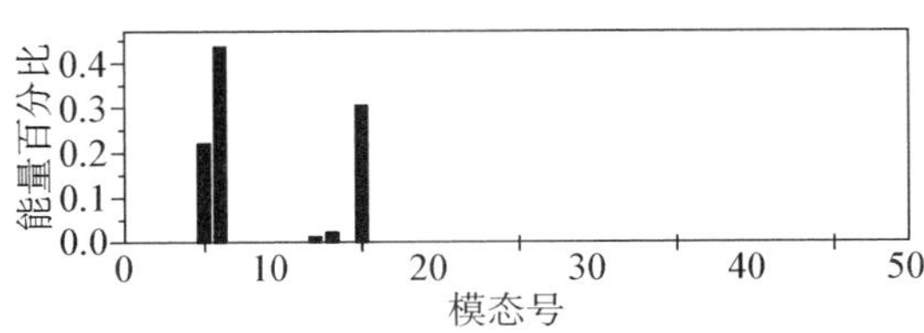

图 13　各参与模态的能量百分比

5.4　桥梁多模态耦合颤振的自动分析和非线性颤抖振时域分析

颤振动力失稳是大跨度桥梁抗风设计中最为研究者们关注的问题。自 1978 年 Scanlan 建立起多模态颤振分析的基本理论以来，有许多学者提出了很多改进方法，这些方法都是基于结构的固有模态坐标，但都需要预先选定用于颤振分析的参与振型，而且在分析中需要一定程度的人为参与。

同济大学开发了一种用于分析大跨度桥梁多模态耦合颤振的新的状态空间法，应用该法进行颤振分析时，仅需对折减风速一个参数进行搜索，避免了现行方法的两参数搜索过程，也不需要预先选定参与颤振的模态，而且能提供系统模态的频率和阻尼比随风速而变化的全过程，并自动找到最低的颤振临界风速以及临界状态下各参与固有模态的相对幅值、相位差和能量百分比。通过在江阴长江大桥的应用，证明了该法的可靠性和有效性。图 12 和图 13 给出了江阴长江大桥颤振分析的数值结果。

颤抖振的时域分析也是大跨度柔性桥梁十分受人关注的问题，在分析中必须考虑结构随风速的变形，特别是桥面在静力风荷载引起的攻角效应。此外，平均风的空间分布和脉动风的空间相关性以及桥塔、缆索对桥梁整体气动响应的影响等都需充分加以考虑。

同济大学在原有线性时域分析的基础上，通过改进风场的模拟和跟踪变形的非线性迭代计算，对润扬长江大桥进行了三维非线性时程分析，证明了这一仿真分析方法的可行性，为建立统一的颤、抖振分析体系奠定了基础，也为今后桥梁“数值风洞”演示大跨度桥梁的风致振动过程开辟了道路。

5.5　数值风洞及其在桥梁抗风研究中的应用

计算流体动力学(CFD)的发展给风工程研究提供了一种新的手段。十多年前诞生的计算风工程(CWE)新领域发展十分迅速，其中最困难的课题就是用 CFD 方法研究土木工程中的气动弹性问题，如大跨桥梁的颤振、抖振和涡振问题。

同济大学紧跟丹麦的 Walther 和 Larsen 的开拓性工作开发了基于有限元法和离散涡法两种进行桥梁气动弹性问题分析的软件，成功地用于识别空气三分力系数、气动导数以及颤振临界风速的数值模拟，通过和风洞试验结果的对比，证明了方法的可靠性和优越性，在南京二桥、润扬大桥、苏通大桥和上海卢浦大桥的初步设计阶段的气动选型以及为抑制有害振动必须采取气动措施的方案比较等研究工作中发挥了重要的作用，也为桥梁数值风洞的建立奠定了基础。

数值风洞不仅可以部分地代替试验，为理论分析提供气动参数，而且，由于它在更精细的空气压力和流线层面上描述气流和振动结构的相互动力作用，因而可用于研究气动弹性现象的物理机制，同时避免因模型缩尺试验带来的雷诺数效应等失真问题，具有非常广阔的发展前景。图 14—图 16 给出数值风洞部分应用实例。

5.6 斜拉索风雨激振机理及制振方法研究

经过数月的试验探索，同济大学 TJ－1 边界层风洞出口射流段成功再现了模拟降雨状态下拉索风雨激振的现象，试验结果具有较好的重复性，图 17 为实验装置的照片。研究者细致研究了风速、拉索倾角、风向

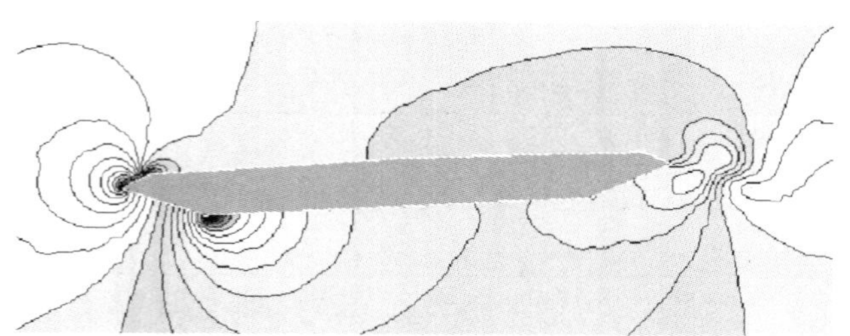

图 14　南京二桥压力等值线和流线

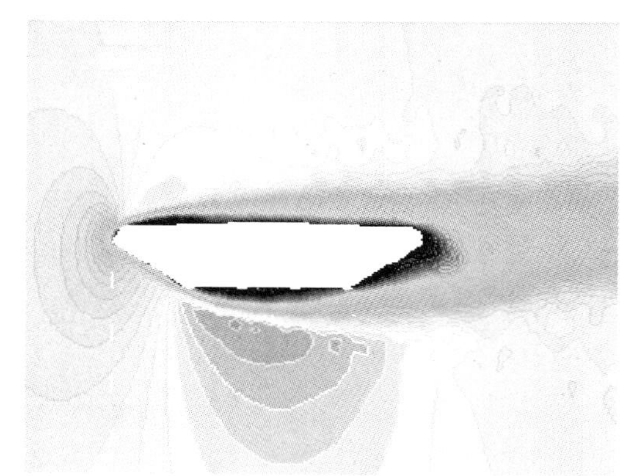

图 15　苏通大桥流场染色粒子分布和速度分布

(a) 卢浦大桥原方案的流场

(b) 卢浦大桥加气动措施后的流场

图 16　卢浦大桥的流场

角、拉索模型频率和阻尼等重要参数对拉索风雨激振的影响；还建立了拉索风雨激振的一个理论模型，提出了拉索风雨激振的机理的一个新的解释，初步建立了斜拉桥拉索风雨激振分析的一个新方法。应用该方法和据此编制的计算程序，计算了拉索的风雨激振特性。利用同济大学的直流风洞试验条件，进行了人工降雨雨振试验、人工水线雨振试验、气动措施制振试验及人工水线拉索和气动措施测力试验，对风雨激振的机理和气动措施的静、动力特性进行了研究。通过研究给出了斜拉索风雨激振的机理解释，并对各种气动减振措施的作用机理及减振作用的有效性进行了试验分析对比。

图 17　拉索风雨激振试验

5.7　桩-土-结构相互作用模型的振动台试验研究

桩-土-结构动力相互作用问题是目前国内外土木工程领域的一个热点问题，也是一个难点问题，试验研究的基本目标是为结构抗震分析、相互作用研究提供一种定量的分析方法，同时也可以为检验现行抗震分析软件的有效性提供基础数据。研究者设计了两种砂箱模型，其中层状剪切变形砂箱容器能够很好地模拟土层的剪切振动特点。同济大学在国内率先完成了三组桩-土-结构相互作用模型的振动台试验，分别为刚性砂箱、层状剪切变形砂箱、液化层状剪切变形（液化场地土）砂箱模型振动台试验，进行了单柱桩墩模型、单柱墩 2×2 桩模型、双柱墩 2×2 桩模型以及双柱墩 3×2桩模型试验，采用不同输入地震动水平和不同频谱特征地震波，探讨了不同桥墩结构和不同桩基形式中桩基以及桥墩结构模型的地震反应规律。同时还进行了液化场地桩-土-结构相互作用模型振动台试验，很好地再现了自然地震触发地基砂土液化的各种主要宏观震害现象，并且模型桩试验的振动破坏状况与其原型——1976 年唐山地震中倒塌的胜利桥的桩的实际震害情况也比较吻合。图 18 为在振动台进行试验研究的剪切土箱。

(a) 自由场试验

(b) 单桩试验

图 18　剪切土箱与土-结构相互作用试验

5.8　高桥墩结构被动控制 MTMD 装置理论与试验研究

在地震荷载作用下，具有高墩的桥梁一般会产生较大的位移响应。为了减小高墩桥梁在地震作用下的位移反应，以降低对结构的变形能力要求和 $P-\Delta$ 效应，北京交通大学采用结构被动控制理论，对高桥墩的位移控制问题进行了研究，探讨了这一控制方法的耗能机理，提出了一种实现 MTMD 控制方法的实际装置。数值分析结果表明：可利用控制新系统中各 MTMD 的“鞭梢效应”，使得 MTMD 的耗能具有集中耗能的特点，提高耗能的效率；由于 MTMD 中各 TMD 的频率以一定的间隔分布在一定的范围内，因此它可以适应结构频率在一定范围内的变化，减振效果相对比较稳定；通过研究也揭示 MTMD 的布设位置是一个很重要的参数，在桥梁结构减震控制设计时应充分重视。大尺寸钢框架 MTMD 振动台模型（图 19）的实验研究结果与计算结果吻合较好，说明该项研究所采用的计算模型及计算方法是正确的。

图 19　MTMD 的模型试验

6　大跨空间结构新体系及关键理论研究

我国正在建设大型空间结构以满足日益增长的体育与文艺等公共活动场所的需求和大量流通物质存储的要求。哈尔滨工业大学和中国建筑科学研究院等单位针对大跨空间结构建设中的若干关键理论问题进行了系统深入的研究，填补了我国大跨度空间结构设计理论、抗震抗风和稳定性分析方面的空白，达到了世界先进水平。主要研究进展如下。

6.1　新型张拉结构体系及其形态分析理论

索膜张拉结构体系的设计计算要比传统结构复杂，除受载分析外，还必须进行初始形态分析（包括形态优化）和裁剪分析，同时计算中必须考虑几何非线性。中国建筑科学研究院提出了张拉膜结构初始形态分析的统一理论框架，编制了完整的张拉膜结构 CAD 程序；提出了两种膜结构形态优化分析方法：①形态优化的最小变形能理论；②采用遗传算法的多目标优化理论，并编制了相应的程序，算例表明，这两种膜结构形态优化分析方法都可以实际应用；提出了“先补偿、后展开”的裁剪分析新思路，形成了一套有更好理论依据支持的膜结构裁剪分析方法；在国内首次完成了张拉膜结构足尺模型的成形—受力全过程试验。

6.2　大跨柔性屋盖的风振响应及抗风设计

对于具有较强的几何非线性的索膜结构等柔性屋盖体系，风是起决定作用的外荷载，但这类结构风致动力响应的研究具有较大理论难度，因其自振频率密集分布且振型相互耦合，传统的以振型分解法为基础的随机振动频域分析方法显然已无法应用。

哈尔滨工业大学针对像索、膜结构这类复杂空间体系，提出了两种有效的非线性随机振动时域分析方法：①随机振动离散分析方法；②改进的随机模拟时程分析方法，并编制了相应的程序，对索、膜结构进行了系统的参数分析。同时率先对膜结构在风致振动过程中出现的气动弹性效应进行了较深入的理论探讨和风洞实验研究，并据此提出了一种理论与试验相结合的简化气弹模型；通过引入附加质量、气动阻尼和气动刚度等概念，来模拟不同的附加气动力作用，再借助气弹风洞试验对上述简化模型中的一些物理参数进行测定，从而使风与结构的相互作用问题进一步量化。图 20 为复杂膜结构的工程应用实例。

图 20　威海体育场膜结构设计

在空间结构风工程理论研究的基础上，开展了面向设计部门的实用抗风设计方法研究，提出了用于大跨度柔性屋盖结构漩涡脱落共振和空气动力失稳弛振计算的等效线性化方法，并据此给出了结构抗风设计的临界风速。

6.3　大跨网壳结构的抗震性能和稳定性能

国内外迄今关于结构抗震的研究大多针对多层、高层和高耸结构，有关抗震设计方法和规定也基本反映这些方面的研究成果。但网壳结构的动力性能与上述结构相比具有明显不同的特点，其频率分布密集，各振型间耦合作用明显，常用的振型分解反应谱法难以适用；竖向与水平地震作用引起的响应可能是同量级的，因此必须考虑多维地震作用；网壳在强地震作用下可能存在动力失稳问题；所以必须对网壳的抗震性能进行系统研究。

哈尔滨工业大学开展了各种形式网壳结构多维地震弹塑性响应规律的系统研究，经过发展和改进，推导出多维随机振动分析的虚拟激励理论方法，并编制了相应程序，这一方法比较好地解决了振型密集型复杂空间体系的多维地震反应的计算问题。在针对单层和双层的球面和柱面网壳所进行的大量弹塑性地震反应分析的基础上，提出了实用的多维地震反应谱法。用时程分析方法对各种形式单层网壳结构的多维地震弹性响应规律进行了系统分析，给出了地震内力系数的建议值。

他们还对网壳结构振动控制策略进行了系统的理论和试验研究。探讨了 MTMD 减振系统、黏滞阻尼器减振系统、黏弹阻尼器减振系统和可控制替代杆件等四种减震策略。率先对网壳结构在高烈度强震作用下的延性及强度破坏机理、动力稳定性等基础性问题进行了系统研究，揭示了网壳结构随着地震加速度幅值逐渐增大，其弹塑性响应不断发展乃至达到强度极限状态的全过程变化规律，提出了从实用角度最可行的直接基于响应的稳定性判别方法，并进行了大量算例分析，得到了关于网壳动力稳定性的有规律的结论，取得了重要的基础性研究成果。在对网壳结构的深入研究基础上，提出了新颖的局部双层网壳的概念和各种具体的应用形式。这种新体系综合了单层和双层网壳的优点，为网壳结构家族增添了一组有活力的成员。

图 21 和图 22 为复杂网壳结构的工程应用实例。

图 21　黑龙江省会议、展览、体育中心大跨度钢结构设计

图 22　北京顺义室内滑雪场大跨度空间结构设计

7　复杂环境下海洋平台结构系统的优化理论

随着我国经济发展对能源需求的快速增长，海上石油开采成为未来我国能源开发的重点之一。本课题针对海洋平台结构的服役环境、工作性能和结构的特殊性，围绕环境荷载作用效应、结构力学特性、结构计算理论和设计方法等问题开展了系统深入的研究。主要研究进展如下。

7.1　海洋环境要素的极值概率模型及其参数统计

哈尔滨工业大学在广泛收集和分析我国海洋环境观测（后报）资料的基础上，首先建立了海洋环境单要素极值概率模型及其参数统计方法，建立了不同极值概率分布的优选参数估计方法。利用渤海海域沿岸海洋站 1965—1993 年的定时风速观测资料，统计确定了该海域年极值风速的概率分布参数、不同重现期的设计风速及主方向；利用渤海及黄海北部后报 30 年年最大冰厚样本序列，采用平稳随机过程模型和组合概率分析方法，统计得到了年最大冰厚概率分布，估计了模型参数，并推算了不同重现期的极值冰厚。这些研究为更好地了解渤海海域的极值风和极值海冰的特性，以及平台结构设计和可靠性分析提供了重要的参数。

针对短时密集采集的多环境要素同步采集资料，将基于多变量极值点过程理论的多极值随机变量的联合概率模型应用于极值风浪的联合概率分析；应用该方法对渤海 BZ28－1 油田一年多的风浪同步连续观测资料进行极值联合概率分析，得到了风速和波高的极值联合概率分布，进一步得到结构极值荷载效应的概率分布，估计了若干年一遇的结构荷载效应及相应的最可能产生这种荷载效应的风浪组合，为合理确定海洋结构设计的荷载组合和可靠度分析提供了基础。针对长时间序列的多环境要素同步采集资料，将耿贝尔逻辑模型应用于极值风浪的联合概率分布。采用该模型对南海海域的涠洲岛海洋台站的风速和有效波高实测数据进行分析，结果验证了采用该模型描述年极值风速和有效波高两随机变量的合理性。耿贝尔函数形式简单，参数估计方便，将成为极值风浪联合概率分布的实用化模型。

7.2 海洋环境疲劳荷载谱模型

海洋环境疲劳荷载谱由三部分构成：疲劳环境要素的概率分布、环境要素功率谱和疲劳环境要素年持续时间。疲劳环境要素的概率分布描述了各等级要素发生的随机性，而某一等级环境要素对应的随机过程则由环境要素的功率谱来描述，环境要素的年持续时间则表达了疲劳损伤的累积效应。哈尔滨工业大学根据我国 JZ20－2 油田连续 6 个冬季的连续风资料、BZ28－1 油田 2 年的实测风资料及渤海海域 13 个台站的长期风速资料，统计确定了渤海海域的疲劳风荷载谱。由 BZ28－1 油田 1995—1996 年的波浪观测资料，统计确定了疲劳波浪荷载谱。由渤海及黄海北部后报 30 年年日冰厚样本序列，统计确定了疲劳冰荷载谱。冰对结构的作用过程是典型的随机过程。通过对渤海 JZ20－2－1 平台大量冰压力观测数据的谱分析，建立了相应于冰挤压破坏和冰屈曲破坏的正面迎冰点的冰压力功率谱；将冰压力沿桩柱表面分布模拟为随机场，建立了冰压力分布的场函数，并统计确定了其参数与环境要素参数的关系；在此基础上得到了桩柱总冰力的随机过程模型。这些研究为海洋平台结构特别是我国北方海域中的海洋平台荷载确定奠定了基础。

7.3 海洋平台结构桩-土相互作用与可靠度分析

浙江大学根据海洋平台结构基础工程的特点，考虑桩基水平振动中的弯曲和剪切变形，建立了一整套从单桩到双桩再到群桩的更为精确的动力分析理论，并较系统地研究了桩的长径比、桩土刚度比、激振频率等因素对桩基水平动力响应的影响，改进了桩体计算模型。在这一模型中，采用修正的 $P-y$ 曲线方法，可模拟桩土之间由于土体塑性变形导致的桩土脱开现象，给出了分析桩土脱开现象的数值模拟方法，这一分析模型应用于中国渤海湾 JZ20－2 MUQ 平台(图 23)的桩基础动力特性分析，得到了桩基础振动过程中桩土脱开的区域，分析了桩土之间的脱开对桩基础动力响应的影响，为以后这方面的研究提供了分析依据。

图 23 渤海 JZ20－2MUQ 平台

考虑了桩-土-结构的非线性相互作用和随机动力环境作用，提出了海洋平台结构体系极限承载能力分析和体系可靠度分析的数值方法，研究了结构体系失效概率界限。研制开发了海洋平台结构可靠度分析集成系统 STRAS 和结构非线性分析软件系统 NASAS，并应用于实际工程——涠 11－4C 海洋平台，得到了平台构件和体系可靠度指标。

7.4 海洋平台结构的损伤分析与寿命评估

哈尔滨工业大学在 Stratonovich-Khasminskii 极限定理的基础上，应用随机平均法将疲劳损伤累积及疲劳裂纹长度分别近似为一维时齐扩散过程，通过求解相应的 FPK 方程，得到了疲劳损伤积累与疲劳裂纹长度的均值与方差，得到疲劳的可靠性函数、疲劳寿命的概率分布及疲劳裂纹长度的概率分布。在断裂力学与随机平均法的基础上，提出了一种分析随机荷载作用下线性结构系统中具有随机疲劳抗力的弹性元件的疲劳扩展概率方法，并将此方法推广于两类非线性结构系统中的弹性元件的疲劳裂纹扩展分析。考虑到海洋环境与结构的复杂性、不确定性和随机性，从概率可靠性的角度建立了波浪荷载的概率模型、疲劳累积损伤模型和疲劳寿命估算方法。

7.5 海洋平台结构冰致振动机理、冰振控制装置与振动控制系统

哈尔滨工业大学分析了工程中普遍应用的Korzhavin -Afanasev 公式和 Schawz 公式，提出了统一的静冰力模型。考虑自激振动和强迫振动的耦合效应，提出了动冰力模型的一般形式，给出了挤压破坏、屈曲破坏和弯曲破坏冰力系数函数 $C_1(t)$。应用该动冰力模型分析了自激振动产生的条件，指出冰屈曲破坏和弯曲破坏动冰力可以作为强迫振动模型，冰挤压破坏动冰力则需要考虑 $C_1(t)$与冰阻尼的耦合效应。

根据土木工程和海洋平台结构的特点和要求，自主研制开发了以黏滞流体为介质的三种耗能减振装置(图 24—图 26)，分别进行了变频、变温、变应变、常温与低温疲劳及极限变形等耗能器性能试验，提出了黏弹性耗能器设计的基本原理，为土木工程结构的黏弹性耗能器开发和应用提供了技术依据。深入研究了磁流变液的性能，设计制作了剪切阀式磁流变减振驱动器，提出了此类减振器的磁路计算公式。经过与国内外不同流变液的性能比较表明，所配置的磁流变液已经达到了国际先进水平。

图 24　磁流变阻尼器

图 25　AMD 系统

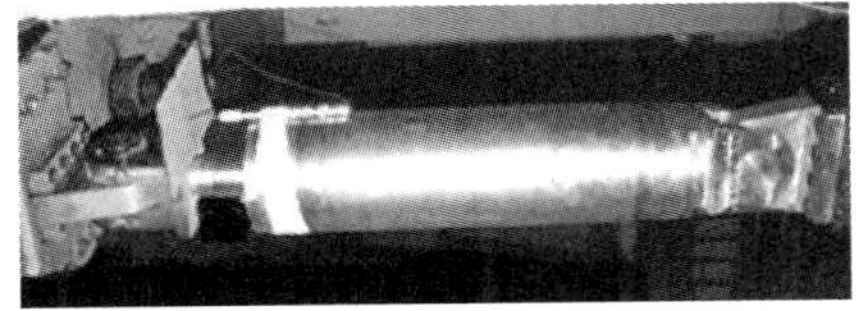

图 26　黏滞阻尼器

针对导管架式海洋平台结构的特点，提出了海洋平台结构被动阻尼和磁流变智能阻尼耗能减振系统、被动阻尼和磁流变智能阻尼隔震系统和 AMD 主动控制系统的分析与设计方法。针对渤海 JZ20-2 MUQ 平台结构，设计制作了如图 27 所示的 1∶10 的实验室模型，进行了平台模型附加黏弹性耗能装置、黏滞耗能装置、磁流变阻尼器、AMD 主动控制系统的振动台试验。试验结果表明各种振动控制方案都有比较好的效果。

图 27　平台结构 1∶10 实验室模型

7.6 海洋平台结构的优化理论与方法

大连理工大学针对海洋平台结构系统的复杂性，围绕海洋平台结构的优化设计问题，深入研究了实施序列线性规划和序列二次规划方法求解时的有效计算方法，即在当前设计点利用目标函数和约束函数的灵敏度信息，把原问题近似为线性规划或二次规划问题，求解后得到新的设计变量值，重复这一过程直至迭代收敛。提出了增维的精细积分算法和非齐次项的线性化处理方法。结合子结构方法，提出了结构瞬响应的子结构精细积分方法。同时把这些理论研究成果在JIFEX 软件系统中实现，使其能够对大规模的海洋平台结构进行多种约束条件和多种目标函数的优化设计以及灵敏度分析。

大连理工大学建立了多设计准则、多约束条件下考虑结构-桩-土相互作用的导管架平台模糊优化设计模型及其相应的有效计算方法，建立了导管架海洋平台结构形状优化设计模型及相应的优化方法；将影响平台选型的非结构性模糊因素利用非结构性模糊决策

单元集理论进行了量化，建立了海洋平台选型的多级模糊优选模型。提出的沉箱式基础和分离式基础近海多功能混凝土平台适合于我国渤海地区边际油田的开发，采用一体化复形法和改进的 Biggs 型二次逼近算法分别对沉箱式基础混凝土平台和分离式基础混凝土平台进行了优化。

8 大型复杂结构系统的现代设计理论

大型复杂结构现代设计理念和思想正向全寿命优化设计、概率可靠度设计、基于功能的个性化设计等方向发展，结构振动控制、基础隔震、智能材料等先进设计技术和新材料开始广泛应用于土木工程的结构设计中。本课题密切跟踪世界上的发展趋势，结合我国土木工程实际，就大型复杂结构系统的现代设计理论中的主要方面开展了理论研究，推动了我国现代结构设计理论和方法的发展，在规范修订及工程设计等方面发挥了有效作用。取得的主要进展如下。

8.1 基于“投资-效益”的结构抗震优化设计理论

基于“投资-效益”准则的结构抗震优化设计，就是在结构的可靠与经济之间选择一种合理的平衡，使结构在整个寿命周期内总费用（包括初始造价、损失期望、维修费用等）最小。大连理工大学提出了如下建议：在目标函数中估计损失期望时，应该考虑结构不同功能失效时损失期望不同，以结构若干重要功能失效的发生概率与相应的失效损失值乘积之和，代替一般文献中常用的系统可靠度和系统失效损失值的乘积。这种目标函数模型，与国际标准《结构可靠性总原则》（ISO2394，1998）的基本思想一致。针对现行抗震规范体系中同类结构采用同样的功能水平和强调结构设计的“共性”而不利于“个性”设计的情况，还提出了考虑结构“共性”和“个性”的优化设计处理策略，即在基于功能的结构抗震优化设计中应该考虑两类目标功能水平：针对所有结构抗震设计的“共性”（必须遵循的最低要求）和针对具体结构抗震设计的“个性”要求。“共性”的要求和优化设计的目标可采用最优设防烈度的方法来实现，“个性”的要求和优化设计则应借助于优化决策目标可靠度。为此，进一步发展了基于"投资-效益"准则的结构体系目标可靠度优化决策方法。研究结果表明：在基于功能的结构设计中，如果能建立合理的结构功能失效损失期望和可靠度分析模型，最优目标可靠度或最优设防烈度就可由优化方法求得。

8.2 基于“投资-效益”准则的结构分灾抗震设计

通过对基于“投资-效益”准则的结构抗震优化设计模型的分析，大连理工大学进一步提出了结构分灾抗震设计思想，建立了基于可靠度的结构分灾抗震优化设计模型，采用一体化的优化设计方法，将结构体系的主要功能部分和分灾功能部分作为一个整体，进行优化设计，并根据“投资-效益”准则，建立了包括初始造价与损失期望的总费用目标函数。对钢筋混凝土高层结构进行了分灾抗震优化设计，结果表明，与普通设计相比，分灾设计在投资-效益、大震作用、最弱层层间变形指标等方面，都有不同程度的改善，得到了基于“投资-效益”准则设计的最优方案就是分灾设计（基础隔震设计）的结论。

8.3 工程项目可行性论证理论及应用

工程项目可行性论证是工程项目全系统全寿命优化设计理论的第一个，也是最重要的一个战略性决策问题。哈尔滨工业大学研究了工程项目可行性论证的原则、程序、依据、阶段与内容等基本概念，提出了建设项目可行性论证的程序、内容与特点；对工程项目可行性论证的管理约束机制提出了相应的对策及改进建议；应用灰色数学和模糊数学理论，建立了工程项目选址优化的灰色模糊优化方法和多目标灰色局势决策方法。提出了可行性论证的灰色评价理论与指标体系，建立了企业经济效果、国民经济效果和社会效果评价的灰色数学模型。分析了工程项目的风险因素，建立了主要风险因素的测度模型，提出了双级风险测度模糊综合评判分析方法。这些基本理论与方法应用于哈尔滨某多功能健身俱乐部的可行性分析，完成了该项目的方案及技术部分、风险分析与总图选址、实施进度与经济背景分析等内容。

8.4 递阶工程系统全局优化理论及应用

多级递阶系统是一种典型的复杂工程系统，它由许多明显可分的相互联系的具有简单逻辑关系的子系统组成，各子系统处在一定的级上，所有单元按照一定的关系递阶排列，同一级的子系统和单元受到上一级的干预，同时又对下一级施加影响，构成“金字塔”形式。哈尔滨工业大学重点研究了这种系统的抗地震全局优化设计方法，对多级递阶工程系统的逻辑特征、树状结构的描述方法、系统失效相关性问题的特点等进行了分析，给出了递阶系统逻辑表达的系统化模型和相应的计算分析的理论基础。多级递阶工程系统全局优化理论成功地应用于吐哈油田的成组气田工程大系统开发规划与决策中，制定了一套能实现总体效益最佳化的经济开发方案，可提高效益5%～10%。

8.5 基于功能的抗震设计理论

国际上基于功能的抗震设计(Performance-based Seismic Design)的应用基本上还在工程试点的阶段，真正成为常规的抗震设计方法还面临着一些问题，主要将依赖于工程实际使用的结构弹塑性分析方法和工具，及由此计算得到的可有效描述结构性能的定量指标。中国建筑科学研究院采用等效弹塑性单自由度体系时程法来分析实际建筑物的强震反应，概念直观、简便有效，克服了Pushover分析方法和常规能力谱方法的局限性，具有较大的实用价值。该法无需计算整个弹塑性反应谱曲线，实质上是通过弹塑性静力分析来确定结构的等效单自由度体系，通过对此等效体系输入地震波进行弹塑性时程分析来改进静力弹塑性分析方法，概念简单明了，计算也不复杂。通过振动台模拟实验与实际震害和观测结果作对比分析，结果表明比常规能力谱法有了明显改善，计算精度一般都能满足实际工程的设计要求。通过对高层建筑结构和大型火电厂结构的实际计算，结合与试验结果的对比分析，开展了对Pushover、能力谱方法及改进能力谱方法的综合研究，就其中的侧向荷载分布形式的影响、高阶振型的影响、支撑和摩擦型减振器的效果等问题得到了有重要价值的发现，为推广应用Pushover方法和今后修订规范提供了依据。

8.6 基础隔震与结构振动控制的设计理论和方法

中国建筑科学研究院在分析隔震措施对改善结构抗震性能方面的作用和存在问题的基础上，指出如何保障隔震橡胶支座本身的安全是提高隔震建筑抗震性能的重要措施。为此，提出了一种由承载橡胶支座和一端具有摩擦滑动面的后备支座组成的并联隔震体系，用以防止承载橡胶支座发生大变形失稳破坏，从而达到既经济又安全的目的。后备支座在正常使用状态下基本不受竖向荷载，当发生强烈地震时，随着承载支座发生较大的水平向变形并出现下沉的倾向，轴压力逐渐从承载支座转移到后备支座上，后备支座的摩擦面出现滑动，由于滑动面上的力是随轴压力增大而增大的，因此后备支座实际上是一个变摩擦滑动机构，它不仅保护了承载支座免遭大变形失稳破坏，同时还能提供摩擦阻尼，能够限制隔震层的位移。此项成果能使经济实用的隔震设计具有更高的安全保障。

华南理工大学等单位在结构振动控制领域的多个方面通过模型试验和理论计算，开展了较为深入系统的研究，主要包括：有控结构的抗震设计方法、被动耗能减震结构及装置的可靠度、形状记忆合金在结构振动控制中的应用等，改进了日本Kobori的变刚度半主动控制策略，提出了离复位控制方法和主动拉索控制系统有控结构的抗震设计方法。

9 结语

由于国外发达国家基础设施建设的高潮期已经过去，在这些国家的土木工程领域主要进行的是现有各类工程结构的维护和加固技术方面的研究。特别是美国北岭地震造成严重公路、桥梁破坏，日本阪神地震造成严重城市基础设施破坏，经济损失巨大，使得各国科学家和政府开始思考重大建筑物设计思想和方法。因此近年来关于结构健康诊断、新技术和新材料在新建筑物和旧有建筑加固中的应用以及新的结构设计理念、原理方法方面有了更为深入的研究。

美国“9·11”事件之后，对于钢结构防撞、抗火方面的研究也引起了各国土木工程界的广泛重视，人们开展了很多模拟分析研究，十分关注高层、大型钢结构的安全性问题。

随着计算机硬件和软件技术发展，国际上数字化技术在土木工程领域应用的趋势十分强劲。大型复杂结构非线性反应行为的模拟需要与高度数字化技术相结合，以便更深入地进行大型复杂结构的抗震抗风和抗浪抗冰性能研究，用以指导工程实践。在这方面我国有一定研究工作基础，总体上与发达国家尚有较大差距。

由于我国仍处在大规模基础设施的建设时期，同时许多已建大量建筑物已服役多年，根据国际上的研究趋势和我国目前研究基础，建议在下列领域投入更大资金进行深入研究工作：

(1) 灾害性荷载(大风、地震、波浪、冰、火、地质破坏等)的作用效应及结构分析与控制技术等;

(2) 大型复杂结构精细化数值模拟技术与方法;

(3) 复杂灾害性荷载作用下材料与构件的力学本构模型和试验技术;

(4) 土木工程中的新材料、新技术和自诊断与自适应结构系统;

(5) 结构健康诊断、检测与加固技术。

进入 21 世纪后,经过改革开放 25 年来学习—追赶—跟踪的努力,中国土木工程科技已经缩小了与发达国家的差距,现在应该有条件通过创新实现局部的超越。而且,我们必须在一些前沿热点上和国际同行进行同步攀登的竞赛中率先突破,才能实现真正意义上的超越。

精简投标文件，加强创新理念*

上海市建设工程招标投标管理办公室在上海市建设和交通委员会的领导下，对上海市招投标改革做了很好的工作。通过对评标专家管理、规范招投标行为、建立后评估制度等监督机制，提高了上海招投标工作的公正性、责任心和透明度，取得了明显的效果。

2000年我应邀参加香港昂船洲大桥设计竞赛的评审工作，作为七人技术评定委员会的唯一大陆委员，参加了3月和8月的两轮评审会以及9月的授奖典礼，对国际通行的招投标工作有了直接的体会。这次的设计竞赛中，共有16家国际知名集团参与了投标，共提交了27个桥型方案。按照招标书的要求，对每一个投标方案只要求不超过2 000词的说明（A4纸）和2张A1规格的图（一张总布置图和一张主要构造细节）。通过第一轮技术评定委员会（7人）和美学评定委员会（7人）的评审和打分，共选出5个方案进入第二轮竞赛。第二轮投标文件的要求是不超过5 000词的说明，3张A1图以及2座模型（1∶4 000和1∶2 000各一）。在每一方案的简要说明中都有一页重点表达设计构思和创新理念的精彩文字，用以打动评审专家支持这一投标方案。其余的内容则包括对结构性能、耐久性、可施工性、经济指标以及美学考虑的说明，以充分显示投标方案的特色和优势。

我参加这次评审工作后感触最深的就是，与国外的投标文件相比，我们国内的文件质量还有明显的差距，过重形式而轻内容，重复的、没有意义的材料太多，过于追求篇幅和包装，似乎文件愈厚愈好，包装愈精美愈好，这是一个误区。如上海崇明通道的方案竞赛，每家一箱文件，包装精美，实际有用的就是简本；从说明内容看，不重视设计构思和创新理念的表述，缺乏鲜明的特色。

因此，我提出了精简投标文件的建议，并提供了香港昂船洲大桥的招投标文件。今年8月上海市建设工程招标投标管理办公室发出了“关于精简建设工作投标文件的有关通知”。我感到这是一个良好的开始，我希望上海能为全国的招投标工作作出榜样，对全国投标文件愈来愈厚、包装愈来愈豪华的形式主义趋势能有所抑制。在精简文件数量的同时，还要提高文件的质量，在内容编写上要加强创新理念，突出设计构思和技术特色，做到言之有物、图文并茂，表现出很强的说服力和竞争力，逐步缩小和国际招投标工作的差距。

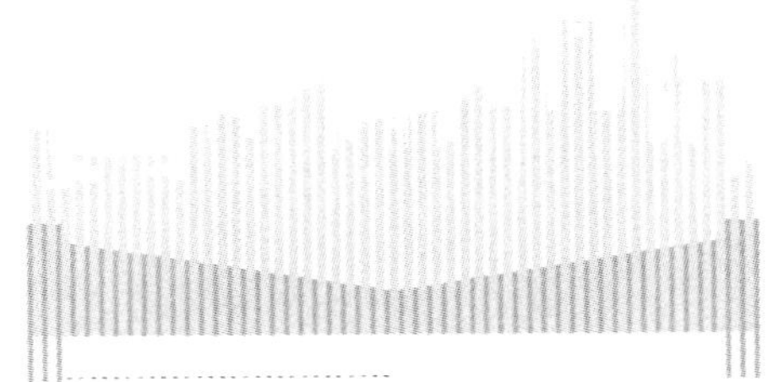

* 本文系2005年为参加上海市评标专家代表大会而作。

上海世博与交通*

1　上海交通问题的症结

近年来，中国工程院牵头进行了多项有关交通问题的咨询课题，它们是：

(1) 构建我国综合交通运输体系的研究。其中第六专题为“都市及都市带的综合交通研究”。

(2) “十一·五”重大工程课题。其中第五专题“交通专题”中包括“长三角地区的交通枢纽工程”。

(3) 综合交通规划研究。其中包括“长三角经济区的交通规划”。

所有这些涉及长三角经济区和都市带的交通研究都一致认为：上海市应当成为长三角经济区的交通枢纽，为江浙沪共16个城市的经济的持续高速发展做好交通服务工作；并且认为采用电能的大容量轨道交通是解决大城市和都市带交通问题的主要出路。

由于这一地区的铁路、公路、水运、航空和城市公交等交通方式长期各自为政，缺少统一的规划，没有建立起现代化的联运和互相换乘的交通枢纽中心，而且大运量的客运轨道交通严重不足，致使人们出行不便，交通运输效率很低。2001年上海市政府发布的《上海市城市交通白皮书》也只局限于市府管辖的郊区公路、城市道路、公交、地铁以及城郊轻轨的规划，而对于铁路车站、民航机场和城际高速铁路客运专线等的综合考虑是很不够的。

2004年4月上海世博会事务协调局举行了一次“上海世博会规划设计国际研讨会”。会上，上海市城市规划设计局和上海市城市综合交通规划研究所联名发表了“世博会交通初步分析与建议”一文。文中分析了世博会期间的交通需求、客流分布和交通方式的分配预测，提出了许多亟待解决的问题，初步结论是：①轨道交通应是疏解客流的主要手段；②世博会的三个出入口将对周边道路带来巨大压力，必须开辟新的出入口，以疏解交通瓶颈；③常规交通无法满足世博会的要求，必须提高专用穿梭巴士的使用比例；④要充分利用水上交通疏运客流。

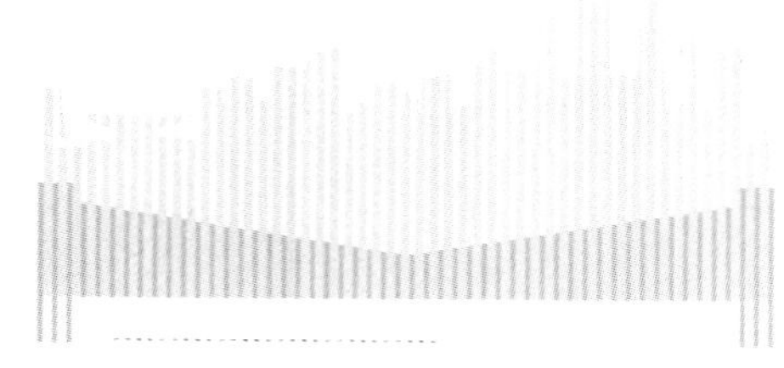

由于世博会历时半年之久，总客流量预计可能大于7 500万人次，会展期间的最高日客流量可达80万人次，其中从国内其他省市前来参观的人数占73%。因此，如何满足世博会的交通需要是一个十分严峻的课题。从分析看，越江通道、轻轨和地铁、地面公交和出入口通道都难以提供足够的服务。如不采取特殊的措施，势必会造成严重的交通拥堵，从而给参观游

* 本文系2006年12月为中国国际工业博览会上海现代交通建设与科技创新论坛所作。

客带来不良印象和后果，并影响上海的声誉和国际地位。

为了及时做好世博会的交通建设，以便捷、舒适的交通服务迎接四方来客，我们应当吸取国外的成功经验，尽快采取有效措施，按照“以人为本”的精神，积极和及时做好规划、设计和建设工作。

2 解决交通问题的关键措施

(1) 建设连接自安亭汽车站、虹桥机场、七宝、梅陇、南站、浦东车站、张江、合庆至浦东国际机场的快速客运铁路专线，并在南站和浦东车站之间加设世博会专门车站(图 1)。这样，国内外从两个机场抵沪的游客和长江三角洲地区从沪宁和沪杭铁路来沪的游客可直接抵达世博会场址，参观后可直接乘车离沪返回各地。这一铁路专线也为长三角地区游客去上海两机场出行提供快捷、经济、安全的服务，以减轻沪宁、沪杭高速公路的压力，同时又可减轻尾气对环境的污染和对停车场的需求。进入机场和世博会出入口的车站可设在地下，并用专用地下电车进入大厅，以便于旅客集散，就像许多国家的国际机场所采用的换乘方式那样。大容量的快速铁路专列可大大缓解其他交通方式的负担，这是发达国家解决交通问题(如迪斯尼乐园、足球赛场、奥运会场馆的集散)采用的有效方式，这也是最重要的一条措施。

(2) 国内外游客一般都要在上海滞留数天，需要借住旅店。开辟从机场到旅店集中区域(如南京西路、淮海中路等)的专线巴士是十分必要和便捷的交通方式。日本、韩国、香港和澳大利亚都有这种从机场到主要旅店穿梭巡游的专线巴士，使旅客感到十分舒适和方便。从旅店集中区域到世博会会场之间也要开辟临时专线巴士提供接送服务。在世博会各入口处要配以大型巴士车站，同时拓宽出入口周边的道路，必要时应在专线经过的道路上设专用车道，以保证专线交通的畅通。

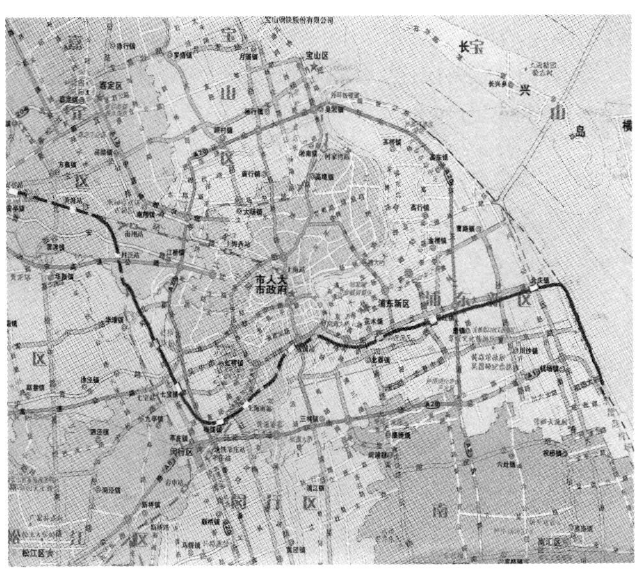

图 1　快速铁路专线示意图

(3) 由于 2010 年预期可以建成运行的四条地铁轻轨线(M8，M7，M4 和 L4)的运载能力有限，相互转乘的设施也不理想，因此对于不能直达(需要换乘)世博会场区的上海市一些居民密集中心(如曹家渡、五角场、静安寺等)可补充一些地面公交专线，以方便上海市居民以及在沪借住的外地亲友前往世博会参观、游览。

(4) 在世博会场馆周边地区可建设一些新的旅店和其他餐饮、娱乐设施，并用优惠房价鼓励外地旅客就近入住。同时，按“奥运村”的模式利用附近新建的小区住宅建筑，在世博会期间出租给团体和家庭短期使用后再出售。这样，这些旅客就可以用步行方式(15 min 以内)去世博会参观，以减少须搭乘公共交通的流量。

(5) 沿黄浦江和苏州河开辟两条水上交通线(像意大利威尼斯一样)是一个很好的建议，一方面可分流一部分交通，同时又可开发水上观光的资源，一举两得。

以上五条措施将会给国内外来沪旅客带来方便，同时大大缓解上海的交通拥堵问题，而且在世博会以后，便捷的铁路专线将成为城际交通的主力，为苏、锡、常地区的旅客来上海出差或去机场出行提供优良的服务，使上海浦东国际机场成为名副其实的长三角地区交通枢纽中心。

3 结束语

上海世博会是一次世界性盛会，而且历时达半年之久，我们决不应该采用对民用车辆进行交通管制，甚至限制使用的落后方式解决拥堵问题。这样做，必然会严重干扰上海市民的正常生活和生产秩序，造成巨大的经济损失，是完全不可取的。唯一的出路是科学地规划组织好交通，采用人性化的管理与服务疏解和调度交通，使四方来客感到满意。只有这样，我们才能树立上海作为现代化国际大都市的形象，才能真正办好一次成功的世界博览会。

附:对上海交通问题的三点建议

1. 关于建设快速客运铁路专线的建议

上海已决定将浦东机场至龙阳路的磁浮线延长至上海南站,并建设自南站至杭州的沪杭磁浮线。我认为磁浮线的运量有限,且造价昂贵,今后的票价也难以为一般旅客所接受。长三角地区旅客去浦东机场出行还是像欧洲枢纽机场那样用大容量的快速客运城际专线铁路解决问题。

现在京沪高速决定将终端设在虹桥机场附近,上海也决定建设"虹桥交通枢纽",这就更需要尽快建设从浦东机场经上海南站到虹桥交通枢纽的客运连接专线,并通过上海南站连接沪杭客运专线,仅用磁浮线是难以满足要求的。

以上海南站至浦东机场的客运专线上可设置"世博会车站"。这样,在世博会期间,长三角地区的游客就可以直接到达世博会场,也可从世博会场直接返回各地。铁路专列的运量大,方便游客的集散,这也是发达国家的成功经验。

我在2004年"上海世博与交通"的院士沙龙中曾提出过这一建议,但未被采纳。因此,我很担心靠地铁和磁浮这些小容量轨道交通仍难以解决每天60万~80万人的客流量高峰,请有关部门考虑。

2. 关于建设上海城市滨江道路的建议

我去外地访问时发现一些城市如南昌、长沙、武汉、青岛、重庆、福州、广州等都十分重视滨江路的建设,滨江路往往成为城市的主要道路干线。上海受历史条件的限制,黄浦江两岸岸线均被工厂、码头所占。改革开放以来,许多沿江工厂已搬迁,码头也有变动,但岸线仍由居住小区分割占用,没有留出一条带绿化带的滨江道路。

在国外,如德国的莱茵河两岸、法国的塞纳河两岸、圣彼得堡的涅瓦河两岸、美国芝加哥的滨湖都有十分漂亮的滨江和滨湖路,成为城市的美景。而上海却没有一条通畅的滨江大道,我感到这是城市规划中的一大缺憾。此外,苏州河两岸的路也十分狭小,没有留出足够的宽度,两岸的高楼一建起来,会让人感到十分压抑。

希望上海市有关部门能"亡羊补牢",把黄浦江的岸线还给滨江道路,居住小区可退后至滨江路内侧,这样并不妨碍景观,又方便出入交通,可谓一举两得。滨江路的规划和建设是现代大都市的重要因素,请城市规划部门考虑。

3. 关于规划建设自行车专用道路

由于世界能源问题日趋紧张,一些发达国家开始鼓励使用自行车作为短途交通工具,并且设计和制造了新一代更为安全、舒适、采用高科技的自行车和电动车,同时在城市中心限制污染严重的摩托车的发展。

中国是一个自行车大国,短期内也不可能淘汰自行车。上海仍有大量自行车用户,特别是工作单位和家居在同一区或邻区的广大群众,在半小时的时间圈内(5 km左右)自行车是最便捷的出行方式。我们应该为这些自行车族提供安全的专用通道和设计出新一代安全轻便的自行车。

此外,大中学生也是使用自行车的最大群体。希望市政当局能规划好上海市各区的自行车专用道路和穿越干道的立交设施,形成各区之间的网络,成为中国节能、环保交通的一大特色。

改革工程教育，培育创新人才*

工程活动是人类生存和发展的基础。古代的工程建筑，如埃及的金字塔（公元前 2500 年）和中国的都江堰水利工程（公元前 300 年），主要是基于个人经验、智慧和手工技艺；而现代工程则更多地依赖科学和技术。

1747 年巴黎建立的路桥学校（Ecole des Pontset Chaussee）是近代高等工程学校的先声。此后，欧洲各国纷纷仿效，特别是在 18 世纪英国工业革命后，蒸汽机（1782 年）、机车（1812 年）和铁路（1822 年）的相继问世，以及 19 世纪 70 年代电机的发明，奠定了现代大学工程教育土木、机械和电机三个基本学科的格局。

现代大学工程学科以培养能从事工程活动的工程师为首要目标。

工程（Engineering）和工程师（Engineer）均来源于 Engine，即发动机之意。在机器没有出现之前，该词的古意为手段、方法和技艺。英国工程师 Thomas Tredgold 在 1828 年为工程所下的最早的定义是"工程是一种引导自然资源的伟大力量为人类所用的艺术"。

为了对"工程"有一个正确的理解，2004 年美国工程院工程教育委员会把"工程哲学"列为当年 6 个研究项目之一，还专门成立了工程哲学指导委员会。2004 年 6 月在中国工程院徐匡迪院长的提议下我国也召开了一次工程哲学座谈会。2004 年 12 月又举办了工程哲学论坛，正式成立了工程哲学专业委员会。

工程哲学的首要问题是弄清工程、科学和技术三者的相互关系。李伯聪先生提出科学-技术-工程三元论，他认为，科学发现、技术发明和工程设计是三种不同的社会实践，科学活动的本质是反映存在，技术活动的本质是探寻变革存在的具体方法，而工程活动的本质则是创造一个世界上原本不存在的物，是超越存在和创造存在的活动。正如 20 世纪著名流体力学家 Theodore VonKarman 对于科学家和工程师的区别所作的界定："科学家致力于发现已有的世界，而工程师则致力于创造从未有过的世界。"

工程究竟是艺术（技术）还是科学？有人认为"工程是艺术和科学的桥梁"，"存在于科学、艺术和社会的交点上"。也有人认为："工程是一种将科学转化为技术的过程"或"工程 + 科学 = 技术"。在中国的字典中，科学技术常连在一起作为统一的领域，为了区别于纯科学（数、理、化、天、地、生），就有了应用科学、工程科学和技术科学的分类，为了区别于其他非工程的应用技术（如农学、医学、军事学等），又有了工程技术的分类。

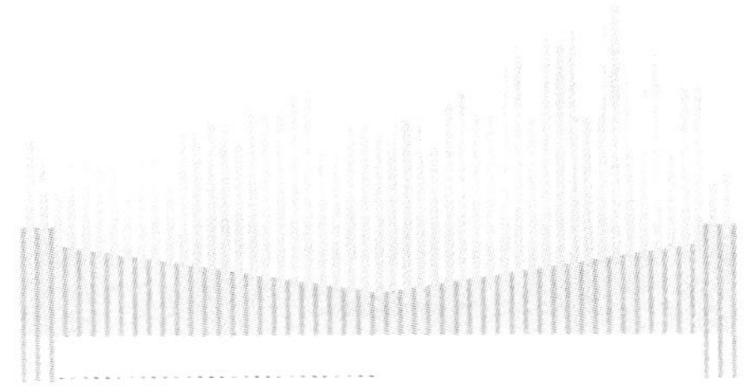

工程具有社会性、创造性、综合性的特征。工程师所创造和建造的作品是为了造福人类、改进人民的生活，因而还具有道德制约性和全球性的

* 本文发表于《高等工程教育研究》2007 年第 5 期。

意义。人类所面临的技术和社会挑战决定着未来工程的发展趋势，现代工程教育必须面对这种挑战，从最初的缺少理论的实践技术教育到强调科学基础的理论教育，最终向着工程本质所要求的方向前进。

1 中国工程教育的现状

近年来，中国高等教育的发展很快，在校的大学生人数已达到2 500万左右，成为世界高等教育的大国。其中工科学生的比例很高，因而我国也是工程教育的大国。

1.1 工科院校的分层体制和定位

据2005年的统计，在全国1 792所高校中，地方高校有1 681所，占94%，其中比例最大的是地方工科高校；其中约60%，即1 000多所为2～3年制的大专技术学院，其余600余所为本科大学，以培养本科生为主要任务，少数学科有硕士点。

约100所进入"211工程"的全国重点大学中，56所为设有研究生院的研究型大学，其中有30余所进入"985工程"，成为国家重点建设的研究型大学。没有研究生院，但拥有较少国家重点学科和博士点的其他重点大学，定位为教学研究型大学，着重培养本科生和硕士生，并向研究型大学输送优秀的硕士毕业生。可见，中国高校已基本形成宝塔形的分层体制，即研究型、教学研究型、教学型和技能应用型四个层次。在56所研究型大学中，第一批9所大学可谓是重点研究型大学，负有向国际一流大学（世界前300位）冲刺的重要使命。

美国有4 000多所高校，200余所为研究型大学，约占高校总数的6%。中国作为发展中国家，在近1 800所高校中，逐步建成约100所研究型大学是合理的布局，其余大学应正确定位，地方工科院校主要应面向本省的经济建设办学，办出特色。较低层次的高校应争当各所在层次的一流，把大专生、本科生和硕士生培养好，不宜致力于"专升本"、向上一层次突破和挺进，以保持高等教育的合理结构。要避免攀比、盲目追求学校升格，造成人才比例失衡、教育质量下滑、毕业生就业困难等问题，影响经济平稳发展的大局。

1.2 工科院校教师的职责和存在的问题

按照中国高等教育法的规定，大学的职责有三：人才培养、科学研究和服务社会。培养学生是大学的首要任务，每个大学教师都应把为学生上课作为最重要的职责。研究型大学的科研工作主要也应是培养高质量研究生的载体。然而，遗憾的是，中国高校的大部分教师都没有把主要精力投入到教学工作中去，其原因是多方面的。

（1）中国高校扩招的规模大、速度快，学校没有准备好足够的师资和教学资源。据统计，中国高校教师中有博士学位的仅占10%左右，许多研究型大学拥有博士学位的教师也不足半数。在地方高校中，少量有博士学位的教师大都担任行政领导，且又热衷于从事学校升格或申请博士点的公关工作，使大部分本科教学工作落在学位较低的教师身上。

（2）中国高校年轻正教授的月工资偏低，收入大致在2 000～3 000元，而从事横向咨询可获得高额提成，这就难免使教师把工作的重点放在争取工程咨询项目以提高收入上。同时，中国企业在设计和施工上的技术储备不足，每做一个重大工程都要列出许多科研项目寻求咨询服务，而中国缺少像发达国家那样的专业咨询公司，这些工程咨询工作就落在中国高校教师身上，使高校成了技术咨询的主力军。许多高校的科研经费中，纵向课题的经费不足三成，其中真正属于学科前沿的基础研究经费更少，绝大部分是咨询性质的横向课题。金钱的诱惑和客观的需求使高校教师的大部分精力用于低水平重复的社会服务，从而对教学工作和高水平的科研工作都造成了不良影响。这也是中国高校浮躁和拜金风气的缘由之所在。

（3）中国高校的"官本位"体制和"行政化"倾向，使不少年轻的教授稍有成绩就"学而优则仕"，急于谋求"一官半职"，以利于获取资源和挂名负责科研项目。组织部门也过早地把有学术潜质的苗子提拔到行政岗位上，使他们把主要精力消耗在"跑部钱进"及迎来送往的应酬和公关工作中，而不能静下心来做学问和教学生，从而逐渐淡化了对教学和科研工作的志趣，十分可惜。

1.3 工科教学大纲和教材

中国的工科教育文革前一直因袭苏联的体制，按行业设校，培养行业需要的工程技术人员。改革开放以来，开始转向按学科设系，逐渐向欧美体制靠拢，形成一种混合的体制，但行业的影响力继续存在。以土木工程本科专业为例，到了高年级要分成传统的建筑工程、桥梁工程、岩土和地下工程三个专门化方向进行教学，以便适应不同的行业和企业的需要。

从桥梁工程课程的大纲和 2003 年 2 月新版的教材看，除了因 2004 年新颁布的桥梁设计规范而作了必要的修改外，教材的篇、章、节基本上还是因袭老教材的体系，甚至与过去的苏联教材范本也没有本质的差别，在教学理念上并没有摆脱"教会学生按规范要求进行设计"的老框框。

2006 年的国际桥梁与结构工程协会布达佩斯年会上，德国柏林工大的 Schlaich 教授发表了题为"对教育的挑战——概念和结构设计"的主旨报告。他介绍了柏林工大正在进行的土木工程教育改革，即把原来传统的按材料区别的钢结构教研室和混凝土结构教研室合并更名为"概念和结构设计"教研室，三名教授不是按传统方式分别讲授不同材料的分析计算方法和规范的设计方法，而是面对所有材料按结构类型讲授概念和结构设计方法，其中包括设计构思(conceiving)、建模(modelling)、尺寸拟定(dimensioning)和构造细节设计(detailing)各步骤中的创新理念和能力的培养，即不仅教结构设计，更重要的是教会学生概念设计的能力。

总之，工程教育要走出技术教育和科学教育的阴影，通过对学生进行创新能力、全面运用新知识的能力、领导和管理能力、国际交流能力、终身学习能力等方面的全面培养，适应快速发展的科学技术对工程提出的要求，使工程教育从原来的知识学习转向基于知识的各种能力培养。同济大学提出的"知识、能力、人格(KAP)三位一体的全面发展的素质教育模式"，正是为了赶上世界工程教育改革的潮流。

2 现代桥梁工程教育的理念

前已提到，科学活动以发现为核心，技术活动以发明为核心。而现代工程则是既有科学理论指导、又有技术方法装备的一种社会活动。现代土木工程的基本任务是建设和完成本行业的具体工程项目，其中包含基于新发现的科学理论的设计理念和方法，也要运用受到"专利"保护的新的技术发明，尤其是所使用的新的施工装备中，就包含着新的发明专利，在新的软件中也包含着新的科学理论和分析方法。可见，工程虽然不同于科学和技术，但三者是不可分的。作为现代工程教育的出发点，我们要明确科学是要明辨是非，即回答正确还是错误；而工程的解答却不是唯一的，而是优与劣、先进与落后的问题。

因此，我认为：把工程和科学加以区别是必要的。正如前述 Von Karman 教授所作的界定，科学家和工程师的培养目标不同，思维方式和工作模式也不同。以培养工程师为目的的工程教育(工科教育)也应当和以培养科学家为目的的理科教育有不同的特征和方法。

2.1 工程的价值源于创新精神

在现代桥梁工程的发展史中有许多有关新体系、新构造和新工法的首创和发明。下面列举桥梁工程的 10 项重大创造和发明：①1928 年，法国 Freyssinett 发明的预应力混凝土技术；②1938 年，德国 Dishinger 首创的斜拉桥；③1952 年，德国 Finsterwalder 首创挂篮悬浇施工工法；④20 世纪 50 年代初，德国 Leonhardt 发明了各向异性钢桥面板；⑤1956 年，德国 Leonhardt 首创斜拉桥工程控制的"倒退分析法"，并在 Dusseldorf 北桥中首先成功应用；⑥1962 年，德国 Leonhardt 首创下层移动托架和顶推法施工技术；⑦1964 年，法国 Muller 首创用上层移动托架进行预应力混凝土预制节段拼装工法；⑧1971 年，英国 Freeman&Fox 公司首创流线形箱梁桥面和混凝土桥塔的现代悬索桥；⑨1977 年，法国 Muller 首创单索面混凝土斜拉桥；⑩1979 年，瑞士 Menn 首创连续钢构桥。

以上这些创新技术已成为现代桥梁的主流，在全世界大跨度桥梁建设中产生了巨大影响，发挥着重要的示范作用。

然而，我们的教材中并没有详细介绍这些重大创新技术的来历，许多中国年轻一代的总工程师并不清楚他们在桥梁设计和施工中所采用的大都是发达国家 20 世纪 50—70 年代所创造和发明的。我们虽然在规模和尺度上有所超越，但在技术上并没有新的突破。这种满足于跟踪和模仿的习惯，正是中国工程教育不重视培养学生创新理念的结果。

其次，我们的教育内容和方法过于保守，缺少对创新精神的激励，容易养成工程师循规蹈矩的习气。世界著名的林同炎国际公司总裁、美国工程院院士、中国工程院外籍院士邓文中先生将创新上升为工程师的义务，他说："一位桥梁工程师如果不试图在每项设计中尽可能地进行改进，那么他就没有尽到工程师应尽的义务。"邓文中先生还说："创新源于提问。"第一问是

"为什么(Why)?"这个问题给我们向因循守旧的习惯挑战的机会;第二问是"为什么不(Why not)?"它给我们引进新的理念和突破约束的机会;第三问是"如果……又如何(What if)?"它使我们必须谨慎和稳妥,即妥善地解决因创意而出现的新问题,使创意落到实处,而不致带来安全隐患。

邓文中先生强调指出:"工程是门艺术,而不是科学,科学的目的在于发现真理,而真理是唯一的,因而科学必须严谨。工程是灵活的,是多方案的。这就提供了创造和创新的空间。"正因为一项工程可以有诸多的实施方案,所以工程师的职责就是要选择一种最适当的方案。换言之,工程师不能满足于"可行",而要追求"卓越"。

总之,培养未来工程师的创新理念和能力是工程教育首要的核心任务。

2.2 工程质量和耐久源于先进的装备

前面提到的许多桥梁工法大都是发达国家在20世纪50—60年代的发展高潮中所创立的,然而为实施这些工法的装备在过去50年中又不断升级换代,增添了许多新的专利,使工法日益精确、轻便,更多自动控制,更少依靠人工操作,从而使工程质量更好、更加耐久,也推动了材料的不断进步。2 500年前,中国的先哲孔子说过:"工欲善其事,必先利其器。"这个"器"就是装备。要建造优质和耐久的桥梁必须依靠装备的不断进步。

中国施工企业的总工程师们往往并不十分清楚他们所使用的工法的来由和所用装备的先进程度。由于中国的人工较便宜,他们往往还在使用落后的、需要更多人工的非自动化的装备,有时还把过时的工法误认为是"最先进的工法"。现代桥梁工法的趋势是:从有支架向无支架施工发展,从现场浇筑向预制装配发展,从分段分片向整体化施工发展。而施工装备则必然从小型机具向大型自动化机器人方向发展,并相应地使施工人员急剧减少,而工程质量却日益提高。

然而,我们看到的却是,中国重大工程的工地上仍聚集着大量农民工,而且采用的机具设备远非先进;一些施工操作仍主要依靠人力和采用落后的工具;此外,因陋就简的支架、模板、人工振捣、土法养护,甚至落后的结构形式等也仍被认为是最经济的;这种局面就很难保证施工质量,也不能造出耐久的桥梁。

总之,提高质量观念,依靠先进的装备来控制工程质量,也是工程教育的重要内容。

2.3 桥梁工程的美学价值

相对于机械、电机、化工等工程而言,土木工程的美学价值可能更为重要。我们居住和从事活动的房屋,我们出行经过的公路和桥梁是我们生活的重要部分。为了提高生活品质,必须让建筑物具有美感,和周围的环境相协调。

桥梁工程不仅有交通功能,还往往是标志性建筑物。作为百年大计的桥梁设计者必须提高美学修养,使人民在长期使用中得到美的享受,赞叹这些美轮美奂的大型建筑已成为他们生活中的一份价值。

意大利文艺复兴时期的Alberti将美定义为"各部分的和谐统一",可见美的要义是正确的比例、恰当的平衡与和谐的统一,呈现出比例美、平衡美、和谐美,再加上创新美和造型美,充分体现这些美学原则的桥梁将不仅具有交通功能,而且还将作为十分完美的艺术作品为人们所欣赏。

遗憾的是,在中国大桥的建设中,由于过分追求跨度的超越,误以为跨度第一、跨度之最就是突破,就是创新,就是"壮美",很小的通航要求也要建造超大跨度桥梁,其结果反而造成比例失调,从而失去了比例美,或者花费成倍的代价做一些怪异的、受力不合理的、难以施工的和过分装饰的桥梁,完全背离了安全、实用、经济和美观的原则。美观不是靠多花钱,而是靠寻找比例、平衡和和谐,这样,才能建成受力最合理、结构最经济、施工最方便、效果最美观的桥梁。

桥梁工程师应当具有美学素质,在设计中创造出美的桥梁。工程教育对美育应当给予足够重视,使未来的工程师们树立正确的审美观和掌握美学设计的正确方法。

3 走自主创新的强国之路

2006年1月的全国科技大会号召建设"创新型国家",此后,"自主创新"成为最热门的话题和媒体的焦点。一时间,几乎天天有创新,处处有创新,人人要创新,事事求创新。然而,冷静下来思考后感到,自主创新和建设创新型国家不是一件容易的事,而是需要几代人为之奋斗的艰难过程。

在世界近200个国家中大约有30多个经济发达

国家，也许只有十几个最发达国家可以称得上“创新型国家”。这些创新之国的标志是拥有最多的发明专利和核心技术，众多品牌进入世界前百强行列，引领着世界科技的发展。中国希望在21世纪50年代能进入中等发达国家之列，即排在前30位国家中，这是一个比较现实的目标，而要建成创新型国家就必须进入发达国家的前列。因此，我感到“国家中长期科学和技术发展规划纲要”中所要求的“2020年进入创新型国家行列”的提法还是过于急了，因为即使在2050年进入了中等发达国家的行列，还不一定就能算是进入了创新型国家的行列。从中等发达国家—创新型国家—世界科技强国是三个台阶，即相应地从中等发达国家（前40位）—发达国家（前20位）—最发达国家（前10位）的发展过程。应当分别提出明确的标志性奋斗目标，这一过程可能需要至少70～80年的时间。

3.1 中国的出路在创新

中国是一个人口大国，虽然GDP总量已名列前茅，但按人均计算排名仍在100名之外，按竞争力排名也只在70位左右。因此，任重而道远，需要我们克服自满和浮躁情绪，作耐心和不懈的努力，通过自主创新成果的积累，逐步建成一个创新型国家，从大国扎实地走向强国。

2006年7月28日的《科技日报》刊载了前国家科委主任、前中国工程院院长宋健同志的长篇文章：《中国的出路在创新》。他提醒我们：“我们有理由为过去的成就感到兴奋，但远没有资格骄傲。”“中国的科学技术和工业化比欧美晚了200年，20世纪末才进入大发展时代，社会生产力还较低，2005年的人均国民生产总值才1 700美元，是日本的1/22，美国的1/20，仍属于中低收入的国家，农村贫困人口仍有2 000万人。”“中国仍处于工业化初级阶段，要全面工业化和现代化还需要艰苦奋斗至少50年。”他最后说：“我们的出路在自主创新，只有自主创新才能打破限制、摆脱遏制、顶住威胁、冲出围堵。”“只有创新才能掌握发明权和知识产权，才能获得国际平等合作的机会。”我感到，宋健同志以十分清醒的认识分析了国情，为中华民族的复兴指明了道路。

宋健同志的接班人，前国家科委主任朱丽兰同志也在《科技日报》载文说：“中国二十多年的对外开放，并没有在创新这个核心问题上取得满意的结果。”“市场被占了，高水平的最先进的技术并未得到，成了外商的生产基地。”“核心技术是自主创新的灵魂，而核心技术是买不来的。”这是她作为国家科委主任的深切感慨之言。她和李贵鲜同志还在研讨会上呼吁：“自主创新要树立三个气：不甘落后的骨气、为国争光的志气和敢于和外国同行竞争的勇气。”

国家科技部副部长程津培在2006年3月的《科技日报》上以《我们与创新型国家的差距有多大?》为题载文说：“我国汽车、机床、纺织行业的先进设备，70%要进口；集成电路设备，90%靠进口；高端医疗设备的95%依赖进口；光纤制造设备的100%，电视、手机、DVD的核心配件全是外国生产的。中国发明专利中有影响力的仅占0.2%，63个外国汽车品牌占据了90%的中国市场，我们每年要花1 000亿美元购买加工设备。”“不自主创新就要反复引进设备，受制于人，就会永远落后。”这些话说明我们必须大力发展装备工业，掌握自主核心技术，有了这些创新型国家的重要标志，中国才能成为真正的经济和科技强国。

世界经济合作与发展组织的报告《2006年科学、技术和工业展望》称，中国R&D投入为1 360亿美元，已超过日本，居世界第二。然而，中国自己的投入只占3 000亿人民币，约1/4，其余大部分是750个跨国公司在中国所设研究中心的投入。同样，中国的GDP总量中也有相当一部分是外资企业在中国的工厂所创造的，因此，什么才是真正的自主创新是值得深思的。

3.2 创新必须站在巨人的肩膀上

前中国科学院院长周光召在2006年3月的《中国基础科学》上所载《学习、创造和创新》一文中说：“创造性源于好奇心和想像力，但必须建立在已有知识的基础上。”可见，创造力的培养必须从小开始，通过努力学习，并勇于探索新事物，才有可能在学科前沿“站在巨人的肩膀上，作出创新的贡献”。而站到巨人肩上就是一个掌握前人知识的艰苦学习过程。

周光召院士在纪念国家重点实验室建设20周年大会上也曾说过，“中国的科学研究大都是跟踪性的，原创的成果不多”。当一个国家还处于落后的状态，面前有一大批领先者，掌握着许多先进技术，我们的首要任务就是“学习和追赶”，靠近以后才是“跟踪与提高”。我自己就经历过这两个阶段，能够并驾齐驱了才是真正竞争的开始。当前面是一片未知的空白，大家都在探索和攀登，谁找到了正确的路线，就能率先突破，也就是通过创新实现了超越。为什么古代中国有四大发明和许多创新技术？因为那时中国领先于世界，前面没有强者，面对未知的世界，就必须自己独立去发现和创造新的世界。

3.3 企业要建立研发队伍

世界上十几个创新型国家都把科技创新作为国家基本战略。他们的研发投入占国民生产总值的比重都在2%以上，甚至达到4%以上，他们的专利总数占到全世界的99%，有了这样的实力，才能引领世界科技的发展。特别是美国，占世界研发总投入的44%，论文总数的26%，两者都超过了七国集团中其余六国（日、德、英、法、意、加）的总和。在美国，大学承担了国家主要基础研究和创新人才的培养任务。政府科研机构主要承担国家要求的基础研究和关键技术攻关。企业则是技术创新的主体，他们同时也是研发投入的主体，其研发投入占国家研发投入的70%，而且其中有一半的创新发明是由中小企业完成的。

创新型国家的大型企业都有庞大的研发机构（研究所、技术中心），如德国西门子公司，有2万人的研发队伍，从事未来产品的开发和技术储备。企业将利润的一定比例投入研发进行技术创新，不断提高核心技术水平，以保持竞争力。技术中心有高水平的团队和实验设备，对计算机软件和硬件（如建筑行业的施工机械、技术设备、高性能材料）的更新换代，规范标准的制定都有持续的创新和专利。他们的水平就体现在这些包含核心技术的装备之中。而落后国家就只能高价购买这些设备，而且大都还是十年前的技术。

因此，要建设创新型国家，企业就要有利润空间进行稳定的研发投入，要有高水平的研发队伍，还要提前十年为今后的技术做储备。如果没有“投入、队伍和时间”这三个创新的基本要素，我们的企业就不可能掌握自主的核心技术，就会永远落后。中国的桥梁设计和施工企业一定要培养和创建一支研发队伍，才能像发达国家的品牌企业那样具有国际竞争力，表现出桥梁强国的实力。

4 桥梁工程教育改革的几点建议

2003年，在交通部第一届公路高层论坛上，我以《中国桥梁建设的成就和不足》为题，回顾了改革开放以来中国桥梁界所取得的令世人瞩目的成就，同时也指出了“创新、质量和美学”三方面的不足。从前述的现代工程教育的理念和真谛中可以看出，中国桥梁在创新、质量和美学方面的不足正是中国工程教育的缺陷所造成的，我作为大学教师感到有不可推卸的责任，需要我们从工程教育的改革入手，努力跟上国际现代工程教育的步伐。为此建议以下几点：

4.1 加强桥梁技术发展史的教育

“了解历史才能创造未来”。我们应在教材中增加现代桥梁工程主要技术创新的介绍，让年轻一代工程师了解当前所采用的主要体系、结构、计算理论、设计方法、材料、施工工法和装备的来历和升级换代的进步历程，学会对原创者的尊重和崇敬，“以创新论英雄”，而不是满足于规模、尺度和速度的超越，因为用落后的技术也可以建成今日的新桥，甚至破纪录的大桥，虽然这样的桥梁在创意、审美和质量上可取之处寥寥无几。

4.2 加强创新理念和方法的教育

应认清科学和工程在哲学上的区别，编写有关“桥梁概念设计”的新教材，培养未来工程师的创新理念和美学素质。可以说，概念设计是桥梁之魂，也是工程区别于科学的关键，更是现代工程教育的核心内容。同时，对国内外桥梁的概念设计进行案例分析和对比，能使我们看清差距、认识不足，从而提高通过创新实现超越的决心和勇气。要让年轻一代知道，只有创新的设计和施工技术才能获得外国同行的尊重，才有中国桥梁的国际地位。

4.3 加强国际化的教育

当今全球化经济的发展趋势，使重大工程必须向全球工程界开放。中国桥梁的创新成果也必须到国际舞台上交流才能得到承认。要参与国际竞争（设计竞赛和工程竞标）就要提高国际活动能力。中国的工程教育必须加强国际化的努力，培养学生的外语能力及对国外技术、经济和文化发展动态的关注，主动与国际接轨，以应对全球化和国际化的挑战。

4.4 加强理论与实践相结合的教育

高校教师有较丰富的工程理论知识，而企业的工程师则有丰富的工程设计和施工实践经验，加强两者的结合是切实提高教育质量的重要途径。高校要经常邀请有经验的工程师来校为学生讲课，高校的教授们也可组织一些讲座来提高工程师的理论水平。双方可在重大工程中合作，联合发表总结性的文章，积极参加重要国际会议，在创新理念上相互切磋，共同提高。大学的教材，尤其是概念设计的教材一定要邀请企业总工程师合作编写，同时，还要在企业帮助下加强理论与实践相结合的工程实践环节，为改革工程教育、培育创新人才而共同努力。

参考文献

[1] Bucciarelli L. Engineering Philosophy[M]. Delft: Delft University Press, 2003.

[2] 杜澄、李伯聪. 工程研究：第 1 卷[M]. 北京：北京理工大学出版社，2004.

[3] 尹德蓝. 邓文中与桥梁——中国篇[M]. 北京：清华大学出版社，2006.

[4] 朱高峰. 创新与工程教育[J]. 高等工程教育研究，2007(1)：1-5.

[5] 杨叔子，吴昌林，彭文生. 机械创新设计大赛很重要[J]. 高等工程教育研究，2007(2)：1-6.

[6] 浙江大学科教发展战略研究中心. 工程教育研究动态，2007(1)-(5).

桥梁美学设计*

1　美学的哲学基础

唐寰澄先生在他所著《桥梁美的哲学》一书的引言中说："桥梁美的哲学就是桥梁美学"，"不提高到哲学高度就是不懂美学"。因此，学习桥梁美学就一定要从美学的哲学基础说起。

人类不同于动物就在于有思想和能制造工具。在人类文明进程中的工具时代(从250万年前到5万年前的旧石器时代以及从5万年前到6 000年前的新石器时代)，人类为了生存逐渐摆脱了茹毛饮血、巢穴群居、以采集为主的原始生活，进入了以渔猎、畜牧、熟食和农耕为主的时代，并且从母系社会向父系社会过渡，形成了结社和氏族社会。在进化的过程中，人类必然要思考大自然的日月星辰、风雨雷电，生物的生长、衰老和生殖等现象以及人的个体和社会群体之间的关系，逐渐孕育了原始的哲学思想。

1.1　西方的哲学基础

西方哲学发端于公元前10世纪至前3世纪的古希腊时期。公元前5世纪时，古希腊进入盛世，公元前331年，希腊亚历山大大帝征服了古波斯帝国。古希腊工商业和航海业的发展推动了文化艺术和哲学的繁荣，出现了一批对西方文明产生深远影响的哲学家，其中最著名的有毕达哥拉斯(Pythagoras，公元前582—前500)、苏格拉底(Socrates，公元前469—前399)、柏拉图(Plato，公元前427—前347)以及亚里士多德(Aristotle，公元前384—前322)等人。

在古希腊时期，许多自然现象还没有科学的解释，但古希腊的哲学家们凭借天才的直觉已经认识到自然界的万物都处于不休止的运动变化中，产生了最初的天文学、气象学、生物学和数学。毕达哥拉斯认为"万物都是由数所组成的和谐整体，美就在于数量的适当比例和和谐"。苏格拉底则认为"衡量美的标准就是效用，有用就美，有害就丑"，即崇尚美的社会标准或"功能美"。柏拉图作为西方政治哲学的启蒙者，为当时的奴隶主民主制度确立了国家和政治的理念，即人和社会的关系准则，而在美学方面，他认为"理念是万物之本，也是美的本源，艺术美是对理念美的分享"。亚里士多德被誉为古希腊最伟大的哲学家和科学家，他作为客观唯物主义的代表人物并不赞同他的老师柏拉图的客观唯心主义的"理念说"，而认为"美的本质不在所谓的理念中，而在具有完整形式的对象中"，并把"秩序、匀称视为形式美的法则"，即强调"形态美"。

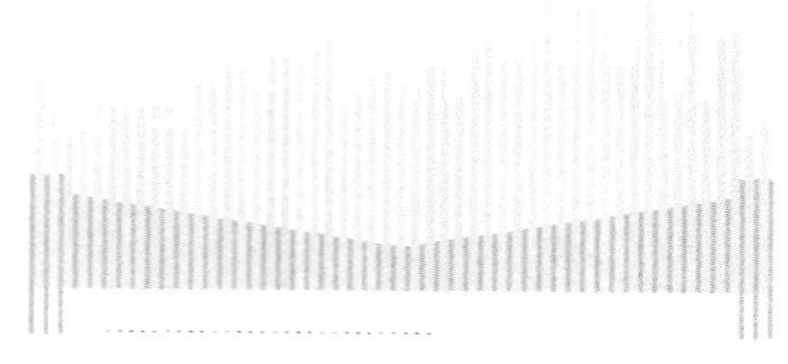

* 本文系2008年5月为上海市普陀区苏州河桥设计竞赛特邀报告而作。

公元284年，古希腊被罗马帝国征服，成为东罗马帝国的一部分。在古罗马时期，神学和宗教占据统治地位，上帝被尊崇为美的根源。作为新柏拉图派的古罗马哲学家普罗提诺斯(Plotinus，公元204—270)提出“神才是美的来源”。圣·奥古斯丁(St. Augustine，公元354—430)则说：“上帝是一切事物美的根源。”

公元476年，西罗马帝国被北方日耳曼民族打败，欧洲进入了中世纪封建时期，这是一段长达1 000年的骑士和神权专制的黑暗时期。一直到15世纪意大利文艺复兴时期的意大利人Alberti将美定义为“各部分的和谐统一”，又重新发扬了古希腊哲学家毕达哥拉斯的美学理念。

18世纪兴起的西方古典唯心主义哲学学派有德国的鲍姆加登(Baumgarten，1714—1762)、康德(Kant，1724—1804)和黑格尔(Hegel，1770—1831)，以及康德的学生叔本华(Schopenhoner，1788—1860)。西方唯物主义哲学学派则有英国的柏克(Burke，1729—1797)、狄德罗(Diderot，1713—1784)和19世纪的俄国革命民主主义者车尔尼雪夫斯基(Чернышевский，1828—1889)。鲍姆加登被誉为西方美学之父，他在1750年所著的《美学》一书中宣扬“美学是以美的方式去思维的艺术，是美的艺术理论”。康德则认为“一个客体表象的美学性质是纯粹主观方面的东西”。黑格尔建立了完整的唯心主义美学体系，他认为“美是绝对理念通过人的心灵外化为感性形象，即美是理念的感性显现”。

如果说，德国的唯心主义哲学代表了维护中世纪神权封建统治的保守思想，那么英国的哲学家则代表了新兴资产阶级和工业革命萌芽时期的唯物主义美学体系，也继承和发展了古希腊哲学中的朴素唯物论。柏克认为事物多样的变化品质是构成美的原因。狄德罗则认为“美是事物本身的属性，是存在于我们身外的”。车尔尼雪夫斯基更是提出了“美是生活”的著名论断，他强调美的客观性，认为美不能离开人和人的活动而独立地存在。

在18世纪工业革命之前，生产力低下，科学技术也不发达，广大贫苦人民不能掌握自己的命运，也敬畏自然界的神力，只得寄托于宗教迷信和梦想来世的转运。皇权和神权也要依靠宗教和唯心主义的自然观和社会观来维护专制统治。虽然有少数先驱的学者趋向唯物主义，但力单势薄，终究抵抗不了宗教法庭的摧残和压迫，如伽利略(Galileo，1564—1642)和布鲁诺(Bruno，1548—1600)关于“日心说”的遭遇。

哲学唯心主义和唯物主义的争论存在了两千多年，恩格斯(Engels，1820—1895)在《自然辩证法》一书中对当代自然科学的伟大发现和重要成果作了哲学的总结，为唯物主义战胜唯心主义奠定了基础，同时又吸取了黑格尔辩证法的合理核心，终于建立了认识自然界的唯一正确的方法——唯物辩证法。

恩格斯的战友，伟大的马克思(Marx，1818—1883)则在社会科学领域代表当时被压迫的工人阶级建立了辩证唯物主义的历史观和马克思主义学说，并在此基础上形成了先进的马克思主义美学理论。

1.2 东方的哲学基础

虽然中国进入以青铜器为标志的奴隶社会的夏朝(公元前2140年)比西方晚了近2 000年，但发展很快，经过商和西周已达到奴隶社会的鼎盛期，《周易》中阴阳八卦已孕育着朴素的哲学思想。到了东周的春秋战国时期(公元前770—前221年)，中国社会开始从奴隶制向封建制过渡，出现了诸子百家争鸣的文化思想繁荣，东方哲学由此发端，诸子中影响最大的当是儒家和道家。

儒家学派的创始人孔子(公元前551—前479)提倡仁义礼乐，主要追求人和社会的和谐统一。儒家的美学观念是“致用、目观、比德、畅神”，强调实用美、形态美、道德美和精神美，就是关于美和道德伦理的统一。

道家学派的创始人老子(约公元前600—前500)则提倡道为宇宙万物之源，主要追求人和自然界的和谐统一，在事物对立的变化和统一中去创造美的境界。

老子的思想承黄帝的先绪，故又统称“黄老”。而孔子则宗周，两者并不相悖，而是相补的。五帝时代，社会较简单，因而道教主要是探索人和自然的关系；而夏商周三代则社会矛盾复杂，奴隶主之间战争频繁，因此儒家更关心人和社会的关系。然而，道教和儒教都认为宇宙天地是不断运动和变化的，都认识到阴阳的对立和统一。可以说，中国古代哲学已具有朴素的辩证法思想，特别是道家的思想更是充满原始的唯物主义自然观。因此，中国古代的美学思想至今仍闪耀着智慧的光芒。

综上所述，中国文化中尊崇的“实事求是”、“实践出真知”、“实践是检验真理的唯一标准”等都反映出唯物主义的真谛。而认为事物是不断运动而变化，承认物质第一性，也承认精神的反作用和主观能动性则是辩证法的精髓，两者相结合就形成了当代唯物辩证法的世界观。

2 桥梁美学的基本法则

唐寰澄先生所著《桥梁美的哲学》一书很好地总结了基于东西方哲学原理的桥梁美学基本法则。他特别强调，任何艺术门类都需要法则作为理性的指导，但在实践中创造作品就不能完全依靠法则，而要动用自己的想象力和智慧。因此，我们要懂得法则，就如“书有书法、画有画诀，诗有格律”，但不能使之刻板和僵化。下面简述桥梁美学的几条法则。

2.1 多样与统一（变化与统一）（Varied & Unified）

这是辩证唯物主义美学的第一法则，因为世界就是变化多样而统一的。中国文化中的“和而不同”和“天人合一”思想以及希腊毕达哥拉斯的“和谐是杂多的统一”都是一个意思，即崇尚事物的多样性和变化，反对单调和划一，但又不能杂乱无章，而要在多样中求统一，统一中求变化。

唐寰澄先生在他的专著中多次提到三个统一是美的最重要属性：即感性（感觉）和理性（意识）的统一；客观和主观的统一，即人与自然的协调统一；以及形式和内容的统一，或者造型和功能的统一。

德国著名的桥梁和美学专家莱翁哈特（Leonhardt）教授在他的专著中说：“美可以在变化和相似之间、复杂和有序之间展示，从而得到加强。”可见，既复杂变化，又有序统一，在不雷同和不杂乱之间展现出丰富的层次和内涵正是给人以美的享受和心灵激荡的美学真谛。

我们在创造美的桥梁中应当以这一美学法则作为心中的信念，并在桥梁概念设计中贯穿始终，从而体现出桥梁设计中最重要的“创新美”。

2.2 比例与匀称（Ratio & Well-proportioned）

古希腊的毕达哥拉斯认为“数是事物的本质”、“美是和谐与比例”，这里的和谐就是前面所说的多样和统一，而比例则体现数学美，或者说，比例是美的重要法则。柏拉图也说“合乎比例的形式是美的”。中世纪意大利的达·芬奇也十分重视比例，他认为比例不仅存在于数字中，也存在于声音、重量、时间、位置之中。比例是一个相对数，美的比例可以表现出匀称、合度、得体，呈现一种“比例美”。

莱翁哈特说：“我们首先对物体的比例有所反应，即宽长比、高宽比，或这些尺寸和其在空间的深度之间的比例。”在桥梁概念设计中把握各种尺度之间的适当比例是十分重要的。比例不当将会给人以畸形、怪异、丑陋和扭曲的感觉。

匀称不仅是均匀和对称的总称，也包涵着比例适当、相配得体的意思。中国文学艺术，讲究对称，如诗词中的对偶、对联；建筑物讲究中轴左右对称布置，给人以庄重、平衡的美感。对称体现出对立和统一的哲学理念，即上下、左右、前后的相似和呼应，但又不完全类同。

严格的左右对称代表端庄的美，但过分严格也会有严肃和呆板的感觉。有时在不规则的环境中强行布置对称的结构反而会造成笨拙和不协调的恶果，而在不对称的地形和江面上进行不对称的桥梁布置则会给人一种智慧和协调的美感。同样，在通航高度很小的低级航道上硬要布置超大跨度的桥梁将会失去比例美，从而得到十分压抑和浪费的后果。

2.3 平衡与和谐（Balance & Harmony）

桥梁是一个受力结构，而不是一种工艺品，因而必须强调力的平衡。其形体造型要服从力学的规律，给人以安全和稳定感。此外，还要处理好安全和经济之间的平衡，做到“物尽其用、合理布局”，避免浪费。

中国美学中十分强调对立面之间的和谐和统一，如刚柔、动静、阴阳和虚实等4个对立面之间的和谐配合，体现出一种“和谐美”。

一切艺术都离不开刚柔，要求柔中有刚、刚中有柔、刚柔并济。在桥梁中有刚梁柔拱和刚拱柔梁的配合，也有刚梁柔塔和刚塔柔梁的配合。

刚柔的另一种表现形式是动静。在造型艺术中也要表现出动中有静、静中有动，呈现出动静变化、张弛有度，有进有退的和谐统一。

阴阳原是相对面的总称，自然界的明和暗、寒和暑；建筑物的精和粗、繁和简，都体现出阴阳之间的和谐和有序变化。

虚实更是中国美学的精髓，虚实相生、虚中有实、实中有虚是艺术的最高境界，对桥梁创作也会有很大的启发。

总之，结构形体和造型设计应当是各种对立关系，如安全和经济、荷载和强度之间的平衡与和谐。因此，桥梁的造型美一定要体现出各方面、各部分之间的平衡与和谐，即找到最合理的受力体系、最经济的结构布置和最方便的施工工艺，以同时呈现出桥梁的“力学美”、“平衡美”和“和谐美”。

2.4 韵律和协调(Charm & Coordinated)

韵律是艺术的核心，也是任何艺术创作和感受的焦点。

英国顾问工程师费勃(Faber)在《土木工程设计的美学概念》中说：“一座构造物要美，必须有动人的趣味(excite interest)，并且有魅力(charm)。”英文 charm 一词可译作吸引力、魅力、魔力，相当于中文的“风韵”一词。

德国莱昂哈特教授的《桥梁美学设计》一书中所说桥梁建筑需要魅力(Reize)，也就是风韵或韵律之意。

中外的诗词都要按一定的规律押韵，以体现节奏，或有规律的变化与重复，使之有动人的美感，以达到“气韵”或“神韵”的总体艺术魅力。

在桥梁总体设计中，主桥和引桥、主孔和边孔、上部结构和下部结构，桥梁和周围环境(人文、地理、风景)之间的和谐配合，就是为了寻找这种韵律和魅力，以求达到浑然一体和“协调美”的境界。

综上所述，桥梁造型的美学设计就是要使桥梁整体和局部都能体现出创新(变化)美、统一美、比例美、平衡美、和谐美、韵律美和协调美，使桥梁在其使用寿命中不但具有交通功能，而且能以其百看不厌的魅力，给人以美感，人们在通过桥梁时会获得一种美的享受，得到身心愉悦的感觉。正如美国哲学家约翰·罗斯金所说：“当我们建造一座工程时，不仅仅是为了目前的使用，更应让它成为一件后人会感谢我们的作品。”

3 桥梁概念设计中的创新和美学考虑

著名的美国林同棪国际公司(T. Y. Lin Inter'l)总裁，美国工程院院士、中国工程院外籍院士邓文中先生将创新上升为工程师的义务，他说：“一位桥梁工程师如果不试图在每项设计中尽可能地进行改进，那么他就没有尽到工程师应尽的义务。”他这里没有说“创新”，而用了“改进”，实际上创新就源于改进的理念，即不重复旧的，对于过去已发现的问题和不足不能重犯，而要加以克服，改进现存的技术，使之不断向前发展，成为创新的源泉。

邓文中先生还说：“创新源于提问”，第一问是“为什么？(Why?)”，这个问题启发人们对现有的事物产生疑问，给我们向因循守旧的习惯挑战的机会；第二问是“为什么不？(Why not?)”，它给我们引进新的理念和突破约束的机会；第三问是“如果……又如何？(What if ... ?)”，它提醒我们必须谨慎和稳妥，即妥善地解决因创意而出现的新问题，使创意落到实处，而不致带来安全隐患。总之，创新、稳妥，再加上艺术化就是邓先生的设计理念。其中最后的“艺术化”也就是桥梁设计的美学考虑。他说：“工程师应该为能让这个世界变得更美丽而感到骄傲”，“相对于平庸的设计，人们更关注美观的桥梁，而且愿意付出更多来保持它们的美观。美观的桥梁更耐久。”而且“美观不一定多化钱！”“如果桥梁工程师有美学修养，稍多花一点心思就可以把一座桥做得很漂亮。”

“进步是创新的积累”。工程师必须通过创新使我们建造的每一个建筑在保证安全适用的同时更经济、更漂亮。

德国莱昂哈特(Leonhardt)教授在他的《桥梁美学和设计》(Bridge Aesthetics and Design)一书中介绍了桥梁工程师的创作过程：

(1) 把设计所依据的各种资料完全消化和记在心里；

(2) 了解各类桥梁的适用范围，并娴熟于心；

(3) 在心中构思最初的可能方案；

(4) 勾画出第一张草图，并按合适比例拟定初步的总体布置和各部分的大致尺寸；

(5) 继续考虑其他可能的方案以资比较；

(6) 把各方案草图挂在墙上注视它们，并请同行和同事提出问题和批评，讨论合适的施工工法；

(7) 对于满意的草案可绘出大比例的图，并考虑细部构造和尺寸；

(8) 冥思苦想一番，进行美学考虑和处理，并请建筑师当顾问，进行美学设计的加工；

(9) 请施工工程师提出意见，选择最合适的工法，或针对创新的体系和结构，创造新的工法；

(10) 经过多次讨论和改进，可以将入选方案绘制成清楚的工程图，开始计算和验算，检查所假定的尺寸是否满足要求；

(11) 在此基础上进行多轮计算，修改尺寸以求得最经济的指标和合理的布局；

(12) 通过制作模型和照片从桥梁的各个透视观察和判断桥梁的外貌及其对周围景观的影响，审视美学效果。

虽然以上的创作过程并没有特意强调创新和美学考虑，但在莱翁哈特教授这位创造了许多新技术的桥梁美学大师心中，创新的理念应当是贯穿始终的。

在这一创作过程中如何使自己的设计作品体现出前面所讲的创新美、统一美、比例美、平衡美、和谐美、韵律美和协调美，我想只有通过不断的实践和比较去领悟，最后的设计竞赛结果将是对你创作工作的最好的评判。

4 桥梁美学设计实例剖析

在世纪之交的 1999 年，英国《桥梁设计与工程》(Bridge Design & Engineering) 杂志曾举行过一次 20 世纪世界最美桥梁评选活动。杂志编辑部邀请了 30 位国际知名的桥梁学者、工程师和建筑师参加，其中包括美国的林同炎和邓文中，德国的 J. Schlaich，法国的 Virlogeux，瑞士的 Menn，英国的 Firth、Flint 和 Head 等，征集对 20 世纪最美丽桥梁的意见。虽然 20 世纪建成的桥梁有成千上万，但最后仅有 15 座桥被提名，得票最多的前三名为：

(1) 瑞士工程师马拉特(R. Maillart)于 1930 年设计的萨尔基那山谷桥(图 1)。这是一座跨谷的镰刀型上承式拱桥。建筑师们说："在桥上漫步是一种真正的精神上的享受。你和高山、白云、蓝天那么靠近，它构成了阿尔卑斯山的一幅美妙的风景画"，"该桥所有部分都恰到好处，无可挑剔……这是真正的艺术和桥梁结合的精品。"

图 1 萨尔基那山谷桥

(2) 美国工程师斯特劳斯(J. B. Strauss)1937 年设计、瑞士工程师安曼(O. Ammann)作顾问的美国旧金山的金门大桥名列第二(图 2)。对它的评论是："它造型优美，比例协调，是桥梁工程的一颗明珠，以至于本世纪的设计师们已无法超越了。"

图 2 金门大桥

(3) 法国工程师穆勒(J. Müller)1974 年设计的布鲁尔纳桥位居第三(图 3)。尽管世界上有那么多美丽的斜拉桥，但这座跨度仅 320 m 的单索面混凝土斜拉桥以其简洁、明快、协调的造型，以及刚柔相济的风范得到了一致的赞赏。

图 3 布鲁尔纳桥

其余依次是：

(4) 德国克希汉姆跨线桥，施莱希设计(1993 年)，该桥梁体的流线型外形和弯矩图相似，给人以力度感。

(5) 法国奥利桥，弗雷赛纳特(S. Freyssinet)设计(1958 年)，它细致和优美的曲线给人以强烈的感受。

(6) 土耳其博思波罗斯海峡一桥，福克斯(F. Fox)设计(1973 年)，这座由英国人设计的欧亚大桥是一座令人难忘的建筑物。

(7) 瑞士圣尼伯格桥，曼恩设计(1997 年)，这是一道优美的彩虹，桥梁建筑的精品。

(8) 法国诺曼底桥，维洛热设计(1994 年)，这是一座和当地景观完美协调的斜拉桥。

(9) 日本多多罗桥，本四桥梁工团设计(1998 年)，20 世纪最大跨度斜拉桥，具有东方神秘的美感。

(10) 德国塞弗林桥，洛默尔(G. Lohmer)设计(1959 年)，最早的独塔斜拉桥，造型简洁优美，和科隆大教堂遥相辉映。

(11) 香港汀九桥，德国施莱希设计(1998 年)，混合结构的杰作，艺术和技术的统一。

(12) 瑞士甘特尔桥，曼恩设计(1980 年)，一件真正的艺术品，一种创新的体系。

(13) 澳大利亚悉尼港湾桥，英国福克斯设计(1932 年)，一座能征服视觉，任何角度都能带来美感的拱桥。

(14) 德国费马恩海峡桥，莱昂哈特设计(1963 年)，优美的提篮式拱和交叉的斜吊杆给人以空间稳定感。

(15) 丹麦大海带桥，COWI 公司设计(1997 年)，虽然不是 20 世纪最大跨度的悬索桥，但独特的桥塔和锚碇设计给人以深刻的印象。

以上 15 座美丽的桥梁中计有 3 座悬索桥：金门大桥、博思波罗斯一桥、大海带桥；5 座斜拉桥：布鲁尔纳桥、诺曼底桥、多多罗桥、塞弗林桥和汀九桥；3 座拱桥：萨尔基那山谷桥、悉尼港湾桥、费马恩海峡桥；4 座梁桥(板拉桥)：克希汉姆桥、奥林桥、圣尼伯格桥、甘特尔桥。

从上述桥梁设计者及其国籍可以看出设计者所在国对桥梁美学的贡献，以及设计者本人的艺术修养。其中，德国 4 座，瑞士和法国各 3 座，英国 2 座，美国、丹麦和日本各 1 座。

从这一权威评选中可以看出，跨度第一并不是最重要的。前三名的优胜者分别为拱桥、悬索桥和斜拉桥，但都不是这种桥型的最大跨度。名列第四和第五的是两座跨线桥，跨度分别是 35 m 和 53 m。世界知名的桥梁大师都认为“不要刻意去追求跨度第一”。跨度应当是通航和地形地质条件决定的自然要求，如何在安全和适用的前提下使桥梁设计得更经济、更美观才是我们应当努力追求的理想。

所有入选的 15 座桥都有较高的美学和景观价值，令人折服。在欣赏过程中我们会领悟出它们的创新美、比例美、平衡美、和谐美、韵律美、协调美和统一美。

5 结语

桥梁不仅是交通系统的重要组成部分，而且常常是一座标志性建筑物。随着生活的不断提高，人们希望在通过桥梁时发出一声赞叹，得到美的享受。与公路桥梁相比，城市桥梁应更多关注美学和景观价值。

跨度较小的城市桥梁可以做一些新颖的空间结构，但仍应遵守“力学性能好、构造简洁、经济合理、施工便捷”的原则。造价可以稍高一些，但要适度，切忌怪异、复杂和豪华。

美观并不是靠装饰，刻意追求“一桥一景”和“桥梁博物馆”反而会造成杂乱、浪费而不协调的后果。

衷心希望年轻一代的桥梁工程师们提高自己的审美情趣和艺术素养，和建筑师紧密合作，重视桥梁的美学设计，使每一座桥梁成为美化环境，给人民带来欢愉、让人民永远怀念的艺术品。

参考文献

[1] (德)莱昂哈特. 桥梁建筑艺术与造型[M]. 北京：人民交通出版社，1988.
[2] 唐寰澄. 桥梁美的哲学[M]. 台湾：明文书局，1994.
[3] (日)伊藤学. 桥梁造型[M]. 刘健新，丕壮，译. 北京：人民交通出版社，1998.
[4] (英)Russel H. Beautiful Thing [J]. Bridge Design and Engineering. 1999(4).
[5] 项海帆. 桥梁的美学思考[J]. 科学，2002(1).

中国桥梁的耐久性问题*

1 引言

在2002年举行的第一届全国公路科技创新高层论坛上，我应邀作了“中国桥梁建设的成就和不足”的大会报告。报告中充分肯定了中国桥梁在过去20年中所取得的巨大进步和成就，同时也指出了在创新理念、工程质量和美学考虑等三方面存在的不足。其中关于工程质量问题主要提到了过快的建设速度所造成的不合理的设计周期和施工工期引起的设计缺憾与施工隐患；层层分包所带来的施工资质降低和偷工减料损害了工程质量和耐久性；监理制度的不严格以及由于人工过于便宜对施工设备更新带来的不利影响。

在过去的7年中，我们又建成了大量桥梁。虽然桥梁工地上都挂着“百年大计，质量第一”的大幅标语，然而体制性问题不解决，上述造成质量问题的原因不克服，我们仍难以保证中国桥梁的耐久性。一些美籍华人同行所预言的“中国的桥梁可能不到30年就要出现维修的高潮”可能会成为现实，我们将有负于子孙后代。

从20世纪的80年代起，欧美各国发现预应力索在水泥管浆防腐的管道中的严重锈蚀，引起了国际桥梁界的关注，提出了桥梁耐久性的问题。1989年，国际桥梁与结构工程协会的里斯本年会就以“结构的耐久性”为主题专门讨论了如何在设计阶段重视结构的耐久性以免由于早期劣化而付出高昂的养护和加固费用。

20世纪90年代起，节约资源和保护环境日益受到人们的关注，经济的可持续发展已陆续成为各国政府的战略目标。1996年6月国际桥协率先在土木工程领域发表了“可持续发展宣言”，1999年起又设立了以“可持续工程(Sustainable Engineering)”为专题的第七工作委员会，其核心目标就是要提高结构耐久性，保证其在设计寿命期内的服务性能。

我国规范、美国AASHTO规范和欧洲规范规定的桥梁设计寿命期均为100年(英国BS规范为120年，在原英联邦国家和中国香港地区通用)。近年来，国外一些学者认为：对于耗资大的巨型工程应当提高其寿命期至150年，甚至200年。意大利墨西拿海峡大桥的设计寿命期已定为200年，为此，对桥梁的耐久性和钢结构抗疲劳寿命提出了更高的要求。可以预期，对于巨型的跨海工程，如何提高结构的耐久性，延长其使用寿命期将是我们在21世纪必须面对的挑战。

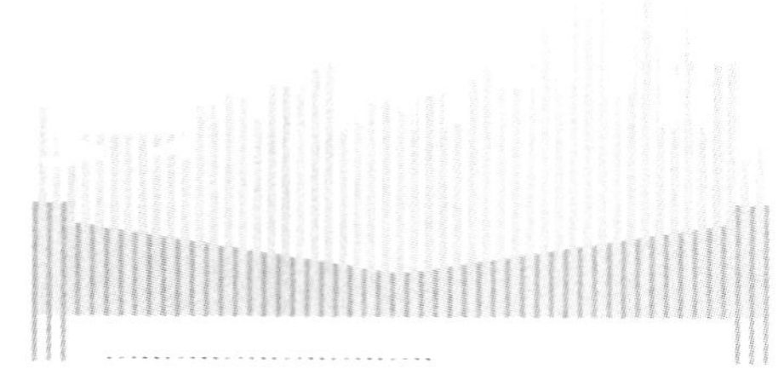

* 本文2009年6月发表于《桥梁》杂志“关注”栏目。

2 工地现浇混凝土的耐久性

自从法国工程师莫尼埃于1875年建成第一座跨度为16 m的钢筋混凝土梁桥以来，混凝土成为近、现代桥梁的主要建筑材料，除了墩台和基础采用钢筋混凝土外，80%的上部结构也都采用混凝土结构。1928年由法国工程师Freyssinet发明的预应力混凝土技术在战后得到了推广，已成为现代桥梁中应用最多的结构。1952年德国工程师Finsterwalder首创预应力混凝土挂篮悬浇的节段施工新技术，建成了主跨114.2 m的Worms桥，使梁式桥的跨度突破了100 m，到20世纪90年代，预应力混凝土连续刚架桥的跨度已突破了300 m。

1977年，法国工程师Müller建成了主跨320 m的预应力混凝土塔和箱梁桥面的单索面斜拉桥——Brottone桥，以后预应力混凝土斜拉桥的跨度突破了500 m。

在钢筋混凝土拱桥方面，1932年建成的瑞典Sando桥已达到260 m跨度。中国在20世纪90年代的高潮中建造了许多大跨度钢管混凝土拱桥，跨度从115 m逐渐发展到360 m。1997年，以钢管混凝土拱为劲性骨架建成了主跨达420 m的破纪录的箱形拱桥——万县长江大桥。

由此可以认为：跨度在400 m以下的极大多数桥梁都会首选混凝土桥梁，而且在中国人力便宜、设备相对较落后的条件下，现场浇注的混凝土结构在中国桥梁中又占了很大的比例，如钻孔灌注桩、承台、墩身、斜拉桥桥塔、挂篮现浇的连续梁和连续刚架桥以及预制梁的接头等大都采用工地现浇的混凝土结构。因此，我们必须特别关注中国混凝土桥梁的耐久性问题。

自1964年法国建成了由预制节段用造桥机悬拼施工的Oleron桥以来，混凝土桥梁的工业化开始起步。20世纪80年代起又发展了可更换的体外预应力技术，并且构件的重量也日益增大，到1997年建成的加拿大Confederation桥时，上下部结构的墩台和箱梁都全部采用巨型预制构件，其中最大的上部结构箱梁构件达到8 000 t，用9 000 t级的“大天鹅”浮吊安装就位，而该桥中的少量现浇接头则成为日后养护监测的重点部位。

可以看出，战后国外预应力混凝土桥梁的发展趋势是尽可能采用工厂化预制构件、工地拼装就位的工法。因运输困难必须在工地现浇时，则采用由程序控制的先进模板、自动振捣和养护设备以保证高性能耐久混凝土的施工质量。

近年来，我国在建造东海大桥、杭州湾大桥和苏通大桥等大型工程中都十分重视提高混凝土的耐久性，采用改变配合比、增加保护层厚度以及掺加佳路得纤维等措施以延缓氯离子的渗入速度及其对钢筋的腐蚀。然而，由于我国尚没有进行混凝土构件耐久性试验的大型设备，对上述措施的有效性缺少试验结果的检验，尤其是对现浇接头混凝土的耐久性仍存有疑虑，需要在养护工作中重点检测。

香港昂船洲大桥在混凝土桥塔施工中并不采用国内常用的泵送方式，避免了早期收缩裂缝，并且掺加硅粉(micro-silica)以及最外层采用不锈钢配筋，既减少氯离子渗入度，又增加配筋的耐腐蚀性，可以说在维护混凝土桥塔的耐久性和120年使用寿命方面给予了较大的关注。

综上所述，我希望中国桥梁界要充分重视大量已建成桥梁中的现浇混凝土的耐久性问题，在养护工作中密切监测混凝土的早期劣化现象，并采取有效措施及时进行养护甚至加固，以保证其寿命期中的良好性能。同时，学习外国同行的先进技术和经验，在今后的新桥建设中树立全寿命的设计理念，避免混凝土的早期劣化，跟上现代混凝土桥梁技术发展的脚步。

3 正交异性钢桥面板的耐久性

1948年，德国Leonhardt教授在修复战时被炸毁的莱茵河桥梁中首创了以各向异性桥面板代替战前普遍采用的钢筋混凝土桥面板。60年来，这种轻型的钢桥面已成为钢桥中桥面构造的主流，得到广泛的应用。尤其是在大跨度斜拉桥和悬索桥的发展中，正交异性钢桥面起了重要的推动作用。例如，1966年建成的英国Severn桥采用各向异性桥面的流线形箱梁，这种代替钢桁架梁的现代新型悬索桥成为战后悬索桥的主流形式。

最初的正交异性桥面板是从船舶的甲板移植来的，由纵肋条和横肋条加劲的面板厚度仅10 mm，不久即发现用于行车是不够的。20世纪50年代发展了正交异性桥面的计算方法，为了提高刚度出现了U形闭口肋，面板也加厚到12 mm，上面铺以沥青。正交异性钢桥面板在发展过程中出现了因应力集中引起的疲劳裂缝问题，这种应力主要来自构造不良和焊接工艺不当引起的较高残余应力，再加上车轮反复经过时的局部集中应力就会造成纵肋和面板焊接处以及纵肋和横肋交叉连接处的疲劳裂缝。经过研究改进了细部构造（通过留空减少约束），并规定了严格的焊接制造工艺（合理的焊接程序，局部打磨）以尽可能减少应力集中现象，大大改善了正交异性钢桥面的性能。20 世纪 70 年代欧美各国所建的一些正交异性钢桥面，已安全使用了 30 余年。

我国在改革开放后的 80 年代开始试用正交异性钢桥面。最早的是 1984 年建成的马房北江大桥，跨度 64 m 的公铁两用钢桁梁桥的公路桥面首次采用正交异性钢桥面。1987 年建成的东营黄河桥是我国第一座钢斜拉桥，也是第一座采用正交异性钢桥面的公路桥。从 90 年代起，大跨度悬索桥和斜拉桥普遍采用扁平钢箱梁的桥面，如虎门珠江大桥（1997 年）、厦门海沧大桥（1999 年）、江阴长江大桥（1999 年）、宜昌长江大桥（2001 年）、南京长江二桥（2001 年）、润扬长江大桥（2005 年）、南京长江三桥（2005 年）、湖北阳罗长江大桥（2007 年）、苏通长江大桥（2008 年）、广东黄埔大桥（2008 年），以及正在建造的舟山连岛工程中的桃夭门大桥、西堠门大桥和金塘大桥（2009 年）。

上述十几座大跨度桥梁的正交异性钢桥面基本上都采用了倒梯形闭口肋的相似构造，其中最早建设的虎门大桥的面板仅为 12 mm，通车不久就发现了桥面沥青铺装早期破坏的问题，于是在南京长江二桥设计中，邓文中先生建议将桥面钢板增厚为 14 mm，并引进美国 Chemco 公司的环氧沥青铺装，同时限制超重卡车的通行，基本上解决了钢桥面铺装早期破坏的问题。

然而，不幸的是，2007 年起虎门大桥的正交异性钢桥面逐渐暴露出面板与纵肋焊接处的疲劳破坏问题，对该桥的正常通行产生了严重的影响，也在中国桥梁界引起极大的震惊和关注，目前正在研究有效的加固方案。

初步分析表明：这些面板的裂缝主要发生在重型货车行驶的两个边车道，由于货车超载严重，密度又高，虎门大桥面板（12 mm）又较薄，加上沥青铺装破坏造成路面不平引起的冲击作用，这些原因的综合结果就使正交异性桥面在通车不足 10 年的时间内就因反复的超应力而发生疲劳破坏。

邓文中先生曾建议：如果中国货车的超载问题难以控制的话，我们的设计规范应当考虑这一现实，在保证桥面铺装的耐久性前提下，还应将两侧重车道的面板增厚为 16 mm。他还提出过一个新的构思：即采用热轧的大型纵肋，肋距增大为 800 mm，桥面板厚度不小于 18 mm，而纵肋的跨度可增加到 8～10 m，此时可取消横肋而仅有少量横隔板。这样的构造可简化制造，使焊接加工费用节省，增厚的面板还可以减少铺装厚度，从而降低 10％的总用钢量，同时又可以安全承担少量的超载车辆。我感到这是一个符合中国国情的创新设计，值得我们进行尝试，以期能解决中国正交异性钢桥面的耐久性问题。

4 中国桥梁的全寿命检测和养护对策

中国工程院土木学部的几位院士曾对中国桥梁的耐久性作过调查：我国在 20 世纪 80 年代后修建的大量桥梁中，90％以上是钢筋混凝土桥和预应力混凝土桥，钢筋锈蚀和混凝土裂缝造成的病害和早期劣化现象十分严重。一些桥梁使用不到 10 年就要维修，有的甚至不到 20 年就被拆除了。我国目前已进入大量混凝土桥梁需要维修加固的阶段，少数大桥工程也有严重病害。中国工程院的咨询报告呼吁要尽快建立基于耐久性的全寿命设计理念，制定相应的规范和标准，使桥梁在设计和建造阶段就考虑到全寿命的使用性能和要求。对于不可更换的部件要保证其可检性和可修性；而对于一些不可能全寿命使用的部件，如支座、拉索等则要具有可检性和可换性；同时还要采用各种先进的健康监测手段使病害能被早期发现，并通过及时养护、维修和更换等措施以保证桥梁的全寿命服务质量。

2007 年，在上海外白渡桥建成 100 周年之际，英国 Cleveland 公司致函上海市政府表示：他们对外白渡桥的责任期已满，建议对该桥进行适当的维修和加固，这样可继续服务几十年。我们的设计和施工企业也应当建立这样的责任制，对桥梁的全寿命负责到底。

1997 年，法国 Finley 公司为加拿大建成了全长 12.9 km 跨越位于北冰洋区的 Northumberland 海峡的 Confederation 桥。2007 年，在该桥运营 10 周年之际，主持该桥施工的现任国际桥协主席 Combault 先生在一次国际会议上发表了题为“Confederation Bridge - 10 Years of Excellence”一文，着重介绍了该桥在 10 年间的长期养护工作（Long Term Maintainance），文章中还提出了他们在养护工作中的发现和教训(Findings and Lessons)。我们应当学习欧美国家的施工企业对于所建大桥的认真负责态度和善于总结的精神。中国的设计和施工企业也应当树立对所建桥梁全寿命的责任感,详细考虑严格的耐久性措施和全寿命服务中所需要设置的健康监测手段和养护策略,从根本上改变中国桥梁的早期劣化和不耐久的现状。可以说,即使施工质量优良的桥,如果没有在服务期中认真的检测和养护工作,也不可能保证其全寿命的安全性能。希望全国桥梁界同仁一起努力,建造出安全、耐久和美丽的桥梁,为子孙造福,也为中国经济的可持续发展贡献一份力量。

最后,还要提醒一点的是,近年来报载中国大型企业已多次低价中标承建发展中国家的基础设施工程,其中也包括一些大桥工程。这是十分可喜的消息,但在国外做工程更要注意安全、质量和耐久性问题,否则一旦发生施工事故或出现结构早期劣化现象必将造成十分恶劣的影响,这不仅会损害今后中国桥梁的声誉和国际竞争力,甚至有可能断送中国桥梁的强国之梦。这是我的一点担心,希望能引起国内同行的注意。

参考文献

[1] 范立础. 中国桥梁的安全、耐久和风险控制[M]//中国桥梁史纲. 上海:同济大学出版社,2009.

[2] 邓文中. 正交异性板钢桥面的一个新构思[J]. 桥梁,2007(4):38.

[3] Combault J. Confederation Bridge: 10 Years of Excellence [C]// Proc. ASBI Int'l Symposium on Future Technology for Concrete Segmental Bridges. Las Vegas: 2007.

再谈桥梁自主创新的强国之路*

在2007年第6期的《桥梁》杂志上，我曾撰文提出“改革工程教育和培养创新人才”的建议。其中，关于“走自主创新的强国之路”一节中引用了中国工程院前院长宋健同志在他的《中国的出路在创新》一文中的重要内容，中国科学院前院长周光召同志关于“创新必须站在巨人的肩膀上”的名言，以及国家科委前主任朱丽兰同志关于“核心技术是自主创新的灵魂，而核心技术是买不来的”这样的感慨之言。

1 为什么要加强自主创新？

中国面临的根本问题就是缺少核心技术，因而在技术上受制于发达国家。我国每年要花几千亿美元购买设备和装备，如不通过自主创新掌握核心技术，就要反复引进，而且往往还是解禁后的十年前技术，或者只能高价购买密封的核心部件，就会永远落后。“我们的出路在自主创新，只有自主创新才能打破限制、摆脱遏制、顶住威胁、冲出围堵”，我们要牢记宋健同志这句话，永远保持清醒的头脑。

核心技术是任何工业产品的先进性标志。一种技术的先进和落后就是在于核心技术的不同。核心技术是发达国家的竞争力所在，一些著名的品牌企业都组织高水平的队伍，注入巨资，不断研发新的核心技术，以改进产品的性能，并用“发明专利”保护其知识产权，有的甚至用“密封式”部件以防止别人仿制。而且，进入市场的产品一般是十年前开发的、已批量生产的“解密技术”，最新、最先进的核心技术只生产少量的产品在企业控制下试用，以不断改进和完善，直至完全成熟后再组织批量生产，成为下一代包含更先进的核心技术的新产品。

我在文章中曾呼吁：“企业要有利润空间进行稳定的研发投入，要有高水平的研发队伍，还要提前为十年后的技术作储备。如果没有‘投入、队伍和时间’这三个创新的基本要素，我们的企业就不可能掌握自主的核心技术，就会永远落后。”

我们一定要承认和发达国家在核心技术方面的差距，认清“核心技术是买不来的”这一至理名言，老老实实地通过自己的努力，从学习和引进、消化和吸收、仿制和改进，直至和发达国家同步竞争，并在竞争中通过创新超越对手，最后用最先进的核心技术创立中国自主的著名品牌。

然而，不幸的是，有些企业不讲真话，隐瞒事实，轻易地向媒体公开宣传“完全自主知识产权”。这种“完全自主知识产权”的内涵是值得深思的。

例如：京津城际高速铁路的动车组，2008年铁道部组织部分院士参观

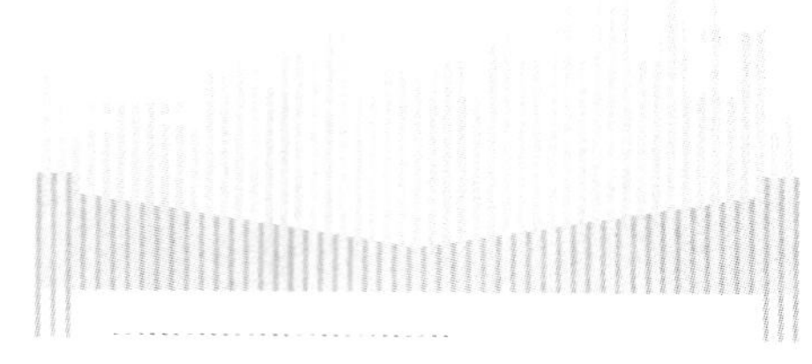

* 本文系《桥梁》杂志2009年10月编委会发言稿。

正在调试中的从德国西门子公司引进的动车组。铁道部陪同参观的总工程师们介绍说：我们只引进两列动车组，以后将在长春北车集团自主制造其余的列车；车厢设计是按中国国情“自主设计”的，其他的核心技术我们也都“完全吃透”了。此后，中国工程院领导参观了长春北车集团，据他们反映：中国只是做了一个外壳，而且流水线（生产设备）也是从法国引进的，一些动力、电子操控的关键部件还是进口的。这样的情况能说是“完全自主知识产权”吗？核心技术是那么容易“完全吃透”的吗？如果只是对车身按中国国情作了一些尺寸的改动，这种“知识产权”有多少意义呢？又为什么要如此强调“完全自主”呢？

又如：ARJ21 支线客机也只是在进口的流水线上做一个机身，而发动机和导航系统都要买进口的部件，机身的部分高性能材料也要进口。说是“集成创新”，但在核心技术上仍有很高的依赖度，恐怕也不能说是“完全自主”的。

桥梁的大型先进施工设备也依靠进口，中小型的设备虽然自己能仿制一些，但质量、工效、耐久性等方面都有差距，而且仿制的样品往往还是国外十年前的过时商品。我们必须实事求是地承认这一情况，不能盲目自满，自欺欺人。

2　什么才是真正的自主创新？

自从 2006 年 1 月全国科技大会号召建设“创新型国家”以来，我一直在思考“创新”的真正含义是什么？当前普遍的说法是沿用“十一·五规划纲要”中的三种创新形式：即原始创新、“集成创新”以及“引进消化吸收再创新”。很显然，原始创新居于最高层次，它是原创（Origination）或首创（Initiation），发明专利就是保护原始创新的一种法律手段，而“核心技术”就来自于这些具有发明专利的原始创新成果。具有原始创新能力和拥有许多发明专利的发达国家就站在科学技术的高端，引领着科学技术的发展。

关于后两个层次的“创新”，2008 年 10 月中国工程院徐匡迪院长在他发表的《落实科学发展观，建设创新型国家》的文章中有这样的说明：总体设计自主，核心零部件选购国外先进的，组装而成的产品（如动车组和支线客机）就是“集成创新”。我国的家电和信息技术产业则是采用“引进消化吸收再创新”的方式。有些虽然仿制成功了，还有水平的高低，只能说是“填补了空白，替代了进口”。我感到，这后两种“创新”并没有真正掌握最先进的核心技术，或者仍需要高价购买核心部件，或者对国外原创者付专利费，这还不能算是真正的自主创新，也不应当说成是“完全自主知识产权”，实际上只是在跟踪阶段的仿制和改进。

关于桥梁的创新，邓文中先生在他的《浅谈城市桥梁创新》一文中说：创新可以简单地定义为“有意义的改进”。所谓“有意义”必须是价值的增加，只是为了“不同”而改变，那是没有意义的，不能算得上“创新”。

我在《现代桥梁 60 年》一文中列举了现代桥梁工程的约 60 项主要创新技术，其中包括创新桥型和体系、新材料和连接技术、创新结构构造及附属设备、创新工法及装备，以及创新理论及分析方法等 5 个方面。这些都是原创和发明，应当列为第一层次的原始创新。而桥梁工程的大量创新活动就是邓文中先生所说的“有意义的改进”，使已有的技术获得更多的价值，它们“体现在改善功能、降低成本（经济性）、增强耐久性和美观效果”。还有一种形式是在应用传统的概念和方法时对其应用范围进行了拓展，因为大部分原始创新的体系和工法开始都用于较小跨度，通过不断实践和改进逐步推广应用于更大的跨度，这种拓展或延伸（Extension）也大大推动了桥梁的进步，也是一种具有创意的成就。

概括起来说，我认为桥梁的创新有以下三个层次：原创（Origination）和发明（Invention），有意义的改进（Improvement），以及对已有技术应用上的拓展（Extension）。我们应当十分尊重首创的成果，如重庆石板坡大桥首创的混合桥面连续刚架桥，法国米约大桥首创连续斜拉桥顶推施工等。要鼓励桥梁工程师们大量“有意义的改进”，每做一座新桥就能比前一座桥做得更好，克服缺点、消除隐患、一步上一个台阶。对于技术应用的拓展也要肯定，但不要刻意去追求跨度之最，更不应去勉强拓展，造成浪费，从而放弃对发明创造更好的新技术的探索。因此，必须是“有意义的拓展”，即必须有利并增加价值，具体地说，在结构性能、经济、方便施工、增加耐久性等方面获得更多的价值。例如，高桩承台深基础愈做愈大，争桩数之最，承台尺寸之最，然而在冲刷强烈的河段，或者在强震区，或者抗船撞等方面，高桩承台是否是最好的？是否有隐患和风险？我们必须考虑这种拓展是否有意义，是否还有更好的解决方案，不要去追求无意义的拓展。

3 如何评价桥梁的创新成果?

我在很多文章中说过,原始创新,即发明创造了一种过去从未有过的新技术,首次成功实现,并证明这种新技术比原来的传统技术有很大的优势和价值,是一种突破性的质的变化,成了划时代的标志,从而在桥梁发展史中占有里程碑的意义,为后人广为采用,技术的发明者也将为后人所铭记。当然,真正的原始创新是很不容易的。我在《现代桥梁工程 60 年》一文中所列举的创新技术绝大部分都是原始创新成果。我曾说过,建造一座大桥能有 1～2 个原始创新,3～5 个有意义的改进,就是很了不起的事情,世界上没有几个人能做到这一点。而且,原创的新技术一般都是先在中小规模的桥梁中试用,待改进成熟后再用在大桥建设中。绝大部分桥梁只是一些"有意义的改进"而已。中国作为发展中的国家,在大桥建设中采用发达国家的先进技术,引进一些先进装备是很自然的事,如能做一点适合国情的改进,或者在应用的拓展中发现原有传统技术的不足和缺陷,做了有意义的改进,就是很大的进步。中国的国家科技进步奖大都还是这种层次的创新成果,属于第一层次的原创成果并不多,作为起步较迟的发展中国家,这是十分正常的事。

中国工程院前院长宋健同志曾在他的《中国的出路在创新》长文中提醒我们:"我们有理由为过去的成绩感到兴奋,但还没有资格骄傲","中国的科学技术和工业化比欧美晚了 200 年,20 世纪末才进入大发展的时代","中国仍处于工业化的初级阶段,要全面实现工业化和现代化,还需要艰苦奋斗至少 50 年。"

根据北京大学出版社出版、由中国科学院中国现代化研究中心编写的《中国现代化报告概要(2001—2007)》一书中的资料,世界工业化时代(也称第一次现代化)经历了三个阶段,历时约 200 年(1763—1970 年):

1763—1870 年为机械化阶段(Ⅰ);

1870—1945 年为电气化阶段(Ⅱ);

1945—1970 年为自动化阶段(Ⅲ)。

1971 年起,世界进入信息化时代(也称第二次现代化),预计也要经历三个阶段,历时约 100 年(1971—2070 年):

1971—1992 年为微电脑阶段(Ⅰ);

1992—2020 年为网络化阶段(Ⅱ);

2020—2070 年为纳米、基因或生物物理阶段(Ⅲ)。

中国的工业化时代始于 1860 年,计划要在 2020 年才能完成第一次现代化,落后了 50 年。虽然我们也同步进入了信息化时代,但由于不掌握核心技术,基本上是跟踪型的,如果不通过自主创新有所突破,就难以消除差距。因此,中国从大国向强国发展还有很长的路要走,不能急躁浮夸。经过 30 年的改革开放,东部沿海地区已接近发达国家 20 世纪 90 年代初期水平,可能有 10～15 年的差距,而西部地区则有 30～40 年差距,平均的差距估计仍有 20～30 年。

我对中国未来发展的期望是分三步走:

第一步:2050 年实现全面小康,成为经济强国,进入中等发达国家行列(人均 GDP 排名世界前 40 位)。

第二步:2075 年,各项指标达到"创新型国家"(前 20 位)水平,进入发达国家行列。

第三步:2100 年,进入最发达国家行列(前 10 位),成为科技强国。

因为只有自主创新和发明才能真正掌握核心技术,树立中国的品牌。中国的人均 GDP 和收入水平就会迅速提高,进入发达国家前列后才能称得上是一个"创新型国家"。因此,中国工程院院长徐匡迪院士 2008 年在题为《落实科学发展观,建设创新型国家》一文中说:"中国还谈不上崛起,主要是发展问题。"这是十分清醒的认识。

我曾经担任过多年国家科技进步奖的评奖委员,在评定成果水平时常常感到很困惑:怎样的成果才能算是"国际领先水平"或者是"国际先进水平"?

原则上说,水平的高低、好坏、先进与落后都是相对比较出来的,"有比较才能有鉴别"。申报"国际领先水平"就必须介绍现有的国际最高水平,哪一国哪一家是公认世界最强的。然后评述国际最先进技术的特点、优点和不足,并针对它的不足提出改进的思路,得出创新的技术,并在实际应用中证明这一新技术超过了原来世界最强的。最好还要有外国同行的客观评价和赞语,肯定技术的原创性和先进性,这样才能理直气壮地评为"国际领先水平"。

同样,评为"国际先进水平"也必须和国际上前列国家的水平进行横向比较,可能是各有千秋,某些指标还不如人家,某些指标有所超越,总体上进入世界前列水平,占有了一席之地,得到了外国同行的认可。

然而,遗憾的是,大部分报奖材料都没有作技术上的横向比较，只是认为中国桥梁的跨度超过了外国，规模也最大，再强调克服了多少“困难”，就是世界之最，就是“国际领先水平”了。这是很不妥当的，也是没有说服力的。

4 如何从桥梁大国走向桥梁强国

2006年5月我曾在第三届全国公路科技创新高层论坛上做过题为《从桥梁大国走向桥梁强国》的大会报告。2007年3月又在苏通大桥专家论坛上做了题为《走自主创新的强国之路》的报告。

3年来，对于“创新”和“强国”的讨论并未取得共识，有人认为我的观点是“学究式”，低估了中国桥梁建设的巨大成就。其实，我的认识主要都来自国家领导人的文章，并结合我对国内外情况的对比所得出的判断。我曾多次建议中国大型企业的总工程师们要走出国门，到发达国家的工地做一些实地考察和对比。一些参观过法国米约大桥和希腊 Rion-Antirion 大桥的桥梁专家曾对我发出感慨之言：“有了比较才认识到确实存在差距。”

为什么中国单位 GDP 的能耗大，环境污染严重？因为落后的产能多、劳动密集型的产业多、人工便宜、装备落后，中国人均 GDP 排名仍在世界100位之外。根本的问题是中国不掌握核心技术，处于产业链的低端，每年要耗资几千亿美元购买设备和支付专利费，造成“外方吃肉，我们喝汤”的不利局面。工业发展的差距是根本原因，这一点必须正视，正如温总理最近在剑桥大学演讲中所说的“中国要赶上发达国家水平，还有很长很长的路要走”。

中国桥梁建设30年的成就是有目共睹的。我多次说过，即使我们还没有原始创新技术，但能够将西方的先进技术在中国的大桥实践中加以改进和拓展也是很了不起的，但我们仍不能骄傲自满，要看到不足和差距，在材料性能、软件、硬件设备、规范等方面仍有差距；在创新、质量和美学方面仍有不足。

要成为强国必须在与发达国家的竞争中，在技术的先进性、经济性和全寿命期中优良的养护服务等方面取胜，才能使对手信服，让业主满意，并为国际桥梁界所公认。桥梁强国决不是自封的，更不能自吹自擂。

中华民族是智慧的民族，中国5 000年历史的文化积淀和底蕴将会帮助我们实现复兴。只要我们不盲目自满，就一定能在不久的将来通过自主创新的努力，发展成为世界经济强国和科技强国。希望年轻一代的桥梁工程师继续努力。

参考文献

[1] 项海帆. 改革工程教育和培养创新人才[J]. 高等工程教育研究，2007(5)：1－6.

[2] 项海帆，肖汝诚. 现代桥梁工程60年[J]. 桥梁，2008(2)：10－15.

[3] 邓文中. 浅谈城市桥梁创新[J]. 桥梁，2008(2)：16－23.

[4] 中国科学院中国现代化研究中心. 中国现代化报告概要(2001—2007)[M]. 北京：北京大学出版社，2007.

[5] 徐匡迪. 落实科学发展观，建设创新型国家[N]. 文汇报，2008－10－12.

对中国桥梁工程质量问题的再提醒*

近来塌桥事故不断，有关管理部门在接受媒体采访时都认为是超载车辆所致，而对桥梁本身质量问题和安全隐患大都不愿提及。发生事故有外因，但外因是通过内因起作用的。超载车辆违章过桥固然是外因，但也有交通管理不严的内因，而更重要的内因却是施工质量低下造成桥梁承载力的不足。此外，检查养护不力使病害不能得到及时的维修和加固也应是内因的重要部分。因此，我们应当从内因的各方面多做分析，总结教训，才能防患于未然。

改革开放30余年来，中国桥梁以惊人的规模和速度发展，取得了令世人瞩目的成就和进步。然而，过大的规模和过快的速度以及大量缺少培训的农民工进入基础建设队伍却带来了工程质量的问题，影响了工程的耐久性。有人在报上质问："为什么近年来新建工程的质量还不如上一世纪50—60年代建造的长江大桥?"这的确应当引起各有关部门的反思。

在2002年第一次公路高层论坛上，我曾应邀作了题为"中国桥梁建设的成就和不足"的报告。在充分肯定成就的同时也提到了几方面的不足和一些认识上的误区，其中包括设计创新、工程质量和桥梁美学考虑的不足，以及在创新理念、质量观念和宣传报道等方面的认识误区。从报告以后的十年的情况看，这些不足和误区并没有引起重视和加以克服，如最近刚建成通车的青岛海湾大桥中还是宣传"五个世界之最"，而并没有在技术的先进性和创新性方面有令人信服的介绍，相反，和其他大桥相比，在耐久性设计方面却存在不足。

如果一些工程单位仍然热衷于宣传"多少第一"、"多少之最"，而工程质量的隐患却不断暴露出来，甚至发生塌桥事故，这正应了外国同行所预言的："中国桥梁可能不到30年就会出现维修加固的高潮。"最近报载通车仅15年的安徽铜陵长江大桥存在严重病害，需要投入6 000万元进行维修和加固又是一个新的佐证。

"7·23"浙江温州铁路追尾事件是一次血的教训，初步公布的原因是"自主研发的国产安全控制信号系统存在严重缺陷"，从而导致这起完全不应该发生的惨案。外国专家在评论中说："这是十分低级的错误。"这说明我们的技术基础还很薄弱。回想几个月前，铁道部领导曾高调宣传"中国高铁成套技术已达到世界领先水平"的豪言壮语，我感到对科学技术应该抱有一种敬畏之心，而不应盲目自满、自我吹嘘。要承认中国还缺少核心技术的现实，牢记温总理在英国剑桥大学演讲中所说的："中国要赶上发达国家水平，还有很长很长的路要走"的清醒表白。对这次事件，希望铁道部

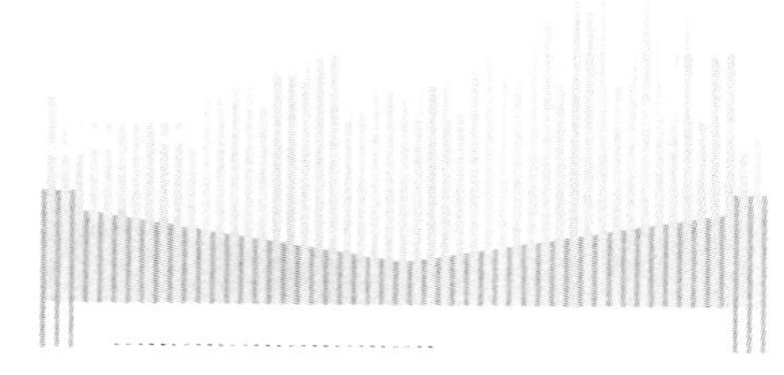

* 本文2011年7月发表于《桥梁》杂志"会客厅"栏目。

能按温总理的要求进行深刻反省，总结教训，如实公布事故原因，给民众一个交待。

同样，结合最近发生的多次桥梁事故，我认为现在也应该是从体制上对中国桥梁工程质量问题产生的原因进行认真总结和反思的时候了。下面提出几点初步建议（有些在2002年的报告中已经提及）供主管领导参考，也希望引起业内同行的关注和讨论。

（1）改最低价中标为合理价中标。禁止政府领导直接干预投标工作，以避免企业行贿、官员受贿的丑恶现象，形成鼓励以技术创新取胜的公平竞标氛围。

（2）改降低资质的层层分包为专业公司分包制度。加强对农民工的技术培训，使农民工逐步成为各专业公司（如钢结构、混凝土制品、缆索、模板、支架、基础、预应力等专业公司）的桥梁企业工人。应当取消临时性的“农民工”称谓，让他们成为有级别的正式企业职工，并能享受城市职工的福利待遇。

（3）加强严格的监理制度。按国外经验，应由同行中的竞争对手担任监理，才能不讲情面，从严监理，保证施工质量，对业主负责。

（4）建立施工企业对工程的“全寿命问责制”，使施工企业不仅重视工程质量和耐久性，而且关心管养单位的检测和养护工作，从而能及时进行维修加固，保证桥梁全寿命的服务质量。

（5）全面加强质量观念。严禁追求速度，为献礼和业绩而任意压缩合理工期。发现质量问题要及时总结整改，不能姑息掩盖。对出了严重质量和安全事故的企业要给予降低资质的惩罚，取消所获得的各种集体和个人奖励，并赔偿所造成的经济损失，以逐步培养起“精益求精”和“质量第一”的理念。

最后，我想再次提醒业内同行：中国正在努力从桥梁大国向桥梁强国迈进，而保证桥梁的优质和耐用应当是最基本的前提。如果中国桥梁是不耐久的，寿命很短，即使数量最多、跨度最大、速度最快，也难以得到国际同行的认可。更何况我们在高性能材料应用、创新设计理念、先进施工装备、软件和规范等方面和发达国家还存在差距，可能需要几代人的不懈努力并通过自主创新取得突破性进展，才能形成中国的品牌，使国际同行赞服，取得国际地位。

中国桥梁企业必须尽快培育起一支高水平和有国际影响力的研发队伍，只有在与国际同行的交流中崭露头角，并且在国际桥梁的设计竞赛和施工竞标中获胜，中国才能显现出强国的标志，成为真正名副其实的桥梁强国。

专业公司分包的工业化桥梁施工

——记30年前参观德国一个仅7个人的工地*

1980年，我获得德国洪堡基金会的博士后研究奖学金赴鲁尔大学从事一年半的访问教授工作。1981年暑假期间，李国豪校长来信建议我去南方的斯图加特拜访德国著名的莱昂哈特(F. Leonhardt)教授主持的LAP设计公司。莱昂哈特教授是李校长20世纪30年代在德国留学时的同门师兄，当时他还是斯图加特工业大学的副校长。他知道我是李校长的学生，很亲切地接见了我，并吩咐他公司的一位年轻的博士工程师Andrä先生负责向我介绍公司正在设计的桥梁，并陪我参观已建成的桥。在80年代初，德国大部分高速公路已经建成，仅西南黑森林山区的高速公路还在建设中。一天，Andrä先生驱车带我去离斯图加特约100 km的一个跨谷桥工地参观，那是一个全长约1 km的曲线桥，由十几孔80 m跨度的预应力混凝土连续梁组成，采用莱昂哈特教授发明的逐孔顶推法施工。

我们在上午10时左右到达工地，桥头不大的一块平地是未来接线公路的一段路基，用铁丝网围起来，上面挂了总承包公司和六七个专业分包公司的广告牌子。围墙内靠近桥台的端部有一个约30 m×40 m的临时厂房并配有起重行车。进门口附近放了三个集装箱做的工地办公室和仓库以及一个停车场。

工地主管工程师向我们介绍情况：总承包公司派了四个人从斯图加特来工地：一位主管工程师带一位年轻工程师做助手，一位起重师傅带一位年轻徒工。他们四人平时吃住在工地附近几公里处的一个市镇的小旅馆中。主管工程师还在当地镇上临时雇用了3个人：一位女秘书、一位农民小工和一位周末管工地保安兼仓库保管员的退休老人，一共就7个人。

跨度80 m的连续梁分四段预制和顶推，每段20 m长，用一周时间完成，各专业公司轮流开车来工地工作。每周五浇筑混凝土，由混凝土公司开罐车运商品混凝土来施工，包括振捣。周末两天是养护时间，公司派来的4个人就回斯图加特的家了，由当地雇佣的工人负责照料养护工作。周一早晨回工地上班后开始拆模，模板是液压控制自动开闭的。周二上午负责预应力张拉的专业公司开车来工地，随车有2～3个专业工人一起工作。我们去参观的那天正是周二，看到了他们的预应力张拉施工。

周三是另一家负责顶推的专业公司到工地来，将20 m宽×20 m长的梁段慢慢顶出去。周四则是安装下一个梁段的钢筋骨架包括预应力筋的管道，由另一家专业分包公司开车送来工地安装好，并让模板就位，为第二天(周五)的混凝土浇筑作好准备。整个施工都按计划进行，加上随车前来

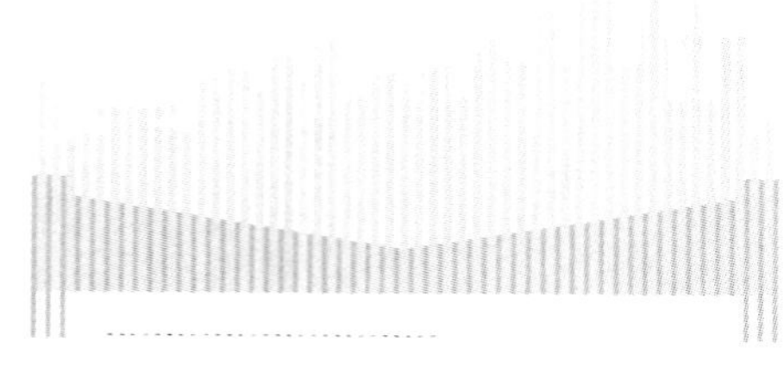

* 本文系2012年7月为《桥梁·产业资讯》杂志2012年第9期撰文。

的专业公司工人,总共不到 10 个人。每月可完成一孔 80 m 梁的顶推施工。这样,整个上部结构的顶推施工一年多时间就完成了。

在 30 年前的 1981 年,德国的工地就已经实行了工业化施工的专业分包体制。总承包公司只派了 2 位工程师和 2 位技工就完成了一项工程,和当今中国工地的庞大指挥部和大量农民工队伍形成极大的反差。我想,这就是工业化分包体制和国内指挥部下的层层分包体制的本质差别。在这方面,我们还有很长的路要走。

1982 年回国后,我曾多次将上面的故事讲给教研室同事和研究生们听,大家都感到十分震撼,也认识到中国和发达国家在桥梁施工方面的巨大差距。今天,我国正面临发展转型的时刻,我也一直呼吁用先进的装备来代替廉价的农民工以保证施工质量,提高工程的耐久性,现在应该是时候了。可以说,工地上的工人数量在一定意义上就代表着施工的水平。

进入 21 世纪后,国外的桥梁工地上一般都只有数十人的规模,绝大部分工作都由专业分包公司在各自的工厂中完成,工地上仅有大型施工装备和几位计算机操控工程师及少量配合的工人。2006 年匈牙利布达佩斯国际桥梁与结构工程协会年会结束后组织了一次技术访问,集体参观在著名的巴拉顿湖附近正在施工的一座跨谷的曲线长桥。该桥是多跨预应力混凝土连续梁桥,中间几孔跨度较大的变高度连续梁采用节段现浇施工。德国总承包公司专门设计了一座重 2 500 t 的移动式巨型造桥机,骑跨在三个桥墩上,下面悬挂的箱梁模板是液压操控的,可以自动开合模板,并可调整高度和宽度,以适应曲线变高度箱梁几何形状不断变化的要求。据介绍:模板上安装的许多振捣器按计算机程序依次分别启动,振捣时间也不同,使箱梁的各部分混凝土都能达到最佳的密实程度。完成一个节段后,模板向跨中移动,调整形状后准备下一段施工,直至最后在跨中浇筑合龙段。一孔完成后,将巨型造桥机向前推进一孔,再施工下一孔梁。工地办公室设在一个高丘上,可以看到整个工地,也是由几个集装箱组成,并在箱顶铺上木板,装上栏杆和临时的梯级,成为一个观景台。操作造桥机的是年轻工程师,施工都是自动化的,只要少数技工配合工作。

上海陆家嘴地区的三座标志性高层建筑:金茂大厦、国际金融中心和上海中心都由上海建工集团总承包施工。由于场地有限,不可能容纳很多工人,中间混凝土核心筒施工面和后续的钢框架安装工程只有为数不多的施工队,采用先进的工业化施工管理,按计划流程施工。同样,我在上海长江隧桥工程的盾构隧道工作面也只看到几个工程师和十几个安装预制围护部件连接螺栓的工人,完全是工业化的施工景象,所采用的大直径盾构机是从德国进口的先进设备。去年,《桥梁产业资讯》杂志所载采访香港邝先生一文所说的“分包管理”正是发达国家早已实现的工业化桥梁施工体制。从这点看,中国的桥梁施工已经远远落后于高层建筑和隧道施工。

我希望这个 30 年前的德国故事能对现今中国大桥建设指挥部的业主和总承包单位的工地经理与总工程师们有所启示,以促进中国专业化公司尽快发展起来,改变工地的生态面貌,为保证工程质量和耐久性尽早进行体制性的改革,赶上发达国家的施工工艺和管理水平。

中国桥梁自主建设的成功之路

——兼谈我国桥梁建设中的一些问题*

1 引言

1992年，国际桥梁与结构工程协会（IABSE）在印度新德里召开了第14届学术大会（Congress），主题为“通过土木工程建立的文明”（Civilization through Civil Engineering），这一主题充分说明了土木工程对世界各民族的文明和进步有着巨大的贡献。在英文中，Civil为“公民的、民用的、文明的”之意，而Civilization则为“教化和文明”，两者的词根是同源的。可见，土木工程和文明之间的重要联系，它贯穿于人类文明发展的历史进程，从古至今，直到永远。

中国是一个有着5 000年文明史的伟大国家。根据李约瑟博士所著《中国科学技术史》中的记述，中华民族自公元前3000年至15世纪的约4 500年间贡献了近300项发明创造，在许多方面领先于世界各国，其中包括举世闻名的四大发明和按英文字母排列的26项重要发明。在土木工程方面就有5种桥型是中国首创的，如隋匠李春所建河北赵州桥采用空腹小拱（敞肩拱），不仅减轻了填土重量，又利于泄洪，而且增加了美感，为中华民族的智慧创造，也是古代拱桥的典范之作。再如公元前256年战国时期，李冰父子所建都江堰水利工程，使川西平原成为天府之国，至今仍造福于人民，其技术之精妙为世人所叹服。

中国近代桥梁的历史是1840年鸦片战争以来因不平等条约被迫开埠和出让路权后的一段丧权辱国的百年经历。大部分近代桥梁均由外国公司承建，留学回国的中国技术人员只能充当外国工程师的帮办和助手。1937年建成的杭州钱塘江大桥（图1）是当时唯一由浙江省自办，请茅以升先生主持，在罗英总工程师和梅旸春正工程师协助下合力设计和监造的大

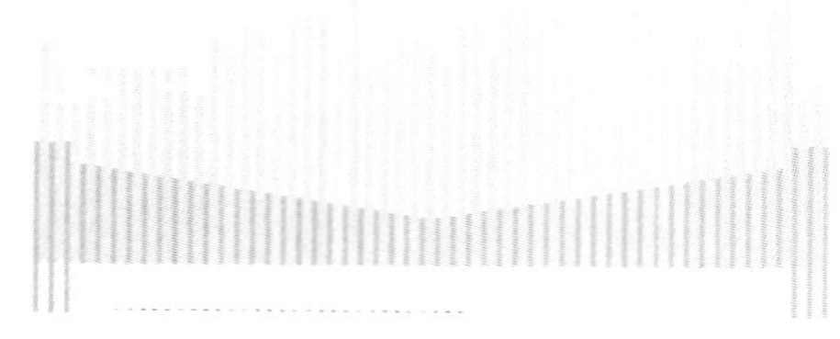

* 本文系2012年9月为纪念钱塘江大桥通车75周年杭州报告会所作，发表于《桥梁》杂志2013年第1期。

图1 钱塘江大桥

桥。虽然下部基础施工和上部钢梁制造仍不得不请外国洋行承包，但却是中国桥梁自主建设的先声。

改革开放以来，中国桥梁建设也迎来了一个黄金时代。特别是在同济大学李国豪校长的积极呼吁下，上海南浦大桥（图 2）和广东虎门珠江大桥（图 3）保住了自主建设的权利，使中国桥梁工程界通过实践取得了进步。到 20 世纪末，中国桥梁已赶上了世界现代桥梁的前进脚步，也赢得了国际桥梁界的尊重。可以说，中国桥梁已经走出了一条自主建设的成功之路。

图 2　上海南浦大桥

图 3　广东虎门大桥

2　21 世纪初的中国桥梁

进入 21 世纪后，中国又迎来了新一轮交通建设的热潮，沿江大城市的环线建设，西部山区高速公路建设，以及沿海发达地区日益增加的交通量需要加密路网建设，再加上政府为拉动经济投入大量资金于交通建设，使桥梁建设以惊人的规模和速度发展。我国在十余年间建造了数以千计的桥梁，下面介绍 10 座具有创意和代表性的优秀桥梁。

1）上海卢浦大桥（2003，图 4）

图 4　上海卢浦大桥

主跨达 550 m 的中承式钢拱桥，采用倾斜的箱形拱以获得"提篮拱"的美学效果，虽然较古典桁架拱多费了一些钢材和施工费用，但更具有现代气息。该桥获得了国际桥梁与结构工程协会颁发的杰出结构大奖，是第一座获此荣誉的中国大桥，也成为 2008 年上海世博会的标志性背景工程。

2）上海东海大桥（2005 年，图 5）

我国第一座在广阔外海海域建造的跨海大桥，位于杭州湾口、黄海与东海交界处，全长 32 km。面对恶劣的海上施工环境，上下部结构均采用大型预制构件整体吊装施工。两座通航主桥采用具有创意的结合梁桥面斜拉桥，全桥统一的桥面铺装和新型伸缩缝为洋山深水港的大型集装箱卡车提供了平稳、耐久的优良行车条件。

图 5　上海东海大桥

3）重庆石板坡长江大桥（2006 年，图 6）

这是一座位于原重庆长江大桥旁边的复线桥。为使新桥与旧桥的桥墩位置相互对齐，将主孔从原来的 2 孔 174 m 增大为 1 孔 330 m，并采用混合桥面连续刚构的创新构造。在跨中段用 108 m 的钢箱梁以解决混凝土刚构自重过大，跨越能力不足的难题，也克服了一般混凝土连续刚构桥跨中容易下挠的病害。

图6　重庆石板坡长江大桥

4）重庆菜园坝长江大桥（2007年，图7）

采用主跨420 m的中承式刚构系杆拱桥组合的创新体系，双层桥面的上层是公路，下层为城市轻轨。该桥采用了许多优化的构造细节，减轻了自重，节约了钢材。主拱为倾斜的提篮拱，桥面以下为混凝土拱肋，桥面以上为箱形钢拱肋，形成一种混合结构。系杆为纵向分离体系，即中跨系杆和边跨系杆独立锚碇，以便于进行内力和线形的调整和控制。

图7　重庆菜园坝长江大桥

5）苏通长江大桥（2008年，图8）

世界第一座超千米斜拉桥，位于长江下游的南通河段。桥塔高300 m，采用大型群桩基础，为防止冲刷危及高桩承台基础的安全，进行了冲刷防护。塔顶拉索锚固首次采用钢锚箱结构，用大型塔吊安装就位。

图8　苏通长江大桥

为满足桥塔的抗震要求，采用有刚性限位的纵向黏滞阻尼约束装置。由于悬臂拼装长度超过500 m，引进了先进的“精确几何施工控制”技术和桥面吊机，保证桥面按正确线形合龙。

6）香港昂船洲大桥（2008年，图9）

主跨1 018 m的昂船洲大桥跨越香港兰巴勒海峡，连接青衣岛和昂船洲，是一座双塔双索面混合梁斜拉桥。主跨分体钢箱梁和边跨混凝土梁组成混合桥面，在桥塔与主梁之间设置纵向液压缓冲器。298 m高的圆锥形混凝土桥塔顶部用不锈钢包裹，使全桥更富有现代感，体现了先进设计理念和建筑美学的和谐统一。

图9　香港昂船洲大桥

7）武汉天兴洲长江大桥（2008年，图10）

这是一座公铁两用（京粤高铁和武汉三环快速路）主跨504 m的双层桁架斜拉桥。由于高铁列车速度快、载重大，采用三索面和三主桁布置，下层铁路混凝土桥面和上层公路钢桥面与主桁结合共同受力，最大单根索力达到12 500 kN，是世界第一座4线铁路（下层）和6线公路（上层）的巨型桥梁。

图10　武汉天兴洲大桥

8）南京大胜关长江大桥（京沪高铁）（2009年，图11）

大胜关长江大桥位于南京长江三桥附近，为满足高速铁路对刚度的要求，不仅采用拱式体系，而且较附近主跨 648 m 的公路桥的主跨减半，即布置成 2 个通航主跨为 336 m 的中承式桁架拱和两边各 2 跨连续桁架，共 6 跨连续铁路桥。横桥向设 3 片主桁结构，桁距 15 m，分别布置 2 线高速铁路和 2 线快速客运专线。2 线城市轻轨交通则布置在两侧挑臂上，全桥宽达 40.4 m。

图 11　南京大胜关大桥

9）舟山西堠门大桥（2009 年，图 12）

主跨达 1 650 m 的舟山西堠门大桥是舟山大陆连岛工程中第四座跨海大桥，由于海峡水深，且锚碇条件较有利，故采用超大跨度的悬索桥跨越册子岛和金塘岛。舟山地处强台风区，必须采用分体式钢箱梁解决抗风稳定性问题，该桥建成后已经历了多次强台风的考验。

图 12　舟山西堠门大桥

10）杭州九堡大桥（2011 年，图 13）

九堡大桥是杭州市跨越钱塘江的 10 座桥梁之一，北接江干区，南连萧山区科园大道，采用 3 跨连续结合梁桥面和钢拱组合体系。为避免强涌潮对施工的影响，首创连续拱桥整体顶推法施工。

图 13　杭州九堡大桥

3　中国桥梁的设计误区

经过 30 余年改革开放的建设，中国已走上复兴之路，虽然经济总量已名列前茅，但人均收入水平还比较低，仍是一个发展中的大国。在桥梁建设中，巨额投资也滋长了官员们好大喜功的浮躁心态，出现了一些不良的思潮和不合理的现象：

（1）不顾经济合理性，追求跨度“之最”和“第一”的浮躁风气；

（2）追求速度和对质量的忽视，造成不耐久不安全的隐患，而且得不到有效的克服和治理；

（3）设计部门对悬索桥的偏爱和不正确的理念有所蔓延，似乎只有悬索桥才能代表水平；

（4）在城市中小跨度桥梁中有许多施工不便又不经济的自锚式悬索桥被选中为实施方案；

（5）一些地质地形条件十分有利于建造拱桥的跨谷桥梁也选用了造价昂贵的悬索桥；

（6）在长江中上游和支流河道上航道管理部门的不合理通航要求（净宽和净高之比超过 20 倍）也为选用不合理的大跨度悬索桥提供了依据。

4　中国桥梁施工的落后生态

中国桥梁的施工也存在装备落后因而过于依赖人力的问题。施工装备的不断进步将使工地现场的工作日益减少，演变为专业化大型构件的工厂预制和大型自动化施工机械的现场拼装就位。根据发达国家的经验，随着施工装备的进步，工地现场的工人也以每十年减半的速度递减，即从 20 世纪 50 年代的数千人到 90 年代的仅百人左右。进入 21 世纪后，发达国家的工地往往只有数十人的规模，巨型施工设备和计算机操作完全改变了桥梁工地的生态面貌，而工程质量却不断提高。反观中国的大桥工地，仍聚集着大量农民工，专业化程度不高，这也是中国桥梁的施工安全、质量和耐久性存在缺陷的主要根源。从这点看，中国桥梁要赶上国际先进水平还有很长的路要走。中国桥梁施工的工业化程度现已落后于国内高层建筑和隧道的施工，因为高层建筑工地面积有限，隧道工作面也很狭窄，容纳不了很多工人，必须更多地依赖先进装备和专业公司分包的工业化施工，使工程质量得到很好的保证。而中国桥梁工地仍大量依赖人力在现场施工，这一落后的状态必须尽快改变。

5 世界大桥的未来发展趋势

采用高性能、高强度材料和高性能复合材料，以延长寿命期，提高耐久性，体现节约资源和环保的可持续发展理念。

慎用悬索桥，优先考虑具有刚度大、抗风性能好、拉索可更换、施工简便快速、避免深水锚碇等优点的斜拉桥。利用斜拉桥的跨越能力可解决 10 km 以上跨海长桥的难题。

加快深水基础研发，避免被迫放大跨度，以提高对隧道的竞争力。采用多跨双层桁架桥面斜拉桥跨越海峡，并可满足公铁两用、应急逃生、中途回程和专用管养通道的需要。

开发大型施工装备（造桥机、浮吊、塔吊等）、先进监测管养设备以及桥梁附属部件（支座、伸缩缝、阻尼器等），为提高工程质量提供装备保证。

建设现代专业化分包企业，减少工地施工人员，努力赶上发达国家的水平，创建中国桥梁的国际品牌。

6 结语

中国桥梁建设 30 年的成就是有目共睹的。我多次说过，即使我们还没有原始创新技术，但能够将西方的先进技术在中国的大桥实践中加以改进和拓展也是很了不起的，但我们仍不能骄傲自满，要看到不足和差距，我们在材料性能、软件、硬件设备、规范等方面仍有差距；在创新、质量和美学方面仍有不足。

要成为强国必须在与发达国家的竞争中，以技术的先进性、经济性和全寿命期中优良的养护服务等取胜，才能使对手信服，让业主满意，并为国际桥梁界所公认。桥梁强国决不是自封的，更不能自吹自擂。只要我们不盲目自满，就一定能在不久的将来通过自主创新的成果，发展成为世界经济强国和科技强国。希望年轻一代的桥梁工程师继续努力。

参考文献

[1] 项海帆，潘洪萱，张圣城，等. 中国桥梁史纲[M]. 上海：同济大学出版社，2009.

[2] 项海帆. 世界大桥的未来趋势[C]//2012 年武汉桥梁学术会议论文集. 北京：人民交通出版社，2012.

[3] 项海帆. 中国桥梁(2003—2013)[M]. 北京：人民交通出版社，2013.

中国悬索桥的梦想、热潮和误区*

1　悬索桥的历史回顾

铁索桥源自中国西部少数民族地区，1665年徐霞客的《铁索桥记》和1667年法国传教士的《中国奇迹览胜》两本书启发了西方人建造铁索桥的尝试。英国在1741年、美国在1796年相继建成了最初的铁链索桥，到1820年英国梅奈(Menai)海峡桥时跨度已达到177 m，超过了中国的纪录。1883年Roebling父子用钢丝编成主缆建成了主跨486 m的纽约布鲁克林桥，这是现代大跨度悬索桥的先声。20世纪20年代，美国率先进入近代城市化和高速公路建设的时期，1931年华盛顿桥已突破了千米，1937年建成的旧金山金门大桥更达到1 280 m的跨度，至今仍被誉为悬索桥的最杰出代表作。

中国近代桥梁的历史是1840年鸦片战争以来，因不平等条约被迫开埠和出让路权后的一段丧权辱国的百年经历。大部分主要桥梁均由外国公司承建，中国留洋回国的技术人员只能充当外国工程师的帮办和助手。1937年建成的杭州钱塘江大桥是当时唯一由浙江省自办，请茅以升主持，罗英和梅旸春分任总工程师和正工程师，合力设计和监造的大桥，但下部基础施工和上部钢桁梁制造仍只能请外国洋行承包才得以完成。悬索桥对中国工程师只是一个梦想，抗战时期和建国初期在云贵川地区，因国防需要，曾用钢丝绳和贝雷梁建造了一些跨度较小的单车道公路柔性悬索桥。可见，直到改革开放的80年代，纽约布鲁克林桥已使用了100余年后，中国仍没有一座真正的现代悬索桥。

2　中国悬索桥的兴起

20世纪90年代初，在已经建成许多斜拉桥的鼓舞下，中国桥梁界开始酝酿建造现代悬索桥以了却百年的梦想。同济大学李国豪校长在广东省交通厅谢瑞振总工程师的邀请下亲自主持了汕头海湾大桥的前期工作，担任顾问组组长。由于盐雾浓度较高，从防腐考虑选用了混凝土桥面的悬索桥，跨度仅452 m，是一座试验桥。当时主跨423 m的南浦大桥已接近完成，主跨602 m的杨浦大桥也已开工，汕头海湾大桥自然可采用相对成熟的斜拉桥方案，但大家心中都有试建悬索桥的冲动，还是一致支持悬索桥方案。大桥局通过出国考察学习和精心设计施工，终于在1994年建成此桥，为今后的悬索桥提供了自主建设的宝贵经验。紧接着，作为三峡配套工程的西陵长江大桥、虎门珠江大桥、厦门海沧大桥和江阴长江大桥都相

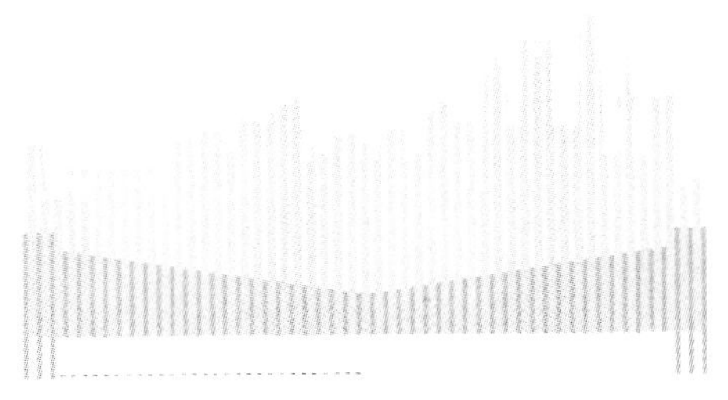

* 本文系2012年8月为《桥梁》杂志2012年第8期撰文。

继动工，中国桥梁工程界在世纪之末接连建成了4座现代悬索桥，其中江阴长江大桥还突破了千米跨度。可以说，我们用不到10年的时间赶上了欧美发达国家前进的脚步，这是一个令国际同行侧目的伟大成就。

我自1988年起接替李校长进入国际桥梁与结构工程协会常委会担任中国代表，并在1998年的丹麦哥本哈根会议和1999年瑞典马尔默(Malmö)会议的大会报告中都介绍了90年代中国缆索承重桥梁(斜拉桥和悬索桥)的建设成就以及风洞试验的成果，赢得了外国同行的赞许。2000年瑞士卢琛(Lucern)会议期间，国际桥协执委会联合提名我担任下一届国际桥协副主席，并在2001年马耳他会议上正式投票通过。我深切感到，这是全体中国桥梁界同仁在改革开放20年间共同努力的结果，我只是生逢其时积极参与了这一段奋斗历程，并作为国际桥协的中国代表和发言人在国际会议舞台上让世界各国的同行认可了中国桥梁的崛起。

3 中国悬索桥的热潮

进入21世纪后，中国又迎来了新一轮交通建设的高潮，大城市的环线建设、西部山区高速公路建设以及沿海发达地区日益增加的交通需求加上政府投入大量资金拉动经济，使桥梁建设达到了惊人的规模和速度，但也出现一些不良的思潮和不合理的现象：

(1) 不顾经济合理性，追求跨度“之最”和“第一”的浮躁风气；

(2) 追求速度和对质量的忽视，造成不耐久不安全的隐患，而且得不到有效的克服和治理；

(3) 设计部门对悬索桥的偏爱和不正确的理念有所蔓延，似乎只有悬索桥才能代表水平；

(4) 在城市中小跨度桥梁中有许多施工不便又不经济的自锚式悬索桥被选中为实施方案；

(5) 一些地质地形条件十分有利于建造拱桥的跨谷桥梁也选用了造价昂贵的悬索桥；

(6) 在长江中上游和支流河道上航道管理部门的不合理通航要求(净宽和净高之比超过20倍)也为选用不合理的大跨度悬索桥提供了依据。

4 一些值得反思的实例

(1) 在20世纪90年代的润扬长江大桥初步设计阶段，美国林同炎教授曾竭力建议采用800 m的斜拉桥方案(通航要求为760 m×50 m，5万 t)，反对不经济的悬索桥方案，还致信中央领导力争，但未被采纳。

(2) 2005年泰州大桥方案竞赛时，同济大学提出的一跨960 m混合桥面斜拉桥方案，造价仅21.6亿，是最经济的。现在实施的三塔悬索桥方案的造价为26.1亿，而且对两岸锚碇(持力层在−90 m深处)的造价还估计不足，实际造价将会超过30亿(锚碇之间的主桥部分)。此外，中塔鞍座的抗滑问题也不易解决。当时，甲方强调桥位处河势不稳定，支持三塔悬索桥，现在来看，其合理性是存疑的，抗滑问题的处理也并不理想，可能还存在隐患，其经济性更值得总结和反思。

(3) 在铁路桥梁方面，由于刚度要求高于公路桥，应尽可能用分孔通航方式以减小跨度。如在南京公路长江三桥附近再建南京大胜关铁路桥，前者采用648 m主跨的双塔斜拉桥，而后者则采用3×336 m的钢桁拱以满足高速铁路的安全要求，是十分合理的选择。同理，在1 088 m主跨的苏通大桥边上建造沪通铁路的长江大桥也应当考虑分孔通航的2×600 m的三塔斜拉桥以提高刚度，而不宜采用1 092 m的双塔斜拉桥；同时还应根据地质情况和基础造价进行经济比较，作出慎重的选择，不应为追求跨度第一而不顾经济性。国外在同一桥位建造相邻的公路桥和铁路桥时，采用跨度减半的铁路桥是常见的合理选择。今后，随着中国高速铁路的发展，在原有公路桥位边上增建铁路桥的情况还会很多，希望能慎重考虑上面提到的例子。

(4) 已建成的跨越西部山谷的贵州坝陵河桥和湖南矮寨桥的悬索桥方案是否必要和合理，也希望有关设计部门反思和总结。至于正在规划中的湖南洞庭湖二桥和广东虎门二桥都已决定采用超大跨度悬索桥，我对此深感忧虑和不解，希望有关领导三思而后行。据说重庆两江桥最初也曾应业主要求建议采用自锚式悬索桥，后经评比还是改用经济合理、施工也更方便的斜拉桥方案。

5 小结

中国桥梁界的悬索桥梦想已在1999年建成的江阴长江大桥中实现，并得到国际同行的赞许。然而，在长江中上游的内河航道上建造的千米级悬索桥和斜拉桥却遭到国际同行的质疑。希望中国桥梁界对今日这股崇尚悬索桥的热潮认真思考和讨论。斜拉桥作为大跨度桥梁的主流桥型在国际桥梁界已有共识，今后在方案竞赛中应对斜拉桥和悬索桥方案进行实事求是的认真比较，排除一些人为的干扰，以作出正确的决定。

最后，衷心期待中国桥梁界能尽快走出盲目追求“第一”和“之最”的误区，在质量、创新和美学上狠下功夫，用先进的中国桥梁技术为发展中国的交通建设和经济繁荣作出贡献。同时，走出国门，积极参与国际竞争，进而赢得世界各国的尊重，造福全人类。

中国内河通航标准之问*

1 引言

2012年年底，看到报载许多千米级大桥通车的消息，其中不乏宣传多少“第一”和“之最”的豪言壮语，使我又想起国际同行对中国内河桥梁超千米级跨度和通航标准的质疑。我在《桥梁》杂志曾撰文提过此事，后来我又向一些设计院的总工程师询问过，他们都表示“这是水运和航道部门的要求，我们也很无奈”。但后来又听说交通部水运司的领导表示说：“下面报上来的通航要求和跨度就是这样，我们也只好批了。”我很纳闷，不知究竟是业主的好大喜功还是设计院总工程师们的概念设计理念走入了误区，或者确实是水运部门不合常理的要求，导致了中国许多不经济和不合理的千米级大跨度桥梁纷纷被批准建造，而且还有愈演愈烈之势。

《桥梁》杂志2013年第1期发表了“长江与密西西比河桥梁之比较”一文，文中提到“两条河的中下游规模相当，通航净高相近，但两者桥梁最大跨径的选择悬殊较大”。密西西比河上的桥梁跨度都在500 m以内，中国长江上的桥在20世纪90年代前也相仿，然而，最近十多年来所建新桥的跨度却不断增加，其中悬索桥就有十余座之多，很值得反思。

由于不经济的超大跨度桥梁主要是以不合理的通航标准为主要依据，因此我想提出来和业内同行一起解读和探讨一下这种怪现象产生的原因。

2 国外内河通航标准介绍

五大洲通海的主要河流，如美国密西西比河、南美洲亚马孙河、非洲尼罗河以及欧洲的莱茵河、易北河和多瑙河等，大都在河口附近建港，停靠海轮，然后将货物用内河船只转驳到上游沿河各地城市。国外内河的通航标准除少数几条大河外一般都在5 000 t级以下，表1列出各国在内河河口附近所建桥梁的通航标准（W/H为通航净宽和净高之比）和所采用的跨度（L/H为跨度和通航净高之比。）

从表1中可以看出：除了法国塞纳河口的Normandy桥和韩国汉江口的仁川桥的跨度较大外，其余各国的内河桥梁跨度一般均在500 m以内，而且全部都采用斜拉桥方案。其通航净高在24～56 m之间，净宽则在150～400 m之间，而通航净宽和净高之比则在5.9（约束航行，航速16节）～10.5（自由航行，航速30节）之间，跨度和净高之比则在15之内，是十分合理的。

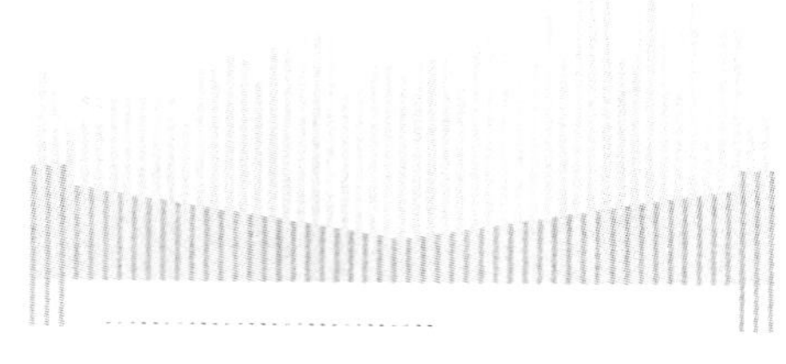

* 本文发表于《桥梁》杂志2013年第2期。

表 1　各国在内河河口附近所建桥梁的通航标准和所采用的跨度

序号	国名	桥名	位置	通航要求 W(m)×H(m)(W/H)	桥型方案 (跨度 L/净高 H)
1	美国	Abuton 桥	新奥尔良 密西西比河口	400×56 (7.1)	482 m 钢斜拉桥(8.6)
2	美国	Baytown 桥	德州休斯敦 Houston Ship Channel 河口	183×53 (3.45)	381 m 结合梁斜拉桥(7.2)
3	美国	Sunshineskyway 桥	佛罗里达州 Tempa 河口	300×53 (5.66)	365 m 钢筋混凝土斜拉桥 (6.9)
4	加拿大	Annacis 桥	温哥华 Fraser 河口	400×56 (7.14)	465 m 结合梁斜拉桥 (8.3)
5	法国	Normandy 桥	塞纳河口	600×64 (9.38)	856 m 钢斜拉桥 (13.4)
6	德国	莱茵河中游诸桥	波恩、科隆、杜塞尔多夫	150×24 (6.25)	跨度在 160～368 m 之间的各种斜拉桥 (15.3)
7	德国	Köhlbrand 桥	汉堡易北河口	300×53 (5.66)	325 m 混合桥面斜拉桥(6.1)
8	法国	Brottone 桥	巴黎塞纳河下游	180×50 (3.6)	320 m 预应力混凝土斜拉桥 (6.4)
9	瑞典	Uddevalla 桥	瑞典西海岸	300×50 (6)	414 m 钢斜拉桥 (8.3)
10	阿根廷	Rosario-Victoria 桥	布宜诺斯艾利斯 巴拉那河口	300×50 (6)	350 m 预应力混凝土斜拉桥 (7)
11	印度	Hoogly 桥	加尔各答 Hoogly 河口	400×38 (10.5)	457 m 结合梁斜拉桥 (12)
12	韩国	仁川桥	汉江口	600×65 (9.2)	700 m 钢斜拉桥 (10.8)
13	泰国	南桥	曼谷湄南河口	220×54 (4.07)	398 m 钢斜拉桥 (7.37)
14	越南	Can Tho 桥	胡志明市 湄公河口	300×39 (7.69)	550 m 混合梁斜拉桥 (14.1)
15	日本	东京湾大桥	东京湾口	310×52.5 (5.9)	440 m 钢拱桥 (8.38)

3　中国内河通航标准的现状

中国内河是以长江和珠江为代表性的通航河流。长江在解放前为天堑，没有一座桥。1957 年在苏联专家帮助下建造了长江第一桥——武汉长江大桥，其跨度为 128 m，满足分孔通航 2 000 t 的标准(净宽 120 m、净高 18 m)，即武汉以上至宜昌的航道为内河 III 级。

1971 年又建成了南京长江大桥，是跨度 160 m 的多孔连续桁架桥，通航净空为 150 m×24 m，满足南京以上至九江 5 000 t 的内河 I 级航道标准。九江以上至武汉的中游航道因水深不足，降低为 3 000 t 的内河 II 级标准。南京港以下至长江口的下游航道因水深增大，可行驶 5 万 t 的海轮，通航净空为 600 m×50 m。江阴以下的航道水深更深，通过疏浚长江口的航道，远期可允许 10 万 t 级的海轮和邮轮进入，通航净空增至 900 m×62 m。可见，长江中下游航道因水深条件下同，适航的船舶吨位也不同，相应的通航净空也不同。

改革开放初期(1980—2000 年)，长江中下游(武汉长江大桥以下)建造了九江长江大桥(216 m 中承式钢拱桥，1992 年)、黄石长江大桥(多孔 245 m 连续梁，1995 年)、铜陵长江大桥(432 m 预应力混凝土斜拉桥，1995 年)、武汉长江二桥(白沙洲长江大桥，400 m 预应力混凝土斜拉桥，1995 年)、芜湖长江大桥(312 m 钢斜拉桥，2000 年)等，其通航净高均为 24 m，选用跨度在 245～432 m 之间，都是在合理的范围内。

然而，自进入21世纪以来，湖北宜昌以下至南京段的新桥跨度猛增。如宜昌至武汉段(通航净空18 m×120 m)的宜昌长江大桥(960 m悬索桥，2001年)、夷陵长江大桥(345 m预应力混凝土斜拉桥，2001年)、荆州长江大桥(500 m，预应力混凝土斜拉桥，2002年)；武汉长江大桥以下至南京段(通航净高24 m)的武汉阳逻长江大桥(1 280 m悬索桥，2007年)、鄂东长江大桥(926 m钢斜拉桥，2010年)、荆岳长江大桥(816 m钢斜拉桥，2010年)、武汉二七长江大桥(2×616 m钢斜拉桥，2011年)和马鞍山长江大桥(图1，2×1 080 m三塔悬索桥，2013年)等，其跨度和通航净高之比在19～53之间，都远远超出了正常的比例范围。从图1中可看出马鞍山长江大桥左边一孔的水深很浅，只能通行小船，并没有必要做大跨。

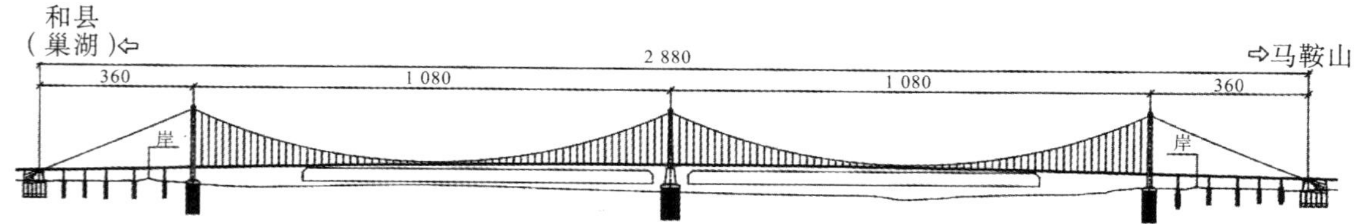

图1 马鞍山长江大桥

更令人费解的是武汉长江大桥(一桥)上游和白沙洲大桥之间正在建造的两座新桥：鹦鹉洲大桥(2×850 m三塔悬索桥)和杨泗港大桥(图2，1 700 m悬索桥)，它们和相邻武汉一桥的跨度极不协调。从图2中可以看出，河槽中间突起呈W形，完全可以设墩，如选择2×600 m的三塔斜拉桥让上下行船只分孔通航，就会更经济合理，也更美观。此外，同在武汉的天兴洲长江大桥，因是公铁两用桥，航道部门就同意504 m的斜拉桥，而且还是在武汉一桥的下游。为什么在航道等级降低后的武汉一桥上游反而要做1 700 m的悬索桥呢?

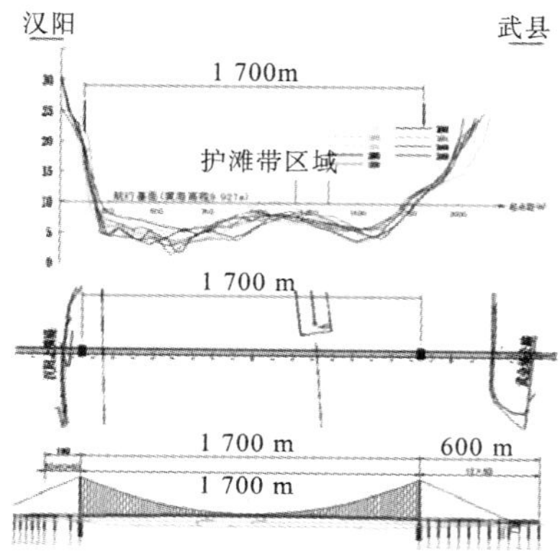

图2 武汉杨泗港长江大桥

再说南方的珠江，在黄埔港以上分南北两汊进入广州市，其中南汊为主航道，通航标准为 137 m×34 m，相当于 1 万 t 级航道（北汊通过市中心区，航道等级较低）。所建桥梁中跨度较大的为鹤洞大桥（360 m 结合梁桥面斜拉桥，1998 年）、番禺大桥（380 m 预应力混凝土斜拉桥，1999 年）和丫髻沙大桥（360 m 钢管混凝土系杆桁架拱桥，2000 年），三座桥跨度都很接近，是合理的。2008 年建成的广州珠江黄埔大桥位于黄埔港上游的珠江河汊处，南汊主航道的通航要求为 494 m×60 m，不知何故却采用了主跨 1 108 m 的悬索桥（图 3）。从图中可以看出，通航孔在左侧，并没有必要做悬索桥，700 m 左右的斜拉桥已能满足要求。

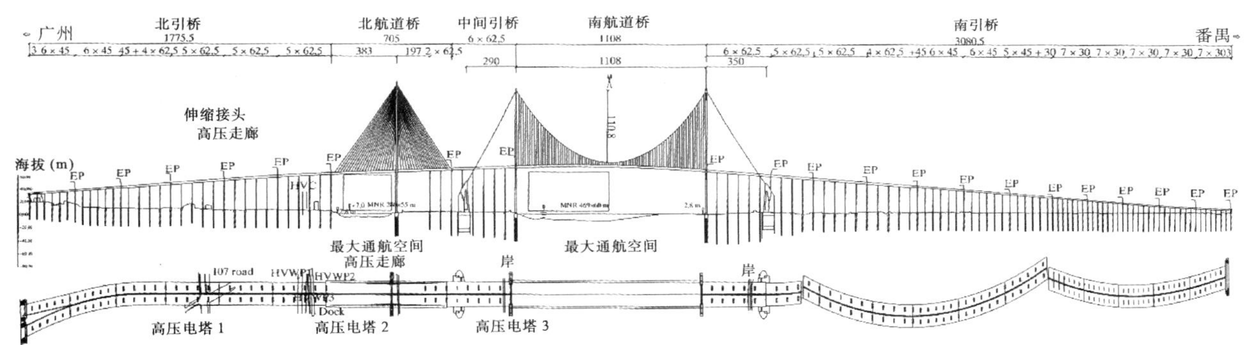

图 3　黄埔珠江大桥

黄埔港以下至虎门的航道为 5 万 t 级，20 世纪 90 年代设计虎门大桥时，要求通航净空为 600 m×50 m，为考虑锚碇的合适位置，选用了 888 m 的悬索桥是合理的。然而，在规划建造虎门二桥时选择了虎门一桥上游的河汊区过江。交通运输部《关于虎门二桥通航净空尺度和技术要求的批复》（交水发[2010]288 号）称坭洲水道通航净高不小于 60 m，选用 10 万 t 级散货船作为代表船型，通航净宽按照满足 10 万 t 级散货船和 5 000 t 级杂货船同时双向通航计算，通航净宽应不小于 1 154 m。工程可行性报告中建议采用 1 688 m 的超大跨度悬索桥，比下游虎门大桥增加了一倍。为什么在虎门大桥上游的珠江航道上要选用超千米的悬索桥？又为什么不能分孔通航而一定要合孔？为什么水深还不足 15 m 就不许建桥墩，而非要一跨过江？不同吨位的船只为什么都要单独的通航净空，难道低吨位的小船就不能走大船的航道？而且，为什么还要把各自要求的通航净宽叠加起来，并排合孔过桥？于是就出现了虎门二桥要求通航净宽 1 154 m 的"怪现象"。与此同时，铁道部在虎门一桥的下游附近也规划了一座铁路桥，航运部门就允许采用分孔通航的方式，使跨度减小，以满足铁路桥的刚度要求。据说，在苏通大桥附近将要造一座公铁两用的新桥——跨度为 1 092 m 的斜拉桥，为什么不能像南京长江三桥附近的大胜关铁路桥那样将跨度减半，采用 2×600 m 的三塔斜拉桥，以增加刚度，节约造价？

更为离奇的是湖南岳阳洞庭湖二桥的规划。附近已建的一桥是 2×310 m 的三塔斜拉桥，能够满足 2 000 t内河 III 级航道的要求。然而，新建的二桥却要求一跨过江，为争当世界第一，曾推荐采用 2 008 m 跨度的悬索桥，后虽改为 1 480 m 悬索桥，如果通航净高仍为 18 m，跨度和净高之比将超过 80，这将是令人难以理解的“世界笑话”。

在洞庭湖一桥的下游，铁道部也规划了一座铁路桥，仍采用 300 m 左右跨度的三塔斜拉桥。为什么洞庭湖二桥不能公铁合建以节约投资呢？现在铁道部已撤消，交通运输部应当统筹规划公路和铁路的越江通道，采用更为经济合理的双层桁梁多跨斜拉桥，以避免公铁分建所带来的浪费和不合理的通航标准问题。

上述这些反常的跨度和桥下净高比例必然会引起外国同行的质疑，也值得我们反思。希腊 Rion-Antirion 桥，水深达 65 m，又在强震区，要求 18 万 t 的约束通航(16 节)，净高 65 m，净宽 300 m。经过方案比选，采用经济合理的三跨 560 m 的四塔斜拉桥(图 4)。如果让中国工程师来设计，很可能又会选用一跨 1 700 m的悬索桥。

图 4　希腊 Rion-Antirion 桥

4　桥梁通航孔布置原则和存在问题

桥梁设计要遵循“安全、适用、经济、美观、耐久、环保”等六项原则。概念设计的首要任务就是选择合理的桥位和经济、美观的桥型方案，其中最核心的问题是按航迹线和通航标准(船舶等级和通航净空)布置跨越主航道的主桥，并通过多方案的比较选择最经济合理与美观的桥型方案和跨度。

中国内河的水深一般都在 40 m 以下，大部分只有 20 m 左右，基础技术是十分成熟的。而且，万吨以下的通航河流，桥墩一般都具有足够的抗撞能力，防撞设计主要是为了保护船只的安全。因此，为了尽可能节约造价，内河桥梁应优先考虑分孔通航，即为上下行船只设置 2 个通航孔，各行其道，减少在同一桥孔中交会时的风险，同时也可以减小跨度，节约造价。除非在地形特殊的河道颈口，如江阴大桥，水流较急，水较深，或地质条件不利，不宜于建造桥墩时，则可考虑上下行船只合孔通航，采用较大跨度的桥梁跨越深水航道。合孔还是分孔通航，应由设计单位通过技术经济比较来确定。

国内在初步设计阶段(概念设计)往往会遇到下列问题使通航孔的布置面临许多非技术性的干扰，简述如下：

(1) 由于城市规划的滞后，城市规划和交通规划不协调，公路和铁路各自为政，加上地形地质有利的桥位没有预先规划控制，已被工业区占用，失去了桥位选择的优先权。或者，交通规划工程师没有充分考虑越江桥位的优先要求而根据其他因素划定了过江路线，从而给桥位设计带来许多不必要的制约因素。

(2) 少数政府官员好大喜功，盲目争跨度“第一”、“之最”，完全不顾经济性原则，甚至任意指定桥梁的跨度。他们可能认为，在整个工程投资中，越江部分仅占小部分，多花几个亿不是问题。然而，在很小的通航净高上建造超千米跨度大桥将会带来比例失调和浪费资源的严重后果。

(3) 由于中国内河航运设备和管理的落后，船只陈旧,船员也没有经过严格的培训,造成撞墩事故时有发生。水运部门应当尽快使航运现代化,淘汰落后船只,培训合格船长,装备先进导航设备,而不应以安全为名无理要求加大通航净宽,从而增加桥梁跨度。3 000 t级的航道(净高仅24 m)却要求千米通航净宽,这是极不合理的。德国莱茵河为2 500 t级航道,通航净空150 m×24 m,专门设计了现代化的低高度快速集装箱内河船只和高效率的码头装卸设备,其运输量甚至超过长江,是值得我们学习的。

(4) 一些设计院的领导也怀有悬索桥的"心结":误认为只有造千米级悬索桥才代表高水平,从而放弃了概念设计的基本原则。有时还在经济比较上弄虚作假,制造假象,使不合理不经济的方案得以通过评审而实施。他们应当知道,在一座多孔梁式桥附近建造一座超千米悬索桥是多么不协调!

以上几种情况可能是造成中国内河通航标准出现净宽和净高之比严重超出正常范围,从而出现被迫建造千米级悬索桥的主要原因。这种怪现象已经受到外国同行的质疑,也对中国桥梁工程界的声誉带来了负面评价。

5 小结

从上述中外通航标准的对比中,我们应当认识到中国内河通航标准确实存在不合理的问题,希望新组建的交通运输部能组织业主、规划、航运和桥梁设计部门一起认真讨论一下,对中国内河制定一个合理的通航标准。由设计单位根据标准确定合理跨度和桥型方案,而不应由航道部门任意要求通航净宽,甚至决定跨度和桥型。

内河航道等级由水深决定,通航船只的最大吨位决定了船的高度和长度,由船高决定通航净高,由船长按"活动域理论"确定所需的安全净宽要求。因此,通航净宽和净高应当有一个合理的比例。考虑到船舶和桥墩之间的安全空间,跨度和桥下净高之比应当控制在20以内,即跨度不应超过净高之20倍,国外桥梁大都在15以内(苏通大桥为1 088/62=17.5),跨度和桥下净高的比例过大,不但经济上不合理,也会失去比例美。在同一航道等级的河段上,通航净高相同,桥梁的跨度应当相近,根据河势和地形可以有适当的调整。如果比邻的桥梁跨度相差过于悬殊就很不协调,也一定会引起质疑。

最后,建议交通运输部重新审议一些尚未动工的超大跨度悬索桥,如能和邻近已规划中的铁路桥合建成跨度较小的公铁两用斜拉桥,则可为国家节约大量投资。中国仍是一个发展中国家,经济性原则必须在方案比较中占据重要地位,不要为了争"第一"和"之最"或者为了迁就落后的航运技术而随意浪费资金,甚至造就"国际笑话"。我衷心希望业内各方面的有关部门认真思考,从创新、质量和美学上多下功夫,把中国桥梁建设好,为中国从桥梁大国走向强国多作贡献。

参考文献

[1] 项海帆等. 桥梁概念设计[M]. 北京:人民交通出版社,2011.

[2] 项海帆. 关于中国桥梁界追求"之最"和"第一"的反思[J]. 桥梁,2012(1):12-13.

[3] 项海帆. 中国悬索桥的梦想、热潮和误区[J]. 桥梁,2012(3).

[4] 徐恭义. 大跨度双层公路桥梁的设计研究[C]//重庆桥梁会议,2012.

[5] 交通运输部. 关于虎门二桥通航净空尺度和技术要求的批复[R]. 2010.

[6] 中国国际工程咨询公司. 强化统筹协调,科学建设跨江海大桥[R]. 咨询专报,2013.

[7] 刘效尧. 长江与密西西比河桥梁之比较[J]. 桥梁,2013(1):44-47.

韩国桥梁科技的跃进

——2012 年国际桥协首尔大会的警示*

韩国是中国的近邻，国土面积不足 10 万 km^2，人口不足 5 000 万，从 2000 年前的汉朝起就接受中国文化的影响，采用汉字，首都首尔原名“汉城”。1895 年中日甲午战争前被日本征服，沦为殖民地，第二次世界大战后被美苏分占，以三八线为界，分成南北两个国家。上世纪 50 年代经过朝鲜战争的严重破坏，停战后才逐渐恢复。60 年代开始工业化，比中国要晚。中国由苏联援建的长春第一汽车厂建成投产时，韩国尚没有国产汽车。然而，韩国从美、日等国学习先进技术，很快转型自主创新，80 年代初期经济已开始崛起，1986 年主办亚运会和 1988 年主办奥运会标志着韩国经济水平已在亚洲位居前列，成为亚洲“四小龙”之首。

从上世纪 90 年代起，韩国开始致力于科技创新和品牌战略，如今三星电子、现代汽车、造船业和钢铁业都已跻身世界百强之列。韩国品牌汽车产量连续 7 年排名世界第 5(包括北京现代汽车的产量)，到 20 世纪末，韩国国家竞争力已进入世界前 20 位，成为科技强国的一员，令人叹服。

在桥梁建设方面，韩国科技部在 1997 年启动了“Bridge 200”的 10 年振兴计划，除了建设汉江口的仁川大桥和釜山洛东河口大桥外，对于沿海 2 000多岛屿规划了 103 个跨海连岛工程(图 1)。2007 年，韩国科技部又决

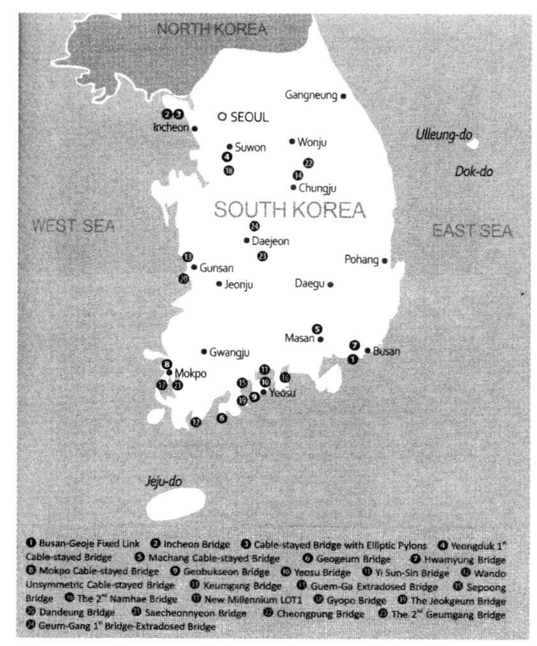

图 1　韩国跨海连岛工程

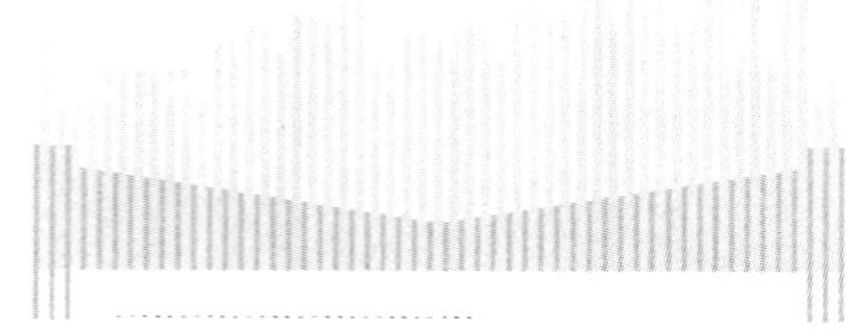

* 本文由项海帆、葛耀君发表于《桥梁》杂志 2013 年第 3 期。

定继续支持桥梁建设的新 10 年计划，称为“Super Bridge 200(2007—2017)”，用更高水平的创新技术完成这一宏伟的桥梁工程计划。

在 2012 年国际桥协的首尔大会上，韩国桥梁界充分展示了他们自 1997 年以来的 15 年间实施“桥梁振兴计划”所取得的令世人惊叹的巨大成就。本文通过介绍韩国桥梁科技的跃进，希望能引起中国桥梁界的认真思考，我们要学习韩国桥梁界的创新精神，克服盲目自满情绪和在创新技术上的不足，以加快中国从桥梁大国向桥梁强国的前进步伐。

1 “Super Bridge 200”计划——提高桥梁寿命至 200 年

韩国科技部资助的“Super Bridge 200”计划的核心思想是要将韩国未来跨海大桥的寿命期从常规的 100～120 年提高到 200 年。

首先，研究计划针对 5 个方面的问题：耐久桥面系(Long-life Deck System)；退化混凝土桥梁的加固技术；耐久混凝土桥梁技术；耐久桥梁基础技术(海水腐蚀的深基础)；耐久桥面铺装设计技术。

其次，为了提高桥梁的耐久性，制定了与上述计划相配合的高性能耐久材料研究计划“HIPER-CONMAT”(High Performance Construction Materials)，由韩国材料研究部门进行开发研究，内容包括：高强度钢丝(1 960 MPa，2 160 MPa，2 400 MPa)；高性能钢材(HPS690，HPS800，具有 107 次以上的耐劳性能)；高性能混凝土 HPC100(抗拉强度达到9.5 MPa)；各类复合材料 FRP，FRC。材料作为创新技术的原动力，对“Super Bridge 200”计划的实现提供了基础性保证。应用高性能材料不仅能提高桥梁的跨越能力，而且能使桥梁更耐久、更经济，施工更方便，也更美观。同时，也是作为桥梁强国的重要标志之一。

第三，为了实现高水平的海上施工作业，还必须进行大型自动化施工装备的研究开发，以提高施工质量，由韩国重工机械部门配合开发。

韩国的“Super Bridge 200”是一个雄心勃勃的计划，志在赶超欧、美、日等发达国家，值得中国桥梁界认真学习和研究。我国桥梁界也已启动科技部 973 计划，其中包括提高桥梁技术发展的若干类似项目。希望各有关参加单位努力工作，赶上这一国际潮流，改变中国桥梁在材料性能和耐久性方面的落后局面，提高国际竞争力。

2 韩国桥梁技术发展的四个阶段及其成就

韩国本身是一个半岛，还是一个多岛屿的国家，全国共有 3 174 个大小岛屿。韩国的桥梁建设，特别是跨海桥梁发展经历了 4 个阶段。在第一个阶段中(1962—1990 年)，1973 年建成了第一座悬索桥——南海大桥(Namhae)，主跨 404 m(图 2)；1984 年建成了第一座斜拉桥，主跨达到 344 m，是当时欧洲之外最大跨度的斜拉桥。在第二阶段中(1991—1999 年)，韩国遭遇了金融危机和首尔圣水大桥(Sungsu)坍塌事故，一度放慢了跨海大桥的建设步伐，但仍然立足于桥梁技术的自力更生，特别是在悬臂施工方法、闭口钢箱梁技术、桥梁健康监测技术等方面，为后续的跨海大桥建设奠定了基础。

图 2 南海大桥

图 3 永宗大桥

进入 21 世纪后，韩国首先经历了 2000—2004 年的第三阶段，在这短短的 5 年里，韩国建成了 12 座跨海桥梁（表 1），其中包括悬索桥 2 座、斜拉桥 3 座、拱式桥 4 座和梁式桥 3 座，特别是 300 m 跨度的永宗大桥（Youngjong）（图 3），创造了自锚式悬索桥跨度的世界纪录。在刚刚过去的 8 年里（2005—2012 年），韩国的跨海桥梁建设更是进入了高潮，又相继建成了 24 座大跨度桥梁（表 2），其中有 3 座大跨度悬索桥，李舜臣大桥（Yi Sun-Sin）（图 4）跨度达到 1 545 m，列世界第四；其余 21 座都是斜拉桥（包括矮塔斜拉桥），仁川大桥（Incheon）（图 5）跨度为 800 m，列世界第五。

表 1　2000—2004 年建成的跨海桥梁

桥　名	建成年代	桥　型	主要参数/m	
			长　度	主　跨
Seohae	2000	结合梁斜拉桥	7 310	470
jong	2000	自锚式悬索桥	4 420	300
Banghwa	2000	系杆拱桥	2 559	540
Youngheung	2001	钢斜拉桥	1 250	240
Neukdo	2002	预应力混凝土梁桥	340	160
Gwangan	2002	自锚式悬索桥	7 420	500
Danhyang	2003	拱桥	340	180
Choyang	2003	钢拱桥	317	220
Samcheonpo	2003	结合梁斜拉桥	436	230
Gogeum	2003	钢拱桥	760	160
Wando-Shinji	2004	钢板梁桥	840	160
Shinjeodo	2004	尼尔森体系拱桥	182	182

表 2　2005—2012 年建成的跨海桥梁

桥　名	建成年代	桥　型	主要参数/m	
			长　度	主　跨
Second Jindo	2005	斜拉桥	484	344
Machang	2008	斜拉桥	1 700	400
Sorok	2008	单主缆自锚式悬索桥	1 160	250
Keumbit	2009	斜拉桥	2 028	480
Shinwando	2009	斜拉桥	430	200
Section 4	2009	斜拉桥	230	2×115
Yeongduk 1st	2009	斜拉桥	205	115
Incheon	2009	钢斜拉桥	1 480	800
Goha-Jookgyo	2009	钢斜拉桥	3 060	500
Dolsan-Hwatae	2009	结合梁斜拉桥	1 435	500
Jeokgeum	2009	自锚式悬索桥	1 340	850
Busan-Geoje	2010	双塔斜拉桥 三塔斜拉桥	18 562 364	475 2×230
Woonnam	2010	矮塔斜拉桥	925	155
Bukhang	2011	结合梁斜拉桥	1 114	540

续表

桥 名	建成年代	桥 型	主要参数/m	
			长 度	主 跨
Muyoung	2011	五塔斜拉桥	860	4×160
Geogeum	2011	斜拉桥	1 116	480
Hwamyung	2011	斜拉桥	500	230
Mokpo	2012	斜拉桥	900	500
Geobukseon	2012	斜拉桥	464	230
Yeosu	2012	斜拉桥	760	430
Chungpung	2012	斜拉桥	471. 8	327
2nd Geumgan	2012	斜拉桥	340	200
Yi Sun-sin	2012	悬索桥	2 260	1 545

图 4 李舜臣大桥

图 5 仁川大桥

3 首尔大会的警示

4 年一届的国际桥梁与结构工程协会(IABSE)学术会议,2012 年秋季在韩国首尔举行,共有来自 40 多个国家和地区的 637 名代表参加了会议,除了东道主韩国之外,中国参会代表人数多达 51 人,其次为,日本 37 人。会议论文集共收录了 446 篇论文,分别来自 44 个国家或地区;会上口头交流了 211 篇论文,用墙报形式交流了 67 篇论文。本次会议的主题是"基础设施创新——人类城镇化趋势",并设有 4 个分主题,分别是可持续基础设施、新型城镇交通结构、结构和材料以及创新设计理念等。5 个大会报告涵盖了全部 4 个分主题,报告人分别来自于韩国、意大利、英国、美国和中国。

这次会议从 5 个方面传递出 10 大信息。其中,在高性能材料应用方面带来了 4 大信息,即 FRP 材料、180 MPa 超高强度混凝土、800 MPa 超高强度钢材和 2 160～2 240 MPa 超高强度钢丝的研发和应用;在桥梁结构体系方面传递了 3 个信息,多主跨悬索桥主缆抗滑移研究、悬索-斜拉协作的最佳比例分析和部分外锚斜拉桥跨径可达 1 200～1 600 m 等;在结合梁方面,出现了构造优化和增加黏结层的方法;在大跨度悬索桥施工中主缆索股如何克服抗弯性能差;桥梁创新理念中的 4 个"I",即 Invention(发明)、Improvement(改进)、Incorporation(结合)、Increase(增值)。从这些信息,尤其是韩国在高性能材料应用方面的跃进中可以深切感到,韩国的桥梁技术已上了一个新的高度,并由材料的进步带动了构造和施工装备的一系列创新成果。可以说,虽然韩国的桥梁跨度并不大,但其技术水平和施工工业化程度已跻身强国的行列。

回顾进入 21 世纪十多年来的中国桥梁,虽然也建成了不少超大跨度的桥梁,但技术上的进步却不明显。在高性能材料的应用上更是停滞不前,使差距拉大,并且还日益暴露出施工质量差和耐久性不足的隐患。

2012 年国际桥协的首尔大会对于中国桥梁界是一个警示,我们必须在创新和质量上狠下功夫。中国应当像韩国那样将材料工业、工程机械装备业、设计软件业、桥梁设计和施工企业以及有关高校组织起来，协同攻关，并制定明确的创新目标，赶上世界桥梁的发展潮流。为此，必须努力克服盲目自满的浮躁情绪，走出追求“第一”和“之最”的设计误区，加强创新驱动，学习发达国家的先进技术和科技组织经验，早日在国际舞台上展示出中国桥梁令人信服的科技成果。

壮心集

项海帆论文集

（2000—2014）

综述与展望篇

21 世纪世界桥梁工程的展望*

1 历史的回顾

在人类文明的发展史中，桥梁占有重要的一页。中国古代桥梁技术曾经有过辉煌的业绩，中国的古代木桥、石桥和铁索桥都长时间占据世界领先地位。

15 世纪的意大利文艺复兴和 18 世纪的英国工业革命造就了现代科学技术，也使欧美各国相继进入现代桥梁工程的新时期。到 18 世纪末，英国伦敦的铁拱桥就已达到 183 m 的跨度。19 世纪是钢桥的世纪，钢桥的跨度从世纪初的 200 m 到世纪末已突破了 500 m。这一进步凝聚了许多桥梁先驱者的智慧和艰辛。

进入 20 世纪以后，电气、汽车和飞机的发明以及混凝土技术的进步，30 年代高层建筑和高速公路的建设，使人类生活的"住"和"行"都发生了巨大的变化。与此同时，桥梁工程也取得了惊人的成就。1931 年建成的纽约华盛顿悬索桥，主跨突破了千米，达到1 067 m。随后为庆祝 1937 年旧金山世界博览会而建造的金门大桥，是这一时期桥梁工程的代表作。

第二次世界大战后，预应力混凝土技术的应用完全改变了传统的施工方式，而且使梁桥的跨度飞速增加到 200 m 以上。斜拉桥的复兴是另一个辉煌的成功。这一桥型以其多姿多态的造型、方便的施工和竞争力，使二次大战前常用的一些大跨度钢桥，如钢拱桥和钢桁架桥失去了原有的地位。现代斜拉桥在 200～800 m 跨度的大范围内显示出的优越性，使之成为大跨度桥梁的最主要桥型，也迫使悬索桥向更大跨度方向退让。英式钢箱梁悬索桥的问世创造了一种更经济、抗风能力更好的新型悬索桥，并成为 20 世纪悬索桥的主流。

60 年代，日本和丹麦两个岛国率先实施宏伟的跨海工程计划。日本以关门桥为起点，建设具有东中西三条通道的本州—四国联络线工程，并以创 20 世纪跨度记录的明石海峡大桥（1 991 m悬索桥，图 1）和多多罗大桥（890 m 斜拉桥，图 2）的建成宣告这一计划的胜利实现。丹麦则从小海带桥开始，以最终建成连接领土两岛的大海带桥（排名世界第 2 位的1 624 m悬索桥。图 3）成为新崛起的桥梁强国。法国也以居世界第 2 位的诺曼底桥（856 m 斜拉桥，图 4）的独特设计构思赢得了国际桥梁界的赞誉。上述四座大桥被公认为是 20 世纪桥梁的代表作而载入史册。

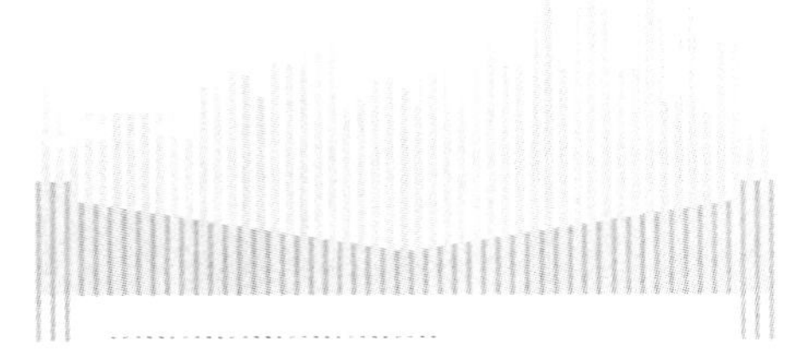

* 本文2000 年6 月发表于《土木工程学报》第 33 卷第 3 期，第 1—6 页。

图 1　明石海峡大桥

图 2　日本多多罗桥

图 3　丹麦大海带桥

图 4　法国诺曼底桥

中国在 70 年代末的改革开放也迎来了桥梁建设的春天。20 年的成就令世人瞩目。中国的大桥跨度已名列前茅，技术上的差距也大大缩小，表 1 和表 2 列出了 20 世纪世界前 15 位悬索桥和斜拉桥。由此可见，中国的进步和发展速度已赢得了国际同行的尊敬，并在世界桥梁界占有了重要的一席。

表 1　20 世纪世界前 15 位悬索桥（$L>1\,000$ m）

序列	桥名	跨度(m)	国家	完成年份	序列	桥名	跨度(m)	国家	完成年份
1	明石海峡大桥	1 991	日本	1998	9	麦金纳克桥	1 158	美国	1957
2	大海带桥	1 624	丹麦	1998	10	南备赞桥	1 100	日本	1988
3	亨伯桥	1 410	英国	1981	11	博斯普鲁斯二桥	1 090	土耳其	1988
4	江阴长江大桥	1 385	中国	1999	12	博斯普鲁斯一桥	1 074	土耳其	1973
5	青马大桥	1 377	中国香港	1997	13	华盛顿桥	1 067	美国	1931
6	韦拉扎诺桥	1 298	美国	1964	14	Kurushima－3 桥	1 030	日本	1999
7	金门桥	1 280	美国	1937	15	Kurushima－2 桥	1 020	日本	1999
8	Höga Kusten 桥	1 210	瑞典	1997					

表 2　20 世纪世界前 15 位斜拉桥（L>450 m）

序列	桥名	跨度(m)	国家	完成年份	序列	桥名	跨度(m)	国家	完成年份
1	多多罗桥	890	日本	1999	9	Ikuchi 桥	490	日本	1991
2	诺曼底桥	856	法国	1995	10	Higashi-Kobe 桥	485	日本	1992
3	上海杨浦大桥	602	中国	1993	11	汀九桥	475	中国香港	1997
4	上海徐浦大桥	590	中国	1997	12	Seohae 桥	470	韩国	1997
5	Meiko-chuo 桥	590	日本	1997	13	阿纳西斯桥	465	加拿大	1986
6	Skarnsundet 桥	530	挪威	1991	14	横滨海湾桥	460	日本	1989
7	汕头岩石大桥	518	中国	1999	15	胡利河二桥	457	印度	1992
8	Tsurumi Tsubasa 桥	510	日本	1994					

2　21 世纪世界大桥工程展望

2.1　洲际跨海工程

在 20 世纪桥梁工程取得的巨大成就鼓舞下，一些发达国家在基本完成了本土交通建设的任务后，开始构想更大跨度和规模的跨海工程与跨岛工程，如欧非直布罗陀海峡、美亚白令海峡等洲际跨海工程，以期使世界五大洲可以用陆路相连形成交通网(图 5)。

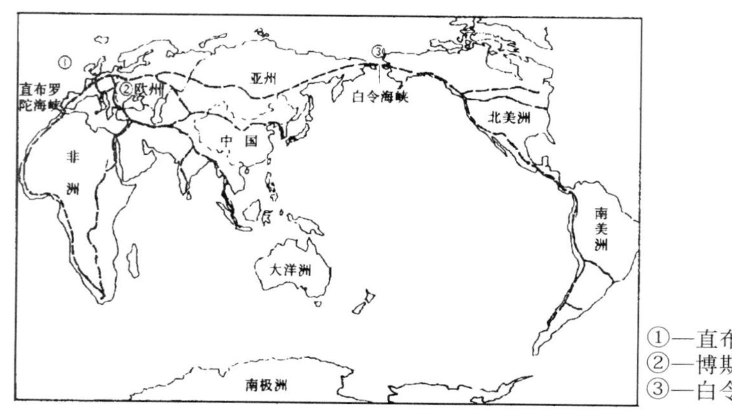

图 5　世界陆路主要交通网及洲际跨海工程位置图

欧非两洲之间的直布罗陀海峡是地中海进入大西洋的通道，位于欧洲的西班牙和非洲的摩洛哥之间。西、摩两国政府自 1979 年起就组成联合委员会进行规划工作。海峡长 87 km，有两条规划路线：东线峡宽 14 km，最大水深 950 m；西线峡宽 26 km，最大水深300 m。经过多次国际会议征集方案，有各种多孔桥梁方案，最大跨度达 5 000 m；隧道也有半潜式、沉管式和海底深埋隧道等多种方案，它可能是世界最为艰巨的跨海工程。

欧亚之间的博斯普鲁斯海峡位于土耳其境内，海峡宽度仅 1 km。1973 年就建成了第一座主跨为1 074 m的悬索桥。随着交通量的增加，1988 年又建成了第二座主跨 1 090 m 的悬索桥。由于交通需求，目前正在规划建造第三座主跨 1 168 m 的悬索桥。

白令海峡位于亚洲的俄国和美洲的美国之间。早在 1894 年美国人就提出过跨海工程建议，20 世纪 50 年代苏联工程师又建议在白令海峡修建水坝，利用水位差发电，坝上可通车。1980 年美籍华人林同炎提出用公铁两用的预应力多孔梁桥跨越总长达 75 km 的海峡。1991 年美国成立了白令海峡铁路隧道集团，规划用高速铁路连接美洲和亚洲的铁路网。这一“和平之桥”的梦想有望在 21 世纪成为现实。

2.2　欧洲的跨海工程

欧洲是世界经济较发达的地区，一些岛国如英国以及拥有较多沿海岛屿和曲折海岸线的国家，如挪威和瑞典，也想仿效日本的本州—四国联络线工程，用桥梁把领土的各部分连接起来。还有一些跨海湾的工程也在规划之中，以缩短沿海岸公路干线的距离(图 6)。

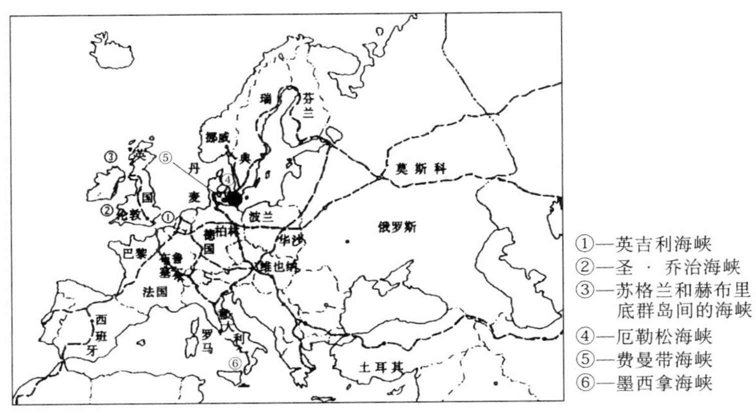

图6 欧洲主要跨海工程位置图

英国和法国于1993年12月建成了跨越英吉利海峡的隧道后，英国还计划在英格兰和爱尔兰之间的圣·乔治海峡以及苏格兰和爱尔兰之间、苏格兰和赫布里底群岛（见图6）及奥克尼群岛之间建设跨海工程。

丹麦和瑞典之间的厄勒松（Oresund）海峡是北海的主航道。1991年丹瑞两国决定共建主跨490 m的斜拉桥——厄勒松大桥，并将于2000年建成通车。1998年丹麦大海带桥建成后，德国通过丹麦和北欧的联络线可以走小海带桥—大海带桥—厄勒松桥，但更为便捷的通道应是自汉堡向北跨越费曼带海峡到丹麦西伦岛，德国和丹麦政府正在合作规划这一跨海工程。

此外，还应提到早在20世纪50年代就开始规划的意大利墨西拿（Messina）海峡桥。这一从意大利半岛到西西里岛的跨海工程经历了40余年的漫长准备，多次修改方案，最后考虑到水文、地质和地震等因素，已确定采用主跨为3 300 m的单孔悬索桥，它将是世界跨海大桥工程的一座丰碑。

2.3 亚洲的跨海工程

亚洲是经济发展最迅速的地区。特别是日本、韩国和中国的崛起，令世界瞩目。日本是一个岛国，第二次世界大战后，经过一段时间的休养生息就率先开始实施跨海工程的宏伟计划。到20世纪末，完成了本州—四国三条联络线（图7）后将在21世纪进一步实现《第二国土轴计划》。除了修建东京湾和伊势湾的主跨达2 500 m的海湾大桥外，还要在纪淡海峡（本州和四国间，宽11 km，水深120 m）、丰予海峡（四国和九州间，宽14 km，水深200 m）、长岛海峡（九州西部，宽2 km，水深70 m）以及津轻海峡（本州和北海道间，宽13 km，水深270 m）等处修建跨海工程，以形成沿太平洋海岸的高速公路干线。日本工程师提出了用5 000 m跨度的大桥跨越海峡的方案，并表示这是他们的21世纪梦想。

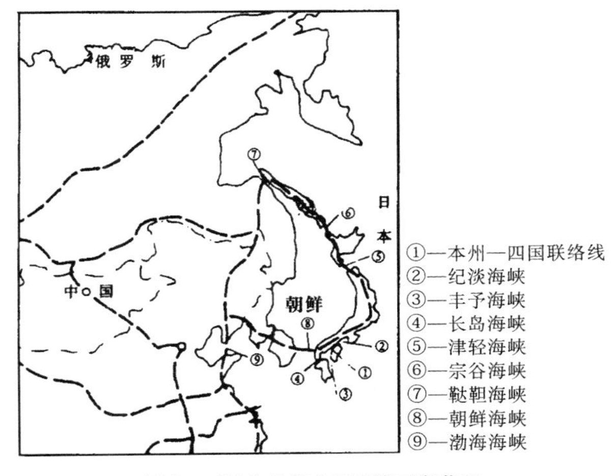

图7 亚洲东北部主要跨海工程位置

日本一家公司在1994年还设想在日本北海道和俄罗斯的萨哈林岛之间的拉普鲁斯海峡（宽42 km、水深70 m）建造跨海工程，并且向北再跨越7 km宽的鞑靼海峡和俄罗斯本土相连接。此外，从日本九州的福岗跨越朝鲜海峡到韩国的釜山，和亚洲大陆相连，从而在东北亚形成一个环形交通，使日本和朝鲜、中国以及俄罗斯西伯利亚连成一片。

2.4 中国的跨海工程

中国是一个发展中的国家，在20世纪建成的铁路和公路网主干线（两纵两横）的基础上，21世纪将全面完成全国铁路复线工程和五纵七横的骨干公路网，其中将包括许多跨越长江、黄河的大桥工程。一些沿江的大城市，也将建造许多越江工程把两岸的城区用多重环线连接起来。沿太平洋海岸的南北公路干线——同三线（黑龙江省同江市沿江至海南省三亚市）上将通过 5 个跨海工程（自北向南依次为渤海海峡工程、长江口越江工程、杭州湾跨海工程、珠江口伶仃洋跨海工程以及琼州海峡工程）使该线实现真正的贯通（图 8），以代替目前的轮渡连接和绕行过渡通道。

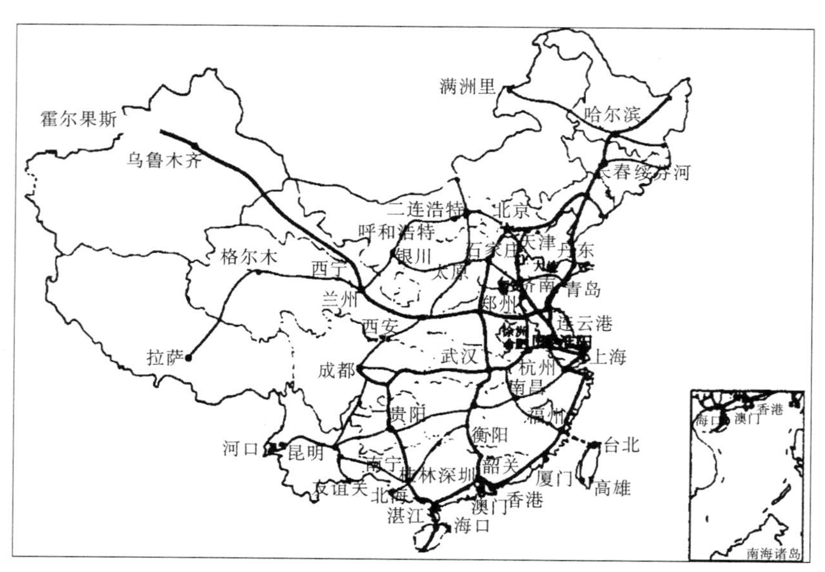

图 8　“五纵七横”高等级公路干线网

此外，除渤海海峡和琼州海峡之外的台湾海峡为我国三大海峡之一，海峡宽 140～250 km，但平均水深仅 50 m，完全有条件修建跨海工程。相信在台湾回到祖国的怀抱，实现了统一以后，台湾海峡将会架起大桥或修建海底隧道。

上海是中国最大的城市，又是全国经济、金融和贸易中心。位于长江口的上海港将联合长江下游沿江城市的码头，以及杭州湾口的宁波北仑港和舟山群岛的深水泊位形成中国东方大港和上海航运中心。为此需要建造跨越长江口和杭州湾的通道以及连接舟山各岛的联岛工程。

舟山群岛拥有十分理想的深水港资源，平均水深达 80 m，但对于建造大跨度桥梁却是一个挑战。长江口航道变迁大，河口沉积层厚，也需要建造超千米的斜拉桥，以便连接崇明岛和横沙岛形成上海市郊区公路环线。

位于珠江口的香港、深圳、珠海和澳门将形成以香港为中心的中国南方大港和香港航运中心。为此广东省和香港特区政府已规划了香港各岛的公路网和深圳蛇口的通道，以及和珠海连接的伶仃洋工程。

琼州海峡工程可能是中国最困难的跨海工程，20 km 的海峡宽度，平均 60 m 的水深，需要建造连续多孔的特大跨度桥梁，加上灾害性的地震和台风的频繁袭击以及复杂的地质条件，将是 21 世纪中国桥梁工程师面临的严峻挑战。

3　知识经济时代的桥梁之梦

20 世纪末，一场新的经济革命悄然兴起。在 18 世纪工业革命的 200 年后，以信息为核心的知识产业革命将把人类带入知识经济的新时代。

知识经济时代实质上就是一个智能化和高效率的社会。现代通信技术的发展使社会高度信息化，从而也使家庭生活、办公室工作、工厂企业生产、交通运输、工程建设、教育培训、医疗保健、国家管理等等活动都可利用可视通信网络和多媒体形成“信息高速公路”实现自动化和智能化。人类的智慧和计算机网络的结合，使知识创新成为最有价值的产品，成为经济的主体和各行业的核心。

知识经济时代的桥梁工程建设将具有以下一些特征：

首先，在桥梁的规划和设计阶段，人们将运用高度发展的计算机辅助手段进行有效的、快速的优化和仿真分析，虚拟现实（Virtual Reality）技术的应用使业主可以十分逼真地事先看到桥梁建成后的外形、功能，在模拟地震和台风袭击下的表现，对环境的影响和昼夜的景观等以便于决策。

其次，在桥梁的制造和架设阶段，人们将运用智能化的制造系统在工厂完成部件的加工，然后用全球定位系统（GPS）和遥控技术，在离工地千里之外的总部管理和控制桥梁的施工。

最后，在桥梁建成交付使用后，将通过自动监测和管理系统保证桥梁的安全和正常运行。一旦有故障或损伤，健康诊断和专家系统将自动报告损伤部位和养护对策。

总之，知识经济时代的桥梁工程将和其他行业一样具有智能化、信息化和远距离自动控制的特征。受计算机软件管理的各种智能性建筑机器人将在总部控制人员的指挥下，完成野外条件下的水下和空中作业，精确地按计划完成桥梁工程建设，这将是一幅21世纪桥梁工程的壮丽景象。

4　结语

回顾20世纪桥梁工程的成就，日本明石海峡大桥以1 991 m的跨度和50 m深水基础的纪录载入桥梁史册。利用现有的高强度钢材和技术，我们已有可能在21世纪建造主跨4 000 m的大桥。如果新型碳纤维材料能解决锚固和经济性的问题，人们就有希望在21世纪突破5 000 m跨度大关。

实现全球四大洲的陆路交通网是世界桥梁工程界的共同奋斗目标和梦想，这一桥梁之梦有可能在下一世纪中实现。根据调查，世界海峡的宽度大都在10 km以上，最大水深在100～400 m之间。从桥下通航的要求看，应该说，2 000 m的跨度已能满足30万t以上巨型油轮的安全航行。然而，为了避开深水基础在技术上的困难，或者虽可借用海洋平台技术修建超深水桥墩的基础，但造价却十分昂贵，这就迫使桥梁工程师增大跨度以减少桥墩，如意大利墨西拿海峡大桥决定用3 300 m跨度一跨飞越海峡。然而深水基础技术的进步将会减轻我们被迫增大跨度的压力。如果能成功地解决100 m水深的新基础技术，连续多跨2 000～3 000 m的桥梁可能是更为经济合理的海峡工程方案。

西方有人预言："21世纪是太平洋的世纪"，甚至说："21世纪是中国的世纪。"这至少说明西方观察家已经看到了改革开放的中国正在迅速崛起，国际桥梁工程界也已听到中国桥梁建设不断迫近的步伐。然而，应当清醒地认识到中国的桥梁工作者不仅面临着跨海工程中超大跨度桥梁和超深水基础技术难点的挑战，同时也面临着外国同行利用先进技术占领中国桥梁市场的激烈竞争。我们要承认差距，不甘落后，只要我国继续坚持自主设计和建设的原则，勤劳智慧的中国人民一定能在21世纪的宏伟桥梁工程建设中创造出令世界震惊的成就，使中国成为国际桥梁工程界的重要一员，重现东方文明的辉煌。

参考文献

[1] Hart E. Milestones in the History of Bridge Construction [R]. Zürich: IABSE Symposium, 1979.

[2] 项海帆. 桥梁工程的宏伟发展前景[M]//桥梁漫笔. 北京：中国铁道出版社，1997.

[3] X Haifan, CHEN Airong. 21st Century Long-span Bridges in China [C]// Proc. of International Symposium on Advances in Bridge Aerodynamics. Copenhagen, Denmark, 10 - 13 May, 1998.

China Major Bridge Projects Facing 21st Century *

1 Introduction

In 80's of 20th century, as a preparing stage, a number of cable-stayed bridges with span lengths less than 300 m, prestressed concrete beam bridges and arch bridges with span lengths less than 120 m were built. At the beginning of 90's of the century, as a milestone in the history of the construction of modern long-span bridges in China, Nanpu Bridge, a cable-stayed bridge with a main span of 423 m, was successfully built in Shanghai, which brought a high tide of construction of long-span bridges in the country.

Until the Opening to traffic of Jiangyin Suspension Bridge over Yangtse River with a main span of 1 385 m in Oct. 1999, more than one hundred long-span cable-supported bridges have been built in main-bridge with main spans over 600 m will be finished including No. 2 Nanjing Bridge over Yangtse River, Jiangsu Province and Qingzhou Bridge over Ming River in typhoon prone-area, Fujian Province. Table 1 and Table 2 show respectively the major suspension bridges and cable-stayed bridges finished or under construction in China. Figure 1 - Figure 4 show several typical bridges leading the records in China.

Table 1 Major suspension bridges finished or under construction in China($L>400$ m)

	Bridge name	location	Main span	Year of completion	Deck Type
1	Shantou Bay Bridge	Guangdong Prov.	452 m	1996	P. C. box
	Xiling Bridge over Yangtse River	Guangdong Prov.	900 m	1996	Steel box
3	Fengdu Bridge over Yangtse River	Sichuan Prov.	500 m	1996	Steel box
4	Humen Bridge	Guangdong Prov.	500 m	1997	Steel box
5	Tsing Ma Bridge	Hong Kong	1 377 m	1997	Steel truss
6	Jiangying Bridge over Yangtse River	Jiangsu Prov.	1 385 m	1999	Steel box
7	Haicang Bridge	Fujian Prov.	690 m	1999	Steel box
8	Yicang Bridge over Yangtse River	Hubei Prov.	690 m	u. c. (2001)	Steel box
9	Egongyan Bridge	Chongqing	600 m	u. c. (2001)	Steel box
10	Zhenyang Bridge over Yangtse River	jiangsu Prov.	1 490 m	u. c. (2003)	Steel box

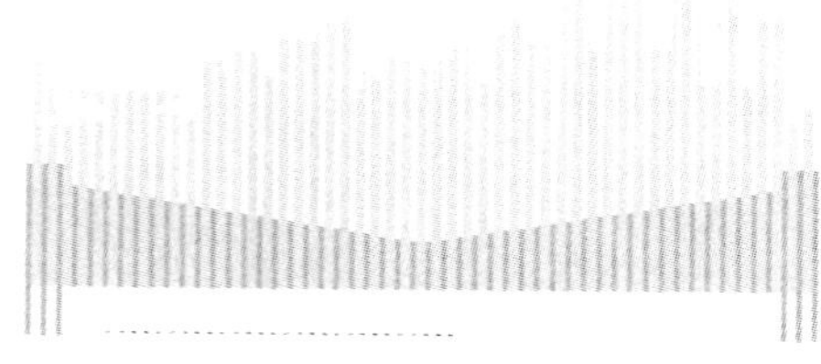

* 本文发表于 2000 年 10 月 11—13 日在北京召开的 21 世纪土木工程国际学术会议的论文集(Proceedings of the International Symposium of Civil Engineering in the 21st Century, Beijing. China, 11 - 13 October, 2000)

Table 2 Major cable-stayed bridge finished or under construction in China ($L>400$ m)

	Bridge name	Location	Main span	Year of completion	Deck Type
1	Nanpu Bridge	Shanghai	423 m	1991	Composite
2	Yangpu Bridge	Shanghai	602 m	1994	Composite
3	Yunxian Bridge over Han River	Hubei Prov.	414 m	1994	P. C.
4	2nd Wuhan Bridge over Yangtse River	Hubei Prov.	400 m	1995	P. C.
5	Tongling Bridge over Yangtse River	Anhui Prov.	436 m	1995	P. C
6	Chongqing Lijiatuo Bridge over Yangtse River	Chongqing	444 m	1997	P. C.
7	Xupu Bridge	Shanghai	590 m	1996	Composite
8	Kap Shui Mun Bridge	Hong Kong	430 m	1997	Steel
9	Ting Kau Bridge	Hong Kong	475 m	1998	Composite
10	2nd Santou Bay Bridge	Guangdon Prov.	518 m	1999	Mixed
11	3rd Wuhan Bridge over Yangtse River	Hubei Prov.	618 m	u. c(2000)	Mixed
12	2nd Nanjing Bridge over Yangtse River	Jiangsu Prov.	618 m	u. c(2001)	Steel
13	Qingzhou Bridge over Ming River	Fujian Prov.	605 m	u. c. (2001)	Composite
14	Dafushi Bridge	Chongqing	450 m	u. c. (2001)	P. C.
15	Jingsha Bridge over Yangtse River	Hubei Prov.	500 m	u. c. (2002)	P. C.
16	Zhanjiang Bay Bridge	Guangdong Prov.	480 m	u. c. (2002)	P. C
17	Junshan Bridge over Yangtse River	Hubei Prov.	460 m	u. c. (2002)	Steel box
18	Ehuang Bridge over Yangtse River	Hubei prov.	480 m	u. c. (2002)	P. C.
19	Zhenyang Bridge over Yangtse River (North Channel)	Jiangsu Prov.	406 m	u. c. (2003)	P. C

Fig. 1 Wanxian Arch Bridge over Yangtse River (main span 420 m)

Fig. 2 Supplementary Navigation Channel Bridge of Humen Bridge (main span 270 m)

Fig. 3 No. 2 Nanjing Bridge over Yangtse River (main span 628 m)

Fig. 4 Jiangyin Bridge over Yangtse River (main span 1 385 m)

2 Major crossing projects in China

To meet the requirements of the rapid development of economy in China, the central government has planned a state highway network for 21st century. This network will mainly consist of 5 lines from North China to South China and 7 lines from West China to East China as a skeleton, as shown in Figure 5 and have been planned to be completed in the first two decades of 21st century. In this skeleton there are several ambitious crossing projects such as Bohai sea strait, Yangtse River Estuary, Qiongzhou sea strait etc, which are more challenging to the engineers.

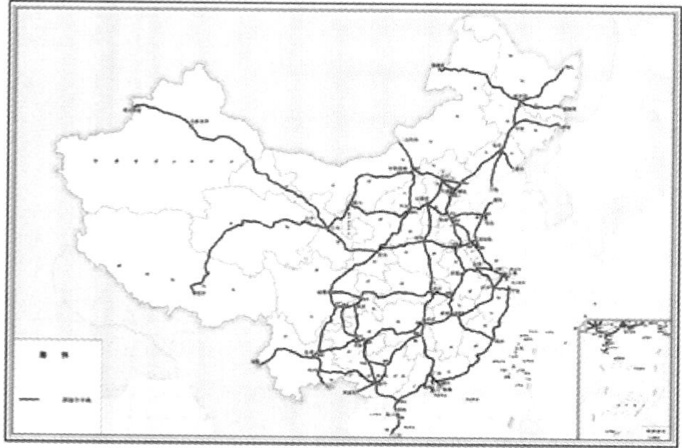

Fig. 5 State Highway Skeleton Network in China for 21st Century

2.1 Bohai sea strait crossing projects

Bohai Sea Strait is embraced with Liaodong and Shandong Peninsulas between Lushun of Liaoning Province, and Penglai of Shangdong Province (Figure 6), about 110 km wide and with an average water depth of 50 m. The strait can be separated into two parts, the south section and the north section. The south section is about 65 km wide, which is composed of several small islands, and there are no difficulties to build several medium-span bridges to connect these islands. But for the north section, about 42 km long with an average water depth of 50 m and maximum water depth of 86 m, the main navigation waterway, a multi-span large bridge is required. The whole construction project will be very costly, so it is suggested that at the beginning of 21st century a highway ferry will be first opened up, and the south section will be constructed thereafter for developing the tourism resource of those small islands, then in the second decade the north section will be further built.

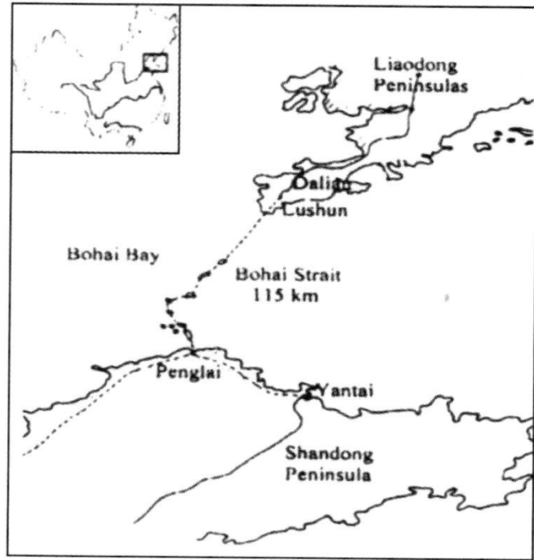

Fig. 6 Bohai Sea Strait between Lushun of Liaoling Province and Penglai of Shangdong Province

2.2 Hangzhou bay crossing project

Shanghai, as the biggest economic center and as a major harbor in Eastern China, should have an appropriate sea area. But up to now the Huangpu River at Shanghai is only navigable for 25,000 t vessels on high tides, there is no ideal deep water coastline even in the area of the Yangtse River Estrary.

The archipelago of Zhoushan, at the outer fringe of Hangzhou Bay, is near Shanghai and very rich in harbor resources. From Shanghai to Ningbo of Zhejiang Province, it is needed to build a bridge over Hangzhou Bay and connecting the isles of the archipelago at Zhoushan as well (Figure 7).

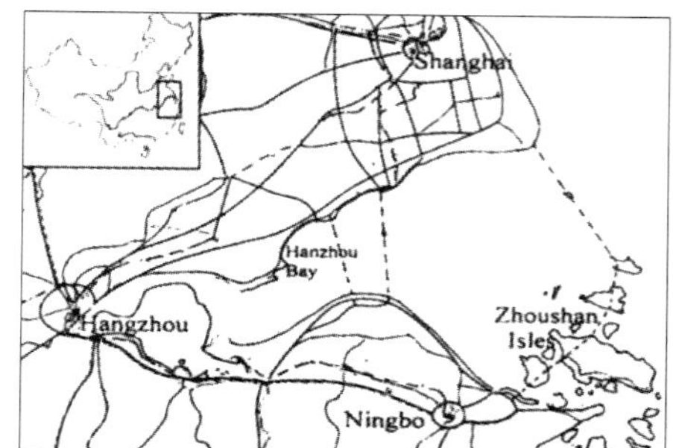

Fig. 7 Hangzhou Bay and Zhoushan Isles

The feasibility study shows that there are several alternative sites to cross the channel, but the most favorable one of 42 km wide with an average water depth of 11. 3 m is recommended due to the less requirement of navigation clearance. In the case only a P. C. continuous beam bridge with spans of 120～150 m is required.

2.3 Qiongzhou sea strait crossing projects

Qiongzhou Sea Strait (Figure 8), located at south of China, about 20 km wide, with an average water depth of 60 m and maximum water depth of 80～102 m, has very bad natural conditions. The site not only is often hit by typhoons and high tidal current, but also has possibilities of very strong earthquakes.

Fig. 8 Qiongzhou Sea Strait Connecting the Mainland and the Hainan Island at South China

Up to now there are not any detailed designs for the strait, what have been done are only some conceptual proposals. Generally speaking, those proposals including a series of large multi-span suspension bridges with span lengths of 2 000 m and 3 000 m, and multi-span cable-stayed bridges with span lengths of 1 000 m. there are also some other suggestions combined with bridges and tunnels. In the near future, a highway and a railway ferry will be established instead of building a fixed structure. But with the development of the economy at the Hainan Island and more detail researches about the strait, a fixed structure could be constructed during the second decade of 21st century.

2.4 Qingdao bay crossing project

A feasibility study to cross Qingdao bay from the city to Huangdao is now carrying out. There are mainly two alternatives for the bridge site, One choice is located at the mouth of the bay, a suspension bridge with a main span about 1 700 m is now proposed. Another choice is along the ferry line, a multispan suspension bridge with three towers and two main span about 1 200 m might be a best choice due to the special requirement of the navigation channels. The city government might decide to begin the bridge construction in 2001. Figure 9 shows the bridge site alternatives.

Fig.9 Qingdao Bay Bridge Project

3 Major bridge projects over yangtse river

The first large bridge over Yangtse River is the No. 1 Wuhan Bridge with a steel truss girder of a double deck respectively for highway and railway transportation, which was finished at the end of 50's. Later, in 60's. another steel truss bridge, the No. 1 Nanjing Bridge over Yangtse River, also for both highway and railway, was built. During the last decades, a number of bridges over Yangtse River have been constructed, among them there are railway bridges and highway bridges, for example, the No. 1 Chongqing Bridge, Jiujiang Bridge, No. 2 Wuhan Bridge, Tongling Bridge etc. Up to now there are still several long-span bridges under construction, such as the Jinsha Bridge, Yicang Bridge, Junshan Bridge, No. 2 Nanjing Bridge etc.

To meet the requirement of the developing of regional economy, the local governments along the Yangtse River Valley have decided to build more bridges over Yangtse River to form the local highway networks. From Chongqing to Shanghai, several cable-stayed bridges with main spans over 400 m are now under designing or under construction. Actually to say. Chongqing, Hubei Province and Jiangsu Province are three hot places in building bridges over Yangtse River.

3.1 Major Bridge Projects in Chongqing

Chongqing is a new municipality. Several long-span bridges were built over Yangtse River and Jialing River in last five years including Chongqing Lijiatuo Bridge over Yangtse River with a main span 444 m, and several bridges are now under construction such as Dafushi Bridge and Egongyan Bridge both over Yangtse River.

3.2 Major Bridge Projects in Hubei Province

Along the section of Yangtse River in Hubei Province, about 1 053 km long, up to now, there are 6 existed bridges, 6 bridges under construction, and 3 bridges under designing. Among them, 3rd Wuhan Bridge over Yangtse River with a main span of 618 m and a mixed deck has been opened to traffic in August, 2000; Jinsha Bridge over Yangtse River with a main span of 500 m will be the longest prestressed concrete cable-stayed in China, which will be finished in 2002; Yicang Bridge is a suspension bridge with a main span of 960 m. and will be completed in 2001.

3.3 Major Bridge Projects in Jiangsu Province

In Jiangsu Province, the downstream section of Yangtse River becomes wider. No. 2 Nanjing Bridge over Yangtse River will be opened to traffic in 2001, and Zhenyang Bridge over Yangtse River will start to be built in late 2000. Sutong Bridge over Yangtse River and No. 3 Nanjing Bridge over Yangtse River are now under planning.

Zhengyang Suspension Bridge over Yangtse River, now under designing, will be a suspension bridge with a main span of 1 490 m. The original choice of the main girder is a closed streamlined box girder of 35.9 m wide and 3 m high, and the gantry trails are located at the bottom of the deck. We found that it just meet the flutter checking criterion, but large vertical and torsional vortex-shedding both in uniform flow and turbulent flow were observed. The wind tunnel test carried out at Tongji University shows that by adding a nosing and putting the gantry trails on the up of the added nosing results in significant increase in critical flutter wind speed, and vortex shedding also disappears.

Sutong Bridge over Yangtse River connecting Nantong and Suzhou will play an important role to form a coastal line of the highway skeleton. which is now at its feasibility study stage. It is found that a lot of technical problems have to be solved. There are two main alternatives for the main bridge. one is a cable-stayed bridge with a main span about 1100 m, another one is a multi-span cable-stayed bridge with two main spans about 600 m.

4 Major Bridge Projects for Big Cities

4.1 Lupu Bridge over Huangpu River, Shanghai

In last ten years, 3 cable-stayed bridges and a continuous beam bridge over Huangpu River have been built in Shanghai. In 2000, Lupu Bridge over Huangpu River is in its design stage. This bridge will be a hybrid arch bridge with a record span of 550 m providing a new landscape for Shanghai.

4.2 Major Bridge Projects in Hong Kong S. A. R., China

In recent years several long-span bridges have been built in Hong Kong along the expressway and railway to the new airport, Tsing Ma Bridge, Kap Shui Mun Bridge and Ting Kau Bridge, are now very famous.

With the recent establishment of Hong Kong as a Special Administrative Region (S. A. R.) of China, the Major Harbour in South China, several large bridges will be built in near future. The Tsing Lung Suspension Bridge with a main span of 1 418 m now is under designing, and the Stonecutters Bridge is also under its design competition stage, which might be a cable-stayed bridge with a main span over 1 000 m.

5 Aerodynamic considerations in designing Long-Span bridges

Figure 10 is the wind speed map of China in design code. in which the isobaric lines of the basic wind pressure with a definition of 10 min mean. 10 m high above ground level and 100 years return period are shown. It can be seen that on the pacific coastal line, the basic wind pressure varies from 0. 4 to 1. 2 kPa, which is equivalent to the basic wind speed from 25 to 45 m/s. The wind-induced problem has become a main concern for designing bridges across these straits and some extra long-span bridge over Yangtse River near the estuary as well.

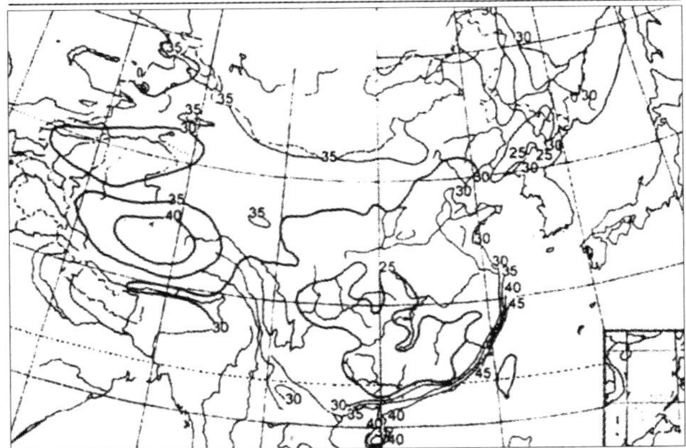

Fig. 10 Wind speed map of China (m/s)

In the feasibility study on these long-span bridges mentioned in this paper. some measures for improving their aerodynamic performance have been considered, which includes:

- hybrid design of cable-suspension combined systems and mixed design of concrete-steel decks;
- cross hangers or stays for forming a spatial cable system;
- slotted box section for very long-span cable-supported bridges;
- fairing and nosing for bluff edged deck cross section;
- baffle or skirt plates for open deck sections.

A research program financially supported by Natural Science Foundation of China (NSFC) under grant. No. 59895410 - 4 entitled with Aerodynamic Parameter Identification and Theory of Wind-induced Vibrations of Very Long-span Bridges is now carrying out at Tongji University for making good preparation in designing ver long-span bridges in China. The main objective covers:

- Develop effective methods for the identification of aerodynamic derivatives and admittance using both wind tunnel testing and CFD technique.
- Establish nonlinear analytical theory of flutter and buffeting of long-span bridges in both frequency domain and time domain.
- Investigate the mechanism of countermeasures rain/wind-induced vibrations of stay cables in cable-stayed bridges and their suppression.
- Develop probabilistic assessment of flutter instability for long-span bridges.
- Investigate mechanism of aerodynamic measures for improving the wind-resiatant performance of bridge decks with the aid of CFD technique and wind tunnel testing.
- Establish equivalent wind load theory of long-span bridges for design codes.

6 Concluding Remarks

- In the 21st century, China will be one of the world's hot places in building long-span bridges.
- With 20 years achievements and experiences in building long-span bridges. Chinese bridge engineers have confidence to bear the task of major bridge engineering projects in next century.

• Facing the challenges from very long span bridges and extra deep water foundations. Chinese bridge engineers have to make good preparation.

• International coolleagues are welcome in doing the cooperation works for the 21st century long-span bridges in China.

References

[1] Xiang H F. Cable-stayed Bridges in China [M]// Editor: Ito M et al. Cable-Stayed Bridges, Recent Developments and their Future. Elsevier, 1991.

[2] Xiang H F. Bridges in China [M]. Shanghai: Tongji University Press, Hongkong: A & U Publication (HK) Ltd, 1993.

[3] XiangH F, Chen A R. 21st Long-span Bridges in China [C]// editor: Larsen A. Bridge Aerodynamics. 1998.

[4] Xiang H F, Chen A R, Lin Z X. An Introduction to the Chinese Wind-resistant Design Guideline of Highway Bridge [J]. Journal of Wind Engineering and Industrial Aerodynamics, 1998,20.

[5] Xiang H F. Retrospect and Prospect of Cable-stayed Bridges in China [C]// International Conference of IABSE. Malmoe. Sweden: 1999.

[6] Xiang H F, Chen A R. Aerodynamic Studies of Long-span Cable-supported Bridges in China [C]// International Conference on Advances in Structural Dynamics. Hong Kong: 2000.

进入21世纪的桥梁风工程研究*

在20世纪桥梁工程取得巨大成就的基础上，21世纪的世界桥梁工程将进入建设跨海联岛工程的新时期。日本和丹麦两个岛国是先驱者，日本本州—四国联络线工程和丹麦大小海带桥的建成是20世纪的里程碑，日本和丹麦也由此成为世界桥梁强国的后起之秀。

在21世纪上半叶，已经规划多年的洲际跨海工程，如欧非直布罗陀海峡通道，欧亚博斯普鲁斯海峡第三通道以及欧美白令海峡工程将有可能付诸实现。在欧洲，英伦三岛、挪威沿海诸岛、德国和丹麦之间的费曼海峡以及意大利的墨西拿海峡也都将实施跨海工程建设。在亚洲，东北亚的日本和朝鲜有可能通过朝鲜海峡的跨海工程建设陆路通道。日本继本四联络线后还将实施“第二国土轴”计划，通过多座跨海（海峡和海湾）工程建设沿太平洋海岸的高速公路干线。

中国的崛起令世界瞩目。在完成五纵七横主干公路网建设的同时，也已开始跨海工程的前期工作。如上海的崇明越江通道和杭州湾通道，珠江口的伶仃洋通道都在进行工程可行性的研究，舟山联岛工程也已开始实施。可以预计21世纪的中国将在桥梁建设中创造辉煌的成就，屹立于世界桥梁强国之列。

21世纪的跨海大桥工程中将会出现许多超大跨度的斜拉桥和悬索桥，以避开超深水基础的困难和满足超大型船舶的通航要求，这就给桥梁风工程研究带来新的挑战。在台风多发的海域建造柔性的超大跨度桥梁，抗风安全将是最重要的控制因素。目前普遍采用的由Scanlan和Davenport于20世纪60年代建立起来的桥梁风振理论框架是否需要补充和改进，以适应超大跨度桥梁的抗风设计是一个令人关注的课题。本文将对21世纪初桥梁风工程研究的重点进行展望，以便明确努力方向，为跨海工程建设做好抗风设计的理论和实验准备。

1 桥梁风振理论的精细化

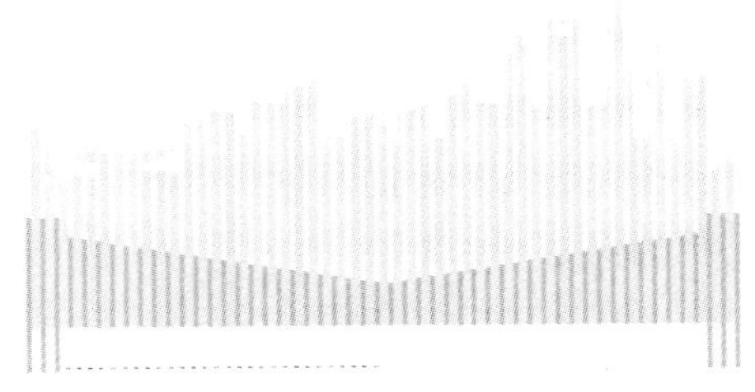

由Scanlan和Davenport于20世纪60年代建立的桥梁风振理论框架是基于非变形结构和线性气动力模型的线性确定性模态分析方法。在颤振分析中一般都不考虑紊流的影响，也不考虑风载引起的结构变形和附加攻角的作用。日本Miyata在进行明石海峡大桥的全桥模型试验中观察到在发生颤振前桥面已存在十分明显的侧向弯扭变形，这种因风的静力作用而产生的结构变形改变了桥梁的姿态，产生了沿桥跨方向不同的附加攻角。此外，大跨度斜拉桥的全桥气弹试验中还应考虑作用在斜拉索上的风

* 本文选自2001年11月在广西龙胜召开的第10届全国结构风工程学术会议论文集，2002年5月发表于《同济大学学报》第30卷第5期，529—532页。

载对变形的影响。用迭代的方法很容易跟踪随风速增加的结构的变形,并考虑这一几何非线性对气动力作用、结构动力特性以及颤振临界风速的效应。同济大学在进行江阴长江大桥的抗风研究和风洞试验中注意考察了这种结构几何非线性效应,得到了有意义的结果。

应当指出的是:目前通用的包含气动导数的自激力和准定常形式的抖振力是忽略了非线性项的线性表达式。随着跨度的增加,结构的变形和振幅都达到了米的量级,是否需要建立更加精确的气动力表达式是值得考虑的,特别是用现有理论分析抖振响应和实测结果有较大的误差,而且跨度愈大误差也愈大。因此可能要抛开机翼颤振和抖振的理论框架,寻找更为适合柔性的超大跨度桥梁风和结构相互作用及其非线性气动力表达式,使理论分析和实测达到一致,以便为实现精确的时域分析、数值风洞和更进一步的虚拟现实(VR)奠定更科学和坚实的理论基础。

2 桥梁风振机理研究

美国塔科马(Tacoma)悬索桥风毁后组成了旨在为弄清事故原因的调查委员会。当时已经建立起来的航空空气动力学基础理论已被用来作为解释风毁机理的武器。由于邀请了流体力学家 Von Karman 参加调查委员会,在提交的报告中暗示旋涡脱落可能是激起振动的主要原因。节段试验也表明:如果去掉迎风面的主梁,扭转振动的发散将消失。于是此后的一些空气动力学著作都认为卡门涡街是造成塔科马桥风毁的主要原因。直至 1971 年 Scanlan 发现了钝体断面的扭转负阻尼现象,并指出涡激振动只能用来解释该桥失稳前出现的较低风速时的弯曲振动现象,而与扭转振动发散无关。一直到 1990 年塔科马桥风毁 50 周年之际,英国 Wyatt 著文指出:平板的古典耦合颤振和钝体断面的扭转颤振是两种不同的机制。尽管通过风洞试验能保证安全的抗风设计,但流体和结构的相互作用机理仍是不清楚的。

在 20 世纪 90 年代,日本 Matsumoto 对各种桥梁断面进行了仔细的流态和颤振形态的研究,分析了弯扭耦合的不同比例及其对颤振的影响,在实验中发现了涡的形成和沿桥面的飘移过程。丹麦 Larsen 利用所开发的 DVMFLOW 软件,用数值模拟方法揭示了塔科马桥断面流体和结构相互作用的全过程。研究表明:卡门涡街不能对扭转振动的发散负责,但涡流沿桥面的飘移却会使升力的作用点同时飘移,造成升力矩从正向负转化,当涡的间距和桥面宽度达到一定配合关系将激起发散的扭转振动,这也正是扭转阻尼从正变负的原因。可以说,这一新研究为塔科马桥风毁提供了更科学和微观的解释。

对风致振动的机理研究一般都滞后于控制风振有效对策的研究,如上述的颤振机理、拉索的参数振动和雨振等。然而,弄清风振的激振机理是结构风工程研究的重要任务,只有机理研究清楚了,才有可能建立起从平板到钝体断面统一的风振理论。对于处于中间状态的各种桥梁断面以及添加了各种导流制振措施的复杂断面有一个连续的、无矛盾的处理方法。为此目的,还要继续努力,不断改进现有的理论框架,以逐步弄清桥梁的各种风振机理。

3 计算流体动力学(CFD)的应用

20 世纪 90 年代初,从航空领域引入土木结构的计算流体动力学(CFD)技术已取得了初步的进展,丹麦的 Walther 和 Larsen 率先开发了基于离散涡法的 DVMFLOW 软件,用于大海带桥的风振分析获得成功;随后,同济大学也开发了基于有限元法的空气弹性力学分析软件,对江阴长江大桥、南京长江二桥和润扬长江大桥等进行了气动选型、气动参数识别和风振分析,并与风洞试验作了对比,取得了比较满意的结果。实践表明:CFD 技术对于初步设计阶段的气动选型、设计独立审核工作、风振机理研究以及今后过渡到“数值风洞”都是十分有效的工具和重要的过程。

对于“数值风洞”的前景尚有不同的看法:一方面用于数值分析的钝体气动力模型还不够精确和完善,气动参数的识别也存在着不确定性,需要继续改进,完全依靠数值模拟来获得必需的结构气动参数还有困难;另一方面,风洞试验技术的进步使试验周期和费用相对于“数值风洞”仍具有竞争力,对结果的可信度也并不逊色。因此,在今后的一定时期内,可能仍以风洞试验为主要手段,辅以“数值风洞”的适当作用。

是否可以预期,随着钝体空气动力学在理论和算法上的不断进步,大容量的并行计算机更为普及以后,“数值风洞”,甚至更为先进的虚拟现实技术有可能替代风洞试验方法成为桥梁抗风设计的主要手段。人们将在屏幕上预见大桥在灾害气候条件下的振动景象,并据此判断结构的抗风安全。不管怎样,数值模拟是信息时代的主要特征,数值风洞的发展前景是毋庸置疑的,应该积极努力地推动这一技术的进步。

4 气动参数识别的改进

自从1971年Scanlan和Tomco发表了《机翼和桥面气动导数》的著名论文以来,桥梁气动导数识别的试验技术和识别算法都有了许多创新和改进,但从实践中人们仍感到有许多不确定性,影响到参数的精度,缺少有力的验证是重要的原因。除了平板的气动导数有理论解可以作为实测的验证外,对于其余的桥梁断面的气动导数,无法估计其误差,只能通过全桥气弹模型试验的结果来间接地检验利用实测气动导数得出的颤振分析结果,但前者也有风洞模拟、模型制作和相似等方面的问题,难以作为精确的准绳。气动导纳函数是一个和抖振分析密切相关的重要参数。然而,除了少数几个探索性的研究外,对于抖振响应的分析仍是一种估算,停留在1962年Davenport建立的用Sears函数(Liepmann表达式)考虑气动导纳修正的最初框架上,至今没有实用性的成果,这确实是难以想象的一种状况。

现场实测的抖振响应已多次提醒:按现行方法进行抖振分析的结果存在较大的误差。除了加紧研究气动导纳函数,提出便于实用的合理的参数值外,也许还应当用审慎的眼光对待建立在准定常理论基础上的抖振力表达式,探索更为精确的包含非线性项非定常的抖振力表达式,使理论分析和实测结果达到一致,以满足超大跨度桥梁对风振分析提出的更高要求。

5 超大跨度桥梁的抗风对策

随着跨度的增大,桥梁对风的敏感程度将不断提高。实践表明,对于斜拉桥这种刚性较好的体系,即使跨度超过千米,只要采用斜索面和闭口箱梁断面,成桥以后都可获得足够的稳定性,如同香港昂船洲大桥和苏通长江大桥的研究所证明的。主要的问题是悬臂施工阶段桥面的风振和长拉索的风雨激振,需要采用一些被动控制措施加以抑制。斜拉桥极限跨度的研究表明:1 200 m以下是比较合适的区域。1 200～1 500 m斜拉桥虽然仍有竞争力,但主梁中巨大的轴向压力将导致静力压屈稳定问题,需要增加额外的刚度来保证。1 500 m以上的斜拉桥在目前钢索的条件下,将出现较大的拉索垂度和相应的非线性刚度折减,需要采用空间索网的布置来克服。作者认为:斜拉桥做到1 500 m跨度应该可以满意了,过长的悬臂施工将会使风险更大,而1 500 m以内斜拉桥在抗风方面是完全有信心解决的。和斜拉桥相比,悬索桥的刚度要小得多,1 600 m以上的悬索桥,如采用常规的箱形断面,如大海带桥那样,临界风速将降到70 m·s^{-1}以下,在强台风地区将不能满足要求。香港青龙大桥就必须采用中央开槽的分离桥面才能解决。

21世纪的跨海大桥工程提出了建造2 000 m以上悬索桥的要求。中央开槽的分体桥面方案对提高抗风稳定性是十分有效的措施,但过宽的中央槽将使横梁跨度增大,使桥梁造价增加,过宽的桥面还会造成桥塔宽高比的失调,影响桥梁的美观。因此,采用其他措施,如中央稳定板、导流板的配合是值得考虑的。曾经有人研究过如同航空器中采用的主动控制技术,但由于土木结构体型庞大,能源的供应和日常维护是一个难题。因此,无能源的自适应控制系统对超大跨度悬索桥应该是一个有前景的振动控制方法。

此外,利用斜拉桥刚度好的有利条件,继续克服斜拉-悬索协作体系在结合部附近吊杆疲劳问题,充分发挥两种体系的优点。协作体系将减少斜拉桥长悬臂施工的风险,同时又可增大桥梁的抗风稳定性,尤其在有软土覆盖层的沿海地区,锚碇的减小将会带来经济效益,相信协作体系在1 200～1 500 m的跨度范围应该是一种有竞争力的桥型。

6 结语

我国的桥梁风工程研究经过20余年的努力,经历了20世纪80年代的"学习和追赶"和20世纪90年代的"提高和紧跟"两个阶段,已取得了长足的进步。通过对国内数十座大桥的抗风研究和风洞试验的实践,可以说我国的水平已进入了世界先进行列,也得到了国际风工程同行的认可。

进入21世纪后,应开始"创新和超越"的第三战役,在第二阶段全面紧跟的十多个研究课题中选择4～5个重点进行突破,以进一步明确奋斗目标,通过创新,实现跨越式前进。同时,利用我国大规模桥梁建设的有利形势积极参与和合作,以重大桥梁工程为背景,理论联系实际,争取用10年时间在几个方面达到世界先进水平。

参 考 文 献

[1] 项海帆.进入21世纪的中国大桥工程及抗风研究[C]//进入21世纪的科学进步与社会经济发展.北京:中国科学技术出版社,1999:986.

[2] 项海帆.上海力学学会40周年年会报告:风工程和力学[R].上海:同济大学土木工程防灾国家重点实验室,1999.

[3] Xiang Haifan, Chen Airong. Aerodynamic Studies of Long-span Cable-supported Bridges in China [C]// Proc. of International Conference on Advances in Structural Dynamics. Oxford: Elsevier Science Ltd, 2000:121 - 134.

[4] Xiang Haifan, Ge Yaojun. Refinement on Aerodynamic Stability Analysis of Super long-span Briges [J]. JWE, 2001(89):65 - 72.

Aerodynamic Challenges in Span Length of Suspension Bridges*

1 Introduction

As a human dream and an engineering challenge, the structural engineering of bridging larger obstacles has entered into a new era of crossing wider sea straits, for example, Messina Strait in Italy, Qiongzhou Strait in China, Tsugaru Strait in Japan, and Gibraltar Strait linking European and African Continents. One of the most interesting challenges has been identified as bridge span length limitation, in particular the span limits of suspension bridges as a bridge type with potential longest span. The construction of long-span suspension bridges has experienced a considerable development for about one century. It took about 54 years that span length of suspension bridges grew from 483 m in Brooklyn Bridge to 1 280 m in Golden Gate Bridge in 1937, and had an increase by a factor of about 2. 7. Although the further increase in the next 61 years from Golden Gate Bridge to Akashi Kaikyo Bridge in 1998 was only 1. 6, another increase factor about 1. 6 will be realized in Messina Strait Bridge with a 3 300 m main span within 12 years in 2010.

The dominant concerns of super long-span bridges to bridge designers are basically potential requirement, technological feasibility and dynamic and aerodynamic considerations. The potential requirement of extreme bridge spans is basically related to horizontal clearances for navigation and economical construction of deep-water foundation. Based on current strength and weight of cables and deck of materials, for example, steel, glass fiber reinforced plastics (GFRP) and carbon fiber reinforced plastics (CFRP), the static estimation of feasible span length can be made to ensure the technological feasibility of suspension bridges with longest spans. After the performances of countermeasures for raising the aerodynamic stability are reviewed, including cable system modification, slotted deck solution, additional stabilizers and passive and active control, a trial design of a 5 000 m suspension bridge, which is estimated as a reasonable limitation of span length, is finally conducted to respond to the tomorrow's challenge in span length of suspension bridges based on dynamic characteristics, aerodynamic

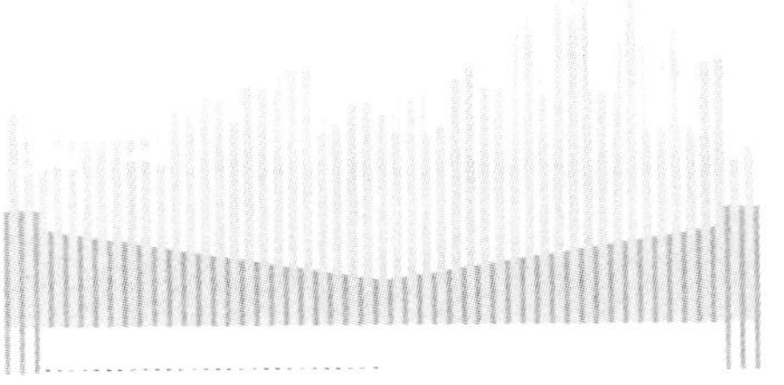

* Selected and modified from Proceedings of the 11th International Conference on Wind Engineering, 2003, 65 - 80, written by Xiang Haifan, Ge Yaojun.

flutter stability and aerostatic torsional performance.

2 Potential requirements of bridge span

Bridging wider sea strait requires longer bridge span based on not only ever-growing navigation requirements but also very deep water. It is well known that the horizontal clearances have been increased greatly to accommodate huge size marine vessels in recent years. The intense competition among harbor cities has led to ultra long-span bridges provided for wider and higher navigation clearance in order to obtain more benefit from ocean shipping business. Another reason for building super span bridges is in the concern for ship collision with bridge substructures. Besides the safety issue and potential loss of lives resulted from ship collision, there are a number of related economic impacts.

It is required by navigation to minimize or eliminate piers in the waterway considered. According to the development trends of large vessels in Table 1, however, there still exists a limit of dead weight tons (DWT) of vessels in order to meet economical transportation provisions including the navigation clearances of existing harbor bridges and the appropriate draught depth of navigable channels for most harbor cities all over the world. It can be predicted that the DWT of the maximum vessel could be about 500 000 t in the future, and the corresponding horizontal navigation clearance should be about 1 600 m. From the viewpoint of safe navigation, therefore, a span length of 3 200 m should be wide enough for two waterways of 500 000 DWT vessels.

Table 1 Navigation clearance

DWT(t)	Ship length (m)	Navigation clearance		Draught depth(m)
		Height(m)	Width(m)	
35 000	195	34	620	11
50 000	275	46	880	12.5
100 000	300	57	960	15
200 000	320	62	1 020	17.5
300 000	340	67	1 090	21
500 000	500	80	1 600	25

On the other hand, the longer spans are also required to avoid the construction of deep-water foundation at unpredictable costs. At the narrowest point of Gibraltar Strait, for example, the water is about 480 m deep, and the construction of deep-water foundation is much more expensive and time- consuming so that the cost of superstructures and deep-water foundations should be balanced economically. However, the water depths of most sea straits in the world are less than 150 m, with the progress in the technology of deep-water foundation, the optimal and economic solution of span length can be predicted in the range of 2 000 - 5 000 m. The potential requirement of bridge spans could be estimated as about 5 000 m. The optimal and economic solution of span length in the range of 2 000 - 5 000 m will depend on the cost of deep-water foundation in designing the multi-span suspension bridge for sea straits crossing.

3 Technological feasibility of span length

To ensure the technological feasibility of suspension bridges with longest spans, it is interesting to cope with static estimation based on material strength and weight of cables. For the center span of a typical three-span suspension bridge, by assuming the main cable shape to be parabolic, the feasible span length L can be expressed by the following inequality

$$L \leqslant \frac{8nA\sigma_a/w_c}{\sqrt{1+16n^2}\,(1+w_s/w_c)} \tag{1}$$

where n is the ratio of cable sag to span, σ_a is the allowable stress of cables and $\sigma_a \cong 0.5\sigma_u$ (σ_u is the ultimate stress), A is the cable area of wires, w_c is the cable weight per unit length and $w_c \cong 1.1A\lambda_c$ (λ_c is the material density) and w_s is the deck weight per unit length including dead weight and live loads of traffic.

If the weight ratio of w_s/w_c approached zero, the ultimate span length L_∞ could be approximately obtained with the cable materials including high strength steel, GFRP and CFRP under the conventional sag-span ratios of 1/8 and 1/11 as follows

$$L_{\infty} = \frac{4n\lambda}{\sqrt{1+16\,n^2}}$$

$$\cong \begin{cases} \dfrac{80\,000n}{\sqrt{1+16n^2}} \cong \begin{cases} 8\,900 \text{ m}(n=1/8) \\ 6\,800 \text{ m}(n=1/11) \end{cases} (\text{Steel}) \\ \dfrac{100\,000\,n}{\sqrt{1+16\,n^2}} \cong \begin{cases} 11\,100 \text{ m}(n=1/8) \\ 8\,500 \text{ m}(n=1/11) \end{cases} (\text{GFRP}) \\ \dfrac{240\,000\,n}{\sqrt{1+16\,n^2}} \cong \begin{cases} 26\,700 \text{ m}(n=1/8) \\ 20\,400 \text{ m}(n=1/11) \end{cases} (\text{CFRP}) \end{cases} \tag{2}$$

where λ is the ratio of ultimate stress σ_u to equivalent density $1.1\gamma_c$, and the values of λ are about 20 000 m, 25 000 m and 60 000 m for steel, GFRP and CFRP, respectively. Eq. (1) can be simplified as

$$L \leqslant \frac{L_{\infty}}{1+w_s/w_c} \tag{3}$$

With the application of steel cables, the relationship between span length L and weight ratio w_s/w_c, Eq. (3) can be plotted as Fig. 1, in which the additional four dots represent four bridges or bridge schemes including Great Belt (GB), Akashi Kaikyo (AK), Messina Bridge (MS) and Gibraltar Bridge (GS). In order to follow the requirement of Eq. (3), the bridge span and weight ratio should be kept in the area of the lower left of the appropriate curve corresponding to the sag/span ratio. If the weight ratios of $w_s/w_c = 0.7$ like Messina Strait Bridge and even $w_s/w_c = 0.5$ are designed, the span length can be enlarged up to 5 200 m and 5 900 m, respectively.

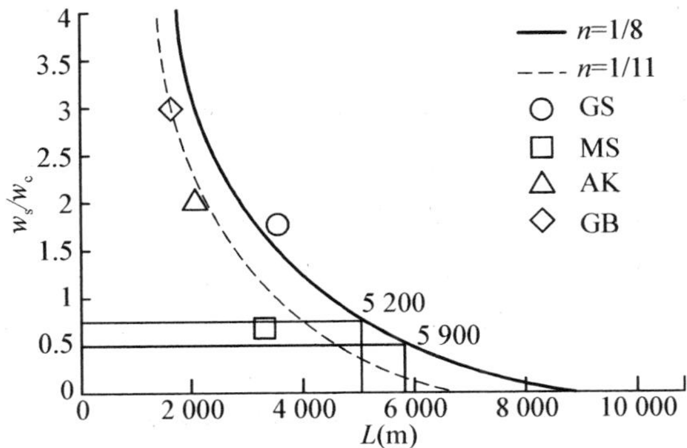

Fig. 1 Span length versus weight ratio

4 Aerodynamic countermeasures for suspension bridges

In the design of long-span suspension bridge, one of the most challenging problems is the aerodynamic stability at the design wind speed. As an example, the design speed of 60 m/s was assumed for Great Belt Bridge with a span length of 1 624 m, while the value of 78 m/s was defined for Akashi Kaikyo Bridge with a main span length of 1 991 m. The experience gained from these two recently built world-record span bridges, together with the parametric analysis considered in the preliminary study of the Gibraltar strait project, revealed that the span length of 2 000 m should be its intrinsic limit in the aspect of aerodynamic stability for the classic suspension bridges. In other words, some countermeasures should be adopted to increase the aerodynamic stability for suspension bridges with the spans beyond 2 000 m, for example, 3 200 m or 5 000 m, which is potentially required by navigation clearance or under the condition of extreme water depths, and is technically confirmed based on static estimation.

4.1 Cable system modifications

As already mentioned in the previous paragraph, the traditional suspension bridges with a single box girder seem to stop at the span limitation of 2 000 m. One of the most important reasons is the higher trend of reduction in the torsional stiffness versus span length, which consequently leads to a decrease in fundamental torsional frequency[6]. In order to increase torsional stiffness of suspension bridges with main spans about 3 000 m, some researches have proposed a couple of structural modification methods, in particular cable system modifications, which can be concluded into three types as follows:

(1) crossed hanger system (Fig. 2(a)) or combination of vertical and horizontal cross stays (Fig. 2(b));

(2) mono (Fig. 3(a)) or spatial (Fig. 3(b)) cable systems;

(3) three (Fig. 4(a)) or four (Fig. 4(b)) cable systems.

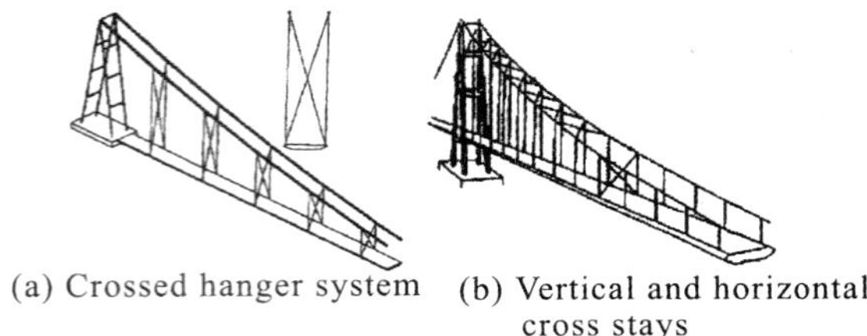

(a) Crossed hanger system (b) Vertical and horizontal cross stays

Fig. 2 Crossed stay systems

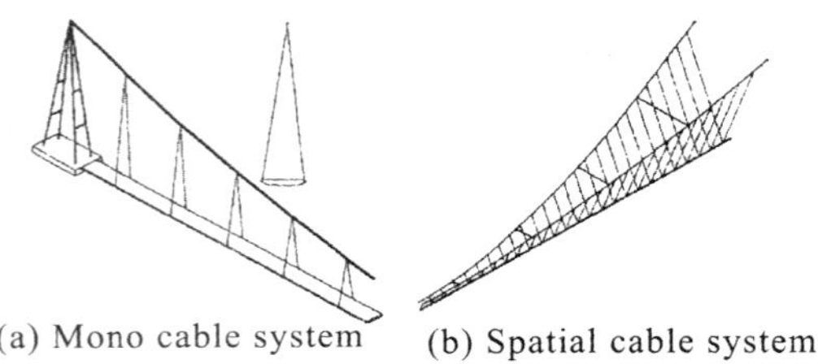

(a) Mono cable system (b) Spatial cable system

Fig. 3 Mono or spatial cable systems

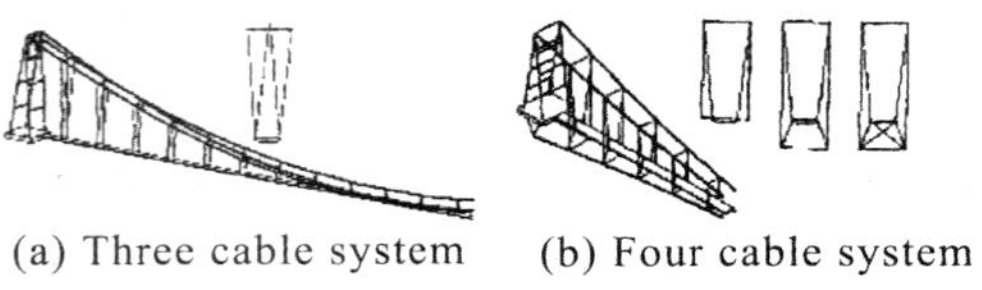

(a) Three cable system (b) Four cable system

Fig. 4 Multiple cable systems

These cable system modifications could somewhat increase torsional stiffness and frequency, but the increase in critical wind speed might be very limited. In addition, several drawbacks and disadvantages are encountered through the complexity of construction stages and the need of developing new construction technologies never experienced before.

4.2 Slotted deck solutions

A parallel approach to the aerodynamic stability problem is an attempt to reduce the aerodynamic forces based on the configuration improvement of cross-sections of bridge decks. With adopting a triple-girder deck with a total width of 60 m shown in Fig. 5(a), Messina Strait Bridge has a main span of 3 300 m and a critical wind speed of 80 m/s. In the design competition of the Gibraltar Strait crossing project, the suspension bridge schemes with multiple super long- spans have been adopted with the twin-box girder in Fig. 5(b), whose critical wind speeds are 76 m/s and 67 m/s for the 3 550 m and 5 000 m spans, respectively.

Larsen has carried out the flutter predictions for the twin deck section shown in Fig. 5 (b) using aerodynamic derivatives obtained from the DVMFLOW simulations and the wind tunnel testing, critical wind speeds U_c obtained from the simulations are displayed as a function of the D/B ratio and compared to U_c obtained from the wind tunnel test in Fig. 6(a) while the ratio of U_c based on the wind tunnel test to the Selberg formula is plotted in Fig. 6(b). It means that the adoption of a "slotted" deck solution should be a more effective approach for obtaining an optimum aerodynamic performance of deck design with low aerostatic coefficients, satisfactory aerodynamic derivatives and no significant vortex shedding excitation.

4.3 Vertical and horizontal stabilizers

Some Japanese scholars have investigated additional devices on decks called vertical stabilizers (central barriers) and horizontal stabilizers (guide vanes) for further improvement of aerodynamic stability of suspension bridges with slotted decks. As an example of the preliminary study, the objected suspension bridge with a 2 500 m span was tested and compared with the slotted deck, the vertical stabilizer only (Fig. 7(a)) and both the vertical and horizontal stabilizers (Fig. 7(b)). Through the sectional model test, it was found that the critical wind, speeds could be reached 62 m/s for the slotted deck with the vertical stabilizer, which has an increase about 35% for the same slotted deck without the vertical stabilizer, and reached 82.5 m/s for the slotted deck with both the vertical and horizontal stabilizers, with a further increase about 33%. Another research result also confirmed the critical wind speed enhancement about 38% for using both the vertical and horizontal stabilizers in the trial design of a suspension bridge with a span length of 3 000 m.

4.4 Passive and active control

As to the possible methods for raising total amount of damping, in particular aerodynamic damping, several

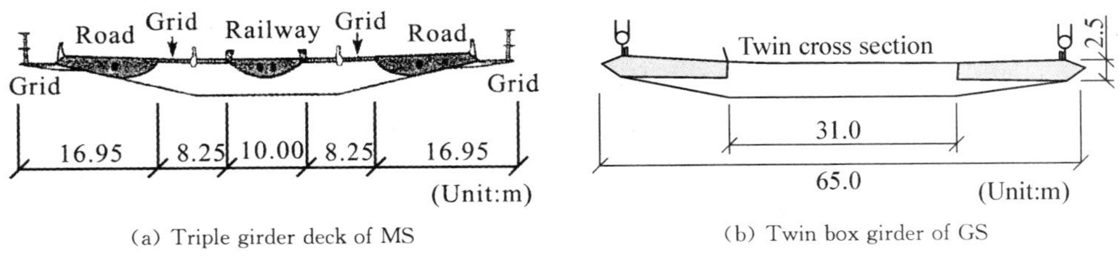

(a) Triple girder deck of MS (b) Twin box girder of GS

Fig. 5 Slotted deck configurations

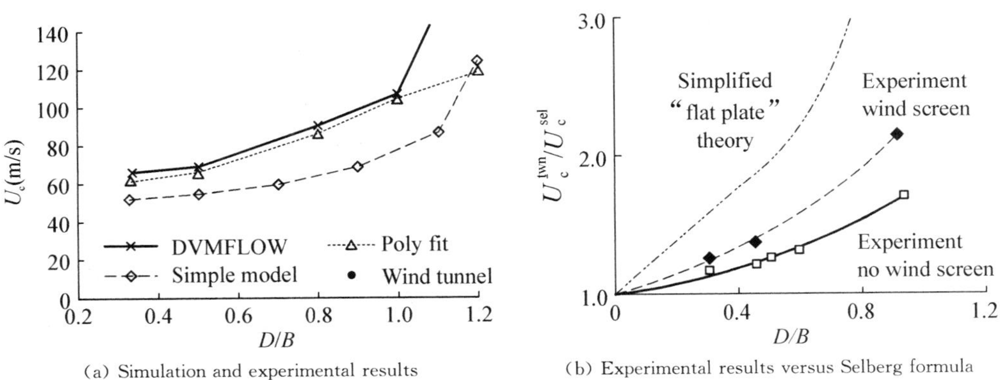

(a) Simulation and experimental results (b) Experimental results versus Selberg formula

Fig. 6 Variation of critical wind speeds

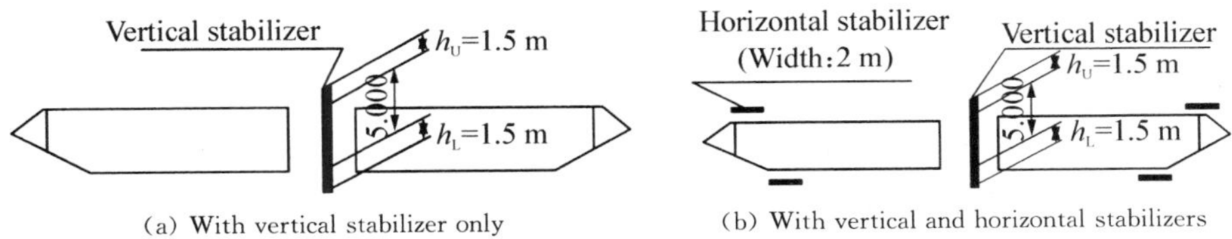

(a) With vertical stabilizer only (b) With vertical and horizontal stabilizers

Fig. 7 Slotted deck with vertical and horizontal stabilizers

passive and active control methods have been proposed. Most of the passive aerodynamic dampers consist in wing profiles fixed at the section leading or trailing edge as shown in Fig. 8 to add torsional and vertical damping, as well as the cross terms. Active control devices have never been applied in real structures, but already considered by several researches in a feasibility stage. It should be noted that, however, before the solution is applied in a real project, the engineering feasibility must be taken into account in advance, even though very attractive results are realized.

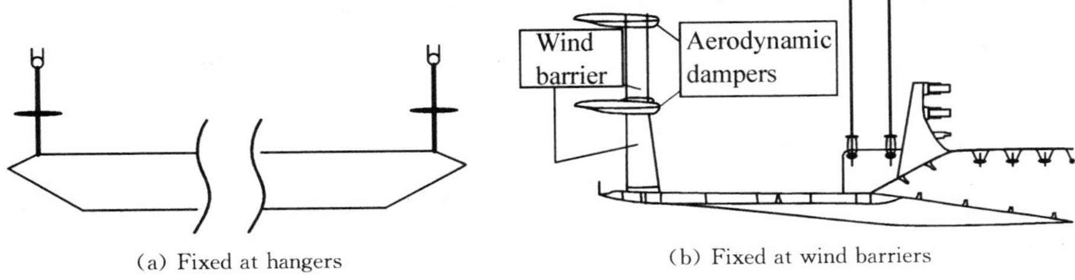

(a) Fixed at hangers (b) Fixed at wind barriers

Fig. 8 Passive aerodynamic dampers

5 Dynamic stiffness of trial design

An analytical examination was attempted to find out the dynamic characteristics of a suspension bridge with super long-spans. As a sample bridge, a typical three-span suspension bridge with a 5 000 m central span and two

1 600 m side spans is considered and shown in Fig. 9. In order to improve aerodynamic stability limit, two kinds of generic deck sections, widely slotted deck (WS) with four main cables in Fig. 10(a) and narrowly slotted deck with vertical and horizontal stabilizers (NS) in Fig. 10(b), were investigated. The NS cross-section has a total deck width of 50 m for the 5 000 m spanned suspension bridge while the WS provides a wider deck solution of 80 m. The dynamic stiffness analysis of main cables, stiffening girder and pylons is carried out for four sag/span ratios of 1/8 to 1/11 combined with the two above-mentioned deck configurations of WS and NS.

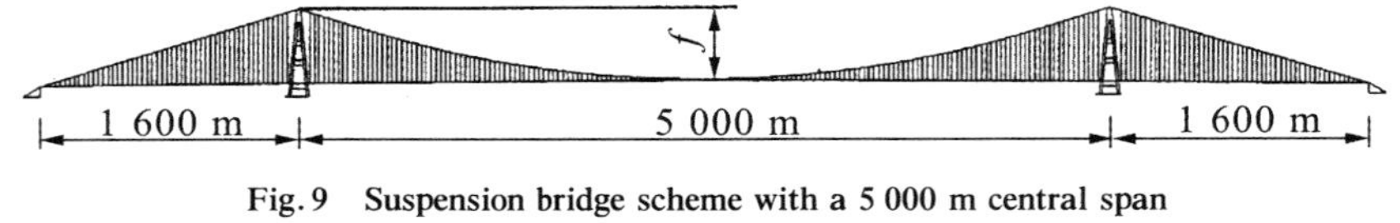

Fig. 9 Suspension bridge scheme with a 5 000 m central span

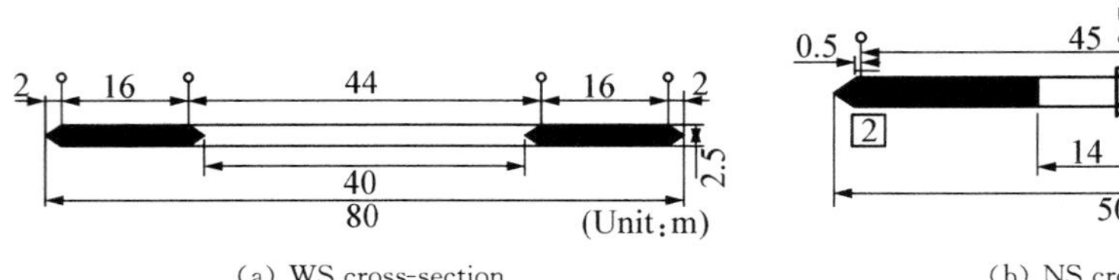

(a) WS cross-section (b) NS cross-section

Fig. 10 Geometry of deck sections of WS and NS

5.1 Stiffness of main cables

A significant part of the dynamic stiffness in vertical bending and torsion is provided by the main cables, although the overall stiffness of a suspension bridge is generally contributed by main cables, girder and pylons. In fact, the vertical bending motion and the torsional motion of the deck are, as far as the cable motion is concerned, the matter of in-phase and out-of-phase activities between two main cables. For the finite element method dynamic analysis, the stiffness term of cable elements consists of two components, elastic stiffness directly related to cable area, and geometric stiffness provided by non-linearity effects of the elastic stiffness. As a result, the stiffness of main cables basically depends upon the area of cables. In order to select an appropriate value of cable area, the minimum cable area according to static requirement can be firstly calculated by assuming w_s = 282 kN/m and γ_c = 78.5 kN/m^3 in Eq. (3).

$$A \geqslant \frac{w_s}{\eta\gamma}\frac{L}{L_\infty - L} = \frac{3.124\,L}{L_\infty - L} \tag{4}$$

According to Eq. (4), the minimum values of cable areas are approximately 4.01 m^2 for n = 1/8, 5.04 m^2 for n = 1/9, 6.51 m^2 for n = 1/10 and 8.68 m^2 for n = 1/11, respectively. Dynamic characteristics of a suspension bridge are not only related to the cable stiffness but also the cable mass and its moment of inertia. Through a series of the parametric analysis of cable stiffness and mass system, it is interesting to learn that the difference of the corresponding natural frequency between the minimum cable area and a double one is no more than 5% for all four sag/span ratios with the two deck configurations. The reason for this can be attributed to the increase in cable mass with the increase in the cable stiffness, which is counteracted by cable mass accordingly. As far as the dynamic characteristic is concerned, therefore, the minimum values of cable areas for all four ratios n are utilized in the following study.

5.2 Stiffening girder contribution

The contribution of the stiffening girder to the overall stiffness is greater in torsion than in bending for traditional suspension bridges. It was reported by Brancaleoni that the deck contribution to the global stiffness in the case of the Great Belt is about 30% and 60% for the fundamental vertical bending and torsional modes, respectively. These values seem to remain at the same order of magnitude in the case of the Akashi Kaikyo. The deck contribution, however, is believed to be much less in a suspension bridge with a 5 000 m main span, since the deck stiffness and mass is in small proportion to the cable ones. This is absolutely true in both WS and NS deck configurations shown in Table 2.

Table 2 Stiffness contribution of stiffening girder

Ratio	Lateral stiffness (%)		Vertical stiffness (%)		Torsional stiffness (%)	
	WS	NS	WS	NS	WS	NS
$n=1/8$	4.4	4.9	0.2	0.3	14.2	29.3
$n=1/9$	4.3	4.8	0.2	0.3	11.4	24.5
$n=1/10$	4.3	4.8	0.2	0.2	8.9	18.5
$n=1/11$	4.3	4.7	0.2	0.2	6.4	13.9

5.3 Influence of pylon stiffness

Though the pylon stiffness does influence the overall stiffness of a traditional suspension bridge, the extent of it does not change too much in the super long-span case, except for the geometric stiffness of pylon elements. The stiffness difference between the proposed pylons and the pylons with infinite rigidity in the bridge is shown in Table 3. Apart from the vertical bending stiffness, the influence of the variation of pylon stiffness selection can be ignored in the dynamic analysis.

Table 3 Relative stiffness of the pylons

Ratio	Lateral stiffness (%)		Vertical stiffness (%)		Torsional stiffness (%)	
	WS	NS	WS	NS	WS	NS
$n=1/8$	0.9	1.3	10.2	9.8	1.2	1.0
$n=1/9$	1.1	1.4	13.4	12.6	1.8	1.2
$n=1/10$	1.6	1.8	17.6	16.9	2.5	1.3
$n=1/11$	2.1	2.1	22.4	20.7	3.2	1.3

5.4 Natural frequencies

The finite-element idealization of the bridge was attempted with the finite beam elements for the longitudinal girder and the pylons, and the cable elements considering geometric stiffness for the main cables and hangers, the geometric dimensions and material properties for these elements were provided and resulted in the most important computational parameters listed in Table 4.

Table 4 Parameters of stiffness and mass

Section	Main cables			Stiffening girder			
	EA(N·m²)	m(kg/m)	I_m(kg²/m)	EI_y(N·m²)	GI_d(N·m²)	m(kg/m)	I_m(kg²/m)
WS	$0.61\times10^6-1.12\times10^6$	$2.62\times10^4-4.82\times10^4$	$2.36\times10^7-4.33\times10^7$	4.7×10^{11}	2.8×10^{11}	24 000	2.16×10^7
NS	$0.61\times10^6-1.12\times10^6$	$2.62\times10^4-4.82\times10^4$	$1.27\times10^7-2.33\times10^7$	8.1×10^{11}	4.1×10^{11}	24 000	5.40×10^6

After a dynamic finite-element analysis has been performed, the first several natural frequencies of the structures have been extracted for all four ratios n and the two deck configurations in Table 5. The fundamental lateral bending frequencies vary about 16% for the WS section and 17% for the NS section from $n=1/8$ to $n=1/11$, but almost keep in the same value between the WS and NS deck configurations. The fundamental vertical bending frequencies are not influenced significantly by both deck configurations and the sag/span ratios. The variation of the fundamental torsional frequencies follows different ways with the ratio n in the two deck configurations, in which the frequency values go up in the WS section and go down in the NS section with the decrease in the ratio n, but it is interesting to see that the frequency ratio of torsion to vertical bending monotonically decrease with the reduction in the ratio n.

Table 5 Fundamental natural frequencies

Ratio	Lateral frequency(Hz)		Vertical frequency(Hz)		Torsion frequency(Hz)		Frequency ratio	
	WS	NS	WS	NS	WS	NS	WS	NS
$n=1/8$	0.021 99	0.021 56	0.059 55	0.059 36	0.070 90	0.090 73	1.191	1.528
$n=1/9$	0.023 22	0.022 85	0.061 26	0.061 15	0.072 07	0.089 28	1.176	1.460
$n=1/10$	0.024 38	0.024 06	0.062 19	0.062 04	0.072 68	0.086 53	1.168	1.395
$n=1/11$	0.025 48	0.025 20	0.062 37	0.062 19	0.072 69	0.084 03	1.165	1.351

6 Aerodynamic and aerostatic stability

Suspension bridges with very long-spans are characterized by varying dynamic mode shapes along the bridge span when excited to vibrate. This mode shape effect is usually accounted for by using generalized properties of section inertia and aerodynamic loading described by flutter derivatives in the aerodynamic stability analysis, which can be performed by the multi-mode or full-mode participation methods. The aerostatic effect on bridge structures is usually treated as an action of three aerostatic components of wind forces, and these components can be described as a function of the effective angle, the torsional deformation of a deck, which usually changes along the longitudinal axis of a bridge. The aerostatic torsional divergence analysis can be carried out withiteration approach of aerostatic force and structural elastic resistance.

6.1 Flutter derivatives

Flutter derivatives were numerically identified by the computational fluid dynamics method using the finite elementmodels of the deck sections of WS and NS at the attacked angle of $-3°$, $0°$(Fig. 11) and $+3°$. Flutter predictions based on the flutter derivatives computed for both the WS and NS cross-sections demonstrated good agreement with the flutter speeds measured during the wind tunnel tests with the sectional models of $n=1/8$ at the $0°$ angle of attack. This fact gives some confidence in the use of calculated results of flutter derivatives for quantitative verification of the aerodynamic stability.

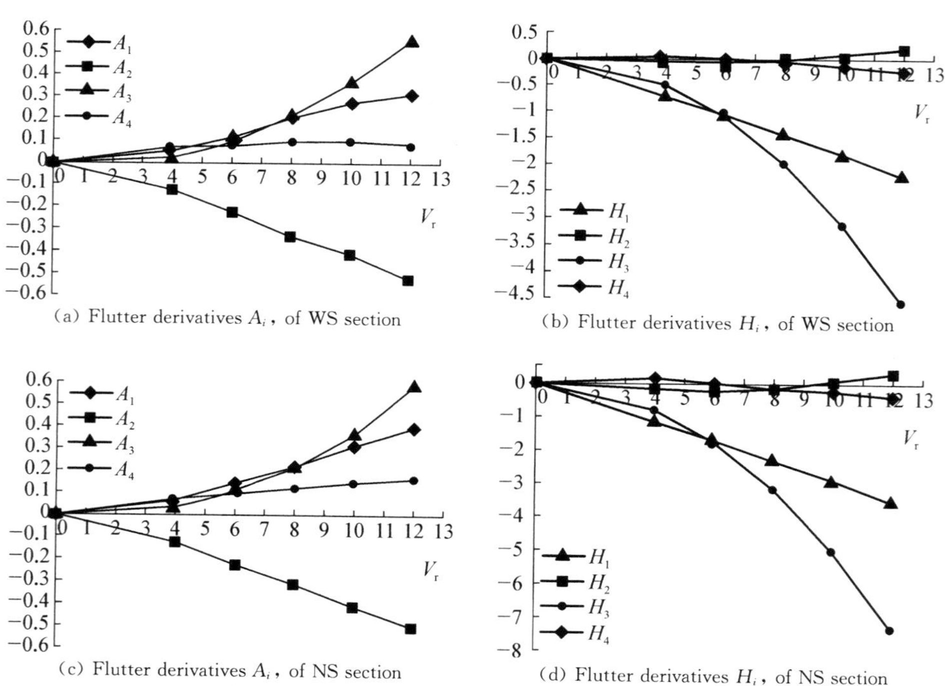

(a) Flutter derivatives A_i, of WS section

(b) Flutter derivatives H_i, of WS section

(c) Flutter derivatives A_i, of NS section

(d) Flutter derivatives H_i, of NS section

Fig. 11 Flutter derivatives at the 0° angle of attack

6.2 Aerodynamic stability analysis

With the dynamic characteristics given in the previous section and numerically obtained flutter derivatives, the critical wind speeds of the suspension bridge were calculated by multimode flutter analysis assuming a structural damping of 0.5% relative to critical. The analysis results of critical wind speeds together with the generalized mass and mass moment of inertia are summarized in Table 6. In the case of both sections the critical wind speed increases with the decrease in the ratio n, although the frequency ratio of torsion to vertical bending slightly decreases. The most important reason is the considerable increase in the generalized properties in the aerodynamic stability analysis. The minimum critical wind speeds for the WS and NS sections are 82.9 m/s and 74.7 m/s, respectively, whose figures are very similar to the aerodynamic limits in the Messina Strait and the Gibraltar Strait.

Table 6 Critical flutter wind speeds

Ratio	m (×10⁴ kg/m)		I_m (×10⁷ kg²/m)		f_h (Hz)		f_α (Hz)		U_{cr} (m/s)	
	WS	NS	WS	NS	WS	NS	WS	NS	WS	NS
$n=1/8$	6.01	6.79	5.28	2.37	0.059 55	0.059 36	0.070 90	0.090 73	82.9	74.7
$n=1/9$	6.27	7.43	5.36	3.22	0.061 26	0.061 15	0.072 07	0.089 28	88.8	77.4
$n=1/10$	6.73	8.33	5.92	3.29	0.062 19	0.062 04	0.072 68	0.086 53	90.9	78.9
$n=1/11$	7.66	9.52	6.77	3.62	0.062 37	0.062 19	0.072 69	0.084 03	98.9	82.7

6.3 Aerostatic force coefficients

Aerostatic force coefficients were also numerically extracted by the computational aerodynamic simulation method based on the finite element models of the WS and NS deck sections at the attacked angles from −10° to +10°. Figure 12 shows the coefficients of drag and lift force, and pitching moment of the WS and NS cross-sections, which were experimentally confirmed by the wind tunnel tests with the sectional models.

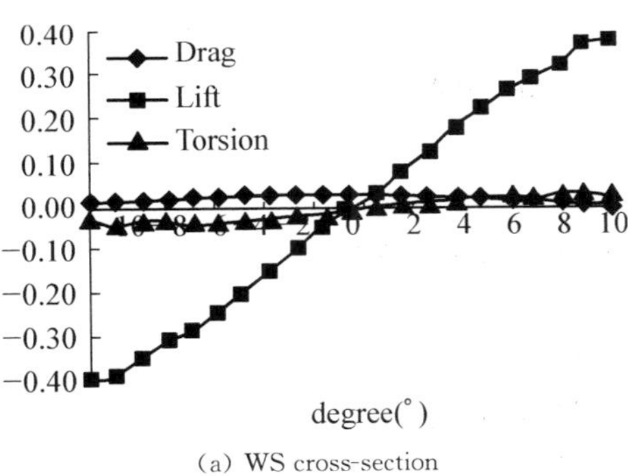

(a) WS cross-section

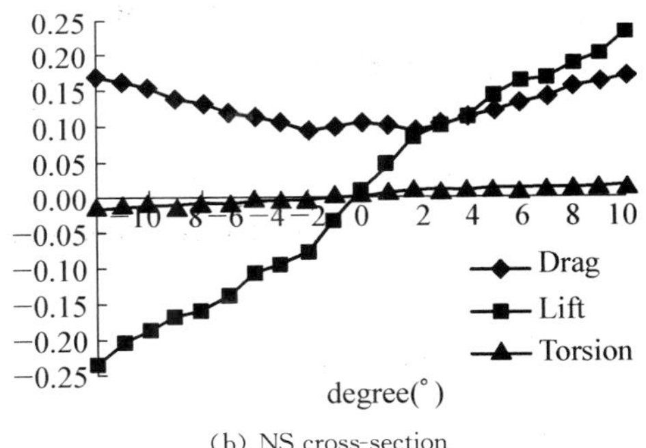

(b) NS cross-section

Fig. 12 Aerostatic force coefficients

6.4 Aerostatic stability limits

With the consideration of non-linear effects on aerostatic performance, the foremost problem is to determine non-linear deformation and deformed states of the bridge structure induced by the aerostatic force, the static equilibrium status of a bridge structure with non-linear effect can be determined by the following iteration approach

$$([K_e]_{j-1}+[K_\sigma]_{j-1})\{\Delta\delta_j\} = \{F(\alpha_j)-F(\alpha_{j-1})\} \quad (5)$$

where $[K_e]_{j-1}$ and $[K_\sigma]_{j-1}$ are the linear elasticity stiffness matrix and the non-linear geometry stiffness matrix due to the displacement $\{\Delta\delta_j\}$, and $\{F(\alpha_{j-1})\}$ and $\{F(\alpha_j)\}$ are the aerostatic force vectors corresponding to the effective attacked angles of α_{j-1} in step $j-1$ and α_j in step j under the wind speed of U, respectively. The Euclidean Norm of aerostatic force coefficients of lift, drag and pitching moment is taken as convergence criterion, which can be expressed as

$$\frac{\sum_{n}^{N}[C_k(\alpha_j)-C_k(\alpha_{j-1})]_n^2}{\sum_{n}^{N}[C_k(\alpha_{j-1})]_n^2}\leqslant \varepsilon_k^2 \quad (k=D,\ L,\ M) \tag{6}$$

where ε_k is the convergence accuracy, and N is the total number of the structural nodes applied with aerostatic force.

After the iteration approach defined in Eq. (5) has been performed, the torsional angles at the mid-span and the quarter span of the suspension bridge are shown in Fig. 13 for the WS deck configuration and in Fig. 14 for the NS deck configuration, respectively. The critical wind speeds due to aerostatic stability for the WS deck section are 90 m/s for the ratio of $n=1/8$, and 110 m/s for $n=1/11$, respectively, while the speed values for the NS deck section are 120 m/s for the ratio of $n=1/8$, and 135 m/s for $n=1/11$, respectively. The main reason for wind-induced torsional divergence of the suspension bridge is due to the non-linear deck deformation under the static wind loading, whose direction and magnitude change with the effective angles of attack. Based on the comparison and contrast of aerodynamic and aerostatic stability limits, it is very important to conclude that the magnitude of the critical wind speed due to torsional divergence is almost at the same order of the critical flutter speed, in particular for the wider deck configuration, the WS cross-section, so that the same importance should be attached to aerodynamic and aerostatic stability limits in the design of super long-span suspension bridges.

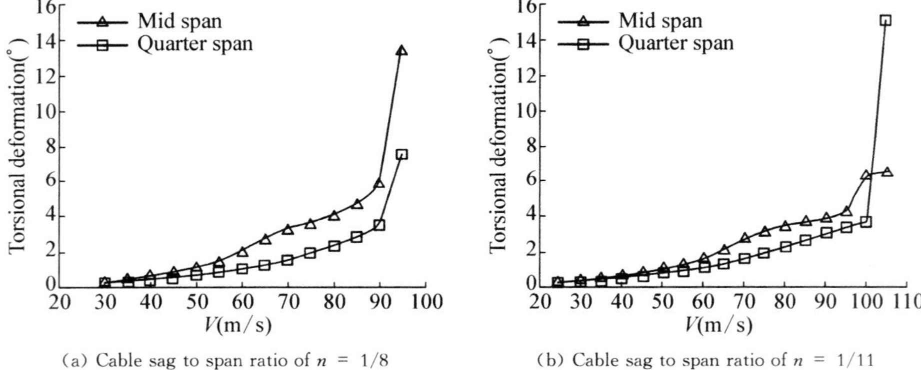

(a) Cable sag to span ratio of $n=1/8$ (b) Cable sag to span ratio of $n=1/11$

Fig. 13 Torsional displacement versus wind speed of WS section

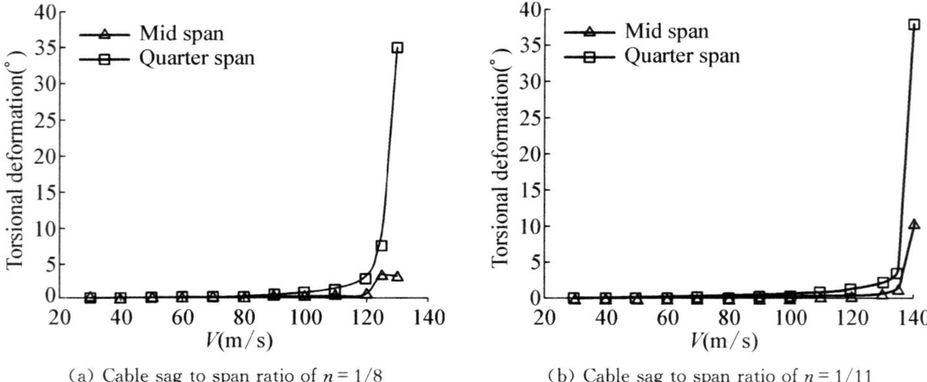

(a) Cable sag to span ratio of $n=1/8$ (b) Cable sag to span ratio of $n=1/11$

Fig. 14 Torsional displacement versus wind speed of NS section

7 Conclusions

The potential requirement of bridge spans based on navigation development and deep-water sea-straits might be economically limited at a upper bound span of 5 000 m, and the current state-of-the-art technology seems to promise a span length beyond 5 000 m for suspension bridges in the 21st century. It means that the 5 000 m span length of a suspension bridge could be a reasonable limitation due to either technological or navigable considerations.

The trial design began with the discussion and selection of the overall stiffness of the suspension bridge, which is generally provided by the main cables, the girder and the pylons. A series of dynamic finite-element analysis was then performed to obtain the first several natural frequencies of the structure with different four sag/span ratios and two deck configurations. The key emphasis of this study was placed on the flutter prediction and the torsional divergence analysis, which resulted in some new findings about aerodynamic stabilitylimits as well as aerostatic stability limits for 5 000 m suspension bridges.

After the aerodynamic design, analysis and comparisonwere made, it can be finally concluded that either an enough-widely slotted deck or a narrowly slotted deck with centraland horizontal stabilizers could provide a 5 000 m span length suspension bridge with high enough critical wind speeds, dueto both flutter vibration and torsional divergence, which can meet the aerodynamic requirement from most typhoon-proneareas in the world.

References

[1] Xiang H F, Chen A R, Ge Y J. Major Bridges in China. Beijing: China Communications Press, 2003.

[2] Xiang H F, Ge Y J. On aerodynamic limit to suspension bridges [C]// Proceedings the 11th International Conference on Wind Engineering. Lubbock, TX: Texas Tech University, 2003.

[3] Astiz M A, Andersen E Y. On wind stability of very long spans in connection with a bridge across the Strait of Gibraltar [C]// Krobeborg, ed. Strait Crossings. Rotterdam: Balkema, 1990.

[4] Gimsing N J. Cable Supported Bridges [M]. New York: John Wiley & Sons, 1997.

[5] Larsen A, Astiz M A. Aeroelastic considerations for the Gibraltar Bridge feasibility study [M]// Larsen A, Esdahal S, eds. Bridge Aerodynamics. Rotterdam: Balkema, 1998.

[6] Miyata T, Sato H, Kitagawa M. Design considerations for super structures of the Akashi Kaikyo Bridge [C]// Proceedings of International Seminar on Utilization of Large Boundary Layer Wind Tunnel. Tsukuka: Japan Association for Wind Engineering, 1993.

[7] Astiz M A. Wind related behaviour of alternative suspension systems [C]// Proceedings of the 15th Congress IABSE. Copenhagen: IABSE, 1996.

[8] Miyazaki M. Stay-cable systems of long-span suspension bridges for coupled flutter [C]// Proceedings of the second European and African Conference on Wind Engineering. Genova: University of Genova, 1997.

[9] Walshe D E, Twidle G G, Brown W C. Static and dynamic measurements on a model of a slender bridge with perforated deck [C]// Proceedings of the International Conference on the Behaviour of Slender Structures. London: Organizing Committee, 1977.

[10] Larsen A, Vejrum T, Esdahl S. Vortex models for aeroelastic assessment of multi element bridge decks

[M]// Larsen A, Esdahal S, eds. Bridge Aerodynamics. Rotterdam: Balkema, 1998.

[11] Ueda T, Tanaka T, Matsushita Y. Aerodynamic stabilization for super long-span suspension bridges [C]// Proceedings of the IABSE Symposium: Long-Span and High-Rise Structures. Kobe: IABSE, 1998.

[12] Sato H, Toriumi R, Kusakabe T. Aerodynamic characteristics of slotted box girders [C]// Proceedings of the Bridges into the 21st Century. Hong Kong: [s. n.], 1995.

[13] del Arco C D, Bengoechea A C. Some proposals to improve the wind stability performance of long span bridges [C]// Proceedings of the second EACWE. Genova: University of Genova, 1997.

[14] Diana G, Bruni A, Collina A, et al. Aerodynamic challenges in super long span bridge design [M]// Larsen A, Esdahal S, eds. Bridge Aerodynamics. Rotterdam: Balkema, 1998.

[15] Miyata T, Yamada H, Dung N N. Proposed measures for flutter control in long span bridges [M]// Proceedings of the second EACWE. Genova: University of Genova, 1997.

[16] Achkire Y, Preumont A. Flutter control of cable-stayed bridges [C]// Proceedings of the second EACWE. Genova: University of Genova, 1997.

[17] GE Y J, Tanaka H. Aerodynamic stability of long-span suspension bridges under erection [J]. Journal Structural Engineering, ASCE, 2000, 126(12): 1404 - 1412.

[18] Brancaleoni F. The construction phase and its aerodynamic issues [M]// Larsen A, ed. Aerodynamics of Large Bridges. Rotterdam: Balkema, 1992.

[19] Ge Y J, Tanaka H. Aerodynamic flutter analysis of cable supported bridges by multi-mode and full-mode approaches [J]. Journal of Wind Engineering and Industrial Aerodynamics, 2000,86: 123 - 153.

[20] Xiang H F, Ge Y J. Refinements on aerodynamic stability analysis of super long-span bridges [J]. Journal of Wind Engineering and Industrial Aerodynamics, 2002, 90: 1493 - 1515.

桥梁风工程研究的未来*

中国桥梁界在20世纪最后20年通过自主建设取得了令世人惊叹的进步和成就，正在和世界发达国家一起面向21世纪更加宏伟的跨海工程建设。

经过20世纪80年代“学习和追赶”和90年代“提高和跟踪”两个发展时期，中国桥梁界在21世纪应当进入一个“创新和超越”的新时期，即通过自主的技术创新，实现超越式发展，以提高我们的竞争力，争取在桥梁技术领域有所突破，其中也包括桥梁风工程方面。应该说，通过对国内数十座大桥的抗风研究和风洞试验的实践，我们的技术水平已步入世界先进行列，也得到了国际风工程界同行的认可。

1998年5月在丹麦哥本哈根为庆祝主跨1 624 m的大海带桥胜利建成通车的特别桥梁会议上，分以下六个前沿专题讨论交流了桥梁空气动力学的有关论文：

(1) 桥梁抗风设计的概率性方法。

(2) 桥梁气弹分析的精细化(非线性，频域和时域分析方法)。

(3) 超大跨度桥梁的抗风对策(结构和气动措施)。

(4) 斜拉桥的拉索动力学(机理和减振方法)。

(5) 数值模拟方法(数值风洞)。

(6) 桥面风环境(汽车的侧风效应)。

会议结束前还举行了一个关于“桥梁空气动力学的未来”的专题讨论会，以展望21世纪桥梁风工程的研究热点。与会专家们一致呼吁：

(1) 加强现场实测和案例研究(Case Study)，为气弹分析理论和风洞试验技术提供验证和校正。

(2) 加强数值方法的研究，这是未来的方向，并将最终成为桥梁抗风设计的主导手段。

(3) 加强拉索动力学的研究，这是大跨度斜拉桥迫切需要解决的问题。

2003年，在美国举行的第十一届国际风工程会议上，同济大学应邀提交了题为“悬索桥跨径的空气动力极限”的大会报告。报告从未来大型船舶的发展趋势、深水基础技术的进步以及跨海大桥工程的经济性提出了根据100～500 m不同的海峡水深，悬索桥的经济跨度应在2 000～5 000 m之间。而且，通过对5 000 m悬索桥方案的空气动力和静力稳定性分析，采用中央开槽的分体桥面和设置中央稳定板等气动措施，可以获得80 m/s以上的颤振临界风速。因此，在21世纪跨海工程建设中，如正在建设中的意大利主跨3 300 m的墨西拿海峡大桥，西班牙和摩洛哥之间跨越直布罗

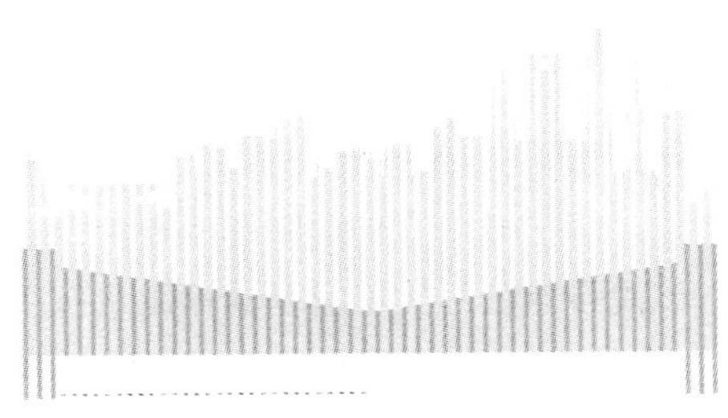

* 本文系为2005年10月在西安召开的第十二届全国结构风工程学术会议而作。

陀海峡的三跨 3 550 m 连续悬索桥比较方案以及中国未来跨越琼州海峡可能采用的 3 500～5 000 m 的多跨连续悬索桥规划方案，其抗风稳定性问题都可以得到解决。至于千米左右斜拉桥，苏通长江大桥已经证明只要采用斜索面措施，抗风安全就有保证。

美国塔科马悬索桥的风毁已经过去 65 年了。以此为起点的桥梁抗风理论研究经过最初 20 年的探索和争论，终于在 20 世纪 70 年代初由美国 Scanlan 教授完成了奠基性工作。1963 年，世界上从事大桥和高层建筑抗风研究的科学家和工程师在英国发起召开了第 1 届结构风效应（Wind Effects on Structures）国际会议。随后 1971 年在日本召开的第三届会议上首先提出了“风工程”（Wind Engineering）这一新的学科名称，并于 1975 年在美国举行的第四届会议上被确认，正式成立了国际风工程协会（IAWE）。以后的会议就改称国际风工程会议（ICWE），至今已开了 11 届。

65 年来，国际风工程界不但没有再让塔科马桥的风毁事故重演，而且在桥梁抗风理论研究和工程实践上都取得了巨大的进步，为世界各国大跨度桥梁的发展作出了重要贡献，也为今后更大跨度的跨海大桥工程建设作好了准备。

然而，科学研究是无止境的。在桥梁风工程方面还有以下几方面存在薄弱点，需要年轻一代学者和工程师继续努力工作，通过创新实现突破性进展，为桥梁风工程学科的发展作出新的贡献。

1）风振机理研究

从技术层面上看，大跨度桥梁的颤振稳定性问题和长拉索风雨激振问题可以通过有效的结构和气动措施加以解决，但是由于对机理研究的滞后，我们至今仍然没有充分弄清颤振发散的微观机制，拉索风雨激振的机制以及能有效抑制风致振动的一些气动措施的空气动力学机制。因此，对风振机理的研究是一个需要长期努力的课题。只有弄清了各类风振的致振和抑制机理，我们才能实现从技术层面向科学层面的飞跃。

2）风振理论的精细化

对于非危险性的限幅风致振动，如抖振和涡振，应该说虽然已经建立起一套可用于解决工程抗风设计的近似方法，但对于风特性参数的合理取值，气动参数、特别是气动导纳函数的识别以及通过节段模型识别参数时的雷诺数效应等都存在着一些不确定性和难度，致使分析结果与现场实测数据还不能取得一致，需要通过典型工程的案例研究（Case Study）加以对比和验证，对现行的抖振和涡振分析理论进行精细化的改进，甚至建立新的分析理论和方法。可以说，要更好地解决桥梁抖振和涡振的分析与控制问题，还有许多工作要做。

3）概率性评价方法

风是一种随机荷载，对各种风振的安全检验和评价理应采用概率性的方法。然而，由于动力可靠度分析在理论上的困难以及各种统计参数的缺乏，目前虽然国内外部分学者对几座大桥做了概率性评价的初步探索，但几乎所有国家的抗风设计规范仍采用基于经验安全系数的确定性方法来进行各类风振的安全检验。在世界桥梁设计规范已经向基于可靠度理论的方向过渡的总形势下，我们应当通过努力尽快改变抗风设计规范的落后局面。

4）CFD 技术和数值风洞

用计算流体动力学（CFD）对桥梁风工程问题进行三维空气压力分布和动态变化的细观分析来认识各类风致振动的发生机制，已被日益证明是一种十分有效和有巨大前景的数值模拟手段。运用这种方法可以同时考察结构各部分不同风致振动的相互作用以及获得各种有效减振措施的空气动力学解释。目前，对于气动弹性分析的数值模拟技术，在二维模型和均匀来流条件下的计算已比较成熟，正在向三维模型、紊流风场和高雷诺数方向发展。数值模拟和缩尺物理模型试验相比，可以避免缩尺模型制作带来的材料本构关系的相似性困难和其他的缩尺效应问题（如雷诺数效应）。此外，前面提到的关于风振机理研究和风振理论精细化研究也有赖于数值模拟方法的帮助以便于揭示致振机理、改进参数识别精度、提高抗风措施的有效性以及建立更为合理的抖振和涡振理论框架等。可以预期，随着计算流体动力学理论的进步，数值模拟方法将会逐步替代风洞试验形成“数值风洞”新技术。因此，数值模拟方法应当是我们 21 世纪的追求目标。

5）桥梁等效风荷载

风荷载是大跨度桥梁设计中的控制荷载，尤其是在施工悬臂拼装阶段，风荷载更是关系到施工安全的重要因素。然而，目前规范中规定的风荷载计算方法仍是近似的。除了平均风引起的静风荷载外，脉动风的作用则分解成用阵风系数考虑的静力作用以及抖振响应所引起的惯性荷载作用。实际上两部分作用是不可分割的，存在相互作用的机制，即随时间变化的脉动风对振动着的桥梁结构的总作用。应当通过对实桥或全桥模型试验的应力测试来了解这一规律，或者通过数值模拟方法直接从风压分布获得风荷载，并通过比较和检验推进桥梁等效风荷载的研究，提高风荷载的精度和可靠性。

最后，我衷心期望全国桥梁工程界的同行携起手来，抓住中国大规模桥梁建设的机遇，努力进取，潜心研究，在上述的一些前沿热点上和国际风工程界开展同步的竞争，争取以创新的研究成果率先取得突破来提高中国风工程学会的国际地位，同时也为中国在21世纪步入世界桥梁强国前列贡献一份力量。

The State-of-the-art on Long-span Bridge Aerodynamics in China*

1 Summary

The State-of-the-Art on long-span bridge aerodynamics in China is reviewed in this paper with the emphases on three aspects: contributions in the development of aerodynamic theories, probability based assessment method in evaluating bridge aerodynamics and aerodynamic vibration control. The theoretical development discussed in this paper comprises the full-mode flutter analysis method, some new findings in flutter mechanism and stabilization as well as CFD techniques and application. A series of probabilistic assessment approaches is then proposed and applied in wind induced vibration investigation including flutter instability, buffeting response and vortex-induced vibration. The final aspect focuses on the aerodynamic vibration control of long span bridges experienced in China, in particular, in the State Key Laboratory for Disaster Reduction in Civil Engineering at Tongji University.

2 Introduction

With the beginning of new reform and open policy some 25 years ago, the development of bridge engineering in China entered a golden period. More than two hundred long-span bridges have been built across China's main rivers or bays. Up to date, China keeps the world record span length for both steel arch bridge, that is, Lupu Bridge with the main span of 550 m, and reinforced concrete arch bridge, Wanxian Bridge with a 420 m long center span. With the opening of Runyang Bridge in May 2005, the span length of suspension bridge in China was raised up to 1 490 m. The longest cable-stayed bridge in China is the 2nd Nanjing Bridge having a main span of 628 m.

With the rapid increase of bridge span length, bridge structures are becoming lighter and more flexible, which have resulted in an increasing importance in aerodynamic study and design related to wind action, including aerodynamic instability, stochastic buffeting, and vortex induced vibration. The traditional theory of bridge aerodynamics is based on linear

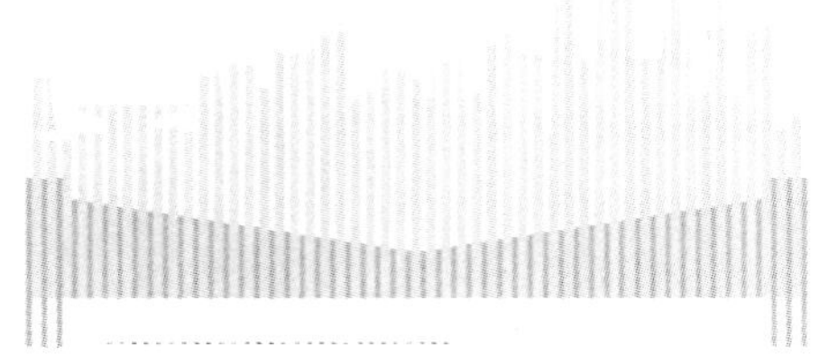

* 本文由项海帆、葛耀君发表于 Front. Archit. Civ. Eng. China 2007 年第 1 卷第 4 期，379—388 页。

and modal superposition methods for flutter and buffeting prediction. For super long span bridges, however, the influence of basic hypothesis in the traditional theory might not be negligible factors in aerodynamic or aeroelastic performance. Furthermore, the current practice of treating wind action on a long span bridge usually adopts a deterministic approach based on direct wind tunnel tests or theoretical calculation with experimentally obtained parameters. Since many of these testing results and parameters involved in the method are physically uncertain variables and sometimes subjectively assumed values due to a lack of complete knowledge, it would make investigation more objective by taking a probabilistic assessment approach to determine the probability of occurrence of an unexpected limit state event during the structure's service period. Finally, if a long span bridge design is predicted through a deterministic or stochastic method to have deficiencies in the aspect of aerodynamic performance, especially of aerodynamic instability, some countermeasures should be adopted to improve aerodynamic performance in order to meet with the appropriate wind resistance requirements.

3 Theoretical Contributions

The first aspect is related to the recent theoretical contributions to bridge aerodynamics, including the full-mode-participation flutter analysis method, some new findings about flutter patterns and stabilization mechanism, as well as the development and application of computational fluid dynamics to deal with load coefficients, flutter instability and vortex induced vibration.

3.1 *Full-Mode Flutter Analysis*

With the application of flutter derivatives and three-dimensional structure models, a great deal of analytical investigations related to flutter problems of long-span bridges have been made so far, but almost all 3D flutter analysis are carried out in the frequency domain and based on the idea of mode superposition, which is usually called multi-mode method [1]. The basic assumption of this method is that a dynamic coupling between natural modes takes place through self-excited aerodynamic forces. Although the multi-mode method can obtain quite precise results, theoretically, ideal flutter analysis should include the influence of all natural vibration modes, but not selected ones [2-3]. The full-mode flutter analysis method, based on the whole system including a structure and flow around it instead of natural vibration modes, is currently developed for long-span cable supported bridges [4-5].

For a bridge discreted as an degree-of-freedom (DOF) structure whose deflections are described in terms of a deflection vector, $\{\delta\}$, the equations of motion can be generally expressed as

$$[M_s]\{\ddot{\delta}\}+[C_s]\{\dot{\delta}\}+[K_s]\{\delta\}=\{F\} \tag{1}$$

where, $[M_s]$ is structural mass matrix; $[K_s]$ is structural stiffness matrix; $[C_s]$ is structural damping matrix; and $\{F\}$ is externally applied force vector, and particularly the self-excited force induced by flow in flutter analysis.

$$\{F\}=\{F_d\}+\{F_s\}=[A_d]\{\dot{\delta}\}+[A_s]\{\delta\} \tag{2}$$

where, $\{F_d\}$ and $\{F_s\}$ are aerodynamic damping and stiffness forces, respectively; and $[A_d]$ and $[A_s]$ are the corresponding damping and stiffness matrices, respectively, and are represented by flutter derivatives.

Substituting Equation (2) into Equation (1) yields a new form of structural equation of motion, called system flutter equation

$$[M]\{\ddot{\delta}\}+[C]\{\dot{\delta}\}+[K]\{\delta\}=\{0\} \tag{3}$$

where, $[M]$ is system mass matrix, $[M]=[M_s]$; $[K]$ is system stiffness matrix, $[K]=[K_s]-[A_s]$; and $[C]$ is system damping matrix, $[C]=[C_s]-[A_d]$.

Based on the assumption that the amplitude of vibration is small at the onset of flutter, it is sufficient to analyze a vibration problem with exponential time dependence function in solving the system flutter equation, as follows.

$$\{\delta\} = \{\phi\} e^{\lambda t} \tag{4}$$

Substitution for $\{\delta\}$ and its derivatives from Equation (4) into Equation (3) gives

$$(\lambda^2[M] + \lambda[C] + [K])\{\phi\} = \{0\} \tag{5}$$

where, λ is eigenvalue of the flutter system and $\{\phi\}$ is the corresponding eigenvector of the system. Flutter critical condition is indicated by a real part of a complex eigenvalue becoming zero at the lowest wind speed. Equation (5) can be transformed to a linearized form or normalized eigenvalue equation in the direct form and the inverse form, as follows.

$$[D]\{x\} = \lambda\{x\}; [E]\{x\} = \gamma\{x\} \tag{6a, b}$$

$$\{x\} = \begin{Bmatrix} \lambda\{\phi\} \\ \{\phi\} \end{Bmatrix} \tag{7}$$

where λ and γ are, respectively, direct eigenvalue and inverse eigenvalue, $\gamma = 1/\lambda$; $\{\phi\}$ is the corresponding flutter vector; and $[D]$ and $[E]$ are dynamic matrix and inverse dynamic matrix, respectively.

$$[D] = \begin{bmatrix} -[M]^{-1}[C] & -[M]^{-1}[K] \\ [I] & [0] \end{bmatrix} \tag{8}$$

$$[E] = \begin{bmatrix} [0] & [I] \\ -[K]^{-1}[M] & -[K]^{-1}[C] \end{bmatrix} \tag{9}$$

The direct form of a normalized eigenvalue Equation (6a) can be used for multi-mode flutter analysis, and the full-mode flutter analysis should employ the inverse form, Equation (6b), which can be used to solve for partial eigenvalues by the Inverse Vector Iteration with QR Transformation developed by the authors [4]. Several typical examples of multi-mode and full-mode flutter analysis can be found in [5-7].

3.2 *Flutter Mechanism and Stabilization*

Based on the concept of full-degree coupling analysis, a two-dimensional three DOF flutter analysis method was proposed to reveal the mechanism of flutter oscillation [8], and was applied in the theoretical analysis of stabilizing mechanism on a series of typical bridge cross sections [9].

For a two-dimensional bridge section model with three DOF including heaving, swaying and torsion, the equations of motion can be expressed in terms of eighteen flutter derivatives. The oscillation frequencies and damping ratios of a three DOF section model can be derived and represented by the combination of flutter derivatives and phase lags between motions. Through double iterations of wind speed and oscillation frequency, the total damping ratios can be written by the following formulas [10].

$$\xi_\alpha = \frac{\xi_{\alpha s}\omega_{\alpha s}}{\omega_\alpha} - \frac{1}{2}\frac{\rho B^4}{I}A_2^* - \frac{1}{2}\frac{\rho B^4}{I}\frac{\rho B^2}{m_h}\Omega_{h\alpha}F_{h\alpha} - \frac{1}{2}\frac{\rho B^4}{I}\frac{\rho B^2}{m_p}\Omega_{p\alpha}F_{p\alpha} \tag{10}$$

$$\xi_h = \frac{\xi_{hs}\omega_{hs}}{\omega_h} - \frac{1}{2}\frac{\rho B^2}{m_h}H_1^* - \frac{1}{2}\frac{\rho B^4}{I}\frac{\rho B^2}{m_h}\Omega_{\alpha h}F_{\alpha h} - \frac{1}{2}\frac{\rho B^2}{m_h}\frac{\rho B^2}{m_p}\Omega_{\alpha p}F_{\alpha p} \tag{11}$$

$$\xi_p = \frac{\xi_{ps}\omega_{ps}}{\omega_p} - \frac{1}{2}\frac{\rho B^2}{m_p}P_5^* - \frac{1}{2}\frac{\rho B^4}{I}\frac{\rho B^2}{m_p}\Omega_{\alpha p}F_{\alpha p} - \frac{1}{2}\frac{\rho B^2}{m_h}\frac{\rho B^2}{m_p}\Omega_{hp}F_{hp} \tag{12}$$

where m_h, m_p and J_m are mass and mass moment of inertia in the corresponding degrees of freedom; ξ_{hs}, ξ_{ps} and $\xi_{\alpha s}$ are structural damping ratios; ω_{hs}, ω_{ps} and $\omega_{\alpha s}$ are natural circular frequencies; ρ is air mass density; B is bridge deck width; ω_h, ω_p and ω_α are iterative circular frequencies; H_i^*, P_i^* and A_i^* ($i = 1, 2, \cdots, 6$) are dimensionless flutter derivatives; F_{ij} ($i, j = \alpha, h, p$) is dimensionless parameters defined by flutter derivatives and phase lags; and Ω_{ij} is dimensionless equivalent frequency between two motions and is defined as

$$\Omega_{ij} = \frac{\omega_i^2}{\sqrt{(\omega_j^2 - \omega_i^2)^2 + 4(\xi_i\omega_i\omega_j)^2}} \quad (i, j = \alpha, h, p) \tag{13}$$

Based on the above full-degree coupling formulations, the two-dimensional three DOF flutter analysis can be performed to simultaneously investigate the relationship between systematic oscillation parameters and aerodynamic derivatives, and one of the most important result of this analysis is the coupling effect of the various DOF in flutter oscillation. The participation level of motion in each DOF at the flutter onset can be described by three flutter modality vectors with the endpoints as follows [10].

$$V_\alpha = \left(\frac{1}{C_\alpha}, \frac{\rho B^2 \Omega_{h\alpha}\sqrt{H_2^{*2}+H_3^{*2}}}{m_h C_\alpha}, \frac{\rho B^2 \Omega_{p\alpha}\sqrt{P_2^{*2}+P_3^{*2}}}{m_p C_\alpha}\right) \tag{14}$$

$$V_h = \left(\frac{\rho B^4 \Omega_{\alpha h}\sqrt{A_1^{*2}+A_4^{*2}}}{J_m C_h}, \frac{1}{C_h}, \frac{\rho B^2 \Omega_{ph}\sqrt{P_1^{*2}+P_4^{*2}}}{m_p C_h}\right) \tag{15}$$

$$V_p = \left(\frac{\rho B^4 \Omega_{\alpha p}\sqrt{A_5^{*2}+A_6^{*2}}}{J_m C_p}, \frac{\rho B^2 \Omega_{hp}\sqrt{H_5^{*2}+H_6^{*2}}}{m_h C_p}, \frac{1}{C_p}\right) \tag{16}$$

where

$$C_\alpha = \sqrt{1+\left(\frac{\rho B^2}{m_h}\Omega_{\alpha h}\sqrt{H_2^{*2}+H_3^{*2}}\right)^2+\left(\frac{\rho B^2}{m_p}\Omega_{\alpha p}\sqrt{P_2^{*2}+P_3^{*2}}\right)^2} \tag{17}$$

$$C_h = \sqrt{\left(\frac{\rho B^4}{J_m}\Omega_{h\alpha}\sqrt{A_1^{*2}+A_4^{*2}}\right)^2+1+\left(\frac{\rho B^2}{m_p}\Omega_{hp}\sqrt{P_1^{*2}+P_4^{*2}}\right)^2} \tag{18}$$

$$C_p = \sqrt{\left(\frac{\rho B^4}{J_m}\Omega_{p\alpha}\sqrt{A_5^{*2}+A_6^{*2}}\right)^2+\left(\frac{\rho B^2}{m_h}\Omega_{ph}\sqrt{H_5^{*2}+H_6^{*2}}\right)^2+1} \tag{19}$$

With the full-degree-participation method, five main groups comprising thirteen cross sections shown in Figure 1 have been systematically investigated by employing a simplified way with only two DOF including heaving and torsion [9]. For the first two groups of cross sections comprising streamlined thin plate, close box, bluff rectangular and isolated girders, the flutter patterns and corresponding critical speeds can be calculated by the method with the same properties of structural dynamics. It was found that the more streamlined cross section is, the more the heaving mode will participate at the flutter onset and the higher flutter speed can be obtained. The third group of cross sections varies in the flutter patterns and critical speeds vary with the sharpness of edges. With the increase in the edge sharpness, the participation of heaving DOF and the flutter speed increase accordingly. In order to reduce the aerodynamic forces based on the configuration

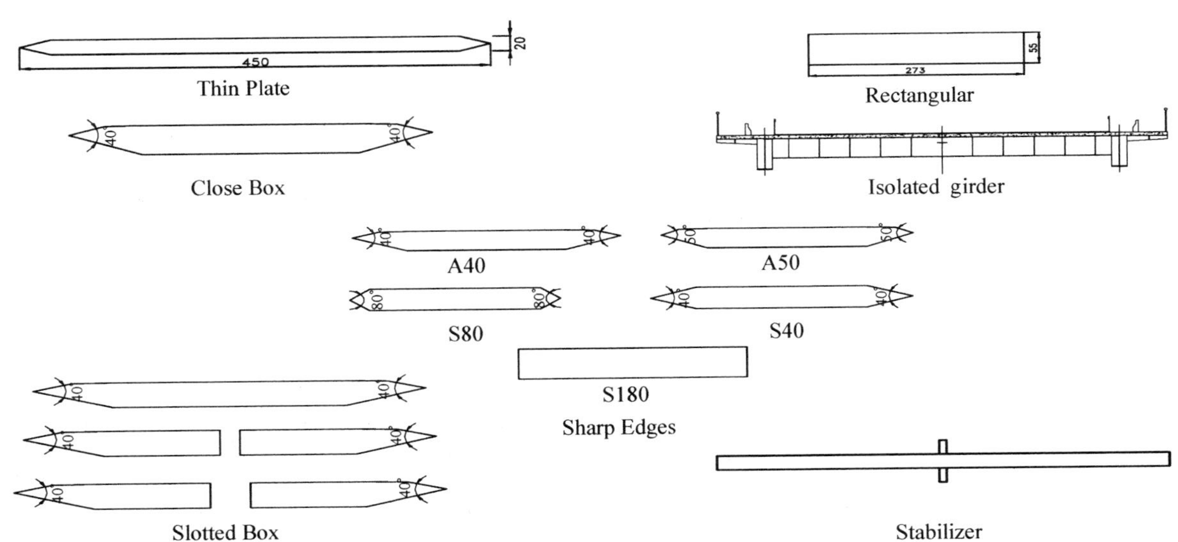

Fig. 1 Configurations of various cross sections

improvement of cross section of bridge decks, there are two effective solutions, slotted box and the deck with central stabilizer. The flutter stabilization of both devices can be illustrated by flutter patterns described by flutter modality vectors. It seems that the participation of heaving DOF helps to steadily increase flutter critical speed for both slotted box and the cross section with central stabilizer.

3.3 *CFD Techniques and Application*

In general, there are two kinds of methods used in computational fluid dynamics, that is, the finite element-based method and discrete vortex-based method. The finite element method code FEM-FLUID was developed at Tongji University in 1999 [11], while the random vortex method was developed for the computer-based code RVM-FLUID at Tongji University in 2002 [12].

A typical application of CFD techniques refers to the vortex induced vibration simulation taking as an example for Lupu Bridge in Shanghai, China. Lupu Bridge is a half-through arch bridge with the world record-breaking span length of 550 m. Two inclined steel arch ribs are 100 m high from the bottom to the crown, and each has modified rectangular box section with 5 m in width and a depth of 6 m at the crown and 9 m at the rib bases shown in Figure 2.

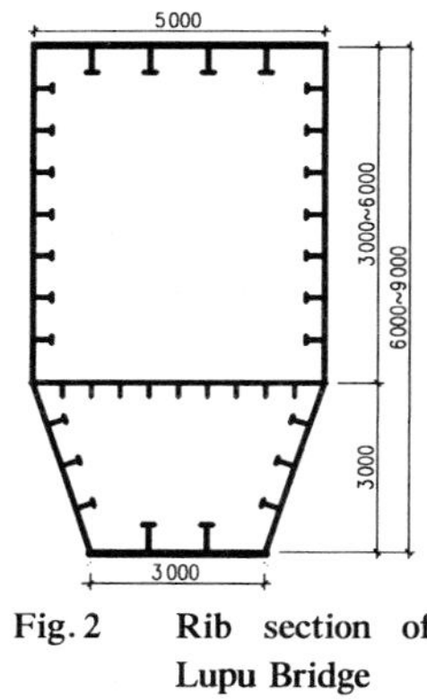

Fig. 2 Rib section of Lupu Bridge

The random vortex method code RVM-FLUID was performed on the two-dimensional model of a rib cross section with the average depth (H) of 7.5 m. It was found that severe vortex induced oscillation occurs at the amplitude of 0.028H at the reduced frequency or Strouhal number S_t = 0.156. In order to improve vortex induced vibration of the bluff cross section of the ribs, several aerodynamic preventive means shown in Figure 3 were numerically tested.

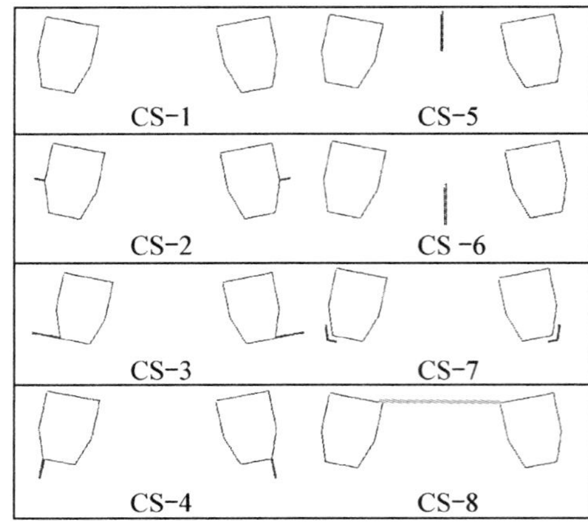

Fig. 3 Preventive means of ribs

The calculation results including Strouhal number and relative amplitude, z_{max}/H, are listed in Table 1 [13]. There are four means including CS-2, CS-6, CS-7 and CS-8, which can reduce the amplitude of vortex oscillation. Among these four means, the best solution is the full cover plate, CS-8, which can minimize the amplitude to only about 40% of that in the original configuration.

Table 1 Numerical results with CFD

No.	Configuration	St.	z_{max}/H
CS-1	original	0.156	0.028
CS-2	2 m plates	0.220	0.025
CS-3	2 m plates (H)	0.137	0.034
CS-4	2 m plates (V)	0.137	0.032
CS-5	4 m stabilizer	0.137	0.032
CS-6	4 m stabilizer	0.156	0.017
CS-7	4 m deflectors	0.175	0.023
CS-8	cover plate	0.156	0.011

4 Probability-Based Assessment

Besides the theoretical contributions, one of the most important issues of bridge aerodynamics in China is the development and application of probabilistic assessment or reliability analysis of wind induced vibration of long-span bridges [14]. Aerodynamic response of bridges subjected to wind loading is related to statistically random properties of atmospheric flow fields and physically uncertain variables of line-like structures. It is therefore more scientific and practicable to employ probability based approaches to define the bridge failure due to flutter instability, buffeting response and vortex induced oscillation with an occurrence probability for a given return period rather than providing a single safety factor [15].

4.1 *Reliability Analysis of Flutter*

Aerodynamic instability takes place when a bridge is exposed to wind speeds above a certain critical value which can be predicted by wind tunnel tests or theoretical calculation with experimentally identified parameters. Following this definition, the reliability analysis of the issue can be formulated as a limit state problem in which the critical flutter speed U_{cr} is exceeded by the extreme wind speed U_e for a given return period [16-17].

$$M = U_{cr} - U_e = C_w U_f - G_s U_b \tag{20}$$

where C_w is the conversion factor from a scaled model to the prototype structure; U_f is the experimentally determined basic flutter speed with some uncertainties of structural properties; G_s is the gust speed factor to account the influence of wind fluctuation and its horizontal correlation; and U_b is the annual maximum wind speed at the bridge deck location. The best-fitted distribution of the wind speeds in most meteorological stations in China has been confirmed to follow a Gumbel distribution expressed as

$$F(U_b) = \exp\left[-\exp-\left(\frac{U_b - b}{a}\right)\right] \tag{21}$$

in which the parameters $1/a$ and b are the dispersion and mode, respectively.

Although the failure probability from the safety margin, M, may be efficiently calculated by some approximate reliability methods or by applying simulation techniques such as Monte Carlo method, the first-order reliability method, in particular, the extended design point approach (EDP), is applied to calculate reliability index β and failure probability P_F [16-17].

The reliability analysis model formulated by four independent random variables was adopted to carry out the probabilistic reassessment and calibration for flutter instability of ten cable-supported bridges including six cable-stayed bridges and four suspension bridges in China. The wind tunnel tests of these bridges with aeroelastic models were performed at Tongji University recently. On the basis of the EDP approach, a computational program was developed to compute the reliability indices β and failure probabilities P_F, which are numerically listed in Table 2 and compared to the traditional safety factors K [18].

Table 2 Failure probability due to flutter

Br.	Name	P_F	K
Cable-stayed	Qingzhou	5.0×10^{-3}	1.40
	2nd Nanjing	1.9×10^{-8}	3.27
	Jingsha	7.1×10^{-8}	3.06
	Haikou	1.3×10^{-5}	2.31
	Nanpu	5.1×10^{-3}	1.39
	Yangpu	8.5×10^{-4}	1.68
Suspension	Yichang	8.6×10^{-6}	2.38
	Jiangyin	5.0×10^{-4}	1.76
	Humen	1.4×10^{-3}	1.61
	Honguang	9.5×10^{-5}	2.02

4.2 *First Passage Analysis of Buffeting*

Since the buffeting oscillation is a random dynamic response, a more reasonable approach is to estimate the highest level of response and ensure that the probability of its occurrence during the structure's service period is at an acceptable level. A general first passage model was suggested by the authors to deal with buffeting failure in which the maximum response reaches the lower bound level corresponding to the damage mode [19-20].

Perhaps the simplest approximation to the first passage probability is obtained by assuming that the threshold crossings in a stationary Gaussian response occur so rarely that they can be considered as statistically independent events. The first passage probability based on an assumption of a Poisson response process $X(t)$ in an interval of duration T can be calculated by the following equation.

$$F_{\mathrm{PR}}(B)=1-\exp\left\{-\frac{\pi T}{2}\sum_{k=1}^{n}\frac{\sigma_{\dot{x}k}}{\sigma_{xk}}\left[\exp\left(-\frac{b_{1k}^{2}}{2\sigma_{xk}^{2}}\right)+\exp\left(-\frac{b_{2k}^{2}}{2\sigma_{xk}^{2}}\right)\right]\Psi(b_{1k},b_{2k})\right. \tag{22}$$

$$\Psi(b_{1k},b_{2k})=\prod_{i=1,i\neq k}^{n}\left[\Phi\left(\frac{b_{1i}}{\sigma_{xi}}\right)-\Phi\left(-\frac{b_{2i}}{\sigma_{xi}}\right)\right] \tag{23}$$

where $\Phi(\cdot)$ is the standardized Gaussian distribution function; b_{1k} and $-b_{2k}$ are the upper and lower failure bounds of an DOF structure, respectively; σ_x^2 and $\sigma_{\dot{x}}^2$ are the variances of $X(t)$ and $\dot{X}(t)$, respectively.

Introducing a bandwidth factor q, the first-passage probability based on the Markov assumption can be calculated by

$$F_{\mathrm{MR}}(B)=1-\exp\left\{-\frac{\pi T}{2}\sum_{k=1}^{n}\frac{\sigma_{\dot{x}k}}{\sigma_{xk}}\left[s_{1k}\exp\left(-\frac{b_{1k}^{2}}{2\sigma_{xk}^{2}}\right)+s_{2k}\exp\left(-\frac{b_{2k}^{2}}{2\sigma_{xk}^{2}}\right)\right]\prod_{i=1,i\neq k}^{n}\left[\Phi\left(\frac{b_{1i}}{\sigma_{xi}}\right)-\Phi\left(\frac{b_{2i}}{\sigma_{xi}}\right)\right]\right\} \tag{24}$$

where

$$s_{ik}=\frac{1-\exp\left(-\sqrt{\frac{\pi}{2}}q_k\frac{b_{ik}}{\sigma_{xk}}\right)}{1-\exp\left(-\frac{b_{ik}^{2}}{2\sigma_{xk}^{2}}\right)}(i=1,2) \tag{25}$$

$$q_k=\sqrt{1-\frac{\sigma_{\dot{x}k}^{2}}{\sigma_{xk}\sigma_{\ddot{x}k}}} \tag{26}$$

Another approximate approach is based on the limit distributions of random response peaks. According to the extreme distribution theorem, any probability distribution function of peak responses must have two limited forms, the upper limit followed Rayleigh distribution and the lower limit followed Gaussian distribution. Assuming the threshold crossings at the upper barrier and lower barrier being statistically independent, the upper bound and the lower bound of the first passage probability can be expressed as

$$F_{\mathrm{RD}}=1-\prod_{i=1}^{m}\left[1-\exp\left(-\frac{b_{1i}^{2}}{2\sigma_{xi}^{2}}\right)\right]^{N}\left[1-\exp\left(\frac{-b_{2i}^{2}}{2\sigma_{xi}^{2}}\right)\right]^{N} \tag{27}$$

$$F_{\mathrm{GD}}=1-\prod_{i=1}^{m}\left[\Phi\left(\frac{b_{1i}}{\sigma_{xi}}\right)\right]^{N}\left[\Phi\left(\frac{b_{2i}}{\sigma_{xi}}\right)\right]^{N} \tag{28}$$

where

$$N_i=\frac{\sigma_{\dot{x}i}T}{2\pi\sigma_{xi}} \tag{29}$$

Based on the current buffeting theories and reliability assessment methods, a numerical simulation approach to the first passage probability, P_{Num}, for a long-span bridge under buffeting actions was also developed [21].

Jiangyin Suspension Bridge with the central span of 1 385 m is taken as a numerical example of calculating the first passage probabilities of vertical, lateral and torsional displacements. The design wind velocity of 40 m/s is chosen for the bridge at the deck level. The first passage probabilities of the vertical (δ_{V}), lateral (δ_{L}) and torsional (δ_{T}) displacements induced by wind buffeting at the mid-span ($L/2$) are given in Table 3 [22].

Table 3 First passage probability of buffeting response in Jiangyin Bridge

Items	δ_{V}(m)	δ_{L}(m)	δ_{T}(°)
σ_x	0.244 2	0.016 2	0.003 2
b_1	0.244 2	0.016 2	0.003 2
b_2	−0.836 0	−1.525 0	−0.017 5
F_{PR}	−0.836 0	−1.525 0	−0.017 5
F_{MR}	−0.836 0	−1.525 0	−0.017 5
F_{RD}	3.9E−1	−1.525 0	−0.017 5
F_{GD}	1.0E−1	<1E−10	5.1E−6
P_{Num}	1.0E−1	<1E−10	5.1E−6

4.3 *Probabilistic Evaluation of VIV*

The first probabilistic evaluation case of vortex

induced vibration (VIV) completed in China is that of Lupu Bridge with a bluff arch rib section, a configuration for which servere VIV in vertical bending occurs in the construction stages including the maximum rib cantilever (MRC) and the completed arch rib (CAB) as well as the in-service stage completed bridge structure (CBS) [23]. The probabilistic evaluation began with the determination of vortex-shedding wind speeds, which were obtained through the aeroelastic full bridge model testing, in the antisymmetrical (a) and symmetrical (s) vertical bending modes, shown in Table 4 [13].

Table 4 Vortex-shedding wind speeds of Lupu Bridge

Speed	MRC	CAR	CBS
U_a(m)	10 ~ 20	20 ~ 36	14 ~ 25
U_s(m)	20 ~ 45	40 ~ 55	24 ~ 40
Both	10 ~ 45	20 ~ 55	14 ~ 40

The statistical analysis of the wind velocities at the bridge site was based on three main meteorological stations around Lupu Bridge, that is, Baoshan Station at the north, Chuansha Station at the east and Longhua Station at the southwest.

In order to obtain the longest accumulative period of possible vortex-induced oscillation, the statistical results at these three stations can be grouped in four velocity intervals including 0~10 m/s, 10~14 m/s, 14~20 m/s and 20 ~ 28 m/s. The accumulative period can be separately calculated using each station data in turn, then these three results can be averaged. The longest accumulative period, T_a, for given return years of N was finally obtained based on these three stations.

Based on the statistical analysis, the best-fitted distribution of maximum samples at each station was confirmed to be a Gumbel distribution described by Equation (21), which represents the probability value under $U < U_b$. The probability value P_u under $U_1 < U < U_2$ can be accordingly calculated as

$$P_u(U_1 < U < U_2) = F(U_2) - F(U_1) \quad (30)$$

In considering different occurrence frequencies p_i at different wind directions i, the probability of the first occurrence of vortex-induced oscillation can be obtained by the following equation.

$$P = \sum_{i=1}^{16} P_{ui} P_i = \sum_{i=1}^{16} [F_i(U_2) - F_i(U_1)] P_i \quad (31)$$

Using all data of $F_i(U)$ and p_i, the annual probability of the first occurrence, P_f, can be calculated for each station and then for the average of these three stations. The main results of probabilistic evaluation of vortex induced vibration of Lupu Bridge can be summarized in Table 5 [13,15].

Table 5 Probabilistic evaluation results of vortex-induced vibration of Lupu Bridge

Result	MRC	CAR	CBS
N (y)	10	10	100
T_a(d)	28	0.45	32
P_f(1/y)	0.163	8.7×10^{-5}	0.072

5 Aerodynamic Vibration Control

For long span bridges with its intrinsic limit in aerodynamic performance, especially in destructive vibration, it is necessary to use countermeasures to control aerodynamic vibration to meet with the appropriate wind resistance requirements. The following section of this paper focuses on the engineering experience gained from several long-span bridges in aerodynamic vibration control and verification testing in China [24].

5.1 *Galloping Control in Yadagawa Br.*

The object bridge, Yadagawa Bridge in Japan, is a steel-concrete composite bridge with the 84.2 m main span and two side spans of 67.1 m. The composite deck consists of two separated steel boxes and a reinforced concrete plate, with a width of 7.5 m. The depth of the steel girder is 3.2 m at both continuous supports and 2.2 m at the midpoint of the center span and at the two ends of the bridge, respectively. The very bluff cross section of the bridge may bring about the concern of galloping instability.

Since a substantial change of the basic cross section was not allowed in this investigation, two kinds of aerodynamic preventive means were tried, the slotted deck and corner deflectors, which were selected based on the results of CFD analysis. The further experimental investigation of galloping-type instability through an aeroelastic full model was carried out in the TJ - 3 boundary layer wind tunnel with the working section of 15 m in width, 2 m in height, and 14 m in length shown in Figure 4.

Fig. 4 Aeroelastic model of Yadagawa Bridge

The 1 : 50 scale aeroelastic model respectively simulates three structural configurations including the original structure, the slotted structure and the structure with corner deflectors [25]. The results of the extreme deck deflections at the mid-span are graphically indicated and compared in Figure 5a under smooth flow and Figure 5(b) under the turbulent flow [26].

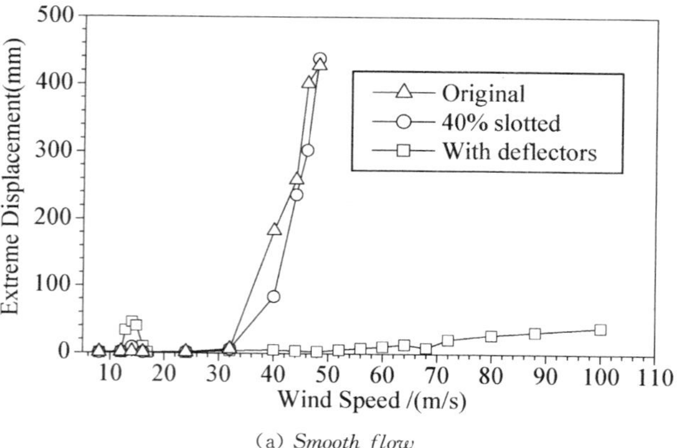

(a) *Smooth flow*

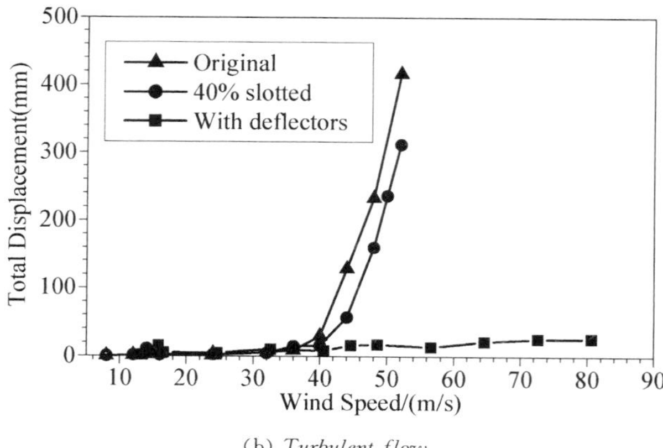

(b) *Turbulent flow*

Fig. 5 Experimental results of Yadagawa Bridge

5.2 *VIV Reduction in Lupu Bridge*

In order to confirm the numerical results with the code RVM-FLUID mentoned before, the aeroelastic testing of Lupu Bridge was carried out in the same wind tunnel. The 1 : 100 scale aeroelastic model of the full bridge simulates three situations including the maximum rib cantilever (MRC), the completed arch ribs (CAR) and the completion bridge structure (CBS) shown in Figure 6. The wind tunnel testing was conducted including three situations and the bridge configurations without or with preventive means A, the full cover plate, and means B, the cover plate with 30% air vent [27].

Fig. 6 Aeroelastic model of Lupu Bridge

Table 6 lists the total experimental results including the maximum displacements of vertical bending oscillation of the arch ribs at the mid span ($L/2$) and the quarter span ($L/4$). It can be concluded that the preventive means A or B cases effectively reduce the amplitudes of vortex-induced oscillation [13].

Table 6 Experimental results of Lupu Bridge
(U_{VIV} in m/s and z in m)

Br. Conf.	Prev. means	U_{VIV} (m/s)	$z_{L/2}$ (m)	$z_{L/4}$ (m)
MRC	Orig.	16.3	0.813	0.216
	M-A	17.5	0.590	0.166
	M-B	16.3	0.249	0.069
CAR	Orig.	31.3	0.115	0.634
	M-A	33.8	0.066	0.358
	M-B	31.3	0.047	0.359
CBS	Orig.	17.5	0.040	0.164
	M-A	17.5	0.067	0.070
	M-B	17.5	0.067	0.023

5.3 *Flutter Stabilization in ES Bridge*

With the total length of 32 km, East Sea (ES) Bridge in Shanghai will become the longest sea crossing project in the world. The main bridge over the navigation channel is a cable-stayed bridge with a composite box girder of five spans, 73 m + 132 m + 420 m + 132 m + 73 m. Though the main span of 420 m is not so long, the monoplane cable system is an issue of concern aerodynamically due to the low frequency ratio (torsion to bending) of 1.65.

With the emphasis on aerodynamic stability, the wind tunnel experiment with the 1 : 100 aeroelastic full bridge model was carried out in the wind tunnel shown in Figure 7. It was found in the first phase of the testing that the original structure cannot meet the requirement of flutter speed of 84.6 m/s. Some preventive means had to be considered to stabilize the original structure.

Fig. 7 Aeroelastic model of East Sea Bridge

After having compared several means, two countermeasures were experimentally proven to be effective in raising the flutter speed slightly, but enough. The first means involved the adoption of a central stabilizer with the height of 0.8 m above the deck shown in Figure 8 (a), and the other is to purposely set two gantries for maintenance at the lower corner of the inclined webs of the box shown in Figure 8 (b). These two measures can increase the minimum flutter speed up to 85.8 m/s and 90.2 m/s[28]. It is interesting to learn from this project that flutter stabilization can be realized by various ways, even by a slight change of small parts of a cross section.

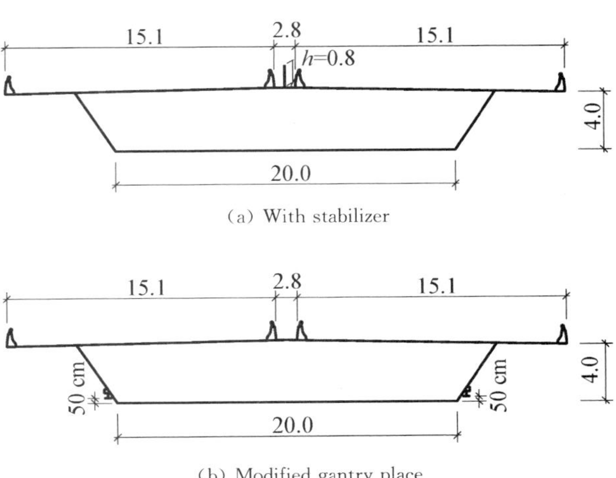

Fig. 8 Modified cross sections of East Sea Bridge

5.4 *Deck Selection in Xihoumen Bridge*

The main section of Zhoushan Island-Mainland Connection Project in Zhejiang Province, Xihoumen Bridge is proposed as a two-span continuous suspension bridge with the span arrangement of 578 m + 1 650 m + 485 m, the main span of which is going to create a new record in box girder suspension bridges. Based on the experience gained from the 1 624 m Great Belt Bridge with the flutter critical speed of 62 m/s and the 1 490 m long Runyang Bridge with the flutter speed of 63 m/s, the span length of 1 600 m seems to be the intrinsic limit in the aspect of aerodynamic stability for classical suspension bridges with streamlined box deck, even with the more strict stability requirement of

80 m/s for Xihoumen Bridge.

A traditional single box section and three other aerodynamically modified deck sections were selected for comparison. The wind tunnel testing of four sectional models in the scale of 1 : 80 shown in Figure 9 were performed in the TJ - 1 boundary layer wind tunnel with the working section of 1. 8 m in width, 1. 8 m in height and 15 m in length shown in Figure 10.

The experimental results of flutter critical speeds are summarized in Table 7. Apart from the traditional single box section, the three remaining sections can meet the flutter stability requirement of 80 m/s, and the 6 m slotted deck configuration is finally selected as the scheme for further detailed design [29].

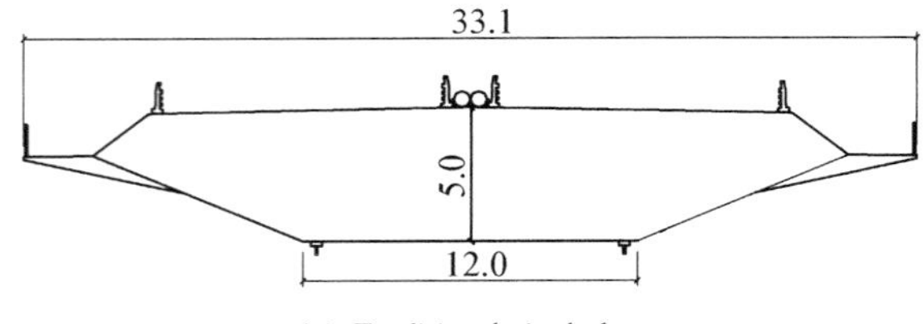

(a) Traditional single box

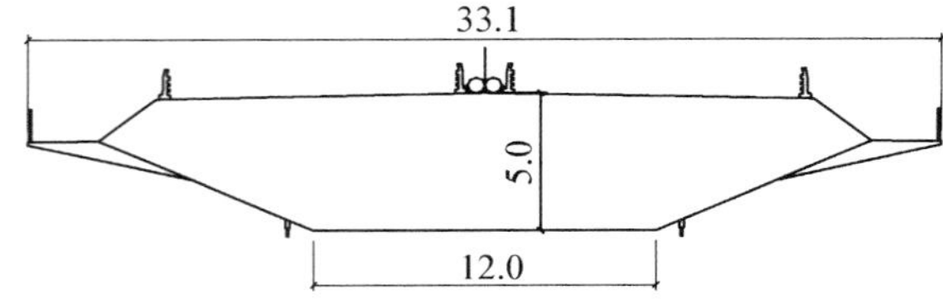

(b) Single box with stabilizer

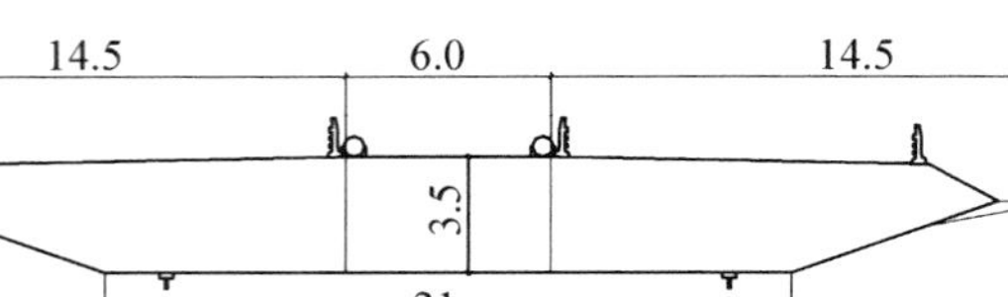

(c) 6 m Slotted deck

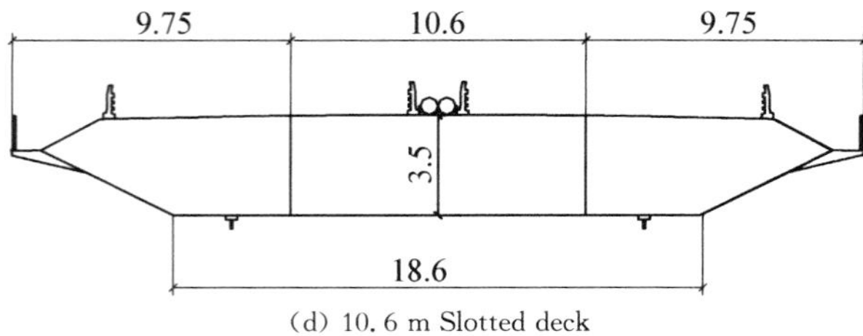

(d) 10. 6 m Slotted deck

Fig. 9 Possible cross sections of Xihoumen Bridge

Fig. 10 Sectional model of Xihoumen Bridge

Table 7 Flutter speeds of Xihoumen Bridge (m/s)

Structure	−3°	0°	+3°
(a) Box	68. 2	45. 8	47. 5
(b) Stabilizer	>90	>90	89. 3
(c) Slotted	88. 4	>94	>94
(d) Slotted	87. 4	>94	>94

6 Conclusions

With the rapid progress of long span bridge construction in China, the state-of-the-art on long-span bridge aerodynamics has been briefly reviewed in respect of theoretical contributions, probability-based assessment and aerodynamic vibration control. The theoretical aspect mainly includes full-mode flutter analysis method, flutter mechanism and stabilization, and CFD techniques and application. The development and application of probability based assessment provides alternative approaches in undertaking probabilistic or reliability analysis in wind induced vibration including flutter instability, buffeting response and vortex-induced vibration. Finally, the recent engineering experience gained from four typical aerodynamic vibration control projects of long span bridges is presented.

The work described in this paper is partially supported by the National Science Foundation of China under the Grant 50278069 and some private sponsorships from Nippon Sharyo Limited Company, Shanghai Lupu Bridge Investment and Development Co. , Ltd. , East Sea Bridge Construction Commanding

Department and Zhoushan Channel Bridge Development Co., Ltd. The dedication and efforts of our colleagues, Drs. F. C. Cao, Z. Y. Zhou, Y. X. Yang and L. Zhao, are highly appreciated.

References

[1] Jones N P, Scanlan R H. Issues in the Multi-mode Aerodynamic Analysis of Cable-stayed Bridges [C]// Infrastracture '91, International, 1991.

[2] Miyata T, Yamada H. Coupled Flutter Estimate of a Suspension Bridge [J]. JWEIA, 1990, 33 (1&2): 341 - 348.

[3] Miyata T, Yamada H. On an Application of the Direct Flutter FEM Analysis for Long-span Bridges [C]// Proceedings of the 9th International Conference on Wind Engineering. New Dehli, India, 1995: 1033 - 1041.

[4] Ge Y J. Probability-based Assessment and Full-mode Flutter Analysis of Cable-supported Bridges against Aerodynamic Forces [R]. Post-doctoral Research Report, Canada, Ottawa: University of Ottawa, 1999: 89 - 109.

[5] Ge Y J, Tanaka H. Aerodynamic Flutter Analysis of Cable-supported Bridges by Multi-mode and Full-mode Approaches [J]. Journal of Wind Engineering and Industrial Aerodynamics, 2000, 86(2 - 3): 123 - 153.

[6] Ge Y J, Tanaka H, Xiang HF. 3D Flutter Analysis of Long-span Cable-supported Bridges with Full-mode Techniques [C]// Proceedings of the 1st International Symposium on Advances in Wind and Structures, 2000: 453 - 460.

[7] Ge Y J, Ding Q S, Xiang H F. Coupling Effects of Natural Modes in Flutter Oscillation of Long-span Bridges [C]// Proceedings of the 2nd International Symposium on Advances in Wind and Structures, 2002: 641 - 648.

[8] Yang Y X, Ge Y J, Xiang H F. Coupling Effects of Degrees of Freedom in Flutter Instability of Long-span Bridges [C]// Proceedings of the 2nd International Symposium on Advances in Wind and Structures, 2002: 625 - 632.

[9] Yang Y X. Two-dimensional Flutter Mechanism and its Application for Long-span Bridges (in Chinese) [D]. Ph. D. Thesis Supervised by H. F. Xiang and Y. J. Ge. Shanghai: Tongji University, 2002.

[10] Yang Y X, Ge Y J, Xiang H F. 3DOF Coupling Flutter Analysis for Long-span Bridges [C]// Proceedings of the 11th International Conference on Wind Engineering. Texas, USA, 2003: 925 - 932.

[11] Can F C. Numerical Simulation of Aeroelastic Problems in Bridges (in Chinese) [D]. Ph. D. Thesis Supervised by H. F. Xiang. Shanghai: Tongji University, 1999.

[12] Zhou Z Y. Numerical Calculation of Aeroelastic Problems in Bridges by Discrete Vortex Method (in Chinese) [D]. Post-doctoral Research Report. Shanghai: Tongji University, 2002.

[13] Ge Y J, et al. Investigation of Vortex-induced Vibration of Lupu Bridge [C]// Proceeding of the 4th European and African Conference on Wind Engineering. Prague, Czech: 2005.

[14] Ge Y J. Reliability Theory and its Application to Wind Induced Vibration of Bridge Structures (in Chinese) [D]. Ph. D Thesis Supervised by H. F. Xiang. Shanghai: Tongji University, 1997.

[15] Ge Y J, Xiang H F. Probability-based Assessment for Aerodynamic Vibration of Long-span Bridges [C]// Proceedings of the 9th International Conference on Structural Safety and Reliability. Rome, Italy: 2005.

[16] Ge Y J, Xiang H F, Tanaka H. Reliability Analysis of Bridge Flutter under Extreme Winds [C]// Proceedings of the 10th International Conference on Wind Engineering. Copenhagen, Denmark: 1999: 879 - 884.

[17] Ge Y J, Xiang H F, Tanaka H. Application of a Reliability Analysis Model to Bridge Flutter under Extreme Winds [J]. Journal of Wind Engineering and Industrial Aerodynamics, 2000, 86(2 - 3): 155 - 168.

[18] Ge Y J, Zhou Z, Xiang H F. Probabilistic Reassessment and Calibration for Flutter Instability of Cable-supported Bridges [C]// Proceedings of the 11th International Conference on Wind Engineering. Texas, USA: 2003:925 - 932.

[19] Ge Y J, Tanaka H, Xiang H F. Probabilistic Assessment of Buffeting Responses in Long-span Bridges [C]// Proceedings of the International Conference on Advances in Structural Dynamics. Hong Kong: 2000:1471 - 1478.

[20] Ge Y J, Tanaka H, Xiang H F. Analytical Approaches to the First Passage Probability in Randomly Excited Bridges [C]// Proceedings of the 8th International Conference on Structural Safety and Reliability. California, UAS: 2001.

[21] Zhao L. Numerical Simulation of Wind Field and Reliability Assessment of Buffeting for Long-span Bridges (in Chinese) [D]. Ph. D. Thesis Supervised by H. F. Xiang and Y. J. Ge. Shanghai: Tongji University, 2003.

[22] Ge Y J, Zhao L, Xiang H F. Numerical Approaches to the First Passage Probability in Bridge Buffeting Response [C]// Proceedings of the 5th International Conference on Stochastic Structural Dynamics. Hangzhou, China: 2003:125 - 132.

[23] Ge Y J, et al. Study of Aerodynamic Performance and Wind Loading of Shanghai Lupu Bridge (in Chinese) [R]. Technical Report, SLDRCE, No. WT200103,2002.

[24] Ge Y J, Xiang H F. Long-span Bridge and Extreme Wind Effects [C]// Proceedings of IABSE Symposium on Structures and Extreme Events. Lisbon, Portugal: 2005.

[25] Lin Z X, Ge Y J. Wind-tunnel Study of Yadagawa Bridge in Nagoya, Japan [R]. Technical Report, SLDRCE, No. 199916,2000.

[26] Ge Y J, et al. Investigation and Prevention of Deck Galloping Oscillation with Computational and Experimental Techniques [J]. Journal of Wind Engineering and Industrial Aerodynamics, 2002, 90 (12 - 15):2087 - 2098.

[27] Ge Y J. Aerodynamic Design on Lupu Bridge in Shanghai [C]// Keynote Paper in Proceedings of the 3rd International Conference in Bridge Design, Construction and Maintenance. Shanghai, China: 2003:69 - 80.

[28] Ge Y J, et al. Study of Aerodynamic Performance and Flutter Control of Main Channel Bridge in the East Sea Bridge Project (in Chinese) [R]. Technical Report, SLDRCE, No. WT200313,2003.

[29] Ge Y J. et al. Study of Aerodynamic Performance and Vibration Control of Xihoumen Bridge [R]. Technical Report, SLDRCE, No. WT 200320,2003.

现代桥梁抗风理论及其应用*

1 引言

大气边界层是受地面影响的最低层大气，一般高 1～2 km。当大气边界层中近地风绕过桥梁时，会产生涡旋脱落和流动分离并产生复杂的空气作用力。在过去相当长的时间内，人们把风对结构的作用仅仅看成是一种由定常风所引起的静力作用，1940 年秋，美国华盛顿州建成才 4 个月的塔科马(Tacoma)悬索桥在不到 20 m/s 的 8 级大风作用下发生强烈的风致振动——反对称扭转振动[图 1(a)]而导致桥面折断和桥梁坍塌[图 1(b)]，这时人们才开始了以风致振动为重点的桥梁抗风研究。在定常风的静力作用下，人们主要关心桥梁结构强度和稳定性问题；在不定常风的动力作用

(a) 风致扭转振动

(b) 桥面折断坠落

图 1　塔科马悬索桥的风振与风毁

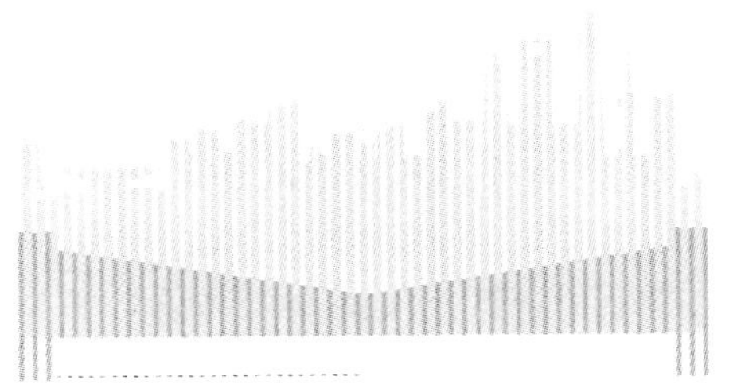

* 本文由项海帆、葛耀君于 2007 年 2 月发表于《力学与实践》第 29 卷第 1 期。

下问题则要复杂得多。因风致振动起来的桥梁反过来又可能改变气流流场和气动力，因此必须考虑风与结构的相互作用。当气动力受结构振动影响较小时，它作为一种强迫力将导致桥梁结构的强迫振动——随机抖振；当气动力受结构振动影响较大时，它表现为自激力作用，导致桥梁结构的自激振动——单纯扭转模态或弯曲和扭转耦合模态的桥梁颤振、顺风向或横风向弯曲模态的桥梁驰振以及气流流经桥梁断面产生的涡旋所激发的桥梁涡振[1]。

2 桥梁风环境及其模拟

桥梁结构的离地高度一般不超过 300 m，这一范围内的近地风主要受大气边界层内空气流动的影响，其流动的速度和方向具有随时空随机变化的特征。在研究风对桥梁结构的作用时，通常把近地风分解为平均和脉动风速，并且要着重研究对结构设计和受力分析起控制作用的强风，主要包括：平均风剖面或风廓线；平均风随时间的变化规律——期望风速和重现期，脉动风的特性是湍流强度、湍流积分尺度、功率谱密度等，并在此基础上发展和完善上述风环境特性的风洞模拟试验技术。

2.1 强风平均风速剖面特性

桥梁抗风设计主要关心近地层强风的作用，除了极值风速之外，强风结构特性至关重要。所以采用大气风廓线仪和超声风速仪对强风进行跟踪测量。大气风廓线仪是一种垂直指向的晴空多普勒雷达，这种技术以及与其组合使用的无线电探测系统代表了大气探测领域里的先进水平。采用上海市气象局的 LAP-3000 大气风廓线仪对 1999—2001 年影响上海的 12 个台风进行了垂直分布特性的观测分析。观测结果表明，如果桥梁及高层建筑抗风设计采用良态气候下的指数律关系 $U=U_0(z/z_0)^\alpha$（U_0 表示 10 m 高度处的基本风速；z 和 z_0 分别表示计算高度和 10 m 高度），那么，这 12 个台风实测拟合的最不利 α 值在 0.200（9906 号台风）～0.295（0119 号台风）范围内，而规范规定的最不利 α 值 A 类为 0.120 和 C 类为 0.300，如图 2 所示。因此，上海地区由 10 m 高度处的基本风速推算不同高度处的基准风速虽然不符合强风风速剖面的实测结果，但还是偏于安全的[2]。

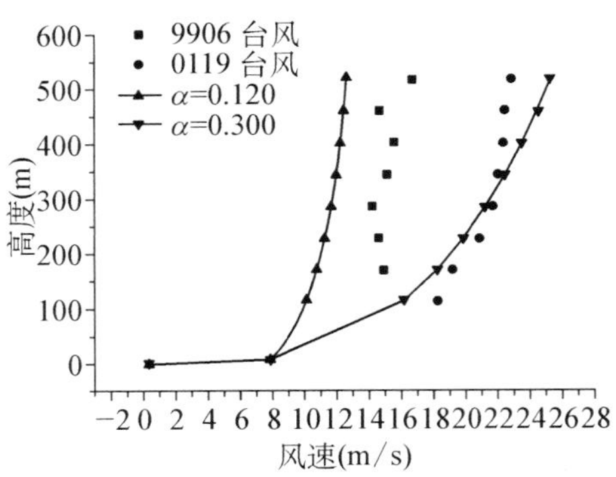

图 2　强风平均风速剖面实测结果

2.2 极值风速风向统计分析

在桥梁结构的抗风设计中，采用风速分布概率模型，统计推断最终要确定的也是重现期内的（最大）期望风速。在实际应用中 3 种极值分布概率模型得到了广泛的应用。此外任何地点的极端风速沿各个方向分布一般都是不均匀的，大多数工程结构，特别是大跨度桥梁结构在空间各个方位上的尺度也具有显著差异。结合极值Ⅰ型分布概率模型提出了风速风向双参数联合概率分布模型为

$$F_{G\theta}(x)=\exp\left[-\exp\left(-\frac{x-b_\theta}{a_\theta}\right)\right] \tag{1}$$

式中，a 表示尺度参数；b 表示位置参数；θ 表示所在风向与正北向的夹角，现有风速记录一般可以给出 16 个方向的风速数据。图 3 给出了按照上述风速风向联合分布概率模型分析得到的上海宝山气象站和川沙气象站 50 年一遇和 100 年一遇的期望风速[3]。

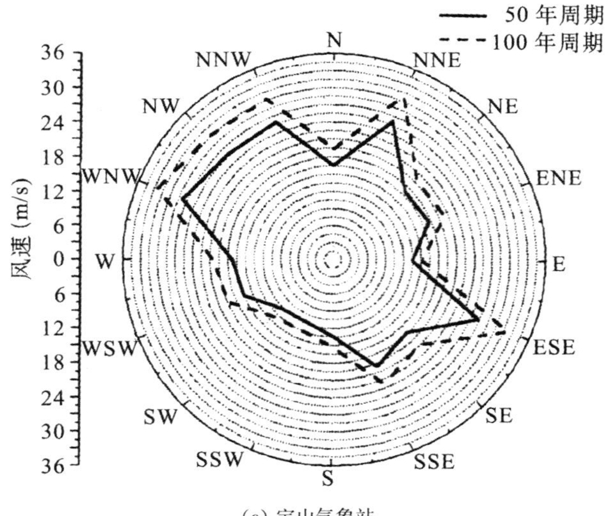

(a) 宝山气象站

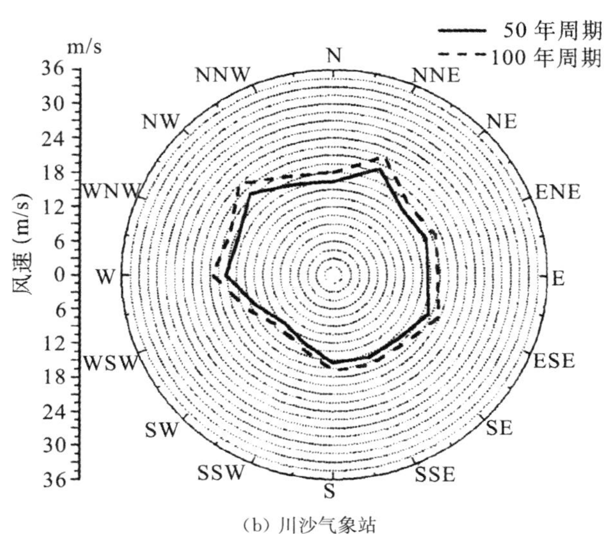

(b) 川沙气象站

图 3　极值风速风向联合分布期望风速

2.3　强风湍流特性观测分析

桥梁抗风研究还关心与脉动风相关的湍流强度、湍流功率谱密度函数和湍流积分尺度等特性。以往气象部门进行的近地层湍流特性研究，主要是针对非台风气候模式风环境，对于台风等剧烈大气及复杂场地情形下的观测研究极少。从 1999 年起，在上海、广东、福建、江苏、浙江、湖北、贵州等沿海和内陆地区进行了较为系统的以台风和强冷空气为主的湍流特性观测与分析。观测结果表明，台风具有比良态气候大风更强烈的湍流作用，其湍流强度和湍流积分尺度值明显偏大，功率谱密度函数在高频区(惯性子区)湍能增强，图 4 给出了上海浦东气象站对台风“杰拉华”(0008 号)的实测结果[4]。

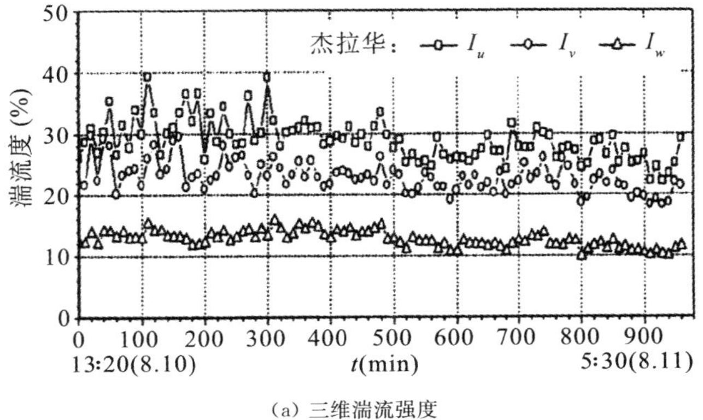

(a) 三维湍流强度

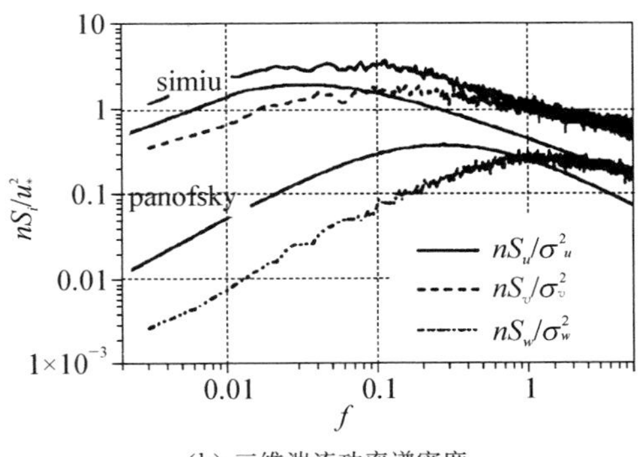

(b) 三维湍流功率谱密度

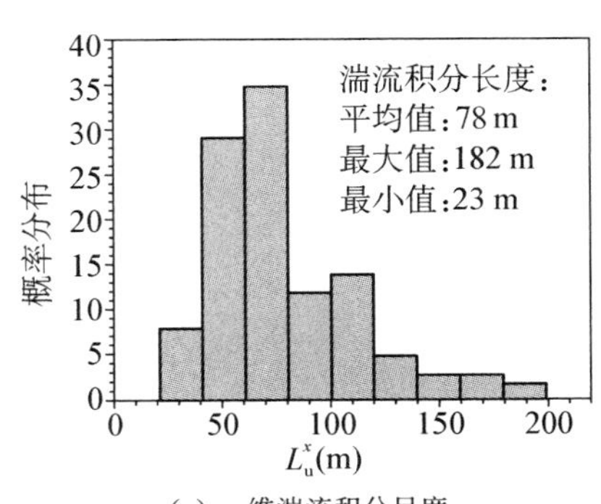

(c) 一维湍流积分尺度

图 4　台风“杰拉华”(0008 号)上海浦东气象站的实测结果

2.4　近地风风洞模拟技术

大气边界层近地风的风洞模拟技术按照有无控制部件可分为被动模拟和主动模拟两大类。被动模拟主要利用格栅、尖劈和粗糙元等装置形成一定厚度的湍流边界层，模拟装置不需要能量输入；主动模拟则包括可控制运动机构，例如振动翼栅、变频调速风扇阵列等。

目前国内外大都采用尖劈和粗糙元被动模拟方法，并且已经能够较好地模拟风速剖面、湍流强度、功率谱密度等主要参数，但是对湍流积分尺度和湍流空间相关性的模拟还有缺陷。为此提出了将被动模拟方法中的固定尖劈改为主动振动的尖劈，借助振动尖劈注入的低频湍能增大其湍流积分尺度和削弱湍流空间相关性，并且通过对被动模拟参数的适当调整来保证不降低其他参数的模拟精度，自主开发的振动尖劈主动模拟装置如图 5 所示[5]。

3　桥梁抗风研究方法

风环境确定后，就可以对具体的桥梁结构进行抗风设计或计算。由于桥梁结构个体的复杂性和抗风理

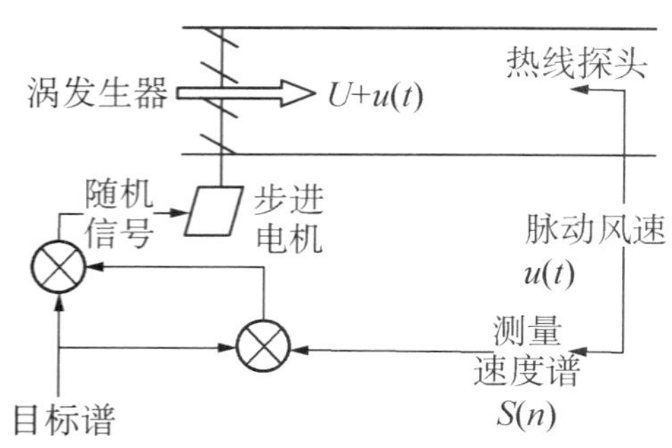

图 5　近地风振动尖劈主动模拟系统框图

论总体上尚不成熟，风洞实验是目前主要的研究手段，有时甚至成为唯一的抗风设计依据，几乎所有大跨度桥梁抗风研究都离不开基于风洞实验识别的定常或非定常气动参数[1]。此外，还辅之以理论和数值方法。

3.1　风洞实验

国外大跨度桥梁抗风实验研究始于塔科马桥事故，并且逐步形成了以全部构件所有气动弹性性能模拟为目标的全桥气弹模型风洞实验、以桥梁主要构件(例如桥面)刚性节段气动外形和弹簧支撑刚度模拟为目标的节段刚性模型风洞实验、用拉条模拟实际桥梁总体刚度和用节段刚性模拟桥面气动外形的拉条弹性模型风洞实验等 3 种方法。

中国的桥梁抗风实验研究是从 20 世纪 80 年代开始的，作为检验、评价桥梁颤振最有效和最可靠的全桥气弹模型风洞实验是由同济大学主持在南京航空学院风洞中最早实现的(图 6)。20 多年来，同济大学、西南交通大学、中国空气动力研究中心等单位先后完成了近 40 座大跨度桥梁的全桥气弹模型风洞实验，其中包括世界最大跨度的钢拱桥——上海卢浦大桥(图 7)、世界最大跨度的斜拉桥——苏通长江大桥(图 8)和世界最大跨度的钢箱梁悬索桥——舟山西堠门大桥(图 9)。

图 6　中国第一个全桥气弹模型

图 7　上海卢浦大桥全桥气弹模型

图 8　苏通长江大桥全桥气弹模型

图 9　舟山西堠门大桥全桥气弹模型

节段刚性模型风洞实验方法一方面可以用来直接检验颤振和评价抖振，另一方面可以用来识别各种气动参数，其中包括静力系数、气动导数和气动导纳等。60 年代初期，美国空气动力学专家 Scanlan 最早提出了用气动导数表达的自激气动力，并且建立了用专门设计的节段模型风洞实验来测定小振幅条件下的气动导数方法；与此同时加拿大风工程专家 Davenport 提出了用气动导纳表达的强迫气动力，也提出了气动导纳的节段模型风洞实验识别方法。

40 多年来，各国学者已经成功建立了多种风洞试验方法和参数识别技术来进行气动导数识别。这些方法可以根据研究对象的不同，分为节段模型法、拉条模型法和气弹模型法；根据模型振动激励的形式不同，分为初脉冲自由振动法、强迫振动法、随机激励法；根据实际测量的物理量不同，分为振动信号测量法、分布压力测量法和集中受力测量法。中国桥梁抗风学者已经掌握了上述全部试验方法和技术。图 10 给出了苏通长江大桥主梁断面基于全桥模型和节段模型在均匀流和湍流风洞试验中的气动导数识别结果[6]。

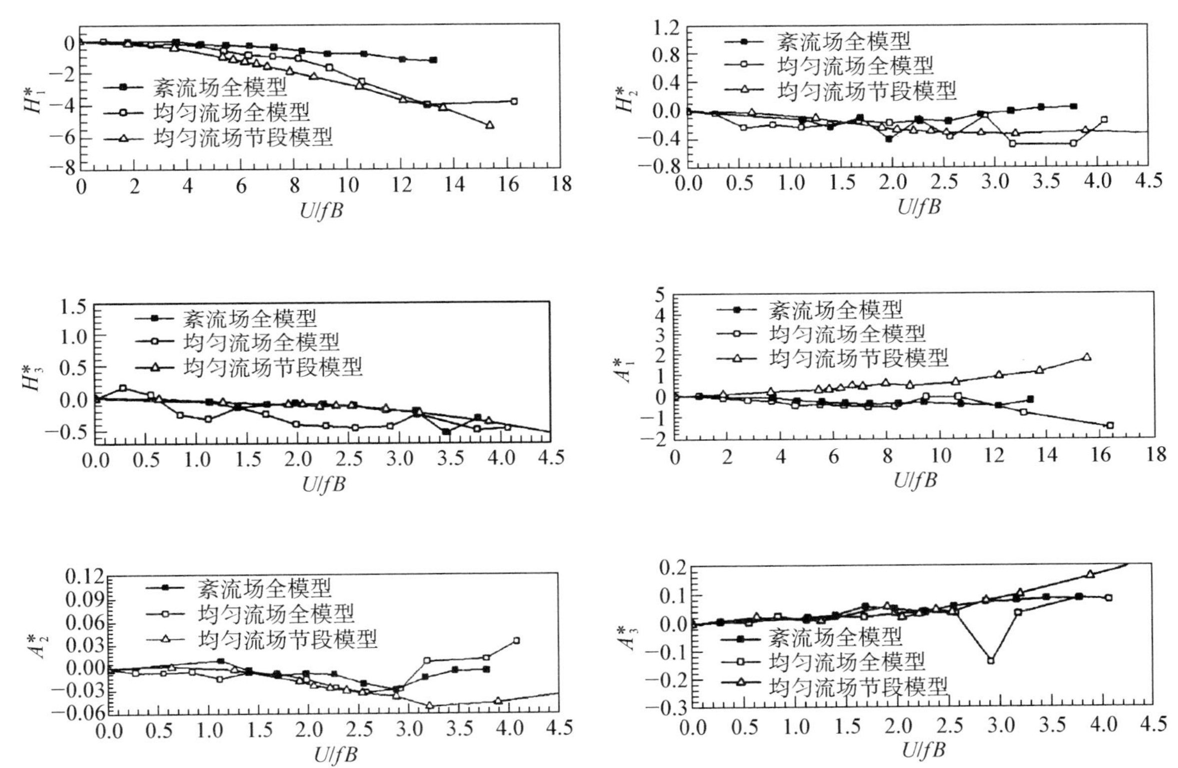

图 10 苏通长江大桥主梁断面气动导数风洞试验识别结果

气动导纳的概念是由 Sears 于 1941 年首先提出的，Davenport 把它引入到桥梁的抖振分析中。由于桥梁断面头部为钝体和近地风湍流的复杂性，桥梁断面的气动导纳不再有类似于机翼的理论解——Sears 函数，它与气动导数一样也需要通过风洞实验并结合适当的识别方法来加以确定。气动导纳一般通过节段模型风洞试验的同步测量抖振力和来流风脉动风速的方法来识别，根据抖振力测量方法的不同，气动导纳的识别可分为固定节段模型高频天平测力法、表面测压积分法、振动节段模型湍流场随机响应系统辨识法等。同济大学是国内最早开展桥梁断面气动导纳识别方法的理论推导、高频测力天平实验、表面测压积分法等气动导纳识别研究的单位。目前比较成熟的气动导纳识别方法有确定性的系统辨识法——总体最小二乘法(ULS)和随机系统辨识法——基于输出协方差估计的随机子空间法(CSSI)[1]。图 11 为基于随机子空间方法识别的平板模型的升力和升力矩气动导纳与 Sears 函数的比较[7]。

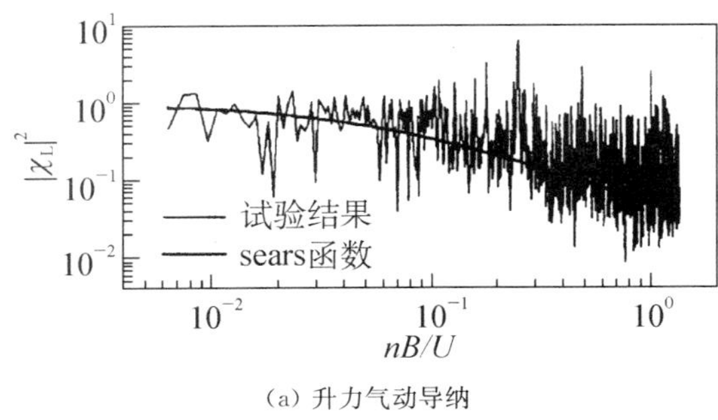

(a) 升力气动导纳

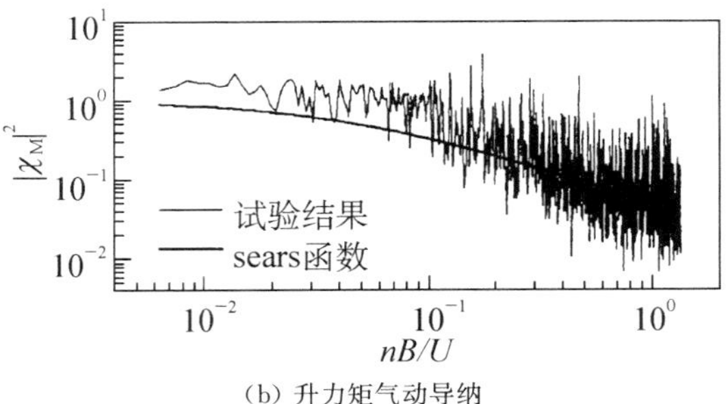

(b) 升力矩气动导纳

图 11 基于随机子空间法识别的平板模型气动导纳

3.2 数值模拟

数值模拟方法目前主要应用于二维桥梁断面气动参数的数值风洞识别。桥梁断面周围的气流基本上都是湍流，湍流运动是极端复杂的，可以包括各种大小不同的旋涡，这给数值模拟带来了很大的困难。目前主要采用直接数值模拟(DNS)、雷诺时均模拟(RANS)和大涡模拟(LES)来计算湍流流动作为桥梁断面气动导数的数值识别方法。1998 年和 2002 年同济大学先后自主开发了基于半直接数值模拟的有限元法软件 FEM - FLUID[计算流线如图 12(a)所示][8]和随机离散涡法软件 RVM - FLUID[涡元位置如图 12(b)所示][9]。2002 年同济大学又引进了 FLU - ENT商业软件，作为对上述两种软件的补充和验证。

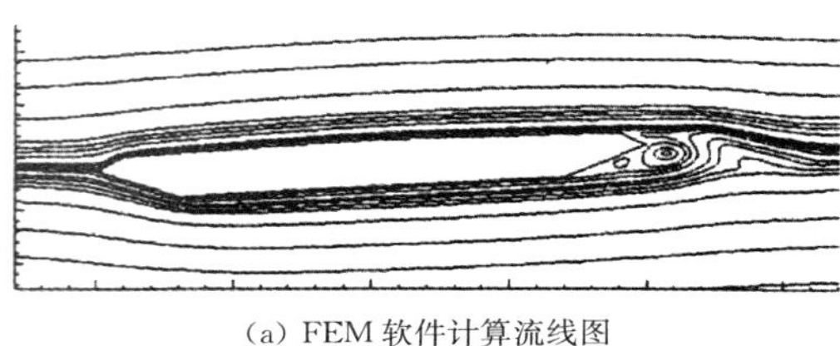
(a) FEM 软件计算流线图

(b) RVM 软件涡元位置图

图 12 闭口箱梁数值模拟计算图式

为了比较以上 3 种软件的计算精度，曾选取了多种典型的桥梁断面进行了气动导数识别比较，下面仅给出具有理论解的理想平板气动导数的识别结果比较。其中，基于雷诺时均模拟的 FLUENT 软件采用 $k-\omega$ SST 湍流模型、基于近似直接数值模拟的 FEM 软件和 RVM 软件均按层流计算；气动导数识别采用理想平板断面作简谐强迫振动的方式来进行。采用 FLUENT，FEM 和 RVM 这 3 种软件最终识别出与 Theodorsen 气动力表达式相对应的 8 个气动导数，如图 13 所示。从图 13 可以得出：虽然 FLUENT，FEM 和 RVM 软件采用了不同的湍流模拟方法，但其气动导数的数值计算结果与其解析解的变化规律完全一致；采用 3 种软件识别得到的理想平板气动导数与解析解的平均绝对偏差分别为 ±2.95%、±1.86% 和 ±3.71%，表明这 3 种软件具有相近的计算精度。

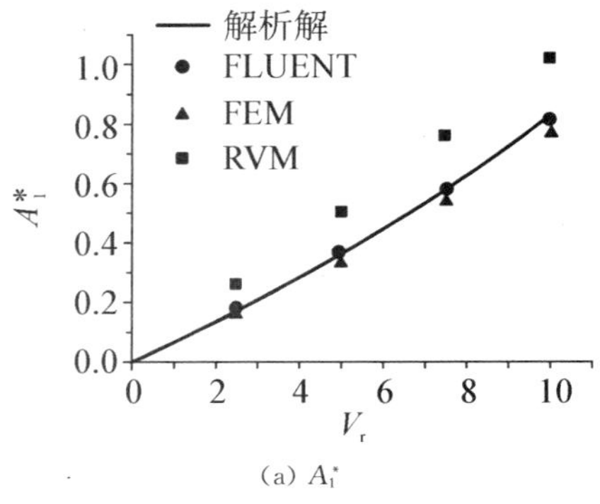

(a) A_1^*

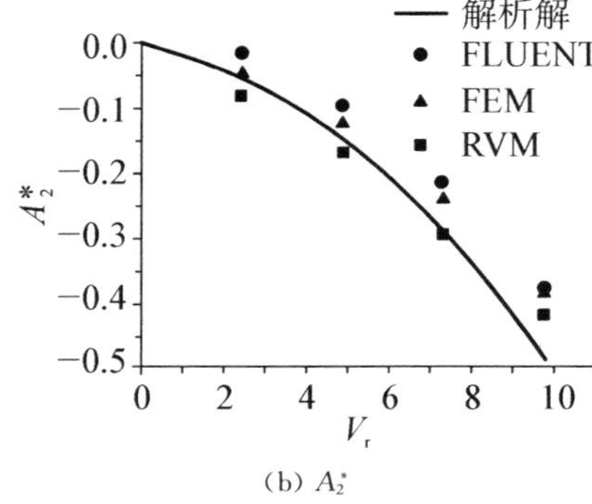

(b) A_2^*

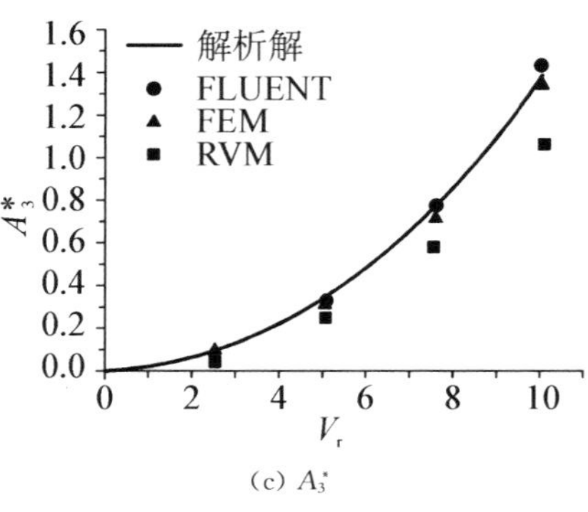

(c) A_3^*

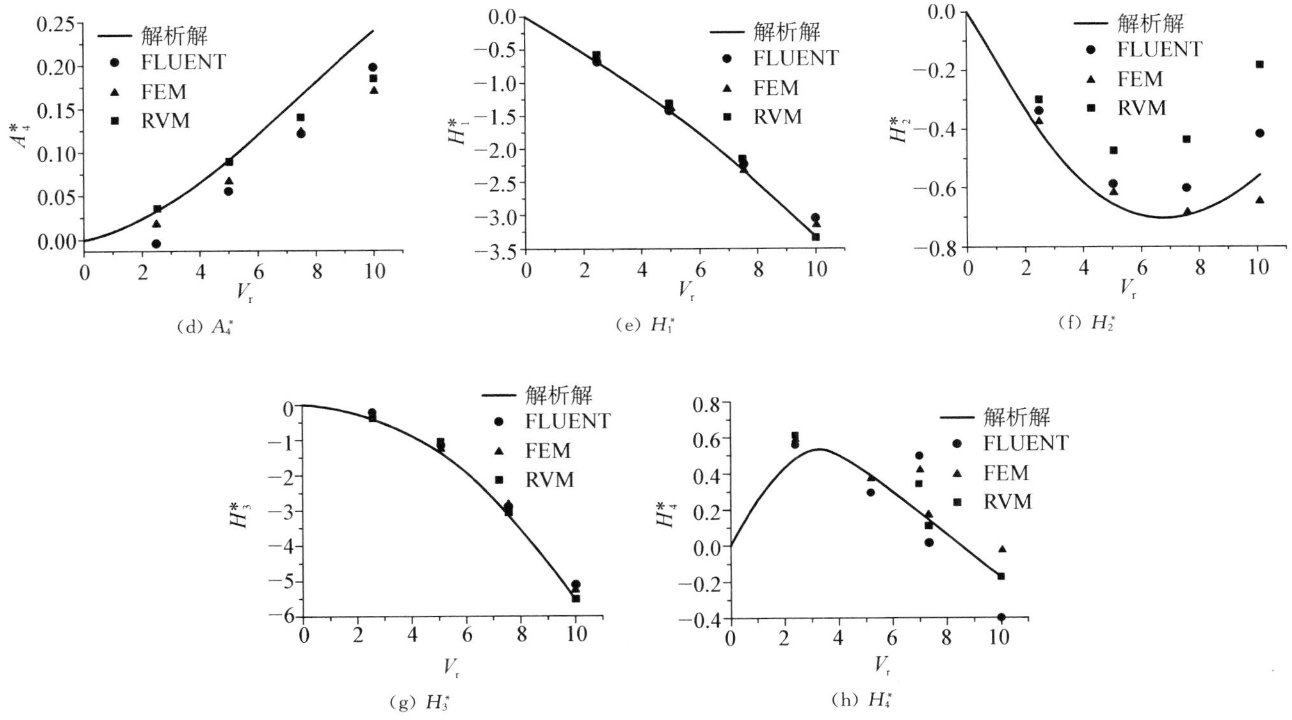

(d) A_4^* (e) H_1^* (f) H_2^*

(g) H_3^* (h) H_4^*

图 13 理想平板气动导数识别结果比较

3.3 理论分析

按风振形式，桥梁风振理论分为颤振理论、驰振理论、涡振理论和抖振理论。由于桥梁驰振和涡振较少发生，我们重点讨论颤振和抖振。

桥梁颤振理论经历了由简单到复杂、由理论到试验、由解析方法到数值方法、由模态叠加的近似方法到全模态参与的精确方法的发展过程。Scanlan 提出的计算模型较好地解决了非流线型截面的非定常气动力描述问题，其中二维颤振分析最为简单实用。但是随着桥梁跨度的增大，结构刚度急剧下降，特别是侧向刚度的下降，导致了侧弯与扭转振型紧密耦合。此外，结构各阶自振频率的差异也越来越小，两个以上或多个振型参与颤振的可能性增加，因此，为了提高桥梁颤振分析的精度，有必要寻求具有更高精度的三维桥梁颤振分析方法。早在 19 世纪 80 年代，同济大学率先提出了基于状态空间法的大跨度斜拉桥多模态三维颤振分析方法，该方法沿用现代控制理论中有关状态空间的概念，将结构与气流作为同一个系统来处理，从而将结构气动稳定性问题转化为一般特征值问题；20 世纪末，又提出了类似于直接计算法的三维桥梁颤振的全模态方法，该方法不需要预先进行结构动力特性分析和人为地去选择参与颤振的模态，而是把桥梁结构与绕流气体作为一个相互作用的系统整体，将三维桥梁颤振分析问题标准化为非对称实数矩阵的复特征值求解问题，并且建立了矢量逆迭代和 QR 转换矩阵相结合的求解法，直接循环迭代求解结构-气流相互作用系统的部分广义特征值，极大地提高了计算效率和计算精度[8]。表 1 给出了悬臂平板结构和上海南浦大桥 4 种多模态颤振分析结果和全模态颤振分析结果的比较[10]。

表 1 多模态和全模态三维颤振分析结果比较

算例结构	2 个模态		4 个模态		6 个模态		14 个模态		全模态	
	U_{cr}(m/s)	f_{cr}(Hz)	U_{cr}(m/s)	f_{cr}(Hz)	U_{cr}(m/s)	f_{cr}(Hz)	U_{cr}(m/s)	f_{cr}(Hz)	U_{cr}(m/s)	f_{cr}(Hz)
悬臂平板	99.3	0.268	99.6	0.267	99.6	0.267			99.8	0.267
南浦大桥	67.9	0.336	72.9	0.336	74.1	0.336	73.6	0.340	75.2	0.340

桥梁抖振是一种重要的风致振动现象，主要是由自然风固有的湍流风绕钝体结构所致，从而表现为一种随机的强迫振动。目前，由 Davenport 提出的抖振分析是在世界范围内普遍接受的理论，Scanlan 建立的颤抖振分析理论和 Lin 提出的时域抖振分析理论正朝越来越精细化的方向发展。这三种桥梁抖振理论和方法都是建立在准定常理论、气动片条理论和湍流不相关、振型不耦合、气流垂直作用等假定基础之上的，而大跨度桥梁振动响应现场实测以及使用过程中健康诊断研究的深入，为开展大跨度桥梁抖振响应分析和可靠性验证提供了机遇。理论计算和现场实测的对比结果发现，强风常以一个较大的偏角偏离桥跨的法向，而按气流垂直作用假定进行的抖振响应分析将导致很大的计算误差。为了对大跨度桥梁抖振响应分析方法的可靠性进行合理的检验，需要建立一套斜风作用下大跨度桥梁抖振响应的实用分析方法。为此，同济大学在准定常理论的基础上，通过引入斜气动偏条的概念，提出了实用的斜风作用下大跨度桥梁抖振响应频域分析有限元方法，发展了主梁斜截面六分量气动力系数和气动导数节段模型风洞试验方法以及桥塔构件气动力系数三维全模型风洞实验方法，并利用台风“森姆”(9910 号)期间由 WASHMS 系统(Wind and Structural Health Monitoring System)现场实测的香港青马大桥风场及其结构响应结果对所提出的方法进行了初步验证[1]。图 14 为台风“森姆”作用下青马大桥主梁跨中侧向和竖向加速度响应谱的计算结果和实测结果的比较[11]。

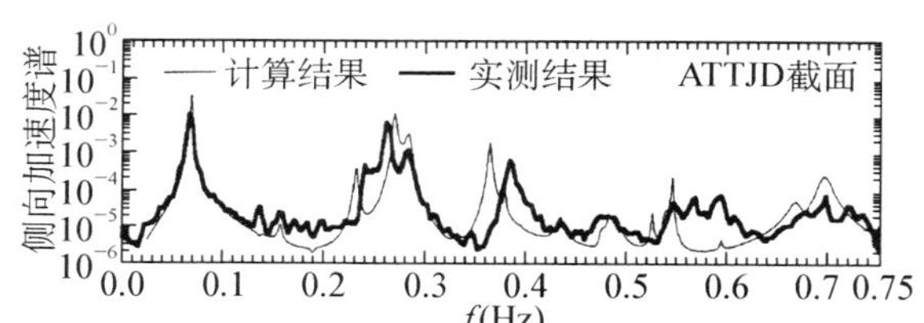

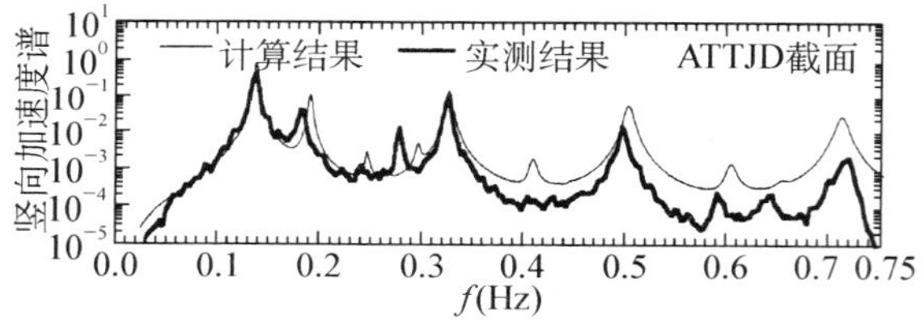

图 14　香港青马大桥在台风“森姆”作用下主梁跨中加速度计算和实测结果的比较

4　风振机理及控制

桥梁抗风问题的研究还必须对各种风致结构效应，特别是结构风振的机理进行深层次的研究，当桥梁结构不能满足抗风设计要求时，还必须提出控制措施以改善抗风性能，因此对风振机理及控制的研究非常重要，目前这方面的研究主要是针对不同的风振形式——颤振、驰振和涡振，并且采用风洞实验、数值模拟或理论分析相结合的方法进行研究。

4.1　颤振机理及其控制

颤振机理的研究必须建立在定量分析的基础上，因而目前风洞实验结合理论计算的研究方法仍是最为适宜的，即先通过节段模型风洞实验识别相应桥梁断面的气动导数，然后应用数值计算方法进行颤振分析。可见，定量分析的基础就在于气动导数的识别，这是后续计算的前提。基于分步分析法(step-by-step)的思路，同济大学首先通过引入不同自由度运动间的激励——反馈原理来求解系统颤振运动方程，建立了二维三自由度耦合颤振分析方法(2d3DOF method)。这种方法能同时研究二维桥梁节段扭转、竖向和侧向振动参数(系统阻尼及系统刚度)同断面气动外形参数(气动导数)的定量关系，以及颤振发生过程中颤振发生点各个自由度运动耦合效应。应用二维颤振定量分析手段对图 15 所示的 5 组 13 种典型桥梁断面的颤振驱动机理和颤振形态进行了系统的探索和研究[12]。

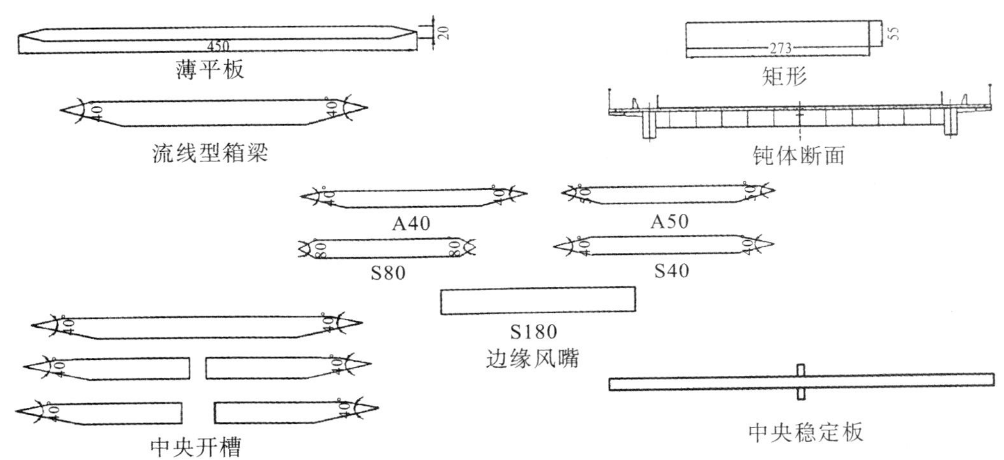

图 15 流线型平板、钝体断面、边缘风嘴、中央开槽和中央稳定板等 5 组 13 种桥梁断面

第 1 组流线型平板颤振机理研究表明，经典弯曲和扭转耦合颤振是由气动负阻尼抵消结构正阻尼后引起的，其中，桥梁扭转频率和弯曲频率比值越大，颤振形态就越接近于单纯扭转颤振，反之，则颤振形态具有弯曲和扭转自由度耦合的特征；第 2 组钝体断面的主要颤振形式为扭转颤振，完全取决于由扭转运动自身形成的气动负阻尼大小（气动导数 A_2^*），但并不是所有具备 A_2^* 随风速增大其值由负转正的断面都会发生扭转颤振，与流线型平板相比，具有相同频率参数的钝体断面其扭转颤振的形态更单纯，弯曲自由度的参与程度更少；第 3 组在断面两侧设置外形合理的风嘴后的桥梁断面，能有效改善原断面的颤振稳定性能，风嘴越尖，颤振稳定性改善就越大；第 4 组断面是中央开槽断面，中央开槽对颤振稳定性能的影响取决于开槽前原断面的气动外形及其颤振驱动机理和自由度耦合程度，中央开槽并不能提高所有断面的颤振稳定性，此外中央开槽宽度对颤振稳定性能的影响很大，必须通过试验和分析定量确定出合理或最优的开槽宽度；第 5 组是设置中央稳定板后的断面，其颤振形态从单纯扭转颤振转变为弯扭耦合颤振，当设置的中央稳定板高度适当时，系统弯曲牵连运动的稳定性相对较高，这种颤振形态的转变将直接导致系统颤振稳定性的提高[1]。

4.2 驰振机理及其控制

由于桥梁驰振现象很少发生，因此仅以一座特殊的桥梁为例子加以说明。日本名古屋市矢田川桥是一座钢与混凝土结合梁桥，主跨为 84.2 m，两个边跨各为 67.1 m，结合梁桥面结构由两个分离钢箱和一整块预应力混凝土桥面板组成。桥宽为 7.5 m，双向单车道。支座处主梁高度为 3.2 m，中跨跨中和桥梁两端处主梁高度为 2.2 m，原主梁断面非常钝，易于引起驰振失稳。由于该桥基本断面形状不允许有实质性的改变，只能采取一些简单的气动措施以改善驰振性能。为此，首先采用同济大学自主开发的 FEM－FLUID 软件，对两种选定的气动措施进行数值模拟。一种是在桥面中央开 40％的槽［如图 16(a)所示］；另一种则是要设计一种如图 16(b)所示的导流板，由于导流板风振控制的效果主要取决于其水平投影长度 L，折板和梁底的间距 δ，相对水平板的倾角 θ，因此以非定常气动升力系数 C_L 作为优化目标，对上述 3 个导流板指标进行优化，最终优化结果为 $L=1.1\ \text{m}$，$\delta=0.25\ \text{m}$ 和 $\theta=33°$。数值模拟表明，开槽断面的气动性能比原断面略有改善，即提高驰振临界风速，而导流板却能彻底消除驰振，这一结论得到了后续节段刚性模型风洞实验和全桥气弹模型风洞实验的证实[13]。

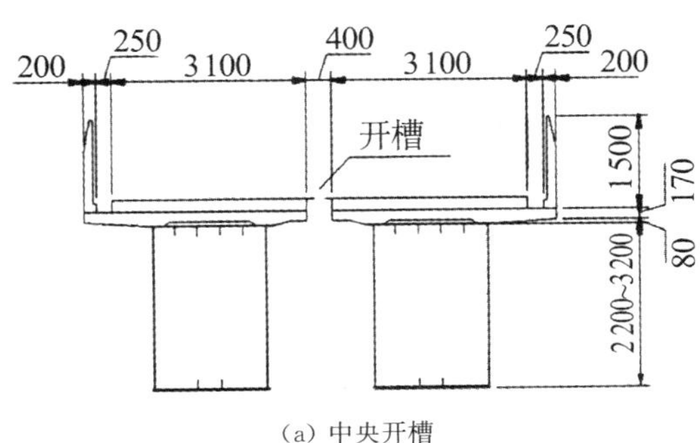

(a) 中央开槽

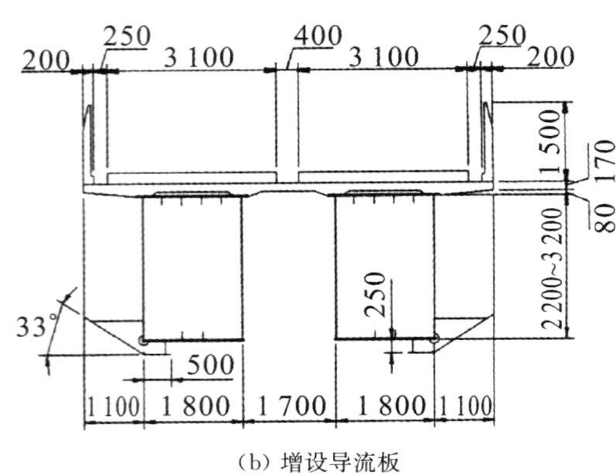

(b) 增设导流板

图 16 日本矢田川桥驰振控制气动措施

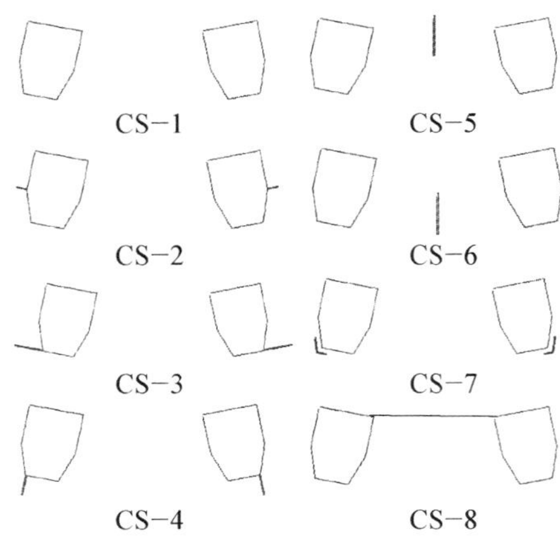

图 18 拱肋断面气动控制措施

4.3 涡振机理及其控制

以上海卢浦大桥为例，它是一座中跨为 550 m 的中承式钢箱梁拱桥，两片倾斜的钢拱肋从拱底到拱顶高为 100 m，拱肋钢箱为陀螺形，上宽为 5 m，下宽为 3 m，拱顶处高度 6 m，拱脚处高度 9 m，其表现为一钝体断面，如图 17 所示。采用同济大学自主开发的 RVM - FLUID软件，对平均高度为 7.5 m 的拱肋断面进行了二维模拟分析，结果发现在折减频率 0.028 Hz 或斯特罗哈数 St = 0.156 时会发生严重的涡激共振。为了改善该拱肋钝体断面的涡激振动性能，进行了多种气动措施的数值分析，如图 18 所示。表 2 为包括斯特罗哈数和相对幅值的计算结果。不难发现，只有 CS - 2，CS - 6，CS - 7 和 CS - 8 这 4 种方法能够或多或少地减小涡振的幅值；而在这 4 种方法中，最有效的方法是整体隔板方案（CS - 8），其幅值可减小至原断面的 40%，这一结论得到了后续全桥气弹模型风洞实验的证实[14]。

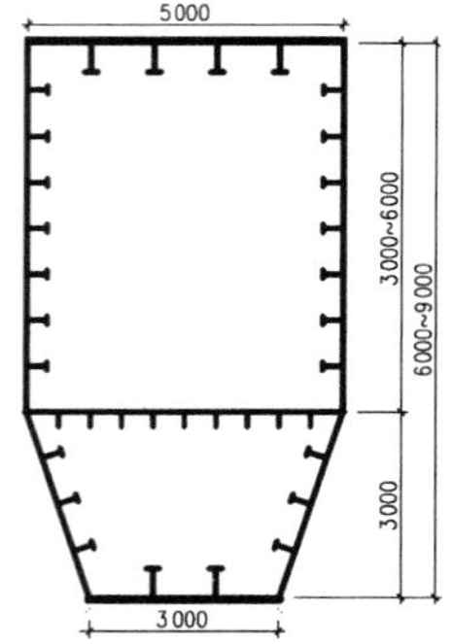

图 17 卢浦大桥拱肋断面

表 2 卢浦大桥拱肋断面斯特罗哈数和相对幅值

编号	拱肋布置	St	$A(z_{max}/H)$
CS - 1	原断面	0.156	0.028
CS - 2	中间 2 m 高的板	0.220	0.025
CS - 3	底部 2 m 高的板(H)	0.137	0.034
CS - 4	底部 2 m 高的板(V)	0.137	0.032
CS - 5	底部 4 m 高的稳定板	0.137	0.032
CS - 6	底部 4 m 高的稳定板	0.156	0.017
CS - 7	4 m 的导流板	0.175	0.023
CS - 8	整体铺板	0.156	0.011

为进一步揭示产生涡激振动的机理，利用 CFD 数值模拟流态显示功能，对拱肋原断面（CS - 1）和整体隔板断面（CS - 8）进行了流态对比分析。对于结构原断面，左侧拱肋顶面和底面处形成两个大尺度的涡旋，并逐渐合并成一个体积更大、能量大的涡，从而导致了涡振共振，如图 19(a)所示；但是如果采用整体隔板后，这两个大涡被板隔离，使得上下两个涡产生的涡激力因旋转方向和相位角的不同而会有某种程度的抵消，如图 19(b)所示。从这两张流态显示图上可以更深入地理解这种气动现象，并揭示涡振控制的机理。

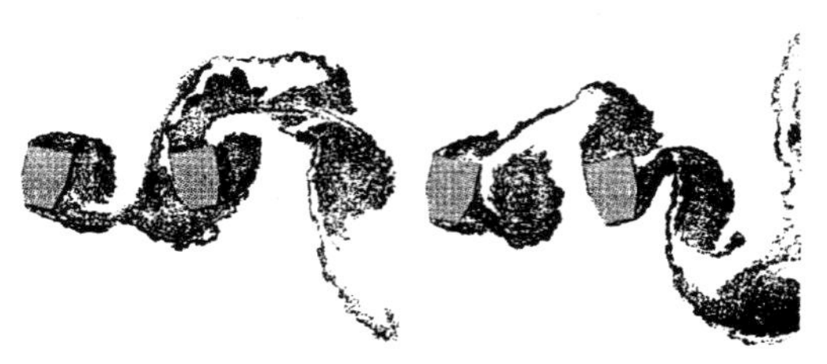

(a) 原断面

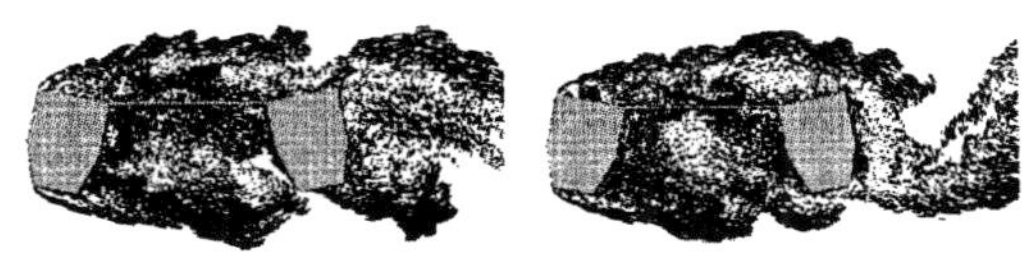

(b) 整体铺板

图 19 上海卢浦大桥拱肋断面涡振控制机理的流场显示

5 大跨度桥梁抗风设计与评价

大跨度桥梁一般都具有结构轻、刚度小、阻尼低的特点，这些特点导致了大跨度桥梁抗风设计与评价在整个桥梁设计中的特殊重要地位。目前大跨度桥梁抗风设计与评价主要包括抗风静力和动力稳定性验算、风荷载引起的结构强度计算和风致限幅振动验算等。在大多数情况下，抗风设计及评价只是进行上述内容的理论计算和实验验证，当计算和验算结果不满足规范要求时，特别是抗风稳定性验算不满足要求时，还必须采取各种控制措施以提高结构的抗风性能使其达到规范的限值。

5.1 动力稳定性及其改善

到 2005 年底，中国已经建成各种类型的公路桥梁 33.7 万座、总长度超过1 470 km，单跨超过 400 m 的大跨度桥梁 34 座，其中包括 13 座悬索桥、18 座斜拉桥和 3 座拱桥。跨度最大的悬索桥是中跨 1 490 m 的润扬长江大桥、位居世界第三；跨度最大的斜拉桥是中跨 648 m 的南京长江三桥、也居世界第三；跨度最大的拱桥是中跨 550 m 的上海卢浦大桥，它是世界上最大跨度的拱式桥梁。

除了极个别的桥梁外，几乎全部 34 座大跨度桥梁都进行了抗风设计与评价。作为最关键评价内容的抗风动力稳定性能，只有少数几座桥梁采用了改善动力稳定性能的措施，表 3 给出了这些桥梁的有关信息和改善措施。

表 3 大跨度桥梁采用改善抗风动力稳定性措施的情况

编号	桥名	地区	桥型	主跨	完成年代	改善措施
1	青马大桥	香港	钢桁梁悬索桥	1 377 m	1997	中央开槽
2	润扬长江大桥	江苏	钢箱梁悬索桥	1 490 m	2005	中央稳定板
3	上海南浦大桥	上海	结合梁斜拉桥	423 m	1991	两侧边缘裙板
4	汀九大桥	香港	结合梁斜拉桥	475 m	1998	两侧边缘裙板
5	青州闽江大桥	福建	结合梁斜拉桥	605 m	2003	两侧边缘裙板
6	东海大桥主桥	上海	结合梁斜拉桥	420 m	2005	检修轨道移位
7	上海卢浦大桥	上海	钢箱梁拱桥	550 m	2003	拱顶隔流薄膜

5.2 非线性静力稳定性分析

早期的空气静力稳定理论为线性理论，根据失稳模态又可分为侧向屈曲和扭转发散两种。空气静力失稳是指结构在给定风速作用下，主梁发生弯曲和扭转，从而改变了结构刚度，同时又改变了风荷载的大小，并进一步增大结构的变形，最终导致结构失稳的现象。随着桥梁跨径的不断增大。由于忽略了结构几何、材料和静风荷载非线性的影响，因此在一定程度上会过高地估计结构的抗静风能力。1994 年日本的 Boonyapinyo 等建立了考虑非线性因素的桥梁结构空气静力稳定分析方法，并应用于大跨径斜拉桥空气静力稳定分析的求解中。同济大学从 1997 年开始对缆索承重桥梁空气静力稳定性进行研究，初步探明空气静力失稳机理，并建立了线性的空间分析理论与方法。2000 年同济大学提出了综合考虑结构几何、材料非线性以及静风荷载非线性的大跨度桥梁静风稳定分析理论，并将其应用到大跨度桥梁的空气静力稳定分析中[1]。图 20 示意性地给出风速增大到某一值时，虎门大桥结构的抗力与静风荷载相互抵消，结构出现失稳的情况[15]。

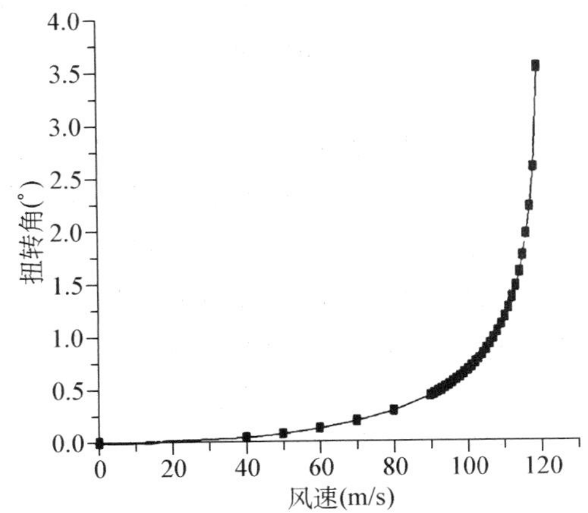

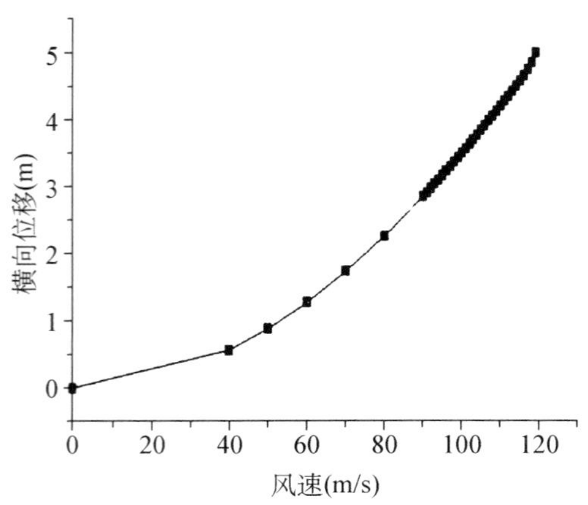

图 20　采用三维非线性有限元算法分析虎门大桥静风发散情况

5.3　静力等效风荷载方法

风荷载作为桥梁的设计荷载之一，其计算方法一直受到工程师们的关注。桥梁风荷载的计算牵涉到风的自然特性、桥梁本身的结构特性以及二者之间的相互作用，是十分复杂的。一些国家设计规范如英国的 BS5400 规范采用阵风风速，将风荷载看作为一种静力作用，其基本思想是采用阵风风速系数的概念，并考虑脉动风空间相关性的折减。但对于大跨或高耸柔性结构，如何考虑其动力作用则没有明确的规范。20 世纪 60 年代 Davenport 的研究成果促进了结构顺风向风致响应和风荷载计算方法的巨大进步，该方法采用随机过程中的限值穿越理论计算结构响应的最大值，将结构最大响应与其在平均风荷载作用下响应的比值称为阵风荷载系数(Gust Loading Factor)或阵风效应系数(Gust Effect Factor)。此外，Davenport 还发展和完善了脉动风速空间相关的概念，并将计算模型从点状结构延伸到线状结构以及悬索桥等大型空间结构。在此基础上，同济大学提出了适合于工程应用的桥梁静力等效风荷载方法。该方法将大跨度桥梁结构的设计风荷载分解为由平均风引起的平均风荷载、由脉动风引起的与背景响应对应的等效背景风荷载和与共振响应对应的等效惯性风荷载等 3 个部分。其中，平均风荷载采用平均风速计算，等效背景风荷载根据不同响应利用荷载响应相关法计算，惯性风荷载则采用一阶振型的惯性力代替。这样分别计算出 3 个部分的等效风荷载后，再利用加权系数把 3 部分结果线性组合起来，即可得出所求响应的等效风荷载。

5.4　风振概率性评价与可靠性分析

桥梁风振的可靠性是指：在随机风荷载的动力作用下，桥梁结构在规定的时间内和规定的条件下，完成预定功能的可能性，桥梁风振可靠性涉及风荷载的随机动力作用下的失效概率或可靠指标，而桥梁风振概率性评价与可靠性分析的目的就是要建立基于风荷载随机动力作用的桥梁结构动力可靠性分析理论及桥梁结构抗风概率性评价方法，从结构动力可靠性的角度，保证在规定条件下的桥梁结构抗风性能达到一定的概率水平。同济大学结合桥梁结构形式、抗风设计要求和相关风振形式的分析，首次提出了适合于缆索承重体系的大跨度桥梁风振可靠性分类[16]。

在桥梁风振可靠性系统中，由于主梁是直接承受交通荷载的，又是承受风荷载的主要构件，主梁风振失效造成的危害最严重，以往确定性研究也最多。因此，桥梁风振的概率性评价与可靠性分析是桥梁风振可靠性问题的关键。为此，提出了颤振稳定失效可靠性理论、抖振安全失效可靠性理论和涡振刚度失效可靠性理论。其中，在对现有桥梁颤振检验方法简要综述的基础上，提出了设计风速概率模型和临界风速概率模型，运用一次二阶矩理论——中心点法和验算点法建立了基于实验和理论方法的桥梁颤振稳定失效可靠性理论及其计算方法，并通过实桥算例证明桥梁颤振稳定失效可靠性分析必须采用验算点法；在单自由度体系或多自由度体系抖振响应的修正反应谱分析的基础上，将基于超越时间理论的 Poisson 过程法和 Markov 过程法，以及基于超越极值理论的 Rayleigh 分布法和 Gauss 分布法用于桥梁抖振安全失效可靠性分析中，建立了首次超越失效的桥梁抖振安全失效可靠性理论及其计算方法；结合上海卢浦大桥主桥——超大跨度中承式系杆拱桥涡振现象，采用重现期内累计涡振时间和首次涡振概率两个指标，建立了桥梁涡振刚度失效的概率性评价理论和计算方法[1]。

6　总结与展望

经过 20 世纪 80 年代“学习和追赶”和 90 年代“提高和跟踪”两个发展时期，中国桥梁界在 21 世纪进入一个“创新和超越”的新时期，即通过自主的技术创新，实现超越式发展，以提高我们的竞争力，争取在桥梁技术领域有所突破，其中也包括桥梁抗风理论方面，特别是在下列薄弱环节上：

(1) 风振机理研究:颤振发散的微观机制、拉索风雨激振的机制以及能有效抑制风致振动的气动措施及其机理。

(2) 风振理论的精细化:通过典型工程的案例研究加以对比和验证,对现行的抖振和涡振分析理论进行精细化的改进,甚至建立新的理论和方法。

(3) 概率性评价方法:在世界桥梁设计规范已经向基于可靠度理论方向过渡的形势下,应尽快改变中国抗风设计规范仍采用基于经验安全系数的确定性方法来进行各类风振安全检验的局面。

(4) CFD技术和数值风洞:随着计算流体动力学(CFD)理论的进步,数值模拟方法将在抗风设计中发挥愈来愈大的作用。数值风洞新技术应提到议事日程。

(5) 桥梁等效风荷载:目前规范中规定的风荷载计算方法仍是近似的,应当通过对实桥监测或全桥模型试验或者通过数值模拟等途径提高风载荷计算的精度和可靠性。

参考文献

[1] 项海帆等. 现代桥梁抗风理论与实践[M]. 北京:人民交通出版社,2005.

[2] 邵德民,端义宏,张维. 上海地区大风风速剖面特性的观测与分析[C]//第十一届全国结构风工程学术会议论文集. 三亚:[出版者不详],2003:87-90.

[3] 葛耀君,林志兴,项海帆. 上海地区风速风向联合分布概型的统计分析[C]//大型复杂结构的关键科学问题及设计理论研究论文集(2001). 哈尔滨:哈尔滨工业大学出版社,2002:53-59.

[4] 宋丽莉,林志兴,庞加斌,等. 登陆台风近地层湍流特征观测研究[C]//2004全国结构风工程实验技术研讨会论文集. 2004:168-173.

[5] 杨立波. 风洞中大气边界层主动模拟技术研究[D]. 上海:同济大学,2005.

[6] 马如进. 基于气动弹性模型的桥梁断面颤振导数识别[D]. 上海:同济大学,2004.

[7] 秦仙蓉,顾明. 桥梁结构气动导纳识别的随机子空间方法[J]. 同济大学学报,2004,32(4):421-425.

[8] 曹丰产. 桥梁气动弹性问题的数值计算[D]. 上海:同济大学,1999.

[9] 周志勇. 离散涡方法用于桥梁气动弹性问题的数值计算[D]. 上海:同济大学,2001.

[10] Go Y J, Tanaka. Aerodynamic Flutter Analysis of Cable-supported Bridges by Multi-mode and Full-mode Approaches[J]. Journal of Wind Engineering and Industrial Aerodynamics, 2000,86:123-153.

[11] Zhu L D. BulFeting Response of Long Span Cable-supported Bridges under Skw Winds: Field Measurement and Analysis [D]. Hong Kong: The Hong Kong Polytechnic University, 2002.

[12] 杨詠昕. 大跨度桥梁二维颤振机理及其应用研究[D]. 上海:同济大学,2002.

[13] Ge Y J, et al. Investigation and Prevention of Deck Galloping Oscillation with Computational and Expeimental Techniques[J]. J Wind Engineering and Industrial Aerodynamics, 2002,90(12-15):2087-2098.

[14] Ge Y J, Xiang H F. Recent Development of Bridge Aerodynamies in China[C]//Proceedings of the 5th International Collquinm on Bluf Body Aerodynamics and Applications. Ottawa, Outario, Canada: [s. n.], 2004:77-96.

[15] 程进. 缆索承重桥梁非线性空气静力稳定性研究[D]. 上海:同济大学,2000.

[16] 葛耀君. 桥梁结构风振可靠性理论及其应用研究[D]. 上海:同济大学,1997.

桥梁工程学科的现状及前沿发展方向*

1 国家需求

中国科学院于2009年出版了《科技革命与中国现代化——关于中国面向2050年科技发展战略的思考》一书，其中，第5章"中国特色的科技创新道路"中指出："我国科技创新总体上还是跟踪模仿"，正"面临从模仿跟踪为主向自主创新的战略性转变"，"必须清醒地认识原始创新是一个国家国际竞争力的源头，重大战略高技术是引不进、买不来的。""对核心科学问题和关键技术问题必须作出战略安排，重点突破。"

据2006年资料，世界前20位国家属于发达国家，其中前10位最发达国家是美国、瑞典、丹麦、日本、挪威、芬兰、澳大利亚、瑞士、荷兰和德国，21位至45位共25个国家为中等发达国家，46位至84位共39个国家为初等发达国家，85位至131位共47个国家为欠发达国家，其余则为不发达国家。根据北京大学2009年出版的《中国现代化报告2008》一书中的资料，中国于2004年开始进入初等发达国家，但离中等发达国家和发达国家还有很大的差距，特别是人均竞争力指数，中国在世界排名第83位，亚洲第21位，还属于比较弱的国家。正如温家宝总理最近在英国剑桥大学的演讲中所说："中国要赶上发达国家的水平，还有很长很长的路要走。"基于这样的认识，我们一定不能盲目自满，要承认差距和不足，我们的出路在于自主创新。只有真正掌握先进核心技术的自主创新成果才能摆脱发达国家的遏制和操控，才能实现中华民族的伟大复兴。

经过改革开放30年来的学习和跟踪的努力，中国桥梁科技已经缩小了与发达国家的差距。特别是在李国豪院士的带领下，中国桥梁界走出了一条重视学习国外先进技术，但不放弃自主权，立足于自主建设的正确道路，取得了成功。中国桥梁逐渐赶上了世界现代桥梁前进的步伐，也赢得了国际桥梁界同仁的认可和赞许，中国已成为国际桥梁大家庭中的重要一员，占有了一席之地。然而，自主建设还不等于创新，我们在重大桥梁工程中所用的技术大都还是发达国家在20世纪60—70年代高潮中发明的，虽然我们在使用中有局部的改进和规模尺度上的扩展，但并没有技术创新上的突破。并且，由于在材料、工艺、装备等基础工业上的差距以及管理体制上的问题，中国桥梁在工程质量和耐久性上尚有明显的不足，需要引起我们特别重视和改进。

在未来20年的发展中，我们应当抓住中国大规模基础设施和跨海工程建设的有利时机，努力进取，通过国际交流展示自己的风采，积极参与国

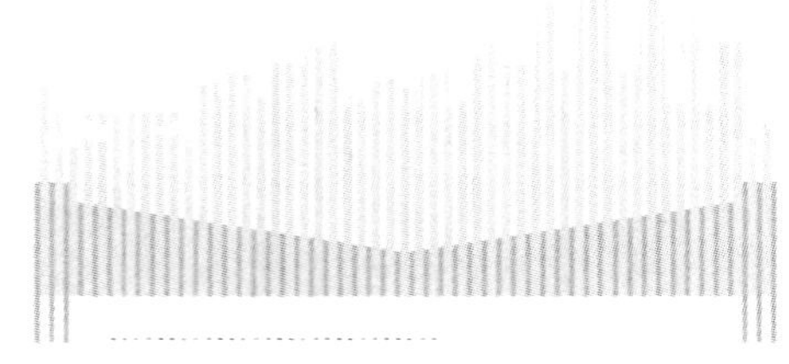

* 本文系项海帆、范立础于2010年11月为中国工程院咨询项目"土木学科发展现状及前沿发展方向研究"撰写，发表于人民交通出版社2012年1月出版的《土木工程学科发展现状及前沿发展方向研究》。

际竞争。只有真正先进的自主创新成果才能赢得国际同行的赞服，才能真正提高中国桥梁的国际地位。随着中国工业现代化的进程，中国桥梁也一定能从大国扎实地走向强国，成为国际桥梁舞台的主角，重现中国古代桥梁的辉煌。

2 发展现状

近代土木工程从 17 世纪中叶到 20 世纪中叶的约 300 年间，经历了最初的“奠基时期”（1660—1765 年）和以英国工业革命为标志的“进步时期”（1765—1900 年），以及第一次世界大战前后包括 20 世纪 30 年代大发展的“成熟时期”（1900—1945 年），完成了近代土木工程的发展，进入了以计算机和信息技术为标志的现代土木工程新时期，相应地，也开始了现代桥梁工程的发展阶段。

第二次世界大战后，世界进入了相对和平的建设时期。经过一段时间的战后恢复期，欧美各国于 20 世纪 50 年代陆续开始实施高速公路的建设计划，出现了许多作为现代桥梁工程标志的创新技术，其中德国工程师成为杰出的先驱者。《现代桥梁工程 60 年》一文中列举了现代桥梁工程的约 60 项主要创新技术，其中包括创新桥型和体系、新材料和连接技术、创新结构构造及附属设备、创新工法及装备，以及创新理论及分析方法等 5 个方面。这些都是原创和发明。下面列出其中 10 项最重要的首创技术：

(1) 1955 年，德国工程师 Finsterwalder 运用法国 Freysinett 教授于 1928 年发明的预应力混凝土技术首创了无支架悬臂挂篮施工技术，在 Baldnistin 建成 Lahn 河桥（跨度 62 m）。随后，在 1952 年又建成了第一次突破 100 m 跨度的 Worms 莱茵河桥（跨度 114.2 m，图 1），完全改变了战前在支架上建造钢筋混凝土桥梁的状况。

图 1 Worms 桥

(2) 20 世纪 50 年代初，德国 Leonhardt 教授在修复德国莱茵河钢桥的工作中，创造了以各向异性钢桥面板代替战前钢桥上普遍采用的钢筋混凝土桥面板，减轻了自重，为现代钢桥向大跨度发展创造了条件。

(3) 1956 年，德国工程师 Dishinger 在瑞典成功地建造了第一座现代斜拉桥——主跨为 182.6 m 的 Strömsund 桥（图 2），成为以后一系列德国莱茵河桥采用斜拉桥的先声。

图 2 Strömsund 桥

(4) Leonhardt 教授首创斜拉桥施工控制的“倒退分析法”，并在 1958 年设计的 Düsseldorf 北桥（图 3）中得到了成功应用，改变了战前设置预拱度的近似方法。

图 3 Düsseldorf 北桥

(5) 1959 年，德国 Strabag AG 公司的 Wittfoht 首创用下承式移动托架（Vorschubrüstung）的施工方法建造了 Kettiger Hang 桥（图 4），以后又从托架上的现场浇筑发展成预制节段拼装的工法，实现了工业化的建桥方法。

(6) 1959—1962 年，Leonhardt 教授创立的设计公司发明了顶推法施工新技术，并于 1964 年建成了世界第一座用顶推法施工的总长 500 m 的委内瑞拉 Cerini 河桥（图 5）。

图4 下层移动托架工法

图5 顶推工法

(7) 法国工程师 Muller 于 1964 年在设计建造全长 3 km 的 Oleron 跨海大桥中首创用上层移动支架(又称造桥机)进行预制节段的悬拼施工(图 6)。

图6 上层移动支架工法建造的法国 Oleron 岛跨海大桥

(8) 1971 年,法国工程师 Muller 将德国首创的钢斜拉桥和法国的预应力技术相结合,设计建造了采用预应力混凝土桥塔和桥面的单索面斜拉桥——主跨 320 m 的 Brottone 桥(图 7),其中,还首创了万吨级的盆式支座和千吨级的成品拉索。

图7 法国 Brottone 桥

(9) 20 世纪 60 年代的另一项重大创新是英国式流线型箱梁桥面悬索桥的问世,即由英国 Freeman & Fox 公司的总工程师 Wex 所设计的主跨为 988 m 的 Severn 桥(图 8),代替了战前美国式的桁架加劲梁悬索桥,成为战后大跨度悬索桥的主流。

图8 英国 Severn 桥

(10) 瑞士 Menn 教授在 20 世纪 70 年代创造了一种新桥型——连续刚构桥,并于 1979 年建成了世界第一座预应力混凝土连续刚构桥——瑞士 Fegire 桥(主跨 107 m,图 9)。1980 年,他又首创世界第一座矮塔斜拉桥(扳拉桥)——主跨 174 m 的瑞士 Ganter 桥(图 10),从而使梁式桥的跨越能力很快超越了 200 m,并在 90 年代突破了 300 m。

综上所述,预应力技术及施工工法的成熟、斜拉桥

图 9　瑞士 Fegire 桥

图 10　瑞士 Ganter 桥

的复兴以及钢箱梁悬索桥的问世，是战后现代桥梁工程的三项标志性的重要发展和成就。它们分别由法国、德国和英国的著名工程师和学者所发明和创造，大大推进了现代桥梁工程的发展。

新中国成立后的第一个五年计划期间，我国的桥梁工程技术也有所进展，如由苏联专家帮助建造了第一座长江大桥——武汉长江大桥，以及由留苏学生带回了当时苏联的钢桥焊接技术和预应力技术。1953 年，从苏联引进了一批标准图，如 T 形和 Π 形预制钢筋混凝土简支梁桥以及带挂孔的钢筋混凝土悬臂梁桥，推进了我国中小跨度钢筋混凝土梁桥的发展。遗憾的是，在 1957 年以后的 20 年间，中国的政治运动不断，致使经济形势恶化、建筑材料匮乏、施工设备落后，基本上处于与世隔绝的封闭状态。尽管如此，中国的桥梁工程师在十分困难的条件下仍创造了一些符合国情的经济桥型和施工技术，为交通建设作出了贡献。

然而，中国的桥梁界还是错过了国外六七十年代高速公路建设大发展的机遇，也失去了与外国同行进行学术交流和提高技术的可能，而只能从少量准许进口的文献中零星地了解一些国外现代桥梁工程蓬勃发展的信息。有一些工程师在预应力技术、斜拉桥技术和计算机方面进行着默默的探求，尽可能做一点新技术的研究和探索，十分难能可贵。

“十年浩劫”终于结束了，中国人民迎来了“科学的春天”。一些出国访问的学者和工程师发现，发达国家的桥梁技术在 20 世纪六七十年代的基本建设高潮中，上了一个新台阶。改革开放的形势大大激发了中国桥梁界改变落后面貌的积极性，率先开放的广东省成为 80 年代初中国桥梁建设的宝地，吸引了全国的桥梁工作者投身于那块热土。

图 11　李国豪（1913—2005）

1988 年，上海建造第一座跨越黄浦江的大桥是一次重要机遇，在同济大学李国豪教授（图 11）的大力呼吁下，上海市政府最终作出了自主建设的决策。南浦大桥的顺利建成大大地增强了中国桥梁界的信心，促成了 90 年代在全国范围内自主建设大跨度桥梁的高潮，使中国桥梁走上一条自主建设的道路。

改革开放以来，中国桥梁以巨大的规模和飞快的建设速度向前发展，以跨越长江的大桥为例，1980 年时仅有武汉（1957 年）、南京（1968 年）、枝城（1971 年）和重庆（1980 年）四座大桥，到 2009 年已建成大桥 66 座，另有 11 座正在建设中。40 年间建成了 62 座长江大桥，如果再加上长江的主要支流岷江、沱江、嘉陵江、乌江、湘江、汉江、赣江和黄浦江上的无数新建大桥，则是十分惊人的规模和速度。

回顾现代桥梁工程走过的 60 年，许多桥梁新体系、新结构、新材料、新工法以及新的理论和分析方法的创造与发明使现代桥梁工程呈现出完全不同于近代桥梁工程的崭新面貌：现代桥梁工程的价值源于创新精神。同时，随着新工法的出现和相应施工装备的不断升级换代，桥梁施工也日益精确、轻便、自动控制，更少依赖人工操作，从而使工程质量更好、更耐久，又推动材料不断向高性能发展。可以说：现代桥梁工程的质量和耐久源于装备的不断创新。我们必须加强质量观念,依靠先进的装备来控制工程质量,大大减少对人力的依赖。

桥梁工程师还应当不断提高美学素养,掌握美学设计的方法,提倡和建筑师合作,在设计中创造出优美的桥梁,以满足人们对桥梁的审美要求。然而,美观并不是靠多花钱,而是通过寻找结构的比例、平衡与和谐,趋向最合理的受力性能、最经济的结构和最方便的施工,同时也能获得最美丽的桥梁。

经过20世纪80年代的"学习和追赶"与90年代的"跟踪和提高"两个发展阶段,中国桥梁界在21世纪初应当进入一个"创新和超越"的新时期,即通过创新的设计和施工,实现跨越式发展。而且,我们必须在一些前沿热点上和国际同行进行同步攀登的竞赛中率先突破才能实现真正意义的超越。中国现代桥梁建设的成就是有目共睹的,特别是在中国的大江大河上建造桥梁,在跨度上必然会有所突破。中国桥梁在世界大跨度悬索桥、拱桥和斜拉桥的排行榜上已名列前茅,而且在数量上也居于领先地位。中国已成为名副其实的桥梁大国,正在从桥梁大国向桥梁强国迈进,有希望在21世纪自主创新的努力中重现辉煌。

中国桥梁建设在改革开放后的30年中确实取得了巨大的进步和成就,然而,面对21世纪跨海大桥工程任务以及进入WTO以后发达国家同行参与中国市场的竞争形势,必须正视所存在的问题,并尽快克服下列这些影响竞争力的缺陷和问题,为迎接挑战作好准备。

2.1 设计创新问题

设计是工程的核心,它在很大程度上决定了工程的质量、造价、施工难易和工期。改革开放以来,虽然也出现了一批代表这一时代的优秀设计,但是多数设计存在着缺乏创新、经济指标差以及因设计不合理造成浪费和不安全的问题,已经给我国桥梁工程的技术进步带来不利的影响。

创新应当是设计的灵魂,然而,我们似乎缺少对设计中采用新结构、新材料和新工艺的激励机制。首先,设计周期过短,承接任务过多,过分追求经济效益,使设计单位没有足够时间进行创新性思考和优化比较,常常满足于模仿和抄袭已有的设计方案。其次,缺少真正公平公开的竞争体制和严格的设计审核与监理制度,使缺乏创意和经济指标较差的设计方案得以通过和付诸实施。最后,在各级评奖中也存在只看工程规模,不重视设计创新和经济指标的弊端,使设计工程师的创新理念趋于淡薄。这些都是造成中国桥梁设计缺少创意和经济指标差的重要因素。

中国的设计文本也有一种不良的倾向,似乎文本愈厚愈显得是设计精心和投入大。然而,有的中标方案对最重要的设计理念的陈述却十分简略,没有说清所选方案的理由。国外的设计招标文件都限制页数,标书中的设计基本资料和要求不必重复,关键是阐述方案的创新构思和处理手法,从而使文件具有鲜明的特点和说服力。

众所周知,国外的设计院只做到施工招标的设计文件(tender design),相当于我国的扩初设计或技术设计,而大量施工图则由中标的承包商根据企业的设备和经验在招标设计的基础上去完成。这样,设计部门就有充分的精力和时间去做概念设计和技术创新方面的工作。甚至还有一些规模较小的顾问工程师事务所,专长于做可行性研究和方案竞赛工作。这样的分工十分有利于设计的创新和施工技术的创新。因此,应当尽快改变目前由设计院一家完成从可行性研究直至施工图设计全套工作的组织形式。

中国目前流行的工程指挥部体制也是值得商榷的。日益扩大的指挥部包揽了从招投标工作到供应材料、设备以及财务管理和房地产开发的全部工作,成了一个半经营性的企业。这和国外业主仅有一个小规模的协调和服务性办公室是有很大差别的。代表业主的政府官员参与指挥部的工作,一旦与他们的政绩挂钩,就会尽可能压低承包费用,并在重大工程庆功中占据获奖功臣名单的前列,设计和施工承包单位则排名靠后。而且,这种倾向愈来愈严重,挫伤了许多技术人员创新的积极性。

中国是一个崇尚统一、和谐、中庸,而不太鼓励标新立异的国家,往往满足于模仿和重复,比较追求规模和尺度的超越。似乎只要跨度最大、数量最多、尺度最大就是"天下第一",就是"桥梁之最",而不是以创新论英雄。

如果说,科学以发现(discovery)为核心,技术就是以发明(invention)和创造(creation)为核心。如法国的预应力技术,德国和美国的现代斜拉桥和组合结构技术,英国和日本的现代悬索桥技术,丹麦的防船撞和桥梁抗风技术以及瑞士首创的矮塔斜拉桥、连续刚架桥和 FRP 新材料等。

建桥是要用技术的，不是用先进的技术，就是用过时和落后的技术；有时用落后的旧技术也能建成今日之新桥，甚至破纪录的大桥。最近一个时期，“自主创新”已成为媒体最热的词，全国遍地都是创新，各行各业都想创新。然而，自主创新能力是一个需要长期努力培养的过程，需要几代人坚持不懈、持之以恒地奋斗，而不是一蹴而就的。只有那些站在技术发展的前沿，掌握现代先进技术的精髓，了解存在的不足和难点，并有志于攀登技术的高峰，又具有十年磨一剑的坚韧毅力的人，才能成为创新的精英。

一些有识之士已经发表了不少文章指出：中国在体制、环境、理念、文化、研发投入、品牌战略等方面存在不少缺陷和问题。然而，也有些人却十分得意于中国已成为“制造大国”、“世界工厂”，甚至认为中国通过引进资本和生产设备就可以获得技术，就有利可图，不需要培育自己的研发力量。这些人满足于“代工”、“贴牌”，在产业链的低端赚一点微利的打工钱，而宁愿消耗大量资源和能源，并付出污染环境的代价。这是中国工业化的大误区！

同样，在桥梁建设中也有一种把创新低俗化的倾向，似乎每一座大桥都有许多“关键技术”，都是“自主创新”。实际上，我们购买了国外的先进设备，其中就包括了专利和技术，只要不超出设备的适用范围，即使跨度大一些，尺寸大一些，并不能构成对技术的突破，只能说是一种技术应用的拓展和延伸(extension)。只有遇到了真正的挑战，而且通过克服困难提出了新的工法和创造了相应的先进设备并获得了成功，或者发现了旧工法和设备的缺陷，有了重大的改进，才是真正的技术创新。一般来说，一座大桥所用的技术大部分还是沿用成熟的技术，能有一二个真正自主的技术创新和一些对传统技术的改进(improvement)就是很了不起的事情了，不可能有很多创新成果。

2.2 工程质量问题

中国桥梁的建设速度常常使外国同行发出“难以置信”的惊叹。然而，过于匆忙的设计周期和施工工期并不是一件好事，它带来了许多遗憾，留下不少质量隐患，这是目前必须正视的问题。由于承包价过低，甚至包工不包料，更有甚者，连施工设备都由业主购买和租赁，施工承包单位只剩下低于定额的一点工钱。为了不致亏本，他们被迫分包给资质较低、缺少经验的工程队去施工。于是，层层分包、偷工减料的现象就难以避免，最终造成工程质量的低下，同时也损害了工程的耐久性。

一些美籍华人同行在参观了中国的桥梁工地后，已经多次发出了警告：“中国的桥梁可能不到 30 年就要出现维修的高潮。”这和我们的“百年大计、质量第一”的口号是相悖的。“贪污和浪费是极大的犯罪”，如果桥梁工程是不耐久的，达不到设计使用寿命的要求，这也是一种极大的浪费，必将有负于子孙后代。

除了技术、工艺和资质上的问题外，中国的材料市场还存在着假冒伪劣、以次充好的问题。水泥、钢材、预应力器材、模板以及基础工程中的材料都有许多质量问题，有的甚至十分严重。虽有施工监理和质监制度，但仍有许多漏洞和不正之风，难以做到高度负责和严格把关。

中国的质量观念还不够强，和发达国家在质量上追求精益求精、以质量和耐久取胜的理念相比，我们还有不小的差距。中国桥梁建设者往往满足于尽快建成通车，而对它在寿命期全过程中的耐久性重视不够。对于工程中出现的质量问题(如裂缝、过大的尺寸误差、外观不平整等通病)往往给以通融或推诿于客观条件，而不认真加以解决。甚至发生了质量事故会设法掩盖，一些大桥的工程总结也很少提到事故的教训，更不愿意开会讨论，这就使一些质量问题一再重犯，严重影响了中国桥梁的技术进步。

欧洲工程界有一种说法：速度(快)、质量(好)和经济(省)是工程的三个目标。然而，这三个目标是相互制约的，而且三个目标只能追求两个，而不能同时实现。要做到优质和经济，就不能追求速度。如果由于特殊的需要，如抢修某一桥梁以尽快恢复交通，或赶建一座桥梁就要付出额外的代价。中国的桥梁工程往往追求速度，又要尽量压低造价，结果必然是付出牺牲质量和耐久性的代价，如有些路面不到 10 年就已翻修两次，桥梁建成不足 20 年就需要加固和维修。如果从全寿命经济性的观点来评价，中国桥梁的一次投资虽低，但全寿命的支出却很高，这也是极大的浪费。而且，大量中小跨度的桥梁缺少及时养护，也是造成中国桥梁不耐久的重要原因。

中国桥梁建设中的工程质量和耐久性问题通过美

籍华人和香港同行的传播，已经影响到中国桥梁的声誉，成为他们对“难以置信”的中国速度的一种讽刺和注解。中国桥梁还是要以科学的态度提倡合理设计周期、合理工期和合理造价，给施工承包单位提供更新装备、提高技术的发展空间，杜绝降低资质的层层分包，坚决抑制伪劣材料和欺诈行为，实行严格的监理制度，并且，对建成后的桥梁要加强管理、监测和养护。只有这样，中国桥梁才能以优质的品牌得到国际同行的尊敬。

2.3 桥梁美学问题

改革开放以来，中国的桥梁建设以空前的规模和发展速度令世界惊叹，但是我们匆忙建成的大桥是否给人以美感是一个值得反思的问题。大桥不仅是交通系统的重要组成部分，而且还是一座标志性建筑物。人们希望在通过大桥时发出一声赞叹，得到美的享受。作为一个桥梁工程师有责任在设计中重视桥梁的美学价值和景观功能，满足人们的观赏愿望。

国外的桥梁工程师都长期和建筑师合作，特别是在多方案比较的概念设计阶段，桥梁的美学评定往往是十分重要的因素。在一些大跨桥梁的国际设计竞标中，美学评价甚至会超过技术指标成为决定性因素。反观中国的一些大桥，由于在设计中对美学不够重视，缺少建筑师的参与和合作，对各种可能方案的比较做得不够，往往留下不少遗憾，给人以笨拙、呆板和粗糙的感觉。

过去，中国桥梁的设计方针是：适用、经济、在可能条件下照顾美观。随着我国经济实力的增强，人们对环境和景观的要求也在不断提高。桥梁的美学设计应当成为日益重要的原则，桥梁工程师要不断提高自己的审美情趣和艺术素养，使每一座桥梁成为美化环境，给人民带来欢愉的艺术品。

2.4 宣传报道的问题

中国桥梁建设的规模大，一年要建成几十座大桥，但对外的交流和宣传却很少。中国主要的设计单位和施工单位缺少一种鼓励设计人员走向国际舞台的机制，因而动力不足。国际桥梁界的同行对中国桥梁建设的了解也限于规模和速度，很难在国际刊物上看到中国桥梁工程师关于设计和施工的有创意内容的介绍文章。中国国内刊物的文章和总结常常过于强调尺度的突破，有几个“第一”，很多“之最”，认为尺度突破了，就是最难；建成了最难的桥梁，就是世界第一，就是最高水平。这也是一个误区，有时还会不顾经济性而盲目追求跨度第一。

中国的媒体也热衷于宣传“第一”和“之最”，如“天下第一拱桥”、“天下第一斜拉桥”。报道一座大桥建设应当说明采用了什么先进技术，引进了什么先进高效设备和机具，结合国情有什么改进，或者进行了综合多种技术的集成；对于真正具有原始创新的亮点更要进行详细的介绍；对于因尺度突破造成的困难也要如实说明为克服困难所采用的具体技术措施以及效果的检验，这样才是一种符合科学发展观的正确态度。

还有些工程中引进了国外的先进技术、先进材料或先进的设备，却故意隐瞒不报，还说成是自己的创新，甚至在报奖时也不如实说明引进的情况，这是一种不诚实的行为，会招致国外同行的非议。中国科学院和教育部的领导都曾说过：中国的科学研究基本上是跟踪型的，原始创新成果很少。获得国家科技进步奖也大都是凭借学习和引进国外先进技术所取得的成果，这是很正常的状态，我们应当承认这一现实。

上面提到的这些问题如不加以纠正，不正视中国同发达国家之间存在的差距，不重视设计的创新和高新技术的应用，不克服体制上的弊端，我国的技术水平仍将是落后和陈旧的，工程质量将是低劣和不耐久的，而且不重视经济指标的设计将会造成巨大的浪费。即使建成数量最多、跨度最大的桥，如果大部分质量是平庸的，又缺少美学上的考虑，中国桥梁将难以得到国际同行的尊重，中国桥梁界也不可能在国际桥梁竞赛中占有重要的地位。反之，如果中国桥梁界，特别是桥梁设计部门能够抓住大规模交通建设的机遇，努力进取，通过创新性的实践取得技术上的突破，重视经济比较和精心设计，我国将会出现一批技术先进、经济合理的高水平设计，使中国迅速赶上发达国家的最先进水平，成为真正的桥梁强国。

3 发展战略

3.1 知识经济时代的桥梁

20 世纪末，一场新的经济革命悄然兴起。在 18 世纪工业革命的 200 年后，以信息科学技术为核心的知识产业革命将把人类带入知识经济的新时代。

知识经济时代实质上就是一个智能化和高效率的

社会形态。现代通信技术的发展使社会高度信息化，从而也使家庭生活、办公室工作、工厂企业生产、交通运输、工程建筑、教育培训、医疗保健、国家管理等社会活动都可利用可视通信网络、多媒体和“信息高速公路”实现自动化和智能化。人类的智慧与计算机网络的结合将使知识创新成为最有价值的产品，成为经济的主体和各行各业的核心。

知识经济时代的桥梁工程建设也将具有高度智能化、信息化和远距离自动控制的特征。首先，在桥梁的规划和设计阶段，人们将运用高度发展的计算机辅助手段进行有效快速的优化设计和仿真分析。虚拟现实(VR)技术的应用，使业主可以十分逼真地事先看到桥梁建成后的外形、功能，在模拟地震和台风袭击下的表现，对环境的影响以及昼夜的景观等以便于决策。其次，在桥梁的制造和架设阶段，人们将运用智能化的制造系统在工厂完成部件的加工，然后用全球定位系统(GPS)和遥控技术，在离工地千里之外的总部管理和控制各种智能性建设机器人完成野外、水下和空中的各种作业，精确地按计划完成桥梁工程建设。最后，在桥梁交付使用后，管理部门将通过自动检测系统，保证桥梁的安全和正常运行。一旦有故障或损伤发生，桥梁健康诊断和专家系统将自动报告损伤部位和程度，并指示养护和修理对策。这将是一幅 21 世纪桥梁工程的壮丽景象。

3.2 现代桥梁工程的未来

1945 年第二次世界大战结束标志着以 IT 技术和计算机应用为特征的现代桥梁工程的开始，至今我们已经经历了第一个 60 年。和战前相比，现代桥梁技术有了巨大的进步，其中，高性能材料、有限元法及计算机分析软件、施工工法及大型自动化施工装备等方面的创新，显示出现代桥梁的设计更为精细，施工更为优质和高效，养护管理的监测技术也日益先进。

在 20 世纪的最后 10 年中，有许多国际桥梁会议都以展望 21 世纪作为主题。2006 年 6 月，美国土木工程师学会(ASCE)在弗吉尼亚州兰德斯敦市举行了一次“土木工程未来峰会”，形成了一份展望《2025 年的土木工程》的报告。会议文件呼吁全世界土木工程同行一起努力采取行动，为 21 世纪初期的土木工程创造一个更为美好的明天。

桥梁工程是土木工程的重要分支学科，我们是否也可以仿照近代土木工程的分期认为：从 1945—1980 年是现代桥梁工程的奠基时期；1980—2010 年是进步时期，20 世纪 50—70 年代创造的许多新技术在世纪末 20 年的跨海工程和超大跨度桥梁的冲刺中得到了充分的应用和发展；2010 年后，现代桥梁工程将进入成熟期，在这一发展的转折时刻，我们也需要展望一下桥梁工程师在今后 20 年的行动目标和肩负的重要使命。

1）桥梁工程的使命和任务

ASCE 的报告说：“土木工程师肩负着创造可持续发展世界和提高全球生活质量的神圣使命。”可见，“可持续发展”和“提高生活质量”是 21 世纪两个重要的命题，也是过去 60 年所暴露的主要问题和面临的挑战。因此我们的任务可归纳为以下几个方面：

(1) 桥梁工程师不仅是项目的规划者、设计者和建造者，还应当是全寿命的经营者和维护者。

(2) 桥梁工程师应当具有可持续发展的理念，成为自然环境的保护者和节约资源与能源的倡导者。

(3) 桥梁工程师应当参与基础设施建设的决策，并通过不断的创新建造优质和耐久的工程，成为提高人民生活质量的积极推动者。

(4) 桥梁工程师应当成为人们免遭自然灾害、突发事件、工程事故和其他风险的护卫者。

(5) 最后，桥梁工程师还应当具有团队合作精神和职业道德，成为抵制各种腐败现象的模范执行者。

2）桥梁工程的研究与发展

为了实现上述使命和任务，桥梁工程界必须依靠科学技术发展的最新成就，并通过持续的研究和发展(R&D)工作，不断改进现有的技术，创造和发明更先进的技术，克服存在的缺点，解决出现的新问题，以迎接 21 世纪更大的挑战。重点的研究领域有以下 5 个方面：

(1) 高性能材料研发。材料性能的提高是桥梁工程不断进步的重要原动力。现代桥梁工程仍以钢材和混凝土为主要建筑材料。过去的 60 年间，钢材从 S343 发展到 S1100，混凝土从 C30 发展到 C150，有了长足的进步。各种轻质高强复合材料和智能材料已在桥梁工程中得到应用。在可以预见的未来，纳米技术和生物技术可能成为 21 世纪技术革新的重要动力，并不断进入桥梁工程的应用领域，成为新一代建筑材料的载体。

(2) 与桥梁工程相关的 IT 技术研发。IT 技术和计算机处理能力的提高以及相应结构分析软件的不断进步将使桥梁设计日益精细化，为实现仿真数值模拟和“虚拟现实”(VR)技术创造了条件。因此，大力开展有关桥梁工程的概念设计、结构设计、施工控制、健康监测、养护管理等方面的先进理论和方法研究，并研发相应的软件和数据库技术，是十分重要的研究领域。

(3) 先进装备和仪器研发。智能设备(传感器、诊断监测仪、便携式计算机)以及大型智能机器人施工设备的创造发明，将使桥梁的施工、管理、监测、养护、维修等一系列现场工作实现自动化和远程管理。我国的装备工业还比较落后，大型施工设备、先进测试仪器和精密传感器都依赖进口，我们应当大力开展这一硬件领域的研发工作，逐步加强这一方面的投入，摆脱对外的依赖。

(4) 风险防范和评估研究。自然灾害和恐怖主义威胁，使未来的世界环境存在高风险性。我国国家自然科学基金会最近启动的关于“重大工程动力灾变”的重大研究计划将有助于降低风险，保证人民生活的安全，也是提高人民生活质量的重要方面。此外，对于风险评估和提高结构耐久性的研究也应该受到重视，以保障重大工程的正常使用寿命。

(5) 规范和标准制定。规范和标准的制定也是反映一个国家建设水平的重要标志。在容许应力法(1923—1963 年)、极限状态法(1963—2003 年)之后，发达国家已开始致力于基于性能的设计规范(Performance-based Design Code)的制定以提高基础设施的建设水平。制定这一新的建立在全寿命设计和可持续发展理念上的基于性能的设计规范和标准，应当是我们在 21 世纪初期的最重要的任务之一，以跟上世界土木工程的潮流。

3.3 中国桥梁发展的战略思考

1) 可持续桥梁工程及概率性设计方法

在 20 世纪 80 年代，由于在 60 年代建设高潮中所建造的一些桥梁和结构工程出现了影响其耐久性和使用寿命的质量问题，大量养护和加固费用的支出使工程师们认识到结构耐久的重要性，因而提出了结构全寿命经济性的问题。从 90 年代起，对有限资源的节约和对环境的保护愈来愈受到人们的关注，经济的可持续发展成为各国政府的战略目标。在土木工程领域的国际会议上也频繁出现可持续性(sustainability)的议题，并逐渐形成“可持续结构工程”以及“绿色工程”的新概念。

桥梁工程领域的可持续发展最早是由国际桥梁与结构工程协会(IABSE)提出的。1996 年 6 月国际桥协率先发表了《可持续发展宣言》，要求其会员在日常工作中尽可能减小对地球环境的破坏，并努力做到下列三点：

(1) 充分认识和理解所从事的工作中优化自然、建筑和社会经济环境的要求。

(2) 在建筑施工和结构运营中，增加可更新材料和可循环利用材料的使用。

(3) 开展环境影响的理性评价。

传统的桥梁建筑材料主要是钢材和混凝土。铁矿石和石灰岩等原材料的开采肯定不利于保存自然资源，而钢材在冶炼过程中和水泥在烧制过程中所消耗的能量以及产生的废弃物又不利于保护生态系统和保障人类健康。可持续桥梁建筑材料研究面临两大挑战，一方面要进一步完善符合可持续桥梁建筑材料要求的可持续钢材和可持续混凝土研究；另一方面更应该开发研究满足生态环境可持续性要求的新型桥梁建筑材料。

任何一项结构工程的全寿命周期一般包括五大环节，即规划、设计、施工、运营/养护和拆除。以往的结构工程设计研究人员主要关心的是如何将结构设计好、施工好，使其发挥应有的作用，这就是所谓的“现状设计”(Design for the Moment)，而可持续结构工程要求设计研究人员必须着眼于结构工程的五大环节，实现“全寿命设计”(Life Cycle Design)。

现有桥梁设计荷载的规定主要是针对“现状设计”的，因此设计荷载的区分主要是以结构恒载为代表的永久荷载和以车辆活载为代表的可变荷载。而可持续桥梁设计荷载的意义必须突出可持续性，因此持续性环境荷载的定义将显得更为重要，持续性桥梁环境荷载应当包括大气和水的作用、温度变化、自然风作用、随机地脉动或地震作用等等。虽然“全寿命设计”环境荷载中的温度荷载、风荷载和地震荷载在“现状设计”桥梁荷载中也有相应的规定，但后者主要针对极端情况，并且总是偏于安全地取用最不利情况；而在“全寿命设计”的持续性桥梁环境荷载中，将更加注重荷载作用的过程和概率。

可持续结构的设计必然要采用概率性的方法，以充分考虑荷载及其组合、结构及其缺陷、监测误差、自然环境等众多的随机和不确定因素，从而对结构的可靠性、危险性、耐久性、全寿命经济性以及对环境的影响等作出正确的评估。这也是土木工程和概率统计方法相结合的研究领域。

2）组合结构桥梁的创新设计

19世纪末，由法国在1876年发明的钢筋混凝土结构从房屋开始推广应用于小跨度梁桥和拱桥，人们建造了首批钢筋混凝土桥梁，并于20世纪初编制了欧洲第一部钢筋混凝土设计规范。与此同时，在19世纪的公路钢桥中所采用的木桥面板也逐渐被钢筋混凝土桥面板所替代，大大改善了桥面的行车条件。

然而，在1930年以前的钢桥都是按各种构件单独起作用的原则设计的，即在组成桥面系统的纵梁和横梁的设计中并不考虑它们和钢筋混凝土桥面板的共同作用，桥面板只是作为传递荷载的一种局部构件，它在桥梁整体中可以发挥的作用却被忽视了。

20世纪30年代是欧美各国桥梁技术和设计理论的一个重要发展时期。除了大跨度钢拱桥和悬索桥的突破性进展外，在中小跨度梁式桥方面，荷载横向分布理论的问世，使工程师们认识到桥梁各部分之间的空间相互作用。1936年焊接技术的发明打破了铆接在钢桥中的一统局面，同时也为组合结构（Composite Structures）的发展准备了更有利的条件，即在钢筋混凝土板和钢梁之间的各种剪力联接器可采用焊接以代替最初的铆接方式。

第二次世界大战后的20世纪60年代是欧美各国和日本桥梁建设的黄金时期，组合结构以其整体受力的经济性，发挥两种材料各自优势的合理性以及便于施工的突出优点而得到了广泛的应用，人们建造了大量各种形式的组合结构桥梁，其中也包括大跨度斜拉桥所采用的组合桥面系统。

1971年，欧洲国际混凝土委员会（CEB）、欧洲钢结构大会（ECCS）、国际预应力联盟（FIP）和国际桥梁及结构工程协会（IABSE）组成了组合结构联合委员会，总结了20世纪60年代组合结构发展中所取得的经验，编制了一本组合结构的模范准则（Model Code），作为各国编制规范时的指导性文件，如英国BS 5400标准、德国DIN标准、美国AASHTO规范以及日本钢·混凝土组合结构设计规范等，进一步促进了组合结构桥梁的发展。

进入20世纪80年代后，组合结构有了新的发展趋势，除了传统的型钢混凝土柱、钢筋混凝土板和钢梁的上下结合梁外，出现了边跨混凝土梁和中跨钢梁的纵向接合、钢筋混凝土边梁和钢横梁的横向组合以及钢筋混凝土下塔柱和钢上塔柱的接合等多种混合形式。在材料方面也已不限于性能不断提高的钢和混凝土两种材料的组合，而出现了钢和混凝土与复合纤维材料、工程塑料、玻璃、木材、各种高强度钢丝索、铝合金等多种材料的相互组合。80年代中后期，国际桥协曾召开过一次以混合结构（Mixed Structures）为主题的学术会议，研讨了组合结构的新进展。在21世纪初，组合结构以其极富创新空间的一种结构形式已经得到发达国家的广泛应用，许多新建的斜拉桥和梁桥大都采用组合或混合桥面。而且，随着新材料的不断进步，甚至在纳米技术和生物技术的推动下，21世纪的建筑材料可能会发生革命性的变化，使传统的水泥和钢材逐渐被新型复合材料所替代。相应地，桥梁的体系、构造、设计理论、分析方法和施工工法将会出现完全不同于现代桥梁的划时代的变革。可以预期，到21世纪下半叶，桥梁工程将通过新旧材料混合使用的各种组合和混合结构的过渡期，进入一个以主要采用新材料为标志的“后现代”新时期。

3）桥梁的精细化设计和施工方法

200多年来的桥梁总体设计一直沿用平面杆件系统的结构力学方法分析内力，20世纪发展了荷载横向分布理论和薄壁结构的扭转理论以近似考虑桥梁在偏载下的空间作用。在断面总内力的基础上，通过计算平均边缘应力进行强度验算，而三维空间应力分析仅限于锚区和复杂节点等局部部位。

然而，1997年宁波招宝山大桥在悬臂施工中的破断事故告诉我们：桥梁断面中的应力具有显著的空间效应，并且随着跨度的增大，断面的宽度加大，非线性效应和应力的空间不均匀分布将使某些部位的实际应力大大超过线性平均应力的计算结果。此外，断面上的混凝土标号虽然是相同的，但是由于预应力管道的密集布置，混凝土浇注条件的不同，在某些最不利的部位，因管道削弱形成的蜂窝状混凝土强度将有所折减，达不到设计要求值。这样一增一减，薄弱点的最大应力就会突破安全系数的保障而超过该点的混凝土强度，于是就会发生局部破碎的后果，随后的断面不断蜕化和变形加大，加上破碎时发生的冲击作用就造成了恶性循环，从而导致全断面的破断，幸好斜拉桥超静定体系的牵制作用才没有造成更严重的坍塌破坏。招宝山大桥的教训是深刻的,桥梁的破坏在于局部点的突破,仅仅用平均应力加安全系数的控制是不可靠的。

计算机技术和三维空间应力分析方法的进步使我们有可能建立一种基于全桥结构空间非线性应力水平的分析和设计方法,并充分考虑配筋和预应力配索以及斜拉索等的实际空间分布,同时计及不同部位混凝土的空间强度分布,以精确地控制实际的应力状况和材料的强度状况,保证结构在施工和运营中的安全。

在比较柔性的大跨度桥梁和空间效应比较强烈的宽桥与曲线桥中应当采用基于精确建模和非线性三维应力水平分析的精细化设计和施工方法,同时还要编制一些相应的设计指南,用以指导配筋、配索等构造设计,以达到合理的设计布局和符合实际的应力控制,而不宜再用近似的处理方式勉强纳入平面杆件内力和平均应力控制的框架中,这对于施工过程中的不利状态尤为重要。

中国人口众多,桥面宽度比欧美各国要大,有必要率先发展基于空间应力水平的精细化桥梁设计方法,以避免由于安全度不足造成的早期破坏和蜕化所带来的损失,或者因过于保守造成的浪费。希望"桥梁的精细化设计方法"成为中国的原创性成果,对世界桥梁工程在 21 世纪的发展作出重要的贡献。

4)桥梁结构分析的数值模拟方法

在工业革命的 200 年后,以信息技术为核心的知识产业革命将把人类带入知识经济的新时代。尽管中国尚未完成工业现代化,但信息技术正在帮助中国加快完成这一进程。

知识经济时代的土木工程将具有智能化、信息化和远距离自动控制的特征。数字计算机和无线数字信号传输技术将使工程在规划、设计、施工、管理、监测和养护各个阶段实现计算机仿真、自动控制和快速反应等功能。特别是在工程的规划和设计阶段,虚拟现实(VR)技术的应用使业主可以十分逼真地预见到工程建成后的外貌、各种功能的表现、在各种自然和人为灾害下(强台风、地震、船撞、交通事故)工程的抗灾能力以及工程对周围环境的影响程度,从而作出正确的判断和科学的决策。

应该说,目前的桥梁抗风设计、抗震设计和抗船撞设计所进行的分析都还是近似或简化的。如桥梁临界风速计算、桥梁抗震的时程分析以及船撞力估算等,分析中或者忽略了非线性的因素,或者不考虑某些次要因素的共同作用,或者只控制一些转折点的表现,而并不掌握结构性能的全过程。高速度、大容量的超级计算机使结构在各种极端条件和灾害情况下的全过程分析成为可能,而且可以通过三维图形显示逼真地表现出来。

数值模拟和缩尺物理模型试验相比,还可以避免模型制作中带来的材料本构关系的相似性困难和其他的缩尺效应问题。可以预期:随着数值模拟方法的不断进步,将会逐步替代传统的振动台试验、风洞试验等各种物理模拟方法,形成数值振动台、数值风洞等新的结构分析手段。因此,数值模拟方法应当是 21 世纪土木工程师追求的目标。

数值模拟当然需要建立精确的、能反映实际的分析模型和正确的分析方法。通过将现场实测数据和数值模拟计算结果进行对比的案例研究(Case Study),不断跟踪典型结构的实际反应和表现,可以促进数值模拟技术和监测技术两个方面的不断进步,并最终达到人类驾驭自然的"自由王国"境界。这也是土木工程和 IT 技术与传感技术相互交叉和结合的研究领域,也包括将航空航天领域率先应用的高新技术移植到土木工程领域。

5)新一代的混凝土桥梁工程

100 多年来,混凝土的标号已从最初的 C10、C20 发展到 C60、C80,并已出现 C100 甚至 C150 的超高强混凝土,以适应预应力混凝土结构对高性能混凝土的需要。

在预应力技术方面,20 世纪 70 年代出现的预应力钢丝在管道中发生锈蚀的问题,促使人们将原来用于结构加固的体外预应力技术发展成为一种体外预应力混凝土结构的新技术。由于取消了在壁板中的管道,减薄了箱梁壁厚,也改善了混凝土的浇注条件,提高了构件的质量,体外布置的预应力索不仅有利于预制和安装,又便于检查和更换,大大改变了断面的形式和尺寸,也减轻了自重,取得了很好的经济效果。

体外预应力混凝土梁式桥在欧洲发展的同时,1988 年法国工程师 J. Mathivat 创造了一种新型的矮塔斜拉桥(Extradosed Bridge)。这种体系可以看成是把原来连续梁箱内的体外索移到桥面以上用矮塔支撑,从而减少了支点处的梁高,甚至在跨度不大时可以用等高度的箱梁,十分有利于箱梁的施工,具有很强的竞争力。矮塔斜拉桥在欧美和日本等国得到了迅速的推广，跨度已从最初不足百米逐渐增加到接近 300 m 的水平，成为梁式桥的一种具有竞争力的新体系。与此同时，新型的碳纤维增强塑料（CFRP）正在开发中，以最终代替高强度钢丝索成为完全耐蚀的预应力材料。

混凝土结构的耐久性，特别是跨海大桥在高盐雾环境中的耐久性是国际桥梁工程界十分关注的问题。海港码头混凝土结构的腐蚀、剥落和损坏早就发出了警号，要求工程师们从混凝土质量、保护层厚度和表面抗裂性、配筋和配索的耐蚀等多方面采取措施，以保证跨海大桥中的混凝土桥梁结构能满足使用寿命所要求的耐久性。新一代的耐久混凝土结构将更多采用在工厂条件下预制的高性能高质量混凝土部件和耐腐蚀的体外预应力配筋在工地装配而成的方式，为此，大型预制件、大型起重机械、全装配整体化施工和体外预应力的应用必然是今后混凝土工程的发展方向，以尽可能减少现场浇注和管道灌浆所带来的质量隐患。

6）桥梁健康监测及振动控制技术

包括桥梁在内的土木结构健康检测与养护管理是目前国际土木工程学科领域的研究热点之一，这主要与发达国家的基础设施建设阶段和相关学科的进展有关。该方向的特点是学科交叉性较强，结构识别理论和方法较多来自航空航天领域，新智能材料和传感技术以及 IT 技术在土木工程的监测中得到应用。主要研究动态有：新检测和通信技术的研发活跃并部分进入应用阶段；健康监测系统在实际桥梁上得到实施（在中国香港、韩国、中国大陆尤其活跃）；桥梁养护管理系统趋于成熟和规范化；结构耐久性问题更加得到关注。另一方面，由于土木结构的复杂性的特点，结构损伤识别理论研究进展艰难，结构状态评估方法也难有突破。目前国际上较多的研究更注重于个别监测技术和监测系统的实用化研究，对桥梁状态进行的评估仍采用了传统的方法，并没有革命性的变化。

我国大规模的土木基础设施建设虽然期间不长，但由于发展速度过快以及设计规范、施工质量等方面的问题，带来了许多结构安全性、使用性和耐久性方面的隐患。因此，结构健康监测和养护管理也应是今后国内土木学科研究的主攻方向之一，但研究内容应从实际工程需求出发，重视以下方面的研究：

（1）结构耐久性（如疲劳、锈蚀、腐蚀等）检测技术与评估方法研究；

（2）基于健康监测系统的结构状态评估方法和养护管理系统（BMS）研究；

（3）相关技术指南规范的建立。

数年前结构振动控制的研究曾是土木工程研究领域中的最热点之一，但其中的主动控制研究成果并未得到广泛的应用，目前主要注重半主动控制、被动控制、隔震和结构高阻尼化等的理论和装置研究。隔震技术经过数十年的检验已在多地震国家得到普遍采用。同时，提高结构阻尼的各种被动措施也越来越多的在新结构的设计中采用。半主动控制理论和相关的智能材料与技术的开发研究日益受到重视。

我国目前在建的大量工程中有许多振动问题，如：大跨度斜拉桥超长拉索和施工阶段桥塔与主梁的振动；城市中交通荷载（汽车和轻轨）引起的结构振动（舒适性和使用性）等。而且随着土木设施功能的高级化和人们对使用性和舒适性要求的提高，结构振动问题会显得更加突出。振动控制的实现多数依赖于制振装置，与国外相比我们的差距更多地在于对装置的应用开发研究及制造工艺。在该领域的研究应在工程需求背景下注重以下四个方面：

（1）超长、超高结构的风致振动的被动和半主动控制。

（2）针对地震荷载作用的结构隔震和高阻尼化研究。

（3）制振装置的开发应用研究。

（4）设计理论和方法的研究。

7）桥梁概念设计中的创新和美学理念

大跨度桥梁的概念设计是桥梁工程前期工作（工程可行性研究和初步设计阶段）中的一个十分重要的环节，它决定了桥梁的总体布置和主要构造的格局，对桥梁的美学价值、结构安全性能、可施工性以及经济指标，甚至建成后的耐久性、可养护性、可检查性等都有决定性的影响。也可以说，概念设计是桥梁设计之魂。由于中国大桥设计的前期工作时间过短，对概念设计的重视不够，加上业主的不适当干预又难以避免，就造成了设计中的一些缺憾和不合理的布局。

桥梁的概念设计是一个创新思维的过程。首先，设计者要始终树立创新的设计理念，而不要满足于模仿和抄袭，每做一个工程就要力图有自己的新意，不能给人以类同于某一已有桥梁的感觉，这点在桥梁设计竞争中往往是首要的评价因素，创新的而且又能和环境相协调的桥型布置将以独特的“创新美”而赢得人们的赞誉。

桥梁主孔布置首先要满足桥下通航的要求，同时要考虑主墩防撞的安全，经过经济和安全的权衡确定了合适的主孔跨度后，桥型选择的范围也就基本上明确了。桥面高度和主跨之间合理的比例关系决定了桥梁的“比例美”，过分追求跨度第一反而会造成比例失调和压抑感，从而破坏桥梁的美感。

桥梁作为标志性建筑需要造型美，然而它又是一个承重的结构物，而不是一个装饰品。因此，“力学美”是十分重要的因素。结构的尺寸要适应力的变化，给人以安全感和稳定感，同时又有物尽其用的经济感。因此，轻巧而不单薄，稳重而不笨拙，简洁而不粗糙是我们应当追求的境界。完美的结构性能、优良的经济指标、合理的构造和连接以及可施工性考虑都是桥梁结构中“力学美”的表现形式，再加上组合结构的创新设计使各种不同的材料得以发挥各自的优势，将使概念设计中的创新和美学理念得到充分的体现。

最后，在桥型、比例、造型、力学等各方面都得到创新和美学的充分考虑和合理安排后，对结构的细部进行美学处理也是很重要的。线条、阴影、各部分的呼应，跨度变化的韵律，都能增加桥梁整体的统一感和美感，使整个桥梁无论从远看和近看都有一种美的享受，让人发出一声美的赞叹，而其中包含的创新成果更是对桥梁科技发展作出的重要贡献。

4 建议

2006年1月的全国科技大会号召建设“创新型国家”，此后，“自主创新”成为最热门的话题和媒体的焦点。一时间，几乎天天有创新，处处有创新，人人要创新，事事求创新。然而，冷静下来思考后感到，自主创新和建设创新型国家不是一件容易的事，而是需要几代人为之奋斗的艰难过程。

在世界近200个国家中大约有30多个经济发达国家，可能只有10多个最发达国家可以称得上“创新型国家”。这些创意之国的标志是拥有最多的发明专利和核心技术，他们的品牌进入世界前百强行列，引领着世界科技的发展。中国希望在21世纪50年代能进入中等发达国家之列，即排在前30位国家中，这是一个比较现实的目标，而要建成创新型国家就必须进入发达国家的前列。因此，《国家中长期科学和技术发展规划纲要》中所要求的“2020年进入创新型国家行列”的提法还是过于急了，因为即使在2050年进入了中等发达国家的行列，还不一定就能算是进入了创新型国家的行列。从中等发达国家—创新型国家—世界科技强国是三个台阶，即相应地从中等发达国家（前40位）—发达国家（前20位）—最发达国家（前10位）的发展过程。

中国是一个人口大国，虽然GDP总量已名列前茅，但按人均计算仍排在世界的100位之外。因此，任重而道远，需要克服自满和浮躁情绪，作耐心和不懈的努力，通过自主创新成果的积累，逐步建成一个创新型国家，从大国扎实地走向强国。

4.1 “中国的出路在创新”

2006年7月28日的科技日报刊载了前国家科委主任、前中国工程院院长宋健同志的长篇文章《中国的出路在创新》。他提醒我们：“我们有理由为过去的成就感到兴奋，但远没有资格骄傲。”“中国的科学技术和工业化比欧美晚了200年，20世纪末才进入大发展时代，社会生产力还较低，2005年的人均国民生产总值才1 700美元，是日本的1/22，美国的1/20，仍属于中低收入的国家，农村贫困人口仍有2 000万人……中国仍处于工业化初级阶段，要全面工业化和现代化还需要艰苦奋斗至少50年。”他最后说：“我们的出路在自主创新，只有自主创新才能打破限制、摆脱遏制、顶住威胁、冲出围堵……只有创新才能掌握发明权和知识产权，才能获得国际平等合作的机会。”宋健同志以十分清醒的认识分析了国情，为中华民族的复兴指明了道路。

前国家科委主任朱丽兰同志也在《科技日报》载文说：“中国20多年的对外开放，并没有在创新这个核心问题上取得满意的结果……市场被占了，高水平的最先进的技术并未得到，成了外商的生产基地……核心技术是自主创新的灵魂，而核心技术是买不来的。”这是她作为国家科委主任的深切感慨之言。她和李贵鲜同志还在研讨会上呼吁：“自主创新要树立三个气：不甘落后的骨气、为国争光的志气与敢于与外国同行竞争的勇气。”

国家科技部副部长程津培在2006年3月的《科技日报》上以《我们与创新型国家的差距有多大?》为题载文说：“我国汽车、机床、纺织行业的先进设备，70%要进口；集成电路设备，90%靠进口；高端医疗设备的95%依赖进口；光纤制造设备的100%，电视、手机、DVD的核心配件全是外国生产的。中国发明专利中有影响力的仅占0.2%，63个外国汽车品牌占据了90%的中国市场，我们每年要化1 000亿美元购买加工设备，而且还是10年前的技术……不自主创新就要反复引进设备，受制于人，就会永远落后。”这些话说明我们必须大力发展装备工业，掌握自主核心技术，有了这些创新型国家的重要标志，中国才能成为真正的经济和科技强国。

中国商务部也以《中国离强国有多远?》为题撰文指出：“95%的企业无专利，自主知识产权和核心技术仅万分之三”，“90%的出口商品为贴牌产品”，“发明专利数为美、日的1/30，而且有影响的极少”，文章最后说：“差距在专利和品牌，即使外贸总额世界第一，也不能成为强国。”

《科学时报》2006年7月28日所载《关于自主技术创新的对话》一文中还说：“外资企业在中国创造的产值都计入中国的GDP，但外资企业在中国的技术创新，包括中国雇员在外资企业里开发的新技术，都不能算作中国的自主创新……我国设备投资的三分之二依赖进口，光纤制造设备和发电机控制设备几乎百分之百依赖进口。结果是有了一流的生产设备，但却只能在跨国资本安排的技术轨道上生产产品，不可能进行自主创新。”

世界经济合作与发展组织发表的《2006年科学、技术和工业展望》一文称中国研发投入为1 360亿美元，已超过日本，居世界第二。然而，中国自己的投入只占3 000亿人民币，约1/4，其余大部分是750个跨国公司在中国所设研究中心的投入。同样，中国的GDP总量中也有相当一部分是外资企业在中国的工厂所创造的，因此，什么才是真正的自主创新是值得深思的。

4.2 “创新必须站在巨人肩上”

虽然“创新型国家”的提出已有多年，而“创新”的真正含义是什么还需要统一认识。当前普遍的说法是沿用《“十一五”规划纲要》中的三种创新形式，即原始创新、集成创新以及引进消化吸收再创新。很显然，原始创新居于最高层次，它是原创(origination)或首创(initiation)，发明专利就是保护原始创新的一种法律手段，而“核心技术”就来自于这些具有发明专利的原始创新成果。具有原始创新能力和拥有许多发明专利的发达国家就站在科学技术的高端，引领着科学技术的发展。

关于后两个层次的“创新”，2008年10月中国工程院徐匡迪院长在《落实科学发展观，建设创新型国家》的文章中有一段说明：总体设计自主，核心零部件选购国外先进的，组装而成的产品(如动车组和支线客机)就是“集成创新”。我国的家电和信息技术产业则是采用“引进、消化和吸收再创新”的方式。有些虽然仿制成功了，还有水平的高低，只能说是“填补了空白，替代了进口”。这后两种“创新”并没有真正掌握最先进的核心技术，或者仍需要高价购买核心部件，或者对国外原创者付专利费，这还不能算是真正的自主创新，也不应当说成是“完全自主知识产权”，实际上只是在跟踪阶段的仿制和改进。

前中国科学院院长周光召院士在2006年3月的《中国基础科学》上所载《学习、创造和创新》一文中说：“创造性源于好奇心和想像力，但必须建立在已有知识的基础上。”可见，创造力的培养必须从小开始，通过努力学习，并勇于探索新事物，才有可能在学科前沿“站在巨人的肩膀上，作出创新的贡献”。而站到巨人肩上就是一个掌握前人知识的艰苦学习过程。

他还说：“一个创新能力强的人应当不怕失败，不计得失，坚持到底，即要有敢为人先，勇于革新的精神……创新的产生需要在创新的环境中孕育和成长。”总之，首先要站在学科前沿掌握已有的知识，还要有创造力和洞察力，并在有利的创新环境中成长。因此，自主是创新的前提。首先要独立自主，不依赖。

周光召院士在纪念国家重点实验室建设20周年大会上也曾说过“中国的科学研究大都是跟踪性的，原创的成果不多”。当一个国家还处于落后的状态，面前有一大批领先者，掌握着许多先进技术，我们的首要任务就是“学习和追赶”，靠近以后才是“跟踪与提高”，能够并驾齐驱了才是真正竞争的开始。当前面是一片未知的空白，大家都在探索和攀登，谁找到了正确的路线，就能率先突破，也就是通过创新实现了超越。为什么古代中国有四大发明和许多创新技术？因为那时中国领先于世界，前面没有强者，面对未知的世界，就必须自己独立去发现和创造新的世界。

4.3 桥梁工程的自主创新

中国面临的根本问题就是缺少核心技术，因而在技术上落后于发达国家。我国每年要花几千亿美元购买设备和装备，如不通过自主创新掌握核心技术，就要反复引进，而且往往引进的还是解禁后的10年前的技术，或者只能高价购买核心部件，就会永远落后。

核心技术是任何工业产品的先进性标志。一种技术的先进和落后就是在于核心技术的不同。核心技术是发达国家的竞争力所在，一些著名的品牌企业都组织高水平的队伍，注入巨资，不断研发新的核心技术，以改进产品的性能，并用“发明专利”保护其知识产权，有的甚至用“密封式”部件以防止别国仿制。而且，进入市场的产品一般都是10年前开发的、已批量生产的“解密技术”，最新、最先进的核心技术只生产少量的产品在企业控制下试用，以不断改进和完善，直至完全成熟后再组织批量生产，成为下一代包含更先进的核心技术的新产品。

中国一定要承认和发达国家在核心技术方面的差距，认清“核心技术是买不来的”这一至理名言，老老实实地通过自己的努力，从学习和引进、消化和吸收、仿制和改进，直至和发达国家同步竞争，并在竞争中通过创新超越对手，最后用最先进的核心技术创立中国自主的著名品牌。

桥梁的大型先进施工设备也大部分依靠进口，中小型的设备虽然自己能仿制一些，但质量、工效、耐久性等方面都有差距，而且仿制的样品往往还是国外10年前的过时商品。我们必须实事求是地承认这一情况，不能盲目自满，自欺欺人。

美国工程院院士、中国工程院外籍院士，美国林同炎国际设计公司总裁邓文中先生在《浅谈城市桥梁创新》一文中说：创新可以简单地定义为“有意义的改进”。所谓“有意义”必须是价值的增加，只是为了“不同”而改变，那是没有意义的，不能算得上“创新”。而桥梁工程的大量创新活动就是邓文中先生所说的“有意义的改进”，使已有的技术获得更多的价值，它们“体现在改善功能、降低成本(经济性)、增强耐久性和美观效果”。还有一种形式是在应用传统的概念和方法时对其应用范围进行了拓展，因为大部分原始创新的体系和工法开始都用于较小跨度，通过不断实践和改进逐步推广应用于更大的跨度，这种拓展或延伸(extension)也大大推动了桥梁的进步，也是一种具有创意的成就。

概括起来说，桥梁的创新有以下3个层次：原创(origination)或发明(invention)，有意义的改进(improvement)，以及对已有技术应用上的拓展(extension)。我们应当十分尊重原创和首创的成果，如重庆石板坡大桥首创的混合桥面连续刚架桥(图12)，法国米约大桥首创连续斜拉桥顶推施工(图13)，希腊Rion-Antirion海峡大桥的加筋土抗震基础(图14)，以及美国旧金山海湾大桥的抗震柱(图15)等。要鼓励桥梁工程师们大量“有意义的改进”，每做一座新桥就能比前一座桥做得更好，克服缺点、消除隐患、一步上一个台阶。对于技术应用的拓展也要肯定，但不要刻意去追求跨度之最，更不应去勉强拓展，造成浪费，从而放弃对发明创造更好的新技术的探索。因此，必须是“有意义的拓展”，即必须有利并增加价值，具体地说，在结构性能、经济、方便施工、增加耐久性等方面获得更多的价值。

图12　重庆石板坡大桥

图13　法国米约大桥

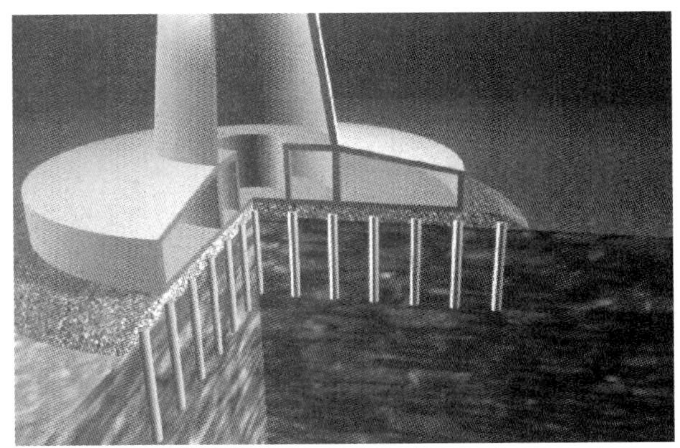

图 14　希腊 Rion-Antirion 海峡大桥

图 15　美国旧金山海湾大桥

4.4　走向桥梁强国之路

纵观 300 多年近代和现代桥梁的发展史，工业革命的发源地英国引领了最初的铁桥和 19 世纪铁路钢桥的辉煌。紧接着，欧洲的法国、德国和新大陆美国为铁路和城市建设修筑了许多大跨度铁路桥以及城市桥梁。19 世纪下半叶法国发明了混凝土，引领了混凝土桥梁和 20 世纪预应力混凝土桥梁的发展，也带动了欧洲大陆(包括瑞士、比利时等国)中小跨度桥梁的不断创新。同时，德国学者在桥梁结构理论上的建树为大跨度桥梁如悬索桥和斜拉桥的发展作出了重要贡献。

上述英、德、法、美、瑞士诸国，加上后起的日本和丹麦，构成了国际桥梁界的核心力量。其重要标志有以下几点：

(1) 这些国家都有较长的发展历史，积累了成熟的经验，拥有许多技术创新和专利，形成了某一方面的优势。一些品牌设计公司和施工企业都在世界各地建立了分支机构，在全世界享有很高的声誉。

(2) 这些国家的品牌公司都积极参与国际重大工程的设计竞赛和施工竞标，并屡屡获胜，有很高的信誉和竞争力。他们有雄厚的技术储备，完备的软件和研发能力，能够快速应对各种困难问题的挑战，提出解决方案。特别是设计人员所具备的创新理念，能出奇制胜，用创新的设计构思赢得评委的赞赏。

(3) 这些国家的品牌公司中的技术负责人大都是国际重要学会的领导人或世界知名学者和工程师，他们经常应邀在重要国际会议担任主旨报告人介绍重大工程的创新经验，或者获得国际重要学会的各种大奖。

可以说，只有具备了这些特征，才能成为一个名副其实的桥梁强国。

中国桥梁建设规模大，如能抓住机遇，树立创新理念，每做一项工程都有一二项真正的自主创新，就能取得扎实的进步。因此，我们一定不要满足于规模大、速度快的成就，而要走出误区，瞄准世界前 10 名的设计公司和施工企业，努力缩小和它们的差距，在创新、质量和美学上狠下功夫。只有自主创新技术才能获得国际同行的尊重，才能树立自己的品牌，提高中国桥梁的国际地位。

全世界的十几个创新型国家都把科技创新作为国家基本战略。他们的研发投入占国民生产总值的比重都在2%以上，甚至达到4%以上，他们的专利总数占到全世界的99%，引领着世界科技的发展。特别是美国，占世界研发总投入的44%，论文总数的26%，都超过了七国集团中其余六国（日、德、英、法、意、加）的总和。在美国，大学承担了国家主要基础研究和创新人才的培养任务。政府科研机构主要承担国家要求的基础研究和关键技术攻关。企业则是技术创新的主体，他们同时也是研发投入的主体，其研发投入占70%，而且其中有一半的创新发明是由中小企业完成的。

创新型国家的大型企业都有庞大的研发机构（研究所、技术中心），如德国西门子公司，职工总数有40余万，其中有2万人的研发队伍，从事未来产品的开发和技术储备。企业将利润的一定比例投入研发进行技术创新，不断提高核心技术水平，以保持竞争力。技术中心有高水平的团队和实验设备，对计算机软件和硬件（如建筑行业的施工机械、技术设备、高性能材料）的更新换代、规范标准的制定都有持续的创新和专利。他们的水平就体现在这些包含核心技术的装备之中。而落后的国家就只能高价购买这些设备，而且大都还是10年前的技术水平。

因此，要建设创新型国家，企业就要有利润空间进行稳定的研发投入，要有高水平的研发队伍，还要提前10年，为10年后的技术做储备。如果没有“投入、队伍和时间”这三个创新的基本要素，我们的企业就不可能掌握自主的核心技术，就会永远落后。中国的桥梁设计和施工企业一定要培养和创建一支研发队伍，才能像发达国家的品牌企业那样具有国际竞争力，表现出桥梁强国的标志。

中国桥梁界要走强国之路，出路只有“自主创新”，而且希望寄托在年轻一代的努力。中国桥梁界已经走上自主建设的道路，由于自主，也得到国际同行的尊重，但是我们在创新、质量和美学方面还存在不足。要成为强国必须从培养具有创新理念和能力的新一代桥梁工程师入手，作长期的努力。

中国桥梁建设30年的成就是有目共睹的。即使我们还没有原始创新技术，但能够将西方的先进技术在中国的大桥实践中加以改进和拓展也是很了不起的，但我们仍不能骄傲自满，要看到不足和差距。在材料性能、软件、硬件设备、规范等方面仍有差距；在创新、质量和美学方面仍有不足。要成为强国必须在与发达国家的竞争中，以技术的先进性、经济性和全寿命期中优良的养护服务等方面取胜，才能使对手信服，让业主满意，并为国际桥梁界所公认。桥梁强国决不是自封的，更不能自吹自擂。

中华民族是智慧的民族，中国5 000年历史的文化积淀和底蕴将会帮助我们实现复兴。只要我们不盲目自满，就一定能在不久的将来通过自主创新的努力，发展成为世界经济强国和科技强国。衷心希望年轻一代的教授和总工程师们努力加强自主创新的理念和动力，逐步走向国际桥梁舞台的中心，成长为代表中国的国际活动家，并在国际竞争中逐渐崭露头角，为中国从桥梁大国走向桥梁强国贡献力量。

5 结束语

回顾自第二次世界大战结束以来现代桥梁工程所走过的60年历程，发达国家在20世纪60—70年代的现代化建设和城市化的高潮中创造和发明了许多完全不同于战前近代桥梁工程的新材料、新体系、新结构和新工法以及基于计算机时代的新理论和分析方法。并且，在进入新世纪以后，一些发达国家的桥梁界又积极探索未来20年的前沿发展方向，从材料、软件（理论和方法）、硬件（测试仪器和施工装备）、防灾、节能和环保、规范等方面，为实现绿色经济和可持续发展进行了规划，也正在继续努力向前发展。

中国改革开放30年来，经过学习—追赶—跟踪的努力，已缩小了与发达国家的差距，应该有条件通过自主创新实现局部的超越，为在21世纪中叶实现全面小康作出桥梁工程界应有的贡献。

然而，在对中国经济和科技实力的宣传上确实存在两种不同的声音：

一种是强调GDP总量，认为2017年中国将超越美国成为第一经济体，每年发表的论文数已居世界第二，高校大学生总数也是世界第一，“2020年肯定能成为创新型国家”。

另一种较为低调的则认为“中国的人均GDP排名仍在100位之外，属于初等发达国家。到2050年，成为中等发达国家（前40位）的概率仅为15%。总体而言，到21世纪末，中国进入发达国家行列（前20位）的概率仅为4%”。“中国还谈不上崛起，主要是发展问题”(徐匡迪院长语)。“中国要赶上发达国家水平,还有很长很长的路要走”(温家宝总理语)。

对于桥梁技术创新也有两种相差很大的解读:有的大桥在建成时宣传有250项“创新成果”,而且大都介绍打破了多少记录,桥梁的总数、跨度,都已是世界第一、世界之最,已处于世界领先水平;另一种看法则认为中国桥梁大多只是在引进和使用国外先进技术中的一些“改进”和“拓展”,真正能超过发达国家的原创技术极少。

笔者比较倾向低调的、承认差距的理念。在本文中既肯定中国桥梁30年来所取得的成就,也指出存在的不足。鲁迅先生说过“承认不足是前进的车轮”,宋健同志也说过“我们有理由为过去的成就感到兴奋,但远没有资格骄傲”。更何况,中国的GDP总量中有相当比例是外资品牌企业在中国的工厂中所创造的。中国面临的根本问题还是缺少核心技术。处于产业链的低端,我们有什么理由可以唱高调呢?最近热议的“钱学森之问”更显现出中国教育中存在的问题,而培养具有创造力的领军人才正是中国未来的希望所在。

现在国外媒体吹捧中国的论调不断升温,我们应当保持清醒的头脑。在为取得的成就而自豪的同时,也要看到中国还有许多落后的方面。而且,为了这些成就,我们在环境和资源方面已付出了沉重的代价,我们还是一个有着13亿人口的发展中国家。然而,不管还有多长的路要走,勤劳的中华民族一定会建成为令世人称羡的美丽而富强的伟大国家,雄踞在世界的东方。

参考文献

[1] 范立础.混凝土桥梁安全性与耐久性[M]//结构安全性和耐久性的研究报告.北京:中国工程院,2002.

[2] 中国工程院.工程科技与发展战略咨询报告集[R].北京:[出版者不详],2004.

[3] 中国现代化战略研究课题组.中国现代化报告[M].北京:北京大学出版社,2008.

[4] 邓文中.浅谈城市桥梁创新[J].桥梁,2008(2):16-23.

[5] 项海帆、肖汝诚.现代桥梁工程60年[J].桥梁,2008(2):10-15.

[6] 中国科学院.科技革命与中国的现代化[M].北京:科学出版社,2009.

[7] 项海帆.中国桥梁的耐久性问题[J].桥梁,2009(4):16-17.

[8] 项海帆,潘洪萱,张圣城,等.中国桥梁史纲[M].上海:同济大学出版社,2009.

中国桥梁产业的现状及其发展之路*

1　引言

进入21世纪以后，中国桥梁建设又迎来一个新高潮。上海东海大桥建设拉开了中国建设跨海长桥的序幕，苏通大桥和上海卢浦大桥给中国桥梁界冲击超千米斜拉桥和拱桥的纪录提供了机会。

上海崇明隧桥工程中的亮点是成功地采用连续结合梁以避免钢箱梁桥面铺装的耐久性问题，而舟山连岛工程的西堠门大桥则面临着抗风的难题。然而，在中国大桥建设快速发展的过程中也日益暴露出作为技术支撑的桥梁产业发展的滞后和弱点，对中国桥梁的耐久性、技术水平和创新条件造成了不利影响，在一定程度上成为中国桥梁产业前进的障碍以及创新和质量不足的重要原因。

2　什么是桥梁产业?

广义地说，已经企业化的中国设计公司和施工集团都是一种产业，但本文主要讨论作为桥梁建设技术支撑的工业产业(Industry)，大致有以下几类：

(1) 材料工业：如钢材、水泥、商品混凝土以及防水防腐材料等制造业。

(2) 桥梁主体结构制造业：如各类钢结构部件、混凝土预制构件以及斜拉索和悬索桥主缆索股等制造业。

(3) 大型施工装备业：如各类吊机(桥面吊、塔吊、浮吊)、钻机、造桥机、架桥机、运梁车、挂篮、移动模架、顶推设备、支架模板等装备制造业。

(4) 设计软件业：如静动力、非线性和稳定分析、设计优化、制图和管理等功能软件研发产业。

(5) 桥梁附属部件制造业：如预应力钢索、锚夹具、张拉工具、紧固件、支座、伸缩缝、桥面铺装等制造业。

(6) 监测、管养、加固和减振产品制造业：如传感仪器、检查车、加固材料及其工艺设备、减振阻尼器、缓冲装置等制造业。

发达国家都有专业化很强的桥梁产业，且历史悠久，经验丰富。一个桥梁工地中往往有十多家产业共同分包完成各项工作，或用租赁方式提供装备支撑，施工结束后由各家公司拆除运回整理后再继续使用。而且通过研发不断改进，使产品升级换代，形成著名品牌，具有很高的声誉和国际竞争力。如英国 Dorman Lang(道门朗)公司的吊机，意大利 Deal 公司的架桥机和运梁车，德国 Peri 公司的支架、模板，美国 Hillman 公司的顶推设备；

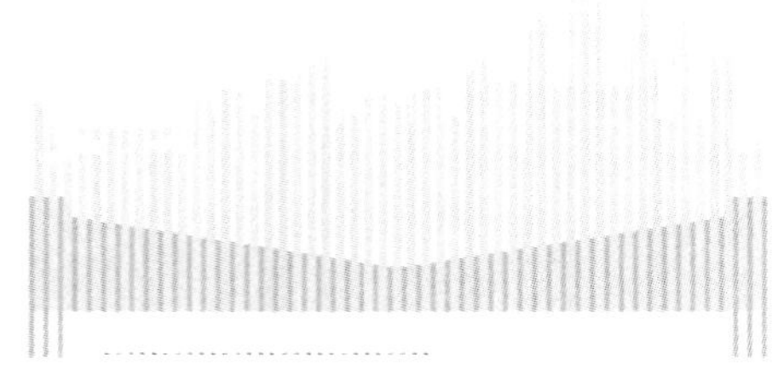

* 本文系2010年11月为《桥梁产业资讯》杂志而作。

预应力技术的三巨头：瑞士 VSL、德国 DSI 和法国 Freysinett；软件业：美国 LARSA 和 SAP2000，英国 SAM 和 LUSAS，德国 SOFISTIK，奥地利 TDV 和韩国 MIDAS 等。以上的国际著名公司在世界各国都设有分公司，占据了全球大部分市场。中国的大桥建设中也引进了他们的先进装备，得到了这些品牌公司产品的技术支撑。

3 中国桥梁产业的现状和差距

1980 年前，中国的桥梁产业除了铁道部制造钢梁的山海关、宝鸡桥梁厂和生产预应力混凝土梁的丰台、株洲等桥梁厂供应预制产品外，大部分工程都由施工单位在工地用大量人力现场制作，并没有专业化的桥梁产业支撑。改革开放以来，我们引进了一些国外先进技术，逐步建立了一些专业化的桥梁产业，如柳州欧维姆(OVM)公司、上海浦江缆索公司、武桥重工、柳工、三一重工和振华重工等与桥梁建设密切相关的产业，并开发了自主的产品，成为中国一些主要施工企业，如中交第二航务工程局、中铁大桥、中交第二公路工程局，以及各省路桥建设企业的重要技术合作单位，这是十分可喜的进步。然而，我们也要清醒地看到中国年轻的桥梁产业和国外知名产业在技术上存在的差距。由于在材料、工艺和生产装备上的落后，我们的一些关键部件在质量、耐久性和可靠性上尚达不到国际标准，致使一些重大工程仍不得不花巨资从国外公司引进先进设备，才能保证施工安全、质量和工期。国外公司都有百年以上的技术积累，我们起步晚了，要赶超他们尚需时日。

目前，中国生产的施工装备中有些关键核心部件，如液压系统、控制系统、行走系统等常常不得不引进外国的成熟产品进行组装。即使有一些仿制成功了，但质量和耐久性仍没有过关，寿命期较短，需要频繁修理和更换，这是最主要的差距，也是中国工业化水平落后于发达国家的反映，需要我们努力通过自主的研发，克服瓶颈，逐步缩小差距。任何盲目自满，不讲实话和浮夸宣传只会阻碍进步，拉大差距。

4 中国桥梁产业的发展之路

古语云“工欲善其事，必先利其器”，这个“器”就是装备。中国工业化的起步比西方晚了 200 年，解放后的 50 年代，在苏联的帮助下迅速建立起近代工业体系。遗憾的是，由于政治运动连续不断，完全错过了第二次世界大战后工业现代化发展高潮的重要契机。欧美发达国家到 1970 年已经完成了第一次工业现代化，进入了以信息化和网络化为标志的第二次现代化的新阶段。中国预计到 2020 年才能完成第一次现代化，晚了 50 年。虽然我国在改革开放的 30 年间，通过引进先进技术，也开始实施信息化和网络化，取得了高速的发展和进步。但由于基础薄弱，研发力量不足，缺少核心技术，基本上处于产业链的低端，在材料、装备和软件各方面都还有 10～30 年(平均 20 年，2～3 代)的差距。可以说，正是中国材料和装备工业的整体性落后造成了中国桥梁产业的发展瓶颈，我们只有加强自主研发的投入，才能逐步改变这一局面，取得实质性的进展。为此提出以下建议：

1) 首先要提高材料的性能

材料是工业的基础，材料的进步是一切产业发展的推动力。中国桥梁基本上都是采用 C50—C60 的混凝土和 S345q 钢材，铁路桥梁上开发了少量的 S420q，而国外的钢桥 60%以上都采用 S460(欧)、S480(美)和 S500(日)的高性能钢材，在高应力区还采用少量 S580、S690 的更高性能钢材。混凝土桥梁则普遍采用 C80，少量的试验桥和人行桥已采用 S1100 钢和 C110 混凝土等超高性能材料。材料性能的差距是根本性的，它使国外桥梁能在造型上做得轻巧、纤细、更富于美感，也更耐久。而反观中国桥梁则显得粗笨、肥胖，每平方米桥面的材料用量大，寿命又短，其结果是全寿命的经济性也较差。中国的材料工业必须加强研发，努力缩小差距，供应更多高性能材料。

2) 中国要在开发自己的专业软件上下功夫

中国设计院所采用的主要软件是已进入中国市场的 MIDAS、TDV 和 AutoCAD。国内自主开发的一些软件尚有差距，因而难当重任，这是需要尽快改变的不利局面。软件和规范都是代表国家水平的标志，决不能拱手让人。

中国设计软件业的现状堪忧，许多大桥的设计工作都是采用 MIDAS 软件来完成。从专业水平看，前面提到的欧美强国的其他软件功能更好，只是因为没有进行汉化和结合中国规范，因而难以被中国设计单位所接受。一些国际知名设计公司还有一些自己开发的水平更高、功能更强的“内部使用软件”，这是他们的核心竞争力所在，因而秘不示人。在国际设计竞争中，这些“内部软件”实际成为他们创新设计的重要技术支撑和制胜法宝。中国要成为桥梁强国，一定要加强软件的开发，并且尽快和先进的新一代基于性能的设计(Performance -based Design)规范结合起来。

3) 加快装备制造业的发展

装备制造业是各行业产品的基础工业，新一代的机电产品需要新一代的装备和流水线才能完成。我国的汽车、高铁动车、飞机、芯片等的生产流水线大都依赖进口，有的还是已淘汰的二手装备，由此造成产品也会落后2～3代。在一定意义上说，工业产品的落后源于生产装备的落后，发达国家也不会把最先进的装备卖给中国。根据他们的国家政策，只能转让和出售已解密的10年前技术和相应的装备，或者供应密封的核心部件，还要加付专利费。因此，我们的唯一出路是在仿制基础上加强自主研发，建设真正自主的装备制造业，为各行各业提供新一代的先进装备。对于桥梁行业来说，各家重工企业一定要努力克服瓶颈，为施工企业提供高性能、耐久的各类大型施工机械以及各类预制构件，在工地上进行整体安装，尽量减少对人工的依赖，用先进装备保证桥梁的质量、安全施工和耐久性。

4) 提高专业化水平，加快附属部件和养护监测设备制造业的发展

前面提到的各种桥梁附属部件和管养监测设备虽然不是大型装备，但却是现代桥梁不可缺少的组成部分，特别是在全寿命可持续发展的新理念和设计原则下，发达国家正在大力发展这类企业，而且专业化水平日益提高，分工更为精细。21世纪的中国大桥建设必须也拥有这样的中小型设备制造产业，提供产品和服务，而不能由施工企业包揽一切，采用落后的设备、工具，通过人海战术，日夜三班倒的方式去完成。目前，很多中国企业仍须采购一些国外先进部件组装在产品中，即使买断了专利，不存在知识产权纠纷，也还不能称为“完全自主知识产权”，而且引进的部件还可能只是10年前的技术，并不是最先进的。还有一些企业实际上只是外国产品的代理商和安装施工队。

5 结束语

经过30年改革开放政策下的大规模建设，中国桥梁界已经走出了一条自主建设大桥的成功道路，许多大桥在规模和跨度上已名列前茅。但我们仍不能盲目自满，要看到在工业现代化进程中的差距。中国产品数量多而质量差，中国桥梁跨度大而耐久性差是我们的软肋，今后30年我们一定要在质量和耐久性上狠下功夫，赶超世界先进水平。中国的桥梁产业任重道远，每一家企业只有建设好高水平的研发队伍和技术中心，才能完成这一重任，这也是中国桥梁从大国走向强国的必由之路。换句话说，中国桥梁强国之梦的实现在很大程度上将取决于桥梁产业(包括设计公司和施工产业)研发技术中心的水平和自主创造力。当然，中国大学是否能通过教育改革解答“钱学森之问”，培养出具有创造力的领军人才，也是十分关键的。最后，衷心期待年轻一代的桥梁工作者不辱使命，为国争光。

参考文献

[1] 中国现代化战略研究课题组，中科院中国现代化研究中心. 中国现代化报告2010——世界现代化纵览[M]. 北京：北京大学出版社，2010.

[2] 项海帆，范立础. 桥梁工程学科的现状及前沿发展方向[R]//土木学科发展现状及前沿发展方向研究. 北京：中国工程院，2010.

[3] 项海帆，潘洪萱，张圣城，等. 中国桥梁史纲[M]. 上海：同济大学出版社，2009.

世界大桥的未来趋势

——2011年国际桥协伦敦会议的启示*

1 引言

在20世纪的最后10年中建成的法国诺曼底桥(1995年)、日本多多罗桥(1999年)、中国香港青马桥(1997年)、丹麦大海带桥(1998年)、日本明石大桥(1998年)和中国江阴长江大桥(1999年)是世界斜拉桥和悬索桥在世纪末的冲刺和具有里程碑意义的成就,也标志着现代桥梁工程经过战后50年的发展已进入了成熟期。一些在20世纪50—70年代创造的新材料、新体系、新结构和新工法得到了不断改进、发展,施工装备也不断更新换代,有力地支撑了缆索承重桥梁跨度的拓展。

2011年9月,国际桥梁与结构工程协会在伦敦召开了第三十五届年会(图1)。桥梁的大会主旨报告和各分会场的邀请报告介绍了近年来国际桥梁界的关注热点,具有重要的引领作用和启示意义。本文着重回顾进入新世纪后10余年间的桥梁发展动态,并展望未来10年世界大桥可能出现的新趋势,希望能引起中国桥梁界的认真思考,以尽快走出盲目追求"第一"和"之最"的概念设计误区,努力发展和建设各类专业化公司,迅速改变中国桥梁施工现场的落后生态,从而解决好长期存在的施工质量问题和疏于管养的问题,为今后中国桥梁走向世界奠定坚实的基础,逐步打造技术先进和质量一流的中国桥梁品牌。

图1 2011年国际桥协伦敦会议

2 斜拉桥是当代大跨度桥梁的主流桥型

斜拉桥的跨越能力现已突破了千米,甚至还有增大的潜力,正在建造中的俄罗斯海参崴Russky岛大桥,是主跨达到1 104 m的斜拉桥,计划在2012年通车。韩国也计划在东南部的马山市和Geoje岛的连岛工程中采用主跨1 200 m(520 m + 1 200 m + 520 m)、全长2 240 m的斜拉桥方案。

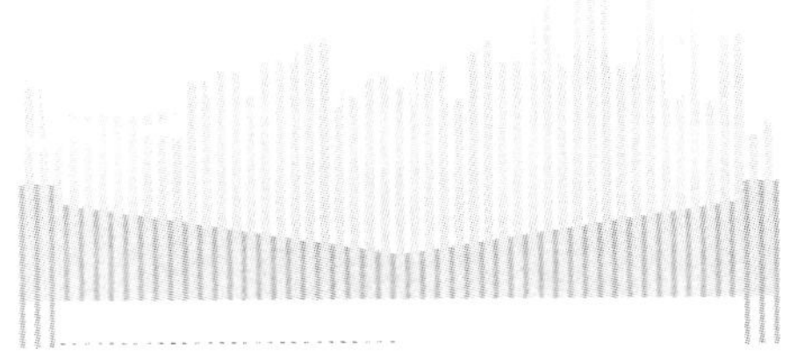

* 本文系2012年为在武汉召开的第二十届全国桥梁学术会议大会报告所作。

由于斜拉桥在刚度、抗风性能、拉索可更换、施工简便、无锚碇等方面的优越性，在近年来的国际跨海工程方案竞赛中，斜拉桥方案都优于悬索桥而被采用。如希腊 Rion-Antirion 桥，水深 65 m，通航 18 万 t 海轮，又位于强震区，最后采用法国设计的多塔多跨 560 m 斜拉桥（图 2）。

图 2　希腊 Rion-Antirion 桥

在这次伦敦会议上，丹麦 COWI 公司的 L. Hauge 先生所做的关于"大跨度桥梁的发展趋势"的大会主旨报告中也谈到了斜拉桥和悬索桥的比较。他认为，在 1 200 m以下的跨度，斜拉桥占优；超过 1 200 m 的跨度，斜拉桥将受到塔高和长索的限制，锚碇条件有利的悬索桥将会占优。

日本 Nagai 教授的报告认为自锚式斜拉桥跨度的极限在 1 200～1 400 m 之间。如采用部分地锚斜拉桥，极限跨度还可延伸至 1 600 m，当悬索桥的锚碇只能设在水中，则斜拉桥方案仍有竞争力。

根据《桥梁》杂志 2011 年第 2 期所载同济大学肖汝诚等《缆索承重桥梁各种体系比较》一文的结论：当锚碇条件为岸上岩石时，跨度超过 900 m 的悬索桥就会占优；对于岸上软土锚碇，则跨度 1 100 m 以上才对斜拉桥占优；而对于浅水锚碇，初步估算在 1 600 m 以上悬索桥才会占优(图 3)。可见，三方面的研究结论是基本一致的。

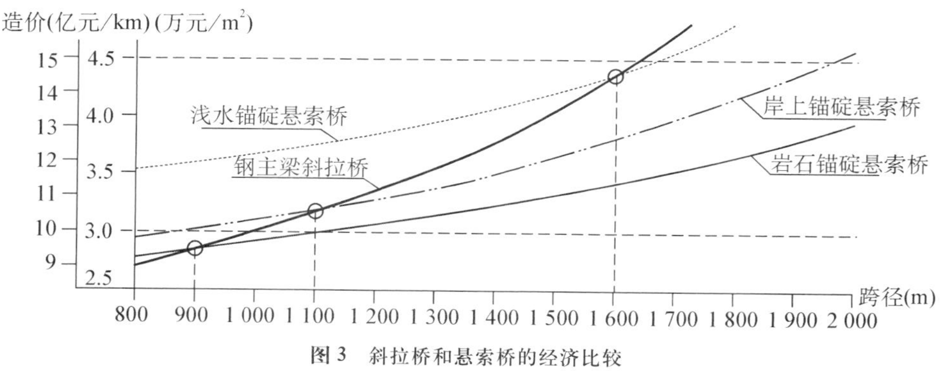

图 3　斜拉桥和悬索桥的经济比较

在国外，除了跨海工程要考虑大跨度悬索桥外，其余的内河航道如欧洲的莱茵河、多瑙河、塞纳河、易北河等，除下游河口段以外，航道等级在 1 000～5 000 t 级之间，因而大都采用斜拉桥、拱桥或钢箱梁桥方案。英国的塞佛恩（Severn）桥和福思（Forth）桥都是在 20 世纪 60—70 年代建造的跨越海湾的悬索桥，因为当时斜拉桥的跨度尚不足 500 m，还不能满足通航要求，但在以后修建 Severn 二桥和 Forth 二桥时都改用了更经济的分孔通航的三塔斜拉桥。在今年国际桥协的伦敦会议上，专题介绍了建设中的苏格兰福思二桥，该桥位于 1964 年建成的跨度 1 006 m 的福思一桥边上，是一座三塔 2×650 m 的斜拉桥（图 4），以替代主缆已腐蚀的原悬索桥（该桥改建为通行轻轨交通、自行车和行人），并满足日益增加的交通需求，而没有再建另一座悬索桥。

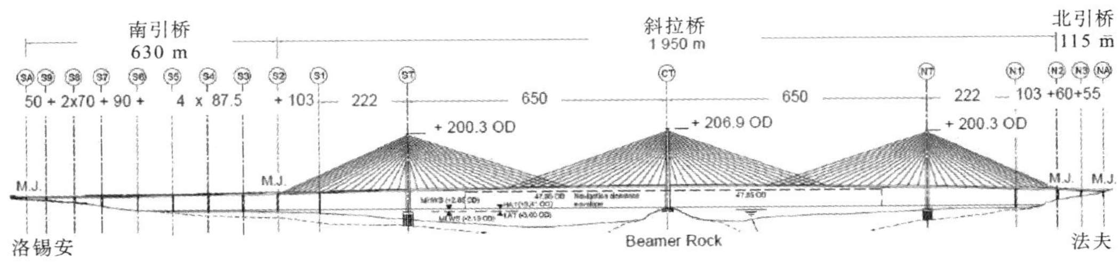

图 4　苏格兰 Forth 二桥

Hauge 先生在主旨报告中还提到 COWI 公司正在规划中的德国和丹麦之间费曼恩海峡工程的最新优化成果(注:在 2009 年国际桥协上海会议上,COWI 公司的 Ostenfeld 先生介绍的桥梁推荐方案为四塔三跨 780 m 的斜拉桥),他认为采用三塔双跨 724 m 的斜拉桥方案就能满足 26 万 t 航道的要求(图 5),与 1 600 m 跨度的悬索桥方案相比,由于施工期短和对环境影响小,是更有吸引力的选择(more attractive option)。由此可见,即使对于 30 万 t 级的海峡通道,采用分孔通航的跨度 800 m 的多塔斜拉桥将比合孔通航的超大跨度(1 600～1 800 m)深水锚碇悬索桥更为经济合理,也对隧道方案更有竞争力。这也就是我在《桥梁》杂志 2011 年第一期发表的《对台湾海峡工程桥梁方案的初步思考》一文中的观点。

可以说,斜拉桥已成为当代大跨度桥梁的主流桥型。据国外杂志报道,泰国湄南河桥、越南湄公河桥和印度孟买的新建大桥都是斜拉桥。美国密西西比河(世界第四大河)在靠近出海口的路易斯安那州于 2011 年底新建的一座 Audubon 桥也采用主跨 482 m 的结合梁桥面斜拉桥,并且是北美洲最大跨度的斜拉桥(图 6)。斜拉桥在 200～1 200 m 的跨度范围都有竞争力,而且可灵活采用独塔、双塔和多塔的布置方式以跨越 300 m 宽直至几公里长的大江和海峡。多孔斜拉桥采用分孔通航的方式,避免了为设置陆上锚碇而被迫加大悬索桥跨度的传统做法,是更为经济合理的方案。

图 5　德国—丹麦费曼恩海峡大桥

图 6　美国密西西比河 Audubon 桥

3　高性能材料的应用

材料的进步一直是工程结构发展和创新的主要动力。以金属材料替代天然的石料和木料为标志的近代桥梁时期与以计算机与信息技术为标志的现代桥梁时期已经历了 350 年(1660—2010 年)的发展。钢材和混凝土两种基本材料性能的不断提高推动了桥梁的发展,特别是预应力技术的出现不仅大大提高了混凝土桥梁的跨越能力和质量,而且完全改变了施工方法。

1874 年,美国用钢材代替锻铁建造了第一座钢拱桥,开启了钢桥梁建设的新时代。100 多年来,钢材的屈服强度已从最初的不足 200 MPa 逐步提高到 S235、S345、S420,高性能的 HPS460(欧)、HPS480(美)、HPS500(日)、HPS580、HPS690、HPS800、HPS960,甚至达到 1 000 MPa 以上的超高性能(Super High Performance)钢材。同样,自 1875 年法国工程师建造了第一座跨度 13.8 m 的钢筋混凝土人行桥以来,混凝土的标号也从不足 10 MPa 逐步提高到 C15、C25、C40、C50、C60,以及高性能的 HPC80、HPC100、HPC130、HPC150、HPC200。应该说,钢材和水泥基混凝土的强度已接近极限,发展的空间不大了。从 20 世纪 40 年代起,各类轻质高强的高性能复合材料(CFRP, GFRP 和 AFRP)陆续登场,虽然在价格、连接方式、锚固技术等方面还有待提高,但可以期待,在不久的将来,复合材料也将逐步进入桥梁工程,并以混合结构为过渡方式,最终成为未来桥梁的主要材料。建筑材料的改变必将促使计算理论、体系、构造、施工和管养等发生划时代的变革,从而使桥梁工程进入"后现代"的新时期。

当前,现代桥梁已进入了成熟期。国外的新桥已大都采用高性能材料,即采用 HPS460—HPS690 和 HPC60—HPC80 作为主要的材料,混凝土结构的配筋也用 HPS460 的主筋。在一些高应力区(如拉索的锚固区)还会少量采用 HPS800—HPC690 的钢材以减少厚度、简化构造、方便焊接,从而减轻每平方米的用钢量指标,有利于整体桥梁的经济性和耐疲劳性能,并提高对隧道的竞争力。

由于国内材料工业的落后,大部分中国钢桥仍以 S345 为主,少数采用 S420;混凝土标号也大都是 C50 以下,仅少数采用 C60。材料性能低(相差 20%~60%)就要放大构件的尺寸和厚度,造成"肥梁胖柱"现象,不仅影响美观,也是耐久性不足的原因。希望国内桥梁界和材料工业界能共同努力,改变这种局面,使中国桥梁的耐久性、抗疲劳性能和全寿命经济性能得到改善,同时又能提高桥梁的美学价值。

在 2011 年伦敦会议上发达国家已呼吁提高大桥的寿命期望,即从传统的 100 年提高为 150 年和 200 年。意大利墨西拿海峡大桥已率先采用 200 年的寿命期,并要求钢材的抗疲劳性能从传统的 200 万次(2×10^6)提高到 1 000 万次(1×10^7),即对钢和混凝土的耐久性能提出了更高的寿命要求。我们必须尽快赶上这一发展趋势,不能再固步自封。同时,对 FRP 的研究和应用也要给予关注,为迎接桥梁"后现代"时期的到来作好技术准备。

4 未来跨海长桥的关键技术

进入 21 世纪后,中国开始建造跨海连岛的长桥。2005 年建成的上海东海大桥全长 32 km,是第一次尝试。接着,全长 36 km 的杭州湾大桥也在 2008 年北京奥运会前通车。2011 年 6 月建成的青岛胶州湾大桥更以全长 42.5 km(被西方称为马拉松距离的长桥)位居长桥之最。正在规划中的广东深圳—中山通道和卡塔尔—巴林跨海大桥也有 30~40 km 的长度。据说,中国舟山连岛工程正在计划向北延伸,和东海大桥相接,其中岱山到大小洋山将是 30 多公里的跨海长桥(图 7)。此外,中国琼岛海峡、渤海海峡和台湾海峡通道也在规划之中。东南亚的菲律宾和印尼都是千岛之国,在 21 世纪中也可能开始兴建跨海连岛的长桥。伦敦会议的主旨报告中讨论了未来长桥建设中应当关注的问题,为建设未来的跨海长桥提前研发一些关键技术,做好准备。

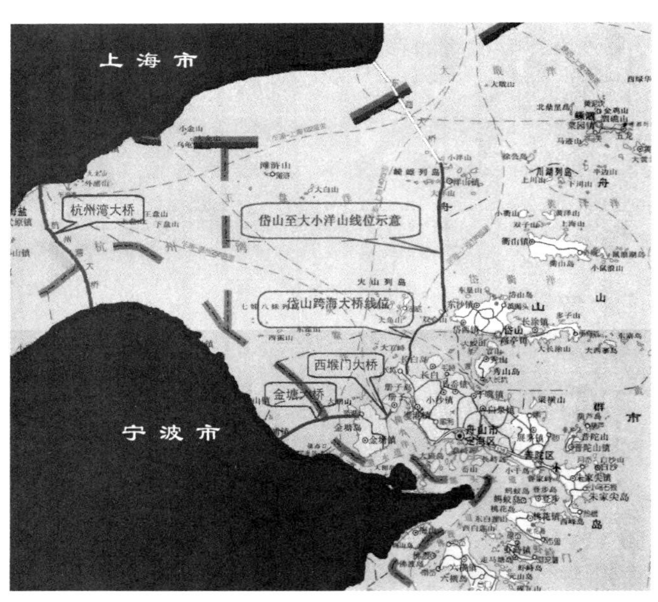

图 7 舟山连岛工程延伸规划图

4.1 超深水基础研发

跨海长桥建设必然会遇到深水基础问题。现有水深最大的桥梁基础是超过 65 m 水深的希腊 Rion-

Antirion 桥。此桥位处于强烈地震区，水面宽 2 500 m，基岩埋深超过 500 m，法国工程师采用了创新的“加筋土隔震基础”和预制装配的桥墩（图 8），使下部结构的造价降低。为满足 18 万 t 约束航行（航速 16 节，≈30 km/h）要求布置了分孔通航的多孔 560 m 斜拉桥，而并没有选用超大跨度悬索桥。

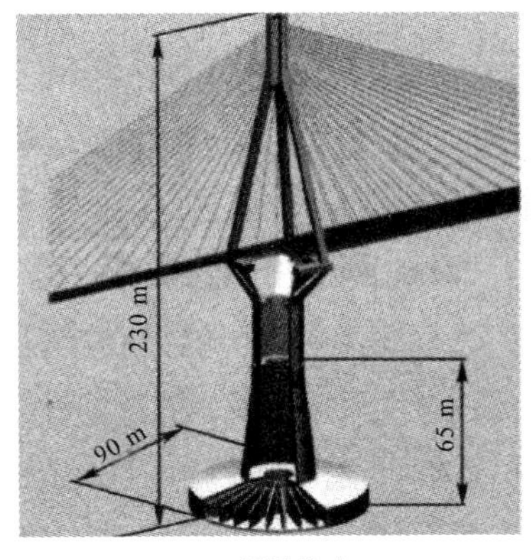

(a) 桥塔构造

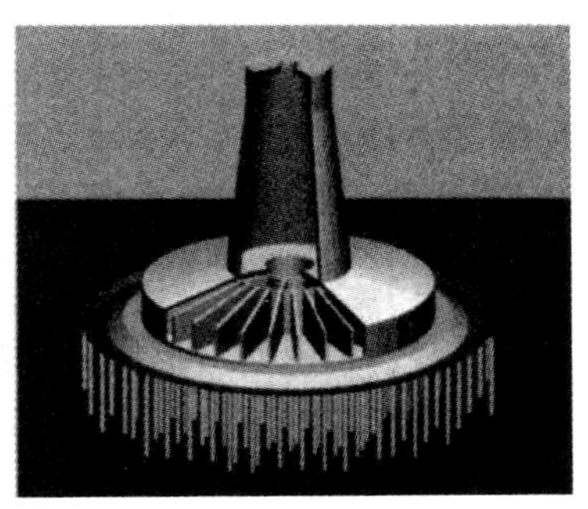

(b) 基础构造

图 8　希腊 Rion-Antirion 桥基础

韩国于 2010 年建成的 Busan（釜山）—Geoje 跨海连岛工程中一座主跨为 475 m 的斜拉桥基础采用巨型浮运混凝土沉井基础。岩盘水深 28～30 m，薄壁混凝土沉井高 30 m，总重达 9 600 t，在船坞中预制后浮运就位。然后，下沉至挖好的基坑上，用水下混凝土填实沉井与岩盘之间的空隙，再在沉井的箱室中灌注混凝土。最后，灌注最上层的箱室形成桥塔的承台（图 9）。

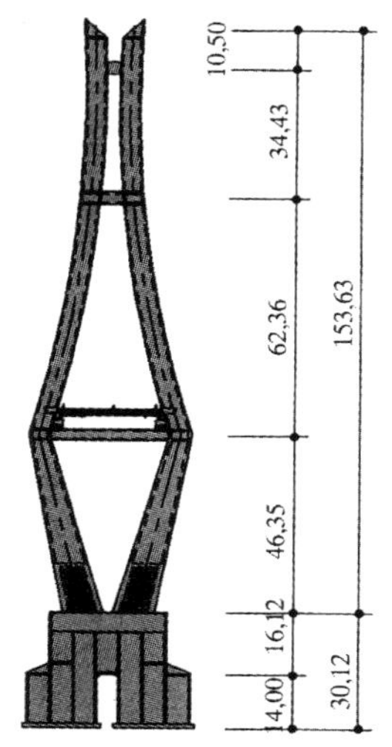

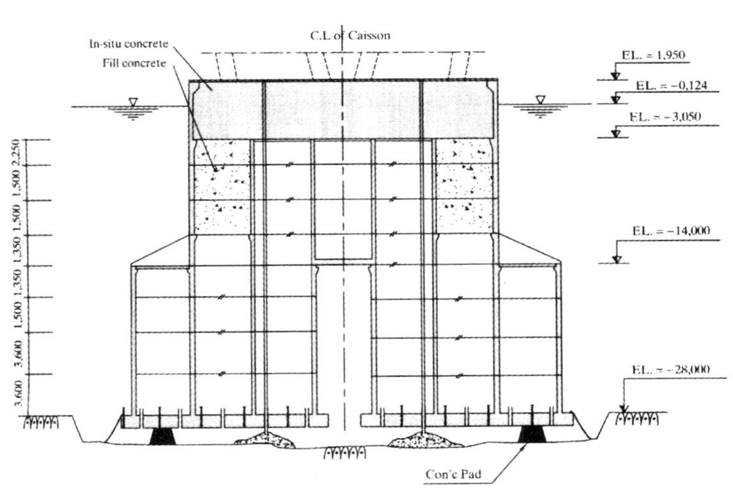

图 9　韩国 Busan-Geoje 斜拉桥桥塔的浮运沉井基础

水深 60～100 m 的超深水基础研发对今后跨海长桥的建设具有重要的意义。可以说，在跨海长桥中，桥梁对隧道的竞争优势在很大程度上依赖于深水基础技术的进步。面对隧道施工技术日益经济和高效，我们不能再沿用传统的抗侧力（地震力、船撞力）能力不足的高桩承台基础，而要开发出一种既便于深水施工，又安全耐久的新型深水基础形式，以避免选用昂贵的超大跨度悬索桥和巨型深水锚碇，从而丧失对隧道的竞争力。

对于水深超过 80 m 的海峡长桥，当海峡宽度达到 20 km 以上，从行车安全和舒适度考虑并不宜采用过长的公路隧道方案。如不能找到水深较浅的绕行路线，就必须利用海洋平台技术建造超深水基础，此时，下部结构的昂贵造价将迫使上部结构采用超大跨度（2 000～3 000 m）的连续多跨悬索桥跨越海峡。据分析，当跨度超过 1 800 m 后，由于恒活载比值的增大，中塔主缆在鞍座处的抗滑问题将自动解决，可采用刚性 A 形桥塔以保证大桥的刚度，避免疲劳问题，如直布罗陀海峡和也门—吉布提之间的亚非曼德海峡的桥梁方案。

中国琼州海峡工程可行性研究中推荐在水深 40 m 以下的西线绕行方案修建公路跨海大桥是经济合理的选择。渤海海峡全长超过 100 km，北段 42 km 的海面，平均水深在 40 m 以上，最大水深达到 86 m，初步建议是南桥北隧方案，以避免多跨连续超大跨度桥梁，如能采用 1 200 m 的多跨连续斜拉桥跨越深水区，以避免在公路隧道中过长的行车时间，则可与隧道方案相竞争。

4.2 双层桁架桥面的多跨斜拉桥

在长桥建设中，要考虑养护部门专用的独立通道以及在恶劣天气和发生交通事故时的应急逃生和疏散通道。此外，由于通过时间长，还要考虑使用者半途回程的需要。杭州湾大桥设置了观光平台，也提供了旅客半途回程的可能。前述的丹麦和德国之间的费曼恩海峡大桥的全桥设计中专门考虑了管养部门的专用通道（图 10），同时，在多跨斜拉桥的主通航孔桥的桁架下层还布置了应急逃生通道。

图 10　费曼恩海峡桥的专用管养和应急逃生通道

我在《桥梁》杂志 2011 年第 1 期上发表的《对台湾海峡工程桥梁方案的初步思考》一文中建议采用多跨 800 m（或 1 000 m）斜拉桥作为主航道桥，而避免采用需要深水锚碇的多跨悬索桥方案。对于大量非通航孔桥，我建议在 60～80 m 的深水区，可参考 Rion-Antirion 桥采用 400～600 m 跨度的多跨斜拉桥。如需公路铁路一起过海峡，则公铁两用的多孔双层桁架桥面斜拉桥将是十分经济合理的选择。

据隧道专家的意见，10 km 以上的公路隧道就必须设置通风井，其经济性和施工优势会下降。再加上在隧道中过长的行车时间带来的不安全和不舒适性以及维护费用和应急逃生等方面的不利因素，我相信，跨越长度 10 km 以上的深水海峡，桥梁仍会占有优势。斜拉桥跨越能力的提高和深水基础技术的进步，将十分有助于用多孔大跨度斜拉桥征服 10 km 以上的海峡。目前全世界大多数油轮和集装箱船都是 10 万 t 级以下的，分孔自由航行要求的通航净宽为 2×1 000 m。30 万 t 巨轮（甚至未来 50 万 t）的数量不会很多，可以采用减速过桥的“约束航行”方式，这样，双孔 2×1 000 m 也能满足通航要求。

4.3 大型施工装备和附属设备的研发

跨海长桥的施工必须采用大型浮吊整体吊装施工以减少海上作业。无论上部结构还是下部基础墩身，其部件重量都会接近万吨级甚至更重。中国已能自主建造 3 000 t 以上的浮吊，发达国家大都有 5 000 t 级以上的大型装备，最大的是近万吨的瑞典天鹅号浮吊（图 11）。为了满足未来跨海长桥建设的需要，我们也应当开发大型浮吊和巨型造桥机等施工装备。

随着跨度的增大，斜拉索、伸缩缝、抗震缓冲阻尼

图 11　天鹅号 9 000 t 浮吊

器、管养检测设备、大型构件预制工厂的各类装备、海上施工机械以及计算机控制和远程通信设备等，都是必须的技术储备，以便能高质量、高效率地完成海上作业，保证投资巨大的大桥和长桥具有更长的寿命期和耐久性。

施工装备的不断进步将使工地现场的工作日益减少，演变为专业化大型构件的工厂预制和大型自动化施工机械的现场拼装就位。根据发达国家的经验，随着施工装备的进步，工地现场的工人也以每10年减半的速度递减，即从50年代的数千人到90年代的仅百人左右。进入21世纪后，发达国家的工地往往只有数十人的规模，巨型施工设备和计算机操作完全改变了桥梁工地的生态面貌，而工程质量却不断提高。反观中国的大桥工地仍聚集着大量农民工，专业化程度不高，这也是中国桥梁的施工安全、质量和耐久性存在缺陷的主要根源。从这点看，中国桥梁要赶上国际先进水平还有很长的路要走。

5 小结

综上所述，世界大桥的未来趋势可归结为以下几点：

(1) 采用高性能、高强度材料和高性能复合材料，以延长寿命期，提高耐久性，体现节约资源和环保的可持续发展理念。

(2) 慎用悬索桥，优先考虑具有刚度大、抗风性能好、拉索可更换、施工简便快速、避免深水锚碇等优点的斜拉桥。利用斜拉桥的跨越能力解决10 km以上跨海长桥的难题。

(3) 加快深水基础研发，避免被迫放大跨度，以提高对隧道的竞争力。采用多跨双层桁架桥面斜拉桥跨越海峡，并可满足公铁两用、应急逃生、中途回程和专用管养通道的需要。

(4) 开发大型施工装备(造桥机、浮吊、塔吊等)、先进监测管养设备以及桥梁附属部件(支座、伸缩缝、阻尼器等)，为提高工程质量提供装备保证。

(5) 建设现代专业化分包企业，减少工地施工人员，努力赶上发达国家的水平，创建中国桥梁的国际品牌。

参考文献

[1] 国际桥梁与结构工程协会. 国际桥协(IABSE)伦敦会议论文集[C]. 伦敦：[出版者不详]，2011.

[2] 项海帆等. 桥梁概念设计[M]. 北京：人民交通出版社，2010.

[3] 肖汝诚等. 缆索承重桥梁各种体系比较[J]. 桥梁，2011(2)：44－48.

[4] 项海帆. 对台湾海峡工程桥梁方案的初步思考[J]. 桥梁，2011(1)：110－111.

[5] 邓文中. 台湾海峡大桥的构思[J]. 桥梁，2011(6)：

[6] Sangkyoon Jeong, Jechun Kim. The Immersed Tunnel and Bridges of Busan-Geoje Fixed Link [J]. Structural Engineering International, 2012，22(1)：20－25.

[7] 楼庄鸿译. 密西西比河的新干线[J]. 桥梁，2012(1)：32－34.

21 世纪中国桥梁的发展之路

——中国距离桥梁强国还有多远?*

1 中国桥梁的现状

10 年前的 2004 年,国际桥梁与结构工程协会的年会在上海举行。当时,作为会议背景工程的东海大桥基本建成,邻近的杭州湾大桥和苏通长江大桥已动工兴建,主跨 1 650 m 的舟山连岛工程中的西堠门大桥也准备开工,全国呈现出遍地开花的大好形势,许多大桥正在设计中,并将陆续开工建设。

自 1979 年在江西庐山成立中国土木工程学会下属的桥梁及结构工程分会已过去 36 年了。学会经历了由李国豪教授任理事长的第一个 12 年(1979—1990 年),中国桥梁界通过“学习与追赶”取得了巨大的进步,并通过上海南浦大桥走出了一条自主建设的成功之路。

由范立础教授任理事长的第二个 12 年(1990—2002 年)(图 1),我们又通过“跟踪与提高”和国际化努力,不仅提高了技术水平,也让国际桥梁界认可了中国桥梁的成就。1997 年建成的千米级江阴长江大桥标志着中国桥梁已迈入先进行列,在国际桥梁界占有了一席之地。

2002 年至今的 12 年,我作为第三任理事长见证了新世纪中国桥梁界希望通过创新有所超越的奋斗历程。我们为纪念李国豪校长百年诞辰的画册中所收编的 100 座 21 世纪新桥总结了这一段难忘的经历。

然而,在 21 世纪初的大桥建设高潮中也暴露出一些问题,在一定程度上影响了中国从桥梁大国迈向桥梁强国的前进步伐。

首先,是质量和耐久性问题,如钢桥桥面铺装不到 10 年就被重车压坏,从而造成钢桥面板的疲劳;不少用泵送混凝土现场浇筑的斜拉桥塔身出现了裂缝;钢管混凝土拱桥的质量问题一直未能彻底解决;预应力混凝土梁桥中的各种裂缝很普遍,导致跨中下陷和结构退化。最近,交通运输部公路局召开的全国公路桥梁养护工作会议上,养护司的调查报告称:有 86.4% 的公路混凝土桥梁存在腹板裂缝,可见各种病害问题相当严重(图 2)。

其次,是追求跨度第一的设计误区。不仅同一通航河段上的斜拉桥的跨度愈来愈大,而且认为只有悬索桥才代表水平(图 3),建造了许多不经济和不必要的超大跨度悬索桥,引起了外国同行的质疑。

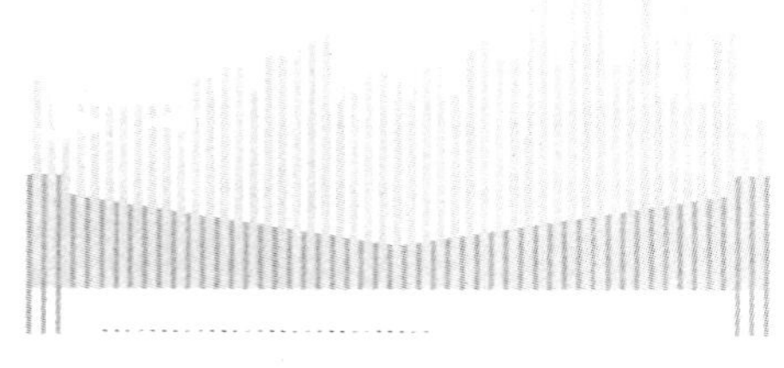

* 本文系为 2014 年 5 月第 21 届全国桥梁工程学术会议报告所作。

图 1　1990 年第 9 届全国桥梁工程学术会议代表合影（杭州）

（a）钢桥面板疲劳

（b）混凝土梁腹板裂缝

（c）拉索钢丝锈蚀

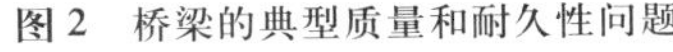

图 2　桥梁的典型质量和耐久性问题

图 3　规划中的主跨 1 700 m 的武汉某大桥

第三，中国的桥梁施工方式仍是在总包公司名义下分包给低资质的工程队进场施工，使桥梁工地上聚集了大量缺少专业培训的农民工，大部分工作都在现场进行。由于没有培育起高水平的专业化公司，无法使预制构件能在条件更好的工厂中进行，然后运到工地用大型设备安装就位，因而在中国很难看到国外大桥工地上不足百人的现代工业化施工景象。然而，中国的高层建筑施工已普遍采用先进的建筑信息模型(BIM)软件，这种绿色施工技术专业化程度高，并且节能环保、安全优质，可以说，桥梁施工已落后于高层建筑施工。

最后，在高性能材料的使用上进展缓慢，大部分桥梁还是采用 C50 混凝土和 S345 钢材，仅少量采用 C60 和 S420。而国外已大量采用 HPC80 混凝土和 HPS480—HPS500 的钢材，这一差距造成中国每平方米的材料用量往往要高出 30%～40%，不仅带来桥梁美学上的缺陷，而且还会影响质量和耐久性。

如今发达国家正在加速研发超高性能材料，如韩国“Super Bridge 200”(图 4)中要求为 200 年桥梁寿命期研制 UHPC100—140 混凝土和 UHPS800—1000 钢材的发展计划，并不断研发大型建筑机器人等自动化装备，以进一步减少人工，提高施工质量。世界桥梁强国都在继续前进，中国如不努力奋进，差距就会被拉大，从而失去国际地位和竞争力。

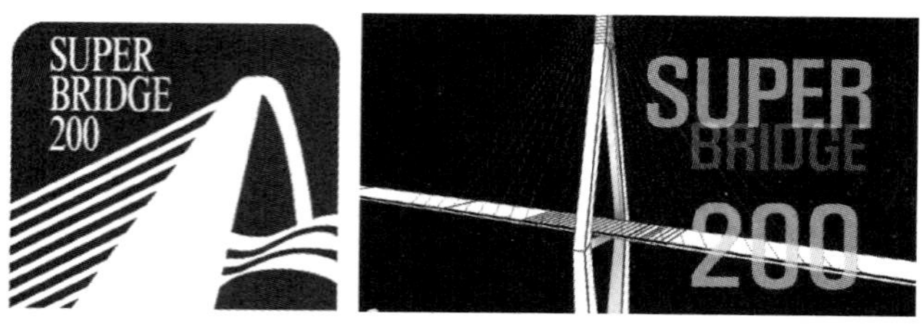

图 4 韩国 Super Bridge 200 广告

2 桥梁强国的重要标志

我在 2006 年的“公路高层论坛”上曾以“从桥梁大国走向桥梁强国”为题，讲了世界桥梁强国的三个重要标志：

(1) 这些国家都有较长的发展历史(从 18 世纪工业革命开始)，积累了成熟的经验，拥有许多技术创新和发明专利，各自都形成了某一方面的优势。

(2) 一些国际品牌设计公司和施工企业都积极参加国际重大工程的设计竞赛和施工竞标，有很高的信誉和竞争力。他们有强大的研发队伍，雄厚的技术储备，完备的软件和大型装备。尤其是设计人员的创新能力，常常能出奇制胜，赢得竞赛的胜利。

(3) 这些品牌公司的负责人都是国际重要学术团体(IABSE, FIB, IASS, ASCE, ICE 等)的领导人或国际知名学者和总工程师，经常应邀在重要国际会议担任主旨报告人，介绍其创新成果。他们不仅引领了桥梁学科的发展，而且由于突出成就还被颁授各种国际奖励。

除此以外，还应提到世界桥梁强国所具备的工业基础。发达国家之所以能走在世界桥梁强国的前列，其根本原因还是较高的理论研究水平、人才的创新能力和强大的工业基础的有力支持。尽管他们最近十余年新建的桥梁很少，但我们要看到其研发工作并没有停下来，可以说，发达国家正在为未来积极储备新一代的先进技术。

反观中国的材料工业、软件业和机械装备工业，都还没有掌握核心技术，仍满足于引进设备和以“集成创新”名义的组装。教育体制的缺陷也影响年轻一代创新力的培养，使企业的研发能力不强，国际化水平不高，这些都是我们和强国的差距，也是从大国迈向强国的主要障碍。

然而，令人欣慰的是，相对于中国其他行业，由于中国桥梁界已走出了一条自主建设的成功之路，对外国的依赖度较少，与强国的差距也相对较小。只要我们不盲目自满，承认在高性能材料、质量和耐久性、专业化和施工装备水平等方面的差距，克服设计理念上的误区，在国际化程度上继续努力，中国桥梁还是有机会从大国逐步走向强国，并在 21 世纪的国际桥梁竞赛中脱颖而出，取得成功。

3 21 世纪中国桥梁的发展之路

中国的 GDP 总量已位居第二，而且媒体还一直鼓吹十余年后将超越美国成为世界第一大经济体。然而，我们的人均 GDP 排名仍在世界 80 位之外(20 年前尚在 100 位之外，大约每年上升一位)。因此，我认为在 21 世纪中叶实现全面小康，进入中等发达国家(前 40 位之内)是比较合理可行的目标，要进入前 20 位才是发达国家，而且只有前 10 位最发达国家才能真正称为被世界公认的“创新型国家”。中央提出要在 2020 年成为创新型国家，我一直认为是过于急躁的要求，这也可能是对创新认识上的误区。

由于中国的 GDP 总量中有相当比例是外企生产的，只有税收没有利润，使我们人均收入占人均 GDP 的比例也偏低，再加上分配不公的因素，贫富差距被拉大了。而且，企业的微利生产又造成创新研发的能力较弱，核心技术仍依赖进口，产品质量不够稳定等现象。发达国家早在 1970 年就已完成了第二次工业革命，而中国估计要到 2020 年才能完成，相差了 50 年。这一工业化发展进程上的差距是根本性的，也对中国桥梁的进步带来不利影响。

2013 年 5 月，麦肯锡公司从 100 项能影响未来的新技术中选出 12 项最具影响力的重大原创技术，称为“颠覆性技术”，其共同点是：发展速度快、潜在影响范围大、经济价值高和颠覆性作用强。前十名排名如下：

①移动互联网(无线通信技术)；②知识工作自动化(大部分脑力劳动由计算机完成)；③物联网(服务和管理)；④云计算(海量运算)；⑤高级机器人；⑥无人驾驶汽车；⑦新一代基因组学；⑧储能技术(电动汽车的核心技术)；⑨三维打印技术；⑩新型材料(高性能材料、复合材料、纳米材料)。

其中，第①、②、⑤、⑨、⑩五项和未来绿色土木工程技术直接相关。这也是发达国家桥梁工程界研发工作的技术基础和新一代桥梁技术的主攻方向。

21 世纪的 2020—2030 年，欧美强国的桥梁界将会迎来新一轮的建设高潮，因为 20 世纪 30 年代建成的大桥已使用了近百年，而战后 60 年代城市现代化和高速公路建设高潮中的更多桥梁也已运营了 70 年，进入了衰老期，需要更新重建许多大桥。东南亚一些岛国如印度尼西亚、菲律宾、马来西亚等国的经济发展也可能有条件开始兴建跨海连岛工程，以替代不安全的轮渡交通。发达国家中的日、韩、英等岛国也会启动新的跨海连岛工程。

在现代桥梁工程近 70 年（1945—2013 年）的发展历史中，约 60 余项创新技术大都是桥梁强国的品牌公司所发明，其中预应力技术及相关施工方法、斜拉桥的复兴、各向异性钢桥面和现代钢箱梁悬索桥等三项最重要的标志性成果及其不断改进，使现代桥梁工程得到迅速的发展。目前，发达国家正在为桥梁建设新高潮的到来进行积极准备，如开发现代高性能材料和复合材料用于组合桥梁结构；不断改进分析理论和软件使之更精细化；利用最先进的机电一体化技术发展大型施工装备（建筑机器人），使更大的预制上下部构件都能迅速、准确就位，包括超过 60 m 的深水基础施工。总之，未来的桥梁工程正在向更安全、更经济、更耐久、更环保、更美观的方向前进，并最终为实现 21 世纪的可持续的桥梁工程和征服海峡作出贡献。

希望中国桥梁界在今后 20 年的国内跨海工程（如深中通道、琼州海峡、渤海海峡、舟山新区连岛工程等）建设中鼓励创新，加速高性能材料、超深水基础、大跨度桥梁防灾性能等研发工作，储备好先进技术，克服质量和耐久性方面的不足。如果我们墨守成规、固步自封，中国桥梁界将会在 21 世纪 20—30 年代的国际桥梁设计竞赛和施工竞标中落入下风，难以和发达国家相匹敌。

建议具体的研发工作可着重在以下五个方面：

（1）提高桥梁的寿命期。可按不同跨度或投资大小确定不同的寿命期。500 m 跨度以下或 50 亿元投资以下仍保持 100 年；500～1 000 m 跨度的大桥，或投资 50 亿～100 亿元应提高至 120 年寿命期；1 000 m 以上跨度的特大桥，或投资超过 100 亿元可考虑 150 年寿命期；巨型跨海工程的投资可能超过 300 亿元，应考虑 200 年寿命期。相应地，还要开发耐腐蚀耐疲劳的超高性能材料，以适应高寿命期的需求。同时，开发 FRP 等新型复合材料的应用。

（2）跨海工程的水深将达到 50～100 m，而且航道以外的海域水深也可能超过 50 m，因此要研发全预制装配的下部结构和深水基础形式（图 5），并保证接合部的耐久性。而且，还必须经济合理和便于施工，使上部结构不至于被迫增大跨度，从而失去和隧道的竞争力。同时，还要研发相应的大型基础施工装备。

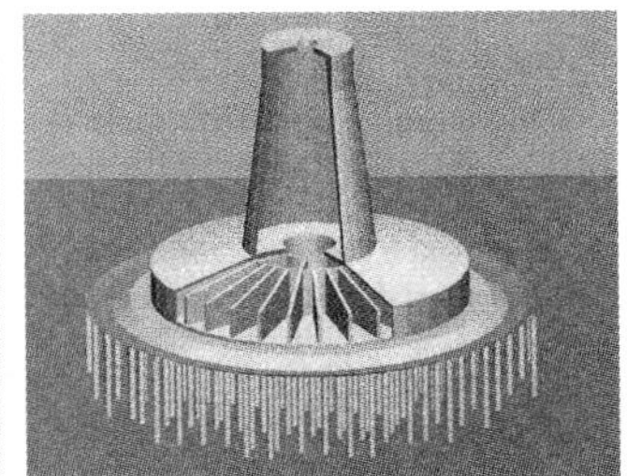

图 5　Rion-Antirion 桥（水深 65 m）

（3）为了避免悬索桥的深水锚碇和不可更换的主缆，应进一步拓展斜拉桥的跨越能力。研发跨度 1 100～1 600 m，甚至 1 800 m 斜拉桥的可行性（图 6），克服其技术上的困难。结合梁桥面的斜拉桥也应设法改进构造，使桥面重量减轻，提高其和钢斜拉桥的竞争力，向千米级迈进。如考虑公铁两用，则结合桁架桥面的斜拉桥将更有发展前景。同时，还要研究多孔连续大跨度斜拉桥的合理体系（图 7），更好地解决温度效应和伸缩缝布置问题，以及抗风和抗震方面的特殊问题。

图 6　俄罗斯 Russky 桥（主跨 1 108 m）

图 7　嘉绍大桥

(4) 美国新建的两座 Ohio 河桥梁分别采用主跨为 750 ft(228.8 m)和 1 200 ft(366 m)的结合梁斜拉桥，这表明结合梁斜拉桥的适用范围已扩展为 200～800 m(原为 400～700 m)，但在 400 m 以下跨度范围内仍应发挥混凝土桥梁在经济上的优势，建议进一步研发预应力混凝土矮塔斜拉桥(图 8)(实际上是一种体外索的梁式桥)并与结合梁斜拉桥进行比较。跨度 200 m 以下则应与连续结合梁桥(结合桁梁桥)相比较，为跨海工程中的浅水区(水深 30 m 以下)提供多种经济合理的非通航孔桥型选择，以提高桥梁方案对隧道的竞争力。

图 8　预应力混凝土矮塔斜拉桥 (超剂量预应力混凝土桥梁)

(5) 斜拉桥的桥塔也是永久性结构，一般都采用比较经济的混凝土桥塔(塔顶锚固区可能用混合结构)，要进一步研究其合理构造和严格的施工工艺，以避免塔身的早期裂缝，保证其寿命期内的耐久性。

最后，对于国外一些水深超过 100 m，海峡宽度 10 km 以上的巨型跨海工程，将不可避免地要采用多跨连续的超大跨度悬索桥以及深水锚碇基础(图 9)。此时，必须克服许多挑战，中国桥梁界也应对此作好技术储备，以提高国际竞争力。

图 9　马六甲海峡大桥方案

4　结束语

今后 20 年将是 21 世纪中国桥梁发展的关键时期，我们只有通过真正的自主创新才能实现超越。韩国的“Super Bridge 200”计划已经向我们发出了警示，其他桥梁强国也都在为迎接世界新高潮的到来进行准备。一些巨型跨海工程(如欧非直布罗陀海峡、印尼的巽他海峡和巴厘海峡、马六甲海峡、朝鲜海峡、白令海峡等)的前期规划工作都是由发达国家的品牌公司所做的，可以说他们已占得了先机，对于面临的挑战已作好了准备。从这个意义上来说，我们已落后了至少 20 年，这也正是我们和世界桥梁强国之间的差距所在。

近来，发达国家又提出了“工业 4.0”的再工业化战略，即继机械化、电气化、电子信息化之后，工业化的第四个阶段，也可称为第四次工业革命，其主要特征为智能化生产，即大部分生产性活动均由各种机器人完成，部分脑力劳动也由计算机完成，如前面提到的 BIM 软件。人的作用将集中在创新设计、质量控制与检测、管理与服务等方面。我相信工程建设也会逐步过渡到这一新阶段，即由工程师在指挥部遥控大型建筑机器人优质高效地完成水下和海上各种危险的施工作业。

希望年轻一代工程师能认清差距，急起直追，重视质量，走出误区；改革体制，加强研发和创新；同时还要积极参加国际会议，参与国际交流和竞争，在国际舞台上发出声音，为实现中国从桥梁大国迈向桥梁强国贡献力量。希望中国桥梁界能像韩国的"Super Bridge 200"计划那样，团结一心，加强研发工作，并能联合材料业、机械装备业和软件业界共同努力，作好技术准备。首先，要在今后20年的国内跨海工程中做出耐久的精品工程，其中包含的若干原创技术能在国际上展示，并让国际同行赞服。同时，又能在国际设计竞赛和施工竞标中得到外国业主青睐而获胜。我衷心期待，中国桥梁将在21世纪中叶成为名副其实的桥梁强国。希望年轻一代工程师共同努力。

参考文献

[1] 项海帆. 桥梁工程的宏伟发展前景[M]//桥梁漫笔. 北京：中国铁道出版社，1997.
[2] 项海帆. 从桥梁大国走向桥梁强国[R]. 公路高层论坛，2006.
[3] 项海帆，肖汝诚. 现代桥梁工程60年[C]//第18届全国桥梁学术会议论文集. 北京：人民交通出版社，2008.
[4] 项海帆，潘洪萱，张圣城，等. 中国桥梁史纲[M]. 上海：同济大学出版社，2009.
[5] 国家重点基础研究发展(973)计划项目：特大跨度桥梁全寿命灾变控制与性能设计的基础研究：项目计划任务书(2013—2016)[R]. 2012年9月.
[6] 项海帆，葛耀君. 韩国桥梁科技的跃进——2012年国际桥协首尔大会的警示[J]. 桥梁，2013(3).
[7] Combault J. Fifty Years of Bridge History [R]. 2013年国际桥协加尔各答年会大会报告，2013年9月.
[8] Brettel P D. Evolution of the Ohio River Bridges Project in Kentucky/Indiana [R]，2013年国际桥协加尔各答年会大会报告，2013年9月.
[9] 中国工程院咨询服务中心. 工程科技与产业政策信息："影响未来的颠覆性技术"专辑[R]. 2013(12).

壮心集
项海帆论文集
（2000—2014）

序言与书评篇

《桥梁结构分析及程序系统》序*

第二次世界大战以后，电子计算机和有限元法的应用逐渐传入土木工程界，使桥梁结构分析进入了基于计算机的新时代。

20 世纪 60 年代，现代有限位移理论的建立，使计算机前时期中十分困难的非线性分析变得便捷，从而为大跨度柔性缆索承重桥梁设计提供了有力的分析手段。

1970 年，由美国加州大学伯克利分校率先推出的结构分析通用程序 SAP 和随后 ANSYS 等公司的著名软件在全世界已有广泛的用户，发挥了主流作用，但在应用于桥梁结构分析中仍有一定的局限性。

自 20 世纪 80 年代初开始，同济大学桥梁工程系就致力于开发面向桥梁结构分析的软件，以适应国内大规模桥梁建设的形势。本书作者肖汝诚教授在 20 世纪 80 年代主持开发了桥梁分析通用程序系统 BAP，得到了工程界的好评并拥有一定的用户。20 世纪 90 年代初他在我指导下攻读博士学位的过程中又着重开发了非线性分析功能和施工控制功能。90 年代后期，作为国家自然科学基金重大项目“大型复杂结构的关键科学问题和设计理论”中的 4.1 专题“特大跨度桥梁的体系和特殊结构形式及其空间非线性力学问题”的研究目标，肖汝诚教授完成了 BAP 程序的 Windows 版本，增加了第一类和第二类稳定分析的功能，使 BAP 系统全面地包含了大跨度桥梁结构分析中需要解决的各种问题，为中国正在建设中的许多大桥提供了服务。

本书是肖汝诚教授近 20 年工作的小结。书中介绍了桥梁结构分析的基本理论、编程原理、桥梁特殊问题的分析理论和解决方法以及现代软件开发技术和前后处理技术等内容。我相信本书对使用软件进行桥梁结构分析和设计，以及从事软件二次开发的桥梁工程师将会有所裨益，本书也可作为桥梁专业研究生的教材或参考读物。

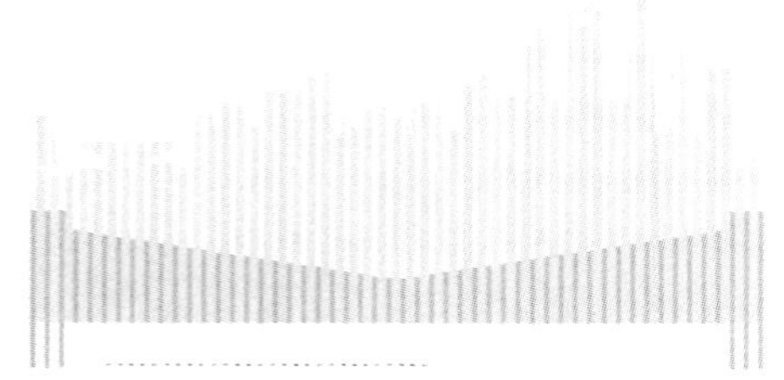

* 本文系肖汝诚编著的《桥梁结构分析及程序系统》序言，作于 2002 年 7 月。

《分段施工桥梁分析与控制》序*

19 世纪以前，梁桥和拱桥大都采用满堂支架施工方法，并采用设置预拱度的方法以抵消落架后桥梁在恒载作用下的挠度，使桥梁能按设计线形正确到位。

19 世纪下半叶，在建造钢悬臂桁架桥中首创逐段无支架悬臂拼装方法，同时也提出了分段施工中的结构受力分析和成桥状态的线形控制问题。20 世纪 30 年代，欧洲在建造钢筋混凝土拱桥时创造了分段悬拼跨中合龙的新方法，避免了昂贵的满堂支架在洪汛中被冲毁的危险。

第二次世界大战以后，在预应力技术的推广应用中创造了梁桥的逐段挂篮悬浇方法，预制节段的悬拼方法。斜拉桥问世后又发展了钢斜拉桥的悬拼和预应力混凝土斜拉桥的悬浇与悬拼施工技术；20 世纪 50 年代，前联邦德国 Leon-hardt 教授首创的"倒退分析法"应当是现代桥梁分段施工结构分析和控制理论的先声。半个世纪间，梁桥和拱桥的跨度从 100 m 分别增大为 300 m 和 500 m，而斜拉桥则已向千米跨度发起挑战，成为悬索桥的有力竞争方案。

随着跨度的增大，桥梁分段施工的结构分析和控制问题也日益成为设计和施工中的关键而备受关注。同济大学在 20 世纪 80 年代初就率先开展了这方面的研究。本书作者葛耀君教授是我指导的第一位涉足斜拉桥施工控制课题的研究生，此后又有多位研究生继续深入这一课题的研究，本书称得上是同济大学近 20 年间在这方面所做理论研究和工程实践工作的总结。

科学技术进步是无止境的。桥梁施工技术也在继续向前发展，新材料、新结构、新工艺的问世，特别是 IT 技术在桥梁施工领域的渗透和应用将会提出许多新问题。在 21 世纪中，智能化的大型建筑机器人和远距离遥控的自动化施工技术也将使桥梁施工现场发生巨大的变化。希望我的学生们继续努力，跟上形势的发展，为 21 世纪中国桥梁的辉煌作出更大的贡献。

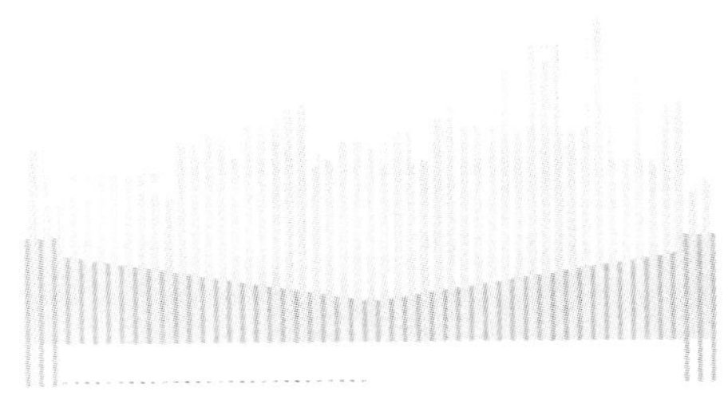

* 本文系葛耀君编著的《分段施工桥梁分析与控制》序言，作于 2003 年 2 月。

《桥梁预应力混凝土技术及设计原理》序 *

20世纪下半叶，世界桥梁工程发展中最突出的两大成就，可以认为是斜拉桥的复兴和预应力混凝土技术的广泛应用。预应力混凝土的问世使梁式桥的跨度飞速增长，从20世纪50年代第一座突破百米跨度的莱茵河沃尔姆斯桥的建成到20世纪末，预应力混凝土梁式桥的跨度已超过了300 m。当前全世界的桥梁中，不仅有70%以上都采用了预应力混凝土结构，而且预应力技术在悬臂节段拼装施工中的应用完全改变了过去传统的有支架现浇施工方法，创造了许多新的施工方法，大大提高了桥梁施工的工厂化和机械化程度，同时也促进了材料（钢和混凝土）技术的不断进步，使工程质量和耐久性得到了更有力的保证。可以说，预应力混凝土占据了第二次世界大战后桥梁发展的中心地位。

中国的预应力混凝土技术起步于20世纪50年代初全面学习苏联的高潮中，1956年建成了第一座跨度为23.9 m的预应力混凝土铁路简支梁桥，并初步掌握了高强度钢丝、预应力锚具、管道灌浆、千斤顶张拉等有关的预应力材料、设备和施工工艺等技术，为20世纪60—70年代建造主跨124 m的广西柳州桥、144 m的福州乌龙江桥和174 m的重庆长江大桥创造了条件。

20世纪80年代初，率先开放的广东省为建造主跨达180 m的番禺洛溪大桥从国外引进了先进的VSL预应力钢绞线锚固体系，为此后我国自行生产钢绞线和发展预应力锚具提供了学习机会。柳州市建筑机械总厂在同济大学和上海建工集团基础公司的合作下，率先自主开发出OVM锚具，现已成为国内预应力锚具的主流。2001年，柳州市建筑机械总厂和同济大学桥梁工程系携手成立了“同济OVM预应力研究中心”，旨在通过产学研的结合，促进这一民族品牌的不断进步，以期在中国加入WTO的新形势下不断提高我国OVM预应力产品的国际竞争力。

李国平教授是同济大学桥梁工程系混凝土桥梁研究室主任，兼任同济OVM预应力研究中心主任。他在20世纪80年代初即开始涉足预应力混凝土技术领域，对混凝土徐变和预应力结构性能有很深的研究，以后又长期从事这一领域的许多重要问题的研究工作。本书是他多年学习心得和研究成果的总结，相信一定能对正在从事预应力混凝土桥梁设计和施工的广大工程技术人员有所裨益，并为他们在进行结构的创新设计和施工方法的创新构思中提供理论武器和分析方法。

改革开放以来，中国桥梁建设无论从建设规模或是建设速度方面都是令世人称羡和惊异的。然而，我们必须承认和发达国家的差距，在预应力

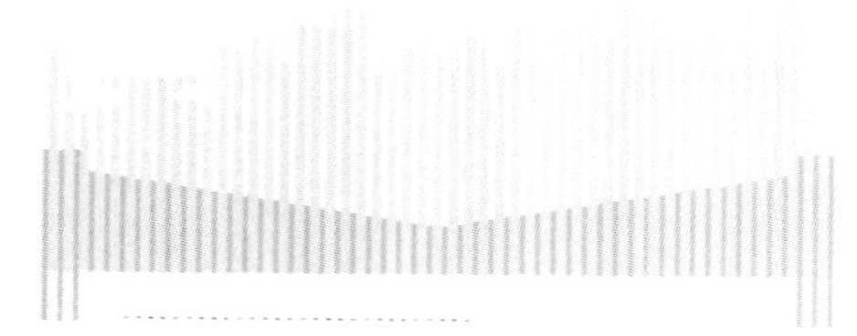

* 本文系李国平编著的《桥梁预应力混凝土技术及设计原理》序言，作于2003年7月。

混凝土技术领域也要不断学习国际知名品牌的长处和优点，克服自身存在的不足，通过努力创新来实现赶超世界先进技术水平。

进入21世纪后，中国正迎来建设跨海大桥的新高潮，我们应当鼓励采用新型预应力材料、新型预应力混凝土结构和新的施工工艺，通过实践取得进步，为国际预应力事业的发展作出中国桥梁工程界的一份贡献。

《组合结构桥梁》序*

19 世纪末，由法国在 1876 年发明的钢筋混凝土结构从房屋开始推广应用于小跨度梁桥和拱桥，人们建造了首批钢筋混凝土桥梁，并于 20 世纪初编制了欧洲第一部钢筋混凝土设计规范。与此同时，在 19 世纪的公路钢桥中所采用的木桥面板也逐渐被钢筋混凝土桥面板所替代，大大改善了桥面的行车条件。

然而，在 1930 年以前的钢桥都是按各种构件单独起作用的原则设计的，即在组成桥面系统的纵梁和横梁的设计中并不考虑它们和钢筋混凝土桥面的共同作用，桥面板只是作为传递荷载的一种局部构件而忽视了它在桥梁整体中可以发挥的作用。

20 世纪 30 年代是欧美各国桥梁技术和设计理论的一个重要发展时期。除了大跨度钢拱桥和悬索桥的突破性进展外，在中小跨度梁式桥方面，荷载横向分布理论的问世，使工程师们认识到桥梁各部分之间的空间相互作用。1936 年焊接技术的发明打破了铆接在钢桥中的一统局面，同时也为组合结构(Composite Structures)的发展准备了更有利的条件，即在钢筋混凝土板和钢梁之间的各种剪力联接器可采用焊接以代替最初的铆接方式。

第二次世界大战后的 60 年代是欧美各国和日本桥梁建设的黄金时期，组合结构以其整体受力的经济性，发挥两种材料各自优势的合理性，以及便于施工的突出优点而得到了广泛的应用，人们建造了大量各种形式的组合结构桥梁，其中也包括大跨度斜拉桥所采用的组合桥面系统。

1971 年，欧洲国际混凝土委员会(CEB)、欧洲钢结构大会(ECCS)、国际预应力联盟(FIP)和国际桥梁与结构工程协会(IABSE)组成了组合结构联合委员会，总结了 20 世纪 60 年代组合结构发展中所取得的经验，编制了一本组合结构的模范准则(Model Code)，作为各国编制规范(如英国 BS 5400 标准、德国 DIN 标准、美国 AASHTO 规范以及日本钢·混凝土组合结构设计规范等)时的指导性文件，进一步促进了组合结构桥梁的发展。

进入 80 年代后，组合结构有了新的发展趋势：除了传统的型钢混凝土柱、钢筋混凝土板和钢梁的上下结合梁外，出现了边跨混凝土梁和中跨钢梁的纵向接合，钢筋混凝土边梁和钢横梁的横向组合以及钢筋混凝土下塔柱和钢上塔柱的接合等多种混合形式。在材料方面也已不限于性能不断提高的钢和混凝土两种材料的组合，而出现了钢和混凝土与复合纤维材料、工程塑料、玻璃、木材、各种高强度钢丝索、铝合金等多种材料的相互组合。80 年代中后期，国际桥协曾召开过一次以混合结构(Mixed

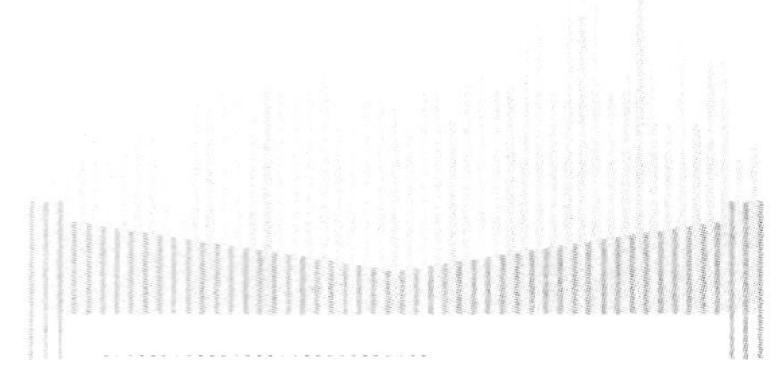

* 本文系刘玉擎编著的《组合结构桥梁》序言，作于 2004 年 10 月。

Structures)为主题的学术会议,研讨了组合结构的新进展。可以预期:在 21 世纪中,组合结构作为一种极富创新空间的结构形式将会得到更大的发展。

我国在 20 世纪 50 年代学习苏联的过程中也开始接触到组合结构的概念,但因钢材匮乏,在公路桥梁建设中很少采用钢桥,也使组合结构桥梁的应用受到限制。改革开放以来,上海在学习发达国家的斜拉桥新技术中引进了组合桥面斜拉桥的新形式,设计建造了上海南浦大桥和杨浦大桥,使组合结构逐渐为中国桥梁工程师所认识。但由于缺乏组合结构桥梁的设计规范和教材,广大桥梁工程师对组合结构桥梁仍感到陌生而难以普遍掌握和应用。

作者刘一擎副教授在日本留学多年,对组合结构桥梁有较深入的研究和工程实践经验。在他撰写的本书中首先介绍了组合结构桥梁的基本概念、力学特点、材料应用以及各种连接方式,然后按各种不同类型的组合结构桥梁分章说明设计和施工方法,并附有典型的实例。本书理论结合实际,构造和计算并重,而且说理清楚、图文并茂,最后还附有详细的参考文献供感兴趣的读者进一步查阅,是一本便于在职工程师和研究生学习和进修的教材。

为了在中国公路桥梁建设中推广组合结构桥梁,缩小和发达国家的差距,特别是在西部山区的公路桥梁建设中发挥这种结构的优势,同济大学桥梁工程系组织编写了这本专著,相信一定能为中国桥梁的发展和进步作出贡献。

《苏州桥》序言*

苏州是一座具有 2 500 多年历史的文化名城和全国优秀旅游胜地，孕育了独具魅力的“吴文化”。苏州城始建于公元前 6 世纪的春秋时代，至今保持着“水陆并行，河街相邻”的双棋盘格局，以及“小桥流水，粉墙黛瓦，史迹名园”的独特风貌。据史料记载，在唐代就有“吴门三百九十桥”之称，至清代苏州府治所属各县共有桥梁 700 余座，仅府城内就有 307 座，被誉为“东方威尼斯”。千百年来，经历了无数朝代更替，但苏州始终是闻名江南的鱼米之乡、丝绸之都，并和杭州共负“上有天堂，下有苏杭”之美誉。

作为江南水乡，苏州市及其所辖的昆山、吴江、太仓、常熟和张家港市以及下属各镇，如周庄、甪直、同里、平望等都建有许多桥梁。自古以来，桥与百姓生活息息相关，桥头往往是古城镇社会活动的重要场所。市场、茶馆店、酒楼、商铺大多傍桥而设，因桥成市。尤其是沿运河的集镇，桥的两边逐渐形成繁华的老街。其中最负盛名的当推苏州市的宝带桥和枫桥。前者为现存最长的多孔薄拱薄墩连拱桥，始建于唐，历代多次重修，有 53 个桥孔，中间有三孔隆起以通行船只，桥头建有石狮、石亭和石塔；后者则因唐朝诗人张继的一首“枫桥夜泊”而名播天下，成为“姑苏城外寒山寺”旁的一幅美景。

为适应苏州市在改革开放以来经济的高速发展以及旅游事业的日益兴旺，苏州市城建设计院在保持古城历史风貌的同时，又建造了一批现代桥梁以满足交通的需要。这本画册充分体现了他们对古桥的珍重和对现代先进桥梁技术的追求。我衷心祝贺设计院所取得的骄人成就，希望他们继续努力，以创新设计和美学理念，在中国城市现代化的进程中将古老的苏州塑造成 21 世纪的“人间天堂”，成为外国友人称羡和赞叹，中国游客留连忘返的江南文化古城，而其中的古今桥梁及其相关的“烟波、水巷、史迹、传说、故事、寺庙、园林、名胜等”将会永远留在人们美好的记忆中。

* 本文系苏州市建设局编著的《苏州桥》序言，作于 2005 年 10 月。

《欧美桥梁设计思想》序*

近代土木工程从17世纪中叶到20世纪中叶的约300年间,经历了最初以伽利略、牛顿和虎克所创建的力学理论为标志的"奠基时期"(1660—1765年)和以英国工业革命为标志的"进步时期"(1765—1900年)以及第一次世界大战前后包括20世纪30年代欧美各国大兴土木的"成熟时期"(1900—1945年),完成了自身的发展。相应地,在近代桥梁工程的发展中创造了钢桥、钢筋混凝土桥和各类深水基础三大主要成就以及相应的计算理论。

第二次世界大战结束后,世界进入了相对和平的建设时期。经过几年的战后恢复期,欧美各国陆续进入了以计算机和信息技术为标志的现代土木工程新时期,相应地,也开始了现代桥梁工程的新纪元。

欧美各国于50年代初相继开始实施高速公路建设和城市现代化的计划,创造了许多完全不同于近代桥梁工程的现代先进技术,其中预应力技术(包括各种梁式桥)和有关的施工工法、斜拉桥的复兴以及采用流线形扁平钢箱梁桥面的现代悬索桥的问世可以说是现代桥梁工程三项最重要的标志性成就,它们大都由法国、德国、英国、美国和瑞士的著名工程师和学者所发明和创造,大大推进了现代桥梁工程的飞速发展。

现代桥梁工程已经历了战后60余年的发展历程。涌现了数十项重要的原创性发明成果和千百次成功应用和改进。我们可以仿照近代桥梁工程的分期,把最初的35年(1945—1980年)称为现代桥梁的"奠基时期",因为许多现代桥梁工程的创新技术都诞生于欧美各国在战后的建设高潮中。第二个30年(1980—2010年)可称为现代桥梁工程的"进步时期",在20世纪的最后20年中,日本和丹麦两个岛国完成了跨海联岛工程的壮举,加上中国桥梁的崛起,使现代桥梁技术在超大跨度桥梁的建设中得到了充分的应用和发展,并且在21世纪的第一个10年中又不断取得新的创造和进步,使得仍以钢材和水泥为基本结构材料的现代桥梁工程逐步走向成熟。

本书介绍了自18世纪初以来的300年间欧美各国著名的桥梁大师共44人,详细收集了他们在近代和现代桥梁工程发展中的重要贡献,其中法国12人、英国9人、德国8人、美国4人、瑞士3人、其他国家8人,基本涵盖了重要的发明和创新技术,是一本十分难得的资料汇编。作者希望通过对这些重要人物设计思想的分析去探索桥梁创新的真谛。

我期待着这本书的出版,并希望中国年轻一代总工程师们能人手一册,经常翻阅和思考,沿着欧美大师们的足迹去创造更好的技术,建造出美丽和耐久的桥梁。

* 本文系王应良编著的《欧美桥梁设计思想》序言,作于2007年。

只有了解历史才能创造未来。我也希望有志于桥梁事业的年轻学子和未来的桥梁工程师能从本书中认识到中国和欧美发达国家的差距，懂得创新的艰辛。我们首先要努力学好现有的先进技术，才能站在巨人的肩上创造出更新、更好的中国现代桥梁技术，以不断推进现代桥梁向前发展，为中国从桥梁大国走向桥梁强国贡献力量。

天津桥梁博物馆序*

在人类文明的发展史中，桥梁占有重要的一页。中国是一个有5 000年文字记载历史，而且从未中断的伟大国家，长江、黄河和珠江流域孕育了中华民族，创造了灿烂的华夏文化。中国古代桥梁以辉煌成就曾在世界桥梁发展史中占有重要的地位，英国科技史学者李约瑟博士在他所著的《中国科学技术史》和《中华科学文明史》中对中国古代的梁桥、浮桥、拱桥和索桥等都作了详细的评述和考证，其中赵州桥和铁索桥被列入26项中国科技发明之中，为世人所公认。

15世纪意大利文艺复兴所引发的欧洲思想解放和科学启蒙，为18世纪英国工业革命奠定了近代科学技术的基础。19世纪发明的现代炼钢法和作为人造石料的混凝土成为近代桥梁的物质基础，而钢桥和混凝土桥的发展也为西方进入工业时代作出了重要的贡献。1840年的鸦片战争使闭关自守、经济落后的中国沦为半殖民地半封建的国家，帝国主义列强为掠夺中国的资源在中国修筑铁路、开挖矿山、设立租界，也引入了西方的近代桥梁技术。

新中国成立后，在苏联专家的帮助下，我们建立起近代桥梁的设计、施工和研究队伍，建成了长江第一桥——武汉长江大桥和几座黄河大桥。20世纪80年代的改革开放迎来了中国桥梁建设的黄金时期，在学习发达国家于第二次世界大战后所创造的以计算机和信息技术为标志的现代桥梁新技术的基础上，通过自主建设造就了中国现代桥梁的崛起和90年代的腾飞，取得了令世人瞩目的进步和业绩。可以说，中国桥梁已走上复兴的道路，中国桥梁在世界大跨度悬索桥、斜拉桥、拱桥和梁桥的排行榜上已名列前茅，正在从桥梁大国向桥梁强国迈进，有希望在21世纪的自主创新努力中重现辉煌。

天津桥梁博物馆旨在通过展示古代及当代的中外著名桥梁和杰出桥梁大师的贡献以启发青少年对桥梁建设事业的兴趣，使他们有志于成为21世纪的桥梁工程师，为中国走向桥梁强国贡献力量。同时，在“津沽桥韵”的展示中还呈现出天津市在列强入侵的租界时期、新中国建国初期以及改革开放以来等三个阶段中城市桥梁的发展和突出成就。

我作为天津市政府的桥梁顾问，由衷地赞许天津桥梁博物馆的设立，希望通过不断地充实展示内容，使桥梁文化永放光芒，成为人类文明发展的重要篇章。

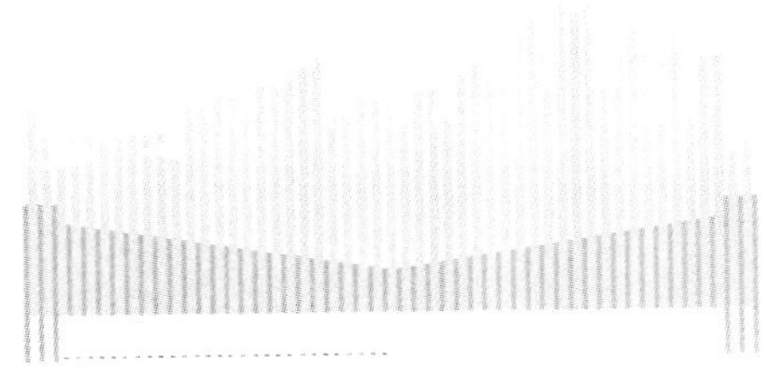

* 本文系为天津桥梁博物馆展览所作序言，作于2008年3月。

《跨海大桥设计与施工——东海大桥》序*

上海市地处万里长江的出海口，又是长江三角洲经济区的龙头，为了在国际集装箱枢纽港的竞争中确立我国应有的地位，党中央和国务院提出了建设上海国际航运中心的战略目标。然而，上海地区的江海沿岸缺少建港的深水资源，于是上海市政府把目光投向了浙江嵊泗列岛中最靠近上海的大小洋山岛，提出了一个大胆而富有创意的设想：即在洋山建设深水港区，再用一条快速通道把上海南汇芦潮港的临港新城和洋山深水港连接起来，形成这一项气势恢宏、世界少有的洋山港连岛工程——全长 32.5 km 的东海大桥。

这一创议曾引起有关各方的争论，使中央一时难以决策。同济大学名誉校长李国豪院士利用他和时任总书记的江泽民同志在上海工作时的同事关系亲自致函，力陈建设这一世纪工程的战略意义及其对中国未来经济发展和参与国际航运竞争的重大价值，终于使洋山深水港及与其配套的东海大桥和临港新城得到了国务院的批准，于 2002 年 6 月正式开工兴建。

东海大桥是我国第一座在广阔的外海海域建造的、真正意义上的跨海大桥，因受风浪的影响，施工条件十分困难。以李国豪院士为组长的专家委员会经过反复论证评选，调集了国内的精兵强将，采用了先进合理的结构形式和成熟安全的施工技术，有许多先进技术都是首次在国内应用，如 GPS 定位、抗风浪施工平台、带钢底板的混凝土套箱、桥墩整体预制安装、预应力混凝土箱梁的预制、运输和浮吊整体架设施工等，集成了一整套外海跨海大桥的设计和施工技术，为随后建设的杭州湾大桥、拟建的港珠澳大桥和其他海峡工程提供了十分宝贵的第一手经验。

为了保证在海洋环境下的桥梁使用寿命，东海大桥建设指挥部对提高混凝土的耐久性给予了特别的关注，采取多种技术保护措施，同时采用国内最先进的钢结构防腐技术，力争大桥安全使用 100 年。东海大桥的两座通航主桥，虽然跨度不大，但都采用了具有创意的结合梁桥面斜拉桥，使全桥统一的桥面铺装和新型伸缩缝为大型集装箱卡车提供了平衡、耐久的良好通行条件。

经过三年半在海浪中的艰难施工和现代化管理，具有里程碑意义的东海大桥终于在 2005 年底胜利建成通车。曾经发挥特殊作用的李国豪院士会在天堂感到欣慰并祝福我们。这本浩瀚的工程总结也一定会在中国跨海大桥建设的历史中占有重要的地位。我衷心祝贺参与东海大桥建设的全国各单位的桥梁同仁所取得的成功，他们的业绩已经为提高中国桥梁的国际地位作出了不可磨灭的重要贡献。

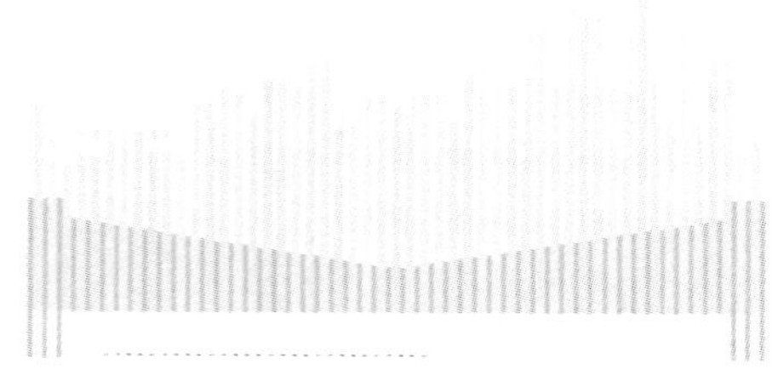

* 本文系黄融主编的《跨海大桥设计与施工——东海大桥》序言，作于 2008 年 12 月。

《桥梁体外预应力设计技术》序*

由德国工程师 Dischinger 于 1936 年建造的第一座体外预应力混凝土桥梁采用的是比当今传统的后张体内预应力混凝土桥梁更早出现的一种预应力技术。由于在 20 世纪 30 年代尚不能解决体外索的防腐问题，因而实际应用很少，很快就被以法国工程师 Freyssinet 为代表的后张体内预应力技术所取代。

20 世纪 70 年代初，欧洲各国相继发现了体内预应力技术存在的缺陷，即密集的管道造成混凝土灌注的困难；管道中的预应力束因压浆不密而产生腐蚀，又难以检测和更换。同时，斜拉桥的发展使拉索的防腐技术日益进步，在这一形势下，体外预应力又重新登上了舞台。这种施工快捷，养护方便，又易于检测和更换的新技术逐步成为国际上最常用的混凝土桥梁形式，并且也符合全寿命和可持续发展的当代设计理念。

30 多年来，体外预应力桥梁在国外大型桥梁工程的引桥、城市高架以及轻轨桥梁中得到了广泛应用，取得了很好的社会经济效益。然而，遗憾的是，在国内近 20 年的桥梁建设高潮中，由于体制、材料、设计规范、施工设备等方面的滞后，这种先进的体外预应力技术并未得到重视和推广。直到在 2008 年建成的苏通大桥的引桥中，才第一次较大规模地采用了体外预应力技术，落后了国外近 30 年。

徐栋教授是同济大学桥梁工程系混凝土研究室副主任，他在我的指导下完成了体外预应力桥梁设计理论的博士学业，后又和同济 OVM 预应力研究中心合作开发了体外预应力工艺设备，为苏通大桥成功实施体外预应力建设方案创造了条件。

中国是一个桥梁大国，每年桥梁建设的规模和数量巨大，其中混凝土桥梁占总数 90%以上。混凝土桥梁的耐久性是全世界共同关注的问题，而中国的混凝土桥梁的早期劣化又比较严重，体外预应力的发展有可能成为解决耐久性问题的重要手段。本书是徐栋教授多年来研究成果的汇总，希望能在国内进一步推广体外预应力技术的进程中发挥重要的作用。

我期望中国桥梁界能尽快推广体外预应力技术，以提高混凝土桥梁的品质和耐久性，保障其正常使用寿命，同时也为国际预应力事业的发展作出中国桥梁界的一份贡献。

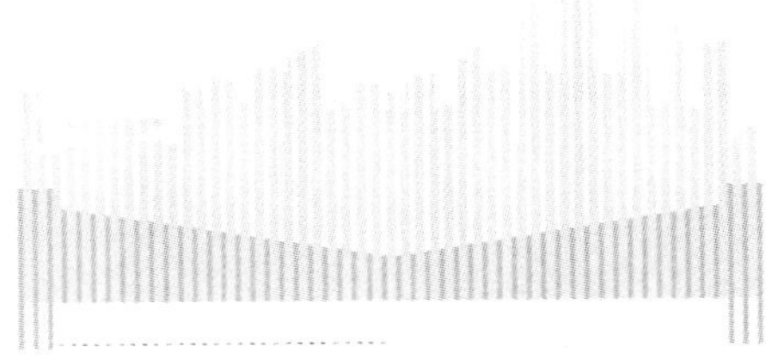

* 本文系徐栋编著的《桥梁体外预应力设计技术》序言，作于 2008 年 7 月。

发现提出问题，对比移植借鉴*

思维特色形成背景

1935 年 12 月，我出生在上海一个民族资本家的家庭。我的童年正值日本帝国主义侵略中国的年代。1941 年“珍珠港事变”后，日寇占领军进驻上海租界，我就读的工部局小学被迫停止英语课，改由汉奸翻译官上日语课。父亲告诉我，1931 年“九・一八”事变后，全国爆发了抗日声援活动，当时他在原籍杭州三友实业社任厂长，也积极参加了抵制日货、游行和宣传的活动，这在我幼小的心灵中埋下了仇恨日本侵略者的种子。1943 年，我作为小学四年级的副班长，在爱国老师的策动下，和班长一起带头抵制日语课。事后，我和班长受到了校方的警告处分。这是我年仅 8 岁时的一次爱国行动，也是我思想中民族自尊心的萌芽。

上海英租界工部局小学的教室后墙都有一排书柜，按不同年级陈列着科学家传记、世界著名儿童文学丛书和自然科学丛书等丰富的课余小读物。我从小学三年级起一直担任副班长，其职责之一就是负责管理这些书籍的借还手续。这一工作不但培养了我的管理能力，而且使我有更多机会在知识的海洋中遨游。

那时小学语文课本中就包含一些圣人名言，如“学而不思则罔，思而不学则殆”、“业精于勤、荒于嬉；行成于思、毁于随”等，加上小学教师出身的母亲的不断督促和鼓励，使我从小养成了好奇、多问、好学、勤思的习惯。小学毕业时，请老师和同学们临别赠言，写在一本很精致的留言簿上，其中大多是写上一些格言，如“言必信，行必果”，“任重而道远”，“学无止境”，“有志者事竟成”等。我在小学六年级时任班长，而且又以第一名的成绩毕业，但父亲给我的题字是“仍须努力”，而母亲则题“德智体须并重”，要我戒骄戒躁，对我要求十分严格。

在小学阶段，我每天都要练写毛笔字。母亲给我买的大楷字帖是明朝书法家黄自元写的文天祥的正气歌。我一遍又一遍地写着“天地有正气，杂然赋流形，……，或为辽东帽，清操厉冰雪”，从而逐渐懂得了做人的道理，要爱祖国，要正直，要有气节。当我在 1957 年遭到不公正的对待时，面对要我无端“揭发别人”的压力，心中想起了文天祥的浩然正气。我虽然被开除了党籍，蒙难 20 年，但我庆幸自己没有违心地去“反戈一击”而诬陷别人，保持了心灵的纯洁和人格的尊严。

工部局小学十分重视音乐教育。老师教我们用五线谱唱外国名曲，为我们讲贝多芬、莫扎特和舒伯特的故事，使我们从小就培养起对高雅艺术

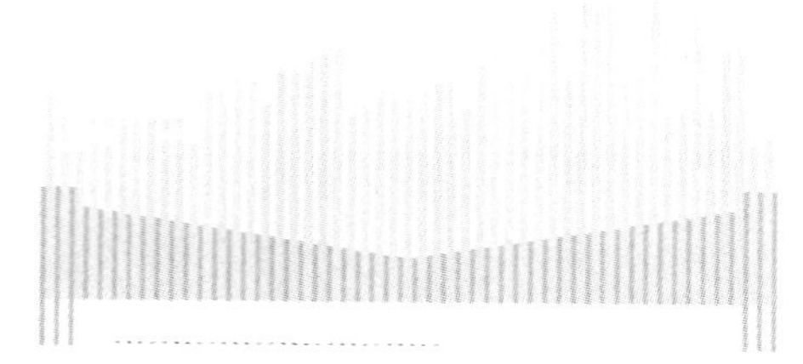

* 本文系《桥梁结构理论与实践——项海帆教授论文选集》序言，原载于安徽教育出版社 2000 年出版的《院士思维(选读本)》。

的热爱和美学修养。音乐和科学常常是相通的，对古典音乐的爱好，特别是贝多芬的乐曲是我在科学道路上攀登时的伴侣，给予我克服困难的信心和力量。

1947年清明节，我第一次回故乡杭州扫墓。父亲带我去看钱塘江大桥，并告诉我，这是中国桥梁专家茅以升先生设计的大桥。面对宏伟的大桥，我感到非常兴奋和激动，也许正是它拨动了我的心弦，使我在1952年院系调整时选择了桥梁与隧道工程专业，成为我一生奋斗的事业。

1955年，我从同济大学桥隧专业毕业时，有幸成为李国豪教授的第一位研究生。他严谨求实的学风和独特的强调自学为主的指导方式使我终生受益。特别是老一辈科学家们强烈的爱国主义精神和民族自尊心，使我认识到中国虽然是一个大国，但由于长期的封建统治，缺少科学和民主，逐渐落后于世界的发展潮流，沦为穷国和弱国，终于在鸦片战争中蒙受了国耻。落后就要挨打，就要受强国的欺凌。上海沦陷时期，到处挂着可恨的太阳旗，过外白渡桥时，要向日本哨兵行礼，还有讨厌的日语课。这种屈辱的生活，使我从小就萌生了强国之梦。一个落后的民族必须自尊、自强，热爱祖国，不甘落后，才能逐渐缩小和发达国家的差距，把大国变成强国，重新屹立于世界民族之林。

思维亮点

抓住主要矛盾，建立实用工程理论

1955年，我成为李国豪教授的第一个研究生，开始学习他撰写的一些论文：《悬索桥二阶理论的实用计算》、《多腹杆桁架体系分析新方法》、《悬索桥振动理论》等。李老师在研究中善于抓住主要矛盾，忽略一些次要因素，从而简化了计算模型，得到了实用的解析形式的解，并阐明了主要参数之间的关系和规律。我还学习了铁木辛柯的几本结构理论名著和符拉索夫关于薄壁结构理论的文献。在计算机问世前的年代，这些实用计算方法是解决工程问题的重要理论武器，闪烁着智慧的火花，至今仍保持着特殊的魅力。

20世纪70年代末，我重新回到李国豪教授身边，从事桥梁抗震研究。我国公路拱桥数量多，而反应谱理论的抗震规范中仅有地震荷载的计算公式，依据这个公式来计算拱桥中的地震内力反应很不方便，设计部门深感困难。于是，我通过对拱桥自振特性和内力影响线的研究，提出了控制断面内力影响系数的概念，建立了拱桥抗震的实用方法，从而大大简化了拱桥的抗震计算。

在进行大跨斜拉桥的动力特性计算时，通常都用鱼骨式的单梁式模型来模拟桥面，这对于具有闭口箱梁桥面的桥梁是合适的。上海南浦大桥采用了构造简单、施工方便的开口结合梁桥面，如仍用单梁式模型，就无法考虑断面约束扭转刚度的重要贡献；如改用与构造相近的双梁式模型，虽然可以考虑约束扭转刚度的贡献，但却难以处理整体桥面板侧向刚度的等效性，加上斜拉桥中侧向弯曲和扭转变形的强烈耦合，就会造成扭转振型的失真和扭转频率的较大误差。针对这一问题，我提出了三梁式计算模型的设想，把侧向刚度集中于中梁，而利用两个边梁来考虑竖弯刚度和约束扭转刚度的贡献。这样的异化计算模型，虽然在物理形态上不真实，却在数学上能充分地反映各种必须考虑的刚度，实测结果也验证了这一模型的正确性，成为计算开口断面和分离箱断面动力特性的简便而可靠的手段。

善于发现和提出问题是创新的前奏

1981年，我获得洪堡基金会的资助，在德国从事斜拉桥的抗震研究。由于漂浮体系斜拉桥的纵向振动具有长周期的特征，而桥梁抗震规范中的设计反应谱来源于建筑结构抗震规范，对长周期区段作了简单的外延，因而并不适合于大跨度桥梁结构。因此，反应谱分析的结果和用记录地震波进行时程分析的结果就有较大的差距，不能反映出长周期柔性结构的良好隔震性能，因而不利于斜拉桥的抗震设计。我通过对反应谱基本理论的研究，提出了对设计谱的长周期范围进行合理修正的意见，得到了合理的结果，为斜拉桥的抗震计算建立了比较合理的方法，也是国际上首次为长周期结构建立的反应谱公式。

1983年起，斜拉桥的抗风研究开始成为中国桥梁工程界所关心的问题。当时，传统的二维颤振理论是为解决悬索桥的颤振分析而建立起来的，这种理论需要指定一个弯曲振型和一个扭转振型进行耦合颤振分析，这对于悬索桥是容易判断的。然而，对于斜拉桥这种新桥型，由于侧弯和扭转变形的强烈耦合，出现了以侧弯为主带少量扭转的振型，以及以扭转为主带少量侧弯的振型，前者频率较低，后者频率较高。究竟哪一个可能和竖弯振型形成耦合颤振的形态是一个引起争论的问题。

针对这一问题，我考虑到颤振问题和静力稳定问题一样，在数学上都是特征值问题，其颤振形态应当通过算法自动地选择出参与耦合的有关振型组成颤振形态，而不必人为地指定。在这一指导思想下，我的研究生运用状态空间法率先建立起三维颤振理论，并且通过实例分析，发现了高阶振型的参与，在国际上首先提出了“多振型耦合颤振”的新概念，得到了国际风工程界权威的认可和高度评价。现在，多振型耦合颤振和三维颤振理论已在世界各国得到推广，成为大跨度桥梁抗风研究的理论基础。运用这一概念，还可以在施工阶段通过不对称安装桥面的方式，人为地破坏结构的对称性，使更多的高阶振型参与颤振形态，从而可提高抗风稳定性，形成一种控制风振的新手段。

在初步设计阶段，要进行桥梁的颤振稳定性计算，通常都采用平板颤振的理论解作为临界风速的基数，再乘以基于统计的实际非平板断面的修正系数，得到颤振风速的估计值。平板颤振的临界风速计算是由Van der Put根据平板气动力的Theodorson函数算出的理论解，经过量纲为一化和统计回归，整理成一个便于实用的公式，由此人们一般认为扭弯频率比是影响颤振稳定性的最重要参数。

我们在研究中发现，实际的颤振形态都是以扭转为主的，和扭弯频率比的关系不大。尤其是对于钝体断面，由于阻尼驱动的机理，更接近于一种纯扭形态的颤振。我们对平板颤振理论解进行新的回归分析，删除了不敏感的扭弯频率比参数，提出了一个更简单的以扭频为主体、概念更清楚合理的平板颤振临界风速计算公式。同时，也使两种颤振机理能够采用统一形式的临界风速计算公式。

通过对比进行鉴别、移植和借鉴

“有比较，才能鉴别”，这是科学验证的重要方法。我在进行研究和指导研究生的工作中，都十分强调树立比较的观点。建立一种新的方法和途径，都要注意和传统的方法、特别是理论解和解析解进行比较，以检验方法的可靠性和精度。如果没有可比的分析结果，就必须用可靠的试验或实测结果进行仔细的比较。可以说，没有比较，就没有科学的认识，也就不能实现真正的创新。

1988年，我们在为南浦大桥进行抖振分析时感到，传统的基于随机振动理论的抖振频域分析方法比较艰深和繁复，一般的设计单位难以理解和进行计算。将抖振计算理论和地震反应谱理论进行比较后，我发现，虽然风振和地震的激振机理有所不同，但作为一种按振型分解的动力分析，二者仍有许多共性，有可能通过抓住主要矛盾，忽略一些次要因素，建立一种类似地震反应谱的抖振反应谱计算公式，而前者是工程师们比较熟悉的方法。这种借鉴和移植的思路终于取得了成功，我们建立了由6个量纲为一的参数组成的估算抖振根方差的实用公式，可以按振型分别计算抖振反应，再组合起来。与精确的抖振分析结果比较后，证明具有良好的精度，这就为抖振的工程计算提供了一种十分快速简便的方法，而且每个参数的物理意义十分明确，易于为工程师们所理解和接受，现已纳入我国第一部《公路桥梁抗风设计指南》著作中，得到了广泛应用。

用计算流体动力学(CFD)的方法对桥梁风振进行数值模拟是当代风工程领域的研究热点，旨在不久的将来能用“数值风洞”替代费时费钱的物理风洞试验。我们在开展这一研究工作中，特别注意首先用平板的理论解检验算法和软件，然后将已有风洞试验结果的国内外大桥工程作为计算实例，进行反复的对比和验证，不断改进计算模型和算法技巧，提高数值模拟的可靠性，使我国在这一领域的工作已接近世界先进水平。

抓住机遇，保持自主权

1982年，我从德国留学回来，当时兼任上海市科协主席的同济大学李国豪校长交给我一个上海市科委下达的任务——为上海南浦大桥建设做一个结合梁桥面的斜拉桥比较方案，同时帮助他指导第一个博士生进行斜拉桥风致振动理论研究。到1986年，我们完成了风洞试验，并建立起适合斜拉桥的三维颤振理论。

1987年初，我在访问日本时了解到上海市政府已委托日本进行南浦大桥建设的可行性研究，他们正在做钢桥面的斜拉桥方案和风洞试验。我回国后即向李国豪校长作了汇报，他立即向当时任市长的江泽民同志呼吁自主设计南浦大桥的意愿。1987年8月，江市长亲临同济大学视察，了解了我们所做的可行性研究工作。事后，我又代表桥梁工程系致函江市长，力陈自主设计的条件和决心。不久，江市长就在我的信上批示，作出了自主设计和建造的重要决策，经过两次专家会议评审，选用了我们提出的结合梁斜拉桥方案。

自主设计的南浦大桥获得了亚洲开发银行的贷款。他们聘请的外国专家组对以上海市政工程设计院为主体单位、以同济大学为合作单位的设计和科研成果进行了严格的审查后，相信中国人完全有能力设计建造世界级大桥。

南浦大桥的自主设计和建设是一个突破，使中国的桥梁工程界通过实践取得了进步，增强了自信心，促进了全国范围自主建造大桥的形势，提高了中国桥梁的国际地位。我深切地体会到，落后并不可怕，重要的是要有不甘落后、发愤图强的民族自尊心。中国一定要开放，通过吸引外资和学习发达国家的先进科学技术来加速发展经济，同时又要像孙中山先生在建国大纲中所说的那样："保持自主权"。我们要反对狭隘的民族主义，同时也要警惕买办主义的诱惑。科教兴国的国策要依靠发展民族经济和有自主知识产权的科技企业才能真正实现。

抓住机遇、保持自主权是上海南浦大桥成功的最重要之处。中国桥梁界的进步应该说是走强国之路的一个范例。

宇宙是统一和连续变化的

在实用工程理论中，常常有这样的情况：处于极端理想条件下的计算模型可以通过引入假定使问题简化，从而演绎出便于工程应用的理论和公式；而且处于两个极端条件的对象往往会分别建立各自的理论，如薄板和厚板、开口薄壁杆和闭口薄壁杆以及各种强度理论等。然而，实际的工程结构都不是理想的，而是处于中间的状态，当应用极端条件下建立的理论来分析处于中间状态的结构时，对假定的偏离就会带来误差，而且两种理论结合点又常常是不连续的。这就引起科学家们对建立统一理论的探索，以求得协调和合理的结果。

我在从事桥梁颤振理论研究中也遇到这样的问题。适合于流线形薄平板的古典耦合颤振理论与适合于钝体断面的分离流扭转颤振理论居于两端，二者的致振机理和计算方法也不相同。实际的桥梁断面大都处于中间状态，应当建立一个统一的颤振理论来说明从理想薄平板到钝体之间颤振机理的连续变化过程，用统一的方法求解颤振临界点。这也是一个从局部分析到总体综合的科学发展过程。

我坚信宇宙是统一和连续变化的，就像亿万生物物种的进化和分支那样。连续结构的离散化模型和离散结构的连续化模型都只是一种分析手段。在计算机诞生以前，用函数解析方法分析连续化模型是主流；在计算机问世后，用数值方法分析离散模型逐渐占有主导的地位。两种方式都有各自的优点和特点，可以相辅相成，相互验证和补充。各自分散建立的，只适合于某一局部区域的理论，最终还是要统一起来，形成一个整体，从而使各个理论的边界结合都能达到和谐的统一。

长江后浪推前浪

在跨入新世纪之际，我深感自己肩负着为国家的富强培养更多接班人的历史使命。中国是一个大国，但和发达国家相比，差距还是相当大的，鲁迅先生说过：承认不足是向上的车轮。中国需要几代人的不懈努力才有可能在21世纪中叶赶上先进国家前进的步伐。

任重而道远。人的生命是有限的，但科学的发展和进步是无止境的。科学技术的发展史表明：重大科学发展和重大技术成果大都是处于30～45岁之间的最佳年龄区内的中青年所完成的。中国的希望在于中青年科技人员早日成才。面对当前"拔苗助长"的干部体制和年轻人急于"学而优则仕"的风气，我常常劝戒年轻助手们不要浮躁，不要成了"官迷"，要珍惜自己的青春年华，甘于寂寞，埋头学问，把全部时间和精力投入到攀登科学高峰的奋斗中去，使中华民族从根本上摆脱落后的压力，早日进入世界先进国家的行列。我也经常呼吁组织部门的干部不要过早地把有学术潜力的苗子提拔到行政的岗位上，并且过分地包装和吹捧他们，这不是真正的爱护。他们在迎来送往的公关工作中消磨了时间，也淡化了对科学的志趣，这是十分可惜的。

"长江后浪推前浪"，这是历史的必然。要努力提携品德高尚、立志攀登、胸怀祖国的年轻一代，为他们创造潜心学问的气氛和条件，解除他们的后顾之忧。让科学事业后继有人，尽快赶超世界先进水平。

学科前瞻

在20世纪桥梁工程所取得的成就鼓舞下，一些发达国家开始构想更加宏伟的洲际跨海工程，如欧非之间的直布罗陀海峡工程，美亚之间的白令海峡工程。

拥有许多海岛和海湾的北欧诸国，如英国、德国、挪威、瑞典等国都在规划建设跨岛和跨海的大桥，以便使英伦三岛以及北欧和中欧连成一片。

在东方，日本在完成了本州和四国之间的三条联络线后，在21世纪将建设沿太平洋海岸的“第二国土轴计划”，将北海道、本州、四国、九州及九州西岛连接起来，其中包括跨越东京湾和伊势湾的两个海湾工程。中国虽然是一个发展中国家，但也已规划了“五纵七横”国家主干公路网和京沪高速铁路，其中将包含许多跨越长江和黄河的大桥工程，特别是沿太平洋海岸的从黑龙江同江市到海南省三亚市的“同三线”上将有5处跨海工程，自北向南依次跨越渤海湾、长江口、杭州湾、珠江口和琼州海峡。此外，沿江的省会城市(包括上海和重庆)都要建造多座跨江大桥，以形成多重城市环线，以便将两岸的城区连接起来。

可以预料，北欧诸国以及东北亚的中国和日本将是21世纪上半叶世界桥梁工程建设的热点。东南亚的印尼和菲律宾都是千岛之国，随着经济的发展，也有可能在21世纪下半叶出现建设联岛工程的形势。是否可以大胆设想，到21世纪末，世界五大洲除南极洲外，将实现陆路交通的联网，人类将征服海峡。

20世纪末，一场新的经济革命悄然兴起。在18世纪工业革命的200年后，以信息科学技术为核心的知识产业革命将把人类带入知识经济的新时代。

知识经济时代实质上就是一个智能化和高效率的社会形态。现代通信技术的发展使社会高度信息化，从而也使家庭生活、办公室工作、工厂企业生产、交通运输、工程建筑、教育培训、医疗保健、国家管理等社会活动都可利用可视通信网络、多媒体和“信息高速公路”实现自动化和智能化。人类的智慧与计算机网络的结合将使知识创新成为最有价值的产品，成为经济的主体和各行各业的核心。

知识经济时代的桥梁工程建设也将具有高度智能化、信息化和远距离自动控制的特征。首先，在桥梁的规划和设计阶段，人们将运用高度发展的计算机辅助手段进行有效快速的优化设计和仿真分析。虚拟现实(VR)技术的应用，使业主可以十分逼真地事先看到桥梁建成后的外形、功能，在模拟地震和台风袭击下的表现，以及对环境的影响、昼夜的景观，等等，以便于决策。其次，在桥梁的制造和架设阶段，人们将运用智能化的制造系统在工厂完成部件的加工，然后用全球定位系统(GPS)和遥控技术，在离工地千里之外的总部管理和控制各种智能性建设机器人完成野外、水下和空中的各种作业，精确地按计划完成桥梁工程建设。最后，在桥梁交付使用后，管理部门将通过自动检测系统，保证桥梁的安全和正常运行。一旦有故障或损伤发生，桥梁健康诊断和专家系统将自动报告损伤部位和程度，并指示养护和修理对策。这是一幅21世纪桥梁工程的壮丽景象。

实现全球的陆路交通网是全世界桥梁工程界的共同奋斗目标和梦想。这一桥梁之梦有可能在21世纪实现。为此，我们将面临特大跨度桥梁和超深水基础的挑战，还需要在高性能材料、结构体系和施工技术等方面作出创新的努力，同时发展现代非线性分析理论和控制理论来解决因桥梁长大化、轻柔化引起的各种复杂的抵抗自然灾害的力学问题，以保证这种巨型工程在施工期及使用期内的安全和运行质量。

我衷心希望中国的年轻一代桥梁工程师勤奋学习，努力创新，勇于实践，承认差距，不甘落后，以报国为己任，让中国桥梁成为世界桥梁发展史上的里程碑，使中国在世界桥梁强国中占有重要一席，重现中国古代桥梁的辉煌。

从桥梁大国走向桥梁强国

——写在《中国桥梁史纲》出版前后*

在人类文明的发展史中，桥梁占有重要的一页。中国是一个有5 000年文字记载历史的伟大国家，长江、黄河和珠江流域孕育了中华民族，创造了灿烂的华夏文化。中国古代桥梁的辉煌成就曾在世界桥梁发展史中占有重要的地位，为世人所公认。

根据李约瑟博士所著《中国科学技术史》第七卷中的统计资料，中国自公元前3000年至15世纪的约4 500年间贡献了近300项发明创造，在许多方面领先于世界各国，其中包括举世闻名的四大发明和按英文字母排列的26项重要发明，在桥梁工程方面有浮桥（公元前4世纪）、伸臂梁桥（公元4世纪）、索桥（公元6世纪）、敞肩拱桥（公元610年隋朝）和贯木拱桥（公元1032年宋朝）等。

然而，不幸的是，自16世纪欧洲文艺复兴之后，中国的创造活动开始衰退直至消亡，成了著名的"李约瑟难题"：为什么近代科学技术不在中国而在欧洲产生？为什么中国不能保持先进的创造优势而率先发生工业革命？而且在19世纪竟沦落为遭受列强欺凌的愚昧落后的中国。

一些有识之士指出：中国封建社会的中央集权专制体制和轻视工商的观念扼杀了中国人民的自由探索精神，知识分子的精英都被科举制度吸引到仕途，并崇尚服从帝王的统一意志，从而削弱了发明创造的热情。再加上盲目自满和缺乏竞争的动力，最终造成了近300年来中国科技的衰落。可以说，这一思想遗毒至今仍在影响我们年轻一代的创造力。

相比而言，18世纪的英国工业革命造就了近代科学技术，19世纪英国人又发明了近代炼钢法和作为人造石料的混凝土，欧美各国相继进入近代桥梁工程的新时期。19世纪中叶的鸦片战争使中国沦为半殖民地半封建的国家，帝国主义列强为掠夺中国的资源在中国修筑铁路、开挖矿山、设立租界，也引入了近代桥梁技术。1937年建成的钱塘江大桥是第一座由中国工程师主持设计和监造的近代钢桥。新中国成立后，在苏联专家的帮助下修建了武汉长江大桥，并引进了当时的先进桥梁技术。中国在20世纪80年代的改革开放迎来了桥梁建设的黄金时期，在学习发达国家现代桥梁创新技术的基础上，通过自主建设造就了中国现代桥梁的崛起和90年代的腾飞，取得了令世人瞩目的进步和成绩。可以说，中国桥梁已走上了复兴的道路，正在从桥梁大国向桥梁强国迈进，有希望在21世纪的自主创新努力中重现辉煌。

2007年是同济大学100周年校庆，同济大学出版社于2006年约我写

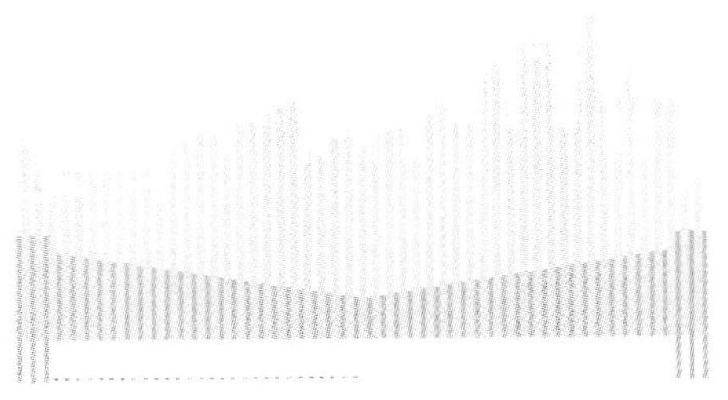

* 本文系《中国桥梁史纲》书评，2010年初发表于《同济报》。

一本关于中国桥梁发展历史的书，以教育年轻一代学子了解历史，看清差距，认识不足，从而提高通过创新实现超越的决心和勇气，为在21世纪中从桥梁大国走向桥梁强国贡献力量。为此，我约请了五五届同窗好友范立础院士，五七届学兄、原上海财经大学党委书记潘洪萱教授和五八届学弟、原河南省交通厅副厅长张圣城教授级高级工程师分工编写此书。我们一起讨论确定了编写大纲，由潘洪萱撰写第一篇中国古代桥梁，张圣城撰写第二篇中国近代桥梁，项海帆撰写第三篇中国现代桥梁，项海帆、范立础联合撰写第四篇中国桥梁的未来，最后由项海帆负责全书的统稿。

经过两年多的努力，约30万字的《中国桥梁史纲》终于和读者见面了。为了解自1840年鸦片战争以来中国近代桥梁的历史踪迹，潘洪萱教授和张圣诚教授级高级工程师专程赴天津、广州、兰州、西宁、洛阳、镇江、扬州、武汉等地的市政和桥梁建设部门，从档案中寻找有关的文字材料和照片。虽然所获的材料并不多，但我们还是据此勾画出了自1840年至1945年的100多年间中国近代桥梁发展的脉络。

和近代桥梁相比，中国古代桥梁已有许多专著进行过整理，特别是唐寰澄先生的力作《中国科学技术史·桥梁卷》资料翔实，分析透彻。潘洪萱教授经过精心的组织，梳理出从夏代至清末的约4 000年间中国古代桥梁的辉煌历程。

关于自新中国成立后，约60年间的中国现代桥梁，我们曾在1993年和2003年为纪念李国豪老师的八十和九十寿辰编辑出版过《中国桥梁》和《中国大桥》两本画册。在本书中则按不同的时期分别介绍了中国现代桥梁的发展梗概，从中可以看出中国桥梁界通过自主建设从学习、跟踪到开始有所创新的进步历程。

《中国桥梁史纲》一书的初稿在2008年3月基本完成，准备交付同济大学出版社开始付印前的编审。同年5月的汶川大地震后，出版社因忙于赶印有关抗震科技的书籍，决定将本书出版计划推迟，改为对2009年建国60周年的献礼书之一奉献给读者。

在此期间，我们有机会对书稿又作了进一步的相互审读和修改。我们四人都毕业于桥梁专业，而且都已逾古稀之年，对于历史书籍的撰写颇感力不从心，尽管大家都十分努力，但仍恐有负于桥梁界同仁的期望。

在为撰写本书第三篇《中国现代桥梁》而收集资料的过程中，深感中国桥梁界的技术总结和有关文章大都是平铺直叙的介绍，缺少像国外同行那样对概念设计和创意的生动描述，而更多的是强调规模多少，“困难”和“之最”多少的词语。此外，许多桥梁十分相似和趋同，缺少特色和创意，这正是中国文化中崇尚共性、模仿和一致，不鼓励“标新立异”意识的消极反映，也是技术进步的大忌。

经过30年改革开放的努力，中国桥梁界已跟上了世界现代桥梁前进的步伐，进入了国际先进行列。然而，正如在第四篇《中国桥梁的未来》中所说，我们仍不能骄傲自满，而要承认差距和不足，我们的出路在自主创新。只有真正掌握先进核心技术的自主创新才能摆脱发达国家的遏制、操控和对他们的依赖，才能实现中华民族的伟大复兴。正如温总理在英国剑桥大学的演讲中所说：“中国要赶上发达国家水平，还有很长很长的路要走。”

中华民族是智慧的民族，中国5 000年的悠久历史和文化积淀将会帮助我们实现复兴。只要我们不盲目自满，正视不足，戒骄戒躁，并通过教育改革，重新焕发年轻一代的想像力和创造力，就一定能在不久的将来通过自主创新的努力，使我国从桥梁大国扎实地走向桥梁强国。

《大跨度悬索桥抗风》序*

悬索桥是各类桥梁中跨越能力最大的一种桥型，在现代斜拉桥问世之前，对于跨度500 m以上的大桥，悬索桥是唯一可选用的桥型。近半个世纪以来，斜拉桥的跨度有了突飞猛进的发展，从最初的100余米到苏通大桥和香港昂船洲大桥已突破了千米跨度。然而，研究表明：由于斜拉桥拉索垂度的非线性效应和主梁中承受的轴压力的二阶效应，跨度超过1 400 m的斜拉桥的结构力学性能将急剧弱化，其经济指标也不断下降。因此，在1 400～5 000 m的跨度范围内，悬索桥仍是最经济合理的首选桥型。

大跨度悬索桥是一种柔性体系，对风的作用比较敏感，因而在悬索桥的设计中，抗风问题往往是最重要的控制因素，必须在概念设计阶段给予认真考虑和妥善解决。

本书是近十年来葛耀君教授及其团队对大跨度悬索桥抗风理论和设计实践的全面总结，内容涉及悬索桥的各种抗风性能，如静风稳定性、各类风致振动以及桥面风环境的分析理论、控制措施和概率性评价方法等，也包括风洞试验和实测结果的对比和验证。书中还介绍了国际风工程界对悬索桥抗风研究的最新进展。

我国浙闽沿海有数以千计的海岛，其中人口较多的主要岛屿将会和大陆用桥梁连接起来，以利于经济的发展和繁荣，不少跨海连岛工程已在规划中，其中也包括琼州海峡和台湾海峡等巨型工程。我相信本书的出版将对可能采用大跨度悬索桥方案的抗风设计提供理论和方法的参考，并为中国未来的跨海连岛工程建设和从桥梁大国迈向桥梁强国作出重要贡献。

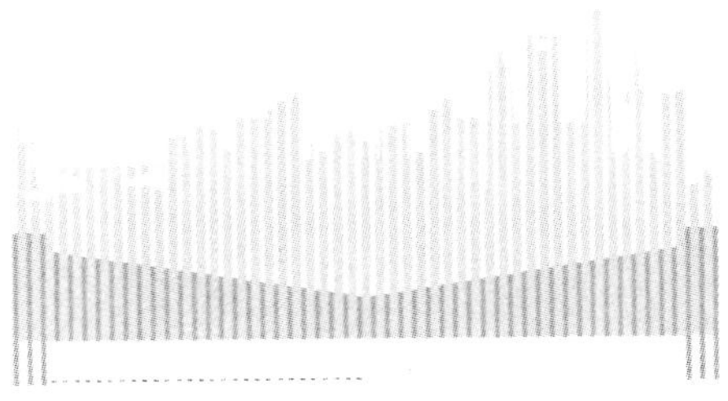

* 本文系葛耀君著《大跨度悬索桥抗风》的序言，作于2011年6月。

《斜拉桥》书评*

20 世纪 70 年代初，Svensson 先生受德国著名的 Leonhardt and Andrä Partner(LAP)公司委派负责美国华盛顿州 P－K 桥的建设，将斜拉桥传入美洲大陆，后又建成了东部的 East Huntington 桥，参与 Sunshine Skyway 桥的方案竞赛和 Houston 的 Baytown 桥的建设。80 年代，他在北欧的挪威和瑞典以及英国又建造了一系列斜拉桥。90 年代初，他接受亚洲开发银行(ADB)邀请来中国上海主持当时 602 m 世界纪录跨度的杨浦大桥的设计审核工作。可以说 Svensson 先生一直奔走在世界各地，为斜拉桥的发展和推广贡献了毕生的心血。

Svensson 先生在 2003 年当选为国际桥梁与结构工程协会(IABSE)副主席，我们俩和他在执委会一起共事多年。由于他的导师 Leonhardt 教授是同济大学李国豪教授的同门师兄，我们作为李教授的学生、同济大学又是德国医生宝隆博士于 1907 年创立的学校，相互之间就多了一份亲切感和友情。

本书是 Svensson 教授在德国 Dresden 大学所用的教材，共 7 章 30 讲。第一章为引言(Introduction)；第二至五章为正文，包括四个方面的内容：历史发展(Historical Development)、结构细节(Structural Details)、初步设计(Preliminary Design)和施工安装(Erection)；第六章介绍典型斜拉桥实例；第七章为未来发展(Future Development)。全书共 458 页，约 1 300 幅精美插图，可谓是一部浩卷巨篇。

第一章引言中，Svensson 教授提出了独具匠心的十条美学指南，这是结构工程师的桥梁美学观，也是将结构和艺术高度融合的结晶，具有重要的启示意义。在第二章斜拉桥的发展中，他回顾了斜拉桥从 16 世纪最初的启蒙，17—18 世纪的最初实践，工业革命后斜拉桥在重载下的失败而退出，但仍作为提高悬索桥刚度的辅助措施发挥作用，直至 20 世纪 50 年代复兴的全部历史过程。第二章中还分节介绍了钢斜拉桥、混凝土斜拉桥、结合梁斜拉桥以及特殊体系的特点和典型实例。本书介绍了为斜拉桥的发展作出重要贡献的知名学者和工程师，是迄今为止看到的最丰富和详尽的斜拉桥发展史料，弥足珍贵。

第四章初步设计是本书的核心内容，其中 4.1 和 4.2 两节透彻分析了斜拉桥的力学性能和几何尺寸的合理布局；4.3 节桥梁动力学中，特别强调了 A 形桥塔和桥面风嘴对抑制风振的重要作用，涡振和拉索风雨振动的控制以及 TMD 在施工阶段的有效应用，还简要介绍了斜拉桥的抗震分析。4.4 节则详细介绍了桥墩防撞的分析方法和各种措施。4.5 节中介绍了初

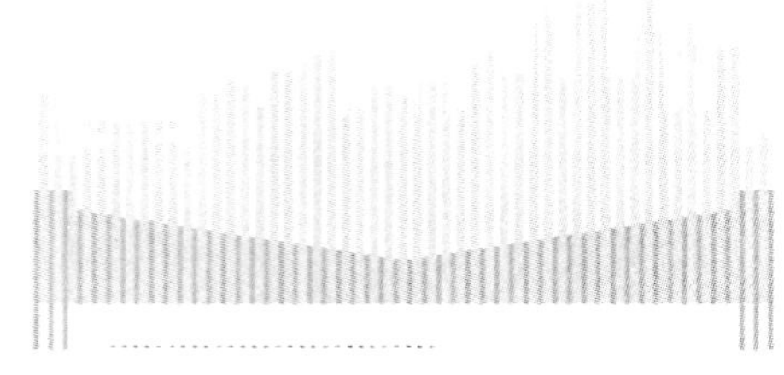

* 本文系项海帆、葛耀君于 2012 年为 Svensson 教授所著《斜拉桥》作的书评。

步设计中使用的近似计算和参数调整方法，对于学生掌握概念设计的技能是十分重要的。本书把斜拉桥的构造细节放在初步设计前面的第三章，是很有特色的安排，他让学生先了解斜拉桥各部分的构造特点后，再进入设计构思阶段，可能会使初步设计更加具体和切合实际。

在第六章中，作者着重介绍了他本人和 LAP 公司所参与的一些斜拉桥、一些具有创新构造的桥以及纪录跨度的桥。现代斜拉桥由德国 Dishinger 教授所首创，战后 50—70 年代首先在德国得到发展和推广。许多创新的构造细节和第五章中介绍的各种施工工法也大都是德国学者所创造，并且在计算理论上的建树也最多。

在最后的第七章“未来发展”中，Svensson 先生特意介绍了 1982 年 Leonhardt 教授在意大利 Messina 海峡大桥方案竞赛中所建议的 1 800 m 跨度斜拉桥方案，Svensson 先生当年也可能参与过这一举世瞩目的盛事。尽管最后 3 300 m 跨度的悬索桥方案获准成为实施方案，但他在未来发展一章中重提此事一定是坚信斜拉桥尚有发展潜力。他指出要注意超大跨度斜拉桥的气动稳定性，并通过设置 MR 阻尼器或主动控制翼扇解决长拉索和柔性主梁的风致振动问题。如果能克服斜拉桥桥面受压的稳定性问题和长拉索因垂度引起的弱化问题，满足通航要求的 1 800 m 斜拉桥将会比因锚碇必须退至岸上而被迫加大跨径的 3 300 m 悬索桥更为经济，我们相信这也是 Svensson 先生心中的信念。

纵观全书，Svensson 教授用他 40 年丰富的成功经验，给我们记述了斜拉桥的精彩发展历程，诠释了现代斜拉桥设计和施工的精髓，是继 1976 年美国 Podolny 和 Scalzi 合著的《斜拉桥设计与施工》一书出版 25 年后的又一本斜拉桥的杰出学术著作。我们非常认真地向世界各国推荐此书，特别向中国大学和桥梁界的同行介绍此书，相信它一定能在培育未来的桥梁工程师和建设未来的斜拉桥中发挥重要作用。

《钢桁梁桥评定与加固——理论、方法和实践》序*

1874年,美国用刚问世的钢材代替锻铁建造了第一座钢桥,开启了近代钢桥的新时代。桁架分析理论在工程实践需求推动下的日趋成熟,使钢桁梁桥迅速成为19世纪后半叶大跨度桥梁的主流桥型,并从简支钢桁架桥逐步发展到带挂孔的悬臂桁梁桥,跨度也不断增大。1890年建成的苏格兰福思铁路桥,其跨度已超过500 m,是19世纪钢桁梁桥的杰出代表。

第二次世界大战结束后,作为现代桥梁标志性新技术的预应力混凝土、钢箱梁和斜拉桥的成功发展使钢桁梁桥逐渐退出了公路桥梁的领域。然而,在铁路桥梁和公铁两用桥梁方面,由于在刚度上的优势,钢桁梁桥仍是首选桥型,也包括采用桁架加劲梁的组合拱桥和斜拉桥,继续发挥着重要作用。

钢桁梁桥在精心养护下可服务100年以上。许多19世纪建造的铁路桁梁桥至今仍在使用。有些钢桁梁桥通过及时评定和适当加固都延长了寿命。我国在1957年建成的第一座武汉长江大桥已服务了50年以上,此后,又建造了许多不同类型的钢桁梁桥。因此,对钢桁梁桥的评定和加固工作应当受到管养部门的关切,以保持其在寿命期内的良好工作性能。

陈惟珍教授1983年毕业于同济大学桥梁专业本科,1986年硕士毕业后留校工作。1994年被公派赴德国慕尼黑工业大学作访问学者,后获准转为攻读钢结构方向的博士学位。他的导师Albrecht教授原是波鸿鲁尔大学前副校长Roik教授的学生,1981年,我获得德国洪堡研究奖学金在鲁尔大学做访问教授时,Roik教授也是我的导师之一,当时Albrecht博士是Roik教授的主要助手,我们曾有所交往。

1997年,我去意大利参加欧非风工程会议前顺访慕尼黑,见到了正在攻读博士学位的陈惟珍,知道他在做钢桥评定和加固的研究。这是当时欧美强国的研究热点,因为他们在战前30年代和战后60年代的两次建设高潮中所建造的钢桥都已出现了一些问题,急需通过评定和加固保持工作性能。我鼓励陈惟珍学成回国效力,并告诉他20年后中国也将会面临同样的问题。

陈惟珍教授于1999年获得博士学位后回到同济大学继续任教。他曾不幸身患重病但仍坚持工作,悉心指导了多位研究生,其中一位还荣获了全国优秀博士论文奖。本书是在他博士学位论文的理论基础上,结合国内几座钢桁梁桥评定和加固的研究实践以及指导研究生的工作所写成的全

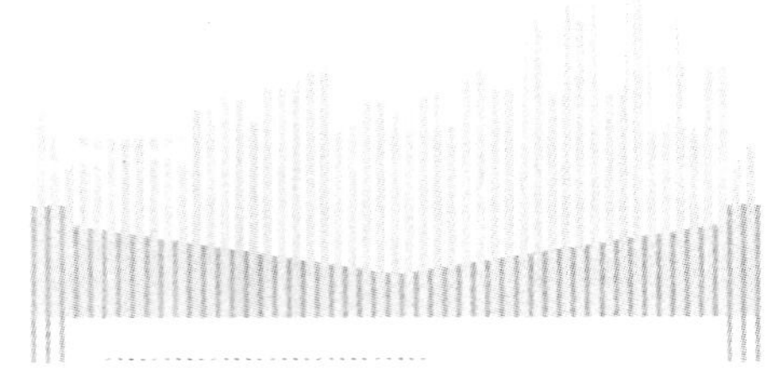

* 本文系陈惟珍等著的《钢桁梁桥评定与加固——理论、方法和实践》序言,作于2012年6月。

面总结。虽然感到篇幅较长，但却凝聚了他自 1994 年出国以来近 20 年的心血，是十分难能可贵的。

我相信本书的出版一定会对中国大量现存钢桁梁桥的评定和加固工作起到重要的警示和引导作用，使之能为中国的交通运输事业继续提供安全和健康的服务，并为中国钢桥的未来作出贡献。

《美国旧金山新海湾大桥钢结构制造技术》序*

2007年3月，我应好友余安东教授之邀，参加当时的振华港机（后改为振华重工）总裁管彤贤先生的宴请。席间，管总向我介绍了他们企业发展的情况和前景，并兴奋地告诉我振华在激烈的国际竞标中获得了美国旧金山新海湾大桥全部钢结构制造共4.5万t的任务。他表示从余安东教授的介绍中知道我在钢桥领域的经验，希望我能关心此事，协助钢桥制造技术总结一书的编写工作。余安东教授在德国著名土木工程企业 Hochtief 工作多年，了解国外技术总结的模式，也愿意参与策划和编审定稿的工作。我一直希望交通部有一个钢桥制造基地，虽然在经验上与历史悠久的铁道部下属的中铁山海关桥梁厂和宝鸡桥梁厂以及中船总公司下属的各船厂相比起步较晚，但我感到振华向桥梁钢结构领域拓展的决心很大，再加上盛情难却，表示可以考虑合作做一些工作。管总当即决定确立一技术服务课题，由同济大学桥梁工程系组织一个小组，并邀请余安东教授担任顾问参与总结的编写工作。2007年6月，双方正式签订了合约，我们随后就第一次去长兴岛振华基地考察了振华的技术装备和制造条件。

由美国著名的林同棪国际（TY Lin International）设计的旧金山新海湾大桥（东段）是一个富有创意的优秀设计，1998年即已基本上完成设计工作，很早就在国际会议上作了介绍，得到了国际同行的普遍好评。尤其是在抗震塔上采用了4个分塔柱和10道剪力连接件所组成的"灾变控制"理念以保证其能抵抗旧金山8.5级的强震，以及自锚式悬索桥体系所采用的"环绕式锚固系统"，都是国际上首创的构造形式。然而，这也同时带来了制造工艺上的较高难度，振华港机作为一支年轻的钢桥制造队伍，面临着极大的挑战。

在第一次考察中，我就提出了两点建议：①与我参观过的山海关桥梁厂和宝鸡桥梁厂相比，振华的制造装备尚有不足，需要添置一些先进的设备以适应高难度的制造工艺；②振华的队伍比较年轻，经验可能不足，如有可能，可从铁道部企业聘请一些退休的老工程师担任顾问和监理工作，帮助把关（此事虽经多方努力，但并未如愿）。

2007—2008年是振华的准备期，它们投入不菲的资金建成了专门的车间，安装了必要的设备，生产出了第一批样段，经美方检查发现了一些需要改进的问题。由于该桥位于强震区，美方要求用高于一般建筑钢结构规范的要求来制造部件以保证桥梁的抗震能力，因而对焊接的质量控制十分严格。振华的团队决定迎难而上，接受挑战，进一步调整工艺，重新组织生产。2008—2009年间，振华经历了一年多的磨难，在美方派出技术人员的

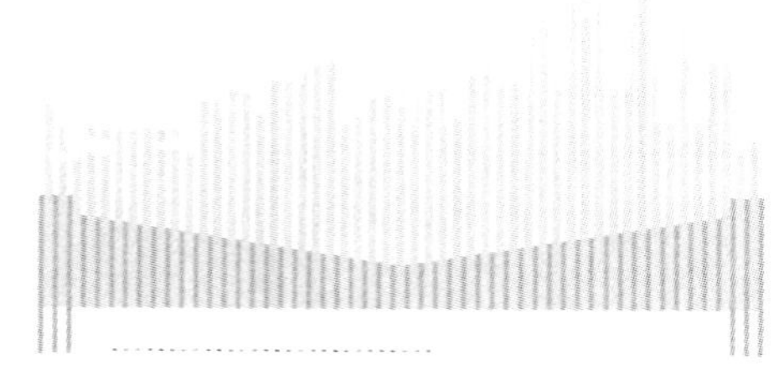

* 本文系《美国旧金山新海湾大桥钢结构制造技术》序言，作于2012年12月。

帮助下，攻克了许多难点，也锻炼了队伍，终于制造出了符合要求的合格产品，得到了美方总承包单位的认可。2009 年 12 月，经过验收的第一船部件正式启运。

2010 年 4 月，为了澄清外界和业内同行对振华团队所经历磨难的种种传言，振华团队和美方监理决定召开一次汇报研讨会，用事实向业界和媒体说明他们作为一个钢桥制造界的年轻团队，通过两年的磨炼已渡过了难关，成功制造出高质量的产品，并已掌握了国际先进的技术，上了一个新的台阶。当时，已改名的“振华重工”成为中国交通部旗下第一支钢结构和钢桥制造基地，终于实现了管总的宿愿。

此后的一年，振华不仅按严格的工艺要求圆满完成了全桥的部件制造，美方还将安装主梁的钢结构临时支架任务也交给振华重工。2011 年 7 月，为庆祝最后一轮钢箱梁的启运，振华重工举行了盛大的庆典活动，美国旧金山市政府官员、市政当局的项目业主代表、总承包公司的领导均莅临上海长兴岛基地，发表了热情洋溢的讲话，祝贺中国振华重工的成功，并表示要对振华团队的出色成绩给予奖励，充分显示出美方的满意心情和对振华的高度赞赏。

最后，我在对振华重工表示钦佩之余，还想说一点希望：

中央已认识到中国装备工业落后对工业现代化的制约，明确提出了加快发展现代装备制造业的号召。振华重工经历了磨难，提高了技术水平，培养和锻炼了一支队伍，是最可贵的收获。希望振华继续努力，在今后的大桥建设中发挥主力作用，创造中国一流品牌，走向世界。

振华的主业是港机，其产品已在世界各国取得了很高信誉，希望以此为基础向基建装备工业发展，生产出高水平的各类吊机（如浮吊、塔吊、桥面吊等）和各类大型施工装备（如钻机和盾构机等），成为中国装备工业的领军企业，以改变目前大型施工装备依赖进口的局面。为此，必须攻克瓶颈，掌握核心技术，解决国产装备工效低、耐久性差、可靠性不足的问题。衷心期待振华重工在中国走向装备业强国的征程中作出更大的贡献。

《桥梁结构体系》序*

本书是同济大学肖汝诚教授为博士研究生开设的专业课教材，定名为《桥梁结构体系》，也是我第一次见到的将力学和结构紧密地结合起来的一本专著。书中第一节开宗明义的标题“力学·构件·结构体系”独具匠心，表达出肖汝诚教授多年来的兴趣和追求。他希望桥梁专业的学子能从“体系”分析的高度和深度去理解各种不同类型桥梁的承载和传力特点，引导他们正确地进行结构设计和优化构造，以避免一些因缺乏力学概念而造成的结构缺陷、失误和隐患，并使今后所设计的桥梁结构更为安全、合理、经济和耐久，也更为美观，从而能达到更高的概念设计境界。

肖汝诚教授在其本科和硕士研究生学习阶段均攻读力学专业。正是由于他的力学基础和背景，使他更习惯于从抽象的力学模型去剖析各类桥梁结构体系的力学性能，并从中判断结构的合理性、经济性，进而体验到其“力学美”的精髓。

肖汝诚教授作为同济大学桥梁工程系大跨度桥梁研究室主任，拱桥、斜拉桥和悬索桥的稳定分析、非线性分析以及三维空间应力分析是研究室成员及研究生们经常要面对的主要研究课题。此外，对于桥梁中可能出现的各种更复杂的组合体系、协作体系和混合结构体系的约束和平衡及其各部分构件和不同材料截面的相互连接等问题都必须给以妥善处理，以求得一个最优的解决方案。书中介绍的许多内容不仅是他们的研究心得，而且也从理论和实践的结合上为读者提供了很好的参考、借鉴和启迪。

我作为他的博士生导师，很欣慰地看到最近十多年来他在桥梁结构体系领域不断探索所取得的收获。我相信，本书的出版对于国内从事大跨度桥梁和城市景观桥梁设计的工程师们会有所裨益，并能为进一步提高中国桥梁概念设计的水平作出贡献。

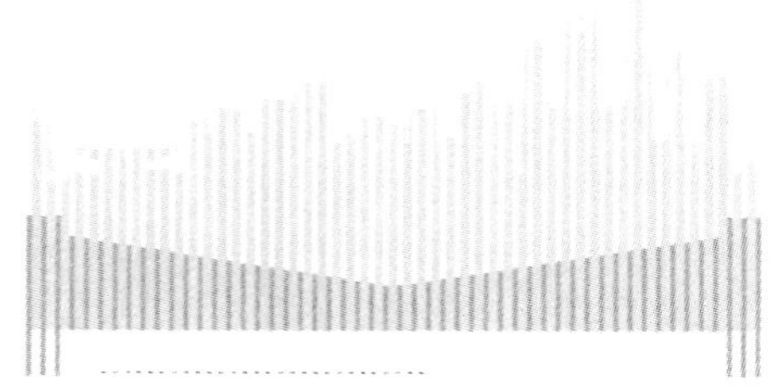

* 本文系肖汝诚等著的《桥梁结构体系》序言，作于2013年1月。

Foreword of *Wind Effects on Cable-supported Bridges* *

To meet the social and economic needs for efficient transportation systems, many cable-supported bridges have been built throughout the world. The Nanpu cable-stayed bridge with a main span of 423 m, which was successfully built in Shanghai in 1991, marks a milestone in the history of the construction of cable-supported bridge in China. Since then, a high tide of construction of long-span cable-supported bridges has emerged in China. As of 2012, among the ten longest suspension bridges of a main span over 1 200 m, there are five bridges built in China. Similarly, there are five cable-stayed bridges in China among the ten longest cable-stayed bridges of a main span over 700 m in the world.

With the accumulated experience and advanced technology, the construction of super-long-span cable-supported bridges to cross straits has also been planed around the world, such as Messina Strait in Italy, Qiongzhou Strait in China, Sunda Strait in Indonesia, and Tsugaru Strait in Japan. However, as the span length is increasing, cable-supported bridges become lighter in weight, more slender in stiffness, lower in damping, and more sensitive to wind-induced vibration. The requirements of functionality, safety, and sustainability of the bridges against wind hazards have presented new challenges to our wind engineering community. A comprehensive book, like this, on this subject covering not only the fundamental knowledge but also the state-of-the-art developments will definitely help learning and preparation of our students and engineers to face the challenges.

Dr You-Lin Xu graduated from Tongji University where I have been working for about sixty years. Dr Xu and his research team at The Hong Kong Polytechnic University have worked extensively on wind loading and effect on the Tsing Ma suspension bridge in Hong Kong since 1995 and on the Stonecutters cable-stayed bridge in Hong Kong since 2003. This book is structured to systemically move from introductory areas through to advanced topics with real-world examples. It should serve well to advance the research and practice in the field of wind engineering in general and wind effects on cable-supported bridge in particular.

This book is actually a summary of their work done in the past seventeen years. I would give my warm congratulation to Dr Xu for this excellent work.

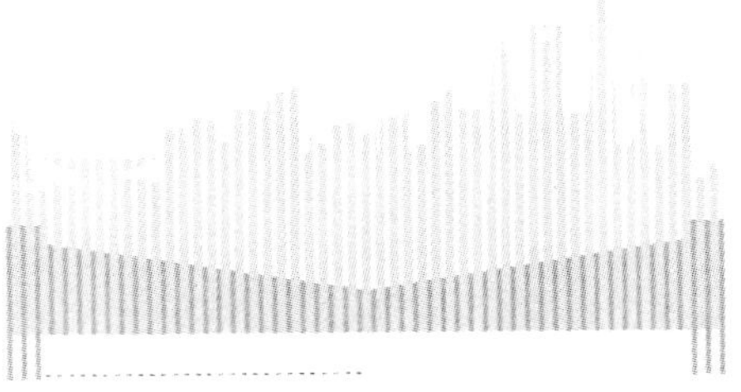

* 本文系 You-Lin Xu 所著的 *Wind Effects on Cable-Supported Bridges* 序言，作于2013年。

《大跨度拱式桥抗风》序*

拱桥是我国最常见的桥型之一，尤其在西部山区地质和地形条件有利时，经济的拱桥应是首选的桥型。中国古代拱桥的建造虽稍晚于古希腊和古罗马文明，但隋代李春建造的河北赵州安济桥首创了空腹式拱桥（敞肩拱桥）的形式，成为当时跨度的世界纪录，被英国李约瑟博士列为中国古代26项重要科技发明之一，享誉世界。

19世纪是钢桥的世纪，自1874年第一座跨度为158 m的钢拱桥——美国Eads桥问世后，就出现了钢拱桥建设的高潮。到20世纪30年代，跨度已突破了500 m，其中最负盛名的当推澳大利亚的悉尼港桥。大跨度拱桥一般都是钢拱桥，而且为了施工方便和经济因素，大都采用桁架拱形式。中国在20世纪90年代兴起了建造钢管混凝土拱桥的热潮，跨度从200余米迅速攀升至500 m以上。除了上海卢浦大桥因景观要求采用箱形的提篮拱肋外，多数大跨度拱式桥都以桁架拱为主要形式。

由于拱桥的刚度较大，相对风的敏感性较低，历史上也没有出现过强烈的风致振动或风毁的事故，主要是在施工尚未合拢前的悬臂拼装阶段需要注意抗风安全问题，因此，国外风工程界并未十分重视拱式桥的抗风设计，一般只验算阵风荷载作用下的静力稳定性，而很少考虑风致振动问题。国内自1995年建成的贵州江界河桥起就开始重视拱式桥的抗风问题，至今已进行了十多座大跨度拱式桥的抗风研究，积累了一定的经验。本书就是同济大学葛耀君团队近20年来的研究总结。

与相对较柔性的悬索桥和斜拉桥相比，拱式桥的抗风有其鲜明的特点。而且，由于拱结构相对较复杂，阵风作用下的静力和动力风载、各类风致振动以及静力和动力风致稳定性都有许多特殊问题尚未得到满意的解决，有待今后继续探索。此外，各种风效应的相互干扰和相互作用机制以及多目标等效风荷载的精确分析方法对于拱式桥的抗风将更为重要。

我希望本书的出版能进一步推动拱式桥的抗风研究继续向前发展，并为今后中西部地区更多大跨度拱式桥的抗风安全作出重要贡献。

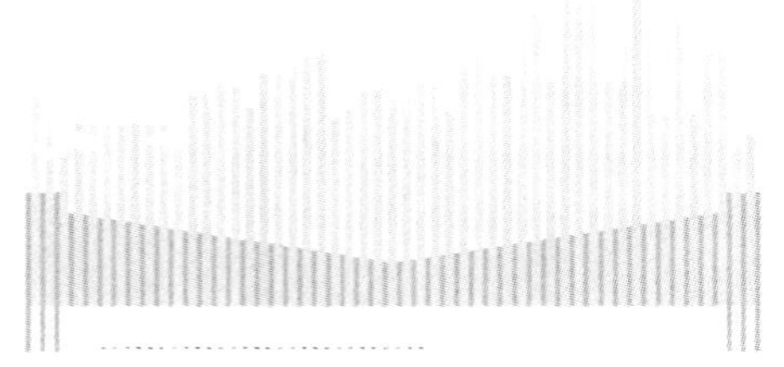

* 本文系葛耀君所著的《大跨度拱式桥抗风》序言，作于2014年6月。

《工程结构透视》序*

同济大学土木工程学科百年诞辰之际，余安东教授的力作《工程结构透视》正式出版，这是一份珍贵的大礼。我阅读了他的书稿后深感这是他近60年来从事工程结构教学、科研和设计工作经验的深刻总结。余安东教授以其独特的视角和思维方式，从纵横两条线索引导读者去探索结构的奥秘，以达到两个融合贯通的目标。

本书从各类结构失效的典型事例出发提出问题，然后分章剖析工程结构的静力学、动力学、可靠性和耐久性的原理与分析方法，在融合贯通的基础上，再将设计理念回归到建立合理的概念设计方法和结构建模方法，我感到这是十分正确和睿智的编排，可谓观察独具匠心，分析入木三分，读来引人入胜，收获良多。

接着，余教授简要回顾了中外工程结构的历史发展，并以"列传体"的形式介绍了历代大师们一些具有里程碑意义的传世杰作。在最后一章"结构的感悟"中，他梳理了长期工作中的重要心得和师友情谊，并以西方哲学家的"真善美"和中国道家的"天地人"作为结构工程师的共同追求和信仰。这一结束语饱含了余安东教授的深切感悟和对未来的期望，可谓意味深长。

余安东教授是我的好友，又一起共事多年，他在德国二十余年的工作经历和对结构原理的探索很值得国内同行学习和借鉴。特别是对于土木工程专业的学子和刚走上工作岗位的年轻一代结构工程师，本书是一本能启迪创新，帮助深刻理解力学和结构关系，进而建立正确设计理念的优秀著作。我衷心祝贺本书的出版，相信一定会对培养中国21世纪结构工程师的创造力发挥重要的作用。

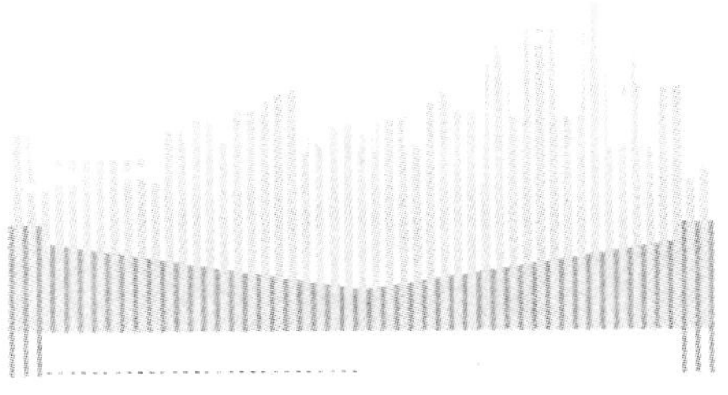

* 本文系余安东所著的《工程结构透视》序言，作于2014年6月。

《钢桥》序言*

我很荣幸能为瑞士洛桑联邦理工学院(EPEL)钢结构研究所(ICOM)的 J. P. Leber 教授和 M. A. Hirt 教授联合主编的《钢桥》一书作序。瑞士的高等教授一直位居世界前列,而洛桑联邦理工学院和苏黎世联邦理工学院又是享有盛誉的国际知名理工大学,名列世界大学百强。瑞士在桥梁学科领域曾涌现了许多大师级的学者和工程师,如 19 世纪初移民至美国的 J. Strauss 和 O. Ammann,分别是著名的旧金山金门大桥和纽约乔治·华盛顿大桥的总设计师;R. Maillart 则是 20 世纪最美桥梁评选中获得第一名的瑞士萨尔基那山谷桥的设计者;C. Menn 教授又首创了连续刚架桥和矮塔斜拉桥两种新桥型。

创立于 1929 年的国际桥梁与结构工程协会(IABSE)将总部设在瑞士,而且,1988 年以前的历届主席也都由两所瑞士理工学院的教授轮流担任。可见,瑞士是国际桥梁和结构工程界公认的核心成员国和桥梁强国之一。

本书分 5 个部分,共 19 章。第一部分桥梁绪论介绍了钢桥的概况和历史背景;第二部分桥梁概念设计介绍了基本理念、结构选型、施工方法和各部件的制造与安装等内容;第三部分则重点介绍钢桥和结合梁桥的理论分析及各部件的设计方法,包括对钢桥十分重要的稳定性问题。第四部分还特别介绍了铁路桥、人行桥和拱桥等其他桥型的有关问题。最后,以一个连续结合梁桥的设计实例诠释了全书各章主要内容的应用。这样的编排体现出瑞士高校重视理论联系实际的传统,并且十分强调在概念设计中培养学生创造力的教育理念,是一本特别适合于大学本科教学的优秀教材。本书的法语版荣获法国高等教育图书最高奖——法国 Prix-Roberval 2010 年大奖。

作者之一的 M. A. Hirt 教授是国际知名的钢结构专家,曾任洛桑联邦理工学院的钢结构研究所所长。2001 年,他和我同时当选国际桥协副主席,并欣然接受我的邀请担任 2004 年国际桥协上海会议学术委员会的联合主席。此前,Hirt 教授曾任国际桥协的技术委员会主席多年,他的丰富经验帮助上海会议取得圆满成功。2004—2007 年,他又当选国际桥协主席,在瑞士参加执委会之际,他曾热情邀请我去参观一座结合桁架梁桥,并详细介绍了混凝土面板可快速更换的构造细节和施工工艺,使我对结合梁桥的优点和应用前景有了深切的认识。

中国桥梁专业本科的钢桥教材,在"文革"前都是借鉴苏联的教材编成。"文革"结束后,西南交通大学主持翻译出版了日本京都大学小西一郎教授主编的钢桥系列教材,此后我国新编的钢桥教材大都取材于此书。然

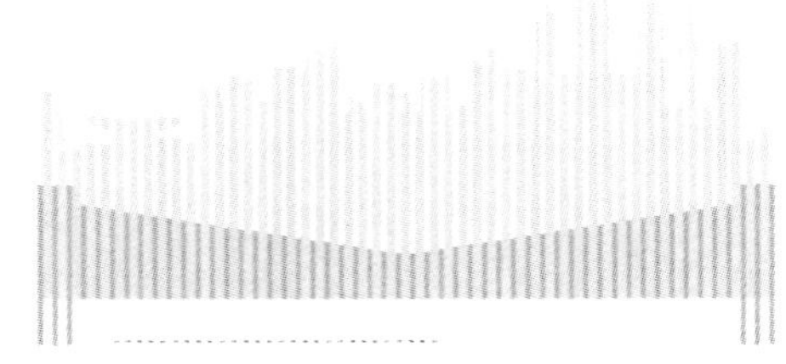

* 本文系 J. P. Leber 和 M. A. Hirt 联合主编的《钢桥》序言,作于 2014 年 10 月。

而，小西一郎这套书是以第二次世界大战前德国的教材为蓝本编成的，以计算机前时代的经典理论为主，因而已不能适应21世纪现代钢桥发展的新形势。为此，我十分支持同济大学桥梁系的年轻教授们把《钢桥》翻译出版、介绍给中国读者，相信一定能对中国高校的教育改革以及为21世纪的中国桥梁建设培养出更多创新人才发挥重要的作用。

壮心集

项海帆论文集

（2000—2014）

前言与后记篇

《土木工程发展简史》引言*

土木工程(Civil Engineering)是建造各类工程设施的科学技术的统称。它既指工程建设的对象,即建造在地上、地下、水中的各种工程设施;也指所应用的材料、设备和所进行的勘测、设计、施工、维修、养护等专业技术。

人类出现以来,为了满足住和行以及生产活动的需要,从构木为巢、掘土为穴的原始操作开始,到今天能建造摩天大厦、万米长桥,以至移山填海的宏伟工程,经历了漫长的发展过程。

土木工程的发展贯通古今,它同社会、经济,特别是与科学、技术的发展有密切联系。土木工程内涵丰富,而就其本身而言,则主要是围绕着材料、施工、理论三个方面的演变而不断发展的。为便于叙述,权且将土木工程发展史划为古代土木工程、近代土木工程和现代土木工程三个时代。以17世纪工程结构开始有定量分析,作为近代土木工程时代的开端;把第二次世界大战后科学技术的突飞猛进,作为现代土木工程时代的起点。

人类最初居无定所,利用天然掩蔽物作为居处,农业出现以后需要定居,出现了原始村落,土木工程开始了它的萌芽时期。随着古代文明的发展和社会进步,古代土木工程经历了它的形成时期和发达时期,不过因受到社会经济条件的制约,发展颇不平衡。古代的无数伟大工程建设,是灿烂古代文明的重要组成部分。古代土木工程最初完全采用天然材料,后来出现人工烧制的瓦和砖,这是土木工程发展史上的一件大事。古代的土木工程实践应用简单的工具,依靠手工劳动,并没有系统的理论,但通过经验的积累,逐步形成了指导工程实践的成规。

15世纪以后,近代自然科学的诞生和发展,是近代土木工程出现的先声,是它开始在理论上的奠基时期。17世纪中叶重要的虎克定律创立(1660年),伽利略开始对结构进行定量分析,被认为是土木工程进入近代的标志,从此土木工程成为有理论基础的独立的学科。建于1747年的法国巴黎中央桥路学校(L Ecole Centrale des Ponts et Chaussees)是世界上最早的土木工程学校。18世纪下半叶开始的产业革命,使以蒸汽和电力为动力的机械先后进入了土木工程领域,施工工艺和工具都发生了变革。在18世纪后期,英国的John Smeaton创立了"Civil Engineering"即"民用工程"一词,以区别于为战争服务的军事工程。当西文的"Civil Engineering"于19世纪初传入中国时,我国第一代学习西方文明的学者按"大兴土木"的成语选择了一个具有中国文化传统的译名——土木工程。近代工业生产出新的工程材料——钢铁和水泥,使土木工程发生了深刻的变化,钢结构、钢筋混凝土结构、预应力混凝土结构相继在土木工程中得到广泛应用。第一次

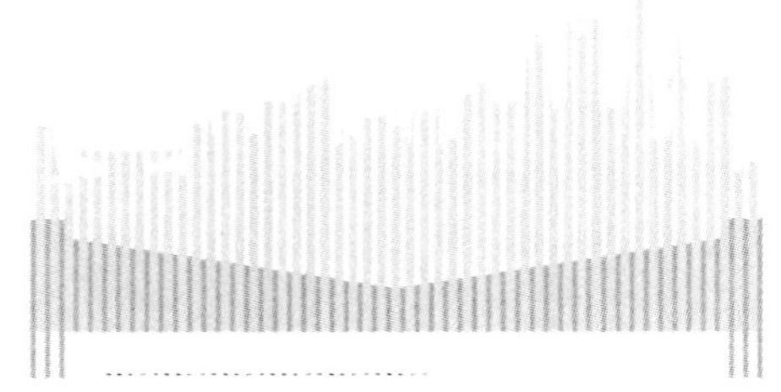

* 本文系《土木工程发展简史》引言,史尔毅、余安东、张纪衡、潘洪萱、于倬云、茹竞华撰稿,项海帆修订,作于2004年。

世界大战后,近代土木工程在理论和实践上都臻于成熟,可称为成熟时期。近代土木工程几百年的发展,在规模和速度上都大大超过了古代。

第二次世界大战后,现代科学技术飞速发展,土木工程也进入了一个新时代。现代土木工程所经历的时间尽管只有几十年,但以计算机技术广泛应用为代表的现代科学技术的发展,使土木工程领域出现了崭新的面貌。现代土木工程的新特征是工程功能化、城市立体化和交通高速化等。土木工程在材料、施工、理论三个方面也出现了新趋势,即材料轻质高强化、施工过程工业化和理论研究精密化。

土木工程具有综合性、实践性、社会性等属性,牵涉面十分广阔,这个简史只是就发展的某些侧面作概略的描述。

古代土木工程

土木工程的古代时期是从新石器时代开始的。随着人类文明的进步和生产经验的积累,古代土木工程的发展大体上可分为萌芽时期、形成时期和发达时期。

萌芽时期

大致在新石器时代,原始人为避风雨、防兽害,利用天然的掩蔽物,例如山洞和森林作为住处。当人们学会播种收获、驯养动物以后,天然的山洞和森林已不能满足需要,于是使用简单的木、石、骨制工具,伐木采石,以黏土、木材和石头等,模仿天然掩蔽物建造居住场所,开始了人类最早的土木工程活动。

初期建造的住所因地理、气候等自然条件的差异,仅有"窟穴"和"橧巢"两种类型。在北方气候寒冷干燥地区多为穴居,在山坡上挖造横穴,在平地则挖造袋穴。后来穴的面积扩大,深度逐渐减小。在中国黄河流域的仰韶文化遗址(约公元前5000—前3000年),遗存有浅穴和地面建筑,建筑平面有圆形、方形和多室联排的矩形。西安半坡村遗址(约公元前4800—前3600年)有很多圆形房屋,直径为5～6 m,室内竖有木柱,以支顶上部屋顶,四周密排一圈小木柱,既起承托屋檐的结构作用,又是维护结构的龙骨;还有的是方形房屋,其承重方式完全依靠骨架,柱子纵横排列,这是木骨架的雏形。当时的柱脚均埋在土中,木杆件之间用绑扎结合,墙壁抹草泥,屋顶铺盖茅草或抹泥。在西伯利亚发现用兽骨、北方鹿角架起的半地穴式住所。

新石器时代已有了基础工程的萌芽,柱洞里填有碎陶片或鹅卵石,即是柱础石的雏形。洛阳王湾的仰韶文化遗址中,有一座面积约200 m^2 的房屋,墙下挖有基槽,槽内填卵石,这是墙基的雏形。在尼罗河流域的埃及,新石器时代的住宅是用木材或卵石做成墙基,上面造木构架,以芦苇束编墙或土坯砌墙,用密排圆木或芦苇束做屋顶。

在地势低洼的河流湖泊附近,则从构木为巢发展为用树枝、树干搭成架空窝棚,以后又发展为栽桩架屋的干栏式建筑。中国浙江吴兴钱山漾遗址(约公元前3000年),是在密桩上架木梁,上铺悬空的地板。西欧一些地方也出现过相似的做法,今瑞士境内保存着湖居人在湖中木桩上构筑的房屋。浙江余姚河姆渡新石器时代遗址(约公元前5000—前3300年)中,有跨距达5～6 m、联排6～7间的房屋,底层架空(属于干栏式建筑形式),构件之结点主要是绑扎结合,但个别建筑已使用榫卯结合。在没有金属工具的条件下,用石制工具凿出各种榫卯是很困难的,这种榫卯结合的方法代代相传,延续到后世,为以木结构为主流的中国古建筑开创了先例。

随着氏族群体日益繁衍,人们聚居在一起,共同劳动和生活。从中国西安半坡村遗址还可看到有条不紊的聚落布局,在浐河东岸的台地上遗存有密集排列的40～50座住房,在其中心部分有一座规模相当大的(平面约为12.5 m×14 m)房屋,可能是会堂。各房屋之间筑有夯土道路,居住区周围挖有深、宽各约5 m的防范袭击的大壕沟,上面架有独木桥。

这时期的土木工程还只是石斧、石刀、石锛、石凿等简单的工具,所用的材料都是取自当地的天然材料,如茅草、竹、芦苇、树枝、树皮和树叶、砾石、泥土等。掌握了伐木技术以后,就使用较大的树干做骨架;有了煅烧加工技术,就使用红烧土、白灰粉、土坯等,并逐渐懂得使用草筋泥、混合土等复合材料。人们开始使用简单的工具和天然材料建房、筑路、挖渠、造桥,土木工程完成了从无到有的萌芽阶段。

形成时期

随着生产力的发展,农业、手工业开始分工。大约自公元前三千纪,在材料方面,开始出现经过烧制加工的瓦和砖;在构造方面,形成木构架、石梁柱、券拱等结构体系;在工程内容方面,有宫室、陵墓、庙堂,还有许多较大型的道路、桥梁、水利等工程；在工具方面，美索不达米亚(两河流域)和埃及在公元前三千纪，中国在商代(公元前16—前11世纪)，开始使用青铜制的斧、凿、钻、锯、刀、铲等工具。后来铁制工具逐步推广，并有简单的施工机械，也有了经验总结及形象描述的土木工程著作。公元前5世纪成书的《考工记》记述了木工、金工等工艺，以及城市、宫殿、房屋建筑规范，对后世的宫殿、城池及祭祀建筑的布局有很大影响。在一些国家或地区已形成早期的土木工程。

中国在公元前21世纪，传说中的夏代部落领袖禹用疏导方法治理洪水，挖掘沟洫，进行灌溉。公元前5—前4世纪，在今河北临漳，西门豹主持修筑引漳灌邺工程，是中国最早的多首制灌溉工程。公元前3世纪中叶，在今四川灌县，李冰父子主持修建都江堰，解决围堰、防洪、灌溉以及水陆交通问题，是世界上最早的综合性大型水利工程。

在大规模的水利工程、城市防护建设和交通工程中，人们创造了形式多样的桥梁。公元前12世纪初，中国在渭河上架设浮桥，是中国最早在大河上架设的桥梁。再如在引漳灌邺工程中，在汾河上建成30个墩柱的密柱木梁桥；在都江堰工程中，为了提供行船的通道，架设了索桥。

中国利用黄土高原的黄土为材料创造的夯土技术，在中国土木工程技术发展史上占有很重要的地位。最早在甘肃大地湾新石器时期的大型建筑就用了夯土墙。河南偃师二里头有早商的夯筑筏式浅基础宫殿群遗址，以及郑州发现的商朝中期版筑城墙遗址、安阳殷墟(约公元前1100年)的夯土台基，都说明当时的夯土技术已成熟。以后相当长的时期里，中国的房屋等建筑都用夯土基础和夯土墙壁。

春秋战国时期，战争频繁，广泛用夯土筑城防敌。秦代在魏、燕、赵三国夯土长城基础上筑成万里长城，后经历代多次修筑，留存至今，成为举世闻名的长城。

中国的房屋建筑主要使用木构架结构。在商朝首都宫室遗址中，残存有一定间距和直线行列的石柱础，柱础上有铜锧，柱础旁有木柱的烬余，说明当时已有相当大的木构架建筑。《考工记·匠人》中有“殷人……四阿重屋”的记载，可知当时已有两层楼、四阿顶的建筑了。西周的青铜器上也铸有柱上置栌斗的木构架形象，说明当时在梁柱结合处已使用“斗”，做过渡层，柱间联系构件“额枋”也已形成。这时的木构架已开始有中国传统使用的柱、额、梁、枋、斗拱等。

中国在西周时代已出现陶制房屋版瓦、筒瓦、人字形断面的脊瓦和瓦钉，解决了屋面防水问题。春秋时期出现陶制下水管、陶制井圈和青铜制杆件结合构件。在美索不达米亚(两河流域)，制土坯和砌券拱的技术历史悠久。公元前8世纪建成的亚述国王萨尔贡二世宫，是用土坯砌墙，用石板、砖、琉璃贴面。

埃及人在公元前三千纪进行了大规模的水利工程以及神庙和金字塔的修建中，积累和运用了几何学、测量学方面的知识，使用了起重运输工具，组织了大规模协作劳动。公元前27—前26世纪，埃及建造了世界最大的帝王陵墓建筑群——吉萨金字塔群，这些金字塔，在建筑上计算准确，施工精细，规模宏大；建造了大量的宫殿和神庙建筑群，如公元前16—前4世纪在底比斯等地建造的凯尔奈克神庙建筑群。

希腊早期的神庙建筑用木屋架和土坯建造，屋顶荷重不用木柱支承，而是用墙壁和石柱承重。约在公元前7世纪，大部分神庙已改用石料建造。公元前5世纪建成的雅典卫城，在建筑、庙宇、柱式等方面都具有极高的水平，如巴台农神庙全用白色大理石砌筑，庙宇宏大，石质梁柱结构精美，是典型的列柱围廊式建筑。

在城市建设方面，早在公元前二千纪年前后，印度建摩亨朱达罗城，城市布局很有条理，方格道路网主次分明，阴沟排水系统完备。中国现在的春秋战国遗址证实了《考工记》中有关周朝都城“方九里、旁三门，国(都城)中九经九纬(纵横干道各九条)，经涂九轨(南北方向的干道可九车并行)，左祖右社(东设皇家祭祖先的太庙，西设祭国土的坛台)，面朝后市(城中前为朝廷，后为市肆)”的记载。这时中国的城市已有相当的规模，如齐国的临淄城，宽3 km，长4 km，城壕上建有8 m多跨度的简支木桥，桥两端为石块和夯土制作的桥台。

发达时期

由于铁制工具的普遍使用，提高了工效；工程材料中逐渐增添复合材料；工程内容则根据社会的发展，道路、桥梁、水利、排水等工程日益增加，大规模营建了宫殿、寺庙，因而专业分工日益细致，技术日益精湛，从设计到施工已有一套成熟的经验：①运用标准化的配件方法加速了设计进度，多数构件都可以按“材”或“斗口”、“柱径”的模数进行加工；②用预制构件，现场安装，以缩短工期；③统一筹划，提高效益，如中国北宋的汴京宫殿，施工时先挖河引水，为施工运料和供水提供方便，竣工时用渣土填河；④改进当时的吊装方法，用木材制成“戥”和绞磨等起重工具，可以吊起300多吨重的巨材，如北京故宫三台的雕龙御路石以及罗马圣彼得大教堂前的方尖碑等。

建筑工程

中国古代房屋建筑主要是采用木结构体系，欧洲古代房屋建筑则以石拱结构为主。

(1) 木结构。中国古建筑在这一时期又出现了与木结构相适应的建筑风格，形成独特的中国木结构体系。根据气候和木材产地的不同情况，在汉代即分为抬梁、穿斗、井干三种不同的结构方式，其中以抬梁式为最普遍。在平面上形成柱网，柱网之间可按需要砌墙和安门窗。房屋的墙壁不承担屋顶和楼面的荷重，使墙壁有极大的灵活性。在宫殿、庙宇等高级建筑的柱上和檐枋间安装斗拱。

佛教建筑是中国东汉以来建筑活动中的一个重要方面，南北朝和唐朝大量兴建佛寺。公元8世纪建的山西五台山南禅寺正殿和公元9世纪建的佛光寺大殿，是遗留至今较完整的中国木构架建筑。中国佛教建筑对于日本等国也有很大影响。

佛塔的建造促进了高层木结构的发展，公元2世纪末，徐州浮屠寺塔的“上累金盘，下为重楼”，是在吸收、融合和创造的过程中，把具有宗教意义的印度窣堵坡竖在楼阁之上(称为刹)，形成楼阁式木塔。公元11世纪建成的山西应县佛宫寺释迦塔(应县木塔)，塔高67.3 m，八角形，底层直径30.27 m，每层用梁柱斗拱组合为自成体系的完整、稳定的构架，9层的结构中有8层是用3 m左右的柱子支顶重叠而成，充分做到了小材大用。塔身采用内外两环柱网，各层柱子都向中心略倾(侧脚)，各柱的上端均铺斗拱，用交圈的扶壁拱组成双层套筒式的结构。这座木塔不仅是世界上现存最高的木结构之一，而且在杆件和组合设计上，也隐涵着对结构力学的巧妙运用。

(2) 砖石结构。约自公元1世纪，中国东汉时，砖石结构有所发展。在汉墓中已可见到从梁式空心砖逐渐发展为券拱和穹窿顶。根据荷载的情况，有单拱券、双层拱券和多层券。每层券上卧铺一层条砖，称为“伏”。这种券伏相结合的方法在后来的发券工程中普遍采用。自公元4世纪北魏中期，砖石结构已用于地面上的砖塔、石塔建筑以及石桥等方面。公元6世纪建于河南登封县的嵩岳寺塔，是中国现存最早的密檐砖塔。

早在公元前4世纪，罗马采用券拱技术砌筑下水道、隧道、渡槽等土木工程，在建筑工程方面继承和发展了古希腊的传统柱式。公元前2世纪，用石灰和火山灰的混合物作胶凝材料(后称罗马水泥)制成的天然混凝土，广泛应用，有力地推动了古罗马的券拱结构的大发展。公元前1世纪，在券拱技术基础上又发展了十字拱和穹顶。公元2世纪时，在陵墓、城墙、水道、桥梁等工程上大量使用发券。券拱结构与天然混凝土并用，其跨越距离和覆盖空间比梁柱结构要大得多，如万神庙(120—124年)的圆形正殿屋顶，直径为43.43 m，是古代最大的圆顶庙。卡拉卡拉浴室(211—217年)采用十字拱和拱券平衡体系。古罗马的公共建筑类型多，结构设计、施工水平高，样式手法丰富，并初步建立了土木建筑科学理论，如维特鲁威著《建筑十书》(公元前1世纪)奠定了欧洲土木建筑科学的体系，系统地总结了古希腊、罗马的建筑实践经验。古罗马的技术成就对欧洲土木建筑的发展有深远影响。

进入中世纪以后，拜占庭建筑继承古希腊、罗马的土木建筑技术并吸收了波斯、小亚一带文化成就，形成了独特的体系，解决了在方形平面上使用穹顶的结构和建筑形式问题，把穹顶支承在独立的柱上，取得开敞的内部空间，如圣索菲亚教堂(532—537年)为砖砌穹顶，外面覆盖铅皮，穹顶下的空间深68.6 m，宽32.6 m，中心高55 m。8世纪在比利牛斯半岛上的阿拉伯建筑，运用马蹄形、火焰式、尖拱等拱券结构。科尔多瓦大礼拜寺(785—987年)，即是用两层叠起的马蹄券。

中世纪西欧各国的建筑，意大利仍继承罗马的风格，以比萨大教堂建筑群(11—13世纪)为代表，其他各国则以法国为中心，发展了哥特式教堂建筑的新结构体系。哥特式建筑采用骨架券为拱顶的承重构件，飞券扶壁抵挡拱脚的侧推力，并使用二圆心尖券和尖拱。巴黎圣母院(1163—1271年)的圣母教堂是早期哥特式教堂建筑的代表。

15—16世纪，标志意大利文艺复兴建筑开始的佛罗伦萨教堂穹顶(1420—1470年)，是世界最大的穹顶，在结构和施工技术上均达到很高的水平。集中了16

世纪意大利建筑、结构和施工最高成就的，则是罗马圣彼得大教堂(1506—1626 年)。

意大利文艺复兴时期的土木建筑工程内容广泛，除教堂建筑外，还有各种公共建筑、广场建筑群，如威尼斯的圣马可广场等；这一时期人才辈出，理论活跃，如 L・B・阿尔贝蒂所著《论建筑》(1455 年)是意大利文艺复兴期最重要的理论著作，体系完备，影响很大；此外，施工技术和工具都有很大进步，工具除已有打桩机外，还有桅式和塔式起重设备以及其他新的工具。

其他土木工程

发达时期的其他土木工程也有很多重大成就。秦朝在统一中国的过程中，运用各地不同的建设经验，开辟了连接咸阳各宫殿和苑囿的大道，以咸阳为中心修筑了通向全国的驰道，主要线路宽 50 步，统一了车轨，形成了全国规模的交通网。比中国的秦驰道早些，在欧洲，罗马建设了以罗马城为中心，包括有 29 条辐射主干道和 322 条联络干道，总长达 78 000 km 的罗马大道网。汉代的道路约达 30 万里以上，为了超过高峻的山峦，修建了褒斜道、子午道，恢复了金牛道等许多著名栈道，所谓“栈道千里，通于蜀汉”。

随着道路的发展，在通过河流时需要架桥渡河，当时桥的构造已有许多种形式。秦始皇为了沟通渭河两岸的宫室，首先营建咸阳渭河桥，为 68 跨的木构梁式桥，是秦汉史籍记载中最大的一座木桥。还有留存至今的世界著名隋代单孔圆弧弓形敞肩石拱桥——赵州桥。

这个时期水利工程也有新的成就。公元前 3 世纪，中国秦代在今广西兴安开凿灵渠，总长 34 km，落差 32 m，沟通湘江、漓江，联系长江、珠江水系，后建成能使“湘漓分流”的水利工程。公元前 3—公元 2 世纪之间，古罗马采用券拱技术筑成隧道、石砌渡槽等城市输水道 11 条，总长 530 km，其中如尼姆城的加尔河谷输水道桥(公元 1 世纪建)，有 268.8 m 长的一段是架在 3 层叠合的连续券上。公元 7 世纪初，中国隋代开凿了世界历史上最长的大运河，共长 2 500 km。13 世纪元代兴建大都(今北京)，科学家郭守敬进行了元大都水系的规划，由北部山中引水，汇合西山泉水汇成湖泊，流入通惠河，这样可以截留大量水源，既解决了都城的用水，又接通了从都城向南直达杭州的南北大运河。

在城市建设方面，中国隋朝在汉长安城的东南，由宇文恺规划、兴建大兴城。唐朝复名为长安城，陆续改建，南北长 9.72 km，东西宽 8.65 km，按方整对称的原则，将宫城和皇城放在全城的主要位置上，按纵横相交的棋盘形街道布局，将其余部分划为 108 个里坊，分区明确、街道整齐。此外还对城市的地形、水源、交通、防御、文化、商业和居住条件等，都作了周密的考虑。它的规划、设计为日本建设平安京(今京都)所借鉴。

在土木工程工艺技术方面也有进步。分工日益细致，工种已分化出木作(大木作、小木作)、瓦作、泥作、土作、雕作、旋作、彩画作和窑作(烧砖、瓦)等。到 15 世纪，意大利的有些工程设计已由过去的行会师傅和手工业匠人逐渐转向出身于工匠而知识化了的建筑师、工程师来承担。出现了多种仪器，如抄平水准设备、度量外圆和内圆及方角等几何开头的器具“规”和“矩”。计算方法方面的进步，已能绘制平面、立面、剖面和细部大样等详图，并且用模型设计的表现方法。

大量的工程实践促进人们认识的深化，编写出了许多优秀的土木工程著作，出现了众多的优秀工匠和技术人才，如中国宋喻皓著《木经》、李诫著《营造法式》，以及意大利文艺复兴时期阿尔贝蒂著《论建筑》等。欧洲于 12 世纪以后兴起的哥特式建筑结构，到中世纪后期已经有了初步的理论，其计算方法也有专门的记录。

近代土木工程

从 17 世纪中叶到 20 世纪中叶的 300 年间，是土木工程发展史中迅猛前进的阶段。这个时期土木工程的主要特征是：在材料方面，由木材、石料、砖瓦为主，到开始并日益广泛地使用铸铁、钢材、混凝土、钢筋混凝土，直至早期的预应力混凝土；在理论方面，材料力学、理论力学、结构力学、土力学、工程结构设计理论等学科逐步形成，设计理论的发展保证了工程结构的安全和人力物力的节约；在施工方面，由于不断出现新的工艺和新的机械，施工技术进步，建造规模扩大，建造速度加快了。在这种情况下，土木工程逐渐发展到包括房屋、道路、桥梁、铁路、隧道、港口、市政、卫生等工程建筑和工程设施，不仅能够在地面，而且有些工程还能在地下或水域内修建。

土木工程在这一时期的发展可分为奠基时期、进步时期和成熟时期三个阶段。

奠基时期

17世纪到18世纪下半叶是近代科学的奠基时期，也是近代土木工程的奠基时期。伽利略、虎克、牛顿等所阐述的力学原理是近代土木工程发展的起点。意大利学者伽利略在1638年出版的著作《关于两门新科学的谈话和数学证明》中，论述了建筑材料的力学性质和梁的强度，首次用公式表达了梁的设计理论。这本书是材料力学领域中的第一本著作，也是弹性体力学史的开端。1660年虎克建立了材料应力和应变之间关系的虎克定律。1687年牛顿总结的力学运动三大定律是自然科学发展史的一个里程碑，直到现在还是土木工程设计理论的基础。瑞士数学家L.欧拉在1744年出版的《曲线的变分法》建立了柱的压屈公式，算出了柱的临界压曲荷载，这个公式在分析工程构筑物的弹性稳定方面得到了广泛的应用。法国工程师C.-A.de库仑1773年写的著名论文《建筑静力学各种问题极大极小法则的应用》，说明了材料的强度理论、梁的弯曲理论、挡土墙上的土压力理论及拱的计算理论。这些近代科学奠基人突破了以现象描述、经验总结为主的古代科学的框框，创造出比较严密的逻辑理论体系，加之对工程实践有指导意义的复形理论、振动理论、弹性稳定理论等在18世纪相继产生，这就促使土木工程向深度和广度发展。

尽管同土木工程有关的基础理论已经出现，但就建筑物的材料和工艺看，仍属于古代的范畴，如中国的雍和宫、法国的罗浮宫、印度的泰姬陵、俄国的冬宫等。土木工程实践的近代化，还有待于产业革命的推动。

由于理论的发展，土木工程作为一门学科逐步建立起来，法国在这方面是先驱。1716年法国成立道桥部队，1720年法国政府成立交通工程队，1747年创立巴黎桥路学校，培养建造道路、河渠和桥梁的工程师。所有这些，表明土木工程学科已经形成。

进步时期

18世纪下半叶，J·瓦特对蒸汽机作了根本性的改进。蒸汽机的使用推进了产业革命，规模宏大的产业革命，为土木工程提供了多种性能优良的建筑材料及施工机具，也对土木工程提出新的需求，从而促使土木工程以空前的速度向前迈进。

土木工程的新材料、新设备接连问世，新型建筑物纷纷出现。1824年英国人J·阿斯普丁取得了一种新型水硬性胶结材料——波特兰水泥的专利权，1850年左右开始生产。1856年大规模炼钢方法——贝塞麦转炉炼钢法发明后，钢材越来越多地应用于土木工程。1851年英国伦敦建成水晶宫，采用铸铁梁柱，玻璃覆盖。1867年法国人J·莫尼埃用铁丝加固混凝土制成了花盆，并把这种方法推广到工程中，建造了一座贮水池，这是钢筋混凝土应用的开端。1875年，他主持建造成第一座长16 m的钢筋混凝土桥。1886年，美国芝加哥建成家庭保险公司大厦，9层，初次按独立框架设计，并采用钢梁，被认为是现代高层建筑的开端。1889年法国巴黎建成高300 m的埃菲尔铁塔，使用熟铁近8 000 t。

土木工程的施工方法在这个时期开始了机械化和电气化的进程。蒸汽机逐步应用于抽水、打桩、挖土、轧石、压路、起重等作业。19世纪60年代内燃机问世和70年代电机出现后，很快就创制出各种各样的起重运输、材料加工、现场施工用的专用机械和配套机械，使一些难度较大的工程得以加速完工；1825年英国首次使用盾构开凿泰晤士河河底隧道；1871年瑞士用风钻修筑12.9 km长的隧道；1906年瑞士修筑通往意大利的19.8 km长的辛普朗隧道，使用了大量黄色炸药以及凿岩机等先进设备。

产业革命还从交通方面推动了土木工程的发展。在航运方面，有了蒸汽机为动力的轮船，使航运事业面目一新，这就要求修筑港口工程，开凿通航轮船的运河。19世纪上半叶开始，英国、美国大规模开凿运河，1869年苏伊士运河通航和1914年巴拿马运河的凿成，体现了海上交通已完全把世界联成一体。在铁路方面，1825年G·斯蒂芬森建成了从斯托史顿到达灵顿、长21 km的第一条铁路，并用他自己设计的蒸汽机车行驶，取得成功。以后，世界上其他国家纷纷建造铁路。1869年美国建成横贯北美大陆的铁路，20世纪初俄国建成西伯利亚大铁路。20世纪铁路已成为不少国家国民经济的大动脉。1863年英国伦敦建成了世界第一条地下铁道，长7.6 km，以后世界上一些大城市也相继修建了地下铁道。在公路方面，1819年英国马克当筑路法明确了碎石路的施工工艺和路面锁结理论，提倡积极发展道路建设，促进了近代的发展。19世纪中叶内燃机制成和1885—1886年K·F·本茨和G·W·戴姆勒制成用内燃机驱动的汽车；1908年美国福特汽车公司用传送带大量生产汽车以后，公路建设工程开始大规模地进行。铁路和公路的空前发展也促进了桥梁工程的进步。早在1779年英国就用铸铁建成跨度30.5 m的拱桥，1826年英国T·特尔福德用锻铁建成了跨度177 m的麦内悬索桥，1850年R·斯蒂芬森用煅铁和角钢拼接成不列颠箱管桥，1890年英国福斯湾建成两孔主跨达521 m的悬臂式桁架梁桥。现代桥梁的三种基本形式(梁式桥、拱桥、悬索桥)在这个时期相继出现了。

近代工业的发展，人民生活水平的提高，人类需求的不断增长，还反映在房屋建筑及市政工程方面。电力的旅游服务，电梯等附属设施的出现，使高层建筑实用化成为可能；电气照明、给水排水、供热通风、通路桥梁等市政设施与房屋建筑结合配套，开始了市政建设和居住条件的近代化；在结构上要求安全和经济，在建筑上要求美观和适用。科学技术发展和分工的需要，促使土木和建筑在19世纪中叶，开始分成为各有侧重的两个单独学科分支。

工程实践经验的积累促进了理论的发展。19世纪，土木工程逐渐需要有定量化的设计方法，对房屋和桥梁设计，要求实现规范化。另一方面由于材料力学、静力学、运动学、动力学逐步形成，各种静定和超静定桁架内力分析方法和图解法得到很快的发展。1825年C·-L·-M·-H·纳维建立了结构设计的容许应力分析法；19世纪末G·D·A·里特尔等人提出钢筋混凝土理论，应用了极限平衡的概念；1900年前后钢筋混凝土弹性方法被普遍采用。各国还制定了各种类型的设计规范。1818年英国不列颠土木工程师会的成立，是工程师结社的创举，其他各国和国际性的学术团体也相继成立。理论上的突破，反过来极大地促进了工程实践的发展，这样就使近代土木工程这个工程学科日臻成熟。

成熟时期

第一次世界大战以后，近代土木工程发展到成熟阶段。这个时期的一个标志是道路、桥梁、房屋大规模建设的出现。

在交通运输方面，由于汽车在陆路交通中具有快速和机动灵活的特点，道路工程的地位日益重要。沥青和混凝土开始用于铺筑高级路面。1931—1942年德国首先修筑了长达3 860 km的高速公路网，美国和欧洲其他一些国家相继效法。20世纪初出现了飞机，飞机场工程迅速发展起来。钢铁质量的提高和产量的上升，使建造大跨桥梁成为现实。1918年加拿大建成魁北克悬臂桥，长548.6 m；1937年美国旧金山建成金门悬索桥，跨度1 280 m，全长2 825 m，是公路桥的代表性工程；1932年，澳大利亚建成悉尼港桥，为双铰钢拱结构，跨度503 m。

工业的发达，城市人口的集中，使工业厂房向大跨度发展，民用建筑向高层发展，日益增多的电影院、摄影场、体育馆、飞机库等都要求采用大跨度结构。1925—1933年法国、苏联和美国分别建成了跨度达60 m的圆壳、扁壳和圆形索屋盖，中世纪的石砌拱终于被近代的壳体结构和悬索结构所取代。1931年美国纽约的帝国大厦落成，共102层，高378 m，有效面积16万m^2，结构用钢约5万余吨，内装电梯67部，还有各种复杂的管网系统，可谓集当时技术成就之大成，它保持世界房屋最高纪录达40年之久。

1906年美国旧金山发生大地震，1923年日本关东发生大地震，人们的生命财产遭受严重损失。1940年美国塔科马悬索桥毁于风振。这些自然灾害推动了结构动力学和工程抗害技术的发展。另外，超静定结构计算方法不断得到完善，在弹性理论成熟的同时，塑性理论、极限平衡理论也得到发展。

近代土木工程发展到成熟阶段的另一个标志是预应力钢筋混凝土的广泛应用。1886年美国人P·H·杰克孙首次应用预应力混凝土制作建筑构件，后又用于制作楼板。1930年法国工程师E·弗雷西内把高强钢丝用于预应力混凝土，弗雷西内于1939年、比利时工程师G·马涅尔于1940年改进了张拉和锚固方法，于是预应力混凝土便广泛地进入工程领域，把土木工程技术推向现代化。

中国清朝实行闭关锁国政策，近代土木工程进展缓慢，直到清末出现洋务运动，才引进一些西方技术。1909年，中国著名工程师詹天佑主持的京张铁路建成，全长约200 km，达到当时世界先进水平，全路有4条隧道，其中八达岭隧道长1 091 m。到1911年辛亥革命时，中国铁路总里程为9 100 km。1894年建成用气压沉箱法施工的滦河桥，1901年建成全长1 027 m的松花江桁架桥，1905年建成全长3 015 m的郑州黄河桥。中国近代市政工程始于19世纪下半叶，1865年上海开始供应煤气，1879年旅顺建成近代给水工程，相隔不久，上海也开始供应自来水和电力。1889年唐山设立水泥厂，1910 年开始生产机制砖。中国近代土木工程教育事业开始于 1895 年创办的天津北洋西学堂(后称北洋大学，今天津大学)和 1896 年创办的北洋铁路官学堂(后称唐山交通大学，今西南交通大学)。

中国近代建筑以 1929 年建成的中山陵和 1931 年建成的广州中山纪念堂(跨度 30 m)为代表。1934 年上海建成了 24 层钢结构的国际饭店、21 层的百老汇大厦(今上海大厦)和 12 层钢筋混凝土结构的大新公司。到 1936 年，已有近代公路 11 万 km。中国工程师自己修建了浙赣铁路、粤汉铁路的株洲至韶关段以及陇海铁路西段等。1937 年建成了公路铁路两用钢桁架的钱塘江桥，长 1 453 m，采用沉箱基础。1912 年成立中华工程师会，詹天佑为首任会长，30 年代成立中国土木工程师学会。到 1949 年，土木工程高等教育基本形成了完整的体系，中国已拥有一支庞大的近代土木工程技术力量。

现代土木工程

现代土木工程以社会生产力的现代发展为动力，以现代科学技术为背景，以现代工程材料为基础，以现代工艺与机具为手段高速度地向前发展。

第二次世界大战结束后，世界进入了相对和平的建设时期，特别是进入 20 世纪 60 年代，出现了土木工程发展的高峰时期。欧美各国，中东和亚洲许多国家都大量投资于基础设施建设。高速公路、大跨度桥梁、城市高架和地铁、高层建筑群、电视塔、航空港等纷纷兴建。到 70 年代末，一些发达国家已基本实现了现代化，亚洲也出现了“四小龙”。

中国在 1949 年以后，经历了经济恢复时期和两个五年计划的经济建设，到 1965 年全国公路里程已达到 80 余万公里，铁路通车里程 5 万余公里；全国火力发电已超过 2 000 万 kW，居世界第五位。不幸的是文化大革命的灾难不仅使中国失去了世界土木工程大发展的机遇，而且经济也濒临崩溃的边缘。粉碎四人帮后中国开始致力于现代化建设。第六个五年计划(1981—1985 年)的大中型建设项目达到 890 个。改革开放的政策使中国出现了大兴土木的形势。在 20 世纪的最后 20 年间，我国兴建了超过 2 万 km 的高速公路，全国公路里程达到 135 万 km。到世纪末，全国年钢产量已超过 2 亿 t，每年用于基本建设的混凝土超过 5 亿 m^3，都跃居世界第一位。全国城市进程不断加快，全国各大中城市大量兴建高层建筑，城市地铁、高架道路和轻轨交通等交通工程建设也有了一定的发展。这些都说明中国土木工程已开始了现代化的进程。

从世界范围来看，现代土木工程为了适应社会经济发展的需求，具有以下一些特征：

工程功能化

现代土木工程的特征之一，是工程设施同它的使用功能或生产工艺更紧密地结合。复杂的现代生产过程和日益上升的生活水平，对土木工程提出了各种专门的要求。

现代土木工程为了适应不同工业的发展，有的工程规模极为宏大，如大型水坝混凝土用量达数千万立方米，大型高炉的基础也达数千立方米；有的则要求十分精密，如电子工业和精密仪器工业要求能防微振。现代公用建筑和住宅不再仅仅是传统意义上徒具四壁的房屋，而要求同采暖、通风、给水、排水、供电、供燃气等种种现代技术设备结成一体。

对土木工程有特殊功能要求的各类特种工程结构也发展起来。例如，核工业的发展带来了新的工程类型。20 世纪 80 年代初世界上已有 23 个国家拥有核电站 277 座，在建的还有 613 座，分布在 40 个国家。中国也已开始核电站建设。核电站的安全壳工程要求很高。又如为研究微观世界，许多国家都建造了加速器。中国从 50 年代以来建成了 60 余座加速器工程，目前正在兴建 3 座大规模的加速器工程，这些工程的要求也非常严格。海洋工程发展很快，80 年代初海底石油的产量已占世界石油总产量的 23%，海上钻井已达 3 000 多口，固定式钻井平台已有 300 多座。中国在渤海、南海等处已开采海底石油。海洋工程已成为土木工程的新分支。

现代土木工程的功能化问题日益突出，为了满足极专门和更多样的功能需要，土木工程更多地需要与各种现代科学技术相互渗透。

城市立体化

随着经济的发展，人口的增长，城市用地更加紧张，交通更加拥挤，这就迫使房屋建筑和道路交通向高空和地下发展。

高层建筑成了现代化城市的象征。1974 年芝加哥建成高达 443 m 的西尔斯大厦，超过 1931 年建造的纽约帝国大厦的高度。现代高层建筑由于设计理论的进步和材料的改进，出现了新的结构体系，如剪力墙、筒中筒结构等。美国在 1968—1974 年间建造的 3 幢超过百层的高层建筑，自重比帝国大厦减轻 20%，用钢量减少 30%。高层建筑的设计和施工是对现代土木工程成就的一个总检阅。位居前列的还有马来西亚石油大厦(高 387 m)和上海金茂大厦(高 371 m)。

大跨度建筑层出不穷，薄壳、悬索、网架和充气结构覆盖大片面积，满足种种大型社会公共活动的需要。1959 年巴黎建成多波双曲薄壳的跨度达 210 m；1976 年美国新奥尔良建成的网壳穹顶直径为 207.3 m；1975 年美国密歇根庞蒂亚克体育馆充气塑料薄膜覆盖面积达 35 000 多平方米，可容纳观众 8 万人。中国也建成了许多大空间结构，如上海体育馆圆形网架直径 110 m，北京工人体育馆悬索屋面净跨为 94 m。大跨建筑的设计也是理论水平提高的一个标志。

城市道路和铁路很多已采用高架，同时又向地层深处发展。地下铁道在近几十年得到进一步发展，地铁早已电气化，并与建筑物地下室连接，形成地下商业街。北京地下铁道在 1969 年通车后，1984 年又建成新的环形线。地下停车库、地下油库日益增多。城市道路下面密布着电缆、给水、排水、供热、供燃气的管道，构成城市的脉络。现代城市建设已经成为一个立体的、有机的系统，对土木工程各个分支以及他们之间的协作提出了更高的要求。

交通高速化

现代世界是开放的世界，人、物和信息的交流都要求更高的速度。高速公路虽然 1934 年就在德国出现，但在世界各地较大规模地修建是第二次世界大战后的事。1983 年，世界高速公路总长已达到 11 万 km，在很大程度上取代了铁路的职能。高速公路的里程数，已成为衡量一个国家现代化程度的标志之一。铁路也出现了电气化和高速化的趋势。日本的“新干线”铁路行车时速达 210 km 以上，法国巴黎到里昂的高速铁路运行时速达 260 km。到 20 世纪末，世界高速铁路总里程已达到 24 000 km。从工程角度来看，高速公路、铁路在坡度、曲线半径、路基质量和精度方面都有严格的限制。交通高速化直接促进了桥梁、隧道技术的发展。

在桥梁方面，预应力混凝土的广泛应用和斜拉桥的复兴是第二次世界大战后桥梁发展史上两次最伟大的成就。此外，各向异性钢桥面、采用流线形箱梁的悬索桥以及许多创新的结构设计和施工技术的成果使 20 世纪下半叶的桥梁建设取得了飞速的发展。特别在世纪末的 90 年代，法国诺曼底大桥(1995 年)、丹麦大海带桥(1997 年)、日本明石海峡大桥(1998 年)和日本多多罗大桥(1999 年)是世界公认的大跨度桥梁的杰出成就。中国桥梁界在 1991 年自主建成上海南浦大桥的鼓舞下也出现了全国范围建设大桥的高潮，并于 90 年代建成了全世界瞩目的上海杨浦大桥(1993 年)、重庆万县长江大桥(1997 年)、广东虎门大桥(1997 年)和江阴长江大桥(1997 年)。

在隧道方面，不仅穿山越江的隧道日益增多，而且出现长距离的海底隧道。我国的秦岭公路隧道长达 18.6 km，日本从青森至函馆越过津轻海峡的青函海底隧道长达 53.85 km。

航空事业在现代得到飞速发展，航空港遍布世界各地。航海业也有很大发展，世界上的国际贸易港口超过 2 000 个，并出现了大型集装箱码头。中国的塘沽、上海、北仑、广州、湛江等港口也已逐步实现现代化，其中一些还建成了集装箱码头泊位。

在现代土木工程出现上述特征的情况下，构成土木工程的三个要素(材料、施工和理论)也出现了新的趋势。

材料轻质高强化

现代土木工程的材料进一步轻质化和高强化。工程用钢的发展趋势是采用低合金钢。中国从 20 世纪 60 年代起普遍推广了锰硅系列和其他系列的低合金钢，大大节约了钢材用量，并改善了结构性能。高强钢丝、钢绞线和粗钢筋的大量生产，使预应力混凝土结构在桥梁、房屋等工程中得以推广。

标号为 500—600 号的水泥已在工程中普遍应用，近年来轻集料混凝土和加气混凝土已用于高层建筑。例如美国休斯敦的贝壳广场大楼，用普通混凝土只能建 35 层，改用了陶粒混凝土，自重大大减轻，用同样的造价建造了 52 层。而大跨、高层、结构复杂的工程又反过来要求混凝土进一步轻质、高强化。

高强钢材与高强混凝土的结合使预应力结构得到较大的发展。中国在桥梁工程、房屋工程中广泛采用预应力混凝土结构。先张法和后张法的预应力混凝土屋架、吊车梁和空心板在工业建筑和民用建筑中广泛使用。在80年代混凝土标号已提高到C60和C80,甚至出现C100和C130的试验房屋和桥梁。

高性能混凝土的使用不但增大了桥梁的跨越能力,使梁式桥的跨度突破了300 m,同时也提高了混凝土抗腐蚀、抗风化等耐久性指标。

铝合金、镀膜玻璃、石膏板、建筑塑料、玻璃钢等工程材料发展迅速。新材料的出现与传统材料的改进是以现代科学技术的进步为背景的。

施工过程工业化

大规模现代建设使中国和苏联、东欧的建筑标准化达到了很高的程度。人们力求推行工业化生产方式,在工厂中成批地生产房屋、桥梁的种种构配件、组合体等。预制装配化的潮流在50年代后席卷了以建筑工程为代表的许多土木工程领域。这种标准化在中国社会主义建设中,起到了积极作用。中国建设规模在绝对数字上是巨大的,30年来城市工业与民用建筑面积达23亿多平方米,其中住宅10亿 m^2,若不广泛推行标准化,是难以完成的。装配化不仅对房屋重要,也在中国桥梁建设中引出装配式轻型拱桥,从60年代开始采用与推广,对解决农村交通起到了一定作用。

在标准化向纵深发展的同时,种种现场机械化施工方法在70年代以后发展得特别快。采用了同步液压千斤顶的滑升模板广泛用于高耸结构。1975年建成的加拿大多伦多电视塔高达553 m,施工时就使用了滑模,在安装天线时还使用了直升飞机。现场机械化的另一个典型实例是用一群小提升机同步提升大面积平板的升板结构施工方法。近10年来中国用这种方法建造了约300万 m^2 的房屋。此外,钢制大型模板、大型吊装设备与混凝土自动化搅拌机、混凝土搅拌输送车、输送泵等相结合,形成了一套现场机械化施工工艺,使传统的现场灌筑混凝土方法获得了新生命,在高层、多层房屋和桥梁中部分地取代了装配化,成为一种发展很快的方法。

现代技术使许多复杂的工程成为可能,例如中国宝成铁路有80%的线路穿越山岭地带,桥隧相连,成昆铁路桥隧总长占40%;日本山阳线新大阪至博多段的隧道总长占50%;苏联在靠近北极圈的寒冷地带建造第二条西伯利亚大铁路;中国的川藏公路、青藏公路直通世界屋脊。由于采用了现代化的盾构,隧道施工加快,精度也提高。土石方工程中广泛采用定向爆破,解决大量土石方的施工。

理论研究精密化

现代科学信息传递速度大大加快,一些新理论与方法,如计算力学、结构动力学、动态规划法、网络理论、随机过程论、滤波理论等的成果,随着计算机的普及而渗进了土木工程领域。结构动力学已发展完备。荷载不再是静止的和确定性的,而将被作为随时间变化的随机过程来处理。美国和日本使用由计算机控制的强震仪台网系统,提供了大量原始地震记录。日趋完备的反应谱方法和直接动力法在工程抗震中发挥很大作用。中国在抗震理论、测震、震动台模拟试验以及结构抗震技术等方面有了很大发展。

静态的、确定的、线性的、单个的分析,逐步被动态的、随机的、非线性的、系统与空间的分析所代替。电子计算机使高次超静定的分析成为可能,例如高层建筑中框架-剪力墙体系和筒中筒体系的空间工作,只有用电算技术才能计算。数字计算机的不断升级换代和软件的进步大大提高了数值模拟和仿真计算的能力,并在土木工程的规划设计、结构分析、施工过程监控和管理以及健康监测和养护等方面日益发挥重要的作用。随着土木工程结构的高耸化、长大化和复杂化,在跟踪变形的非线性分析、考虑极限荷载状态的全过程弹塑性稳定分析、复杂结构和部位的三维空间分析、强震作用下的坍塌过程分析、全耦合的非线性风振分析以及考虑各种不确定性的概率分析、结构风险分析和全寿命经济分析等方面都取得了重要进步,土木工程正向着更符合实际情况的精细化方向发展。

从材料特性、结构分析、结构抗力计算到极限状态理论,在土木工程各个分支中都得到充分发展。50年代美国、苏联开始将可靠性理论引入土木工程领域,土木工程的可靠性理论建立在作用效应和结构抗力的概率分析基础上。工程地质、土力学和岩体力学的发展为研究地基、基础和开拓地下、水下工程创造了条件。计算机不仅用以辅助设计,更作为优化手段;不但运用于结构分析,而且扩展到建筑、规划领域。

理论研究的日益深入,使现代土木工程取得许多质的进展,并使实践更离不开理论指导。

此外,现代土木工程与环境关系更加密切,在从使用功能上考虑使它造福人类的同时,还要注意它与环境的和谐问题。现代生产和生活时刻排放大量废水、废气、废渣和噪声，污染着环境。环境工程，如废水处理工程等又为土木工程增添了新内容。核电站和海洋工程的快速发展，又产生新的引起人们极为关心的环境问题。现代土木工程规模日益扩大，例如：世界水利工程中，库容 300 亿 m^3 以上的水库为 28 座，高于 200 m 的大坝有 25 座。乌干达欧文瀑布水库库容达 2 040 亿 m^3，苏联罗贡土石坝高 325 m；中国葛洲坝截断了世界最大河流之一的长江，并又开始筹建三峡高坝；巴基斯坦引印度河水的西水东调工程规模很大；中国在 1983 年完成了引滦入津工程。这些大水坝的建设和水系调整还会引起对自然环境的另一影响，即干扰自然和生态平衡，而且现代土木工程规模愈大，它对自然环境的影响也愈大。因此，伴随着大规模现代土木工程的建设，带来一个保持自然界生态平衡的课题，有待综合研究解决。

土木工程的未来

科学家认为：20 世纪是物理化学的世纪，21 世纪则是生命科学的世纪。经济学家则认为：21 世纪将是以信息科学为核心的知识经济时代。然而，从土木工程师的角度看，21 世纪将是智能化建筑和高速交通的时代。智能化高速公路、高速铁路以及智能化的大厦和人居环境将使人类生活中的“住”和“行”达到一个崭新的境界——快捷、方便、安全和舒适。更高效的短工作日（可能每周 4 天），更多的休闲和旅游时间，就需要更好的交通服务设施和更美的公共与私人的活动空间。

知识经济时代实质上就是一个智能化和高效率的社会。现代通信技术的发展使社会高度信息化，家庭生活、办公室工作、工厂企业生产、交通运输、工程建设、教育培训、医疗保健、国家管理等等活动都可利用可视电话、网络和多媒体、“信息高速公路”等现代通信手段实现自动化和智能化。人类的智慧和计算机网络的结合将使知识创新成为最有价值的产品，成为经济的主体和各行业的技术核心。

知识经济时代的土木工程具有以下特征：

首先，在土木工程的规划和设计阶段，人们将运用高度发展的计算机辅助手段进行有效和快速的优化设计和仿真分析。“虚拟现实（Virtual Reality）技术”的应用使业主可以十分逼真地事先从计算机中看到建成后的结构外形、各种功能要求的实现，在模拟地震和台风袭击下结构的表现，建筑物对环境的影响以及昼夜的景观等，以便进一步修改设计或作出决策。

其次，在结构的制造和施工安装阶段，人们将利用智能化的制造系统，在工厂完成结构部件的精密加工，然后，利用全球定位系统（GPS）和遥控技术，在离工地千里之外的总部管理和控制土木工程的安全和高质量的施工。

最后，在工程交付使用后，将通过自动监测和管理系统，保证其安全和正常运行。一旦出现故障或损伤，健康诊断和专家系统将发出警报，并自动报告故障部位，指示养护和修理对策。

总之，知识经济时代的土木工程也和社会的其他行业一样，具有智能化、信息化和远距离自动控制的特征。受计算机控制的各种智能性“建筑机器人”将在总部管理人员的指挥下，按计划精确地完成野外条件下的水下或空中的施工作业。这就是一幅土木工程未来的景象。

《现代桥梁抗风理论与实践》前言*

同济大学的桥梁抗风研究自 1979 年接受上海泖港大桥的风洞试验任务算起已经渡过了 26 个春秋。

在李国豪教授的倡导下我们经历了第一个十年的“学习和追赶”阶段，大家努力学习国外在 20 世纪 60 年代奠基的桥梁风振理论和风洞试验技术，终于在 80 年代后期抓住了上海南浦大桥建设和建立国家重点实验室的机遇，迈出了重要的一步，逐步建成了中国第一家拥有 3 座边界层风洞的建筑风洞群。

自 1987 年参加了在德国亚琛的第 7 届国际风工程大会以来，同济大学的风工程研究群体积极参加了历次的国际和地区性风工程会议，逐渐成为代表中国风工程界的一支重要力量，引起了国际风工程界的关注。

进入 90 年代以后，同济大学在完成上海南浦大桥和杨浦大桥的抗风研究和风洞试验的基础上进入了第二个十年的“提高和跟踪”阶段。为了缩小和先进国家的差距，我们努力跟踪所有前沿课题，并且特别关注世界风工程强国中一些著名学者的研究动态。通过组织学习和讨论，开发了自主的软件，同时利用中国大规模桥梁建设的有利形势，在工程实际应用中加以检验和改进，使同济大学桥梁风工程的研究水平得到很大的提高。到 20 世纪末，我们的队伍也从最初的三人小组发展成一支来自土木、机械、航空、力学、工程物理各专业组成的近 20 人的综合研究群体，成长为国内桥梁风工程研究的中心之一。

90 年代末，我们又遇到了两次重要的机遇：一是主持国家自然科学基金的重大项目；二是桥梁工程学科继获得全国重点学科后又被选为上海市重中之重学科。我们利用重大项目中有关桥梁风工程的专题经费组织了重点攻关，同时在上海重中之重学科建设经费的资助下提高了试验装备水平，购置了用于数值模拟的超级计算机及图形显示设备，又兴建了用于风振机理研究的第四座边界层风洞和相关设备，为今后的基础理论研究创造了条件。

进入 21 世纪后，我们将在前 20 年学习和跟踪的基础上开始一个“创新和超越”的新阶段。希望通过不懈的努力，在若干国际风工程研究的前沿热点上有所突破，用创新的成果实现局部的超越，并为 21 世纪的跨海大桥建设作出贡献。

本书由我负责确定各章节内容、制定全书大纲以及编写第一章和第十二章内容，学科组成员分工执笔了其他章节的内容，他们是葛耀君的第三、六、七章；朱乐东的第四、九章；陈艾荣的第八、十章；林志兴的第二章和第

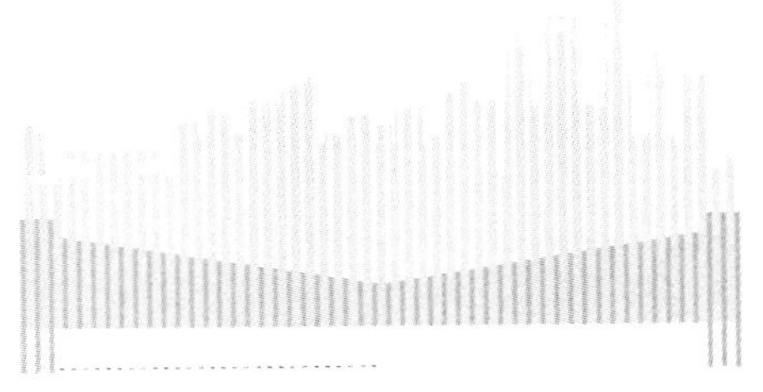

* 本文系项海帆等著《现代桥梁抗风理论与实践》的前言，作于 2005 年 8 月。

五章(第6、7节);顾明的第五章第1至5节;肖汝诚的第十一章。全书由我统稿和修改。另外,风洞试验室年轻一代留校工作的博士们(程进、周志勇、丁泉顺、曹丰产、郭震山、杨詠昕、赵林和马如进等)也积极参与了部分初稿的准备工作,有些研究内容直接来自于他们的博士学位论文。

本书可说是一本近十年来同济大学桥梁风工程群体在理论和实践方面的研究总结,主要内容都来自在国内外所发表的论文,希望能对读者有所裨益。错误和不当之处还望国内外同仁批评指正。

《土木工程学科前沿综述》前言*

1660 年创立的虎克定律被认为是土木工程学科从古代进入近代的标志。从那时到第二次世界大战结束的约 300 年间，建筑材料方面由古代的石料、木材和砖瓦转变为铸铁、钢材、混凝土、钢筋混凝土，乃至早期的预应力混凝土；理论方面则由 17 世纪伽利略、虎克和牛顿奠基的土木工程设计基础理论发展出 18 世纪以欧拉的稳定理论与库仑的强度理论与土力学理论为代表的更新的理论。

18 世纪蒸汽机的发明催生了英国工业革命。1825 年英国建成了第一条铁路，1863 年伦敦又建成了第一条地铁。转炉炼钢法（1856 年）和钢筋混凝土（1867 年）的相继问世促使了近代土木工程的快速发展。19 世纪的 60 年代和 70 年代内燃机和电机也相继发明，到 1885 年德国造出了第一辆汽车。铁路、公路、高层建筑和大型公共建筑（车站、展览馆、体育场馆等）在 19 世纪的大量建设使近代土木工程在世纪末已达到了相当成熟的阶段。继 19 世纪下半叶的世界三大标志性工程美国布鲁克林悬索桥（主跨 486 m，1883 年）、法国埃菲尔铁塔（高 305 m，1899 年）和英国 Forth 桁架桥（主跨 520 m，1890 年）之后，20 世纪上半叶也建成了世界三大标志性工程：美国旧金山金门大桥（主跨 1 280 m，1937 年）、澳大利亚悉尼拱桥（主跨 503 m，1932 年）和美国纽约帝国大厦（高 378 m，102 层，1931 年）。与此同时，20 世纪的 30、40 年代也是土木工程有关力学理论和设计方法蓬勃发展和日臻完善的时期，结构稳定和振动理论、非线性挠度理论、组合结构计算理论、梁桁空间计算理论、高层框架分析方法、板壳和薄壁杆件扭转理论等相继建立起来，为大跨桥梁、高层建筑和大跨穹顶结构的分析和设计提供了有力的支持。

第二次世界大战后，计算机的问世标志着土木工程进入了发展更为迅猛的现代时期。在 20 世纪 60 年代，世界各国进入了战后大兴土木的高潮期。高速公路网的建设和城市化进程大大推动了土木工程的发展。战前发明的预应力混凝土技术日趋成熟，并成为战后最主要的建筑材料。计算机的不断进步和有限元法的创立使数值方法逐渐代替了战前所采用的解析和半解析方法，并促使结构分析和设计向精细化方向前进。两种传统的材料——钢和混凝土不断向高强度、高性能、耐腐蚀方向的进步，为预应力混凝土结构的发展提供了更好的条件。多种材料使用的组合结构和复合材料的应用也为创新的结构体系和构造的不断涌现开拓了广阔的前景。

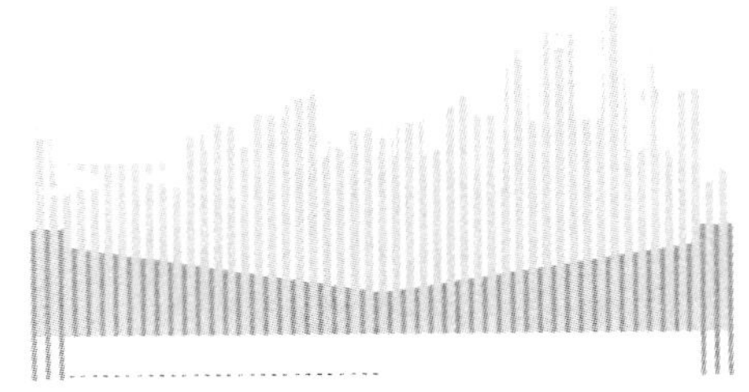

在工程方面，20 世纪下半叶建成的世界标志性工程有很多，其中可以代表这一高速发展时期成就，并列入“世界奇观”的作品有：美国芝加哥西

* 本文系《土木工程学科前沿综述》前言，作于 2005 年。

尔斯大厦(高 443 m,110 层,1973 年),日本明石海峡大桥(主跨 1 991 m 的悬索桥,1998 年),英吉利海峡“欧洲隧道”(长 48.5 km,1993 年),美国路易斯安娜圆顶体育馆(直径 208 m,1975 年)和加拿大多伦多国家电视塔(高 553.3 m,1975 年)。

土木工程学科在战后的大发展中也开始了快速地分支。战前大学土木系一般都设有材料、结构、路工、市政和水利等专业组,其中市政组中的建筑、城市规划和给排水专业以及材料组和水利组首先从土木工程中分离出去,独立组成了新的系科。随后,路工组中的铁路、公路、交通也发展成独立的系科。到了 60 年代,土木工程学科只留下结构组中的桥梁、房屋、隧道及基础工程的内涵,并且进一步形成了结构工程(Structural Eng.)和岩土与地下工程(Geotechnical Eng.)两个相对独立的学科,前者着重于上部结构(Superstructure),后者则着重于下部结构(Substructure)。

从国际范围来看,国际桥梁与结构工程协会(IABSE, 1929 年)、国际预应力联盟(FIP, 1952 年)、国际隧道协会(ITA, 1974 年)、国际土力学和基础工程协会(ISSMFE, 1936 年)国际薄壳与空间结构协会(IASS, 1959 年),以及 1956 年成立的国际地震工程协会(IAEE)和 1963 年成立的国际风工程协会(IAWE)这两个新兴的边缘学科国际组织,它们共同组成了现代土木工程学科的大家庭,这些协会所组织的会议也是现代国际土木工程师活动的重要舞台。

《土木工程概论》前言*

1997年9月，同济大学在原来结构工程学院的基础上扩展成立了土木工程学院，以适应本科按一级学科土木工程专业招生的形势。为了使入校的新生对土木工程学科有一个初步的认识，同时也让新同学尽早接受院士和老教授们的指导，使他们更加热爱自己选择的专业，我们从1998年起以讲座形式创立了《土木工程概论》课。

《土木工程概论》课每周一讲，除了介绍土木工程下属各分支和相关学科，如建筑工程，桥梁工程，岩土、隧道和地下工程，道路和机场工程，轨道交通工程，港口工程，土木工程防灾，土木工程材料的概况外，还对高新技术应用，工程美学，土木工程师的知识结构、素质和社会责任等进行概括地讲述，以体现同济大学倡导的"知识、能力、人格"三位一体全面发展的素质教育模式，赶上现代工程教育的潮流。

2005年，同济大学应高等学校土木工程专业指导委员会之约，编写了英文版的《土木工程概论》(*Introduction of Civil Engineering*)，作为大学本科土木工程概论课的参考阅读材料，同时也可用作土木工程专业英语的教材，以提高学生的外语阅读能力，丰富专业词汇。

今年，是同济大学的《土木工程概论》课创立10周年。应人民交通出版社之约，我们决定将历年的讲座教材加工整理出版。全书共分13章，参加编写的作者大都是学院内担任系主任的教授，他们都参与讲座的教课工作，并具有丰富的教学经验。项海帆、沈祖炎和范立础三位主编除参与撰写外，还分工担任全书各章的审阅，最后由项海帆统稿。

全书各章突出学科发展的历史脉络，列举现代土木工程各学科中的重大技术创新和重要人物，以教育学生对原创者的尊重，启发学生的创新理念和动力。同时，在各章的结尾又对学科发展的未来进行了展望，以引导学生面对新世纪的挑战，提升通过创新的努力实现超越的决心和勇气，并推进学科的不断向前发展。

我们期待本书的出版能促进土木工程教育的改革，并为培育新一代具有创新理念和能力的土木工程师发挥重要的引导作用。

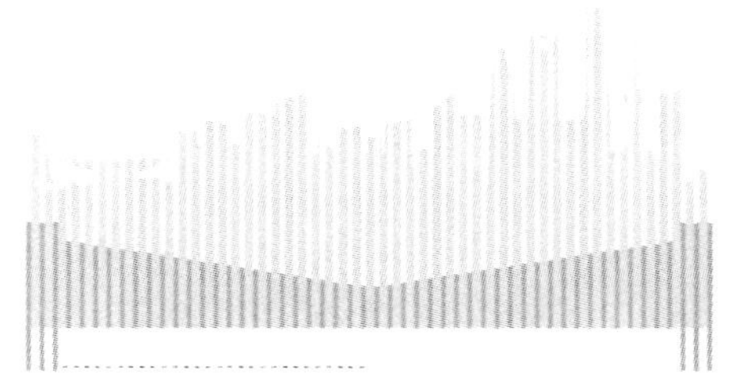

* 本文系项海帆、沈祖炎、范立础主编的《土木工程概论》前言，作于2007年9月。

《中国桥梁史纲》前言*

在人类文明的发展史中，桥梁占有重要的一页。中国是一个有 5 000 年文字记载历史的伟大国家，长江、黄河和珠江流域孕育了中华民族，创造了灿烂的华夏文化。中国古代桥梁的辉煌成就曾在世界桥梁发展史中占有重要的地位，为世人所公认。18 世纪的英国工业革命造就了近代科学技术，19 世纪发明的近代炼钢法和作为人造石料的混凝土，使欧美各国相继进入近代桥梁工程的新时期。19 世纪中叶的鸦片战争使中国沦为半殖民地半封建的国家，帝国主义列强为掠夺中国的资源在中国修筑铁路、开挖矿山、设立租界，也引入了近代桥梁技术。1937 年建成的钱塘江大桥是第一座由中国工程师主持设计和监造的近代钢桥。新中国成立后，在苏联专家的帮助下我们修建了武汉长江大桥，并引进了当时的先进桥梁技术。中国在 20 世纪 80 年代的改革开放迎来了桥梁建设的黄金时期，在学习发达国家现代桥梁创新技术的基础上，通过自主建设造就了中国现代桥梁的崛起和 90 年代的腾飞，取得了令世人瞩目的进步和业绩。可以说，中国桥梁已走上了复兴的道路，正在从桥梁大国向桥梁强国迈进，有希望在 21 世纪的自主创新努力中重现辉煌。

2007 年是同济大学 100 周年校庆，同济大学出版社于 2006 年约我写一本关于中国桥梁发展历史的书，以教育年轻一代学子了解历史，看清差距，认识不足，从而提升通过创新实现超越的决心和勇气，为在 21 世纪中从桥梁大国走向桥梁强国贡献力量。为此，我约请了五五届同窗好友范立础院士，五七届学兄、原上海财经大学党委书记潘洪萱教授和五八届学弟、原河南省交通厅副厅长张圣城教授级高级工程师分工编写此书。我们一起讨论确定了编写大纲，由潘洪萱撰写第一篇中国古代桥梁，张圣城撰写第二篇中国近代桥梁，项海帆撰写第三篇中国现代桥梁，项海帆、范立础联合撰写第四篇中国桥梁的未来，最后由项海帆负责全书的统稿。

本书定名为“中国桥梁史纲”，旨在用较小的篇幅，集中介绍自公元前 21 世纪的夏代直至 21 世纪的 4 000 年间中国桥梁从古代、近代到现代的发展梗概，并列出重要的人物和具有代表性的里程碑工程，以便描绘出中国桥梁的历史纲要和主要骨架，希望对桥梁专业的学子和桥梁界的同仁有所启迪和鼓舞，为中国桥梁的未来贡献力量。书中的不当之处望不吝指正。

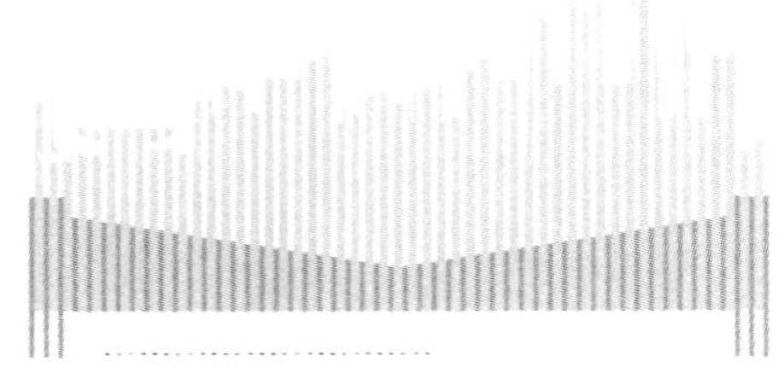

* 本文系项海帆、潘洪萱、张圣城、范立础编著的《中国桥梁史纲》前言，作于 2008 年 3 月。

《中国桥梁史纲》后记*

经过两年多的努力，约30万字的《中国桥梁史纲》终于和读者见面了。为了解自1840年鸦片战争以来中国近代桥梁的历史踪迹，潘洪萱教授和张圣城教授级高级工程师专程赴天津、广州、兰州、西宁、洛阳、镇江、扬州、武汉等地的市政和桥梁建设部门，从档案中寻找有关的文字材料和照片。虽然所获的材料并不多，但我们还是据此勾画出了自1840年至1945年的100多年间中国近代桥梁发展的脉络。

和近代桥梁相比，中国古代桥梁已有许多专著进行过整理，特别是唐寰澄先生的力作《中国科学技术史·桥梁卷》资料翔实，分析透彻。潘洪萱教授经过精心的组织，梳理出从夏代至清末的约4 000年间中国古代桥梁的辉煌历程。

关于自新中国成立后，约60年间的中国现代桥梁，我们曾在1993年和2003年为纪念李国豪老师的80和90寿辰编辑出版过《中国桥梁》和《中国大桥》两本画册。在本书中则按不同的时期分别介绍了中国现代桥梁的发展梗概，从中可以看出中国桥梁界通过自主建设从学习、跟踪到开始有所创新的进步历程。

《中国桥梁史纲》一书的初稿在2008年3月已基本完成，准备交付同济大学出版社开始付印前的编审。同年5月的汶川大地震后，出版社因忙于赶印有关抗震科技的书籍决定将本书出版计划推迟，改为对2009年建国60周年的献礼书之一奉献给读者。

在此期间，我们有机会对书稿又作了进一步的相互审读和修改。我们四人都毕业于桥梁专业，而且都已逾古稀之年，对于历史书籍的撰写颇感力不从心，尽管大家都十分努力，但仍恐有负于桥梁界同仁的期望。

根据李约瑟博士所著《中国科学技术史》第七卷中的统计资料，中国自公元前3000年至15世纪的约4 500年间贡献了近300项发明创造，在许多方面领先于世界各国，其中包括举世闻名的四大发明和按英文字母排列的26项重要发明，在桥梁工程方面有浮桥（公元前4世纪）、伸臂梁桥（公元4世纪）、索桥（公元6世纪）、敞肩拱桥（公元610年隋朝）和贯木拱桥（公元1032年宋朝）等。

然而，不幸的是，自16世纪欧洲文艺复兴之后，中国的创造活动开始衰退直至消亡，成了著名的“李约瑟难题”：为什么近代科学技术不在中国而在欧洲产生？为什么中国不能保持先进的创造优势而率先发生工业革命？而且在19世纪竟沦落为遭受列强欺凌的愚昧落后的中国。

一些有识之士指出：中国封建社会的中央集权专制体制和轻视工商的

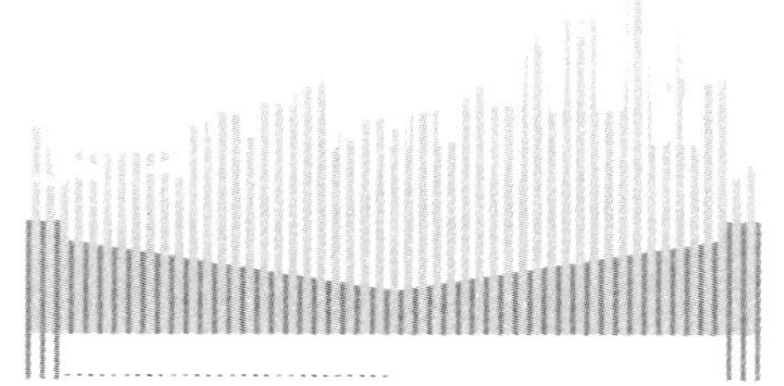

* 本文系项海帆、潘洪萱、张圣城、范立础编著的《中国桥梁史纲》后记，作于2009年6月。

观念扼杀了中国人民的自由探索精神，知识分子的精英都被科举制度吸引到仕途，并崇尚服从帝王的统一意志，从而削弱了发明创造的热情。再加上盲目自满和缺乏竞争的动力，最终造成了300多年来中国科技的衰落。可以说，这一思想遗毒至今仍在影响我们年轻一代的创造力。

帝国主义列强的坚船利炮在1840年轰开了中国的大门，特别是甲午海战的失败，使中国的知识分子开始猛醒，认识到科技的落后，立志努力学习、奋起直追。1919年，留学回来的知识分子发起的五四新文化运动从启迪民智演变为救亡和革命，经过30年的内战和8年抗日战争，最后迎来了1949年新中国的诞生。

在纪念建国60周年的今天，我们正处在从大国走向强国的历史转折点。经过30年改革开放的努力，中国桥梁界已跟上了世界现代桥梁前进的步伐，进入了国际先进行列。然而，正如在第四篇《中国桥梁的未来》中所说，我们仍不能骄傲自满，而要承认差距和不足，我们的出路在自主创新。只有真正掌握先进核心技术的自主创新才能摆脱发达国家的遏制、操控和依赖，才能实现中华民族的伟大复兴。正如温总理最近在英国剑桥大学的演讲中所说："中国要赶上发达国家水平，还有很长很长的路要走。"

在为撰写本书第三篇《中国现代桥梁》而收集资料的过程中，深感中国桥梁界的技术总结和有关文章大都是平铺直叙的介绍，缺少像国外同行那样对概念设计和创意的生动描述，而更多的是强调规模多少，"困难"和"之最"多少的词语。此外，许多桥梁十分相似和趋同，缺少特色和创意，这正是中国文化中崇尚共性、模仿和一致，不鼓励"标新立异"意识的消极反映，也是技术进步的大忌。

中华民族是智慧的民族，中国5 000年的悠久历史和文化积淀将会帮助我们实现复兴。只要我们不盲目自满，正视不足，戒骄戒躁，并通过教育改革，重新焕发年轻一代的想像力和创造力，就一定能在不久的将来通过自主创新的努力，使我国从桥梁大国扎实地走向桥梁强国。

最后，我代表四位作者感谢同济大学出版社给予的支持和鼓励，编辑江岱同志的认真配合和敬业精神，以及桥梁工程系已退休的柴逸芬老师的辛勤勘校工作，没有他们的帮助我们很难完成这一工作。我们衷心希望年轻一代的桥梁工程师们能从本书中得到启发和动力，成为中国复兴大业的主力军，这也是我们对出版《中国桥梁史纲》一书最大的愿望。

《桥梁概念设计》前言*

1952年院系调整以后，中国的工科高等教育基本上因袭了苏联的体制，即按行业设校。工科高校调整成土建类和机电类，以及水利、化工、矿冶、航空、地质、交通等专科院校，直接培养各行业需要的工程技术人员。文理科则合并成综合性大学，使工科和文理分家，十分不利于工程教育的发展。

在20世纪50—60年代，工科教材大都使用从苏联翻译过来的实用性教材，即教会学生按规范进行设计的方法。改革开放以来，开始按学科设系，逐渐向国际体制转变，但行业的影响力依旧存在。2004年出版的桥梁工程新教材，除了按新颁布的规范作了必要的修改外，在篇、章、节安排上基本上还是因袭苏联老教材的体系，并没有本质上的改变，在教学理念和方法上也没有完全摆脱苏联模式的影响。

2006年的国际桥梁与结构工程协会布达佩斯年会上，德国柏林工业大学土木系的 M. Schlaich 教授发表了题为《对教育的挑战——概念和结构设计》的大会报告。他介绍了柏林工大正在进行的土木工程教育改革，即将原来传统的按材料划分的钢结构教研室和混凝土教研室合并更名为“概念和结构设计”教研室，所属的三位正教授不再分别讲授“钢结构设计”和“混凝土结构设计”的分析方法和按规范的设计方法，而改为面对所有建筑材料按结构类型（桥梁、高层建筑和空间结构）分工讲授概念设计和结构设计的方法，并且加强对学生创新理念和能力的培养，即不仅教结构设计的基本功，更重要的是教会学生进行概念设计的创造能力。

2007年起，同济大学桥梁工程系决定为硕士研究生开设一门“桥梁概念设计”的新课，以培养新一代桥梁工程师的概念设计能力，克服中国桥梁在创新理念、工程质量和美学考虑三方面的不足，为中国在21世纪通过自主创新的努力，从桥梁大国走向桥梁强国贡献一份力量。

2008年春季学期第一次开课，先采用讲座的形式，由几位年轻教授分工承担。2008年暑假中项海帆院士也加入了该课程建设的行列，一起确定了教材大纲，并负责撰写第一章导论和第二章桥梁美学设计；桥梁设计分院的总工程师徐利平教授级高工和魏红一教授合作撰写第三章创新设计构思和第四章总体布置及第五章概念设计中防灾和耐久性技术的考虑；肖汝诚教授撰写第六章桥梁结构体系及其关键力学问题；石雪飞教授撰写第七章概念设计中新问题的解决；葛耀君教授参加了第二和第三章中部分内容的撰写以及对第五章的审读和修改；最后的第八章城市桥梁的概念设计则约请同济校友、天津城建集团总工程师韩振勇教授级高工撰写。全书由

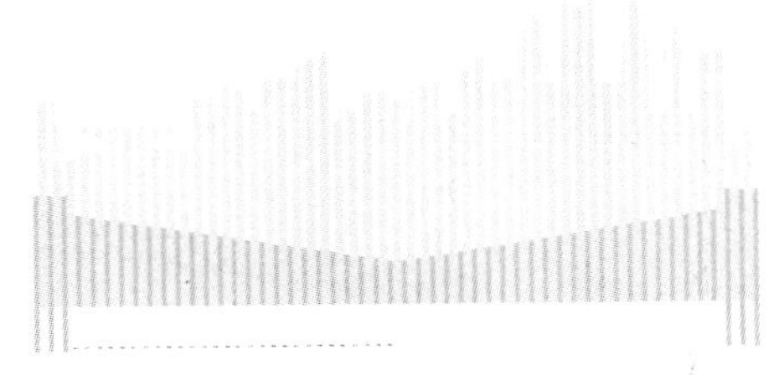

* 本文系项海帆等编著的《桥梁概念设计》前言，作于2009年10月。

项海帆院士进行定稿前的审定。

近来，对“钱学森之问”的热议使我们深感中国工程教育改革的紧迫性和必要性。我们希望《桥梁概念设计》一书的出版能对中国桥梁专业的学生和桥梁界的同仁有所启迪和鼓舞，使中国桥梁设计尽快克服不足，走出误区，也使中国高校的桥梁工程教育尽早摆脱传统教材和方法的束缚，跟上国际工程教育改革的前进步伐。不当之处望桥梁界同仁不吝指正，我们将会在再版时加以修改补充，使这本《桥梁概念设计》进一步完善，成为21世纪桥梁工程师的必修教材。

《高等桥梁结构理论》新版前言*

《高等桥梁结构理论》是1981年由同济大学肖振群、张士铎和范立础三位教授为改革开放后的第一批硕士研究生所开设的专业课。1984年肖振群教授去世后，由留学回国的项海帆教授接下钢桥计算理论部分，并根据当时国外现代桥梁理论发展和国内桥梁建设的新形势增加了包括几何非线性、桥梁稳定、结合梁等新内容，将钢桥计算理论扩展成钢桥和结合梁桥计算理论以及大跨度桥梁（斜拉桥和悬索桥）计算理论两个部分。

经过近20年的教学积累，于2000年由人民交通出版社正式出版教材，供全国高校桥梁专业的硕士生课程参考使用。1997年杜国华和陈忠延教授先后退休后，由肖汝诚、陈艾荣和李国平三位年轻教授先后承担起这门课程的教学工作，以后又有石雪飞、吴定俊、陈惟珍、吴冲、徐栋等教授陆续加入，共同讲授这门为硕士生开设的重要专业课程。

进入21世纪后，讲授内容有了很多修改和补充，以适应桥梁计算分析理论和软件的不断向前发展。一些在计算机时代之前的古典近似理论虽然仍具有理论的魅力，但毕竟有限元法和数值计算已成为主要的分析手段。因此，如何培养研究生既有扎实的理论基础，又有现代的计算和分析能力，并把两者结合起来成为他们理论分析水平和创造力的源泉，同时又能对2004年新规范条文的理论意义有正确和深入的认识，都是我们在本课程的教学中经常考虑的问题。

最近热议中的“钱学森之问”使我们深感教育改革的迫切性，而更新教材内容，改变教学方法不仅是大学教师的职责，也是培养创新人才的重要环节。2012年是同济大学桥梁学科建立60周年，为了纪念已故的李国豪、周念先、钱钟毅和陈超四位教授对同济桥梁专业所作的奠基性贡献，以及对他们在前30年的辛勤教学工作表达后辈的感恩之情，我决定组织同济大学桥梁工程系的年轻一代教授们共同努力，对《高等桥梁结构理论》进行改写，新版仍保持原来四篇的体例，而对章节内容作了较大的更新，同时还增加了一些新的篇章。

第一章绪论由项海帆撰写；第一篇桥梁空间分析理论包括薄壁箱梁、斜桥和曲线桥以及新增补的城市空间异形桥梁的内容，由吴定俊、石雪飞分工撰写；第二篇钢筋混凝土及预应力混凝土桥梁分析理论包括徐变、收缩、温度、裂缝控制、强度、耐久性计算，以及新增补的三维体内和体外配索理论等内容，由李国平、徐栋分工撰写；第三篇钢桥及结合梁桥分析理论包括稳定、正交异性桥面板、疲劳和各类组合桥梁计算等内容，由吴冲、陈惟珍、刘玉擎分工撰写；第四篇大跨度桥梁分析理论包括几何非线性、稳定和

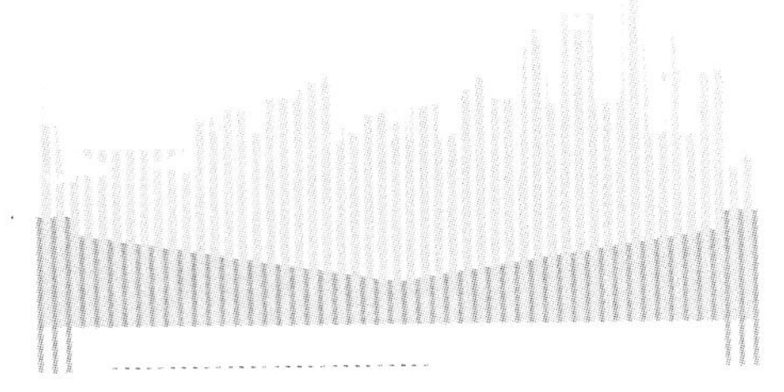

* 本书系项海帆等编著的《高等桥梁结构理论》新版前言，作于2011年1月。

各类大跨度桥梁的计算等内容，由肖汝诚、贾丽君分工撰写；第五篇是新增加的桥梁施工控制分析理论，包括控制原理、算法和各类桥梁的施工控制特点等内容，由石雪飞、陈德伟分工撰写；全书最后总结性的一章为21世纪桥梁结构理论的发展展望，由项海帆和葛耀君共同撰写；全书由项海帆负责审定。

本书也是同济大学桥梁工程系各有关研究室近十年来在研究生教学、理论联系实践的研究工作，包括软件开发和参加规范研究中的一些成果的总结。全书共5篇18章，约60万字，希望能对全国桥梁专业的研究生教育改革发挥重要的作用，并为培养新一代有创造力的领军人才，解答“钱学森之问”贡献一点力量。错误和不当之处望国内同仁批评指正。

《国际结构工程(SEI)》前言*

2011 年，国际桥梁及结构工程协会(IABSE)的机关刊物《国际结构工程(SEI)》上分期刊登了整体式桥梁(Integral Bridge)的专题研究论文共 18 篇，比较全面地介绍了欧美各国近十年间在这个领域所取得的理论研究成果和工程应用实例。

关于"整体式桥梁"，在 1998 年丹麦哥本哈根桥梁会议上已听到了有关的介绍。经过十多年的发展和改进，这种新技术已日趋成熟，并在许多国家得到成功应用。

在我的建议下，同济大学桥梁工程系混凝土桥梁研究室的李国平教授和徐栋教授以及同济大学建筑设计研究院(集团)有限公司桥梁工程设计院的徐利平总工程师共同组织了他们的研究生和年轻工程师分工进行了翻译，形成了这本专辑。我相信他们通过学习和翻译工作一定有所收获，也能在今后的工作中加以应用，以推动中国桥梁的技术进步。

我还希望同济桥梁设计院将这一《专辑》和国内兄弟设计院进行交流和传播，还可以通过《桥梁》杂志社选登一些合适的重要译文，使国内桥梁界同仁都能了解到国际桥梁界这一新成果，并逐步在中国桥梁建设中进行推广应用。

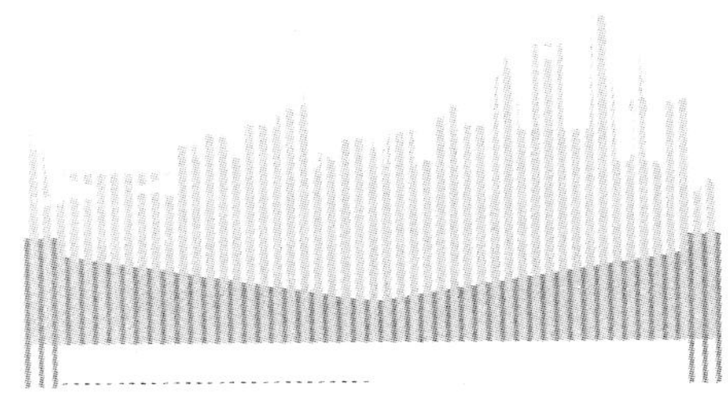

* 本文系《国际结构工程(SEI)》整体式桥梁专辑的前言，作于 2012 年 4 月。

《中国桥梁史纲》新版前言*

同济大学出版社决定将我们在2009年出版并荣获“上海图书奖(2007—2009)一等奖”的《中国桥梁史纲》一书作为礼品书重新装帧出版，作为对已故李国豪老校长百年诞辰的一份献礼和纪念活动之一，我们四位作者不仅十分赞同，也深受鼓舞。

我们四人都是李校长的学生，也都毕业于同济大学桥梁专业，对李校长的丰功伟绩怀着永远的崇敬和感恩之心。如果没有李校长在80年代向时任上海市市长的江泽民同志多次呼吁上海南浦大桥的自主建设，以及90年代初向时任广东省省长的叶选平同志致函强烈提出“作为鸦片战争国耻地的虎门珠江大桥不能由英国人来建造”的建议，中国桥梁界就难以走上成功的自主建设之路，就没有今日举世瞩目的伟大成就。李校长确实是中国现代桥梁崛起的精神领袖和学界泰斗。

然而，李校长对国家和民族的贡献并不仅仅限于桥梁领域。他在文革结束复出担任校长后，就立志要重振1927年国立同济大学作为当时高水平综合性国立大学的丰采，提出了“三个转变”的重要思想，并多方奔走，又多次出国恢复对德国的联系，成为中国大学对欧的窗口。经过三十余年几代校长的努力，才有了今天同济大学的国际地位和兴盛局面。

李校长自1929年16岁时进入同济大学预科学习，至2005年去世，除了抗战八年在德国攻读博士学位和工作外，他把毕生的精力都贡献给了同济大学。回顾百年同济的20余位校长更迭频繁，任期最长的也不足十年，唯有李校长从副校长、校长至名誉校长，主政教育科研四十余年。尤其是他复兴同济的功绩是值得大书特书和永载史册的。在我们心中，李校长无愧为同济大学“百年一遇”的最伟大的校长。

此外，李校长在80年代初的上海科学技术协会主席任内曾担任宝钢建设的首席顾问。他认识到钢材对中国经济发展的重要意义，倾注了很多心血，特别是在阻拦宝钢下马的争论中发挥了重要的决策咨询作用。以后，他在担任上海政协主席期间又被聘为上海南浦大桥和杨浦大桥的首席顾问，在自主建设和方案评选方面都起了决定性的作用。更为重要的是上海洋山深水港的建设，他曾致函江泽民总书记，力陈上海作为未来中国的航运中心的重要意义，以后又担任连接洋山港的东海大桥首席顾问。遗憾的是，李校长没有看到东海大桥的建成通车，但他为上海国际大都市和航运中心建设所作出的贡献将会永远铭记在上海人民的心中。

我们衷心希望这本新版《中国桥梁史纲》成为同济大学的礼品书后，能够让受赠的贵宾和国际友人，不仅了解中国桥梁的辉煌历史，也和我们一起深切怀念同济大学复兴的第一功臣——我们敬爱的李国豪校长。

李国豪校长永垂不朽！

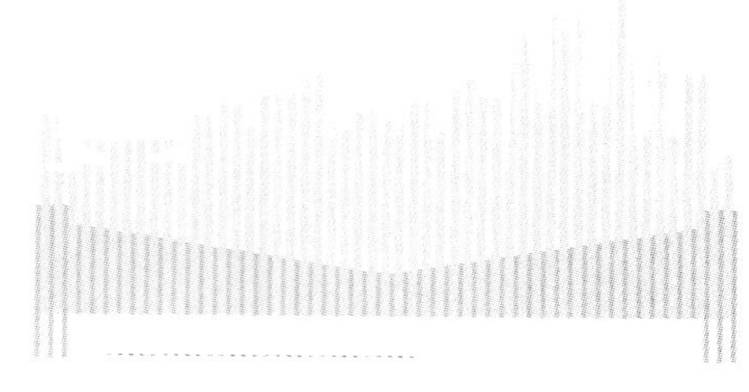

* 本文系项海帆、潘洪萱、张圣城、范立础编著的《中国桥梁史纲》新版前言，作于2012年10月。

《中国桥梁(2003—2013)》前言*

2005年2月23日元宵节，敬爱的李国豪老师永远离开了我们。当时，他曾积极参与前期规划工作并日夜关心的苏通长江大桥和杭州湾大桥已投入紧张的施工，舟山联岛工程的关键工程西堠门大桥也即将动工建设。2013年4月13日是李老师的百年诞辰，我们决定将进入21世纪以来的十年间新建的100座优秀的中国桥梁收编成册，献给李老师和已故的桥梁界许多前辈，用以报答他们曾经给予的教导和奠定的基础，也表达我们后辈对他们的崇高敬意和永久怀念之情。

中国桥梁在21世纪初又出现了一个新高潮。由于财力日渐充裕，为了发展中西部地区的经济，国家投入了巨额的交通设施建设费，沿海发达地区也继续提高交通设施的水平，加密路网以适应日益增长的交通需求，加上高速铁路建设的兴起，桥梁建设呈现出全国遍地开花的兴旺景象。然而，巨额投资也滋长了浮躁的心态和官员们好大喜功，甚至贪腐渎职的不良倾向，出现少数盲目追求"第一"和"之最"，不顾经济合理性的工程，这不仅违背了设计基本原则，也遭到国际同行的质疑，已引起有责任心的领导、技术人员的警觉和反思。

本画册共分6篇，分别收集了跨海长桥、悬索桥、斜拉桥、拱桥、梁式桥以及城市桥梁六类共100座桥。每座桥除精美的图片外，还附有中英文的简单说明，以着重介绍该桥不同一般的特点、难点和亮点。每篇前撰写一简短的前言，对所收编的桥梁进行综合的评述，推介有特殊意义的创新技术成果和存在的不足，并指出今后努力的方向。

从1993年为纪念李校长的80寿辰出版的第一本《中国桥梁》，2003年为纪念他90寿辰的第二本《中国大桥》，到2013年的这本画册，共同记录了新中国成立以来六十余年间中国桥梁从学习和追赶、跟踪和提高到有所创新和超越的奋斗历程。李国豪老师作为中国桥梁在改革开放以来通过自主建设取得进步的首要功臣和领路人，建立了不朽的功勋。今天，我们纪念他们百年诞辰，一定要牢记他"理论联系实际，发展桥梁科技"的教导，勇于创新，用创新的成果提高国际竞争力，克服不足，走出误区，为实现我国从桥梁大国走向桥梁强国的目标而继续努力。

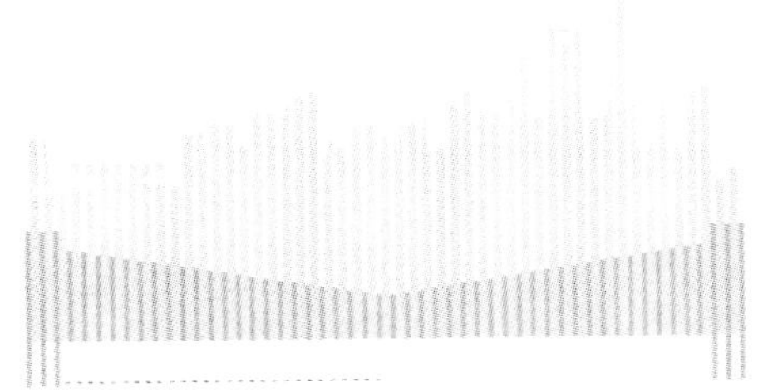

* 本文系《中国桥梁(2003—2013)》前言，由范立础、项海帆作于2012年7月。

乘改革春风——再耕耘*

2004年创刊的《桥梁》杂志已进入第10个年头，她是我喜爱的一块园地。从第一次天目湖编委会起，我就关心她的成长，提过不少意见，也写了不少文章，希望她成为中国桥梁工程师们的良师益友，为中国桥梁从大国走向强国贡献一份力量。

回顾10年来的奋斗历程，《桥梁》杂志在杨志刚总编的领导下，白巧鲜、于抒霞两位主编的精心策划下，取得了很大的进步，逐渐赢得了业内人士的普遍好评，也得到了交通运输部领导的认可。并且，由于香港刘正光先生的鼎力支持，杂志不仅在国内有了广大的读者群体，在港澳台地区也有一定的影响，已成为见证中国桥梁界前进步伐的一本重要刊物。

《桥梁》杂志不同于一般的学术性刊物，是一块讨论设计理念、交流国内外创新技术、怀念桥梁历史和杰出人物、激励竞争、剖析问题的园地。杂志兼顾技术和人文，是一个同行间平等讨论和相互沟通的平台。这一定位已得到大部分编委和读者的认同，我们应当坚持这一正确方向，同时加强编委会对刊物质量的监督和保证作用以及理事会的经济支撑，使刊物愈办愈好。

“十八大”开启了中国深化改革的新时期，在新春之际又吹出了一股清新的正气。讲实话、真话将受到鼓励，科学决策将得到尊重，贪腐奢靡之风将得到遏制，官员将回归到为人民服务的公仆本质。同时，创新转型将成为各行各业改革的主题，今后十年也是中国桥梁发展的关键时期。应该看到，过去30余年桥梁建设高潮中所出现的追求跨度第一的设计误区，工程质量和耐久性以及材料性能落后等问题，已经在一定程度上影响了中国桥梁前进的步伐。

世界桥梁强国都在为迎接21世纪桥梁建设新高潮的到来进行着准备，韩国的“Super Bridge 200”计划(即为21世纪桥梁提供200年寿命期的先进技术)已经向我们发出了警示。希望中国年轻一代工程师们能认清差距，重视质量，走出误区；同时要改革体制，加强研发和创新，积极参与国际交流和竞争。中国桥梁界还要联合材料工业界、装备工业界和软件业界共同努力，做好未来桥梁的技术准备，在今后的国内外跨海工程中做出精品，并在国际上展示令人信服的创新成果，以提高中国桥梁的国际竞争力。

我即将步入耄耋之年，作为中国桥梁界的一名老兵，衷心期待中国在21世纪中叶能成为名副其实的桥梁强国，期待《桥梁》杂志发展成为世界知名桥梁杂志大家庭中的重要一员，让我们继续努力，让这一园地更加芬芳而美丽！

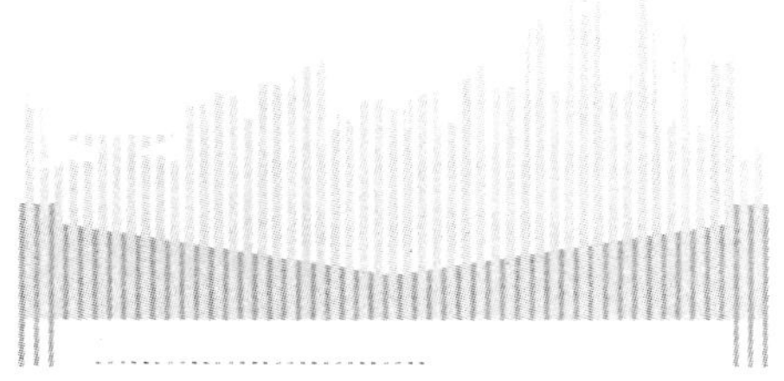

* 本文系《桥梁》杂志2014年第1期卷首语。

壮心集

项海帆论文集

（2000—2014）

怀念篇

深切怀念李国豪教授(1913—2005)*

2005年2月23日是中国的元宵节,傍晚时分从医院传来了李老师与世长辞的噩耗。当晚,正在北京出席会议的上海市领导即来电表示哀悼和对家属的慰问。

3月10日下午上海市政府和同济大学联合举行隆重的追悼大会。上海各界人士、国务院有关部委领导人及同济大学师生近千人在龙华殡仪馆为李国豪教授送行。灵堂中挂满了国家领导人、国家有关部委领导人、上海市领导人、上海市各高校以及生前友好送的花圈。德国驻华大使史丹泽先生、德国驻沪领事芮悟峰博士和国际桥梁与结构工程协会主席赫特教授也送了花圈。

1 十载寒窗,"悬索桥李"

1913年4月13日,李国豪出生于广东梅县一个贫苦农家。他在1929年16岁时未读完高中就考入上海同济大学预科,两年以后转入土木工程系本科。那年秋天日寇发动"九·一八"事变,用武力占领了东三省,李国豪的大学生活就是在抗日救亡的高潮中度过的。1936年他以优异成绩毕业留校担任助教。翌年又爆发了"七七"卢沟桥事变,日寇发动了全面侵略中国的战争。同年,8月13日日军登陆上海,吴淞的校园遭受炮火毁坏,学校被迫向大后方转移。在搬迁途中,李国豪代替回国的德国教授讲授钢结构和钢桥课程。1938年秋,他获得了洪堡基金会奖学金资助,抱着强烈的科学救国信念赴德留学。1939年,他在德国达姆施塔特工业大学(TH Darmstadt)克雷帕尔(Klöppel)教授的指导下,用不到一年的时间完成了题为"悬索桥按二阶理论的实用计算方法"的博士论文,并以最优异的成绩通过答辩,获得了工学博士学位。论文在《钢结构》杂志发表后引起国际桥梁工程界很大反响,他被誉为"悬索桥李",当时,他年仅26岁。此后,他作为克雷帕尔教授的助手参加了德国DIN 4114结构稳定规划的编写工作,并于1943年发表"弹塑性平衡分支的充分辨别准则"一文,从理论的高度阐明了两类稳定的本质区别。他的另一篇题为"桁架和类似体系结构计算的新方法"的论文,即把离散的桁架腹杆体系化成连续体系,用微分方程来描述并求解的方法,开辟了桁架结构分析的新途径。在计算机尚未问世的20世纪40年代,这种类似于悬索桥膜理论的实用方法是十分巧妙的构思,李国豪因此得到了许多学者的尊敬。

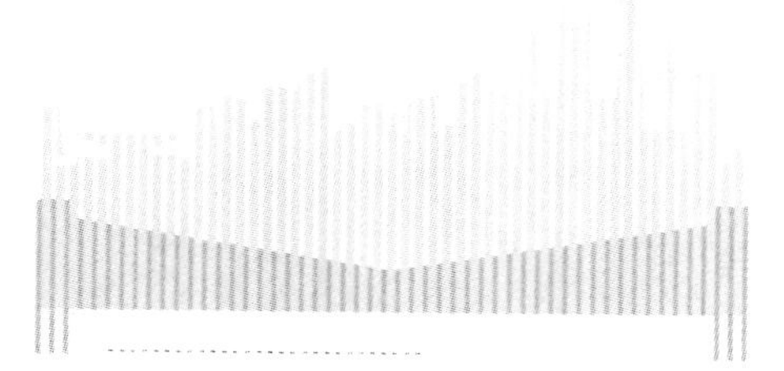

1942年,李国豪又获得德国特许任教博士学位(Dr. Ing. Habil.),在克雷帕尔教授的钢结构教研室工作期间,经历了1942—1945年德国遭受

* 本文作于2006年2月。

轰炸和饥饿的颠沛流离的艰难生活。

2 回国效力,培育英才

第二次世界大战结束后,李国豪偕同妻子叶景恩女士历尽艰辛回到祖国。在途经法国马赛等候轮船时,他们的第一个孩子出世,取名“归华”,表达了他为祖国的战后重建贡献力量的报国之情。他又回到了从四川迁回上海的母校——同济大学,从此为培育中国的土木工程建设人才贡献了一生。

1952年,李国豪创办了桥梁工程专业,并先后出版了两部教材《钢结构设计》和《钢桥设计》。1955年他开始培养桥梁工程专业研究生,后来又出版了第一本桥梁研究生教材《桥梁结构稳定与振动》。

1955年李国豪被首批选为中国科学院学部委员(院士),并先后应聘担任武汉长江大桥和南京长江大桥的技术顾问委员会委员和副主任,为中国的长江大桥建设发挥了重要作用。

1956年起,李国豪担任同济大学副校长,负责科研工作。不久,他又创办了工程力学专业,并亲自讲授结构动力学和板壳力学。1959年他创建了上海市力学学会,担任第一任理事长。60年代初,李国豪在同济大学组建了结构理论研究室,从事抗核爆炸结构工程的研究。到1966年,李国豪在桥梁结构、工程力学和工程抗爆等领域做了许多研究工作,培养了一批这方面的人才。他们在日后都成长为中国的研究骨干,并在改革开放的80年代作出了重要的贡献。

3 “文革”十年,备受折磨

1966年,十年“文革”灾难降临,李国豪经受了巨大的折磨和迫害,被诬蔑为“里通外国的特务”,遭到长时间的隔离审查。在隔离期间,他以感人的坦荡心怀和坚毅的敬业精神,潜心研究1957年武汉长江大桥通车典礼时发生的横向晃动问题,通过缜密思考和理论研究,后来又做了模型试验研究,终于写成了《桁架扭转理论——桁架桥的扭转、稳定和振动》的专著,揭示了大桥振动之谜。

李国豪在隔离室写的日记中有一首德国民间传诵的小诗:

一切都会过去,	Alles geht vorüber,
一切都将逝往;	alles geht vorbei;
寒冬腊月之后,	Nach dem Dezember,
又是明媚春光。	kommt wieder der Mai.

他借这首小诗表达了“文革”中对他无端污蔑的不屑和对祖国前途的信心。

此后,在解除隔离审查后的监督劳动期间,李国豪还对公路桥梁的荷载横向分布问题作了全面的研究,分析了各种方法的优缺点,提出了一种原理简单,又能概括各种计算方法的新的力学模型,通过模型试验检验了新方法的合理性和精度,并进一步编制了实用的图表。1977年,李国豪出版了《公路桥梁荷载横向分布计算》一书,成为这一延续30年的传统课题的总结,为中国桥梁设计中的空间分析作出了重要的贡献。

80年代,李国豪还先后出版了《工程结构抗震动力学》(1980年)和《工程结构抗爆动力学》(1989年)。1987年,李国豪在国外出版了英文专著《箱梁和桁梁桥的分析》,总结了他在桥梁空间分析领域的研究成果。

4 振兴同济,领军桥梁

1977年,十年“文革”噩梦终于过去了。李国豪受命复出担任校长,开始了重振同济的大业。他虽已到了退休年龄,仍不辞辛苦为恢复同济的对德联系,为同济向综合性大学转变倾注了全部心血。

同济大学是在德国医生宝隆于1907年创建的“同济德文医学堂”基础上发展起来的一所综合性大学,也是20世纪20年代中国最早的少数国立大学之一。在第二次世界大战前,德国是世界科技中心,当年由德国教育部派遣教授执教的国立同济大学是一所高水平的名校。

然而,经过1952年按苏联体系的调整后,同济大学只剩下了土木和建筑两个系科,实际上成了中国建筑大学。重振同济大学的盛名是李国豪的心愿,经过20多年的努力,同济大学在进入21世纪时又重新成为拥有理、工、医、文法和管理系科的综合性大学。

1983年,李国豪已年届70,决定退居二线担任同济大学的名誉校长。此后又相继担任上海市科协主席和上海市政协主席,开始了繁忙的社会工作。在上海南浦大桥建设中,他向时任上海市市长的江泽民同志呼吁自主建设,终于得到了支持,使中国桥梁界得到了通过实践取得进步的机会。上海南浦大桥的成功兴建大大鼓舞了全国桥梁工程界的信心,并最终形成了全国自主建设大桥的高潮。

1985年,同济大学在李国豪的领导下又获得了建设土木工程防灾国家重点实验室的机遇,拥有了大型振动台和边界层风洞群等重要设备，为中国土木建设中的科学研究和试验提供了支持，也使同济大学的桥梁学科成长为国内领先、国际知名的重点学科。

5 一代宗师，饮誉世界

1979 年，中国土木工程学会恢复活动，李国豪出任副理事长，同时还发起成立了桥梁与结构工程分科学会并担任首届理事长。1984 年又升任中国土木工程学会的理事长。在他的领导下，中国的桥梁与结构工程建设在 80 年代得到了蓬勃的发展，进入了黄金时代。李国豪作为中国土木工程界的一代宗师建树了不可磨灭的功勋。

李国豪作为国际桥梁与结构工程协会的老会员、常务委员和中国团组主席，在 1981 年被协会推选为世界十大著名结构工程专家之一，1987 年又荣获协会授予的“国际结构工程功绩奖”，这些荣誉对于李国豪一生为发展桥梁结构理论和培养人才所做的贡献是一个崇高的表彰。

1987 年春，联邦德国政府继 1982 年授予他歌德奖章之后，又授予李国豪德国大十字功勋勋章，以表彰他为发展中德文化交流和科技合作的重要功绩。

1994 年，在筹建中国工程院的过程中，李国豪被选为首批院士，发挥了重要的核心作用。同济大学也因为有李国豪教授的盛名和毕生服务而在国内外享有较高的声誉。

李国豪教授的溘然逝世是中国土木工程界和同济大学的重大损失。我们一定会继承他的爱国和敬业精神以及自主建设国家的志气和勇气，为中国在 21 世纪的和平崛起和繁荣富强贡献自己的力量，努力完成他振兴同济大学和振兴中国桥梁事业的心愿。

In Deep Memory of Professor Li Guohao*

The sad news that Prof. LI Guohao (Fig. 1) had passed away came from the hospital at the dusk of February 23rd, 2005, the Chinese Lantern Festival. At that very night, the chief leaders of Shanghai Municipality who were attending a conference in Beijing called to mourn for the deceased and express their condolences to his family.

Fig. 1 Prof. LI Guohao, 1993

In the afternoon of March 10th, 2005, a solemn funeral was jointly held by Shanghai Municipality and Tongji University. Nearly one thousand people, personalities of various circles in Shanghai, leading personnel of the departments concerned under the State Council as well as the teachers and students of Tongji University, gathered in Longhua Funeral Parlour to pay Prof. LI Guohao the last tribute. The mourning hall was filled with wreaths sent by the state leaders, leading persons of the departments and ministries concerned, leaders of the Municipal Party Committee and the government of Shanghai, deputies from the universities and colleges in Shanghai and Prof. Li's friends. German ambassador to China Dr. Volker Stanzel, German general consul to Shanghai Dr. Wolfgang Röhr and Prof. M. Hirt, president of International Association for Bridge and Structural Engineering also presented their wreaths.

Ten Years' Hard Study Made a "Suspension Bridge Master Li"

LI Guohao was born to an impoverished peasant family in Meixian County, Guangdong Province on April 13th, 1913. He was admitted into the preparatory course of Tongji University, Shanghai, in 1929 at the age of 16 before finishing his high school, and took up the undergraduate courses in the Department of Civil Engineering two years later. On Sept. 18th, 1931, the Japanese initiated the Mukden Incident and occupied the China's northeastern area by force. LI Guohao's college years were spent in the upsurge of resistance against Japan and national salvation. In 1936 he

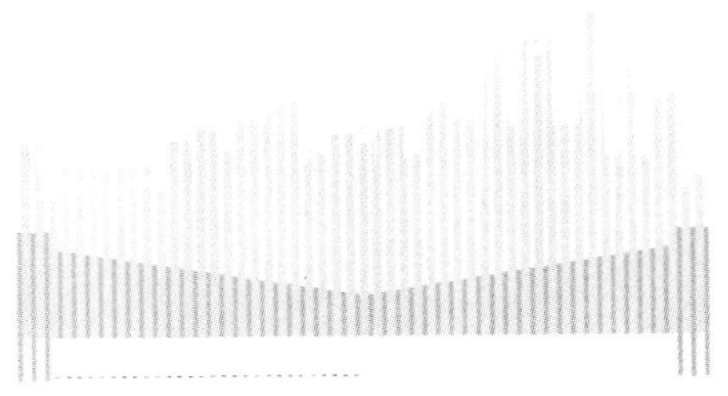

* 本文发表于 *Structural Engineering International* 2006 年第 16 卷第 1 期。

graduated with outstanding academic results and became an assistant professor at Tongji University. The following year witnessed the Lugou Bridge Incident on July 7th, 1937, the Japanese launched a full-scale invasion of China. On August 13th of that year, the Japanese troops entered Shanghai, and the Wusong campus of Tongji University was damaged in the Japanese gunfire and the faculty were forced to move to the rear area. During the move the German professor left for home and LI Guohao took over his teaching of Steel Structures and Steel Bridges. In the autumn of 1938, he was offered the scholarship of Humboldt Foundation. With a strong conviction to save his motherland by the power of science he went to Germany to pursue his further studies (Fig. 2). In 1939, under the instruction of Prof. K. Klöppel of TH Darmstadt within less than one year, he completed his doctoral dissertation entitled "*Praktische Berechnung von Hängebrücken nach der Theorie II. Ordnung*" (Fig. 3). With excellent performance his thesis defense was approved and he was conferred the Doctor Degree in Engineering. The publication of his dissertation in the journal "*Der Stahlbau*" evoked worldwide repercussion in the field of bridge engineering, and earned him the name "Suspension Bridge Master Li". He was only 26 years old by that time. Later, he was invited as the assistant to Prof. Klöppel in the compiling of German DIN 4114 Structural Stability Code. In 1943, his paper "*Ample Criterion for Branch Point of Elastic Equilibrium*" was published, in which he expounded the essential distinction between two types of stability from a theoretical height. In another paper "*New Calculation Method for Truss and Other Similar Structures*", he invented a new method to analyze the truss structures, i. e. to systemize the discrete web members system into a continuous system and then acquire the solution by differential equation description. This practical method was similar to the membrane theory of suspension bridge, and was especially valuable in the 1940s before the invention of computer. This dissertation won him respects from many scholars.

Fig. 2 LI Guohao in Germany, 1938

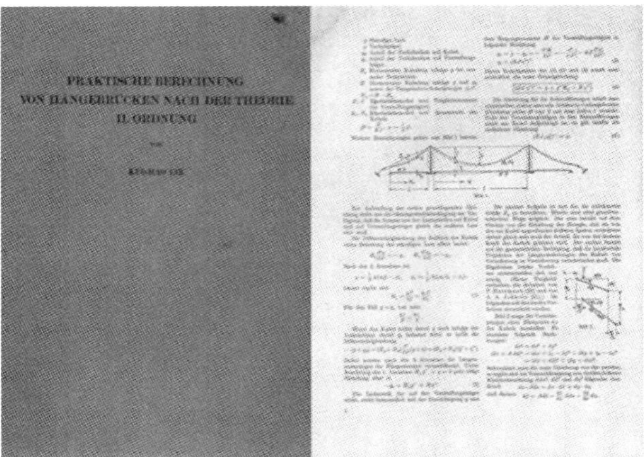

Fig. 3 Doctoral dissertation and his paper published in Der Stahlbau

In 1942, LI Guohao was conferred the degree of Dr. Ing. Habil. When he worked from 1942 to 1945 in Prof. Klöppel's Teaching and Research Group of Steel Structure (Fig. 4), he led a vagabond life when Germany was bombed and plagued with starvation.

Fig. 4 LI Guohao and Prof. K. Klöppel, 1943

Return to Homeland and Devotion to the Training of Young Talents

After World War II ended, LI Guohao, having experienced great hardships, returned to China with his wife, Ms. Ye Jing'en. Their first child was born while waiting for the ship in Marseille, France and was named "Guihua", meaning "retuning to China", which expressed Li's desire to contribute to the rebuilding of postwar China. He returned to his Alma Mater Tongji University which had moved back from Sichuan to Shanghai (Fig. 5). From then on he dedicated his life to the training of China's civil engineering talents.

Fig. 5 Tongji University, 1946

In 1952, LI Guohao helped set up the major of Bridge Engineering and complied and published successively two textbooks: *Design of Steel Structures* and *Design of Steel Bridges*. In 1955, he began to recruit graduate students of bridge engineering, and later his first graduate textbook *Stability and Vibration of Bridge Structures* was published.

In 1955 LI Guohao became one among the first group of Academic Divisions of the Chinese Academy of Sciences. He was the member and vice director of the Technological Consultant Committee for the construction of Wuhan bridge (Fig. 6) and Nanjing Bridge (Fig. 7) over Yangtze River successively and played an important role in the construction of China's bridges over Yangtze River.

Fig. 6 Wuhan Bridge over Yangtze River

Fig. 7 Nanjing Bridge over Yangtze River

In 1956, he was appointed vice president of Tongji University, in charge of research work. Soon, he initiated the Engineering Mechanics Department and taught the subjects "Structural Dynamics" and "Mechanics of Plates and Shells". In 1959 he initiated the Shanghai Mechanics Society and became chairman of the first executive council of the society. In early 1960s he established the Research Group of Structural

Theory in Tongji University for the research of anti-nuclear explosion engineering. By the year 1966, he had done extensive researches in the fields of bridge structures, engineering mechanics and explosion-resistant engineering, and had trained a large number of talents in these fields, who became the core researchers in China and made great contributions to the motherland in her open-up endeavors in the 1980s.

Hardships During the 10 Years of "Cultural Revolution"

The "Cultural Revolution", a 10-year disaster for the Chinese people, began in 1966. LI Guohao suffered great pains and persecution as he was falsely accused of being a spy illiciting relations with foreign countries, and was segregated and interrogated for a long time. During his segregation, with a magnanimous heart and persistent assiduity, he devoted himself in the research of the solution to the problem of transverse vibration which occurred in the inauguration of Wuhan Bridge over Yangtze River in 1957. After careful thinking, theoretical research and consequent model experiments (Fig. 8), he completed his great treatise "*Theory of Truss Torsion—Torsion, Stability and Vibration of Truss Bridges*". The myth of vibration of bridges was finally revealed.

In the diary LI Guohao kept during his segregation was a Germany folklore:

All will get over,
All will go away;
After the cold winter,
Comes again the bright day in May.

In this verse he expressed his contempt for the groundless slanders and his faith in the future of China.

While doing monitored and forced physical labor after the segregation, he made a comprehensive research of the load transverse distribution on highway bridges, and after analysis of advantages and disadvantages of various solutions he put forward a new mechanical model which is based on very elemental principles but contains a variety of computation

Fig. 8 Work on a truss bridge model, 1971

methods. He also drew practical diagrams and tables after tests of the new method's rationality and accuracy through model experiments. In 1977, he published the book *The Computation of Load Transverse Distribution on Highway Bridges*, which marked a conclusion of the 30-year traditional research and a great contribution to the spatial analysis in the bridge design field in China.

In the 1980s, LI Guohao published *Aseismic Dynamics of Engineering Structures* (1980) and *Explosionresistant Dynamics of Engineering Structures* (1989). In 1987, he published abroad in English his treatise *Analyses of Box Girder and Truss Bridges*, which is a conclusion of his research in the field of bridge spatial analysis.

Rejuvenation of Tongji and Pioneer in China's Bridge Construction

The nightmare of the "Cultural Revolution" ended in 1977. LI Guohao was rehabilitated and appointed president of Tongji University. He started his plan of rejuvenating Tongji University. Although he was at the age of retirement, he took painstaking efforts to restore the relationship between Tongji University and Germany and exerted himself to the utmost in Tongji's transformation towards a comprehensive university.

Tongji University, now a comprehensive university, was developed from Tongji German Medical School set up by the German doctor Erich Paulun, and was also one among the few earliest national universities in China in the 1920s. Before World War II, Germany was the world's center in science and technology, so Tongji University whose professors were appointed by the German Ministry of Education was a famous university with high level at that time.

However, after the Soviet-mode readjustment in 1952, there were only two disciplines left in Tongji, the civil engineering and architecture disciplines. Tongji University had actually become a institute of construction. To restore Tongji's glory became LI Guohao's cherished aspiration. After more than 20 years' hard work, Tongji University had returned to a comprehensive university with disciplines in science, engineering, medicine, arts and management at the entry of the 21st century(Fig. 9).

Fig. 9 Tongji University, 2002

In 1983, LI Guohao, at the age of 70, decided to retire and became honorary president of Tongji University. Then he was elected presidents of both Shanghai Association for Science and Technology and Shanghai People's Political Consultative Conference successively, and started his active social work. During the construction of Nanpu Bridge, Li appealed to Mr. Jiang Zemin, the then Shanghai Mayor, for the self-design power of the construction and successfully won the support. Thus, the Chinese bridge construction circle enjoyed an opportunity of practice to make progress. The success of the construction of Shanghai Nanpu Bridge inspired the confidence of China's bridge engineering field and formed finally a high tide of self-design construction of bridges in China (Fig. 10).

(a) Aeroelastic model checking, 1989

(b) Prototype structure, 1991

Fig. 10 Nanpu Bridge in Shanghai

In 1985, under the leadership of LI Guohao, Tongji University was authorized to construct the State Key Laboratory for Disaster Reduction in Civil Engineering and was supported with such important facilities as large-scale shaking table and boundary layer wind tunnels (Fig. 10). The laboratory has provided support for the scientific research and experiment in China's civil engineering construction. And consequently Tongji's state key discipline of bridge engineering is now in the lead in China and famous in the world.

Master of a Generation with Worldwide Fame

In 1979, China Civil Engineering Society restored its activities and LI Guohao was elected the vice president. Meantime, he initiated and established the Sub-society of Bridge and Structural Engineering and was president of its first executive council. In 1984, he was promoted to the president of the China Civil Engineering Society. Under his leadership China's bridge and structural engineering circle enjoyed a vigorous development in the 1980s and entered a golden age. LI Guohao had performed immortal feats as a great master in China's civil engineering circle.

As a veteran member of IABSE, its permanent committee member, and chairman of its Chinese group, LI Guohao was elected in 1981 by the IABSE one of the Ten World-famous Experts of Structural Engineering, and was awarded by the IABSE the "International Award of Merits in Structural Engineering" in 1987. These honorary titles are the noble commendation of his life-long devotion to the development of bridge structural theory and the education of younger talents.

Following the German government award of Goethe Medal in 1982, the German government awarded LI Guohao in the spring of 1987 German Cross Medal in the commendation to his contribution to the development of Sino-Germany cultural exchange and scientific cooperation.

In 1994, in preparation of the establishment of Chinese Academy of Engineering, LI Guohao was elected one of the first academicians and played an important core role in the founding of the academy. Thanks to Prof. Li's worldwide prestige and his life-long service, Tongji University now enjoys high reputation both in China and abroad.

China's civil engineering circle and Tongji University has suffered a great loss by the passing away of Prof. LI Guohao. We pledge to inherit and carry forward Prof. Li's patriotism, diligence and his courage and faith in the self-reliant construction of new China. We will work hard to make contributions to China's peaceful rise and prosperity in the 21st century and fulfill Prof. Li's wish of the rejuvenation of Tongji University and China's bridge construction.

寒冬腊月之后，又是明媚春光*

1951年9月，我高中没毕业就以同等学力考入同济大学土木工程系，成了一名不满16岁的少年大学生。一天上午课间休息时，我们新同学正站在走廊中说笑，突然一位风度翩翩的教授从走廊那一头走过来，他身着西服，系了领带，戴一副茶色玻璃眼镜，手提黄色公文包。有一些同学就窃窃私语："这就是我们的工学院院长、土木系主任，留德回来的李国豪教授。"这是我第一次见到老师，那时他只有38岁，正值壮年，我感到老师身上有一种说不出的威严和令人敬重的气质。

大学毕业后，我有幸成为李老师的第一个研究生。第一次与老师约见，我忐忑不安地走进他的办公室。老师告诉我第一年主要是学习基础课，同时要广泛阅读桥梁稳定与振动领域的经典文献和著作。除了指定阅读俄文和德文的有关文献外还要精读铁摩辛柯写的几本英文经典著作。老师告诉我："研究生主要靠自学，老师讲课只讲一些重点和难点。"老师还讲了他自己的经验：在德国时每访问一个陌生的小城，他都先找一份地图，按图走遍大街小巷，很快就熟悉了，研究学问也一样。

1956年，党中央号召向科学进军，同济大学召开了第一次学术年会，学报还出了专集，校园里形成了浓郁的研究气氛。李老师也写了一篇题为"拱桥的振动问题"的论文，我在老师的指导下完成了论文中的算例。学术报告会的前几天，老师突然对我说，他要去北京开会，决定由我代他在大会上做报告。我当时年仅20岁，感到难以胜任。老师叫我不要慌，告诉我如何准备，如何报告。这是我生平第一次在许多老师面前做学术报告。

1957年在整风运动中，我作为同济全校研究生的独立团支部书记，因组织策划"同济民主墙"事件而"获罪"，被错划成"右派"。1958年3月同时被开除了党籍、团籍和研究生学籍，受到留校察看的处分，下放到学校砖瓦厂劳动，那时我才22岁。不久，我接到老师托人带来的口讯，要我在劳动之余，把我的研究方向"桥梁振动问题"的文献综述整理出来交给他。我事后想，这是老师当时惟一能做的对我的关怀和保护了。

1959年国庆节前，我被列入第一批摘帽的名单，回到了桥梁教研室工作。国庆节后的一天，老师约我去见他。他很高兴地说："海帆同志，你的问题已经解决了，以后就跟我做'桥梁稳定与振动'课的辅导工作，帮我上习题课和改作业。"我又回到了老师身边。之后的几年，是我得到老师最多教育和培养的一段终生难忘的岁月。

十年"文革"灾难降临。李老师经受了巨大的折磨和迫害，被诬蔑为"里通外国的特务"，遭到长时间的隔离审查。在隔离期间，他以坚韧的毅

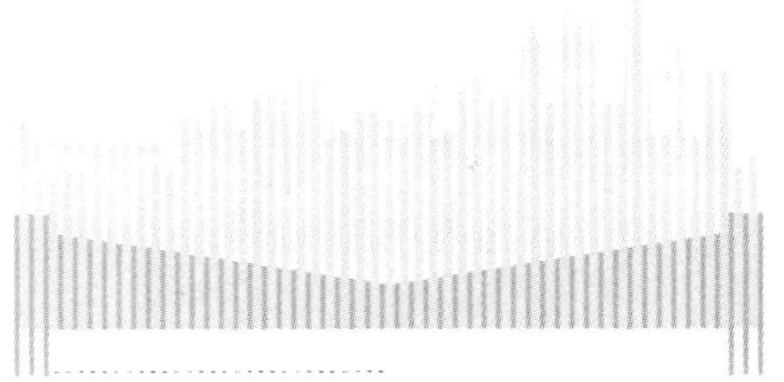

* 本文发表于《文汇报》2007年4月29日"文汇笔会"版。

力和高度的敬业精神，利用报纸边空白处推导公式、进行计算，对武汉长江大桥通车典礼时出现的横向晃动问题作了缜密的思考和理论研究。后来在监督劳动期间又做了模型试验验证，终于完成了《桁架扭转振动》的专著，揭开了大桥振动之谜。正是出于对桥梁事业的无限热爱和心中执著的信念才支撑了老师在这样恶劣的环境中如此忘我地工作。老师永远是我心中的丰碑！

1969年"九大"以后，我第一批从牛棚中被释放出来，获准参加跳"忠字舞"，回教研室参加活动，算是得到了"解放"。在一次活动中，我看到"打李战斗队"在讨论老师在隔离室中写的日记。其中有一首德国民间传诵的诗：

Alles geht vorüber,
（一切都会过去，）
alles geht vorbei;
（一切都将逝往；）
Nach dem Dezember,
（寒冬腊月之后，）
kommt wieder der Mai.
（又是明媚春光。）

李老师借这首小诗表达了自己对祖国前途的信心和对未来的希望。我看到感觉十分欣慰，因为老师完全战胜了恶劣的处境，保持了平和、坦然的心态。

当十年动乱的噩梦过去，李老师复出担任校长，开始了重振同济的大业。他虽已到了退休年龄，仍不辞辛苦为恢复同济的对德联系，重振30年代老同济的盛名，为同济向综合性大学过渡倾注了全部心血。1988年，李校长为上海市南浦大桥的建设提出了结合梁斜拉桥方案，并付诸实施，迈出了中国大桥自主建设的关键一步。

我个人还感难忘的是一件小事。在我1982年至1990年八年担任第一届桥梁系主任期间，正值出国留学的高潮，我深感留校的年轻教师需要出国深造，学习发达国家的先进理论和技术，学成后可以回国效力。于是我积极推荐，帮助年轻教师联系学校、办理审批手续。遗憾的是由于种种原因，大部分教师没有按期回来。李校长曾严肃地向我指出："你放人太松，会影响同济的工作，以后要注意。"我当时感到很委屈。不久，分管外事的黄鼎业副校长告诉我："教育部已来了文，说复旦谢希德和同济项海帆都挂了号，以后不能再推荐教师公派留学了。"我才知道这一批评的缘由。后来，李校长和我谈起许多教师公派出国逾期不归的事，叹息说："他们报国之心不切啊！"我深切地感受到在老一代留学归国的科学家心中，报效祖国是他们义无返顾的坚定信念。在他们看来：外国再好，那是人家的，只有把自己的国家建设好，才是自己的神圣职责。老师炽烈又深沉的报国情怀是我永远的楷模。

回顾自己五十年来的成长过程，李老师交给我的一件件任务就像一副副担子压在我的身上，让我在克服困难中得到锻炼，不断前行。我相信，老师将化作天上的一颗星星永远注视我们，关注着同济的发展，也关注着中国一座座更新、更宏大的桥梁的建成。

李国豪传*

1 摘要

李国豪(1913—2005),广东梅县人,中国现代桥梁工程自主建设的倡导者和精神领袖。1955 年当选为中国科学院首批学部委员(院士),1994 年当选为中国工程院首批院士。1936 年毕业于国立同济大学土木系,留校任教。1938 年获洪堡奖学金赴德国留学,在达姆施塔特工业大学攻读博士学位。

1940 年,李国豪以题为《悬索桥按二阶理论的实用计算方法》的博士论文通过答辩,被授予工学博士学位。在导师克雷帕尔教授的研究室工作期间又在结构稳定理论、离散杆系结构的连续化分析方法等方面完成卓越的研究成果,并被纳入德国钢结构规范。1942 年李国豪以论文《用几何方法求刚构影响线》的创新成果获得德国特许任教工学博士(Dr. Ing. Habil)学位,即第二博士学位。第二次世界大战结束后,李国豪于 1946 年回国,出任由四川李庄回迁上海的同济大学土木系主任,1947 年任工学院院长。解放后历任同济大学教务长、副校长、校长和名誉校长。曾任中国土木工程学会副理事长、理事长和名誉理事长以及下属的桥梁与结构工程分会理事长和名誉理事长。他长期从事桥梁结构理论的教学和研究工作以及抗震、抗风和抗爆动力学领域的开拓性研究,为中国重大工程建设,特别是改革开放后的许多大桥工程建设担任首席顾问和专家组组长工作,并为中国桥梁的自主建设开辟了一条成功之路,作出了卓越贡献。他在文革结束后担任同济大学校长期间,大力恢复了同济对德和国际学术组织的联系,1982 年获德国歌德奖章,1987 年被授予德国联邦大十字勋章和国际桥梁与结构工程协会(IABSE)结构工程功绩奖。李国豪不仅是教育家,2003 年被评为首届“上海教育功臣”,而且是一位享誉世界的工程科学家。

2 成长历程

李国豪 1913 年 4 月 13 日出生于广东省梅县,早年就读梅县县立中学。1929 年 9 月考入同济大学,并以优异成绩毕业。1936 年 12 月至 1938 年 8 月,任同济大学土木系助教。1938 年 10 月获德国洪堡基金会奖学金,赴德国达姆施塔特工业大学学习,先后获工学博士和特许任教博士学位。1946 年 5 月回国后,任上海市工务局工程师、上海康益工程公司工程师、同济大学教授、土木系主任、校训导长、工学院院长。新中国成立后,历任同济大学教授、土木系主任、工学院院长、教务长、副校长。1953 年 5 月加入中国

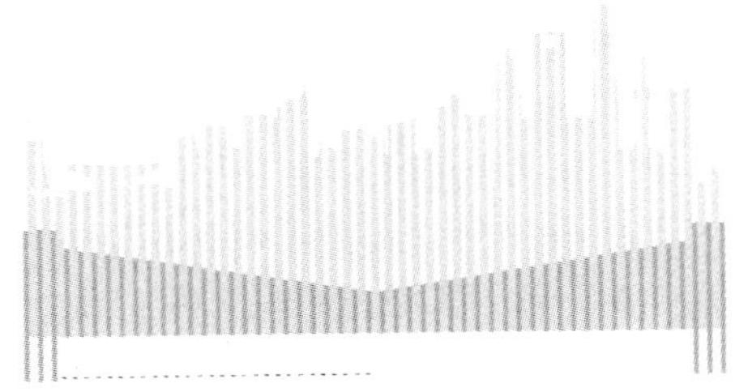

* 本文作于 2010 年 3 月。

李国豪先生，摄于1993年

民主同盟。1956年2月加入中国共产党。1977年10月起，任同济大学校长、名誉校长。1983年4月至1988年4月，任上海市政协主席、党组书记。

李国豪1955年被选聘为首批中国科学院学部委员（院士），1994年当选为中国工程院首批院士。历任国务院学位委员会委员兼土建水利学科评议组组长，《辞海》编委会副主编，中国大百科全书总编辑委员会委员，中国土木工程学会理事长，中国力学学会副理事长，中国桥梁与结构工程学会理事长，中国工程学会联合会会长，上海市科协主席。

李国豪热爱祖国，政治立场坚定，是第三、五届全国人大代表，第七届全国政协常委。早在20世纪40年代，他在国际桥梁学术界已享有盛誉，毅然谢绝导师的挽留，从德国回到祖国。上海解放前夕，他在爱国学生运动中保护了一批进步学生。"文化大革命"期间，他尽管遭受严重迫害，仍心系祖国的科学和教育事业，潜心钻研学术。改革开放后，他坚决拥护党的十一届三中全会以来的路线、方针、政策，以极大的工作热情，全身心地关注科技和教育事业，表现出一位党的高级干部和高级知识分子的高尚情操。

李国豪是我国土木工程和桥梁结构工程领域在国际上的主要代表性人物，是我国自主建设大跨桥梁的首要功臣和学界先驱。他开拓了桥梁结构理论和桥梁抗震抗风理论，先后担任武汉长江大桥建设顾问、南京长江大桥顾问委员会主任，解决了大桥的振动和稳定问题。他在上海南浦大桥和广东虎门大桥的建设中力主自主建设，为中国大桥开辟了一条赶超世界先进水平的成功之路。他不顾年事已高，深入现场，为宝钢建设、上海洋山深水港、杭州湾跨海大桥和苏通长江大桥等我国许多重大建设工程作出科学论证，提出真知灼见。他凭着自己的学术造诣，荣获多项国家重大学术奖励，并先后获得何梁何利科技进步奖、陈嘉庚技术科学奖。他被国际桥梁与结构工程协会推选为世界十大著名结构工程学家，1987年获国际桥梁与结构工程协会结构工程功绩大奖。

李国豪在近70年的教学生涯中，呕心沥血、教书育人、诲人不倦、提携后辈，桃李满天下。他领导同济大学向多科性大学和国际化大学转变，注重推动学校的国际交流与合作，重视人文精神的培育，主持制定了"严谨、求实、团结、创新"的校训，提出建立教学和科研两个中心，组织大批教师走上经济建设第一线，促进了教学、科研与经济建设紧密结合。他带领的桥梁学科始终走在国内学术界的前列，在国际上产生了重要影响。1977年获上海市教育战线先进工作者称号，2003年获首届上海市教育功臣称号。

李国豪广泛团结一切力量，积极推动人民政协事业的发展。在担任上海市第六届政协主席期间，他创建了上海政协之友社、《上海政协报》，加强对中国共产党领导下的多党合作和政治协商制度的宣传。在政协常委会下设立了提案工作委员会，建立提案反馈制度，调动了政协委员参政议政的积极性。他认真落实党中央的统战政策和知识分子政策，充分发挥政协"人才库"、"智囊团"作用，为上海经济建设和社会事业的发展献计出力。他以高尚的学者风范和人格魅力，积极促进国际科技、教育、文化交流，特别是对增进中德两国人民的了解和友谊作出了重要贡献，1982年获得德国歌德奖章，1987年获得德国政府授予的大十字勋章。

李国豪的一生，忠于党、忠于祖国、忠于人民。他把毕生的精力献给了祖国的建设和科教事业。他严谨求实、锲而不舍的治学态度，开拓进取、勇于创新的科学精神，热爱祖国、奉献社会的崇高品格，有教无类、爱惜人才的磊落情怀，深深教育和影响了同济学子，成为我国工程科技界和教育界的楷模。

3　主要研究领域及成就

3.1　"悬索桥李"——变位理论的实用方法

李国豪在研究悬索桥变位理论实用方法中发现：

（1）悬索桥变位引起非线性项相当于将主索的水平拉力直接作用在加劲梁上的效果。根据这一发现所提出的等效模型不但揭示了悬索桥力学本质，而且使这种复杂的结构分析一下子被简化了，特别是为振动分析铺平了道路。

（2）虽然非线性项的存在使叠加原理失效，但影响线却是桥梁计算中确定最不利加载位置的依据。考虑到大跨度悬索桥中活载相比于恒载较小的特点，李国豪提出了"奇异"影响线的概念，将非性问题在有限制的范围内加以线性化。

(3) 为了减轻反复试算和迭代计算的困难，李国豪找到了通过三次线性理论的计算，然后以内插求解的途径，巧妙地解决了问题。

上述三个基本思想构成了他的实用方法的骨架。这在20世纪40年代初是具有重大意义的突破。虽然在计算机已经普及的今天，人们已能方便地进行各种复杂的非线性分析，但李国豪的贡献在方法论上的意义却是永存的，他的论文至今仍作为经典悬索桥二阶理论的宝贵历史遗产而被各国教材所引用。特别是在德国，"悬索桥李"的美名一直在土木工程界流传着。

3.2 结构稳定理论

在20世纪40年代初，理想中心压杆的欧拉临界力，即第一类稳定的分支压屈荷载已为工程界所掌握，而偏心压杆的第二类稳定压溃荷载的研究尚处于探索阶段。对于压弯杆件包括一些压弯的框架和拱是否存在分支点的问题，当时还缺少明确的认识。

李国豪在参加DIN4114规范的工作中意识到区分两类不同性质的稳定问题的重要性。他以能量变分的形式于1943年撰写的《弹性平衡分支的充足辨别准则》一文，从理论的高度阐明了两者的本质区别和辨别准则。他的研究表明：由齐次方程所描述的平衡是其他各种可能的、由非齐次方程或积分方程所描述的平衡问题的一个特例。平衡存在分支点的条件是只要所给定的平衡状态中，不包含系统最低固有函数形式的变形分量。

这一辨别准则虽然不是提供具体的稳定验算方法，但却具有普遍的指导意义。它对于具有初始弯曲或扭转的实际结构，如板的翘曲、梁的侧倾、拱和刚架的屈曲以及杆的弯扭屈曲和桁梁桥侧倾稳定等都是适用的。

3.3 离散杆系结构的连续化分析方法和桁梁弯曲与扭转理论

桁架是一种离散的杆系结构。在计算机尚未问世的20世纪40年代，用古典的力法分析，即使只有十余次超静定桁架结构也是一件十分繁重的工作。1943年，李国豪在分析一座复杂的多腹杆菱形桁架体系时，面对50多次超静定结构的困难，他想到了当时处理悬索桥吊杆的"膜理论"，将离散的桁架体系也化成连续体系，用微分方程来处理。他仔细推导了刚度转换的等效关系，并用模型试验反复验证，经过多次改进，终于达到了理论和试验的一致，写出了题为《桁架和类似体系结构计算的新方法》的论文，为桁架结构分析开辟了一条新的途径，在离散结构和连续结构之间架起了桥梁。30年以后，李国豪又拿起了这一武器，把桁梁桥这种空间杆系结构和闭口薄壁杆件的弯扭理论联系起来，建立了"桁梁的弯曲与扭转理论"，系统地解决了桁梁结构的空间分析、稳定分析和振动分析的整套计算方法。同时也澄清了武汉长江大桥的晃动现象的本质。

李国豪还将当时刚刚诞生的有限元法的思想引入了桁梁桥的分析。他把连续化了的桁梁结构再分段离散，建立了特殊的"桁梁有限元"，其中包括了反映桁梁横截面翘曲和畸变的必要的位移参数。分段离散后的单元又便于处理变截面和多跨连续等的实际情况以及考虑桁梁、拱和悬索等其他体系的相互组合，达到了灵活多变的境界。特别是对于稳定和振动分析，既能大大节省计算时间，又能取得足够准确的结果。

3.4 桥梁振动理论

在20世纪30年代，铁路桥梁在蒸汽机牵引列车通过时的强迫振动及冲击系数问题是一个十分热门的前沿课题，没有人想到要研究像悬索桥这种复杂结构的振动问题。李国豪很快就弄清了悬索桥的自振特性，并且顺利地将Ing1is用于梁式桥的振动理论移植过来，得到了满意的解答。

50年代，他又将悬索桥的振动理论推广应用于"拱桥振动问题"。

60年代，他承担了结构抗爆的研究任务。结构抗爆问题的本质涉及钢筋混凝土地下防护结构的弹塑性振动力学、土动力学和爆炸波动力学等领域，这是一个尖端的非线性振动课题。李国豪使同济大学逐渐成为我国防护工程和地震工程学科的研究中心之一。

1978年起，面对我国大跨度斜拉桥日益增多的新形势，李国豪从研究斜拉桥动力分析有限元法入手，又开辟了桥梁抗风研究的新领域。经过多年努力，培养了一批人才；在桥梁风振理论领域创造性地提出了"多振型耦合颤振"的新概念，澄清了国际上将悬索桥的颤振理论直接用于斜拉桥所带来的一些模糊问题；改进了颤振分析的试验方法和数值计算方法，不仅在国内居领先地位，而且引起了国际工程界的注意。

1988 年，李国豪已值古稀之年，但仍壮心不已，兴致勃勃地探索斜拉桥颤振后性能的问题，这是一个从未有人研究过的领域。目的是为了使斜拉桥这一经济合理的桥型向更大跨度发展，最大程度地发挥其抗风潜力。他的理论研究取得了有意义的成果，阐明了斜拉桥颤振后的振动之所以不迅速发散是由于斜缆索的“有效弹性模量”的非线性，而不是实际不存在的所谓“系统阻尼”作用的结果。

结构振动的领域，他的贡献遍及抗车辆冲击、抗爆炸、抗震和抗风等所有方面。从基于变分原理的近似解析手段到有限元的数值解，他经历了计算机前和计算机后两个不同的时代。他不仅是驾驭经典手法的巨匠，也是运用新技术的能手。他始终站在学术界的前沿，指引着科研前进的方向。

3.5 梁桥荷载横向分布理论及桥梁空间分析

桥梁是一个空间结构，为了使空间分析平面化，荷载横向分布的计算是必不可少的。世界各国的学者在处理这一问题的过程中，形成了许多派别。他们的力学模型大都是一种近似处理，也都存在着各自的缺点。20 世纪 70 年代初，李国豪下放到镇北黄河大桥劳动时，结合工程实际，分析比较已有方法的优缺点，提出了一种原理简单、又能概括所有其他各种计算方法的新的梁系模型。这一力学模型的特点是将桥面板沿纵向割开形成各主梁单元，同时将少数几根横隔梁的刚度分摊到桥面板中。在割开的板缝中忽略法向力和纵向剪力，只保留两个对荷载分布起主要作用的竖向剪力和弯矩。最后利用计算荷载横向分布的基本假定：即以正弦形状荷载代替实际的列车荷载，使计算实用化。通过模型试验，检验了方法的合理性和足够的精度，并进一步编制了便于实用的图表。新的梁系模型与实际桥梁最为接近，比梁格系模型的精度高，又克服了各向异性板模型需要来回换算的缺点，同时在计算中也反映了少数横隔梁的重要作用。对于常用铰接板和铰接 T 梁桥，只要进一步略去板缝中的弯矩即可。因此，1977 年，李国豪的《公路桥梁荷载横向分布计算》一书的出版，就成了这一延续 30 年的传统课题的最后总结。

1978 年，李国豪还发表了《拱桥荷载横向分布理论分析》一文，大大改进了当时在拱桥设计中普遍采用的平均分配法或刚性分配法等十分粗略的荷载横向分布计算。拱桥作为既受轴力又受弯矩的结构，有着不同于梁桥的荷载分布规律，在它的理论分析中必须考虑分割的相邻拱单元之间的所有内力。李国豪引申对梁式桥的分析方法于拱桥，建立了这方面的理论，并以现场测试结果作了验证。1989 年，他又进一步推广这种分析方法，完成了曲线桥荷载横向分布计算的研究。

在李国豪对桥梁空间分析的贡献中，除前面在桁梁的弯曲与扭转理论中所说的以外，应当特别提到他在 1958 年发表的《斜交各向异性板弯曲理论及其对于斜桥的应用》一文。他针对斜桥的实际构造，将正交各向异性板理论，通过斜交坐标延伸为斜交各向异性板的弯曲理论，使各向同性斜板理论和斜交梁格系理论成为它的两个特例。李国豪的这一开拓性的工作很快就引起了国外力学工作者的重视，并以“李氏理论”为名被学术界所引用。

3.6 以科学态度和刻苦精神解决了结构理论中的许多难题

在科学研究工作中，他崇尚实事求是的作风和严谨科学的态度。他特别注意理论联系实际，他的理论从不满足于推导和计算，总是力求以模型试验或现场测试来检验修改和证实理论的正确性，以刻苦坚毅的精神解决了结构理论中的许多难题。凡是做过他助手的人都深深地为他尊重事实、一丝不苟的态度所感动。他在科研选题上一贯倡导“必须具有工程背景，必须解决实际问题”。他常说，我们的研究主体是工程，左右臂是数学和力学。坚持主张理论意义和实用价值相结合。

他喜欢研究老难题和别人尚未涉足过的新问题。他的思维方法富于开创性。他常常能从纷繁迷离、错综复杂的现象中，敏锐地看到问题的本质，抓住重点，以独创的、新颖的、简练的手法解决问题。他的成果闪耀着智慧的光芒，因而在国际、国内赢得了威望。

4 小结

1929 年，李国豪作为一个 16 岁的广东客家少年考入上海同济大学预科学习，1936 年以优异成绩毕业，留校任土木工程系助教。1938 年经德籍教授推荐获洪堡奖学金赴德国留学，两年后即获得工学博士学位。他的博士论文在当时计算机前时代是解决悬索桥非线性分析最智慧和便捷的实用方法，他也因此被誉为“悬索桥李”而享誉世界。博士毕业后他留在导师的研究室工作，在钢结构稳定理论和钢桁架桥分析方法领域的卓越研究成果被纳入了德国DIN规范中，得到广泛应用，从而在德国和国际桥梁与结构工程界赢得很高的声誉。

1946年第二次世界大战结束后，李国豪怀着炽烈的报国情怀回到同济，为培养人才竭尽全力。在文革前的20年间，他以德国洪堡首创的教学和科研相结合的研究型大学理念积极推动大学的科研工作，并带领同济团队为中国两弹一星工程的抗爆和防护工程研究作出了重要的贡献。

十年“文革”灾难中他忍辱蒙难，但矢志不渝，以感人的执著意志在长期隔离中思考和研究武汉长江大桥通车典礼时发生的晃动问题。他以扎实的理论基础和缜密的试验验证解决了这一难题，表现出一位科学家令人叹服的敬业精神。

“文革”结束后他被任命为校长，挑起了复兴同济的重担，为恢复对德联系和向综合性大学转变而殚精竭虑，也为同济大学步入一流大学的行列奠定了重要的基础。

1984年起他退居二线，作为同济大学名誉校长和上海市政协主席，在上海市宝钢建设、洋山港建设，以及中国大桥的自主建设等方面作出了重要的贡献。李国豪不仅是一位享誉世界的杰出科学家和教育家，也是一位功勋卓著的社会活动家和具有远见卓识的战略政治家。

5 主要论著

5.1 专著类

(1) 李国豪. 桥梁结构稳定与振动. 北京：中国铁道出版社，1965；修订版，1996.

(2) 李国豪，石洞. 公路桥梁荷载横向分布计算. 北京：人民交通出版社，1977.

(3) 李国豪. 工程结构抗震动力学. 上海：上海科学技术出版社，1980.

(4) 李国豪. 桥梁与结构理论研究. 上海：上海科学技术文献出版社，1983.

(5) Li Guohao. Analysis of Box Girder and Truss Bridges. China Academic Publishers/ Springer-Verlag, 1987.

(6) 李国豪. 工程结构抗爆动力学. 上海：上海科学技术出版社，1989.

5.2 论文类

(1) Lie K H. Hängebrücken mit besonderen Stützbedingnngen des Versteifungsträgers. Der Stahlbau, 1940 H. 21/22, 1941, H. 6/7.

(2) Lie K H. Praktische Berechnung von Hängebrücken nach der Theorier II. Ordnung. Der Stahlbau, 1941, H. 14.

(3) Lie K H. I. Nebeneinflüsse bei der Berechung von Hängebrücken nach der Theorie II. Ordnung, II. Modellversuche. Allgemeine Grundlagen und Anwendung Forschungshefte aus dem Gebiete des Stahlbaues. 1942, H. 5.

(4) Lie K H. Lotrechte Schwingungen der Hängebrücken. IngenieurArchiev, 1942, S. 211.

(5) Lie K H. Das himreichende Kriterium für den Verzweigungspunkt des elastischen Gleichgewicht. Der Stahlbau, 1943, H 6/7.

(6) Lie K H. Genauere Theorie der Hängebrücken. Science Record Sinica, V. 2, N. 1, 1947.

(7) 李国豪. 拱桥的振动问题. 同济大学学报，1956年第3期.

(8) 李国豪. 斜交各向异性板弯曲理论及其对于斜桥的应用. 力学学报，1958年第1期.

(9) 李国豪. 钢拱桥的振动分析. 公路设计资料，1973年第2期.

(10) 李国豪. 拱桥荷载横向分布理论分析. 同济大学学报，1978年第1期.

(11) 李国豪. 桁梁桥空间内力、稳定、振动分析. 中国科学A辑，1978年第6期，687—693页.

(12) 李国豪. 直线箱梁挠曲扭转分析. 同济大学学报，1980年第1期.

(13) 李国豪. 曲线箱梁挠曲扭转分析. 上海力学，1980年第1期.

(14) 李国豪. 桁梁桥侧倾稳定分析. 土木工程学报，1980年第1期.

(15) 李国豪. 关于桩的水平位移、内力和承载力的分析. 上海力学，1981年第1期.

5.3 全部论著细目

(1) Lie K H (Li Guohao). Hängebrücken mit besonderen Stützbedingnngen des Versteifungsträgers, Der Stahlbau, 1940 H. 21/22, 1941, H. 6/7.

具有特殊支承的加劲梁的悬索桥理论(德文),德国《钢结构》,1940年,第21/22期.

(2) Lie K H. Praktische Berechnung der Hängebrücken nach der Theorie H. Ordnung. Der Stahlbau, H. 14, S. 65,1941.

悬索桥按变位理论的实用计算(德文),德国《钢结构》杂志,1941年.

(3) Lie K H. Die Lotrechte Schwingungen von Hängebrücken. Ingenieur Archiev XII, S. 211, 1942.

悬索桥的振动分析(德文),《工程师文汇》,1942年,211页.

(4) Lie K H. I. Nebeninflüsse bei der Berechung von Hängerbrücken nach der Theorie II. Ordnung, II. Modellversuche. Allgemeine Grundlagen und Anwendung Forschungshefte aus dem Gebrete des Stahlbanes. 1942, H. 5.

悬索桥按变位理论分析中各种次要因素的影响和模型试验(德文),《钢结构领域研究专刊》第5册,1942年.

(5) 悬索桥的铅垂自由振动(德文),《土木工程师》,1942年,277页.

(6) 四边受压的简支矩形版的翘曲(德文),《德国工程师协会学报》86卷,1942年,71页.

(7) Lie K H. Das hinreichende Kriterium fur den Verzweigungspunkt des elastischen Gleichge wichts. Der Stahlbau, H. 6/7, S. 17/21, 1943.

(8) Lie K H. Ermittelung der Einfluss Linien von Stabwerken auf geometrischem Wege. Der Stahlbau, H. 12/13,1943.

(9) 弹性平衡分支的充分准则(德文),《钢结构》,1943年.

(10) 用几何的方法求框架影响线(德文),《钢结构》,1943年.

(11) 桁架及其相似体系的新分析法(德文),《钢结构》,1943年.

(12) Lie K H. Berechung der Fachwerke und Verwandeter Systeme anf neuem Wege. Der Stahlbau, H. 8/9, S. 35, H. 10/11, S. 41, 1944.

(13) Lie K H. Genauere Theorie der Hängerbrücken. Science Record Sinica, V. 2, N. 1, 1947.

悬索桥的更精确理论(德文),《科学记录》,1947年,129页.

(14) 结构力学变形的分析(德文),《工程》,1947年,445页.

(15) 复式桁架的分析(英文),《科学记录》,1949年,393页.

(16) 梁的翼缘受横向荷载时的应力(德文),《钢结构》,1952年,201页.

(17) 李国豪主编. 钢结构设计. 上海:龙门联合书局,1952.

(18) 李国豪主编. 钢桥设计. 上海:龙门联合书局,1954.

(19) 李国豪. 穿式桥梁中压弦的侧向稳定问题. 同济大学学报,1956年第1期.

(20) 李国豪. 拱桥振动问题. 同济大学学报,1956年第3期.

(21) 李国豪. 超静定的结构中截面变更的影响. 同济大学学报,1957年第1期,113—125页.

(22) 李国豪. 钢结构中利用自应力的原理和发展. 同济大学学报,1957年第4期,65—74页.

(23) 关于复式桁梁钢桥的特点和设计计算. 同济大学学报,1958年第5期.

(24) 用能量法分析壳体的翘曲(德文),《德国钢结构委员会,1908—1958》,1958年,65页.

(25) 李国豪. 斜交各向异性板弯曲理论及其对于斜桥的应用(中文). 力学学报,1958年,第2卷第1期,78页;(德文)中国科学A辑(英文版),1958年,第2期,151—163页.

(26) 武汉长江大桥(德文),《钢结构》,1958年,270页.

(27) 江汉桥(德文),《德列斯登工业大学钢结构会议报告集》,1959年,236页.

(28) 李国豪主编. 桥梁结构稳定与振动. 北京:人民铁道出版社,1965年;1992年再版.

(1996年第2版荣获第七届全国优秀科技图书奖一等奖)

(29) 李国豪. 钢拱桥的振动分析. 公路设计资料,1973年,第2期.

(30) 李国豪. 桁梁扭转理论——桁梁桥的扭转、稳定和振动. 北京：人民交通出版社，1975 年.

(1978 年获全国科学大会成果奖，1982 年获国家自然科学三等奖)

(31) 李国豪. 公路桥梁荷载横向分布计算. 北京：人民交通出版社，1977 年；1987 年再版.

(1977 年获上海市重大科技成果奖)

(32) 李国豪. 拱桥荷载横向分布理论分析. 同济大学学报，1978 年，第 1 期，3—30 页.

(33) 李国豪. 桁梁桥空间内力、稳定、振动分析(中/英文). 中国科学 A 辑，1978 年，第 6 期，687—693/757—766 页.

(34) 李国豪，石洞. 拱-桁梁组合体系空间计算有限元法. 同济大学学报(自然科学版)，1978 年，第 4 期，1—20 页.

(35) 李国豪，石洞. 斜张桥动力分析有限元法. 同济大学学报，1979 年，第 6 期，1—17 页.

(36) 李国豪，朱美珍，罗贵钟. 浅埋地下梁自振频率的研究. 同济大学学报(自然科学版)，1979 年，第 3 期，1—7 页.

(37) 李国豪，石洞. 斜张桥动力分析有限元法. 同济大学学报(自然科学版)，1979 年，第 6 期，1—17 页.

(38) 李国豪. 桁梁桥侧倾稳定分析. 土木工程学报，1980 年，第 1 期，2—10 页.

(39) 李国豪. 薄壁箱形曲梁分析. 上海力学，1980 年，第 1 期，1—11 页.

(40) 李国豪. 截面可变形的梯形箱梁的挠曲扭转分析. 同济大学学报(自然科学版)，1980 年，第 1 期，1—13 页.

(41) 李国豪，刘泽圻，林润德. 冲击波对土中浅埋结构的动力作用. 同济大学学报(自然科学版)，1980 年，第 3 期，1—9 页.

(42) 李国豪. 工程结构抗震动力学. 上海：上海科学技术出版社，1980 年.

(43) 李国豪. 关于桩的水平位移、内力和承载力的分析. 上海力学，1981 年，第 1 期.

(44) 李国豪，王远功. 线性衰减冲击荷载作用下的压杆分析. 固体力学学报，1981 年，第 1 期.

(45) 李国豪，易建国，陈忠延. 滦河大桥抗震分析(之二)——地震反应分析. 同济大学学报(自然科学版)，1981 年，第 1 期，1—14 页.

(46) 李国豪，王远功，周正威. 线性衰减的冲击荷载作用下的压杆分析. 固体力学学报，1981 年，第 1 期，1—11 页.

(47) 李国豪. 西德高等教育简介. 教育发展研究，1981 年，第 1 期，105—115 页.

(48) 李国豪. 关于桩的水平位移、内力和承载力的分析. 力学季刊，1981 年，第 1 期，1—10 页.

(49) 邵丙璜，陈维波，周一以，李国豪，张登霞，石成. 滑移爆轰过程中爆炸产物的有效多方指数 γ_0 的确定. 爆炸与冲击，1981 年，第 2 期，30—36 页.

(50) 李国豪，张孟闻，曹天钦. 李约瑟博士与《中国科学技术史》. 自然杂志，1981 年，第 9 期.

(51) 李国豪等主编. 中国科技史探索. 上海：上海古籍出版社，1982 年.

(52) 李国豪. 根据党的十二大精神建设社会主义高等教育. 中国高等教育，1982 年，第 10 期.

(53) 李国豪，林润德，郭明华. 浅埋地下结构自振频率的研究. 同济大学学报(自然科学版)，1982 年，第 2 期，4—9 页.

(54) 李国豪，石洞. 按 Rayleigh-Ritz 法计算曲梁桥地震反应. 上海：同济大学科技情况站，1983 年.

(55) 李国豪. 桥梁与结构理论研究. 上海：科学技术文献出版社，1983 年.

(56) 李国豪，石洞，黄东洲. 拱-桁梁组合体系侧倾稳定分析有限元法. 同济大学学报(自然科学版)，1983 年，第 1 期.

(57) 张登霞，李国豪. 低碳钢爆炸焊接界面波与板材无量纲强度关系的试验研究. 爆炸与冲击，1983 年，第 2 期，23—29 页.

(58) 张登霞，李国豪，周之洪，邵丙璜. 碰撞焊件金相组织分析. 爆炸与冲击，1983 年，第 3 期，37—46 页.

(59) 李国豪. 积极改革　办好同济大学. 教育发展研究，1983 年，第 1 期.

(60) 陈维波，李国豪，沈乐天. 室内爆炸实验洞. 力学与实践，1983 年，第 3 期.

(61) 张登霞，李国豪，周之洪，邵丙璜. 材料强度在爆炸焊接界面波形成过程中的作用. 力学学报，1984 年，第 1 期.

(62) 李国豪，石洞，Heins C P. 曲梁桥地震分析的有限单元法. 同济大学学报(自然科学版)，1984 年，第 1 期.

(63) 李国豪,石洞,黄东洲. 拱桥荷载横向分布实用计算. 同济大学学报(自然科学版),1984 年,第 3 期.

(64) 李国豪. 适应新形势的需要　加速发展社会主义高等教育. 教育发展研究,1984 年,第 3 期.

(65) 李国豪. 加强团结锐意改革努力开创中国土木工程学会工作的新局面. 土木工程学报,1985 年,第 1 期.

(66) 李国豪,范立础. 桥梁工程的现状与展望. 土木工程学报,1985 年,第 2 期.

(67) 邵丙璜,张登霞,李国豪,周之洪. 滑移爆轰作用下的金属复板运动. 爆炸与冲击,1985 年,第 3 期,1—12 页.

(68) 邵丙璜,周之洪,李国豪. 滑移爆轰作用下多层金属平板的爆炸复合参数的计算方法. 爆炸与冲击,1986 年,第 2 期,143—152 页.

(69) Li Guohao. Analysis of Box Girder and Truss Bridges. China Academic Publishers, Springer—Verlag, 1987.

(70) 杨让,解子章,王小鹏,邵炳璜,周之洪,李国豪. 金属粉末爆炸烧结的机理. 北京科技大学学报,1987 年,第 1 期.

(71) 李国豪. 大曲率薄壁箱梁的扭转和弯曲. 土木工程学报,1987 年,第 1 期.

(72) 李国豪. 怎样培养好博士生. 学位与研究生教育,1987 年,第 5 期.

(73) 李国豪. 面向经济建设培养工程设计研究生. 学位与研究生教育,1988 年,第 4 期.

(74) 黄东洲,李国豪. 桁梁桥的弹塑性侧倾稳定. 同济大学学报(自然科学版). 1988 年,第 4 期,405—420 页.

(75) Li Guohao. On the Post-flutter State of Cable-stayed Bridges. Proc. of a Session in ASCE National Convention, Nashville, Tennessee, 1988.

(76) 李国豪. 斜拉桥颤振后状态的理论分析. 土木工程学报,1988 年,第 21 卷第 4 期.

(77) 李国豪主编. 工程结构抗爆动力学. 上海:上海科学技术出版社,1989 年.

(78) 李国豪. 斜拉桥超临界扭转振动分析. 全国第五届非线性振动会议论文集,1989 年,239—243 页.

(79) Li Guohao. On the Postcritical Torsional Vibration of Cable-stayed Bridges. Recent Advances in Wind Engineering. Proc. of The Second Asia-Pacific Symposium on Wind Engineering, Beijing, 1989: 595 - 601.

(80) 黄健,李国豪,石洞. 梯形桁梁桥挠曲扭转振动分析的一种有限元法. 浙江大学学报(自然科学版),1989 年,第 23 卷第 4 期,517—526 页.

(81) 黄健,李国豪. 梯形桁梁桥侧倾稳定分析的一种有限元法. 同济大学学报(自然科学版),1989 年,第 17 卷第 4 期,437—445 页.

(82) 邵丙璜,高举贤,李国豪. 金属粉末爆炸烧结界面能量沉积机制. 爆炸与冲击,1989 年,第 1 期,17—27 页.

(83) 李国豪. 曲线梁桥荷载横向分布理论分析. 土木工程学报,1990 年,第 23 卷第 1 期,2—11 页.

(84) 朱建雄,李国豪,曹志远. 瞬态应力波对复杂截面形状地下孔洞的三维散射. 同济大学学报,1990 年,第 18 卷第 2 期,139—148 页.

(85) 朱建雄,李国豪,曹志远. Dynamic Response of Underground Structures by Time Domain SBEM and SFEM. 应用数学和力学(英文版),1990 年,第 12 期.

(86) 朱建雄,李国豪,曹志远. 介质与结构三维动力相互作用分析的半解析边界元——半解析有限元结合法. 应用数学和力学,1990 年,第 12 期.

(87) 李国豪主编. 建苑拾英——中国古代土木建筑科技史料选编. 上海:同济大学出版社,1990 年.

(88) 朱建雄,曹志远,李国豪. 三维地下洞室的动应力集中. 土木工程学报,1991 年,第 4 期.

(89) 李国豪,赵其昌,潘昌乾等编. 德汉道路工程词典. 北京:人民交通出版社,1991 年.

(90) 李国豪主编. 土木建筑工程词典. 上海:上海辞书出版社,1991 年.

(91) 黄东洲,李国豪. 拱桁梁组合体系的弹性和弹塑性侧倾稳定分析. 同济大学学报(自然科学版),1991 年,第 19 卷第 1 期,1—11 页.

(92) 黄东洲,李国豪,项海帆. 桁梁桥的弹塑性侧倾稳定分析. 土木工程学报. 1991 年,第 24 卷第 3 期,27—37 页。

(93) 李国豪. 建设具有学科特色的高校图书馆. 上海高校图书情报学刊,1991 年,第 1 卷第 1 期,10—11 页.

(94) 朱建雄,曹志远,李国豪. 非圆柱壳在各种边界条件下的自由振动分析. 力学学报,1992 年,第 2 期.

(95) 李国豪. 为退离休科技工作者再作贡献创造条件. 中国科技信息, 1992 年, 第 9 期.

(96) 李国豪. 正交结构的斜梁桥的荷载横向分布分析. 同济大学学报(自然科学版), 1993 年, 第 21 卷第 1 期, 1—7 页.

(97) 李国豪. 正交结构的斜梁桥的荷载横向分布分析. 上海力学, 1993 年, 第 14 卷第 2 期, 1—7 页.

(98) 李国豪. 斜交结构的斜梁桥的荷载横向分布分析. 同济大学学报(自然科学版), 1994 年, 第 22 卷第 4 期, 395—400 页.

(99) 曾三平, 曹志远, 李国豪. 在瞬态载荷作用下地下结构非线性动力反应分析, 同济大学学报(自然科学版), 1996 年, 第 1 期, 11—16 页.

(100) 李国豪. 我要为家乡做力所能及的事情. 嘉应大学学报, 1996 年, 第 3 期.

(101) 林同棪, 李国豪. 关于杭州湾交通通道的决策咨询. 中国软科学, 1996 年, 第 2 期.

(102) 沈元, 李国豪, 陈芳允主编. 科学家传记大辞典. 北京: 科学出版社, 1997 年.

(103) 李国豪. 同济大学办文科刍言. 同济大学学报(人文、社会科学版), 1997 年, 第 8 卷第 1 期.

(104) 李国豪. 建苑拾英: 第二辑. 上海: 同济大学出版社, 1997 年.

(105) 李国豪. 关于斜交异性斜板的弯曲理论. 同济大学学报(自然科学版), 1997 年, 第 25 卷第 2 期, 121—126 页.

(106) 李国豪. 三峡工程中一座斜拉桥的侧向稳定性分析. 同济大学学报(自然科学版), 1998 年, 第 26 卷第 3 期, 231—234 页.

(107) 李国豪主编. 力学与工程——21 世纪工程技术的发展对力学的挑战. 上海: 上海交通大学出版社, 1999 年.

(108) 李国豪. 我为三个重大决策建言献策的经过. 领导广角, 2001 年, 第 10 期, 4—6 页.

(109) 李国豪. 同心同德建言献策. 群言, 2001 年, 第 9 期, 6—7 页.

(110) 李国豪. 学校领导要德才兼备——我任校长的体会. 上海教育, 2001 年, 第 3 期, 11—12 页.

(111) 李国豪编. 院士科学课堂——大桥小桥. 上海: 少年儿童出版社, 2004 年.

(112) 李国豪. 我说东海大桥. 上海城市发展, 2004 年, 第 2 期, 1—2 页.

(113) 李国豪. 关于上海市苏州河上桥梁的意见书(1947-12-1). 档案与史学, 2004 年, 第 5 期, 64—65 页.

(114) 中国土木建筑百科辞典. 北京: 中国建筑工业出版社, 2005 年.

(115) 李国豪. 情系祖国的大桥//路甬祥主编. 科学的道路, 上海: 上海教育出版社, 2005 年.

参考文献

[1] 程国政. 李国豪与同济大学[M]. 上海: 同济大学出版社, 2007.

[2] 李国豪. 战火纷飞中的留德生活[M]//旅德追忆. 北京: 商务印书馆, 2000.

[3] 一代宗师, 千秋典范——李国豪同志生平[N]. 文汇报, 2005-03-11.

[4] 项海帆. 李国豪传略[M]//科学家传略. 北京: 科学出版社.

[5] 项海帆. 李国豪[M]//中国科学院院士传略. 北京: 高等教育出版社, 1998: 567—269.

深切怀念周念先老师*

1952年院系调整中，上海各高校的土木工程系齐集同济，并按苏联体制分专业进行教学。来自各校的部分土木系三年级学生按志愿组成中国第一届桥梁专业三年级。原震旦大学土木系主任周念先教授被任命为桥梁教学小组组长，负责安排桥三班的专业课教学工作。由周老师主讲混凝土桥梁设计和桥梁施工课，李国豪老师则主讲钢结构和钢桥设计课。

1953年，第一届桥梁专业学生因建设需要提前一年毕业走上工作岗位。我们作为第二届桥梁专业进入三年级，开始专业课学习。周老师为我们开设了“桥梁工程”课。当时，按苏联教学计划，这应是一门施工课，但周老师却自编讲义，加入了他从法国桥路大学留学时学到的教学理念，其中包括桥梁总体布置、经济分孔、细部构造和施工工法等欧美桥梁概念设计的内容。周老师知识渊博，讲课生动风趣，引人入胜，还结合许多国外桥梁的成败实例，“桥梁工程”成为大家最喜欢的一门专业课。听周老师的课真是一种享受，他是我们最难忘的老师之一，使大家终生受益。

周老师十分重视理论联系实际，在讲授施工方法时，结合当时上海市政设计院承担的武宁路桥悬臂浇筑施工，指导我们做扇形支架的设计，培养我们解决实际问题的能力。他还组织一个课外兴趣小组，介绍当时新兴的预应力混凝土桥梁设计原理，组织学习讨论，使我们初步掌握了预应力的基本概念。

1966年“文革”爆发，周老师作为“反动学术权威”也被剥夺了自由，和我们这些“摘帽右派”一起被关入“牛棚”，除了每天写检查外还要做打扫厕所、在烈日下锄草、批斗大会后去大礼堂打扫卫生等繁重的体力劳动。1969年秋天，他又被“红卫兵”带到宝山罗店参加秋收劳动。在一个下雨天，周老师被押去大队部接受批判途中，因路滑摔倒受伤不起，幸有杨健老师仗义相助，阻止了红卫兵们的非人道虐待，才被紧急送往医院，虽幸免于

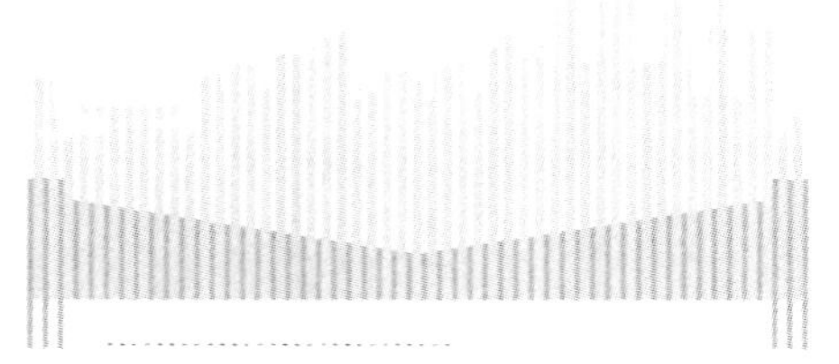

* 本文作于2012年。

难，但已落下残疾。

文革结束时，周老师已 65 岁，到了退休年龄，但他对当时新出现的斜拉桥十分关注，阅读了大量国内外有关资料，进行了仔细的思考和研究。对济南黄河桥、上海泖港桥和天津永和桥等都提出了十分重要的咨询意见，后来又写成了一本专著介绍这种新桥型的设计与施工，书中包含了周老师的很多独到见解。

1988 年，上海南浦大桥开工建设，我当时作为桥梁系主任，又是南浦大桥合作设计单位的负责人，曾多次去周老师家禀报和求教，他都给予认真的咨询，并提出了许多宝贵的建议。南浦大桥的胜利建成，也是同济桥梁系发展的一个契机，其中有周老师的一份重要贡献。

周老师热爱学生，多次邀请学生到他家做客，还让当时还年幼的女儿周薇弹钢琴助兴。他和我们畅谈人生经历，周师母也十分慈祥好客，使我们感到十分温暖，对学生的成长有很多启迪。周老师是一位全身心投入教书育人的好老师，我们都深切地怀念他。

1999 年，周老师驾鹤西去，我时任土木工程学院院长，主持了他的追悼会。在悼词中我们回顾了周老师 50 年的教学和研究生涯，他的敬业精神、对桥梁事业的热爱和痴迷，以及他对学生的大爱，永远是我们学习的楷模。值此周老师百岁诞辰的纪念日，又是同济桥梁专业创办 60 周年之际，谨以此文纪念，他为同济桥梁学科所作出的贡献和他的音容笑貌将会永远铭记在我们后继者的心中。

在恩师精神的激励下继续前行*

敬爱的李校长离开我们已经8年了，在他去世的第二天我含着悲痛连夜写了“在恩师的教育和培养下成长”的缅怀文章发表在同济大学校刊上。第二年，国际桥梁与结构工程协会杂志 *Structural Engineering International* (SEI)的专栏“Eminent Structural Engineer”(卓越结构工程师)又刊载了我撰写的英文纪念文章，向国际桥梁界介绍了李校长的光辉一生。

八年来，对恩师的缅怀是我心中永远的思念，每天看到书房中他的照片总会想起他的不朽精神和谆谆教导。在我的有生之年一定要继续努力，为中国的桥梁事业贡献自己的余力。在学校隆重纪念李校长百岁诞辰之际，我要像过去一样向他老人家汇报这八年来的几件大事，以告慰他的在天之灵。

(1) 2005年底，我和林志兴带领学生们共同撰写了一本《现代桥梁抗风理论与实践》专著，总结了十年来同济大学风工程团队在理论和实践方面的成果，专著在人民交通出版社出版发行后获得了业内人士的普遍好评。2006年，全国举行首届中华优秀出版物(图书)奖评选活动，全国共有500多家出版社，每家只能申报一本书参加竞赛，最后只有50种图书获奖，其中理工类仅12本，此书在获奖之列，据说对人民交通出版社在后来评上“全国百佳出版单位”起了重要作用。

(2) 2007年同济百年校庆，同济大学出版社邀请我写一本《中国桥梁史纲》。我约了潘洪萱、张圣城和范立础几位学友共同撰写此书，经过两年多的努力，此书作为对国庆60周年的献礼书于2009年出版，也获得了“上海图书奖(2007—2009)一等奖”，为同济争了光。这次为了纪念您的百岁寿诞，同济大学出版社决定在2013年将此书作为礼品书重新装帧印刷出版。

(3) 我自2001年起担任国际桥协副主席以来，带领同济土木工程学院许多年轻教授进入国际桥协各工作委员会担任委员。他们都表现得很出色，提高了同济大学在国际土木工程界的知名度。2008年我获得了国际桥协的 Anton Tedesko 奖(工程和教育奖)，2009年我8年任期届满，我的学生葛耀君教授又接任副主席一职，继续完成您在1988年交付给我的在国际舞台上代表中国桥梁与结构工程界的使命。

(4) 2010年我获得了美国土木工程学会(ASCE)工程力学分会颁发的R. Scanlan奖(空气动力学和风工程奖)，据说我还是该学会首位中国获奖者，没有辜负您在80年代初让我转向桥梁抗风研究的期望，这是同济风工

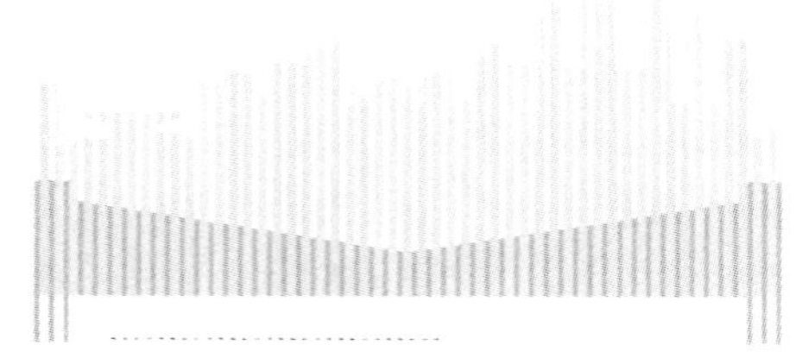

* 本文作于2013年2月。

程团队共同努力的结果，也为中国风工程界赢得了国际荣誉。

(5) 2012 年 9 月，我获得了国际桥协的最高奖——结构工程功绩奖(终身成就奖)，成为继您在 25 年前的 1987 年获此大奖后第二位代表中国的获奖者。自 1976 年国际桥协设立此奖后，全世界共 15 个国家 36 位获奖者，其中美国 7 人，德国及日本各 4 人，英、法各 3 人，属第一集团；5 个国家：意大利、瑞典、印度、瑞士和中国各有 2 人，为第二集团；其余五国均为 1 人获奖。

(6) 2012 年 5 月，我们借校庆 105 周年之际举行了同济桥梁学科成立 60 周年的庆祝活动，会上缅怀了您和其他老师的功绩。同济桥梁倡导理论联系实际的人才培养模式，为国家输送了 4 300 多名优秀人才；同济桥梁发扬严谨求实的学术研究作风，为推动我国桥梁工程的发展作出了重要贡献，获得了一百多项国内外科技奖励；同济桥梁坚持勇于创新的发展科技方向，为我国桥梁建设贡献了桥梁抗震、桥梁抗风和桥梁设计等先进理论方法和技术；同济桥梁秉承中外科技教育的交流合作传统，为我国桥梁走向世界、世界桥梁了解中国开启了窗口。

(7) 在您的学生范立础院士的主持下，经过 5 年的奋斗历程，在嘉定新校区建成了世界一流水平的地震工程馆，其中包括由美国 MTS 公司设计制造的世界唯一由 4 座振动台组成的多功能振动台群。其间，他还获得了何梁何利奖和由同济主持完成的国家科技进步一等奖，以表彰他的学科组所创造的抗震理论和减震支座在汶川地震中发挥的重要作用，他也没有辜负您的培养，出色地完成了他的使命。

(8) 经过学校的批准，我们还将新建的地震工程馆命名为“李国豪实验室”，以表达对您的永久纪念。在大堂中树立了您的半身铜像，在大堂的壁上还写上了您在担任上海市科协主席期间为科学会堂所题写的名言：

从事工程科学技术研究

一要理论联系实际；

二要理论上敢于创新；

三要有科学试验或实践结果以检验理论。

在桥梁馆大堂您的题字“理论联系实际，发展桥梁科技”下面也安放了您的半身铜像，我们将永远牢记您的教诲，在您的精神激励下继续前行，培养一代又一代中国桥梁事业的优秀接班人，为祖国的繁荣富强作出我们同济桥梁人的贡献。

(9) 最后，还有一件事应当向您报告的是：上海电视台纪实频道有一个“大师”节目，反复播放由任继愈先生主编拍摄的 DVD 碟片。我也珍藏了全套纪录中国 50 位大师感人事迹的 20 张碟片共 93 集。在 50 位大师中，大部分是人文、艺术和自然科学大师，工程科学大师仅两位：即您和梁思成老师，你们是中国现代土木和建筑界公认的领军人物，作为您的学生我感到十分光荣。片子中有您接受访谈时的精彩讲话，您在“文革”期间遭受磨难时所展现的爱国和敬业精神、光辉的大师品德，以及您在上海宝钢建设、洋山深水港和东海大桥建设中所建树的丰功伟绩将永留人间，万世流芳。

敬爱的李校长永远活在我们心中！

后记:我的科教生涯

1935年,我出生在上海一个民族资产阶级家庭,曾为小学老师的母亲,不仅是慈母,对我的品行和道德的家教也十分严格。从幼稚园直到中学,我都就读于英租界工部局办的英制学校,那里有优秀的师资和学习环境,也重视德智体美的全面教育,使我在国文、数理和英语方面都打下了较坚实的基础。1941年珍珠港事件后,日寇侵入租界,工部局小学作为公立小学被汪伪政府接管,英语课改为日语课,每周一的周会还要唱日本国歌,使我在童年已经感受到亡国奴的屈辱。妈妈特意给我买了"文天祥正气歌"的大楷字帖,对我进行民族气节教育。1943年,我作为小学四年级的副班长,和班长一起设法抵制汉奸翻译官的日语课,受到了学校训导处的记过处分。这是我幼年时期爱国思想的萌芽,也是后来"科教兴国"和"留学报国"坚定信念的思想基础。

1 我的恩师

1951年夏天,我还不满16岁,是上海晋元中学(其前身是英租界工部局华童公学)高三春季班的学生(高中还差半年毕业),以同等学力考入了同济大学土木工程系。1952年院系调整后按苏联体制选择了"桥梁与隧道专业",这是我1947年回故乡杭州扫墓,父亲带我去六和塔游览时看到我国自己建造的钱塘江大桥后立下的志愿,桥梁就此成了我毕生从事的专业。

1954年,全校选拔出三名成绩全优的学生为首批三好学生,我是其中之一。1955年大学毕业时我又被李国豪教授选为首批副博士研究生,也是李老师的第一位研究生。三年的研究生经历是我科教生涯的起点,李老师严谨求实、探索求真和理论联系实际的科学思想教育,让我终生受益。

我1952年入团,1956年入党。在研究生阶段学习马列主义哲学课时,我从马克思的《资本论》中认识到"剩余价值"和"资本剥削"的罪恶,也从恩格斯的《自然辩证法》中学到了辩证唯物主义的精髓,使我建立起唯物主义的自然观,也更坚定我追求民主、平等和社会主义的世界观。

在1957年的整风运动中,我作为刚入党的新党员,担任同济全校研究生的独立团支部书记,又是团委青年教师工作部的委员,为积极响应党的鸣放号召,起草了"同济民主墙"的序言,草稿在送党支部审查时被否定。虽然还来不及鸣放,但却因此未遂事件被错划为"右派",于1958年受到开除党籍、团籍、研究生学籍和留校察看的处分,去学校工厂劳动,蒙难22年,直到1979年得到改正。

1959年国庆节前被首批摘帽后,我回到教研室工作,成为李国豪老师的助教。在李老师的指导下,我帮他完成了《桥梁结构稳定与振动》专著,继续得到他的培养和教育。从1959年到1966年"文化大革命"爆发的7年中,我把精力都投入到业务中,担任了多门课程的教学工作,同时继续从国外杂志中汲取先进理论以提高我的教学和学术水平,也在心里默默地坚持着"科教兴国"的决心。

2 留学报国(1980—1995)

"文化大革命"结束后迎来了"科学的春天",1978年我升任讲师,1980年又晋升为副教授。同时,我申请德国洪堡基金会的"研究奖学金"(博士后性质)获得批准,在1980年末赴德国鲁尔大学留学深造。出国前,李校长希望我努力学习国外先进理论和计算机技术,按期回国效力。他作为1938年留学德国的老洪堡学者语重心长地对我说:"外国再好,那是人家的,我们要把中国建设好。"他的留学报国情怀是我永远的榜样。

一年半在德国的研究学习对我的一生是一段难忘的重要经历，使我的才学、胆识、眼界和外语能力都有了飞跃，我还学到了如何组织一个学术梯队的管理方法。我深切感到，改革开放的中国更需要呼唤民族自尊、自爱和自强的精神。许多老一辈留学生在新中国召唤下毅然回国效力，为建立最初的民族工业和科研体系贡献了毕生精力。今天，面对21世纪知识经济时代的挑战，我们更需要发扬留学报国的精神，通过自主创新来缩小与发达国家的差距，为中国梦的实现奋斗终生。

1982年回国后，我在李校长领导下抓住了1986年建设土木工程防灾国家重点实验室和1987年上海南浦大桥建设的机遇，力争自主设计，终于使中国桥梁工程界有了重大的进步，赢得了国际地位，也为90年代中国桥梁的崛起奠定了重要基础。

1991年上海南浦大桥的胜利建成鼓舞了全国桥梁界的同仁，掀起了全国自主建设大桥的高潮。在李校长的呼吁下，广东虎门大桥也保持了自主权，并在香港回归前夕的1997年建成通车。从此，中国桥梁界牢牢掌握着建设的自主权，实践了孙中山先生在建国大纲中所说的“惟发展之权，操之在我则存，操之在人则亡”的遗训。

通过80年代的“学习与追赶”和90年代的“跟踪与提高”，中国桥梁走出了一条自主建设的成功之路，进入了世界桥梁的先进行列，也改变了中国交通建设的落后面貌。为了培养高水平的接班人，我在为重大工程解决抗风问题的同时，开始申请自然科学基金的基础研究课题，使高水平的理论研究和解决重大工程中的抗风难题相结合，取得了有创意的理论成果，得到国际同行的认可，也培养出新一代的桥梁设计和研究人才，他们大都成长为中国桥梁事业的栋梁之才。

1994年，我同时获得了4个奖项：南浦大桥获得了国家科技进步一等奖，抗风研究的理论成果获得了教育部科技进步一等奖和国家自然科学四等奖，国家重点实验室建设也获得了金牛奖，这是对我改革开放以来15年科教工作的认可和鼓励。

3 壮心不已（1995—2014）

1995年入选工程院后，国际桥梁与结构工程协会和国际风工程协会都多次邀请我担任大会报告和年会学术委员会的工作。我承担起中国代表的职责向国际桥梁界和风工程界介绍广东虎门大桥、江阴长江大桥、润扬长江大桥、东海大桥的建设成就以及我们为国家重大工程所做的抗风研究，得到了国际同行的赞赏和认可。我也在2001年国际桥协马耳他年会上当选为国际桥协副主席，走向了国际舞台的中心。我推荐一些年轻的教授进入工作委员会，壮大了中国团组的阵营，提高了中国在国际桥梁与结构工程界以及国际风工程界的影响力。

在理论研究方面，1998年由我担任第一负责人的国家自然科学基金重大项目启动，这是上海高校第一次担任重大项目，也是土木工程领域最高水平的研究课题，我负责的桥梁抗风课题主要研究大跨度悬索桥的精细化抗风理论和斜拉桥拉索的风雨振控制。2003年结题后，我们将研究成果出版了一本《现代桥梁抗风理论与实践》专著，这本专著在“2006年首届中华优秀出版物”评选中获奖（全国共50本，其中理工类仅12本），研究成果在2011年获得了国家自然科学二等奖，为我30余年的风工程研究画上了圆满的句号。

2003年后，我退居二线，结束了20余年的行政领导工作，除了继续担任国内一些重大桥梁工程的顾问外，决定再带领年轻教授们写几本适合21世纪的新教材，为教育改革作一点贡献。《土木工程概论》（2007年）、《中国桥梁史纲》（2009年）、《桥梁概念设计》（2011年）和《高等桥梁结构理论》（2013年新版）都陆续出版，得到了教育界同行的好评，也完成了我作为一名教师的最后使命。

2004年，在上海举行的国际桥协年会获得了巨大的成功，进一步提升了中国桥梁界的国际地位。我从2008年起连续获得了四个国际大奖：国际桥协Anton Tedesko奖（2008），美国土木工程师学会（ASCE）Robert Scanlan空气动力学奖（2010），国际桥协终身成就奖（2012）和国际风工程协会Alan Davenport奖（2013）。这四个国际奖项是我近60年科教生涯和国际化努力的最好总结，也是我对恩师和伟大祖国的报答。

4 我的期望

我即将步入耄耋之年，作为一名老教师，我想对年轻教师说：强国必先强教，教师是一个崇高的职业，既然你们选择了教师这一行，就要尽心尽力做好教书育人的工作，因为国家的竞争说到底就是人才的竞争，破解“钱学森之问”的责任在你们身上。

我对于青年学子（包括海外学子）寄予了更大的期望，你们不会再有老一代知识分子的厄运和苦难，你们的生活会愈来愈好，但是实现中国梦的重任在你们肩上。你们一定要继承老一代科学家“科教兴国”和“留学报国”的情怀，把中国建设好。当你们退休的时候，中国已成为中等发达国家，如果你们做得更好，又长寿一些，还能看到中国成为世界科技强国的一天。那时，你们就能自豪地说：“这里有我的一份贡献。”

我虽然看不到那一天，但我会在天堂祝福你们，当然我也会十分羡慕你们，因为你们实现了中国梦！

致 谢

本书承柳州欧维姆机械股份有限公司资助出版，谨致谢忱